対応試験 ▶ PM

情報処理技術者試験学習書

情報処理
教　科　書

うかる！
プロジェクト
マネージャ

2022年版

ITのプロ46
三好康之

本書内容に関するお問い合わせについて

このたびは翔泳社の書籍をお買い上げいただき、誠にありがとうございます。弊社では、読者の皆様からのお問い合わせに適切に対応させていただくため、以下のガイドラインへのご協力をお願い致しております。下記項目をお読みいただき、手順に従ってお問い合わせください。

●ご質問される前に

弊社 Web サイトの「正誤表」をご参照ください。これまでに判明した正誤や追加情報を掲載しています。

正誤表　https://www.shoeisha.co.jp/book/errata/

●ご質問方法

弊社 Web サイトの「刊行物 Q&A」をご利用ください。

刊行物 Q&A　https://www.shoeisha.co.jp/book/qa/

インターネットをご利用でない場合は、FAX または郵便にて、下記"翔泳社 愛読者サービスセンター"までお問い合わせください。
電話でのご質問は、お受けしておりません。

●回答について

回答は、ご質問いただいた手段によってご返事申し上げます。ご質問の内容によっては、回答に数日ないしはそれ以上の期間を要する場合があります。

●ご質問に際してのご注意

本書の対象を越えるもの、記述個所を特定されないもの、また読者固有の環境に起因するご質問等にはお答えできませんので、予めご了承ください。

●郵便物送付先および FAX 番号

送付先住所　〒 160-0006　東京都新宿区舟町 5
FAX 番号　　03-5362-3818
宛先　　　　（株）翔泳社 愛読者サービスセンター

※著者および出版社は、本書の使用による情報処理技術者試験の合格を保証するものではありません。
※本書の出版にあたっては正確な記述につとめましたが、著者や出版社などのいずれも、本書の内容に対してなんらかの保証をするものではなく、内容やサンプルに基づくいかなる運用結果に関してもいっさいの責任を負いません。
※本書の内容は著者の個人的見解であり、所属する組織を代表するものではありません。
※本書に記載された URL 等は予告なく変更される場合があります。
※本書に記載されている会社名、製品名はそれぞれ各社の商標および登録商標です。
※本書では、™、®、© は割合させていただいている場合があります。

はじめに

令和2年からの情報処理技術者試験は，先端技術（AI，IoT，ビッグデータ）とアジャイル開発などの「デジタルトランスフォーメーション（DX）」関連を強化するという方向に向かいました。また，同年の夏には PMBOK ガイドの第7版も刊行されています。このような大きな変化に対して，ここ2年のプロジェクトマネージャ試験は，次のような傾向になっています。

【令和2年，3年の出題傾向】
・午後Ⅰの3問中，2問は「新技術への対応」の問題
・総合力が問われる問題が増えている
・午後Ⅱの論述式は"経験"が問われるので，まだ従来型 PJ の経験で書ける

こうした傾向から，令和4年の試験は「ちょうど過渡期」になると考えています。そこで本書では，この「過渡期」を乗り越えるために，次のような工夫をしています。

【従来型 PJ の問題への対応】
・圧倒的な過去問題の数＝平成14年度以後の20年分の過去問題の解説
・午後Ⅱの過去問題全73問の音声解説付き
・PMBOK（第6版）＝プロセスベースへの対応
【DX 関連の PJ の問題への対応】
・「第0章　新技術への対応」を追加
・PMBOK（第7版）＝原理原則ベースへの対応
・従来型 PJ におけるノウハウの部品化
　（午後Ⅰの過去問題を設問と解答の単位に細分化して各章に掲載）

DX 関連のプロジェクトでアジャイル開発を採用すると，確かに"一連の手順を粛々と進める"というマネジメントではなくなるかもしれません。しかし，プロジェクト憲章を作成したり，リスクを抽出したり，コンフリクトを解消したり，状況に応じた対応は，十分，これまでの資産が役に立ちます。これまで行ってきたことが決して無用になるわけではありません。"総合力"が問われるということは，より多くの"部品化されたマネジメントノウハウ"が必要だということです。

そのあたりの知識を本書で身に付け，ぜひ，この混沌とした"過渡期"を乗り切り合格を勝ち取ってください。自らのスキル転換を成し遂げるために。

最後になりますが，「受験生に最高の試験対策本を提供したい」という想いを共有し，企画・編集面でご尽力いただいた翔泳社の皆さんに御礼申し上げます。

令和4年2月
著者　IT のプロ46代表　三好康之

Web 提供コンテンツのご案内

　翔泳社の Web サイトでは，プロジェクトマネージャ試験の対策に役立つさまざまなコンテンツ（PDF ファイル）を入手できます。これらのコンテンツは，2022 年 3 月末頃から提供開始の予定です。

- ●平成 14〜令和 2 年度の本試験問題と解答・解説
    プロジェクトマネージャ試験の午前・午後Ⅰ・午後Ⅱ問題とその解答・解説，及び解答用紙（本書に掲載している年度の解答・解説の提供はありません）
- ●平成 13 年度以前の重点問題（特に重要な午後問題，解答・解説，解答用紙）
- ●平成 7〜令和 3 年度の午後Ⅱ問題文
- ●試験に出る用語集
- ●暗記チェックシート
- ●受験の手引き／プロジェクトマネージャ試験とは／出題範囲

　コンテンツを提供する Web サイトは下記のとおりです。ダウンロードする際には，アクセスキーの入力を求められます。アクセスキーは本書のいずれかの章扉ページに記載されています。Web サイトに示される記載ページを参照してください。

提供サイト：https://www.shoeisha.co.jp/book/present/9784798174914
アクセスキー：本書のいずれかのページに記載されています（Web サイト参照）
※コンテンツの配布期間：2023 年 12 月末日まで

※ 電子ファイルのダウンロードには，SHOEISHA iD（翔泳社が運営する無料の会員制度）への会員登録が必要です。詳しくは，Web サイトをご覧ください。
※ ダウンロードしたデータを許可なく配布したり，Web サイトに転載することはできません。

目次

はじめに ……………………………………………………………………………… iii
Web 提供コンテンツのご案内 ………………………………………………………… iv

序 章

合格するためにやるべき事　　　　　　　　　　　　　　　1

1. 学習開始にあたって ……………………………………………………………… 2
2. PMBOK でプロジェクトマネジメントの全体像を押える！ ……………………… 6
3. 午後Ⅱ（論述式）対策 …………………………………………………………… 11
　3-1　論述試験の全体イメージ …………………………………………………… 12
　3-2　合格論文とは？ ……………………………………………………………… 16
　3-3　事前準備 ……………………………………………………………………… 28
　　3-3-1　"論述の対象とするプロジェクトの概要"の作成 …………………… 28
　　3-3-2　設問アの前半 400 字「プロジェクトの特徴」の作成 ……………… 32
　　3-3-3　設問ウのパターンを念のため準備しておく ………………………… 40
　午後Ⅱ試験 Q ＆ A（Web 提供）………………………………………………… 44
4. 午後Ⅰ（記述式）対策 …………………………………………………………… 45
　4-1　午後Ⅰ対策の方針
　　　　午後Ⅰ対策の考え方　－過去問題の正しい使い方－ …………………… 46
　4-2　過去問を使った午後Ⅰ対策の実際 ……………………………………… 52
　4-3　『情報処理教科書　高度試験午後Ⅰ記述』の紹介 ……………………… 66
　4-4　プロジェクトマネージャ試験の特徴 ……………………………………… 68
5. 午前対策 …………………………………………………………………………… 82
6. 読者の勉強方法　－合格体験記－（Web 提供）……………………………… 86

第 0 章

新技術への対応　　　　　　　　　　　　　　　　　　　87

1. 背景 ………………………………………………………………………………… 88
2. 傾向と対策 ………………………………………………………………………… 90
3. 必要な知識の習得 ………………………………………………………………… 92
　（1）デジタルトランスフォーメーション（略称＝ DX, Digital Transformation）…… 92
　（2）アジャイル開発 ……………………………………………………………… 96
4. 予想問題 …………………………………………………………………………… 109
　4-1　予想問題①　DX 導入プロジェクトにおけるリスクについて ………… 109
　4-2　予想問題②　アジャイル開発のプロジェクトについて ………………… 112

第 1 章

プロジェクト計画の作成（価値実現）　　　　　　　　　117

1.1　基礎知識の確認 ……………………………………………………………… 122
　1.1.1　価値の実現 ………………………………………………………………… 122
　1.1.2　プロジェクト立上げ～プロジェクト計画まで …………………………… 124
　1.1.3　変更管理 …………………………………………………………………… 126
　　　　過去に午後Ⅰで出題された設問 ………………………………………… 128
1.2　午後Ⅱ　章別の対策 ………………………………………………………… 136
1.3　午後Ⅰ　章別の対策 ………………………………………………………… 148
1.4　午前Ⅱ　章別の対策 ………………………………………………………… 150

v

目次

午後Ⅰ演習	令和3年度問2	152
	問題の読み方とマークの仕方	157
	IPA公表の出題趣旨・解答・採点講評	161
	解説	162
午後Ⅱ演習	令和2年度問1	176
	解説	177
	サンプル論文	188

第2章

ステークホルダ　　193

2.1	基礎知識の確認		198
	2.1.1	要員数の計算 **FE**	198
	2.1.2	プロジェクト体制 **FE**	202
		過去に午後Ⅰで出題された設問	204
	2.1.3	責任分担マトリックス **FE**	218
	2.1.4	要員管理	220
		過去に午後Ⅰで出題された設問	223
	2.1.5	組織の制約	228
2.2	午後Ⅱ 章別の対策		230
2.3	午後Ⅰ 章別の対策		258
2.4	午前Ⅱ 章別の対策		260
午後Ⅰ演習	令和2年度問2		262
	問題の読み方とマークの仕方		268
	IPA公表の出題趣旨・解答・採点講評		273
	解説		274
午後Ⅱ演習	令和3年度問1		288
	解説		289
	サンプル論文		300

第3章

リスク　　305

3.1	基礎知識の確認		310
	3.1.1	リスク	310
	3.1.2	定量的リスク分析で使用するツール	311
	3.1.3	リスクマネジメント手順	312
		過去に午後Ⅰで出題された設問	318
3.2	午後Ⅱ 章別の対策		320
3.3	午後Ⅰ 章別の対策		326
3.4	午前Ⅱ 章別の対策		328
午後Ⅰ演習	令和3年度問1		330
	問題の読み方とマークの仕方		336
	IPA公表の出題趣旨・解答・採点講評		341
	解説		342
午後Ⅱ演習	令和2年度問2		354
	解説		355
	サンプル論文		365

第4章

進捗　　369

4.1	基礎知識の確認		374
	4.1.1	所要期間の見積り **FE**	374
	4.1.2	プロジェクト・スケジュール・ネットワーク図	376

目次

	4.1.3	CPM/CCM	378
		過去に午後Ⅰで出題された設問	386
	4.1.4	進捗遅延の原因と予防的対策（リスク管理）	388
	4.1.5	スケジュール作成技法	389
	4.1.6	進捗管理の基礎	390
	4.1.7	計画進捗率と実績進捗率を使った進捗管理技法 **FE**	392
	4.1.8	重要工程での兆候の管理	394
		過去に午後Ⅰで出題された設問	396
	4.1.9	進捗遅延時の事後対策	410
		過去に午後Ⅰで出題された設問	414
4.2	午後Ⅱ	章別の対策	420
4.3	午後Ⅰ	章別の対策	436
4.4	午前Ⅱ	章別の対策	438
午後Ⅰ演習	平成31年度問3		440
		問題の読み方とマークの仕方	446
		IPA公表の出題趣旨・解答・採点講評	451
		解説	452
午後Ⅱ演習	令和3年度問2		468
		解説	469
		サンプル論文	479

第5章

予算　485

5.1	基礎知識の確認		490
	5.1.1	生産性基準値を使った見積りの基礎 **FE**	490
	5.1.2	ファンクションポイント法による見積り **FE**	492
		過去に午後Ⅰで出題された設問	494
	5.1.3	EVM（Earned Value Management）**FE**	496
		過去に午後Ⅰで出題された設問	503
	5.1.4	費用管理	507
5.2	午後Ⅱ	章別の対策	512
5.3	午後Ⅰ	章別の対策	526
5.4	午前Ⅱ	章別の対策	528
午後Ⅰ演習	平成28年度問3		530
		問題の読み方とマークの仕方	537
		IPA公表の出題趣旨・解答・採点講評	543
		解説	544
午後Ⅱ演習	平成31年度問1		554
		解説	555
		サンプル論文－1	565
		サンプル論文－2	569

第6章

品質　573

6.1	基礎知識の確認		578
	6.1.1	品質計画	578
		過去に午後Ⅰで出題された設問	580
	6.1.2	品質管理	586
	6.1.3	レビュー **FE**	588
		過去に午後Ⅰで出題された設問	591
	6.1.4	テスト **FE**	593
		過去に午後Ⅰで出題された設問	602
	6.1.5	信頼度成長曲線，管理図 **FE**	608

vii

目次

	6.1.6	品質管理ツール **FE**	610
	6.1.7	品質不良の事後対策	613
		過去に午後Ⅰで出題された設問	614
6.2	午後Ⅱ	章別の対策	618
6.3	午後Ⅰ	章別の対策	632
6.4	午前Ⅱ	章別の対策	634
午後Ⅰ演習	平成 30 年度問 2		636
		問題の読み方とマークの仕方	642
		IPA 公表の出題趣旨・解答・採点講評	647
		解説	648
午後Ⅱ演習	平成 29 年度問 2		663
		解説	664
		サンプル論文	675

第7章

調達 679

7.1	基礎知識の確認		684
	7.1.1	契約の基礎知識	684
		過去に午後Ⅰで出題された設問	691
	7.1.2	調達計画	695
		過去に午後Ⅰで出題された設問	698
	7.1.3	調達管理	700
		過去に午後Ⅰで出題された設問	702
	7.1.4	海外労働力の活用	704
7.2	午後Ⅱ	章別の対策	706
7.3	午後Ⅰ	章別の対策	714
7.4	午前Ⅱ	章別の対策	716
午後Ⅰ演習	令和 3 年度問 3		718
		問題の読み方とマークの仕方	724
		IPA 公表の出題趣旨・解答・採点講評	729
		解説	730
午後Ⅱ演習	平成 27 年度問 1		740
		解説	741
		サンプル論文	749

付 録

プロジェクトマネージャになるには 753

試験終了後に読んでほしいこと　―合格後に考えること―		754
暗記チェックシート	（Web ダウンロード提供）	
受験の手引き	（Web ダウンロード提供）	
プロジェクトマネージャ試験とは	（Web ダウンロード提供）	
出題範囲	（Web ダウンロード提供）	
索引		763

●注意事項

　本書では，平成 15 年度版以来，その後作成し続けてきた過去問題（20 年分）の解説を提供させていただいてます。今後も，できる限り継続して提供していく予定ですが，"解説の仕方"は年々より良いものになるように進化させていることにより，年度が違うと微妙に"解説の仕方"が変わっている場合があります。ご理解ください。

viii

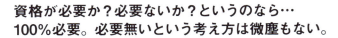

合格するためにやるべき事

資格が必要か？必要ないか？というのなら…
100%必要。必要無いという考え方は微塵もない。

あるのは優先順位。

努力や試行錯誤に無駄は無い。
しかし，筆者の考える優先順位はこう。

　　①プライベート（家庭，恋愛，友人関係，趣味など）
　　②仕事
　　③仕事に必要な勉強
　　④資格（情報処理技術者試験）取得

資格よりも大切なものは他にもたくさんある。だからこそ，
時間を無駄にはできない。

1. 学習開始にあたって
2. PMBOKでプロジェクトマネジメントの全体像を押さえる！
3. 午後Ⅱ（論述式）対策
4. 午後Ⅰ（記述式）対策
5. 午前対策
6. 読者の勉強方法—合格体験記—

序章　合格するためにやるべき事

1. 学習開始にあたって

　これから始める時間投資は…決して無駄ではありません。プロジェクトマネジメントの勉強をする自分を肯定し，確固たる自信と誇りをもって挑んでください。誰かを幸せにするための努力は，いつだって高貴でかっこいいものです。

あなたが今すぐ "自信" と "誇り" を持っていい理由

　ＩＴエンジニアの中には，人間関係が苦手な人が少なくありません。それはプロジェクトマネージャでも同じこと…なりたくてなったわけじゃない人も多いですからね。日ごろ，プロジェクトメンバや部下，後輩をどのようにコントロールすればいいのか悩んでいるから，この資格に活路を見出そうという人も多いと聞きます。

「俺は人付き合いがうまいから，そんなマネジメントの勉強なんて必要ない」

　そんな愚かなことを言う "偽善者" を，羨ましく思っていませんか？　それは全くの誤りですよ。もしもあなたが，マネジメントに…それも人間関係に自信がないとしたら，この資格試験へのチャレンジを通じて，自分に "自信" を持ちましょう。本書を今読んでいるあなたには，その資格が十分あるのです。

　　　　＊　　＊　　＊

　筆者は，プロジェクトマネジメントの勉強をしている人を "本当に" 尊敬しています。というのも，彼らの行動は，第一に "プロジェクトメンバ" を不幸にしないためであり，第二に "顧客" に迷惑をかけないためであり，第三に "会社" に利益をもたらすためであるからです。自分自身の満足ではなく，他人を "幸せにする" ことを

目的にしている試験区分は，情報処理技術者試験全12区分の中でもこの試験だけなのです。ご存知でしたか？

　他人のために…しかも，最も立場の弱い "プロジェクトメンバ" を守るために…自己を犠牲にして，忙しい時間の合間を縫って（時に休日を潰したり，睡眠を削ったり），スキルアップに勤しんでいる人…プロジェクトマネジメントを勉強している人ってそういう人ですよね。だから，もっと自信を持って良いんです！

「君たちメンバが苦労せず，楽しく働けるように，僕はプライベートの時間を削ってしっかり勉強してきたんだ。休みの日だというのに，こんなくそ面白くもない教科書読んでるんだぜ。だから，俺のプロジェクトに入ったお前らは幸せなんだ。感謝しろよ」と。

　いくら口が上手くても，いくら会話が面白くても，いくら評価が高くても，プロジェクトマネージャの勉強をしていなかったら，結局は "口だけ" なんじゃないでしょうか。そんな偽善者を駆逐するためにも，自分が今やっていることに "誇り" を持ってください。資格取得はこれからでも，そう考えた時点で，もう既にあなたは "誇り" を持つ資格はあるのですから。

2

あなたが目指している方向は決して間違ってはいないということ

「プロジェクトマネージャに，人間関係スキルなんか必要ないよ！」

こんな意見に迎合する人はほとんど皆無だと思います。コミュニケーションスキル，表現力，論理的思考能力，問題解決能力，交渉力，リーダーシップや影響力…たぶん…普通に必要だと思っているはずです。

それが，人間関係スキルの高め方？

書店に行けば，その類のビジネス書が平積みになっています。それだけニーズがあるんでしょう。確かに，立ち読みしているビジネスパーソンも多いです。

しかし，それで本当に人間関係のスキルが身につくのでしょうか？甚だ疑問です。女性にもてたい男性が，マニュアル本やノウハウ本を読んでいるかのような印象を受けるのは筆者だけでしょうか。

数冊の本を読んだだけ…表面的な“技術”を身につけただけで，なんとかしようとする考え自体に，その人の人間性を重ねてしまいます。

本当に必要なスキル

では，本当に必要なスキルはどうやって身につけるのでしょうか？筆者は，資格取得と真摯に向き合う姿勢そのものが，真の鍛錬になっていると考えています。

例えば，コミュニケーションスキルやプレゼンテーションスキル。これは，記述式の字数制限の解答や，論述試験で鍛えられる。本書を使った学習が進めば，そこに気付くでしょう。

問題解決能力を高めるには，どうすれば最小の労力で合格できるのかを考えなが

ら，資格取得に取り組めばいいのです。

論理的思考能力を高めたければ，どうして国家資格が存在し，会社から“資格を取れ”って言われるのか，仮説と検証を繰り返しながらロジカルに考えてみたらどうでしょう。そのうち，国家資格たる国の狙い（世界と戦うために，短期間で効率よく優秀な技術者を育成したい）と，会社の狙い，個人の狙いが，実は一致しているということに気づくでしょう。利害関係が一致している場合は，無条件に乗っかるべきだと判断するはずです。

交渉力も然り。資格の存在は，あなたの発する言葉に“説得力”を添えるはず。強力な援護射撃になります。あまりにも強力すぎて，交渉そのものが必要なくなるかもしれません。

それに…人は，自分のために汗を流してくれているリーダーに付いていこうと思います。ノウハウ本に目を通しているリーダーではありません。メンバを守るために，顧客への発言力や交渉力を高めようと，休みの日に資格取得を目指して勉強に精を出しているリーダーです。

「それでも資格は役に立たない！」とネガティブに考えるか，「きっと資格は役に立つんだ！」とポジティブに考えるか，そこにもリーダーとしての資質が現れます。

目指している方向は間違ってない！

このように，少しの知識を持ちよって，少しロジカルに物事を考えれば，人間関係スキルを身につけるために，“この資格”が有益だと気付くでしょう。だから，あなたの向かっている方向は，決して間違ってはいません。自信を持ちましょう。

序章　合格するためにやるべき事

愚者は己の経験に学び，賢者は他人の経験に学ぶ

PMBOKや情報処理技術者試験のプロジェクトマネージャのように，プロジェクトマネジメントスキルを体系化したカリキュラムは，過去の先輩プロジェクトマネージャが試行錯誤して得たノウハウの集大成です。つまり他人の経験。賢い人は，自分が失敗しないように，あるいは失敗するにしても**"前人未到の貴重な失敗"**として今後の誰かの役に立つように，まずは"他人の経験"を学びます。

だから，一見すると"知識"ではどうにもならないと思われがちなマネジメントスキルに対して，"まずは知識を得る"という点に着目した人は，本質を見抜いた賢い人だと言えるんですよね。

誰も経験したことがないことや，まったく情報が無いことだったら，試行錯誤の中で失敗を繰返している姿はかっこよく，そこから多くのことを学んでいくでしょう。しかし，もう既に多くの人が経験していることや，少し探せば誰でも手に入る情報，ましてやしっかりと学びやすいように体系化までしてくれているのに，それを無視する合理的な理由があるのでしょうか？

「俺は，自分の眼で見たこと，経験したことしか信用しない」

なんだかかっこいい言葉ですが，そういうのは他人を巻き込まない時にいう言葉で，顧客やプロジェクトメンバ，所属企業など…ステークホルダを巻き込む時に言うことではありませんからね。

それに…戦場カメラマンに例えるとよくわかると思います。何の情報も持たずに戦地に赴く人は運を天に任せるしかありません。死なないように攻めないか，死んでも構わないと出たとこ勝負で攻めるかしか選択肢はないのですから。しかし通常は，現地の事情に精通した人の協力を得て，どこまでなら安全か，どこから先は危険か，安全にギリギリまで攻めるために，情報を活用するはず。世の中，それが当たり前のことなんですね。

「良い写真を撮って真実を伝えたい！」

プロジェクトマネジメントで言い換えると，

「顧客やプロジェクトメンバ，所属企業など…ステークホルダを幸せにしたい！」

そのためには，やはり情報＝他人の経験から得られた教訓や知識は不可欠なのです。

4

1. 学習開始にあたって

序章　合格するためにやるべき事

2. PMBOK でプロジェクトマネジメントの全体像を押さえる!

　令和2年からの情報処理技術者試験は，先端技術（AI，IoT，ビッグデータ）とアジャイル開発などの「デジタルトランスフォーメーション（DX）」関連を強化するという方向に向かっている（詳細はP.92）。また，同年の夏にはPMBOKガイドの第7版も刊行されたが，その内容は大きく様変わりし，（第6版までの）プロセスベースから原理原則ベースへと大きく変わっている。このような大きな変化に対して，プロジェクトマネージャ試験の対策は，どのように考えればいいのだろうか?

● PMBOK 第6版の全体像を押さえる!

　筆者は，まずはPMBOK第6版の全体像を押さえるべきだと考えている。PMBOK第6版はプロセスベースの最終版であり，従来型のPJ（予測型，成果を最初に決めてウォータフォールで進めていくやり方）には必要なものになるからだ。

　また，PMBOK第7版にも「過去の版のプロセスベース・アプローチとの整合を無効にする内容は一切存在しない」と書かれているように，第6版は第7版が刊行されても有用で併用することが求められている。仮に，価値実現を最大の目的とするDX関連のプロジェクトや，アジャイル開発プロジェクトでも，第7版の原理・原則ベースだけでは，具体的なアクションまではわからない。そこは，第6版までに定義されている"プロセス"を部分的に使うことになるだろう。ページ数も，第6版では740ページもあったのに，第7版は274ページしかない。

　そうした様々な理由から，プロジェクトマネージャ試験の対策には，まずはプロセスベースの最終版であるPMBOK第6版の全体像を押さえていこう。そして，それをベースに，後述するアジャイル開発のプロジェクトに関する知識を押さえ，最後に第7版の原理・原則を押さえていけばいいだろう。

● 従来型の PJ とアジャイル開発 PJ との違いを押さえる

　PMBOKの第6版の全体像を押さえたら，続いて，アジャイル開発プロジェクトの特徴を把握しておこう。詳細は「第0章　新技術への対応」の「3.必要な知識の習得」に記載している（P.109）。この二つの差異を押さえておくといいだろう。

● PMBOK 第7版の全体像を押さえておく

　最後に，原理原則ベースに変わったPMBOK第7版の全体像を把握しておこう。全体像を把握しておく意味は，次頁のコラムに書いている。全体像を把握して知識を得やすくしておこう。

2. PMBOK でプロジェクトマネジメントの全体像を押さえる!

Column ▶ 全体像を把握することの重要性

筆者は，ことあるごとに**「全体像を押さえておこう！」**という勉強方法を推奨している。本書でも，序章のわずか6ページ目という…開始早々に提案している。これは，ただ単に"試験対策"だからというわけではない。実務でも必要になるものだと考えている。その理由を説明しよう。

総合的に判断できる

一つは，全体を俯瞰できれば総合的に判断できるからだ。サッカーでもそうだよね。優秀な司令塔は"鷹の眼と蟻の眼"を持つという。その"鷹の眼"の方だ。全体像が常時把握できていれば，様々な局面で，その局面での位置付けがわかるし総合的な判断もできる。個々の状況がトレードオフになったり，矛盾をはらむこともよくあるプロジェクトマネジメントにおいて**"総合的に判断し，最適な意思決定する"**ためには不可欠になる。

知識を体系化してくれているから

人の短期記憶能力は思いのほか小さいらしい。そのため，多くのことを覚えるには体系化（階層化）が必要になる。後述す

るように，体系化して覚えれば短時間で効率よく覚えられるし，記憶を使う時も，記憶から取り出す時も楽になる。つまり，知識を扱う時には必須だというわけだ。

この後覚えなければならない知識を記憶しやすくするために磁力を強める

例えば，日本の地理を勉強する時，頭の中に日本地図がイメージできていると覚えやすい。「あ，これは秋田県の話なんだな。」という感じで，日本地図の東北の日本海側の秋田県の位置に，新たに覚える"知識"をプロット（知識を格納）することができるからだ。

一般的に，体系化された知識を会得するには上位の階層の記憶を徹底的に強めた方が良いと言われている。ちょうど磁石の磁力と同じだ。上位の階層の磁力が強ければ，そこに知識は定着しやすくなる。「794 うぐいす平安京」など，小学生の頃から，階層上位に位置する基礎は丸暗記させられてきたと思うが，それと同じだ。PMBOK の全体像を頭の中ではっきりとイメージできると，この後，覚えなければならない知識を記憶しやすくなる。

序章 合格するためにやるべき事

PMBOK（第6版）の全体像 （※矢印は一部，全ての前後関係を表しているわけではない）

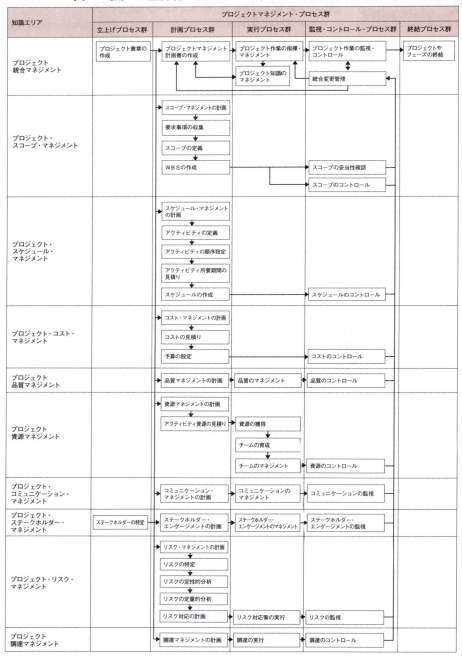

PMBOK（第 7 版）の全体像

PMBOK（第7版）の原理原則	
価値	価値に焦点を当てること（→P.122「1.1.1 価値の実現」参照）
システム思考	システムの相互作用を認識し，評価し，対応すること
テーラリング	状況に基づいてテーラリングすること
複雑さ	複雑さに対処すること
適応力と回復力	適応力と回復力を持つこと
変革	想定した将来の状態を達成するために変革できるようにすること
スチュワードシップ	勤勉で，敬意を払い，面倒見の良いスチュワードであること
チーム	協働的なプロジェクト・チーム環境を構築すること
ステークホルダー	ステークホルダーと効果的に関わること
リーダーシップ	リーダーシップを示すこと
リスク	リスク対応を最適化すること
品質	プロセスと成果物に品質を組み込むこと

PMBOK（第7版）のパフォーマンス領域	
ステークホルダー	ステークホルダー，ステークホルダー分析
チーム	プロジェクト・マネジャー，プロジェクトマネジメント・チーム，プロジェクト・チーム
開発アプローチとライフサイクル	成果物，開発アプローチ，ケイデンス，プロジェクト・フェーズ，プロジェクト・フェーズ，プロジェクト・ライフサイクル
計画	見積り，正確さ，精密さ，クラッシング，ファスト・トラッキング，予算
プロジェクト作業	入札文書，入札説明会，形式知，暗黙知
デリバリー	要求事項，WBS，完了の定義，品質，品質コスト
測定	メトリックス，ベースライン，ダッシュボード
不確かさ	不確かさ，曖昧さ，複雑さ，変動制，リスク

●お勧めの学習順序

　最初に最も効果的な学習の順序を紹介しておこう。もちろん自分に合ったスタイルというものがある。そのため，合う合わないもあると思うが，知っていて損はない。部分的に取り入れることも，自分なりにアレンジすることも可能だ。それを前提にチェックしてほしい。

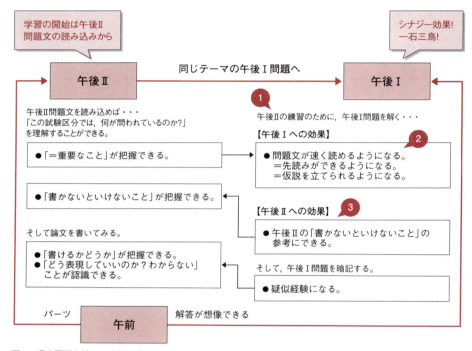

図1　過去問題を使った学習方法の流れ

　お勧めの学習順序を一覧にしたのが図1である。同じ情報処理技術者試験でも，テクニカル系はまた違うし，同じ論文系でも微妙な差異は存在するが，プロジェクトマネージャ試験の場合は，これが筆者のベストになる。学習のスタートは，"午後Ⅱ"から。しかも過去問題を読み込むところから始める。その理由を含めて序章で説明しておこう。

3. 午後Ⅱ（論述式）対策

ここでは，合格論文の実際の姿をつかんでもらおうと考えている。

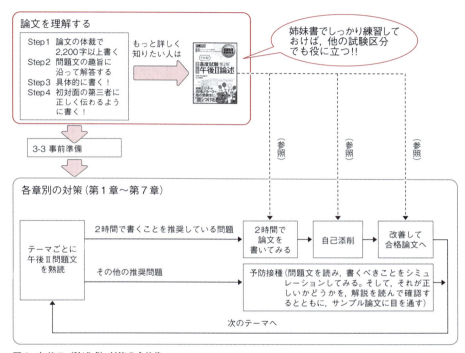

図2　午後Ⅱ（論述式）対策の全体像
※姉妹書に関しての最新情報は翔泳社のサイトをチェック！

3-1　論文試験の全体イメージ
3-2　合格論文とは？
　　Step1　論文の体裁で2,200字以上書く
　　Step2　問題文の趣旨に沿って解答する
　　Step3　具体的に書く！
　　Step4　初対面の第三者に正しく伝わるように書く！
3-3　事前準備
午後Ⅱ試験Q＆A

序章 合格するためにやるべき事

3-1 論文試験の全体イメージ

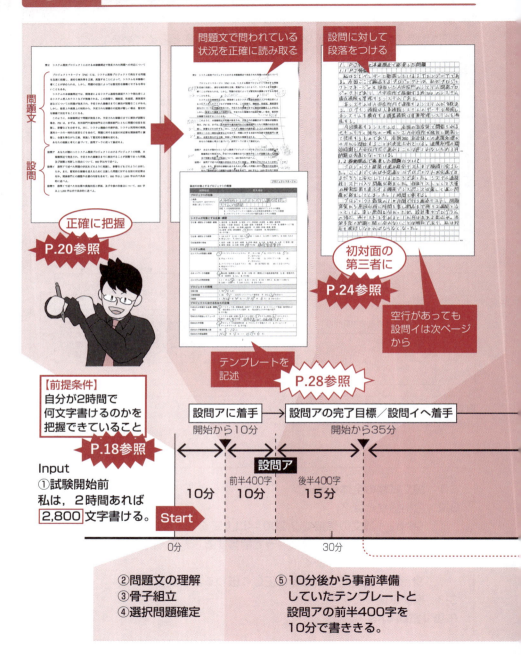

3. 午後II（論述式）対策

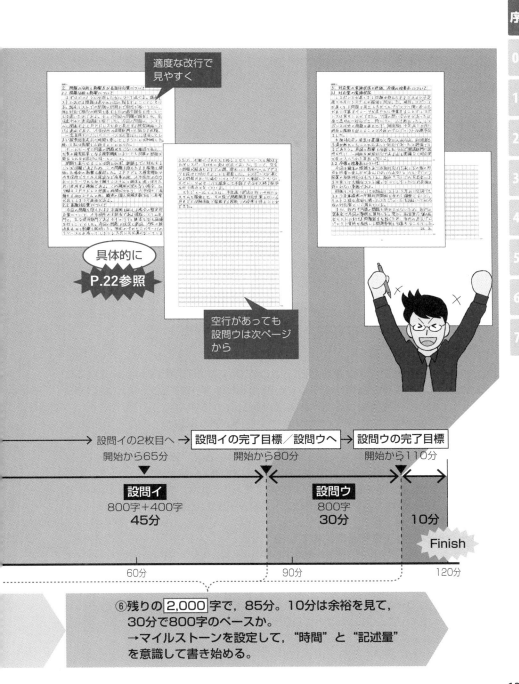

Column テーラリングと午後Ⅱ論述式問題

　プロジェクトマネージャ試験の午後Ⅱ論述式は，一言で言うと，テーラリングスキルが問われている。

テーラリング

　テーラリングとは，元々はオーダースーツを仕立てる時などに使われていた言葉だ。テーラードスーツとか，テーラーメイドなどという言葉を聞いたこともあるだろう。テーラーは洋服屋さんとか仕立て屋という意味になる。
　これがビジネスの世界で使われると，組織や企業が標準プロセスや開発標準などを適用する時に，当該組織や企業にフィットするように"仕立てる"という意味で使われる。システム開発プロジェクトの世界でも，PMBOKでは次のように定義している。

> 「プロジェクトをマネジメントするために，プロセス，インプット，ツール，技法，アウトプットおよびライフサイクル・フェーズの適切な組み合わせを決めること（第6版 P.721）」
> 「アプローチ，ガバナンス，プロセスが，特定の環境および目前のタスクにより適合するように，それらを慎重に適応させること（第7版 P.244）」

　プロセスベースの第6版と原理原則ベースの第7版では表現が違っているが，要するにPMBOKのような標準化されたモデルを活用する時には，「プロジェクトごとに当該プロジェクトの"個性"を考慮してアレンジして適合させてから使いなよ！」ということだ。
　言うまでもなく，プロジェクトにはそれぞれ独自性がある。個々のプロジェクトで作成する成果物も違えば，個々のプロジェクトに対するニーズも違う。一方，PMBOK等の標準モデルは，そうした個々のプロジェクトの独自性を除去して，どのプロジェクトにもよく見られる"共通部分"を中心に作成されている。言い換えれば"プロジェクトのあるある"だ。そのため，標準化されたものはそのままでは使えないので，適用させるための取捨選択や改変が必要になる。これをPMBOKでは**テーラリング**と称している。

パッケージのカスタマイズに似ている

　この考え方は，パッケージ製品を導入する時に，企業のスタイルに合わせてカスタマイズやアドオンするのと同様だ。パッケージでも，フィットギャップ分析をしてギャップを解消して導入する。ただ，プロジェクトマネジメントの場合は"ノンカスタマイズで"導入することはできない。つまり，テーラリング無くして導入することはほぼできない。PMBOKに合わせて，プロジェクトの独自性を変更することは不可能だからだ。

午後Ⅱ論述式試験では

　ここで，午後Ⅱ論述式試験で問われていることを思い出してみよう。平成 21 年以後の問題では，設問アで必ず「プロジェクトの特徴」が問われている。また，設問イで「工夫した点」がよく問われている。これらは，何を意味するのだろう？

　本当のところは知る由もないが（ひょっとしたら何かしら公表されているのかもしれないが），設問アの「プロジェクトの特徴」を"プロジェクトの個性"と，設問イの「工夫した点」を"テーラリング"と読み替えることもできそうである。

　仮にそうなら，「工夫した点」というのは，画期的な対策でも，独創性のある対策でも何でもなく，ただ単に特徴に合わせてテーラリングしただけという…極々当たり前の話になる。そして，午後Ⅱ論述式試験は，普段テーラリングをしている人か，そうでない人かを判断しているだけだともとれる。

　そう考えれば，設問アの「プロジェクトの特徴」がいかに重要な要素なのかがわかるだろう。本書序章の**「3-3-2　設問アの前半 400 字「プロジェクトの特徴」の作成」**を熟読して，概要と特徴の違いを含めて，今一度チェックしておこう。

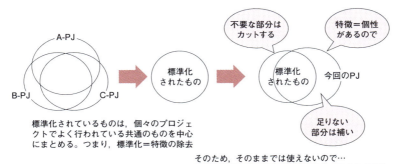

テーラリングのイメージ図

序章　合格するためにやるべき事

3-2 合格論文とは？

IPA 公表の午後 II 論述試験の採点方式と合格基準は次のとおりだ。

採点方式

　設問で要求した項目の充足度，論述の具体性，内容の妥当性，論理の一貫性，見識に基づく主張，洞察力・行動力，独創性・先見性，表現力・文章作成能力などを評価の視点として，論述の内容を評価する。また，問題冊子で示す "解答に当たっての指示" に従わない場合は，論述の内容にかかわらず，その程度によって評価を下げることがある。

合格基準（評価ランクと合否の関係）

評価ランク	内容	合否
A	合格水準にある	合格
B	合格水準まであと一歩である	不合格
C	内容が不十分である 問題文の趣旨から逸脱している	
D	内容が著しく不十分である 問題文の趣旨から著しく逸脱している	

　ただ，この採点方式では，どのように具体的に改善していけばいいのか努力の方向性がわからない。そこで，本書では，次のように 4 つのステップに分けて考えるように推奨している。

Step1　論文の体裁で 2,200 字以上書く（→ P.18）
Step2　問題文の趣旨に沿って解答する（→ P.20）
Step3　具体的に書く！（→ P.22）
Step4　初対面の第三者に正しく伝わるように書く！（→ P.24）

16

プロジェクトマネージャの仕事は，原則"指示"

　筆者は，受講生の論文添削を行う時にとても注意していることがあります。それは次のようなところです。

　①問題文から，プロジェクトマネージャに求められている行動を読み取る。
　②論文で，プロジェクトマネージャの行動が適切かを確認する。

　当然と言えば当然なのですが，この時に注意を払っているのが，次の点なんですね。

　・プロジェクトマネージャは誰かに指示をだしているのか？
　・プロジェクトマネージャが自ら作業をしているのか？

　基本，プロジェクトマネージャの仕事は"マネジメント"なので，仕事を与える，指示することが仕事になります。しかし，論文を読んでいると，指示を出したかどうかわかりにくいものや，何もかも自分自身でやってしまっているものが多いんですね。というのも，問題文では**「あなたはどのような指示を出したのか？」**という表現にはなっていなくて，指示を出すという行為も含めて**「あなたは何をしたのか？」**という表現になっているので，ついつい「自分が○○した」と書いてしまうのです。
　確かに，ユーザ側のステークホルダとの交渉や，計画の変更，体制の見直しなどはプロジェクトマネージャが「自分で行う」行動になります。しかし，設計，開発，テストなどは，プロジェクトマネージャが行うものではありません。プロジェクトによっては「PM兼SE」として兼務することもありますが，論文に書く事例では，それは避けた方がいいのです。PMに専念している立場でないと，マネジメントスキルの判断ができないからです。
　中には，「問題発生時の原因分析」のように，「チームリーダに指示を出す」ケースもあれば，「PM自身が原因を追究する」ケースもあり，ケースバイケースのものもありますが（その場合は，問題文がどっちを期待しているのかを注意深く読み取る必要がある），基本プロジェクトマネージャの仕事（行動）は，次の３つ。

- **意思決定をする**
- **指示を出す**
- **設計や開発作業はしない**

そう考えておきましょう。迷ったら「指示を出した」にしておけば安全です。実際の現場でもそうですよね。優秀な管理職のコンピテンシーは"適切に仕事を与えられるスキル"です。
　これまで何度か論文試験でB評価だった人は，特に，自分で何でもかんでも抱え込んでいないか，作業をしていないかを考え直してみてください。そこにメスを入れるだけでA評価に変わるかもしれません。

Step1　論文の体裁で 2,200 字以上書く

(1) 2時間で書く練習の意義

　論文試験の難しいところは,「単に経験した内容を書くのではなく,問題文と設問に沿って解答しなければならない」というルールがあり,更に「事前準備はするものの,それがそのまま使えるようなことはない」という点にある。そのために2時間で論文を書く練習が必要になる。

　2時間で論文を書くことが有効かどうか,筆者の過去の講座で見てきたことをお話しする。2時間で論文を書いたときの成長過程は下図のようになる。

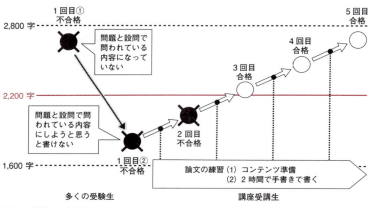

図3　受講生の成長パターン

　この図のように,1回目に論文を書いてもらうと,受講者の90%が以下のいずれかで不合格論文になっている。

①2,200字以上だが,内容が問題に即していない不合格論文になっている
②問題に即した内容にしようとして2,200字に至らず不合格論文となっている

　おそらく,多くの受験生がこの1回目で苦手意識を持ってしまい,無理だと思うのだろう。しかし,ここからが重要である。
　この後,2回目になると少し改善され,3回目には更にもう少し,4回目か5回目には,多くの人が合格論文になるのである。興味深いのは,筆者の受講生のほぼ95%以上が,最終的に合格論文を書けるようになっていることだ。確かに知識量の増加もあるが,それ以上に"慣れ"がその原因だと考えられる。重要なのは,1回目ではできなくても何回か実施している間に,できるようになるという事実である。

（2）早く論文が書けるようになる方法

　それでは次に，論文を早く書けるようになる方法を紹介しよう。

とにもかくにも，1本目を早く書く

　午後Ⅱ試験が不安な人は，とにもかくにも1本目の論文を早く書くようにしよう。もっとも得意な分野で構わない。すぐに2時間使って1本書いてみよう。全く手が動かなくても2時間は使うこと，そこは必須。それが，最も早く論文を仕上げる最大のポイントになる。

最も苦痛な勉強とは

　人が最もやりたくない勉強は，「アウトプット学習で，アウトプットできないまま長時間考え続ける」ことである。具体的には，2時間で論文を書いてみようと考えて挑戦してみたものの，全く手が動かない中で，2時間頑張ってみるというものだ。想像しただけで，"やりたくない"，"無理だ"と感じるだろう。

　だから普通は，誰もやらない。無駄に時間を過ごしていると感じるし，そんな時間があったら午後Ⅰでも解いてみようかとなってしまう。先に知識を付けようと考えたり，サンプル論文を見たりするかもしれない。要するに，他にやらないといけないこと，やるべきことがあると思ってしまって，そっちを先にやろうとする。手応えが全くなく，自信を持てないことも選択しない理由の一つだろう。

筆者の講座では，初回から書いてもらっている

　しかし，筆者の講座では，初回から講座の中で「2時間論文を書く」という行為を強いている。書いてもらっている。その結果，前述のとおり3～5回目で論文が仕上がっている。合格率もいい。講座も終わるころには「論文は大丈夫」と自信を持っている受講生が多い。つまり，早く仕上がっている。

　その理由は簡単。論文の改善とは，コミュニケーションそのものの改善に他ならないので時間がかかるからだ。早くから始めないと，試験本番までに仕上がらない。2時間ストールしていてもOK。2時間も「なぜ書けないのか？」を自問自答するだけでも，ちゃんと前に進んでいる。そこで一つでも二つでも課題が見えてくればさらにいい。早くに課題さえわかれば何とでもなるからだ。そう考えて，早くに着手してみよう。

序章　合格するためにやるべき事

Step2　問題文の趣旨に沿って解答する
〜個々の問題文の読み違えを無くす！〜

　前述の Step1 や，後述する Step3，Step4 は，情報処理技術者試験の午後Ⅱ論述式試験の…全区分全問題共通のものだが，ここで説明する注意点は，個々の問題ごとのもの及び対策になる。ある程度論文が書けるようになっても，本番で解いた 1 問の出題趣旨等を読み違えて，問われていることと違うことを書いてしまっては，とてももったいない。

（1）問題には正解がある

　情報処理技術者試験の午後Ⅱ論述式試験にも "正解" がある。問題文中に記載されている "状況"，"あるべき姿"，"例" などの中に。問題文は抽象的なので，その抽象的なことを具体的にした内容が正解なのだから。

　・問題文中に記載されている "あるべき姿" に合致していること
　・問題文中に記載されている "状況" と類似の状況
　・問題文中に記載されている "例" と類似の経験

（2）問題文を読み込む

　それゆえ筆者は，試験対策講座で必ず「論文対策の中心は，過去の午後Ⅱ問題文を徹底的に読み込むこと」という話をしている。この本に，過去に出題された問題全 69 問を掲載しているのは，何度も繰り返し読み込めるようにと考えてのことである。

　問題文という "正解" を徹底的に暗記するくらいまで読み込むことで，少なくとも "どういう経験を書かないといけないのか？" を知ることができる。加えて，あるべき姿も頭に入るので，できるだけ早い段階から着手するのが理想である。

（3）予防接種をする

　本書では，各問題文の読み違えを無くすために，次のような手順で対策をしておくことを推奨している。筆者はこの学習方法を"予防接種"と呼んでいる。問題文の読み違えは，1度引っかかっておけば2度目は引っかからないからだ。それまでの先入観を上書きし，新たな先入観を"免疫"として習得しておけば，少なくとも試験本番時に問題文を読み違えることはないと考えているからだ。

【予防接種の具体的手順（1問＝1時間程度）】

①午後Ⅱ過去問題を1問，じっくりと読み込む（5分）

　「何が問われているのか？」，「どういう経験について書かないといけないのか？」を自分なりに読み取る

　※該当する過去問題を各章に掲載しています

②それに対して何を書くのか？"骨子"を作成する。できればこの時に，具体的に書く内容もイメージしておく（10分～30分）

③本書の解説を確認して，②で考えたことが正しかったかどうか？漏れはないかなどを確認する（10分）

　※各午後Ⅱ問題文に対して，手書きワンポイントアドバイスを掲載しています。さらに，ページ右上のQRコードからアクセスできる専用サイトで，各問の解説を提供しています。

④再度，問題文をじっくりと読み込み，気付かなかった視点や勘違いした部分等をマークし，その後，定期的に繰り返し見るようにする（10分）

序章　合格するためにやるべき事

Step3　具体的に書く！

　論文は"具体的に述べよ"という指示があるので，その指示通りに具体的に書く必要がある。これは，問題文が抽象的に書かれており，それを「あなたの場合」として具体的に書いてほしいという意図である。

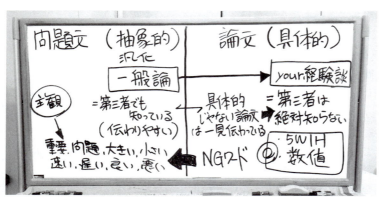

写真1　筆者が開催する試験対策講座で実際に説明で使っている板書

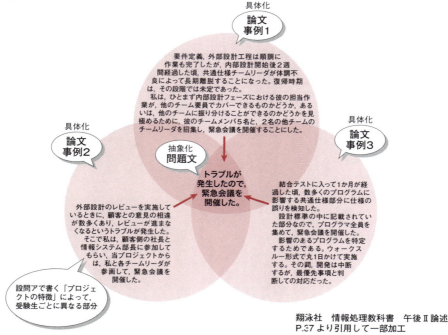

翔泳社　情報処理教科書　午後Ⅱ論述
P.37 より引用して一部加工

図4　問題文と論文の関係（問題文はこのように抽象化されているという一例）

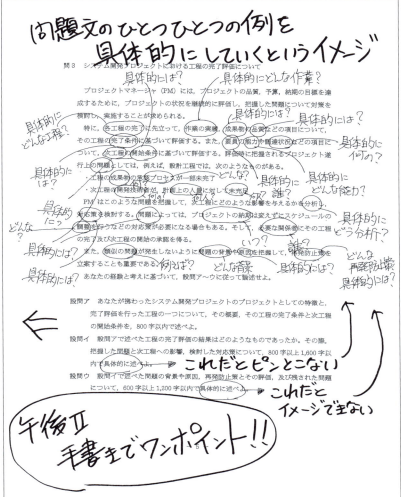

図5 具体的に書くということのイメージ

　本書のサンプル論文を活用すると"具体的に書く"ということを理解することができる。本書には，他に類を見ない圧倒的なサンプル論文が特典として付いているため，それを利用して下記のポイントをチェックしよう。

①自分の考えた具体的なレベルと，サンプル論文の具体的なレベルの比較
②設問アの前半（プロジェクトの特徴）で書くべきことの確認
③定量的な表現の確認

序章　合格するためにやるべき事

Step4　初対面の第三者に正しく伝わるように書く！

　論文を採点するのは，あなたのことを全く知らない初対面の第三者である。昨日までの過去を共有している相手ではない。したがって，初対面の第三者に一方的に自分の経験したことを話す技術が必要になる。

（1）表現力の基本は5W1H

　説明に必要な要素は省略することなく丁寧に説明する。

When（いつ）：時間を表す。時間遷移があった時に必須

Where（どこで）：場所を表す。場所が移動した時に必須

Who（だれが）：主語。主語が変わる時に必須

Why（なぜ）：理由や根拠。非常に重要

What（なにを）：　｝「〜どうしたのか」行動や

How（どのように）：　｝述語につなげる

（2）定量的表現で客観性を持たせる

　数字を書かなければ合格できないわけでは無いが，主観でしかない程度を表す表現（大きい，小さい，速い，遅いなど）は極力使わず，客観的な数値を使うようにしよう。"大きい"よりも例えば"1万人月"。こう表現したら，それは"1万人月"以上でも以下でもなく正確に相手に伝わる。

（3）二つの"差"で表現する

　よく「問題や課題は引き算」という表現を耳にする。「"課題"や"問題"とは"理想"と"現実"の"差"」という意味だ。これを論文で表現すると，読み手に正確に伝わるようになる。

程度で表した主観的表現 （抽象的…，どれくらいかもわからない）	二つの"差"で客観性を持たせた表現
見積り金額をオーバーしてしまった。	当初の見積りでは50人月だったが，結果的に55人月になってしまった。
進捗が遅れだした。	本来，今日の段階でプログラムが10本完成していなければいけないところ，まだ8本しか完成していない。残りの2本が完成するのは3日後になるらしい。
	計画では，今日から作業に入るはずだったが，前の作業が終わっていないために，早くても1週間後になる。

24

（4）スケジュールなどの"図"を言葉だけで説明する（P.373 コラム参照）

例えば，下記のようなスケジュールを言葉だけで正確に相手に伝える。

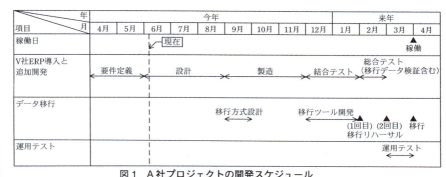

図1　A社プロジェクトの開発スケジュール

（5）結論先行型の文章にする

上の順番で説明するより，下の順番で説明した方が伝わりやすい。

①住んでいるのは比較的暖かい場所です。
②インドやアフリカですね。
③すごく子供思いで，子供を大切にしています。
④動物園には必ずいる愛らしい動物です。
⑤そうです，動物のゾウ，エレファントのことです。

①今から"ゾウ"の話をします。そうです，動物の"ゾウ"，エレファントです。
②住んでいるのは比較的暖かい場所です。
③インドやアフリカですね。
④すごく子供思いで，子供を大切にしています。
⑤動物園には必ずいる愛らしい動物です。

（6）表現力を高める練習をする

初対面の第三者との会話機会が多ければ，自ずと初対面の第三者に正しく伝えることが上手くなる。したがって，積極的にそういう機会を持つことが望まれる。自己紹介，プレゼンテーション，講義などを積極的に行うといいだろう。

 **Column ▶ 他の論述式試験区分に合格している人**

　最後に，他の論述式試験で合格している人がプロジェクトマネージャ試験を受験する場合の注意点について考えていこう。

システムアーキテクト試験，ITサービスマネージャ試験の合格者

　プロジェクトマネージャ試験の受験者は，システムアーキテクト試験とITサービスマネージャ試験の合格者が少なくない。対して，システムアーキテクト試験やITサービスマネージャ試験の受験者は"論文試験初挑戦"の人が多い。それは，応用情報技術者試験の次に位置づけられる試験で，キャリアそのものを考えてもそうなることは理解できる。**したがって"合格のしやすさ"を考えた場合，プロジェクトマネージャ試験の方が激戦になると考えて，ギヤをもう一段上げるようにしなければならない**。決して，システムアーキテクト試験とITサービスマネージャ試験の合格をもって「論文試験ってチョロイよな」と舐めてかからないようにしよう。他の4区分の論文試験に合格しているにもかかわらず，プロジェクトマネージャ試験だけ合格しないという人も結構いるという事実もある。

　システムアーキテクト試験やITサービスマネージャ試験に合格した人なら，具体的に書くとか，設問アとイ，ウで整合性を取るという基本的な部分はできているはずだ。だから，そこは同様に考えていい。

　しかし，システムアーキテクト試験の場合は，定量的に表現することが少ないため，数字をあまり使わなくても合格論文にはなる。しかしプロジェクトマネージャ試験では，**マネジメントそのものが数字のチェックから入る以上，避けては通れないところがある**。そこを十分に意識しておこう。試験対策期間中に，必要な数字が何かを把握して，その数字を集めるようにしよう。

　一方，ITサービスマネージャ試験においては，同じマネジメントの問題でもあり数字が必要になってくる。SLAやTCOを定量的に書かないといけないからだ。そういう意味では，ちゃんと数字を書いて合格した人は同じような対策をすればいい。しかし，そうでない場合は同様に，数字を意識して数字を集めるという対策をしていこう。いずれにせよ，**サンプル論文で"定量的表現"がどのレベルで行われているのか？**それは，システムアーキテクト等の試験対策をしていた時のものと，同じなのか違うのか？それを確認してみよう。

IT ストラテジスト試験の合格者

IT ストラテジスト試験は，相対的にプロジェクトマネージャより難易度の高い試験区分（最高峰）だと，市場では評価されている。したがって，プロジェクトマネージャ試験は格下だから容易に合格できると考えてしまいがちだ。定量的な数値が必要ではある部分も同じで，事前準備も，事業概要や戦略から整理していくという対策になるので，それも含めて同じ対策で問題ない。

しかし，IT ストラテジスト試験では，時間遷移をあまり求められないので（IT ストラテジストは企画フェーズが多いので），そこが疎かになりやすい。実際に添削していても，**IT ストラテジスト試験合格者の書く論文は，"いつ？"と疑問に思うものが多い**。プロジェクトマネージャ試験では，論文の中で時間は進んでいくことが多い。そこで読み手を置き去りにしないように注意しよう。サンプル論文の時間遷移の表現を中心にみていくことをお勧めする。

なお，筆者の実施している IT ストラテジスト試験の論文対策では，**アウトプットではなく，「調査」と「インプット」を中心に行うことを推奨している**。それは，IT ストラテジスト試験の受験者の特徴が①実際にコンサルテーションをしている人が案外少なく，②他の試験区分に合格している人が多いからだ。次に IT ストラテジスト試験を受験する人は念頭に置いておこう。

システム監査技術者試験の合格者

システム監査技術者試験の最大の特徴は，設問で問われていることに一問一答で答えていった方がいい点である。そのため論文も「監査手続は，…」とか，「予備調査は…」とか，段落ごとに"ぶつ切り"になっている。しかし，他の論文試験の４区分では，**いずれも設問アから設問イへ，設問イから設問ウへ，論文だけを読んでも論旨展開がわかるようにした方がいい**。プロジェクトマネージャの論文だったらなおさらだ。その視点で，プロジェクトマネージャ試験のサンプル論文を見るようにしよう。そして，そこを中心に意識して論文を仕上げていこう。

また，システム監査技術者試験の論文は，①"あるべき論（監査基準等）"で書くべきところもあったり，ある程度，"あるべき論"で書いても相対的に問題無かったりするところがある。しかし，プロジェクトマネージャ試験で"あるべき論"は問題文に書いてある。問題文に書いてないものならすばらしいが，具体化せずにとなると大きな減点の可能性もある。注意しよう。

そして最後にもう１つ。システム監査技術者試験では，"数値"を出すことも少なく，程度の表現が許容されることもある。「十分安全である。」という表現などだ。プロジェクトマネージャ試験では，定量的な基準が重要なので注意しよう。

序章　合格するためにやるべき事

3-3　事前準備

　ここでは，論文の事前準備について説明しておく。取り急ぎ準備しておくべきことは「"論述の対象とするプロジェクトの概要"の作成」と「設問アの前半400字「プロジェクトの特徴」の作成」，「設問ウのパターンを念のため準備しておく」の3つだ。

3-3-1　"論述の対象とするプロジェクトの概要"の作成

　最初に準備するのは，「論述の対象とするプロジェクトの概要」…通称"テンプレート"である。試験本番時の解答用紙（＝論文の原稿用紙）には，表紙のすぐ裏に，次ページの図6のような「論述の対象とするプロジェクトの概要」というおおよそ15問ほどの質問項目がある。これを，事前に準備しておこう。

　なお，このテンプレートに関しては，過去の採点講評（IPAが毎回公表しているもの）で次のように指摘されている。

表1　採点講評から学ぶ"論述の対象とするプロジェクトの概要"に関する注意事項

平成21年度	本年度は，"論述の対象とするプロジェクトの概要"の記述内容の不備が目立った。解答を理解するための重要な情報であり，また，プロジェクトマネージャ（PM）としての経験が表現されるので，的確に記述してほしい。
平成22年度	"論述の対象とするプロジェクトの概要"での記述内容と論述との不整合など，本年度も，"論述の対象とするプロジェクトの概要"の記述内容の不備が目立った。解答を理解するための重要な情報であり，また，プロジェクトマネージャ（PM）としての経験が表現されるので，的確に記述の上，論述してほしい。
平成23年度	"論述の対象とするプロジェクトの概要"において，"プロジェクトの規模"や"プロジェクトにおけるあなたの立場"の質問項目で記入した内容が論述とは整合がとれていないなど，本年度も記述内容の不備が目立った。解答を理解するための重要な情報であり，プロジェクトマネージャとしての経験が表現されるので，的確に記述の上，論述してほしい。
平成25年度	"論述の対象とするプロジェクトの概要"において，記述した内容に整合性がとれていないなど，記述内容の不備が目立った。対象とするプロジェクトを整理して，的確に記述の上，論述してほしい。
平成29年度	全問に共通して，"論述の対象とするプロジェクトの概要"で質問項目に対して記入がない，又は記入項目間に不整合があるものが見られた。これらは解答の一部であり，評価の対象であるので，適切に論述してほしい。
平成30年度	全問に共通して，"論述の対象とするプロジェクトの概要"で記入項目間に不整合がある，又はプロジェクトにおける立場・役割や担当した工程，期間が論述内容と整合しないものが見られた。これらは論述の一部であり，評価の対象となるので，適切に記述してほしい。
平成31年度	"論述の対象とするプロジェクトの概要"については，各項目に要求されている記入方法に適合していなかったり，論述内容と整合していなかったりするものが散見された。要求されている記入方法及び設問で問われている内容を正しく理解して，正確で分かりやすい論述を心掛けてほしい。

　これらの指摘を見る限り，①試験の本番時には，絶対に記入するということ，②論文の本文と矛盾の無いように記入することの2点は，最低順守事項だと認識しておいた方がいいだろう。

28

3. 午後Ⅱ（論述式）対策

論述の対象とするプロジェクトの概要

質問項目	記入項目
プロジェクトの名称	
①名称 30字以内で，分かりやすく簡潔に表してください。	 【例】 1. 小売業販売管理システムにおける売上統計サブシステムの開発 2. サーバ仮想化技術を用いた生産管理システムのIT基盤の構築 3. 広域物流管理のためのクラウドサービスの導入
システムが対象とする企業・機関	
②企業・機関などの種類・業種	1. 建設業　2. 製造業　3. 電気・ガス・熱供給・水道業　4. 運輸・通信業 5. 卸売・小売業・飲食店　6. 金融・保険・不動産業　7. サービス業 8. 情報サービス業　9. 調査業・広告業　10. 医療・福祉業 11. 農業・林業・漁業・鉱業　12. 教育（学校・研究機関）　13. 官公庁・公益団体 14. 特定業種なし　15. その他（　　　　　　　　　　　　　　　　　　　）
③企業・機関などの規模	1. 100人以下　2. 101〜300人　3. 301〜1,000人　4. 1,001〜5,000人 5. 5,001人以上　6. 特定しない　7. その他（　　　　　　　　　　　　）
④対象業務の領域	1. 経営・企画　2. 会計・経理　3. 営業・販売　4. 生産　5. 物流　6. 人事 7. 管理一般　8. 研究・開発　9. 技術・制御　10. その他（　　　　　　　）
システムの構成	
⑤システムの形態と規模	1. クライアントサーバシステム（サーバ約　　　台，クライアント約　　　台） 2. Webシステム　　　　　（ア．（サーバ約　　　台，クライアント約　　　台） 　　　　　　　　　　　　　　イ．（サーバ約　　　台，クライアント分からない）） 3. メインフレーム又はオフコン（約　　　台）及び端末（約　　　台）によるシステム 4. 組込みシステム（　　　　　　　　　　　　　　　　　　　　　　　　　） 5. その他（　　　　　　　　　　　　　　　　　　　　　　　　　　　　　）
⑥ネットワークの範囲	1. 他企業・他機関との間　2. 同一企業・同一機関などの複数事業所間 3. 単一事業所内　4. 単一部署内　5. なし　6. その他（　　　　　　　　）
⑦システムの利用者数	1. 1〜10人　2. 11〜30人　3. 31〜100人　4. 101〜300人　5. 301〜1,000人 6. 1,001〜3,000人　7. 3,001人以上　8. その他（　　　　　　　　　　）
プロジェクトの規模	
⑧総工数	（約　　　　　人月）
⑨総額	（約　　　　　百万円）（ハードウェア　　　　　　　の費用を　ア．含む　イ．含まない） 　　　　　　　　　　　（ソフトウェアパッケージの費用を　ア．含む　イ．含まない） 　　　　　　　　　　　（サービス　　　　　　　　の費用を　ア．含む　イ．含まない）
⑩期間	（　　　　年　　月）〜（　　　　年　　月）
プロジェクトにおけるあなたの立場	
⑪あなたが所属する企業・機関など	1. ソフトウェア業，情報処理・提供サービス業など 2. コンピュータ製造・販売業など　3. 一般企業などのシステム部門 4. 一般企業などのその他の部門　5. その他（　　　　　　　　　　　　　）
⑫あなたが担当した作業	1. システム企画　2. システム設計　3. プログラム開発　4. システムテスト 5. 移行・導入　6. その他（　　　　　　　　　　　　　　　　　　　　　）
⑬あなたの役割	1. プロジェクトの全体責任者　2. プロジェクトマネージャ 3. プロジェクトマネジメントスタッフ　4. チームリーダ　5. 担当者 6. その他（　　　　　　　　　　　　　　　　　　　　　　　　　　　　　）
⑭　あなたが参加したプロジェクトの要員数	（約　　　〜　　　人）
⑮あなたの担当期間	（　　　　年　　月）〜（　　　　年　　月）

図6　論述の対象とするプロジェクトの概要

序章　合格するためにやるべき事

論述の対象とするプロジェクトの概要

質問項目	記入項目
プロジェクトの名称	
①名称 　30字以内で，分かりやすく簡潔に表してください。	玩具卸売業を営むA社の販売管理システム再構築プロジェクト 【例】 1. 小売業販売管理システムにおける売上統計サブシステムの開発 2. サーバ仮想化技術を用いた生産管理システムのIT基盤の構築 3. 広域物流管理のためのクラウドサービスの導入
システムが対象とする企業・機関	
②企業・機関などの種類・業種	1. 建設業　2. 製造業　3. 電気・ガス・熱供給・水道業　4. 運輸・通信業 ⑤卸売・小売業・飲食店　6. 金融・保険・不動産業　7. サービス業 8. 情報サービス業　9. 調査業・広告業　10. 医療・福祉業 11. 農業・林業・漁業・鉱業　12. 教育（学校・研究機関）　13. 官公庁・公益団体 14. 特定業種なし　15. その他（　　　　　　　　　　　　　　　　　　）
③企業・機関などの規模	1. 100人以下　2. 101～300人　③301～1,000人　4. 1,001～5,000人 5. 5,001人以上　6. 特定しない　7. その他（　　　　　　　　　　　　）
④対象業務の領域	1. 経営・企画　2. 会計・経理　③営業・販売　5. 生産　6. 物流　6. 人事 7. 管理一般　8. 研究・開発　9. 技術・制御　10. その他（　　　　　　　）
システムの構成	
⑤システムの形態と規模	1. クライアントサーバシステム（サーバ約　　台，クライアント約　　台） ②Webシステム　　　　　　　（ア．（サーバ約 20 台，クライアント約 500台） 　　　　　　　　　　　　　　　イ．（サーバ約　　台，クライアント 分からない）） 3. メインフレーム又はオフコン（約　　台）及び端末（約　　台）によるシステム 4. 組込みシステム（　　　　　　　　　　　　　　　　　　　　　　　） 5. その他（　　　　　　　　　　　　　　　　　　　　　　　　　　　）
⑥ネットワークの範囲	1. 他企業・他機関との間　②同一企業・同一機関などの複数事業所間 3. 単一事業所内　4. 単一部署内　5. なし　6. その他（　　　　　　　）
⑦システムの利用者数	1. 1～10人　2. 11～30人　3. 31～100人　4. 101～300人　⑤301～1,000人 6. 1,001～3,000人　7. 3,001人以上　8. その他（　　　　　　　　　　）
プロジェクトの規模	
⑧総工数	（約 120 人月）
⑨総額	（約 120 百万円）（ハードウェア　　　　　　の費用を　ア. 含む　⑦. 含まない） 　　　　　　　　　　　（ソフトウェアパッケージの費用を　ア. 含む　⑦. 含まない） 　　　　　　　　　　　（サービス　　　　　　　の費用を　ア. 含む　⑦. 含まない）
⑩期間	（　2019　年 4 月）～（　2020　年 3 月）
プロジェクトにおけるあなたの立場	
⑪あなたが所属する企業・機関など	①ソフトウェア業，情報処理・提供サービス業など 2. コンピュータ製造・販売業など　3. 一般企業などのシステム部門 4. 一般企業などのその他の部門　5. その他（　　　　　　　　　　　　）
⑫あなたが担当した作業	1. システム企画　②システム設計　③プログラム開発　④システムテスト ⑤移行・導入　⑥その他（ プロジェクト全体の取りまとめ　　　　　）
⑬あなたの役割	1. プロジェクトの全体責任者　②プロジェクトマネージャ 3. プロジェクトマネジメントスタッフ　4. チームリーダ　5. 担当者 6. その他（　　　　　　　　　　　　　　　　　　　　　　　　　　　）
⑭あなたが参加したプロジェクトの要員数	（約 10 ～ 20 人）
⑮あなたの担当期間	（　2019　年 4 月）～（　2020　年 4 月）

図7　「論述の対象とするプロジェクトの概要」の記載例

名称は大切。論文の本文にも同じ名称で記述する。
1回見ただけで，イメージしやすいもので，かつ記憶できるようなものを考える。

複数記入は全然OK。但し，トレードオフのものを除く。

設問アの「プロジェクトの特徴」他，本文と矛盾の無いように注意が必要。この例のように，担当したフェーズが，開発全体のPMであれば，設計段階の管理人数は少なく，PGの時に最大になるはず。

30

「論述の対象とするプロジェクトの概要」の記載例を図7に示しておく。ここは，細かいルールがあるわけでもなく，自分自身が理解したとおりに素直に記載すればいい。先に説明したとおり，「本文と矛盾の無いように，絶対に記載しておくこと」が重要なだけで，「どう書いても OK ！」というと言い過ぎかもしれないが，誤解のないようにだけ心がければ大丈夫だ。「これだと誤解を招くな」と思ったら，"その他"を使って文章で補足説明をしても良い。

Point-1. 論文本文との間，及び，テンプレート内での矛盾が無いように書く

テンプレートと論文本文との間に矛盾がないように書かなければならないということは，それすなわち，「テンプレートに記述した内容でも，必要に応じて論文の本文に記載する。」ということである。テンプレートに書いたから，冗長になるので，本文には記述する必要がないということではない。その点，しっかりと理解しておいてほしい。

また，テンプレートの中にも矛盾が発生することがある。実際の経験であれば，そういう矛盾は発生しないが，疑似経験で書きあげる場合は注意しよう。例えば，役割が"プロジェクトの全体責任者"であるにも関わらず，"プロジェクトの規模"の中の項目が"分からない"であったり，"システムの規模"の中の項目が"分からない"というのは，どうだろう。全期間を通じてプロジェクトの全体責任者の立場なのに，管理対象人数のピーク時の人数に担当期間を掛け合わせた工数が，総工数よりも少ないというのも疑問だ。そういった点には注意しなければならない。

Point-2. 該当箇所が複数あった場合

問題文の注意事項にも明記されているが，該当箇所が複数ある場合は，該当するものすべてに○を付けておけばいい。中にはトレードオフのものがあるかもしれないが，注意すべきはそれだけだ。

Point-3. 質問の意図がわからない場合

質問の意図がわからないときは，自分なりの解釈で書けば良い。自分の解釈に不安があれば，「その他」を使って（　）内に書けば良い。

Point-4. 試験本番時に変わっていても面喰らわない

最後に1点。図6，図7の質問項目はあくまでも過去のもの。今回の試験で，予告なく変更されていることがある。そのときは臨機応変に落ち着いて対応しよう。注意事項やルールを確認して，それに従って，事前準備した内容をアレンジすればいい。

序章　合格するためにやるべき事

3-3-2　設問アの前半400字「プロジェクトの特徴」の作成

　今回の試験問題も例年通りだとしたら，設問ア（800字）では，二つのことが問われていて，そのうちの一つ（たいていは前半部分）が，「プロジェクトの特徴」になっている。これは，平成21年度（この年度から試験方式が若干変更になった）以後の問題では全て共通だ。もちろん，予告なく変更される可能性もゼロではないが，だからといって準備しなくてもいい理由にはならない。まずは，「プロジェクトの特徴」を400字程度で準備をしておこう。"採点講評"に見られる指摘事項は次のとおりである。

表2　採点講評から学ぶ"設問ア：プロジェクトの特徴"に関する注意事項

平成21年度	各問に共通した点として，設問アではプロジェクトの特徴に対して，システムの特徴を記述する論述が多かった。
平成22年度	各問に共通した点として，設問アではプロジェクトの特徴に対して，プロジェクトの概要やシステムの特徴についての論述が多かった。
平成24年度	設問アについては，"プロジェクトとしての特徴"の論述を求めたが，システム開発に至った背景やシステムの機能，開発するシステムへの期待，受験者がプロジェクトに参加するに至った背景，自分の経歴に終始した論述が多かった。
平成25年度	設問アについては，システムの機能概要，受注の経緯，自分の経歴などの論述に終始し，問われていた"プロジェクトとしての特徴又はプロジェクトの概要"についての論述が適切でないものが散見された。
平成26年度	設問アについては，"プロジェクトの特徴"の論述を求めたが，システム開発に至った背景，開発システムの特徴，プロジェクトに参加することになった経緯，自分の経歴などに終始した論述が多かった。通常，プロジェクトの成否の評価要素として，計画した予算，納期，品質の達成状況があげられるが，これらの要素のうち，一つ以上について，その特徴を論述してほしい。
平成27年度	設問アでは，"プロジェクトの特徴"の論述を求めたが，以後に論述するプロジェクトに関する内容と関連性のない，又は整合しない特徴の論述が見られた。論述全体の趣旨に沿って，特徴を適切に論述してほしい。
平成28年度	設問アでは，"プロジェクトの特徴"の論述を求めたが，プロジェクトマネージャ（PM）としてプロジェクトをどのように認識したかを示し，以後の論述の起点となるものである。論述全体の趣旨に沿って，特徴を適切に論述してほしい。

Point-1."プロジェクト"についての話を"メイン"にすること

　上記表内の下線部分がNGになる。すなわち，**自分自身のこと**（自分の経歴）や，**背景**（受注の経緯，システム開発に至った背景，プロジェクトに参加することになった経緯），**対象システムのこと**（開発システムの特徴，システムの機能概要，開発するシステムへの期待）をメインに書いてはいけないということである。そうではなく"プロジェクト"のことをメインに書く。

　プロジェクトの話とは，いつ立ち上がり，納期・品質・予算がどうで，他にどんな制約条件があり，どんな前提条件があるのかという部分。体制，リスク，契約なども含むだろう。すなわち，本書で第1章から第7章までの章見出しそのものである。

それがどうなのかを話の中心に持ってこないといけない。平成26年度の採点講評には,明確にプロジェクトの成果目標としての「予算,納期,品質」(本書の4章から6章)について明記するように指摘されている。

ただし,先のNGワードを絶対に書いてはいけないと言っているわけではないことに注意しよう。指摘されているのは,あくまでも「**プロジェクトの特徴に関する記述がなく(または少なく),それ以外の内容に"終始している"という内容は,よろしくない。**」という点だ。

設問アの前半部分は,論文の開始の部分でもある。したがって,"アイスブレーク"というわけでもないが,"スムーズに話を立ち上げるために",あるいは"プロジェクトの特徴につなげるために",プロジェクトの特徴以外の内容から入っていってもいい。筆者の場合,「私は,ソフトウェア開発企業で,流通系の顧客を担当しているプロジェクトマネージャである。」というところから始めることが多い。ワンパターンだが,毎回それで合格できている。それに,指摘の一つ"システム開発に至った背景"などでも,プロジェクトを立ち上げた背景と同じなのでプロジェクトの話の一部になるし,対象システムの説明もスコープを説明するために必要な時もある。

したがって,書いたから即減点というわけではない。**問題なのはその分量になる。**プロジェクトの特徴を補足するための程度(少量。全体の25%程度の100字ぐらい)であれば問題ないし,逆に書いた方が良いケースもある。そのあたりは,サンプル論文を参考にしよう。なお,もちろん「今回,論述するプロジェクトは…」と,唐突に結論だけで話を立ち上げるのも全く問題はない。そのパターンでの合格実績もたくさん知っている。

Point-2.「特徴」と「概要」の違い

平成20年度までの試験では,設問アの前半部分で「プロジェクトの概要」が問われていた。今回の試験で問われると予想している「プロジェクトの特徴」が問われるようになったのは平成21年以後である。この両者,平成22年度の採点講評でも指摘されているように,明確に使い分けなければならない。

次ページの表に,両者の違いをまとめておいた。簡単に言うと,"概要"は全体を広く浅く説明したもので,"特徴"は他と比較して目立つところにフォーカスしたもの。表現一つと言えばそれまでだが,そこが重要なところでもある。

また,そのプロジェクトの特徴は,これから書こうとしている"テーマ"に沿ったものでなければならない点も言うまでもないだろう。「そもそも,…のような特徴があったから,〜というトラブルが発生した。」という感じで,本文につながるものが特徴になるように設定しよう。

序章　合格するためにやるべき事

表3　概要と特徴の相違点

用語	意味	例	
概要	全体の要点をとりまとめたもの。大要。あらまし（以上，大辞林より）	自社の説明	中堅の SI 企業である
		顧客の説明	K 社は地方の製薬会社である
		システムの説明	生産管理システム
		背景	構築後 10 年以上が経過し，改修を繰り返してきた結果，保守を継続していくことが困難。そのため再構築することになり，プロジェクトが立ち上がった。
		期間・工数	納期は 1 年，総工数は 200 人月
		体制	弊社の要員常時 10 名に，協力会社 L 社
		契約形態	全期間一括請負契約
		あなたの立場	本プロジェクトに，私はプロジェクトマネージャとして参画した。
特徴	他と比べて特に目立つ点。きわだったしるし。（大辞林より）ちなみに，"特長"とすると"すぐれている点"オンリーになる（特徴は，良くも悪くも他と違う点）。	期間・工数	納期厳守を強く求められている 余裕の一切ないタイトなスケジュール 私の会社の中では，前例のない大きなプロジェクト
		品質	今回のプロジェクトで開発するシステムは，A 社の心臓部に当たるため，非常に高い信頼性が求められている。RTO は 3 時間以内，RPO は障害発生時点になる。
		体制	規模は小さいが，納期も短い 初めてのオフショア開発 時期的に新人を教育しながらの遂行 初めて取引をする協力会社 マルチベンダ体制
		契約	通常とは違って，一括請負契約 通常とは違って，分割契約
		リスク	※リスク要因は，ほぼすべて特徴に入るだろう。通常とは違ったケースなので，リスクがあるのだともいえるので。

表4　採点講評から学ぶ"設問ア：プロジェクトの概要"に関する注意事項

平成 18 年度	各問の設問アではプロジェクトの概要を問うているが，システムの機能や構成などだけの論述があった。プロジェクトの概要の一般的な事項は，答案用紙の"論述の対象とするプロジェクトの概要"に記入している。設問アでは，各問に応じて更に具体化したプロジェクトの目標・スコープ，体制，遂行上の制約事項や，プロジェクトにおける受験者の立場と責任などをよく認識した上での論述を期待している。
平成 19 年度	各問の設問アではプロジェクトの概要を問うているが，システムや業務の概要，受験者が所属する企業や組織の紹介などに終始する論述があった。プロジェクト概要の一般的な事項を答案用紙の"論述の対象とするプロジェクトの概要"に記入した上で，設問アでは，プロジェクトの特徴や制約など，以降の論述内容を理解する重要な事項の記述を期待している。

　平成 19 年度には「プロジェクトの特徴」も概要の一つの要素だと指摘している。だとすれば，導入部分のプロジェクト概要を 200 字程度，その後にプロジェクトの特徴を 200 字程度準備しておけば，"概要"，"特徴"のどちらが問われても同じものでいける。

Point-3.「プロジェクトの概要」をどうするか

「プロジェクトの概要」に関しては、「プロジェクトの特徴」につなげるためのリードとして100字～200字程度は必要になる。先に説明しているとおり、"特徴"と"概要"は異なるものだが、概要の説明なしに特徴だけ説明しても、これまたものの順序に反することになる。少なくとも、**プロジェクト名称，開発対象システム，納期・品質・コスト，自分の立場や役割などの説明は避けては通れないだろう**。ちなみに、「プロジェクトの概要」についての採点講評は表4のようになる。

Point-4. 設問アの後半部分の考え方

設問アの後半は非常に重要な役割を果たす。小説でも午後Ⅰ問題でもそうであるが、最初の1ページ目は"つかみの部分"であり、読み手（採点者）にどれだけ状況をイメージさせることができるかがカギになる。当然、点数にも影響する。

設問アのうち、前半部分は事前にじっくりと時間をかけて準備することができることが多いが、後半部分はそうもいかない。試験問題によってアレンジしなければならないことが多いからだ。というのも、**設問アの後半部分の位置付けは、「プロジェクトの一部に焦点を当てて，もう少し詳しく説明し，設問イにつなげていく」というものに他ならないからだ**。このことを常に意識しながら、問題文と設問から書くべき内容を正確に読み取って、組み立てるようにしよう。具体的には、各章の午後Ⅱ演習の解説を読んで、ポイントをつかんでもらいたい。

図8　設問ア（後半）の構成

Column ▶ プロジェクト目標

　現行の試験体系に変わってから（平成21年から），午後Ⅱの問題で"プロジェクト目標"について問われることが多くなってきた。今後は，具体的にアウトプットできるように準備しておかないといけないだろう。

　しかし，"品質目標"とか，"目標性能"とかならイメージしやすいが，単に"プロジェクト目標"と言われると，成果物のことなのか，はたまた納期・品質・コストなどの制約条件のことなのか…何となく"ボヤッ"としてしまう。後述するPMBOKの定義を見ても抽象的でわかりにくい。

　そこで，ここはひとつ，"プロジェクト目標"という言葉について理解を深めておきたいと思う。いろいろな角度から"プロジェクト目標"について調べてみたので，その過程も含めて一緒に見ていこう。

辞書の定義

　やはり最初は，辞書による厳密な言葉の定義から理解するのが王道だろう。広辞苑【第6版】では，次のように説明されている。

> 【目標】目じるし，目的を達成するために設けた，めあて。まと。

　辞書によって微妙に異なることもあるが，ひとまずこれで理解しておいて問題ないだろう。混同しがちな"目的"との違いにも言及してくれているので，わかりやすいと思う。ちなみに，同辞書によると，"目的"は次のように説明されている。

> 【目的】成し遂げようと目指す事柄。行為の目指すところ。意図している事柄。

PMBOKの定義

　PMBOK（第7版）には，「プロジェクト目標というのは（具体的には）これだ！」という明確な記述はない。が，"目標（Objective）"の定義については，次のように説明をしている。

> **目標（Objective）**
> 作業が向かうべき対象，たとえば獲得すべき戦略的ポジション，達成すべき目的，得るべき結果，産出すべきプロダクト，または提供すべきサービス
> （PMBOKガイド第7版（日本語版）　P.250参照）

情報処理技術者試験での定義（従来型のプロジェクト）

それでは，我々に最も身近な情報処理技術者試験での定義はどうなっているのだろうか。辞書の意味と PMBOK の定義と比較しながらチェックしていこう。

最初に，本試験が開始された 1994 年に CAIT（旧中央情報教育研究所）より発刊された「**プロジェクトマネージャテキスト**」での定義を見てみよう（時代の流れとともに，この分野のデファクトスタンダードは PMBOK にシフトしてきたが，このテキストは，今でも伝説として語り継がれている "バイブル" である）。このテキストによると，次のように言及している。

> プロジェクトは特定の目的を持っており，目的を達成するための限定的に規定された活動対象がある。目的も，いくつかの具体的な定量化した目標で表されることが多い。目的，目標の達成度は，プロジェクトの成否を測る尺度である。

続いて，過去問題を調べてみよう。（冒頭で紹介したように）午後Ⅱ問題では，平成 18 年以後よく目にするようになった。

【"（プロジェクト（の））目標" という 表現が使われている午後Ⅱ問題】

平成 18 年問 1・問 2，平成 19 年問 1，平成 20 年問 2，平成 21 年問 1，平成 22 年問 1・問 2，平成 23 年問 3，平成 24 年問 2・問 3，平成 25 年問 2・問 3，平成 26 年問 2，平成 27 年問 2，平成 28 年問 2，平成 29 年問 1，令和 2 年問 2，令和 3 年問 2

それより前は "品質目標" という言葉なら見かけることもあった。しかし，"プロジェクトの目標" という言葉が使われるようになったのは，上記に示したとおり PMBOK 準拠の色合いが濃くなってきた平成 18 年度からである。

その後，平成 21 年には，はじめて "プロジェクトの目標" についての具体的なアウトプットが求められ，続く翌年には，（それまでは "プロジェクトの目標" という表現だったが）"プロジェクト目標" という表現に変わった。"の" が入るかどうかの微々たる違いではあるが，これで，PMBOK 公式版と同じ表現になった。

平成 18 年度の午後Ⅱ問 2 では，**「プロジェクトの範囲，品質，納期などの目標を守ることを前提にした対策を実施し，…」** という記述がある（これだけだと "プロジェクト目標 ≠ 目標" とも考えられるが，設問イにこれらのことを指して "プロジェクトの目標" と表現している。まさか，"プロジェクトの目標 ≠ プロジェクト目標" ということはないだろう）。

一方，午後Ⅰ試験では，数は少ないものの具体的な例として参考にできる。その代表例をピックアップしてみた。

序章　合格するためにやるべき事

【目的と目標を使い分けている例】

平成 22 年午後Ⅰ問 2

「**プロジェクトの目的と目標を明確に定めたプロジェクト憲章**を経営会議で決定してもらった上で，…。」

【目的の例】

平成 16 年午後Ⅰ問 4

「**営業部門の強化を目的とする**営業支援システムを構築することになった。」

平成 17 年午後Ⅰ問 1

「**決算の早期化を実現するため**，基幹系システムを再構築することにした。」

平成 17 年午後Ⅰ問 3

「**他社との差別化を目的に**，現行の情報サービスシステムを再構築するプロジェクトを立ち上げた。」

平成 17 年午後Ⅰ問 4

「**利用者へ一層充実したサービスを提供することを目的として**，コールセンタのシステムの機能を拡張することにした。」

平成 19 年午後Ⅰ問 1

「**会計システムを再構築するための**プロジェクトを立ち上げることになった。」

平成 21 年午後Ⅰ問 3

「**利用者へのサービス向上を目的に**，追加開発を行うことになった。」

平成 30 年午後Ⅰ問 1

「このプロジェクトは，**営業活動の機密性が高いデータも用いた実績分析や広告・宣伝活動におけるターゲット分析などの業務の高度化対応に加え，システムの運用・保守の作業負荷軽減や運用・保守の費用の最小化，システムのキャパシティ拡張の柔軟性確保を目的**としている。」

これらを見る限り，"何のために"プロジェクトを立ち上げたのか？というところが"プロジェクトの目的"だと考えればいいことがわかるだろう。PMBOK（第 6 版）の"ベネフィット"だと考えておけばいい。

【目標の例】

平成 20 年午後Ⅰ問 3

「保守システムの開発は，**1 年後の稼働開始を目標**として，（中略）スタートした。」

平成 21 年午後Ⅰ問 2

「**3 年後の全面稼働を目標**としているが，…」

平成 22 年午後Ⅰ問 2

　設問 2（3）「**プロジェクトの目標とは何か。**」

　解答例　「**今年度中に**移行を完了すること」

38

これらを見る限り，（最初に納期・品質・コストを決めてから実施する）従来型のプロジェクトでは，**プロジェクトの目標とは納期やコストなどの複数の要求（制約条件）を満たしながら，予め決めておいた成果物を完成させること**だとわかるだろう。特に，午後Ⅰ試験や午後Ⅱ試験で「プロジェクト目標は？」と問われている場合には，まずは次の三つをイメージするところから始めよう。

①納期に関する目標：いつまでに完成させるかという目標
②予算に関する目標：予算の範囲内で完成させるという目標
③品質に関する目標：どういう機能，非機能要件を満たせばいいかという目標

DX 関連のプロジェクトの場合

従来型のプロジェクトと異なり，DX 関連のプロジェクトのように "価値実現" を最大の目的とするプロジェクトでは，その最大の目的を達成するためなら，必ずしも当初に決めたことに固執することは無い。変化に対して柔軟に対応する姿勢が求められるのも，常に目的志向でいるからだ。

その場合，納期や予算は "プロジェクトで達成すべき目標" ではなく，目的を達成する上での "制約" になる。さらに，品質目標に関しては，目的と同義になる。例えば "顧客の体験価値を高める" ことがプロジェクトの最大の目的だった場合，目指すべき正解は，特定の機能ではなく "顧客の体験価値を高める" ことで判断される。状況が変化すれば，自ずと品質目標も変わることになる。

そういう意味では，DX 関連のプロジェクトでは，より目的志向になっていると言えるだろう。実際，令和２年以後の午後Ⅰの問題を見ても，プロジェクトの目的の大切さが伺える。絶対にマークしておかなければならないところになる。

≒予測型（従来型）
長期間にわたるウォータフォール型 PJ

≒適応型
DX 関連，アジャイル開発型 PJ

表1　構築プロジェクトと改善プロジェクトの目的及び QCD に対する考え方の違い

項目	構築プロジェクト	改善プロジェクト
目的	L 社業務管理システムの構築によって，業務プロセスの抜本的な改革を実現する。	L 社業務管理システムの改善によって，顧客の体験価値を高め CS 向上の目標を達成する。
品質	正確性と処理性能の向上を重点目標とする。	現状の正確性と処理性能を維持した上で，顧客の体験価値を高める。
コスト	定められた予算内でのプロジェクトの完了を目指す。要件定義完了後は，予算を超過するような要件の追加や変更は原則として禁止とする。	CSWG の活動予算の一部として予算が制約されている。
納期	業務プロセスの移行タイミングと合わせる必要があったので，リリース時期は必達とする。	CS 向上が期待できる施策に対応する要件ごとに迅速に開発してリリースする。

予測型（従来型）PJ と DX 関連プロジェクトの目的と目標の違い（令和３年午後Ⅰ問2より）

序章　合格するためにやるべき事

3-3-3　設問ウのパターンを念のため準備しておく

　昔（平成7年〜平成20年まで）の設問ウは，常に「私の評価，今後の改善点を簡潔に書け」というものだった。そのため，典型的なパターンを準備しておけば事足りていた。それが，平成21年度の試験から，設問ウも設問イと同じく何が問われるのか，問題ごとに異なるものに変更されたが，その後10年分の過去問題を見る限り，"評価と改善点"に近いものも，根強く問われている。したがって，準備はしておいた方が良い。

表5　設問ウでよく問われる言葉の意味

言葉	狙いや言葉の意味
実施状況と評価	設問イが"計画段階"の話で終わっている問題に多い。その計画が実際どうなったのか（＝実施状況）とその評価（下記参照）を書く部分になる
評価	ある行為について，その価値や意義を判断すること，認めること（自己評価とは，主観的感想のこと）
成果	ある行為によって得られた良い結果（つまり，客観的事象のこと）
課題	解決しなければならない問題。果たすべき仕事
改善点	改める必要のあるポイント

●実施状況

　設問イが計画段階の話で終わっている場合に，その計画が実際にはどうだったのか？という視点で，実施状況が問われる場合がある。基本は，問題文に合わせておけばいいだけだが，特に問題文にも要求が無い場合，普通に「計画通りに実施した。そこで，…という状況になったけど，それに対して…を計画していたので，大きな問題は避けられた。」という感じで，"問題なかった"としておけばいいだろう。

●評価

　前述のとおり，平成20年度までの問題は，ほぼすべての問題で問われていたものの一つである。最近でも，実施状況と組みあわせたりしながら，普通によく問われている定番の"設問"だ。基本的には，次のように考えればいいだろう。

【評価に対して書くべきこと】

①自己評価（主観）でいいのか，他人の評価（客観性）が必要なのかを問題文から読み取る

②悪い評価は必要はない。工夫した点を中心に"良かった"で終わる

③何がどのような観点から良かったのか？評価の理由を書く

　（思いつかなければ，ユーザや上司などから評価された点（客観的評価）を理由にする）

まず，問題文をよく読んで自己評価でいいのか，他人の評価が必要なのかを読み取る。特に何の記述も無ければ自己評価で構わない。

また，論文には"失敗経験"を書くわけもなく，自信のある"成功経験"を書いているはずなので，少なくとも自己評価としては「満足している」というものになるはずである。改善点や課題が続くからという理由で「今回，私が実施した対策には満足していない。もっと…するべきだったと反省している。」としても大きな問題にはならないだろうが，「今回，私が実施した対策に関しては，自分なりに…しておいて良かったと評価している。」と書いた時と比較すると，リスクしかないので避けた方がいい。設問ウの評価で「良かった」と書いたことが裏目に出る場合（否定される場合）は，そもそも設問イで実施した対策に問題があるからだ。設問イがしっかり書けている事と，設問ウで自己評価を高くすることは同じことになる。したがって，設問イまでしっかりとA評価であれば，設問ウの評価で「良かった」と書いて，それを理由にB評価になることはあり得ないので，自信をもって「良かった」と評価しよう。

そして最後に，何がどのような観点から良かったのか？評価の理由を書く。過去の採点講評でも，平成18年と19年に「設問ウでは，設問の要求である設問イの活動などとは関係なく，プロジェクトに関する評価や今後の改善点を論述しているものもあった。設問の要求内容をよく理解してほしい。」と公表している。

●改善点や課題

"改善点"や"（残された）課題"については，最善は本当に改善したい点を書くことである。しかし，終了間際に数分残された時間の中で，これらをイメージして全体整合性を取るのは難しい。焦りの方が大きいかもしれない。

そこで，どんな問題にも通用するような汎用的な解答を用意しておく必要がある。ひとつは「次回からはもっと効率よくやろう」であり，もうひとつは「標準化プロセスへの組み込みを検討しよう」になる。工夫した点とは，すなわち標準化された管理方法では通用しなかったことなので，当然，その工夫した点に至る過程は，すんなりとしたものではなかったはずである。

同じ対策なのに，どうしてA評価とB評価に分かれるのか？

世の中には**「セオリー」**というものがある。辞書で調べると「理論や仮説，定石」などという意味だが，スポーツの世界や日常的には**「ある物事における最善の方法や手段」**という意味で使うことが多いのではないだろうか。高校野球なんかで「9回裏1点差で負けている状況で…ノーアウト二塁。打席は9番打者。この時に9番打者が送りバントをする」という感じだ。王道というか，正解のようなもの。

この時に送りバントをしなかったら

同じような状況の時…9回裏1点差で負けている状況で，ノーアウト二塁。打席は9番打者の時，ある監督は送りバントという戦略を取らず，強引に打たせることにした。結果は三振。その後も凡打で，結局最後のチャンスを活かすことが出来ずに負けてしまった。

その後，監督は…敗戦の弁を次のように語った。

「あそこは送りバントをするのが**セオリー**だろう。しかし，あの時は…という状況だったので，**裏をかいて**ヒッティングに出たんだ。**結果はうまくいかなかったが，悔いはない。**」

こういうインタビューなら，「あの監督，なんで送りバントさせなかったんだ？知らないのか？」とは言われないだろう。そう，知識がないとは思われないわけだ。

これを論文に置き換えると

これは論文でも同じこと。というか，論文だとかなり重要になる。次の二つの表現を比べてみて欲しい。

> (A) こういうケースでは，**しばらく様子見をするのが普通だ**。メンバ間のコンフリクトは必ずしも悪いことではない。そこから創造的な意見が産まれる可能性もある。**しかし今回は事情が違う。…という状況だ**。それゆえ様子を見てはいられない。そこで私は早急に対応すべく緊急会議を開いた。
>
> (B) メンバ間のコンフリクトが発生したから，すぐに私は緊急会議を開催することにした。

緊急会議を開いたという対策はどちらも同じだ。しかし，採点者の印象や評価は全く違う可能性がある。(A)の表現だと**「よく知ってるな，状況に応じた対応能力もあるな」**と高評価になる可能性が高い。一方，(B)の表現だとセオリー通りの対策ではないため，採点者は**「間違っている」**と判断する可能性が高くなってしまう。

セオリーを知る意味，セオリーを表現する理由

これが，セオリーや標準，王道を知らなければならない意味になる。そして，ちゃんとそれを表現する意義になる。我流と（標準プロセスの）テーラリングとの違いにも通ずるものがある。同じことをしていても，**「よく知ってるね，応用できるんだね」**ってA評価になるのと，**「え？知らないの？なんでそんなことするの？」**ってB評価になってしまうのは…実はちょっとした表現の違いだったりする。

Column ▶「誰でも，咄嗟に書けること」を知る

筆者の論文添削は厳しいらしい。合格率は驚くほど高いのだが，合格した受講生の多くはそう口にする（笑）。もちろん筆者には悪意はないが，次のような指摘は"厳しい"と考えれば…確かに厳しいのかもしれない。

「それって，誰でも咄嗟に書けるよね。」

筆者は，試験本番の2時間という時間の中で，メインの対策や計画のところで「誰でも，咄嗟に書けるレベルのこと」を見つけると，改善するように指摘している。それを一つの判断基準にしている。というのも，誰でも咄嗟に書けるっていうことは，当然ながら採点者もそう思っていることなので，**「採点者に，事実を事実として認識してもらえるかどうかわからない」**からだ。その視点で論文対策を考えている受講生が少ないので，その認識を持ってもらうために指摘している。書いたことが"事実"だと信じてもらうには，それ相応の表現をしなければならない。

採点者は，実際に経験したことかどうかをチェックする

情報処理技術者試験の午後Ⅱ論述式試験の意義や，これまで公表されていること，採点講評など，どれを見ても「実際に経験したこと」がA評価の条件になっている。筆者は以前，論文試験で「未経験だから，こういう状況になったと仮定して書く」と宣言して書いてみたことがあるが，その時の評価はD評価だった。後にも先にもA評価以外の結果になったのは，この1回だけである。

しかし，添削をしていると**「これだと，採点者に経験したことって信じてもらえないだろう」**という論文がとても多い。

経験していることを伝えるという意識

だから筆者が添削で，「もっと数値を入れた方が良い」というのも，「もっと具体的に」，「それって，試験本番で誰でも咄嗟に書けるよね。咄嗟には出てこないことを準備しておこうよ」というのも，すべては「本当に経験したんだよ！」っていうことをアピールすべきだという考えが根っこにあるからだ。

特に，経験したことを書く時は注意しよう。実際に経験していることなのに，それを表現しないことで，採点者に「経験してないんだな」って誤解されるのはもったいない。逆に，未経験のことであっても，採点者に経験したことだと思ってもらえるように作り込んで準備しておこう。そこに意味がないと言えばそれまでだが，どういう形でも準備しておくことには価値がある。

まずは誰でも咄嗟に書けることを知るところから

そのためには，まずは誰でも咄嗟に書けることのレベルを知る必要がある。それがわかれば，そこから脱却しないといけない，どうやって差を付ければいいのかを考えるようになる。そうして，調べ物をしたり，情報収集をしたりするようになるだろう。それこそが，真の論文対策になる。誰でも咄嗟に書けるようなことから，どうやって頭一つ抜け出すのか，それを考えるようにしよう。

午後Ⅱ試験 Q＆A

　ここでは，筆者が開催している講座の受講生からよく受ける質問を紹介する（回答は，https://www.shoeisha.co.jp/book/pages/9784798174914/QA/ で公開）。

回答はこちら

Q1. 論文の字が汚いと読んでもらえないと聞いたのですが，本当ですか？

Q2. プロジェクト管理が未経験です。どのようにコンテンツを集めればよいでしょうか？

Q3. 自分は嘘を書くのが嫌です。未経験と書いたらダメなのでしょうか？

Q4. 論文の中に，どのように知識を入れていけばよいのかが難しい。コツはありませんか？

Q5. 論文の中で，具体的数値を入れるところが難しい。コツはありませんか？

Q6. 午後Ⅱ問題で，採点が厳しい分野とか，あまり選択してはいけない問題というのはあるのでしょうか？

Q7. コンテンツを充実させるためには，やはりサンプル論文などを，あらかじめ材料を作ってから，自分で書く練習をした方がよいのでしょうか？

Q8. 「コンテンツ準備」についてですが，コンテンツの収集単位，キーワードなどがあれば教えてください

Q9. 論文の中に図表を埋め込んでも問題ありませんか？

4. 午後Ⅰ（記述式）対策

　ここでは，午後Ⅰ記述式試験で安定して合格基準点以上（60点以上）を取るための考え方や，練習方法を説明する。

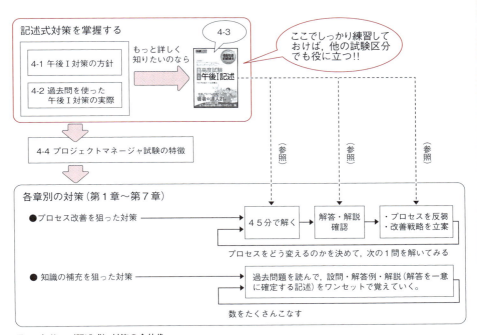

図9　午後Ⅰ（記述式）対策の全体像

＜本節の構成＞
- 4-1　午後Ⅰ対策の方針
  　　午後Ⅰ対策の考え方　－過去問題の正しい使い方－
- 4-2　過去問を使った午後Ⅰ対策の実際
- 4-3　『情報処理教科書　高度試験午後Ⅰ記述』の紹介
- 4-4　プロジェクトマネージャ試験の特徴

序章　合格するためにやるべき事

4-1　午後Ⅰ対策の方針
　　　午後Ⅰ対策の考え方　－過去問題の正しい使い方－

　午後Ⅰ（記述式）対策では，ほとんどの人が過去問題を活用しているはずだ。後述（P.74）しているように，対策のツールとしては，確かに過去問題一択と言っていいだろう。しかし，同じように時間を使っているにも関わらず，効果は人によって大きく違う。順調に合格レベルに仕上がる人もいれば，ほとんど成果が出ない人もいる。その違いはどこにあるのか？過去問題の使い方は正しいのか？まずはそのあたりをチェックするところから始めてみよう。

●ただの自己満足（確認しているだけ）になっていないか？

　午後Ⅰ対策として一番多いのが「過去問題を時間を計って解いてみる」という方法だ。しかし，目的や狙いを持たずして…ただなんとなく数多くの過去問題を解いているだけでは，何問解こうと点数は伸びないだろう。

　というのも，そもそも過去問題を解く練習というのは，問題を解いている時間（平成20年以前は1問30分，平成21年以後は1問45分）は，単なる確認の時間であって，伸ばすための時間ではないということを，よく考えなければならない。その後の解答と解説の確認に10分程度しか使わないのなら，勉強した時間は1時間でも，成長につながる学習の時間はわずか10分だけになる。そうした事実を，まずはよく考えることが必要になる。

●問題を解いている時に考えたことしか答え合わせはできない

　当たり前の話だが，問題を解いている時に考えたことや仮説を立てたことに対してしか答え合わせはできない。したがって，いわゆる"答え合わせ"に使っている時間をみれば，その人の45分間で行った"思考の量"がわかる。答え合わせの時間に10分程度しか使えないのは，それ自体が問題だということだ。

　いろんな可能性…例えば「この表現がいいのか？それとも別の表現がいいのか？」と考えた人は，解答例を見た後に問題文を何度も読み返して，なぜそれに決定できるのかを考えるだろう。だから必然的に"答え合わせ"の時間は長くなる。しかし，何も考えていない人は，自分の書いた解答と解答例とを比較するだけしかできなかったりもする。

　あれこれ考えられないのは，解答のパターン（公式や規則性，暗黙のルールや手順のようなもの）が少ないからに他ならないので，それを過去問題を解きながらストックしていくということで意識して増やしていくことが必要になるだろう。

●解答プロセスの改善 or 知識の補充

午後Ⅰ対策は，その狙い（目的）によって二つに分けて考えた方がいい。ひとつは "解答プロセス" に問題があり，それを改善するという狙いで，もうひとつが不足している知識を補充するという狙いである。この二つは "対策そのもの" が違ってくるので注意しなければならない。知識の補充が必要なのに，解答プロセスの改善の効果しか得られない対策をしていたり，その逆も然り…時間対効果が低いものになるからだ。

(1) 解答プロセスの改善を狙う対策

基本的に，「過去問題を，本番と同じ時間を計って解く」という練習方法は，解答プロセスに問題があって，それを改善することを狙う場合に取る手法になる。したがって，「時間が足りない」と感じている人で「もう少し時間があれば点数も上がっているのに」という人は「本番と同じ時間を計って解く」練習こそ，適切な対策となる。

ただその場合，先に説明した通り「解いた後に学習が始まる」と考えることが重要になる。1問を45分で解いたなら，その後，3〜4時間使っても構わないので「どうすればもっと速く問題文が読めるのか？」とか，「どうすれば，もっと速く解答を適切にまとめられるのか？」とか，じっくりと改善ポイントを考え…その後，ある程度仮説を立ててから，次の1問に着手するのが効果的になる。

これは，午後Ⅱ論文の2時間手書きで書いてみる練習と同じ。1日に3問，4問解いたところで，その解答プロセスが同じなら何も進展はない。逆に，例えば1週間考え続けて，その後に1問解くペースの方がいい。そうしていろんな解き方を試して，その中で最適な方法で本番に挑むのが一番いい形になる。

(2) 知識の補充を狙う対策

この場合は，時間を計って解く必要はない。数多くの問題を読めばいい。1問にかける時間を少なくして，その代わり数多くの問題を読み進めていく方法が最適になる。但し，プロジェクトマネージャ試験の場合は，テクニカル系の試験区分のように "新たな用語" を覚えることは少ない。覚える必要があるのは，設問と解答，解説（特に，問題文の中にある関連部分に書いてある内容）の組合せや，解答の表現方法になる。「こう聞かれたら，こんな風に表現するんだ」という感じだ。そういうようにストックしていって，次に問題を解く時の選択肢や，解答表現のパターンに使う。そうすることで得点力アップにつながるというわけだ。

Column ▶ 時間が足りない人の"真"の対策

情報処理技術者試験の記述式や事例解析の問題で"時間が足りない！"って感じる人は，ちょうどこんな感じになっている。

ある日，友達から「家に遊びにおいでよ」って誘われた。その友達から「住所は………だから〇〇駅が一番近いかな。その駅から，歩いたら40分ぐらいかかるけどで頑張ってね」とだけ教えてもらった。

お誘いを受けたので，自宅近くで手土産を買って，住所はわかるので，まぁ何とかなるかって感じで，ひとまず〇〇駅へと向かった。

駅に着き，改札を出て周囲を見渡して驚いた。えっ？どっち？どっちに行けばいいんだ？

結局，倍ぐらい時間がかかった…

駅を降りたはいいが，住所だけを頼りにどう行けばいいのかわからない。実は，地図もスマホも持ってきてない。誰かに聞くのも恥ずかしいので…友達から聞いた住所と，自分の持っている方向感覚だけで現地に行くことに決め，たまに見かける番地を頼りに「いざ，友人宅へ」向かうことに。

でも，やっぱり…世の中そんなに甘くなかった。**考え込んで止まってしまったり，反対方向に行ってしまって引き返したり，無駄に歩き回って…結局，友達の家にたどり着けたのは駅を出てから80分後。倍の時間を費やした。そもそも，そんな方向感覚なんて持ち合わせてはいなかった。**

同じ場所（＝問題）ならもう大丈夫

無事友達の家に着き，そのことを友達に話したら…「あ，そうだったの？駅からこっちに行ってまっすぐこうきたら40分で来れたのにね」と教えてくれた。

「最初に言えよ」

そう思ったけれど口には出さず，「そうなんだ，じゃあ次からは迷わないな」って笑顔で答えておいた。

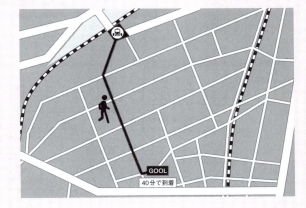

試験勉強に置き換えると

これを試験勉強に置き換えて考えてみよう。**「その友達の家に"もう一度遊びに行く時に"40分で行けるようになること」**が目的ではいはずだ。**「また同じように，別の初めて降りる駅で，スマホも地図も使わずに住所だけを頼りに最短距離で"迷わず""無駄な動きなく"たどり着けるようになる」**ことが最大の目的になる。同じ問題が出ないことは自明だからだ。

そのためには…現状の方向感覚（問題文の読み方や解答する手順など）が間違っていたわけだから，**現状の方向感覚（問題文の読み方や解答する手順など）を改善**しなければならない。**「別の初めて降りる駅で，スマホも地図も使わずに住所だけを頼りに最短距離で行く」**こと（**＝過去問題を使った演習**）を何度も何度も繰り返す練習で。

過去問題を使った午後Ⅰ・午後Ⅱ対策。同じ場所に最短距離で行けるようになっているだけ（＝同じ問題なら正解できるだけ）にはなっていないだろうか。ちゃんと，方向感覚（問題文の

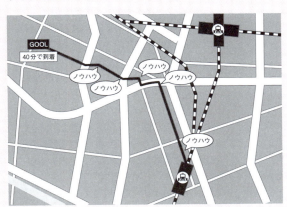

読み方や解答する手順など）は改善されているだろうか。試験本番では初めて見る問題（＝初めて訪れる場所）になるのは間違いない。方向感覚の改善…それこそが**"時間が足りない！"**って感じる人に必要な対策になる。**本書を活用して，速く解くための様々な"ノウハウ"を試してみよう！**

序章　合格するためにやるべき事

結局，午後Ⅰ対策は "状況把握の時間短縮" に尽きる！

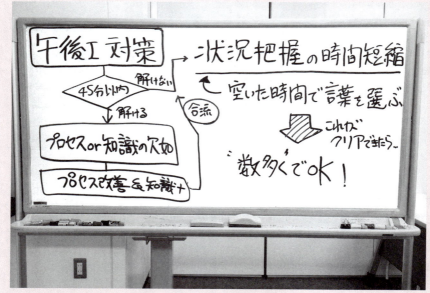

写真2　筆者が開催する試験対策講座で実際に説明で使っている板書

　筆者が担当している試験対策講座では，時間が限られているのでシンプルに対策を説明することが多い。午後Ⅰ対策も，こんな風にホワイトボード1枚に集約してこう説明している。

「午後Ⅰ対策を一言でいうと『状況把握の時間短縮』に尽きる」

●**時間が余る＝知識が無いだけでは？プロセスの欠如では？**
　午後Ⅰ対策をしていると，「時間が足りなくなることは無いんですが，点数が伸びないんですよ」と悩んでいる人をよく見かける。話を聞いてみると，たいてい過去問題もやり尽くしたから，そろそろ打つ手がなくなってきているという。
　一見すると課題そのものが無いように思われるが，実はそうではなく課題は明白。単に知識が無いか，何かしらのプロセスが欠如しているか，どちらかになる。
　知識が少ないというのは選択肢が少ないわけだから，速く処理が終わるのは当たり前だ。1万件のデータと10件のデータでは検索時間に差があるのは当然だし，分岐条件が複雑なものは時間がかかるが，シンプルだと処理は速い。また，五つの工程が必要なのに，これを三つの工程にすれば処理は速くなる。当然のこと。

4. 午後Ⅰ（記述式）対策

そう考えれば，**実は「時間が余る」というのはいい状態ではなく，「時間が足りなくなる」域にまで達していない状態（＝悪い状態）ということになる**。もちろん，時間が余って90％以上の正答率が常時ある場合は何の問題も無い。対策すら必要ない。でも，そうじゃなければ，知識が足りていないのか，プロセスが欠如しているのか，まずは課題を明確にしよう。

そうして，知識が足りない（解答候補の選択肢が少ない）場合は過去問題で問われている部分を覚えるなどして増やしていき，プロセスが欠如している時はそのプロセスを含めるようにして過去問題を解いてみよう。**そうすれば，時間が足りなくなる状態にまでレベルアップできるだろう。**

●タイムを詰めるところは1か所

時間が足りなくなる状態になれば，次は「どうすれば速く解けるようになるか？」を考えよう。なんかおかしな話だが，データをまずは増やしてから処理速度を上げていくというイメージで考えてもらえればいいだろう。

と言っても，速くできるところ，すなわちタイムを詰められるところは1か所しかない。"問題文を読んで状況を正確に把握する時間"だけだ。そういう意味では，**午後Ⅰ対策は，問題文をいかに速く読めるか？を追求することだと言ってもいいぐらいだ。**

ちょうど日常のコミュニケーションと同じだと考えてもらうとわかりやすいかもしれない。初対面の人との会話だと，次にどんな話題が飛び出してくるかわから

ないが，何度も会話を繰り返しているうちに，その人の話し方の癖がわかり，次に何を言おうとしているか…その先が読めるようになる。だから，相手の説明（＝問題文）を短時間で理解できるようになる。

なお，本書では，思うようにタイムを詰めることができない人を想定して，"問題文を読んで状況を正確に把握する時間を詰めていく"方法を，後述する「よくある課題その1」で説明しているので，必要に応じて目を通しておこう。

●空いた時間で言葉を選ぶ

時間内に解けてしまう人の"欠如しているプロセス"で最も多いのが，言葉を選ぶプロセスになる。このプロセスが欠けると，"自分よがり"の解答になってしまい，最悪相手に誤解され不正解になる。したがって合格点を安定させるための必須プロセスになる（そのあたりピンとこない人は，別途「高度試験　午後Ⅰ記述式」の中に詳細に書いているので，それを参考にしてほしい）。

この点に関しても後述する「よくある課題その2」で説明しているので，必要に応じて目を通しておこう。

4-2 過去問を使った午後Ⅰ対策の実際

それではここから，過去問を使った午後Ⅰ対策について説明する。

（1）過去問題を試験本番と同じ時間で解いてみる

まずは，過去問題を時間を計測しながら解いてみよう。過去問題は本書の各章にもあるが，翔泳社のWebサイトからもダウンロードできる（ivページを参照）。しかも，平成14年度以後過去18年分の過去問題と解説，解答用紙（写真3）が揃っている。本書の問題だけでは不十分だと感じた方は，ぜひとも有効活用してもらいたい。

時間は，平成20年までの問題は1問30分，平成21年度以後の問題は1問45分。次のような手順で解くといいだろう。

---

(1) 本番試験と同じ時間で解けるかどうかをチェックする（時間内にどこまで解けたのかをチェックする）。
(2) （解けなかった場合）何分だったら解けるのか…最後まで解く。そして，オーバした時間をメモしておく。
(3) 何分で何をしているのか？おおよその工程別の時間を覚えておく。

過去問題を解いた後は，解答を確認し解説をチェックする。その結果，「次にどうすれば，時間内に正確に解答できるのか」を考える。

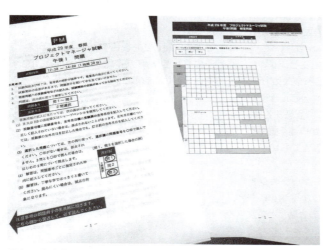

写真3　翔泳社のWebサイトからダウンロードした問題と解答用紙

(2) 解答例だけを頼りに自分で考える（タメを作る）

　時間を計測して解いてみた後は、すぐに解説を読むのは得策ではない。ひとまず自分の書いた"解答"と IPA 公表の"解答例"だけを突き合わせて比較してみよう。そして、「なぜ、解答例のような解答になるのか？」を自分で考えてみる。必要に応じて問題文を繰返し読んでみて、どういう理屈でその解答になっているのか？あるいは問題文中の言葉が使われているのか？それを自分で、じっくりじっくり考えてみる。十分考えて、自分なりのひとつの答えをもってから（確認したいことを増やしてから）、本書の解説で最終確認するようにしよう。そうすれば、ただ単に解答例に近いかどうかだけではなく、次の点に関しても答え合わせができる。

- 解答の根拠（なぜ、その解答になるのか？）に対する"答え合わせ"
- 解答表現に対する考え方の"答え合わせ"

　過去問題を解いた後、すぐに解説を読んでもそれなりに"納得"はできると思う。でもそれは、ただ納得しているだけで、自分の中に取り込めているとは限らない。記憶に残りやすいようにじっくりと考えて"タメを作る"。試してみよう。

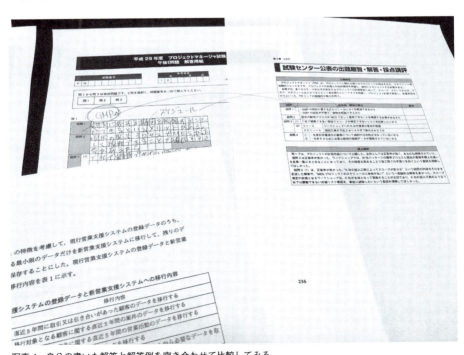

写真4　自分の書いた解答と解答例を突き合わせて比較してみる

(3) じっくり考えたうえで，いよいよ解説を読む

　時間を計測しながら解いてみた後は，本書もしくは翔泳社のWebサイトからダウンロードした解説を読んで改善案を考える。本書の解説は次のように三部構成にしている。

【解答のための考え方】：設問を読んだ後に，どうすれば速く解答できるか？
【解説】：なぜ，その解答になるのか？
【自己採点の基準】：解答例と自分の解答が異なる場合に，どこまでを正解だと考えていいか？

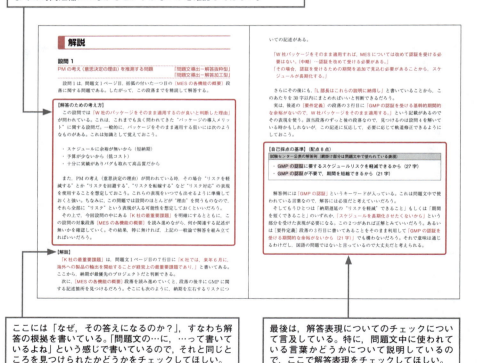

図10　本書の解説の構成

4. 午後I（記述式）対策

① 第1段階：本書の【解説】を読んで「見つけられたかどうか？」のチェック

本書の【解説】には，「なぜ，その答えになるのか？」という根拠を書いている。具体的には，問題文のどこかにその解答を決定付ける記述があるかどうかを書いている。まずは本書の【解説】を読んで，そこに書いている問題文の特定の箇所を確認しよう。そして，自分も見つけられたかどうかを第1のチェックポイントにする。見つけられていたら，少なくとも知識には問題がないと考えていい。しかし，反応できなかった時は，見落としなのか？知識不足なのか？…その要因を自分なりに分析し，本番で見落とさないようにするための問題文の読み方や，マークの仕方などの改善を考える。知識不足の場合は知識の補充を検討する。

② 第2段階：解答表現についてチェック

次に，自分の書いた解答が表現レベルで問題ないかどうかを，本書の【自己採点の基準】を読んでチェックする。

ここには，"正解の幅"や"別解"を記載している。具体的には，過去問題の解答例（平成16年以後でIPAが公表した正式な解答例）に含まれる表現に着目し，それが問題文中で使われている言葉なのか，それとも，問題文には一切登場していない言葉なのかを切り分けた解説をしている。

その【自己採点の基準】を読み，問題文中で使われている言葉が解答例にも使われている場合には，自分も同じように問題文中の言葉を解答で使っているかを確認する。使っていない場合は「どうして自分はその用語を使えなかったのか？」，「時間が無かったのか？」とか，「別の用語でも構わないと，なぜ判断したのか？」とかにこだわって考え，次回からのプロセス改善を検討する。

なお，本書の【自己採点の基準】にも書いているが，問題文中の言葉をそのまま使わないと不正解になるということは少ない。双方が共通認識できるものであればコミュニケーションは成立するからだ。IPAも，国語の問題ではないという点を強調している。しかし，問題文中の言葉の定義に従っていれば解答例に近くなることは事実だ。同じことを表していても，解答例は必ず問題文中の"言葉の定義"に従うからだ。試験委員の答え合わせも楽になるし，誤解も入りにくくなるので，不正解になるリスクが小さくなるのは間違いない。

相手の言葉の定義に合わせてコミュニケーションを図るという行為は，コミュニケーションの基本であり，ITエンジニアにも必須のスキルでもある。そういう意味で，（何度も繰り返すが，国語の問題ではないので，表現が多少違っても不正解にはならないことは重々承知の上で）解答例の表現にこだわってみよう。

55

③ 第3段階：もっと速く解答する方法を考える

最後に，プロセス改善において最も重要なところになるが…どうすればもっと速く解答できていたのかを，本書の【解答のための考え方】を読みながら考える。もう一度この同じ問題を解くとしたら，どうすればもっと速く，短時間で解答できるのかを，頭の中で構わないので試行錯誤してみる。プロセス改善の肝である。

- 最初の全体像の把握は適切だったか？
- 設問を見た後のアクションは適切だったか？無駄に探し回っていないか？もっとピンポイントで関連箇所を見つけられないか？
- マークは適切に行えていたか？
- 解答表現をまとめるのに，次回はどうしようか？

ここにたっぷりと時間をかけるのが，プロセス改善が必要な人の本当の対策になる。そこを絶対に忘れないようにしよう。

なお，過去の試験で何点取れたかには，あまり意味がないのでこだわらないようにしよう。重要なのは，「本番に，どうつなげていくか」ということで，過去問題で1度も合格点が取れなくても，本番試験だけ点数が取れれば良いわけだ。そもそも，記述式の場合は甘く採点すれば合格点，厳しく採点すれば不合格点になる。そんなことよりも，解答プロセスに問題があればプロセスを改善する。それを繰り返していくことだけを考えた方がいいだろう。

●定期的に見直す

1回でも解いた過去問題は，2回目以後はもう時間を計測する必要はない。1回目よりも速く解けるのは当然のことなので，"制限時間内に解く練習"にはならないからだ。そういう意味で，何度も同じ問題を，時間を計測して解くのは効率が悪い。では，2回目以後はどうすれば良いのか。それは，「設問と解答を暗記している」かどうかを，定期的に確認するだけで良い。

> 「何年度の問○は，問題文がこんな構成で，確か設問は〜だったよな…，その解答は〜な感じで，その解答になるのは問題文の〜に，〜という記述があったからだよな。」

そして，思い出せたかどうかを"1回目解いた時の問題文や自分の書いた解答"を見ながら再度チェックする。これを繰返すことで，第1段階から第3段階までで確認したことや考え方が記憶に定着していく。繰り返せば繰り返すほど，記憶の強さが増していく。この時に，"1回目解いた時の問題文や自分の書いた解答"を残しておいてそれを見直せば，当時の記憶をフラッシュバックで蘇らせることもできるので記憶に定着させやすくなる。

また，プロジェクト経験の浅い受験者にとっては，こうして記憶の強さを上げていけば，（超チープな事例に過ぎないが）経験したときと同じ強さで記憶に残る。午後II論述試験のネタにもなるし，実際のプロジェクトにも活かせるだろう。

●暗記すべきものは暗記する

最後に，午後I対策と暗記の関係についても触れておこう。記述式や論述式は，英語の試験に例えると"英作文"になる。英作文が得意な人は，単語や熟語レベルではなくある程度文章で記憶していることが多い。なので，記述式や論述式が得意な人は，（無意識かもしれないが）比較的長い文章で記憶しているはずだ。そう考えて，設問と解答をワンセットにして覚えていくようにするのは有効な対策の一つになる。筆者の試験対策講座でも，そうしている人は面白いように点数が上がっている。1回解いた問題を定期的に見直すことで，ある程度記憶に残っていくと思われるが，さらにそこから一歩前進させて，設問と解答，解答を一意に確定させる問題文の記述箇所（第1段階で確認したこと）をワンセットにして覚えていくという対策も取り入れてみよう。

☕ Column ▶ 使える参考書，使えない参考書

筆者は，仕事柄…「どの参考書がおススメですか？」という質問を受けることが多い。筆者がタッチしていない試験区分などでよく聞かれるが，そうした質問に対して，筆者はこう答えている。「過去問題集選定の際には，必ず，解説部分のチェックをして『問題文のここにこう書いている』という根拠が数多く書いているものを選択しよう。」と。試験対策本の中には，解答の根拠に触れていないものもある。そういうものは一切使いようが無いからだ。

序章　合格するためにやるべき事

よくある課題その 1　問題文をじっくり読み過ぎている

　ここでは，筆者が毎年実施している試験対策講座でみられるプロセス改善の課題BEST3 を紹介する。

　最も多いのは，問題文を読んで状況を把握するのに"時間がかかりすぎている"ケースである。合格点を確実に取る人は，問題文を読む（状況把握する）のが圧倒的に速い。どうしているのかをいくつか紹介しよう。

①問題文は見事に体系化されている

　情報処理技術者試験の記述式問題の問題文（事例）は，さすがしっかりとレビュー，校正されているだけあって，本当にきれいな文章になっている。見事に体系化されているというわけだ。

　体系化された文章は本当に理解しやすい。なので実は，情報処理技術者試験の記述式問題の問題文（事例）というものは，短時間で把握できるようになっている。しかし，残念ながら，「そうだ！この体系化されているという点を最大限に利用して，少しでも短時間で効率よく状況を把握してやろう！」という受験者は少ない。いや，正確にいうと，できる人は無意識のうちにしているし，できない人はやろうとしない。できているなら問題ないが，できていない人はそこを改善していく必要がある。

②「物語」と「箇条書き」を使い分ける

　二つ目のポイントは「物語」と「箇条書き」を使い分けるということだ。この説明をしよう。

　情報処理技術者試験の記述式問題の問題文（事例）には，「次の」という表現が多いことに気付いているだろうか？平成 26 年度午後Ⅰ問 2 の問題にも，次のような「次の」という表現がある。

- 「次の方針で進めていく方が現状の…」
- 「次のように進捗を管理しているとのことだった。」
- 「その結果，次の事実を確認した。」
- 「F 課長からは次のような回答があった。」
- 「F 課長は次の対策を立案し，…」

　そして，この「次の」の後には，箇条書きが来ている。

58

4. 午後I（記述式）対策

このように，情報処理技術者試験の記述式問題の問題文（事例）は，きれいに体系化（階層化）されていて，しかも理解しやすいように箇条書きを多用しているという特徴がある。平成26年度午後I問2の問題でも，6か所も箇条書きが用いられている。この特徴をまずは把握しておこう。

"箇条書き"部分は記憶できない

一般的に，箇条書きされたものを順番に読み進めて行く時，何が書かれていたのかを後から思い出せるようにする（すなわち記憶する）には，大きな労力が必要になる。箇条書きされたひとつひとつは相互に関連性が無いからだ。そもそも，お互いに関連性が無いからこそ箇条書きを使っているわけだ。

したがって，箇条書きのところ（表内や，図の内部なども同じ）を読む行為は，理解しているような気になっているだけですぐに忘れてしまっていることが多い。だから，忘れないようにマークすることもあるが，それでもマークしたこと自体忘れてしまっていると意味がない。

記憶できるのは"物語"の部分

一方，問題文は箇条書きばかりではない。ストーリ展開されている…いわば"物語"になっているところもある。この部分は，箇条書きとは違って記憶に残りやすいので読む価値はある。1ページ目からマークしながら読み進めていっても問題はないだろう。但し，その量が多すぎると，これも記憶に残りにくいので，その分箇条書き部分をカットしながら把握していくことが重要だと言える。

こうやって読むのがベスト

以上をまとめるとこのようになる。要するに，"物語"と"箇条書き"では，その文章の処理の仕方（使い方）を変えた方がいいということだ。前者の場合は「全体像を把握し，どこに何が書いているのか…その位置付けを確認しながら」読み進めていき，後者の場合は，「"この設問を解く！"という明確な目的を持って，その答えを探しに行く」読み方をする。

表6　「物語」と「箇条書き」を使い分ける

	物語	箇条書き
短期記憶	○	×
解答戦略	全体像を把握するために，最初に読み進める。どの場所に，何が書いているのかを把握することを目的とする	目的無く読み進めても意味がない。なので，設問の答えを探す時に読み進める
短期理解	必要に応じてマークしながら読み進める。設問を読み，どこを読めばいいのかを判断できるようにしておく	設問ごとに，答えがそこに"ある"or"ない"を判断しながらチェックしていく

59

序章　合格するためにやるべき事

③きれいに体系化されているので"飛ばし読み"をしないともったいない

　ここまで説明してきたことから，情報処理技術者試験の問題文は"飛ばし読み"とすごく相性がいいことがわかるだろう。

　飛ばし読みとは，一つの文を全部読むのではなく，そのうちの一部だけを読むことで，そこに何が書いているのかを把握する一種の速読法になる。情報処理技術者試験の午後Ⅰ問題のように，体系化され，なおかつ結論を先にもってきてくれていることが多い読みやすい文章は，飛ばし読みとすごく相性がいい。ものすごく向いているので，それを活用しないのは本当にもったいない。活用している人が短時間で状況を把握して精度の高い解答を書いているわけだから，そこで差が付いてしまうからだ。

　これを実際の問題文で見てみよう。右ページの図11は，平成26年度午後Ⅰ問3の一部だが，"箇条書き"ではなく"物語"の部分だけで構成されているページになる。これを例に，飛ばし読みのポイントを手書きで加えてみた。このように，ブロックの最初（改行字下げで始まるところ）の1行に目を通すだけでも，おおよそどのようなことが書いているのかが把握できる。

　飛ばし読みのいいところは，時間をかけずに，情報を絞り込むことで，全体像の把握がしやすいこと。右ページの図11に（手書きで）書き加えていることだけでよければ，瞬時に覚えることも難しくない。まさに"目的無く読み進める時"で，"どこに何が書いているのかを把握する目的"であれば，ベストな読み方だと言えよう。筆者もよく使っている手だ。

【飛ばし読みのポイント】
- 主語で把握（右図の場合は全て"B氏は"という始まりなので「B氏の考えや行動」としかわからないが，「C部長の話は…」というように特徴のある主語を用いているケースがある
- 述語で把握（右図の"③ギャップがある"のようなケース）
- 「〜について」とストレートに書いている場合

60

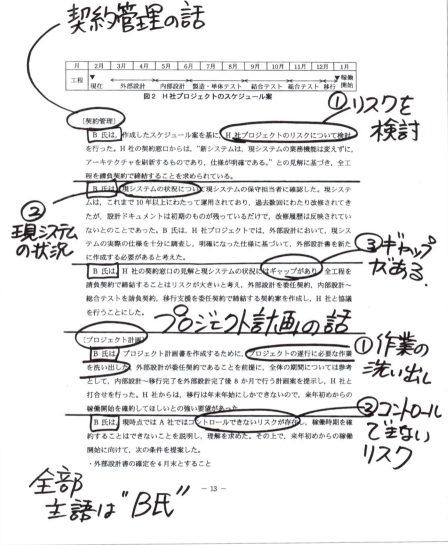

図11　飛ばし読みのポイント

序章　合格するためにやるべき事

よくある課題その2　解答を書く時に言葉を選んでない

次に多いのが"解答を書く時に言葉を選んでいない"というもの。「よくある課題その1　問題文をじっくり読み過ぎている」ケースでは言葉を選ぶ時間が取れないため，課題その1と同じ要因のこともあるが，問題文が速く読めて時間内に余裕で解答できるのに，このプロセスを無視して点数を落としている人もいる。

午後Ⅰでしっかりと合格点が取れている人は，問題文を読む（状況を把握する）のが速いというのは先に説明した通りだが，もう少し正確にいうと，それで余った時間を「言葉を選ぶ」時間に使っている。

午後Ⅰの問題を解いている時に，誰もが，問題文のあちこちを何度も読み返しては何かを探し回っている。その行為自体は，皆同じように見えるが，実は同じではない。なかなか合格点の取れない人は「答えが何か？」を探しまわっているが，合格点を安定して取れている人は，そうではなく「答えはもうわかっている。どう表現したらいいのか？」を探している。ちょうどこんな感じだ。

【合格点が安定して取れている人】

- ・解答は早々にわかっている。後は，どうまとめようかを考えるだけ
- ・使った方がいい"単語"や"文章"はないか？
- ・自分で考えたこの表現は使えるのか？それとも別の表現が問題文で使われているのか？
- ・文章を長くする場合（5字→30字など），5W1Hのうちどれか文中で使われている表現は無いか？

言葉を選ぶ時間的余裕がある人（すなわち，問題文を読むのも速く，知識をアウトプットするのも速い人）は，自ずと自分の書いた解答が，解答例に近づいてくる。しかも，表現にこだわっているわけだから，解答例を見て違っていた場合に，そこでまたいろいろ考えるようになる。それでまた，いろいろ見えてくるものもある。本書の過去問題の解説を見ても，解答表現についての考え方のほうをチェックしていろいろ考えるようになるだろう。

自分の現時点での実力がわかる

この点を意識すれば，自分の現時点での仕上がり具合もわかる。言葉を選んでいるかどうか？そんな時間的余裕があるのかどうかで，結構仕上がってきたのか，まだまだこれからなのかが判断できる。

できることは，読む時間の短縮だけ！

　最後に，どうすれば「言葉を選ぶ」時間的余裕が持てるのかを確認しておこう。いうまでもないことかもしれないが，できることは「問題文をもっと速く読む！」ことと，「頭の中から解答をもっと速くアウトプットする！」ことしかない。逆に言うと，言葉を選ぶ時間が無いのは，問題文を読むのが遅いか，知識が素早くアウトプットできていないのかどちらかになる。まだまだ改善の余地があるということだ。

Column ▶ 午後Ⅰのプロセス改善による他区分への波及効果

　本書で説明している午後Ⅰ解答テクニックの全試験区分共通の部分（2-1，2-2，2-3）が具体的にどの試験にどう有効なのかを簡単にまとめたのが下表である。課題その1〜課題その3について，かなり有効なものは"◎"，有効なものは"○"，まぁ有効なものを"△"にしている。今しっかりと練習しておけば"次の試験区分でも有効"だということを意識しながら練習しよう。なお，PM取得後に関しては本書の付録や筆者の情報提供サイトでも積極的に公開しているので参考にしてほしい。

試験区分	記述式問題の特徴	課題その1	課題その2	課題その3
ITストラテジスト	問題文が1ページ少なく，その分，課題が問題文全体に分散している。それをピックアップし設問と対応付けるという特殊な解き方になる	◎	○	△
システム監査技術書	他の試験区分のどれかの監査なので，基本，他の試験区分の構造解析になる。監査特有の言葉が使われるのでその対策も必要	◎	○	△
システムアーキテクトデータベーススペシャリスト	問題文の階層が深く（（1），①が普通に使われる）箇条書きだらけのイメージ。したがって全体像を押さえることが重要。加えて，問題文中で定義されている用語を使う解答が多いので，言葉を探す時間が必要	◎	◎	△
ITサービスマネージャ情報処理安全確保支援士	高度系の中では最もプロジェクトマネージャに近い問題文の構成。時系列に並んでいてストーリーがある。問題文と関連があるが解答加工型が多い	○	△	○
ネットワークスペシャリスト	知識があればなんとかなる試験。全体像を押さえるのは効果的。知識は体系化されていなければ難しい	○	△	◎
エンベデッドシステムスペシャリスト	テーマがバラエティに富んでいるように見えるが，実際には過去に出題済みの典型的な問題も多い	○	○	○

序章　合格するためにやるべき事

よくある課題その3　知識が体系化されて記憶できていない

　第3位の課題は，知識が体系化されて記憶できていないというもの。この課題を持つ人は，飛ばし読みしたり設問を読んだりした時に，仮説を立てることができないので，仮説－検証プロセスができずに解答に時間がかかってしまうことになる。簡単に言えば，答えをイメージするまでに時間がかかっているため，時間が足りなくなるケースだ。

体系化しないと知識は使えない！

　試験に合格するためには，知識が必要になるのはいうまでもない。しかし，いくら知識の量が多くても，それすなわち"使える知識"ということにはならない。自分で会話を組み立て，最適な粒度の知識を，最適なタイミング…最適な表現方法で言葉に載せるには，「知識が体系化されている状態」が不可欠になる。体系化されている状態というのは，「よくある課題その1」で説明したように，問題文のように階層化・構造化して覚えている状態のこと。上位に行くほど抽象化され，下位に行くほど具体的で詳細になる。また，上位の記憶の強さによって，下位の理解度も影響を受けるという特徴もある。

　知識が，このように体系化され整理された状態にあれば，アナウンサーのように「あと10秒」とか，「1分間つないで」とか，「10分間で説明して」という要求にも的確に応えることができる－すなわち，相手の期待する量と質，粒度で話ができるようになる。相手に依存せず，自分で"話"を組み立てることもできる。その結果，「20字以内で答えよ」という設問であったり，論文であったり，体系化しているからこそ容易にアウトプットできるようになるわけです。もちろん実務（提案や説得，交渉など）でも有益である。

体系化するために必要な暗記

　それでは具体的に，どうすれば知識を体系化できるのだろうか。それは，知識を階層化するために，最上位の階層は徹底的に磁力を強めるための丸暗記をすることに他ならない。細かい部分を丸暗記する必要はない。あくまでも階層の最上位になる。プロジェクトマネージャ試験では，ひとつはPMBOKの全体像（P.8），そしてもうひとつは基礎項目（暗記チェックシート　P.761）だ。ひとまずこれを暗記してみよう。するとそこに知識が吸い寄せられてくる。

64

Column ▶「おいおい，そっちかい！」

プロジェクトマネージャ試験の記述式（午後Ⅰ）対策として，過去問題を解いた後の"あるある話"なんですが，こういうことってありませんか？

＜解答を考えている時＞
- え？何を聞いているの？設問の意図が分からない。
- なんだ？答えが見つからないぞ。どうしよう全然わからない。

＜で，どんな解答なんだろうと解答例を見てみると…＞
- おいおい，それが答え？
- なんだ，当たり前すぎる！そんな答えでいいのか？
- それなら，もっと聞き方を考えてよ！
- え？最初に決めたルールを何で守ってないの？常識的に守ってるって思うじゃん！

筆者が実施している試験対策講座でも，受講生の質問でいつも議論が白熱するところがそのあたり。プロジェクトマネジメントとは関係ないところ（笑）。まぁプロジェクトマネージャにはコミュニケーションスキルが必要だからといえば，それまでなんですが，それでも，知識も経験も豊富で資格を持つのに十分すぎるほど資質のあるベテランのプロジェクトマネージャが，もっとも苦労する部分だったりするんですよね。

一番人気の国家資格がそんな試験でいいのかどうかはさておき，合格するためにはそこをクリアしなければならないのも事実。仮に，点数を落としているところの多くが，そんな問題（解答例を見た時に「おいおい，そっちかい！」とツッコミを入れてしまうような問題）ばかりなら，その課題への対応策も考えておいた方がいいかもしれません。

そこで，試験対策講座では，筆者はこう考えることを推奨しています。

① 採点講評で正答率を確認する。簡単な問題にもかかわらず「正答率が低い」と書いていたら，問題の質が悪かったと思ってあきらめる。気にしない。作り手側の問題として無視する。
② 採点講評に何も書いてない，正答率が高いという場合は，解答例はあくまでも解答例で幅広い正解が用意されていると判断する。なのでこれも気にしない。
③ 解説を読んで，簡単すぎるがゆえに何か先入観で読み飛ばしていたのなら「試験問題には，こんなに簡単な答えがある」と，そういう問題の存在を常に意識しておく。

要は採点講評を確認するなどして，作り手側の問題かどうかを判断して①や②なら気にしないのが一番だということです。こればかりは，どうしようもありませんからね。但し③だけは注意が必要です。標準化が進んでいる企業では当然のようにやっていることでも，問題文中ではできていないこともあります。そこで，仮にそうなら，問題文に登場する企業は発展途上で，そこをコンサルテーションするような目線でみるのも一つの手だと思います。

序章 合格するためにやるべき事

4-3 『情報処理教科書 高度試験午後Ⅰ記述』の紹介

　今回のプロジェクトマネージャ試験が高度系区分初挑戦の方や，高度系区分の午後Ⅰ記述式がどうも苦手で安定しないという方は，本書の姉妹書にあたる『情報処理教科書　高度試験午後Ⅰ記述 春期・秋期』を活用して，安定して合格点を取れるところまで持って行くことをお勧めする。

【第1章】午後Ⅰ対策　合格するためにやるべきこと！

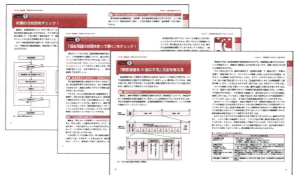

【第2章】記述式共通　理想の解答プロセス こうしてタイムを詰める！

【第3章】試験区分別 午後Ⅰ攻略

66

＜目次＞

第1章　午後Ⅰ対策　合格するためにやるべきこと！（全23ページ）

Check1　対策の方向性をチェック！

Check2「過去問題は時間を計って解く」をチェック！

Check3「解答速度を5倍にする」方法を考える

第2章　記述式共通　理想の解答プロセス こうしてタイムを詰める！（全74ページ）

タイムを詰める　第1のポイント　問題文中の表現に置き換える

タイムを詰める　第2のポイント　解答を確定するプロセス

タイムを詰める　第3のポイント　構造解析－どこに何が書いてあるのか？－

タイムを詰める　第4のポイント　解答を書く時の時間短縮！

タイムを詰める　第5のポイント　問題選定，み，みんなどうしてる？

タイムを詰める　第6のポイント　最後にやっていることは？

第3章　試験区分別 午後Ⅰ攻略（全295ページ）

FE，AP を含む全試験区分について，その試験区分特有のポイントを，平均30ページ／区分で解説をしています。

　試験対策本には必ずと言っていいほど「攻略のテクニック」や「対策のポイント」が書かれているが，著者が変われば，時に，まったく正反対のことを主張することもある。確かに，試験区分によって異なる部分はあるので，問題文の読み方ひとつとっても試験区分ごとに変えていかないといけないだろう。しかし，記述式にも論述式にも…基本情報や応用情報，高度系にも全て試験区分共通の "コンピテンシー" として普遍の部分というのは間違いなくある。そこにメスを入れたのが本書である。

　第1章と第2章では全試験区分共通のものを，第3章に試験区分ごとの特徴をまとめた。加えて，筆者だけの考えだとミスリードする可能性もあるので，複数区分合格者21名の意見を聞きながら，共通部分と個別の部分の切り分けをしてみた。それが本書の最大の特徴である。したがって，本書を活用すれば，品質を落とすことなく，努力する時間は画期的に短くなるはずだと考えている。ぜひ活用いただきたい。

序章　合格するためにやるべき事

4-4　プロジェクトマネージャ試験の特徴

　筆者は，全試験区分を対象に試験対策を実施していることもあり，「どうすれば速く確実に午後Ⅰ試験が解けるか？」について，一応，全区分研究している。その結果，各試験区分によって微妙に解き方が違うことも発見している。ここでは，プロジェクトマネージャ試験ならではという部分をいくつか紹介しておこう。特に，他の試験区分の学習をしていた人は，その違いについて十分意識しておこう。

特徴その1　全体像の把握方法の違い

　まず，開始直後に行う問題文の全体像の把握方法に違いがある。特に，システムアーキテクト試験やデータベーススペシャリスト試験との違いが顕著だ。

●階層化が浅い

　プロジェクトマネージャ試験の問題文は，システムアーキテクト試験やデータベーススペシャリスト試験に比べて階層化が浅い。全ての試験区分において，問題文には"〔　〕"でくくって個々の段落に見出しが付いているが，その中の階層化が試験区分によって異なっている。システムアーキテクト試験やデータベーススペシャリスト試験では，"(1)"や"①"，"・"などを使って3階層ぐらいに分けることもあるが，プロジェクトマネージャ試験の場合，問題文の階層はそんなに深くならない。単純に"字下げ＋改行"で内容を分けていることが多い。そのため，システムアーキテクト試験やデータベーススペシャリスト試験のように，見出しをチェックするだけで，そこに書かれていることを把握することができない。

　そこで，必要になるのが「よくある課題その1　問題文をじっくり読み過ぎている」に書いた"飛ばし読み"である。このテクニックの威力が最も発揮できる試験区分がプロジェクトマネージャ試験だと言っても過言ではないだろう。

●1ページ目にプロジェクト概要がきている

　プロジェクトマネージャ試験の問題文では，1ページ目に"プロジェクト概要"や"プロジェクトの特徴"（背景，納期や予算，契約形態，PJ体制，品質目標，リスク，その他の制約条件，前提条件など）が書かれている。

　したがって，短時間で問題文に書かれている状況を把握するには，（今回のプロジェクトの）背景は？納期は？予算は？契約形態は？PJ体制は？要求される品質目標は？リスクは？その他の制約条件は？などを探す読み方が必要になる。

●物語風

プロジェクトマネージャ試験やITサービスマネージャ試験の問題文では，「いつ，どこで，何があった」という話が中心になるので記憶には残りやすい。そのため，問題文を頭から熟読していってじっくり読み進めていっても記憶に残りやすいのは確かである。しかし，逆にそこが落とし穴でもあるので注意が必要だ。

●全体像の把握には5～8分程度かけてもいい

以上より，人によって解答プロセスはバラバラだが，そこを平均的な時間配分で大胆に説明すると，プロジェクトマネージャ試験では，全体像の把握（どこに何が書いてあるのかを把握）するのに，5分から8分ぐらいかけても構わない。(階層化の深い部分にも見出しを付けてくれている) システムアーキテクト試験やデータベーススペシャリスト試験では1～2分でやるべきところだが。

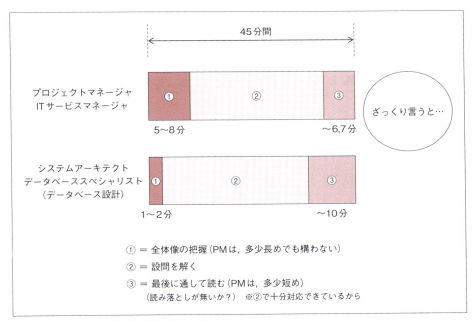

図12　試験区分による時間配分の違いのイメージ

序章　合格するためにやるべき事

特徴その２　PM試験におけるマークする時のポイント

　問題文を速く正確に読むということは，正しく言い直すと，"問題文を正確に分析すること"になる。その分析結果は，いわゆる"マーク"となって現れるので，ある意味マーキング方法でもあるだろう。その"マーク"は，"全体構成を把握する時"つまり，各問題の最初の５分で"サッ"と行い，設問を解く時（熟読する時）にじっくり行うことになる。

●問題文には，積極的に書き込むこと

　しかし，そもそもマークは必要なのか？答えはイエスだ。仕事では決して求められない"分単位の戦い"を制覇するには，問題文をフル活用しなければならない。そのために必要なのが"マーキング"であったり"リンク"になる。答練を繰り返すことを考えて，頭の中だけで解く練習をする人もいるが，それは止めておいた方が良い。過去問題は２回以上解く必要はないし，仮にもう一度解きたいのなら，書き込んでいない状態のもののコピーを取っておけば良いだけ。頭の中だけで処理していいのは，過去問題を解く必要もない合格確実レベルに達した人のみ。練習途上の人は，本書の「問題文の読み方とマークの仕方」に付けているぐらい，問題文を汚してしまおう。

●どこにマークするの？

　次に，マークすべきポイントについて考えてみよう。試験対策本には必ず「重要な部分にはマークすること！」と書いてある。しかし，残念ながらどこをマークすれば良いのか…そのヒントは特に書かれていない。「"重要なところ"と言われても，そこがどこだか分からないから苦労しているのに！」と怒りを覚えた人も少なくないだろう。どこにマークして良いか分からないから，マークが多すぎて混乱したり，マークが少なすぎて漏れが発生したりする。結局，あまり効果がない。やはり，最適なマークの量，すなわち必要最低限のマーク箇所のルールを決めなければならないだろう。ここから順次説明していこう。

●段落ごと，ブロックごとに線を引く

　まずは機械的にできることから考えよう。図13のように段落ごとに線を引くことによって，長文を短文の集合体へと変換することができ，焦点を絞り込みやすくなる。さらに，改行（字下げ）のところはトピックが変わっているところなので，そういうブロック単位に線を引くのも効果的だ。特に，長文が苦手な人には非常に有効である。

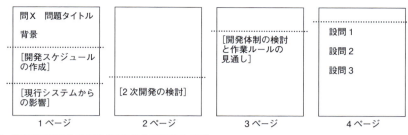

図 13　問題文の段落分けの例（平成 18 年度午後Ⅰ 問 2）

　マークすべき"メイン"のポイントは，対象プロジェクトの情報になる。具体的には次表のとおりである。これらは，多少の"あり""なし"はあっても，基本的には全ての問題文に共通するもの。これらを探し出すつもりで問題文を読み，発見できたらマークしよう。

(1) プロジェクトの概要

　午後Ⅰの問題は"プロジェクトの概要"から始まる。これは午後Ⅱの設問アがプロジェクトの特徴から始まるのと同じだ。まずは，どんなプロジェクトなのかをチェックして正確に把握していこう。

表 7　マークすべき項目の一覧（例）

概要	PJ 発足の背景		何のために立ち上げたプロジェクトか？
	PJ の目的		何を目的としているか？ DX 関連のプロジェクトでは，価値実現を最大の目的とするので，特に重要になる。絶対にマークが必要なところ。
	PJ 特性		例）品質重視，納期遅延は損害賠償請求になるなど
	PJ の目標もしくは制約	納期	目標なのか制約なのかを読み取る。その強さも重要。
		予算	目標なのか制約なのかを読み取る。その強さも重要。
		品質	機能要件と非機能要件。DX 関連だと目的に近くなる。
		その他	前提条件など 例）ドキュメント管理基準は E 社のものを使用
体制	PJ 体制		体制図があるかどうか。無ければ余白に書くことも検討。
	プロジェクトオーナ		委託元責任者，経営者，CIO，スポンサーなどもマーク。
	その他ステークホルダ		PMO，ステアリングコミッティなど
	契約形態		自社開発，委託（請負契約，委任契約）
スケジュール表			
その他，重要ポイント			普段，あまり見かけない記述

　特に，予測型（従来型）のプロジェクトなのか，DX 関連やアジャイル開発を意識した適応型プロジェクトなのかを見極めることは重要だ。そのあたりは，令和 2 年，令和 3 年の午後Ⅰの問題で練習しておこう。

特に，プロジェクト体制図とスケジュール表は，普通は図表として存在する。存在しない場合は，説明すら必要ないか，重要すぎるのであえて書いていないかのどちらかになる。組織図がないのに，登場人物がやたら多いこともある。A氏，X部長，T課長，…。この場合，設問に直接的に関係しているので，あえて書いていない可能性が高い。

 そういうわけなので，問題文に体制図が書かれていなければ，余白を使って，人物や企業の関係を整理しておこう。スケジュール図（表）が明示されていない場合も同じだ。余白にスケジュールを作成して，作業の前後関係，時間の遷移を丁寧にプロットしていこう。

(2) プロジェクトの立ち上げとプロジェクトマネージャ

 問題文の中には必ず，プロジェクトの立ち上げとプロジェクトマネージャの説明がある。ここはマークしておこう。余談だが，問題文の中でのプロジェクトマネージャの位置づけも大きなヒントになる。経験が乏しいプロジェクトマネージャだったら，その行動を疑ってかからなければならない。

(3) "時" の推移があったところ

 問題文の中で，"時"が推移しているところ…「要件定義開始まもなく」とか，「外部設計の終了を間近に控えた1月初旬」とか…そういうところがあったら，そこを強調するとともに，"時"の違いを明確にするために"ビシッ"と線で区切っておこう。ちなみに，ほとんどの場合，段落の最初に"時"の推移は配置されている。

 余談だが，この"時"の推移のパターンを掴んでおけば，午後Ⅱ論述試験でもその表現を使えるようになるだろう。

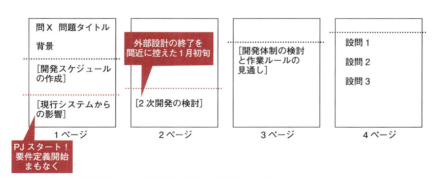

図14　プロジェクトの開始とフェーズの確認（平成18年度午後Ⅰ 問2）

（4）過去に解答を一意にした実績のある記述

　これはハイレベルなマークのポイントになる。「過去問題で設問に絡んできた問題文の記述部分」なので，過去問題を数多く解いて，記憶していった結果として反応できるようになるからだ。要するに，学習が進み経験値がアップしてはじめてマーク箇所の精度が上がる。典型的な例をあげるとこんな感じだ。

【マーク箇所の典型例】

問題文の記述

　「今回は，客先からの強い要求で，要件定義から総合テストまでを一括請負契約とすることにした。」

その一文を読んだ時の頭の中の反応

　「あれ？いつもは要件定義と外部設計，総合テストは委任契約が普通なのに，今回はその部分も請負契約なんだ。確か，過去問題では外部設計が決まらないリスクがあってトラブルになっていたよな…そこが設問にもなっていたはずだ。それも1回や2回じゃないぞ。契約のところが設問になるときって，全工程請負契約が多いんだ。それに今回は，『一括』だとか『客先からの強い要求で』という具合に強調しているな。きっと，この部分…設問で問われてくるはずだ。」

　声に出すと，この一文だけで10秒程度時間がかかるが，実際は頭の中で瞬時に反応しているので問題ない。それはさておき，こんな反応がもしもできたなら，『一括請負契約』と『客先からの強い要求で』というところをぐりぐりと後から見返せるようにマークしているだろう。

（5）問題点と否定的表現

　午後Ⅰの問題では，プロジェクト計画フェーズに「プロジェクト発足時に抱えている問題点や制約条件」が，プロジェクト実施フェーズに「表面化した問題点」が，記述されているケースが多い。試験は，プロジェクトマネージャとしての知識を試すものなので，順風満帆なプロジェクトはテーマにならないからである。そこで，問題文中に"問題点"を発見したら，必ずマークするようにしよう。

　ただし，問題点は2種類ある。一つは「……という問題が生じた」というようにストレートに表現されている問題である。こういうところは，設問の直接的対応箇所であることが多い。もう一つは，「検収に時間がかかったので，下請先の業者に対する支払いが3か月後になってしまった（3か月後になると下請法違反の可能性

73

有）」などというように，知識があって初めて，問題点だと分かるものだ。

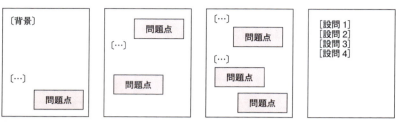

図15　問題がどこにあるかを把握する

　ところで，問題点をピックアップするには，「〜が問題である」という直接的表現だけではなく，「〜ない」や「〜はなかった」など否定的表現で書かれていることも少なくない。そこで，否定的表現のところもマークしておく。作文や報告書でも同じだが，通常，人は，特に問題がなければ，あえて否定的表現は使わない。そのため，否定的表現を使うところは問題を含むことが多いというわけだ。

(6)　違和感のあるところ

　自分がこれまで経験してきたことや，学習してきた内容から見て，"おかしい"，"間違っている"，"変だな"などと思ったところもマークしておこう。自信はなくても直感を信じれば良い。"経験"から得た知識，暗記した自覚がない時などは"違和感"として現れるからだ。例えば，「これまで見てきた問題では，これほど納期を重視すると書かれていないのに，この問題に限って，"納期は絶対厳守"と書かれている。おかしいな」というような感じである。そういうところは直感を信じても問題ない。

(7)　"なお"と"ところで"，注釈

　"なお"や"ところで"という接続詞もマークしよう。これらに続く文章は，大きなヒントになる場合が多い。これらは，「そうそう，これを言っておかないと解答できないだろう。だから，今言っておこう。」と思ったときに使う言葉だからだ。同様に，表や図の注釈も重要になる。必要なければ（設問に絡んでいないのなら）あえて書く必要はないからだ。

(8)　数字

　問題文中に数字が多く使われていると，設問で計算を求められたり，解答に数字が必要だったりする可能性が高い。仮に，その計算問題が文中の数字を"足す"だけ

の単純なものだったとしても，いざ，問題文から正確に数字をピックアップしよう
と思えば結構時間がかかる。解答には時間をさほど要しない計算問題だけに，問題文
を再び読んで時間を使うのは効率が悪いので，数字が出てきたら，"計算問題がある
に違いない"と考えて，先にマークしておこう。

●リンクのための"線引き"はかなり重要

マーク以上に重要なのが，リンクのための"線引き"だ。イメージがわかなかっ
たら，本書の過去問題解説の午後Ⅰを見てほしい。マークとともに，いろんなリン
ク線を引いていることがわかるだろう。

（1）図表と文章の対応付け

体制図やスケジュール表など，図表が問題文中にある場合はそれを最大限に利用
する。図表は単独で存在することはなく，必ず文章と紐づけられている。だから，
問題文を読み進めていく時には，図表と文章に線を引いて対応付けておく。

例えば，「スケジュール表」があったとしよう。そのときに，問題文中で「外部設
計」の説明をしている箇所をスケジュール表の「外部設計」のところに，また，「内
部設計」の説明をしている箇所をスケジュール表の「内部設計」のところに，それ
ぞれ線を引いて対応付けておくという感じだ。

こうしておけば，設問を解くにあたって問題文を読み返すときでも「まず図表に
戻り，そこから文章で書かれている該当箇所をたどっていく」ことができる。この
ほうが，網羅性を確保しつつ圧倒的に効率が良い。

（2）因果関係

最後に，問題文中に「原因－結果」の関係がある部分は，その論理のつながりを
線で結んでおく。そうすれば，その論理のつながりをたどって真の問題を見つける
こともできるだろう。

●練習方法

"マークする"というアクションに課題を持っている人は，"マークを引く"とい
う練習をしなければならない。それには，実際にマークしながら過去問題を解くの
が一番だ。そして，本書の解説に添付している"マーク箇所"と比較して，そのず
れをチェックすれば良い。ただし，筆者のマークも万全ではない。漏れもあれば，
不要な部分もある。なにせ5分程度でマークしたものだから仕方がない。その点だ
けは最初に断っておこう。

序章　合格するためにやるべき事

特徴その3　PM試験における解答を書く時のポイント

　最後のポイントが，解答欄に記述する作業である。午後Ⅰの設問は，「40字以内で述べよ」というように，文字数指定の設問がほとんどである。そのため，解答の候補を絞り込んで確定させた後は，解答の文字数を意識して，アウトプットしなければならない。

　その具体的な手順を，平成23年度午後Ⅰ問4の設問2(2)の例を使って見ていこう（問題文，設問，下線等，表現で悩む以外の部分のプロセスは割愛する。そのため，もしもここの説明が理解しにくければ，先に，平成23年度午後Ⅰ問4を実際に解いてから，ここを見るようにしよう）。

> 設問：Y課長が本文中の下線⑤のように考えた理由を，40字以内で述べよ。

　この設問では，詳細設計フェーズで摘出された欠陥総数が，計画値よりも大幅に増加している原因について，Y課長が「前工程の問題によるものではない」と判断した理由が問われている。

　解答はなんてことはない，「表2　今季モデル開発の工程別欠陥摘出実績」の中を見れば，「詳細設計工程で摘出された欠陥のほとんどが，詳細設計工程で混入したもの」になっているからだ。表を見れば一目瞭然。したがって，解答も「表を見たら一目瞭然だろ。前工程で混入したバグは，最初に決めた基準内にあるじゃないか」という解答にしたくなるかもしれない。実務だと，それでコミュニケーションが通じるので"正解"になるが，試験では不正解だ。きちんと丁寧に説明しなければならない。少なくとも，表のどこに，どういう数字として現れているのかを正しく表現しなければならない。

　具体的な手順は，例を使って説明しよう。第1段階で頭の中に思い浮かんだ解答のイメージ「表を見たら一目瞭然だろ。前工程で混入したバグは，最初に決めた基準内にあるじゃないか」が，その後，いかにして解答例のような表現になるのかを見てみよう。

76

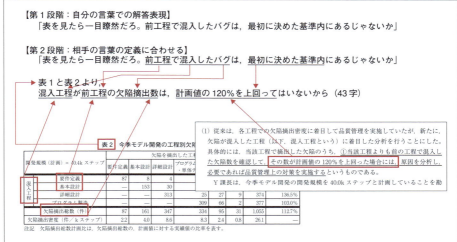

図 16　具体的な手順

　例のように，おおよその解答に対する表現を，文中の言葉を使って，いかに翻訳できるのかを考えてみよう。慣れないと最初は結構時間がかかると思うが，継続していると，そのうち **"情報処理試験　午後Ⅰ君"** の方言にも慣れてくる。正確に言うと，"情報処理試験　午後Ⅰ君" の言葉を使うようになる。地方出身者が上京して，標準語を話すようになるのと同じだ。意識してやっていくようにしよう。

　但し，1点だけ誤解のないように言っておく。このプロセスは，設問1問を解く時間内（3～4分）で行うべきもので，時間がなければ割愛しても構わない。というのも，問題文中の言葉を使わないと "不正解" になったり，"減点" されるということはない。意味が同じで，相手に正確に伝わる言葉なら，正解になる可能性はある…というよりも，かなり高い確率で正解になる。だから心配しなくてもいい。今回の例だと，多少表現が粗いので不利益を被るかもしれないが，「**表より，前工程で混入したバグが，最初に決めた基準内にあるから**」という解答でも正解にしない理由はないだろう。

　では，あえてどうしてこんなことをここで言っているのだろうか。その理由はいくつかある。

- 意識することで極端な乖離をなくし，得点力アップを狙う
- 相手の言葉の定義で（しかもそれが標準的なら，それで）話すのがマナー。その意識付け，及び練習
- 標準的な言葉（ここでは情報処理試験での言葉になるが…）を覚える

　説明が難しく，「矛盾がある！」と叱られそうだが，それは筆者が上手に説明できないだけ。このように意識することは，絶対に効果がある。そう信じてもらいたい（最後は，お願いモード（笑））。
　ちなみに，午後Ⅰの過去問題を使った演習時にも，解答表現にこだわって解答例とご自身の書いた解答を比較してみてほしい。その上で，どうして，その解答表現にならなかったのかを追求していくことで，ここでの目標を達成できると思う。

4. 午後I（記述式）対策

☕ Column ▶ 過去問題を解いて，悔しがる！

筆者は，これまで情報処理技術者試験を50回受験し，19回不合格になっています。その中でも，今のようにいろいろ試す受験ではなく，本気で合格を狙っていた若かった頃，午後Iで580点での不合格が2回，540点が1回でした。得点を教えてくれるようになってから取った最低点は525点です（昔は200点～800点の範囲で600点以上で合格。記述式で試したSMの平成29年秋を除く）。問題数はそんなに変わっていないので，いずれも**「後1問正解できれば…」**とむちゃくちゃ悔しかったことを覚えています。

15年以上前の問題を忘れられない

その悔しさ以上に覚えているのが，その当時の問題です。試験本番時に解いている段階で「あれ？知らない用語がある。まずいぞ…」って思った時は，その解いている光景さえ覚えています。何を聞いているのかわからない設問，問題文中のわからなかった用語，どこを切り取るべきか迷ったところなども鮮明に。15年～20年前のことなのですが…。

もちろん合格した時の問題も覚えてはいます。でもそれは，試験対策をしていて何度も何度も見ているからです。解いている時の記憶は鮮明ではありません。迷ったところや，知らなかった用語なども覚えてはいますが，試験本番時の感情はもうありません。

合格した時の記憶は"覚えた"もの。忘れないように覚えたものです。それに対して不合格になった時の記憶は，"覚えた"のではなく"覚えている"という感じで，もっと言うと**"忘れられない"**という感じですね。

練習で後悔する

この不合格の時の記憶の強さの原因は**"後悔"**だと思います。そもそも，記憶というのは"覚える"より"忘れる"方が難しいですからね。前者は努力で何とかなりますが，後者は努力してもどうにもなりません。

とはいえ，人の記憶でややこしいのは「覚えたいものが覚えられず，忘れたいことが忘れられない」ところ。ここを上手く制御して「覚えたいものを忘れられない」ようにできれば，理屈上，短時間で多くのことを覚えることができるはず。多忙な社会人は，そこを狙っていきたいですよね。

そのために必要なのが**「練習で後悔すること」，「練習で悔しがること」**です。試験本番と同じようなレベルに緊張感を高め，本気で満点を取りに行く。制限時間の中で焦り，迷い，悩み，その後，解答例を確認する時にドキドキし，解答例を見てからは，なぜその答えになるのか怒り，なぜその答えを出せなかったのか悔しがる。そうすれば，忘れられなくなります。

実はこの方法，一流のプロフェッショナルは普通にやっていることです。ゴルフの練習で一打を大事にするのも，ライバルと練習試合をするのも，悔しいから考えることを上手く使っているところがありますからね。

ダラダラと感情の起伏なく時間を過ごしても記憶には残りません。意図しない"後悔"はいろんな副作用をもたらしますが，自発的に起こした"後悔"にはメリットしかありません。記憶はインパクト。自分を上手に制御しましょう。

序章　合格するためにやるべき事

●何を使えば合格できるのか？
ー予想問題集や模擬試験は必要か？ー

情報処理技術者試験における高度区分の学習ツールには，次のようなものがある。

①必要となる知識補充のための参考書（いわゆる教科書）
②上記のうち，携帯性に優れた"ポケット参考書"
③過去問題集
④予想問題集
⑤模擬試験
⑥e-learning ツール

最低限，過去問題集は必須！

最低限"③ 過去問題集"は必要だと思う。そこには，IPA の意図，すなわち「SE に持ってもらいたい意識」に対する思いが含まれている。それはある意味普遍的なことが多く，毎年，ころころ変わるようなものではない。大学受験や他の資格にも共通するところなので，あれこれ説明は不要だろう。ただ 1 点補足するならば，書籍化されている過去問題集の多くは，ページ制約上の都合で，過去 3 回分しか掲載されていないものが多い。筆者は，それでは少なすぎると考えている。だから，本書では過去 10 年分以上確認できるようにしているというわけだ。

参考書は必要？

上記①や②の，いわゆる問題集ではない教科書的な参考書は必要だろうか？筆者は必要だと考えている。各試験区分の経験者だったり，他の資格（PM なら PMP など）を保有していたり，必要ないケースもある。ただ，情報処理試験特有の言葉や視点と実務の乖離部分を知るには，参考書も必要だ。

但し，その使い方は経験者と未経験者では違う。前者は，過去問題中心の学習で疑問に感じたところをチェックする程度で良いが，後者は，先に参考書に一通り目を通してから過去問題に取り組んだ方が良い。

なお，参考書には最近流行りの"ポケット〜"という携帯性に優れたものがある（上記の②）。筆者は，仕事柄毎年チェックはしているが，自分自身が受験するときに使ったことはない。参考書としては物足りなく，暗記支援ツールとしては情報量が多すぎるからだ。中途半端に感じる。

時間が無尽蔵にあるときだけ使用するツール

　時間が無尽蔵にある場合にだけ使いたいツールが，"④ 予想問題集"，"⑤ 模擬試験"，"⑥ e-learning ツール"である。決して，その存在を否定はしない。時間が無尽蔵にあるのなら，全てのアクションは決して無駄にはならないからだ。ただ，時間効率性を考えると，優先順位は低くならざるを得ない。その理由だけ簡潔に述べよう。

　予想問題集や模擬試験は作りが粗い。というか本番試験とは乖離しているものが多い。IPA の本番試験は，難易度の調整のために，ページ数，設問数などの質や量が一定になるようにコストをかけている。だから，「時間内に解く」ことで，本番で使用する読み書きのスピードの訓練ができる。しかし，予想問題集や模擬試験に同じコストはかけられない。詳しくは説明しないが，私自身は作成依頼があっても断っている。過去問題と同レベルの品質の物を作るには，投資効果が悪い（簡単に言うと，それほど多くの原稿料を貰えないので，時間もそれほどかけられない）。だから，"時間との戦い"の午後試験において，意思決定時の（本来不要な）選択肢が増えたり，変な癖がついたりする弊害が出る可能性もある。筆者自身は，自身の受験時に使ったこともないし，これまで数多く開催してきた対策講座でも，（過去問題のなかった新設当時の）テクニカルエンジニア（情報セキュリティ）の1年目と2年目だけは仕方なしに使用したが，それ以外では一切使ったことはない。

　また，e-learning ツールもどうだろう。書籍と同じ数千円のもので，情報量が同じ程度なら"買い"かもしれない。しかし，一般的にはその数倍以上の費用が必要で，情報量は少ないものが多い。確かに，いろんなところにコストをかけないといけないので，「書籍よりも内容は薄く，価格は高く」なるのは仕方がないのかもしれない。「どこに制作コストをかけているのか？」を考えれば，そのあたり，容易に想像はつくと思う。今後，数年たってコンテンツが充実してきたら話は違ってくるが，少なくとも筆者はそんな高い買い物をするほど余裕はない。

最後にひとこと

　ただでさえ多忙な SE にとって，学習ツールの選択は重要である。そのため，本書はできる限り1冊でなんとかなるように考えて構成した（論文が初挑戦の人は，別途姉妹書を利用）。過去問題中心なのもその結果である。

　本書は試験対策本である。PJ 目標的に言うと，唯一無二の目標が「試験に合格する」ということだ。今流行りの"問題解決能力"を駆使して考えれば，試験対策本は本書のようになるはずだと自負している。決して「実務にも役立つ！」なんて本末転倒のツールにはならない。悔しいのは，合格率が13% 弱しかないこと。この"問題"は，最大で87% "解決できなかった"という結果になってしまうことだが，こればかりはどうしようもない。その点はご理解願いたい。

5. 午前対策

最後に，午前対策についても説明しておこう。

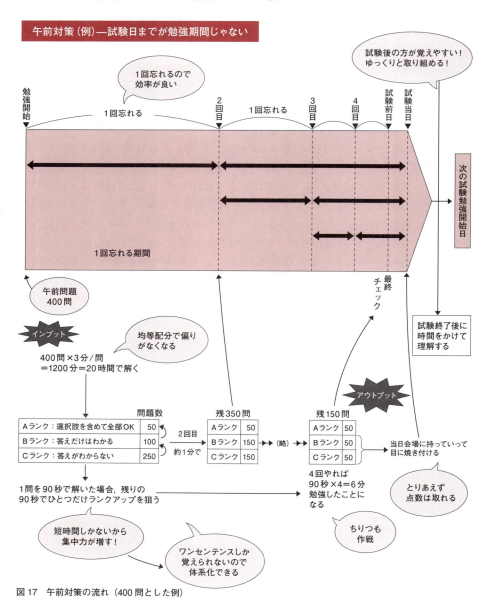

図17　午前対策の流れ（400問とした例）

5. 午前対策

【午前対策（左ページの説明）】

①解答する問題を集める（午前Ⅰなら400～500問，午前Ⅱは本書のDLサイト）。

②"1問にかける時間は3分"と決める。その3分の中で問題を解き，答えを確認して解説を読む。

③その後，その問題を下記の基準で3段階に分ける

ランク	判断基準
Aランク	正解。選択肢も含めてすべて完全に理解して解けている
Bランク	正解。但し，選択肢等完全に理解しているとは言えない
Cランク	不正解

④全問題を一通り解いてみたあと，Aランク，Bランク，Cランクが，それぞれ何問だったのかを記録しておく。

⑤試験日までのちょうど中間日に再度②から繰り返す。この時，Aランクは対象外とし，BランクとCランクだけを対象とする。

⑥試験前日に，最後まで残ったB・Cランクの問題について，もうワンサイクル繰り返す。この時には問題文に答えやポイントを書き込む。

⑦試験当日に，⑥で書き込んだ問題を試験会場に持っていき，最後に目に焼き付ける。見直すだけなので，1時間あれば100問ぐらいは見直せる。

　最大のポイントは，午前対策の発想を変えること。「**試験当日にどうしても覚えられない100問を持っていく。その100問を試験日までに絞り込むんだ**」という考え方であったり，1問に3分しかかけられない（問題を解くのに1分30秒ぐらい必要なので，解答確認や解説を読むのも1分30秒ぐらいしかない）ので，「**Cランクは Bランクを，Bランクは選択肢のひとつでも覚えることを最大の目的とする**」ことであったり。そのためには，「**正解するためのひとこと**」だけを覚えようとすることだったり。いろいろな意味で，考え方を変える必要があるだろう。

　但し，このような方法を紹介すると，常に「点数を取るためだけの技術」と揶揄され，「そんな方法で合格しても実力が付くわけない」とか，「結局，仕事で使えない」とか言われるだろう。筆者にはその光景が目に浮かぶ。しかし，実際はそうではない。以下に列挙しているように，様々な理由でこの方法は秀逸だと考えている。もちろん仕事で使える知識としても。

序章　合格するためにやるべき事

●とにもかくにも点数が取れる

　これが一番の目的だろう。受験する限りは合格を目指さないと意味がない。カンニング等の不正行為で合格することに意味はないが，ルールを守って合格を目指すのは至極当然のこと。「実力がないのに合格しても意味がない」という言葉を，逃げ道にするのはやめよう。サッカーでもそうだろう。勝利のために，強豪チームは常にあたりが激しい。それを「乱暴だ！」というお上品な弱小チームに価値はない。勝利に貪欲になる姿の方が美しいと思う。

● ３分という時間が集中力を増す！

　加圧トレーニングや，高地トレーニングなどと同じように，人が厳しい制約の中におかれると，無意識にその環境に順応しようとする。その環境下でのベストな方法をチョイスする。そういう意味で，"３分しかない"という状況を作れば，自ずと集中力が増す。そして，その時間でできるベストなことを選択することになるだろう。Ｃランクだったものは次はＢランクになるように，ワンセンテンスでのつながりを覚えることに集中したり，Ｂランクだったものは次はＡランクになるように選択肢の意味をワンセンテンスで覚えることに集中したりである。

●ワンセンテンスで覚える＝体系化の第一歩

　「"共通フレーム"といえば，"共通の物差し"」などのように，ワンセンテンスで覚えることを，学習の弊害のように見る人もいるが，それは大きな誤りである。知識を体系化して頭の中に整理しておくということは，第一レベルは「一言でいうと何？」ってなるということ。「一言でいうと何？」という質問に答えられる方がいいのか，それができない方がいいのか，考えればわかるだろう。

●均等配分で偏りがなくなる

　午前対策の勉強時間が20時間だとした場合，3分／問で400問に目を通すのか，それとも30分／問で40問をじっくりやるのか，どちらが合格に近くなるだろうか？答えは，その20時間を使う前の仕上がり具合による。

　すでに半分ぐらいは点数が取れる状況で，かつ自分の弱点がわかっていて，弱い部分から40問を選択できるのなら，「30分／問で40問をじっくりやる」方が効果的だろう。しかし，どんな問題が出題されているのかもわからず，どの部分が弱いかもわからない場合には，40問しかやらないまま受験するのはあまりにもリスキーだ。そういう状況では，少なくとも1回は「3分／問で400問」をやってみたほうがいいだろう。そのうえで，弱点部分が絞り込めて時間的余裕があるのなら，別途時間を捻出して，じっくりと取り組めばいいだろう。

84

● 1 回忘れる時間を持てるので効率が良い

筆者は，脳科学に詳しいわけではない。あくまでも筆者の経験則が前提になるが，こういう理屈は"アリ"だと考えている。

> 「これまで 1 か月以上覚えていたことは
> （今再確認したら，）今後 1 か月は記憶が持つはずだ」

20 歳をすぎると脳細胞は毎日恐ろしいほど死んでいくって，聞いたことがあるようなないような…。でも，だからといって，普通はそんな急激に記憶力が劣化することはないだろう。仮に，この"三好理論"が正しいとしたら，"今"から試験日までの期間の半分ごとに再確認をするのが最も効率よく，しかも A ランクを外していける根拠になる。

勉強で最も効率が悪いのは，忘れてもいないのに覚えているかどうか不安になって，覚えていることだけを確認するという方法。時間が無尽蔵にあればそういう方法もありだと思うが，学生じゃあるまいし，そんなのあるわけない。

それに副次的効果もある。「忘れてもいいんだ」という意識が，精神的ゆとりを生む。

●試験後の方が覚えやすい。ゆっくりと取り組める

人の記憶というものは，インパクトに比例して強くなる。感動した記憶は，いつまでも色あせずに残っているのと同じだ。そう考えれば，"試験当日"というのは，（合格してもそうでなくても）もっともインパクトのある日だから，その直後の"調査"は，理解を深めて実力をアップするにはもってこいの時間になる。記憶に定着しやすいし，試験が終わって時間的にも余裕があるので，腰を据えてじっくり取り組めるだろう。「試験日までが勉強時間」という既成概念を打破して。もっともっと長期的に考えれば，このやり方は単に点数を取るためだけの試験テクニックではないことが理解できるだろう。

6. 読者の勉強方法 −合格体験記−

これまで，本書を使って合格された方の合格体験記を Web 上で公開している。

URL：https://www.shoeisha.co.jp/book/pages/9784798174914/gokaku/

　筆者は，何かの資格試験の勉強を始める際，まずは合格した人がどういう勉強をしたのか…いわゆる "合格体験記" を読むところから着手してきた。そのため，筆者の試験対策本には，できるだけ合格体験記を掲載するようにしている。

　但し，受験する人の属性は様々だ。年齢や役職はもちろんのこと…想いや経験，環境，制約なども，ひとりひとり違っている。経験者もいれば未経験者もいる。プロジェクトが落ち着いている時期でしっかりと勉強できる人もいれば，プロジェクトのリリースと重なって時間がなかなか取れなかった人（特に春試験では多い），あるいは子育てと両立しながら頑張っている人もいる。

　そんな様々な状況の中，合格者は，合格するために，どのように考え，何時間くらい…どんな勉強をしたのか？すごく有益な情報だと考えているので，そのあたりを合格者に，これから受験する人に向けて語ってもらっている。

　IT エンジニアとしての人生の一部を垣間見る "読み物" としても秀逸だし，自分の…これからの学習戦略を立案する上で，多くの気付きやヒントが得られると思うので，ぜひ，早い段階で目を通しておこう。

新技術への対応

ここでは，世の中の変化に伴う最近の出題傾向の変化について説明する。いわゆる第4次産業革命関連技術など新技術への対応だ。
なお，本書ではIPAが**「第4次産業革命関連技術など新技術への対応」**と言っているものを，便宜上**"DX関連技術"**と言うことにする。そして，それによる新たな開発アプローチ（アジャイル開発等）を**"適応型アプローチ"**とか**"適応型プロジェクト"**ということにする。それに対して，これまでの中心だった予め成果を決めてそれを実現するウォータフォール型の開発アプローチや開発プロジェクトを**"予測型（従来型）アプローチ"**とか**"予測型（従来型）プロジェクト"**ということにする。感覚としては，アジャイル型とウォータフォール型とイメージしておけばいいだろう。今後，IPAがそうした用語の定義をしてくれると，それに合わせようと考えている。

1. 背景

2. 傾向と対策

3. 必要な知識の習得

  （1）　デジタルトランスフォーメーション
    （略称＝DX, Digital Transformation）

  （2）　アジャイル開発

4. 予想問題

第 0 章　新技術への対応

1. 背景

2019 年（令和元年）5 月 27 日，IPA より「情報処理技術者試験の「シラバス」における一部内容の見直しについて～第 4 次産業革命に対応した用語例等の追加～」が公表された。見直し対象の主な分野，項目等は次のとおり。要するに，先端技術（AI，IoT，ビッグデータ）とアジャイル開発などの「デジタルトランスフォーメーション（DX）」関連を強化するというものだ。

---

(1) AI（Artificial Intelligence：人工知能）

(2) IoT、ビッグデータ、数学（線形代数、確率・統計等）

(3) アジャイル

(4) (1) ～ (3) 以外の新たな技術・サービス・概念（ブロックチェーン、RPA 等）

(5) その他、用語表記の見直し

IPA のサイトより引用（https://www.jitec.ipa.go.jp/1_00topic/topic_20190527.html）

この時は，見直し対象の試験区分が基本情報技術者試験と応用情報技術者試験だったが，その後，コロナ禍突入直前の同年 11 月 5 日には，全試験区分にまで対象が広がった。第 4 次産業革命関連技術（AI、ビッグデータ、IoT）などの新技術の活用，及びデジタルトランスフォーメーション（DX）の取組みが進展してきたという背景に対応するため，情報処理技術者試験で「第 4 次産業革命関連技術（AI、ビッグデータ、IoT）などの新技術への対応」（※ 1）が公表されたのである。

但しこの時には，プロジェクトマネージャ試験のシラバスは改訂されていない。本書執筆時点（2022 年 2 月）の最新版は，この公表の半年前に公開された 2019 年 6 月 24 日の ver6.0 だ。しかし後述しているように，ここ 2 年，明らかに第 4 次産業革命関連技術を意識した出題が増えている。その傾向が一時的なものだとは考えられない。したがって，本章に記載している内容をしっかりと理解しておこう。

おそらく，2022 年（令和 4 年）10 月の試験までに改訂されると思われるので，その動向にも注意が必要になる。改訂されれば，筆者の個人的なブログ等で見解を発表しようと考えているので，試験前，もしくは定期的にチェックしてほしい。

●適用は令和2年秋試験から

こうした変化の最初の適用時期にあたる 2020 年（令和 2 年）の春期試験は，初の中止になってしまったが，その年の 5 月の「情報処理の促進に関する法律の一部を改正する法律」（※ 2）の施行を挟み，再開された 2020 年（令和 2 年）の秋期試験からは，どの試験区分でも DX や新技術に関する出題一色になっている。

●プロジェクトマネージャ試験では

前述のとおり，プロジェクトマネージャ試験も例外ではない。というよりも，午後 I はかなり DX 一色になっている。この 2 年間で，どのような出題傾向の変化があったのかをまとめてみた。自社 PJ を含めているのは，アジャイル開発や DX は自社開発が向いているからだ。

表1　DX，アジャイルをテーマにした過去問題

過去問題			DX への取組みを テーマにした問題	アジャイル開発	自社 PJ
平成 31 年春	午後 I	問 1	○	△	×
		問 2	△	×	○
		問 3	×	×	×
	午後 II	問 1	×	×	×
		問 2	×	×	×
令和 2 年秋	午後 I	問 1	◎	○	○
		問 2	○	○	×
		問 3	×	×	×
	午後 II	問 1	△	△	△
		問 2	×	△	△
令和 3 年秋	午後 I	問 1	○	○	○
		問 2	○	○	○
		問 3	×	×	×
	午後 II	問 1	△	△	△
		問 2	×	×	△

表 1 を見れば明らかだが，やはり，令和 2 年から午後 I は急激に変化している。「第 4 次産業革命関連技術（AI、ビッグデータ、IoT）などの新技術への対応」を適用する前の平成 31 年春試験でも，多少は DX を意識した問題構成だったが，令和 2 年や令和 3 年ほどではない。したがって，方向性は変わったとみるべきだろう。

※ 1.　https://www.jitec.ipa.go.jp/1_00topic/topic_20191105.html
※ 2.　https://www.meti.go.jp/press/2020/05/20200515001/20200515001.html

第0章 新技術への対応

2. 傾向と対策

今回（令和4年秋）は，「新技術への対応」が公表されてから3回目の試験になる。まだまだ過渡期ではあるだろうが，この2年間で，ある程度傾向がわかってきた。そこで重要になるのが，この傾向を踏まえた対策である。

●最近の傾向―その1―午後Ⅰは2問がDX＆アジャイル，1問が従来通り

午後Ⅰに関しては，新傾向の問題が多いという印象だ。ストレートに"DX"と書いている問題は少ないが，次のような特徴は共通だ。

- ● ベネフィット（PJの目的）重視
  - →したがって経営目標の実現をPJの達成目標にする。そのために，柔軟な仕様変更が必要で，どうしてもアジャイル開発の考え方が必要になる。
- ● 迅速なリリース（スピード）が求められる
- ● アジャイルに適している自社開発の事例が多い

象徴的なのは，令和3年の午後Ⅰ問1だ。この問題では，自社にDXに知見のあるPMの適任者がいないため，コネのあるベンダのPMをヘッドハンティングしている（笑）。

また，全ての問題がDX＆アジャイルをベースにしたものではなく，1問は予測型PJ（従来型PJ）の問題が出題されている。

●最近の傾向―その2―午後Ⅱは今のところ従来通り

一方，午後Ⅱに関しては，今のところだとは思うが従来通りの出題になっている。これは，おそらくだが，午後Ⅱ論述式試験だけは「過去の実際の経験を書かないといけない」ということが大前提だからだろう。IPAは，DXを推進するPJや先端技術者を，現状は1割ぐらいとみている。しかも，DX関連PJの成果は，経営目標のゴールなので，PJ完了後に終了というわけにもいかない。時間が掛かる。政府がDXに着眼したのが2018年（平成30年）ということを考えても，まだDXをテーマにした問題を出題するのは，経験者の数を考えれば時期尚早と考えてもおかしくない。

したがって，少なくとも2問ともDX＆アジャイル開発のPJでしか書けない問題は出題されないだろう。あるいは，令和3年度の問1のように，原理・原則ベース（過去問題で言うと，人間関係管理の問題）になるのだろう。ちょうどPMBOK（第7版）がそうなったように。

●新傾向を踏まえた令和 4 年度秋試験の対策

　以上のような傾向を考えれば，次回試験（令和 4 年度秋試験）は，つぎのような対策が必要だと考えられる。

①予測型（従来型）PJ に関する知識の習得

　まずは従来通り，予測型（従来型）PJ を成功させるための知識，すなわちプロセスベース（PMBOK 第 6 版）の知識を整理しよう。再受験される方も心配はいらない。この知識が無駄になることはない。

　予測型（従来型）PJ の問題が，今後も出題される可能性が高いこともあるが，それだけではない。DX ＆アジャイル関連の PJ においても，これまでの予測型（従来型）PJ の知識や経験が不要になったわけでは無いからだ。PJ を進めるうえでの，原理原則だけではなく，断片的な知識やスキルは変わらない。実際，DX ＆アジャイル関連の問題でも，設問単位では予測型 PJ と変わらないものも少なくない。

② DX ＆アジャイル開発 PJ に関する知識の習得

　今後も，午後Ⅰは 2 問が DX ＆アジャイル関連の問題になると予想されるので，知識は必須になる。後述する対策で，知識だけは絶対に身に着けておこう。合格するための必須知識だと言える。

　そして，上記の①と対応付けて理解し，共通の部分と DX ＆アジャイル関連特有の部分に分けて，知識を整理しておこう。

③論文の準備

　論文の準備に関しては，原則，これまでと同じでいい。過去問題をベースに，自分自身の経験したもの，あるいは最も書けそうなものから順番に練習していけばいいだろう。

　但し，今回の試験のような“過渡期”には，過去問題と類似問題が出た時に，事前準備していた論文をアウトプットする能力よりも，"初見の問題でも対応できるだけの汎用的な論文を書くスキル"の方が重要になる。したがって，しっかりと自分のパターンを決めるとともに，1 本まるまる用意するよりも，細分化された"部品"を仕込んでおくことが重要になる。

　そして，DX 関連の PJ やアジャイル開発の PJ の経験者は，上記の②で得た知識と自分の経験をすり合わせて標準的な知見に再整理し，ある程度，新規問題を想定して準備をしておくといいだろう。もちろん，未経験者でも想像力を働かせて準備していても構わない。そのあたりは，試験対策に投資できる時間との兼ね合いで決めればいい。

第0章 新技術への対応

3. 必要な知識の習得

それではここで，新技術への対応で必要な"知識"について説明する。プロジェクトマネージャ試験で重要なのは，デジタルトランスフォーメーションとアジャイル開発である。

（1）デジタルトランスフォーメーション
（略称＝DX，Digital Transformation）

デジタルトランスフォーメーションとは，例えばDX推進ガイドラインでは，「企業がビジネス環境の激しい変化に対応し、データとデジタル技術を活用して、顧客や社会のニーズを基に、製品やサービス、ビジネスモデルを変革するとともに、業務そのものや、組織、プロセス、企業文化・風土を変革し、競争上の優位性を確立すること。」と定義している。シンプルに考えれば，デジタル（中でも特に先端技術）を使って，"変革"すなわち画期的な変化によって競争優位に立つ戦略だ。つまり，そこには三つの要素がある。

---

①先端技術（AI，IoT，ビッグデータ）…従来からあるこなれた技術だと③にならない
②ビジネスモデル，ビジネスモデルを画期的に変える…同上
③競争優位性を確立させる（あくまでもゴールはここ）なので①や②が前提になる

そのため，成功させるには次の要素が必要になる。

---

①経営者が先頭に立って推進する（会社全体の話なので。企業の変革なので）
②IT導入プロジェクトは，ベネフィット（効果）最重視になる
　プロジェクト目標（納期を守る・予算を守る）＜ プロジェクトの目的＝ベネフィット
③スピードと柔軟性，試行錯誤が必要なので，アジャイル開発が適している

これらの定義は，実際に，現場で使っているものと異なっているかもしれないが，情報処理技術者試験では，当然ながらIPA（情報処理推進機構）の定義に従うことになる（というよりも同じ定義で試験は行われる）。したがって，情報処理技術者試験に合格するためにはIPAの定義を知らないといけない。ちなみに，IPAの定義は国の定義，すなわち日本での一般的な定義と違いはない。

● DX 関連で，目を通しておいた方が良い資料

なお，DX 関連の知識習得は，次の資料に目を通しておけば万全だろう。これらの資料も試験問題も，同じところ（IPA）が作っているからだ。

①DX 白書 2021　日米比較調査にみる DX の戦略、人材、技術

（2021 年 12 月 1 日）

https://www.ipa.go.jp/files/000093706.pdf

2018（平成 30 年）5 月に立ち上がった「デジタルトランスフォーメーションに向けた研究会」から 3 年半の情報を全て詰め込んだ総集編。400 ページ弱あるが，もちろん全部読む必要はない。情報処理技術者試験の新規問題になりそうなキーワードは網羅されてそうなので，そういうところだけに目を通せばいいだろう。もちろん，具体的な設計技術やプログラミングまでは書かれていないが，全区分の午前問題や，IT ストラテジストやプロジェクトマネージャ試験なら午後対策にも有益。ほぼ，これだけでいけるという資料。

②IPA の「お役立ちコンテンツ一覧」のサイト

https://www.ipa.go.jp/ikc/imanavi.html

①の DX 白書 2021 も，このサイトでまとめてくれている。他にも「DX の促進」に関する資料や，アジャイル開発に関する資料，要件定義に関する資料など，IT エンジニアに有益な資料を公開している。

第 0 章　新技術への対応

● DX を実現するためのプロジェクトと，プロジェクトマネジメント

　情報処理技術者試験では，これまでは，ある意味“こなれた技術”を取り扱うことが前提のプロジェクトをテーマにすることが大前提だった。プロジェクトを立ち上げる前に実現可能性を確認して，（達成できる前提の）品質目標を決めた上で，納期と予算を確定させてプロジェクトを推進するという流れである。納期，予算，品質にそれぞれ目標があり，その目標を達成することこそが最大の目的だった。それゆえ，契約形態も完成責任を負う請負契約が前提になる。予め合意した品質目標を達成しないと“契約不適合”だとみなされ“債務不履行”となる。

　しかし，デジタルトランスフォーメーションのプロジェクトで扱う AI やビッグデータに関しては，前例が無かったり，すぐには成果が出なかったり（利用し続けながら精度を上げる），成果を出すにはシステム以外の要素も大きく影響したりするため，なかなか従来通りの進め方をするのは難しい。そこで，デジタルトランスフォーメーションのプロジェクトでは，“PoC”と“アジャイル開発”を上手く活用しながら推進していくことが求められている。

Column ▶ PoC（Proof of Concept：概念実証）

　PoC とは“Proof of Concept”の略で“概念実証”と訳される。この言葉自体は以前から存在しているもので，テストマーケティングや，プロトタイプ開発，試験導入などという言い方で行われてきた手法である。要するに，何かしらの目的や目標に対し，前例がないなどで実現可能性が不明だったり，不確実性が高かったり，効用や効果に確証が持てなかったりする場合に，仮説と検証を繰り返しながら進めていく手法だと考えればいいだろう。広義には実証実験と同じ考え方になる。

　通常は，プロジェクトそのものが PoC になる。本格導入ではリスクが大きい場合に，本格導入するかどうかの判断基準を得るために立ち上げられるケースだ。その場合，品質目標を固定するのではなく，（もちろん目標値は設定するが，その目標を達成できるかを検証するので）期間や予算を固定する。するとアジャイルに向いていたりする。そして，その目的や目標値にめどが立った場合に限り，その品質目標を実現するためのプロジェクトを立ち上げる。

　そういう進め方が，データが集まってみないと効果がわからない AI を使ったシステムやビッグデータ解析システムを導入する場合に向いているために，AI の話題が増えるにつれ，IT 業界でも“PoC”をよく聞くようになってきたのだろう。

　厳密な言葉の定義はさておき，今後の午後Ⅰ試験や午後Ⅱ試験で取り上げられる可能性が高い。IPA は，情報処理技術者試験においても AI や IoT，ビッグデータを重視する方向で考えているからだ。

3. 必要な知識の習得

```
                    プロジェクトマネジメント
┌─────┬─────┬─────┬─────┬─────┬─────┬─────┬─────┬─────┐
│企画 │要件 │外部 │内部 │PG・ │結合 │総合 │受入 │運用 │
│・提 │定義 │設計 │設計 │単体 │テスト│テスト│テスト│・保守│
│案   │     │     │     │テスト│     │     │     │     │
└─────┴─────┴─────┴─────┴─────┴─────┴─────┴─────┴─────┘
                ↑        業務の効率化
         ┌──────────┐
         │ 品質目標 │        成果が出る前提
         └──────────┘
```

- ステークホルダーの特定
- 要求事項の収集
  （要求の調整→全体最適化→構想策定→要求の承認）
- 目標値の合意形成

図1　予測型（従来型，ウォータフォール型）のプロジェクトマネジメント

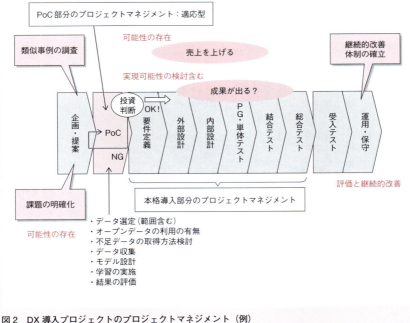

図2　DX導入プロジェクトのプロジェクトマネジメント（例）

(2) アジャイル開発

　アジャイル開発とは"迅速に"開発するための手法の総称である（"Agile"を直訳すると"迅速な"とか"俊敏な"という意味になる）。具体的には，要件定義工程からテスト，その後のリリースまでの1サイクルを短期間（数週間〜数か月）に設定して，それを何度か繰り返すという開発手法になる（下図参照）。

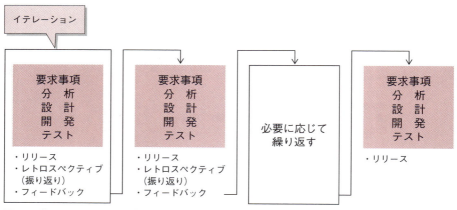

図3　アジャイル開発のイメージ

　その特徴は，後述する「アジャイルソフトウェア開発宣言（2001）」で定義されているが，従来のウォーターフォール型の開発プロジェクトとの違いを見ればわかりやすいだろう。その点は，PMIの「アジャイル実務ガイド」で次のように説明している。そこでは，従来のウォーターフォール型の開発プロジェクトを予測型としている。

表2　予測型とアジャイル型の特性の違い　PMIのアジャイル実務ガイド P.18 の表 3-1 より一部を引用

手法	特性			
	要求事項	活動	納品	目標
予測型	固定	プロジェクト全体で1回実行	1回の納品	コストのマネジメント
アジャイル型	動的	是正されるまで反復	頻繁で小さな納品	頻繁な納品とフィードバックを通した顧客価値

3. 必要な知識の習得

　また，アジャイル開発に該当する開発技法に"スクラム"や"XP"などがあるが，後述する IPA の資料の中にも記載されているとおり，アジャイル開発の進め方には厳格な決まりごとや規範はない。唯一の正しいアジャイル開発というものは無いとも明言している（下記参照）。

- ・ アジャイル開発の進め方には厳格な決まりごとや規範はありません。本書で説明（例示）する進め方，メンバーの役割（ロール）など，実際のソフトウェア開発プロジェクトでそのまま適用するものではありません。実際のプロジェクトや組織に適したやり方を取捨選択し，カスタマイズすることが必要となります。
- ・ 「唯一の正しい」アジャイル開発というものはありません。自分のいる組織に合ったやり方が，その組織のビジネスや活動，文化から自然と育っていくのがアジャイル開発の本質です。基本的なことを書籍や外部の人を通じて学んだ後，組織内で自律的に推進できるようにすることが必要です。

IPA の資料「アジャイル領域へのスキル変革の指針『アジャイル開発の進め方』」より引用

　したがって，アジャイル開発の中の様々な技法（スクラムや XP）で定義されていることについては，午前問題で問われることはあっても，午後の問題では問われることはないだろう。それを前提に，午後 I で出題された場合には問題文中に定義されているルールを読み取って解答し，午後 II で出題された場合には，普段使っているルール（それが会社独自のルールでも構わない）を自信をもって書ききればいいだろう。

　なお，本書で紹介している IPA の資料内で取り上げられているのはすべて"スクラム"にある。したがって用語を覚えておくとしたら"スクラム"で定義されているものを対象にするのがいいだろう。午前対策に加えて，論文内で使う用語としても間違いない。

第 0 章　新技術への対応

●アジャイルソフトウェア開発宣言（2001）

　2001 年に，予測型（従来型）のソフトウェア開発のやり方とは異なる手法を実践していた 17 名のソフトウェア開発者が集い，それぞれの主義や手法についての議論を行った上で，重要な部分を統合して文書にまとめて発表した。その宣言書が，アジャイルソフトウェア開発宣言である。

　次のような 4 つの価値と 12 の原則を定義したもので，今ではアジャイルソフトウェア開発の "原則" 及び "マインドセット" を公式に定義した文書として広く認識されている。

　情報処理技術者試験を主催している IPA でも 2020 年 2 月に「アジャイル領域へのスキル変革の指針『アジャイルソフトウェア開発宣言の読みとき方』」という資料を公表していることから，情報処理技術者試験における "アジャイル開発の正解" だと言えるものになる。

　午後の問題で問われる可能性は少ないと予想しているが，論文の中で自分の注意している点として表現したり，午前問題での出題は十分考えられたりするため，（ある程度でいいので）覚えておこう。

4つの価値	プロセスやツールよりも個人と対話
	包括的なドキュメントよりも動くソフトウェア
	契約交渉よりも顧客との協調
	計画に従うことよりも変化への対応
12の原則	顧客満足を最優先し，価値のあるソフトウェアを早く継続的に提供します。
	要求の変更はたとえ開発の後期であっても歓迎します。変化を味方につけることによって，お客様の競争力を引き上げます。
	動くソフトウェアを，2-3 週間から 2-3 ヶ月というできるだけ短い時間間隔でリリースします。
	ビジネス側の人と開発者は，プロジェクトを通して日々一緒に働かなければなりません。
	意欲に満ちた人々を集めてプロジェクトを構成します。環境と支援を与え仕事が無事終わるまで彼らを信頼します。
	情報を伝えるもっとも効率的で効果的な方法はフェイス・トゥ・フェイスで話をすることです。
	動くソフトウェアこそが進捗の最も重要な尺度です。
	アジャイル・プロセスは持続可能な開発を促進します。一定のペースを継続的に維持できるようにしなければなりません。
	技術的卓越性と優れた設計に対する不断の注意が機敏さを高めます。
	シンプルさ（ムダなく作れる量を最大限にすること）が本質です。
	最良のアーキテクチャ・要求・設計は，自己組織的なチームから生み出されます。
	チームがもっと効率を高めることができるかを定期的に振り返り，それに基づいて自分たちのやり方を最適に調整します。

● DX とアジャイル開発の関係

2020 年 3 月 31 日に公開された「アジャイル開発版「情報システム・モデル取引・契約書」～ユーザ／ベンダ間の緊密な協働によるシステム開発で、DX を推進～」の Web サイトでは，DX 推進とアジャイル開発の関係を次のように説明している。

> 経済産業省が推進するデジタルトランスフォーメーション（DX）の時代においては、ますます激しくなるビジネス環境の変化への俊敏な対応が求められます。その DX 推進の核となる情報システムの開発では、技術的実現性やビジネス成否が不確実な状況でも迅速に開発を行い、運用時の技術評価結果や顧客の反応に基づいて素早く改善を繰り返すという、仮説検証型のアジャイル開発が有効となります。

そして，DX 開発プロジェクトの契約の前に，ユーザ企業及びベンダ企業がアジャイル開発に関する適切な理解を有していることを確認し，その活用に対する期待を共有しておくこと，相互にリスペクトし，密にコミュニケーションしながらプロダクトのビジョンを共有して緊密に協働しながら開発を進めることが重要だとしている。

ユーザ企業及びベンダの双方がウォータフォールモデルを中心とする伝統的なシステム開発のスタイルにとらわれることなく，場合によっては開発に関する考え方や当事者の役割分担を大きく見直しながら，新たな開発スタイルに適した体制を構築していく必要があるとしている。

第 0 章　新技術への対応

●予測型（従来型，ウォータフォール型）のシステム開発プロジェクトとの違い

　前述のとおり，午後Ⅱ論述式試験で"アジャイル開発プロジェクト"をテーマにした出題があった場合，予測型（従来型，ウォータフォール型）のシステム開発プロジェクトとの違いに関して出題される可能性が高い。そこで，両者の違いを簡単にまとめてみた。

<table>
<tr><th colspan="2"></th><th>予測型（従来型，ウォータフォール型）</th><th>アジャイル型</th></tr>
<tr><td colspan="2">背景</td><td>・実現可能性の高いものを確実に実現したい場合
・守りの IT</td><td>・不確実性があり，仮説検証型で進めていきたい場合
・攻めの IT</td></tr>
<tr><td colspan="2">体制面</td><td>工程ごとに担当者が変わる
・上流工程＝上級 SE
・プログラミング＝プログラマ</td><td>1 つのチーム内に下記の役割がすべて存在し自律的に稼働する
・オーナー（仕様に責任を持つ役割，ビジネス側の人）
・開発担当者（設計～PG まで）
・運用担当者（リリース）
※通常，開発チームがリリースまで行う</td></tr>
<tr><td colspan="2">要員のスキル</td><td>専門スキル，工程ごとに専任</td><td>・広範な能力，多能型，Dev & Ops
・アジャイル開発に関するスキル</td></tr>
<tr><td rowspan="6">プロジェクトマネジメント及びプロジェクトマネージャ</td><td>目的</td><td>成果目標（納期・品質・予算）を達成する</td><td>チームの生産性，スピードを最大にすること</td></tr>
<tr><td>権限</td><td>プロジェクトの全てにおいて決定権を持つ（プロジェクトの責任者）</td><td>予測型の多くの仕事はメンバが自律的に行うため，一部権限を委譲している。
・PJ の意思決定や費用管理はオーナーへ
・開発のやり方（進捗管理や品質管理等）は開発担当者（開発チーム）へ</td></tr>
<tr><td>役割</td><td>PMBOK の 10 の知識エリア</td><td>全体を支援するファシリテータ的役割。
・ステークホルダのニーズ調整
・コーチングやメンバの指導
・障害の除去
・ファシリテーションの整備</td></tr>
<tr><td>タイプ</td><td>コントロール型</td><td>サーバント（奉仕）型，支援型</td></tr>
<tr><td>必要な特性</td><td>強いリーダーシップ</td><td>細かい配慮，外部との交渉力
コーチング，問題解決力</td></tr>
<tr><td rowspan="2" style="display:none"></td></tr>
<tr><td rowspan="2">契約</td><td>形態</td><td>請負契約。但し，要件定義やシステムテストは準委任契約を推奨</td><td>準委任契約</td></tr>
<tr><td>ポイント</td><td>請負契約部分は完成責任を負うため，何をもって完成なのか，納期・品質（要件やスコープ）・コストを明確にする。</td><td>善管注意義務を負うため，各自の役割と期待すること，必要なスキルを明確にしておく。</td></tr>
</table>

100

3. 必要な知識の習得

　また，PMBOK ガイド（第6版）及びアジャイル実務ガイドを参考に，10 の知識エリア別にアジャイル開発の留意点をシンプルにまとめてみると，次のようになる。

PMBOK の 10 の知識エリア	アジャイル開発における留意点
統合マネジメント	柔軟な変更管理及びその体制。
スコープマネジメント	PJ の初期段階では調整や合意にあまり時間をかけずに，PJ を進めながら定義，もしくは再定義していく。要求事項＝バックログ。
スケジュールマネジメント	開発チームに委譲，あるいは，原則変わらない。 但し，開発速度を損ねないように最適な管理手法を採用すること。
コストマネジメント	頻繁に発生する変更への柔軟な対応が必要なので，詳細見積りよりも簡易見積りを迅速に作成することが望まれる。
品質マネジメント	成果目標を達成する予測型ではなく，振り返り（レトロスペクティブ）を繰り返して定期的に品質を点検する。
資源マネジメント	分業ではなく協業。生産性を最大にすることが狙いなので，プロジェクトには専任が原則。
コミュニケーションマネジメント	最重要。頻繁かつ密接なコミュニケーションが取れるように配慮する。原則，開発場所は同一にする。それが不可能な場合はリモート環境を利用するが，長期間のリンクが望ましい。
リスクマネジメント	リスクそのものも頻繁に変化するため，リスク評価と優先順位付けを頻繁かつ素早く行う。
調達マネジメント	包括的な全体契約を行い，部分的に付録や補遺に記載する。準委任契約を原則とする。
ステークホルダーマネジメント	階層化された意思決定プロセスではなく，すべてのステークホルダと直接的に関与することが理想。

　こうした，"プロジェクトマネージャの役割の違い"が問われる可能性は非常に高い。そのため，IPA の資料を読みこむ時には，その部分（スクラムマスターの説明部分）を中心に読み進めていくといいだろう。

101

第0章 新技術への対応

●システム監査技術者試験で出題された "アジャイル型開発"

平成30年4月に公表された「システム管理基準」の中では，次のようなアジャイル開発に関する監査の要点について記載している。これもすごく参考になる。

IV. アジャイル開発

　従来のウォーターフォール型の開発だけでなく、アジャイル開発による開発手法も増加しており、その必要性に鑑みて、従来の取扱いに加えて、特にアジャイル開発において留意するべき取扱いについて示すものである。

1. アジャイル開発の概要

(1) 利用部門と情報システム部門・ビジネス部門が一体となったチームによって開発を実施すること。

＜主旨＞

　従来型開発は、計画を確実に実行することに適した開発手法である。一方、アジャイル開発は、変化に迅速かつ柔軟に対応するための開発手法である。よって、利用部門と情報システム部門・ビジネス部門が一体となって、コミュニケーションの頻度と質を高めることを重視している。

＜着眼点＞

　①アジャイル開発は、利用部門を代表するプロダクトオーナーと情報システム部門・ビジネス部門による開発チームで組成されていること。

　②プロダクトオーナーと開発チームは、情報システムの目標を達成する上で対等な関係にあること。

　③プロダクトオーナーと開発チームは、双方向のコミュニケーションを随時行える環境にあること。

(2) アジャイル開発では、反復開発を実施すること。

＜主旨＞

　アジャイル開発は、変化に迅速かつ柔軟に対応するために、『計画、実行、及び評価』（イテレーション）を複数回繰り返す反復開発が前提となる。

＜着眼点＞

　①アジャイル開発は、開発作業を反復して実施していること。

　②各イテレーションでは、リリースを実施すること。

　③各イテレーションでは、開発対象の要件の範囲・優先順位の見直しを実施していること。

2. アジャイル開発に関係する人材の役割

(1) プロダクトオーナーは、開発目的を達成するために必要な権限を持つこと。
＜主旨＞

　アジャイル開発では、従来型開発のように予め計画した要件や品質基準を満たすことが完了条件とはならない。プロダクトオーナーは、情報システムを開発する目的を明確に定め、その達成のための要件を開発チームに提示し、開発の完了を一意に判断する必要がある。

＜着眼点＞
　①情報システムの利用者、顧客、及び経営者の観点から、情報システムの目的を決定できる権限を持っていること。
　②情報システムの目的と、その時点での達成状況をもとに、情報システムに対する要求の範囲や優先順位の変更・見直しを決定できる権限を持っていること。
　③情報システムの目的と、その時点での達成状況をもとに、開発の継続、完了、撤退を決定する権限を持っていること。

(2) 開発チームは、複合的な技能と、それを発揮する主体性を持つこと。
＜主旨＞

　アジャイル開発では、従来型開発のように予め計画した組織体制、及び工程に基づく分業制はとらない。開発チームは、分析・設計・プログラミング・テストといった複数の技能を備え、開発作業全般を自律的に推進する必要がある。

＜着眼点＞
　①イテレーション終了毎に見直された情報システムの目的や要求に基づき、分析・設計・実装・テストといった開発作業全般を自律的に計画すること。
　②イテレーション終了毎に見直された情報システムの目的や要求に基づき、分析・設計・実装・テストといった開発作業全般を自律的に遂行するチーム構成及び環境であること。
　③イテレーション終了毎に見直された情報システムの目的や要求に基づき、分析・設計・実装・テストといった開発作業全般の完了条件を自律的に策定すること。
　④情報システムの要求について、要求の範囲や優先順位をプロダクトオーナーに提言すること。

第0章　新技術への対応

3. アジャイル開発のプロセス（反復開発）

(1) プロダクトオーナーと開発チームは、反復開発によって、ユーザが利用可能な状態の情報システムを継続的にリリースすること。

＜主旨＞

　アジャイル開発では、従来型開発のように工程毎の完了基準に沿って、開発プロセスを逐次的に進めることはない。情報システムをイテレーション毎にユーザ利用可能な機能を段階的にリリースする開発プロセスである。アジャイル開発は、イテレーションを反復し、情報システムをリリースする。

＜着眼点＞

　①プロダクトオーナー及び開発チームは、イテレーションの開始時に協力してイテレーション計画を策定すること。

　②プロダクトオーナー及び開発チームは、イテレーション計画において、イテレーションの範囲を合意すること。

　③プロダクトオーナーは、イテレーション計画において、達成すべき要求の範囲と優先順位を最新化すること。

　④開発チームは、イテレーション計画において、開発可能な規模を見積もること。

　⑤開発チームは、イテレーション毎に必ずテスト完了済みの利用可能な情報システムをリリースすること。

(2) プロダクトオーナーと開発チームは、反復開発を開始する前にリリース計画を策定すること。

＜主旨＞

　反復開発は、従来型開発のように網羅的、不変的な要求が存在する前提に基づいていない。状況の変化に迅速に対応できるよう、複数回のイテレーションによるリリース計画を策定する必要がある。イテレーション終了ごとにリリース計画を見直す必要もある。

＜着眼点＞

　①プロダクトオーナー及び開発チームは、リリース計画をイテレーション開始前に策定し、イテレーション終了ごとに見直すこと。

　②プロダクトオーナーは、達成すべき要求、予算、全体スケジュール、開発範囲を明らかにし、イテレーション終了毎に見直すこと。

③プロダクトオーナーは、イテレーション終了毎に見直したリリース計画について プロジェクト運営委員会の承認を都度得ること。

(3) プロダクトオーナー及び開発チームは、緊密なコミュニケーションの構築ためのミーティングを実施すること。

＜主旨＞

問題を早期に対処するため、プロダクトオーナー及び開発チームは、緊密なコミュニケーションを必要とする。プロダクトオーナー及び開発チームの全員が毎日顔を合わせるなどにより必要な情報を共有することが重要である。

＜着眼点＞

①毎日時間を決めるなど、プロダクトオーナー及び開発チームの全員が顔を合わせること。

②短い時間（15分が目安）で済むように共有する情報を絞ること。共有する情報の例として、作業の進捗、当日の予定、課題などがある。課題の共有を超えた解決策の議論等は関係者のみで別途ミーティングをもつこと。

(4) プロダクトオーナー及び開発チームは、イテレーション毎に情報システム、及びその開発プロセスを評価すること。

＜主旨＞

反復開発では複数回のイテレーションを繰り返すため、イテレーション終了毎に開発プロセスを評価し、改善することが重要となる。

＜着眼点＞

①プロダクトオーナー及び開発チームは、イテレーションの終了時に情報システム及び開発プロセスについてふりかえりを行うこと。

②プロダクトオーナーは、リリース計画に対する達成状況を評価すること。

③開発チームは、開発プロセスの課題を洗い出すこと。

④プロダクトオーナー及び開発チームは、全員で、次のイテレーションに向けた改善策を決定すること。

第 0 章　新技術への対応

(5) プロダクトオーナー及び開発チームは、利害関係者へのデモンストレーションを実施すること。

＜主旨＞

　アジャイル開発では状況に柔軟に対応するため、利害関係者にとっては、情報システムの現状が判りにくくなる。プロダクトオーナー及び開発チームは、顧客や利用者を含む利害関係者へのデモンストレーションを実施することでプロジェクトの成果を伝え、次のイテレーションに向けたフィードバックを得る必要がある。

＜着眼点＞

　①プロダクトオーナー及び開発チームは、イテレーション計画にデモンストレーションの計画を含めること。

　②プロダクトオーナーは、デモンストレーションの内容に合わせて利害関係者に参加を依頼すること。

　③プロダクトオーナーは、デモンストレーションの参加者からのフィードバックを収集し、次のイテレーション計画に活用すること。

　このシステム管理基準の 14 年ぶりの改訂（同様に，システム監査基準も改訂された）を受けて，平成 30 年春のシステム監査技術者試験の午後 II 論述式試験で，アジャイル型開発のシステム監査についての問題が出題された （右頁参照）。

　この問題を見れば，おおよそプロジェクトマネージャ試験でアジャイル開発の問題が出題された時の問題も予想できるだろう。ここから大きく逸脱することはないと考えられる。したがって，設問ウの「監査手続」は無視してもいいので，設問アと設問イに関して準備をしておこう。そうすれば，より具体的にイメージできるだろう。

3. 必要な知識の習得

問1　アジャイル型開発に関するシステム監査について

　　情報技術の進展，商品・サービスのディジタル化の加速，消費者の価値観の多様化
など，ビジネスを取り巻く環境は大きく変化してきている。競争優位性を獲得・維持
するためには，変化するビジネス環境に素早く対応し続けることが重要になる。
　　そのため，重要な役割を担う情報システムの開発においても，ビジネス要件の変更
に迅速かつ柔軟に対応することが求められる。特に，ビジネス要件の変更が多いイン
ターネット関連ビジネスなどの領域では，非ウォータフォール型の開発手法であるア
ジャイル型開発が適している場合が多い。
　　アジャイル型開発では，ビジネスに利用可能なソフトウェアの設計から，コーディ
ング，テスト及びユーザ検証までを 1〜4 週間などの短期間で行い，これを繰り返す
ことによって，ビジネス要件の変更を積極的に取り込みながら情報システムを構築す
ることができる。また，アジャイル型開発には，開発担当者とレビューアのペアによ
る開発，常時リリースするためのツール活用，テスト部分を先に作成してからコーデ
ィングを行うという特徴もある。その一方で，ビジネス要件の変更を取り込みながら
開発を進めていくので，開発の初期段階で最終成果物，スケジュール，コストを明確
にするウォータフォール型開発とは異なるリスクも想定される。
　　システム監査人は，このようなアジャイル型開発の特徴，及びウォータフォール型
開発とは異なるリスクも踏まえて，アジャイル型開発を進めるための体制，スキル，
開発環境などが整備されているかどうかを，開発着手前に確かめる必要がある。
　　あなたの経験と考えに基づいて，設問ア〜ウに従って論述せよ。

設問ア　あなたが関係する情報システムの概要，アジャイル型開発手法を採用する理由，
　　　　及びアジャイル型開発の内容について，800 字以内で述べよ。
設問イ　設問アで述べた情報システムの開発にアジャイル型開発手法を採用するに当た
　　　　って，どのようなリスクを想定し，コントロールすべきか。ウォータフォール型
　　　　開発とは異なるリスクを中心に，700 字以上 1,400 字以内で具体的に述べよ。
設問ウ　設問ア及び設問イを踏まえて，アジャイル型開発を進めるための体制，スキル，
　　　　開発環境などの整備状況を確認する監査手続について，監査証拠及び確認すべき
　　　　ポイントを含め，700 字以上 1,400 字以内で具体的に述べよ。

図4　平成 30 年春　システム監査技術者試験　午後Ⅱ問 1

第 0 章　新技術への対応

●アジャイル開発に関する参考資料

　これまでに説明してきたことの元資料を最後にまとめておく。時間があれば，こ
れらの資料を熟読して理解を深めておこう。

【アジャイル関連の IPA の資料】

①アジャイル領域へのスキル変革の指針『アジャイル開発の進め方』

　2020 年 2 月公表。アジャイル開発の一つ "スクラム" を例に，アジャイル開
発の特徴，役割（ロール），必要なスキルなどを，予測型（従来型，ウォータ
フォール型）開発との違いを中心に説明している。

　https://www.ipa.go.jp/files/000065606.pdf

②アジャイル領域へのスキル変革の指針『アジャイルソフトウェア開発宣言の
　読みとき方』

　2020 年 2 月公表。2001 年に公表された「アジャイルソフトウェア開発宣言」
の IPA による解説。4 つの価値と 12 の原則の詳しい解説を行い，少なくない
アジャイル開発に対する悩みや誤解を解消することを目的としている。

　https://www.ipa.go.jp/files/000065601.pdf

③アジャイル開発版「情報システム・モデル取引・契約書」

　～ユーザ／ベンダ間の緊密な協働によるシステム開発で、DX を推進～

　2020 年 3 月公表。これまでの「情報システム・モデル取引・契約書」が，
ウォータフォール型しか想定していなかったことから作成されたもの。原則
は準委任契約で，契約前チェックリストや契約内容について，アジャイル型
特有のリスクを契約でコントロールできるような内容にしている。

　https://www.ipa.go.jp/ikc/reports/20200331_1.html

【システム管理基準】（P.102 ～ P.106）

　システム監査で利用するシステム管理基準。

　https://www.meti.go.jp/policy/netsecurity/downloadfiles/system_kanri_h30.pdf

【PMI の「アジャイル実務ガイド」】

　PMI が 2018 年に刊行した書籍。元々 PMBOK はウォータフォール型の開発
プロジェクトを想定しているため，アジャイル型開発のマネジメントのポイン
トを整理して別冊としてまとめたもの。現在の最新（第 6 版）に対応。約 170
ページで，かなり詳しく説明してくれている。おススメ。

4. 予想問題

4. 予想問題

4-1 　予想問題①　DX 導入プロジェクトにおけるリスクについて

【問題タイトル】　DX 導入プロジェクトにおけるリスクについて

【問題文】（要旨）

・近年，AI，IoT，ビッグデータなど DX 推進が叫ばれている。
・しかし，必ず成果を出さなければいけない予測型のシステム開発プロジェクトと違い，ビジネスに貢献できるかどうかは未知の部分がある。
・未確定な要素も多く，プロジェクトで様々な工夫が必要になる。
　具体的にはリスクを明確にし，そのリスクをマネジメントしなければならない。
　例）実証実験的プロジェクト，PoC を実施し，その結果本格的導入を行う
　　　アジャイル型開発を採用して…
　　　他社の事例収集，勉強会の開催等

【設問】（段落分け）
　設問ア　：　1 - 1. プロジェクトの特徴
　　　　　　　1 - 2. DX 導入をすることになった理由（背景）
　設問イ　：　2 - 1. DX 導入関連 PJ におけるリスクについて
　　　　　　　　　→効果が出るかどうかわからない
　　　　　　　2 - 2. そのリスクを踏まえ，どのようにマネジメントしたか？
　　　　　　　　　→ PoC のプロジェクトと分けられるか？
　　　　　　　　　→アジャイル開発が可能か？（＝予想問題②へ）
　設問ウ　：　3 - 1. 評価
　　　　　　　3 - 2. 改善点
　　　　　　　　　※従来なら配慮しなくてよかったことで，かつ，今回は
　　　　　　　　　　必須だった点のうち，不十分だったこと
　　　　　　　　　→各人のスキルアップ，自分の外部との交渉力強化など

図5　DX 導入プロジェクトに関する問題が出た場合のポイント

109

第0章　新技術への対応

DX を導入するプロジェクト（AI，IoT，ビッグデータ（の分析）等を導入するプロジェクト）の問題が出題される可能性は高い。その場合，DX 導入プロジェクト特有のリスクが問われると思われる。

●問題文から読み取ること
出題された場合には，問題文からどういう状況が問われているのかを正確に読み取らなければならない。

①成果目標は担保できるかどうか？
予測型（従来型，ウォータフォール型）の開発プロジェクトと，DX 関連の導入プロジェクトで最も大きな違いは，成果目標を担保できるかどうかである。

前者の場合（予測型）は，そのシステムを使って正確に処理をすることが目的であることが多く，それゆえ予め実現可能な成果目標を決め，それを実現することがプロジェクトの最大の目的だった。大前提が"実現すること"であり，実現できなければ（請負契約の場合）契約不適合，債務不履行になる。そのため，実現可能性が低ければ，事前にフィージビリティスタディを行うなどして確認して，その上で契約してプロジェクトを立ち上げるという展開になる。

しかし，DX 関連の導入プロジェクトの場合，そのシステムを使って成果を出すことこそ最大の目的で，いくらバグが無かったとしても，そのシステムを使って効果が全く出ない場合には価値が無いと判断される。したがって，プロジェクトにおいても単に完成責任を負うだけではなく，かといって，導入効果を達成することを確約してプロジェクトを進めるわけにもいかない。そのあたりの配慮が必要になる。

以上のような違いを踏まえたうえで，問題文がどの部分を求めているのかを読み取る必要がある。ざっと考えられるのは次のようなケースだろう。

---

① PoC のプロジェクトを行った後で本格的な PJ を立ち上げるケース
②アジャイル開発のプロジェクトで試行錯誤前提のケース
③ AI や IoT 等を単なる新技術とみなして，それを実現するケース
④上記の組合せ

要するに，対象は AI，IoT などいわゆる攻めの IT だが，PoC のプロジェクトについて書いていいのか，アジャイル開発が求められているのか，単に，新技術をリスクとしてとらえているだけで予測型の開発プロジェクトと何ら変わりないのかを読み取ろう。なお，②に関しては「予想問題②」（P.26）に，③に関しては，過去問題（平成 9 年度問 3　P.244）になる。チェックしよう。

②どのマネジメント領域でもいいのか？特定のマネジメント領域なのか？

次に、マネジメント領域が特定されているかどうかを、問題文の"例"を見て確認しよう。おそらく、最初に出題された場合にはどのマネジメント領域でも大丈夫なようになっていると思う。しかし、調達マネジメント（契約）や進捗管理、品質管理に特化して出題される場合も絶対にないとは言えないからだ。

令和2年と令和3年の問題は絶対にチェックしておこう！

本章の「はじめに」他、様々な箇所に「過渡期」という表現を使っている。本章を第0章として追加したのも、その"過渡期"を意識してもらいたいという想いからだ。いずれ普通になり定着してくるのだろうが、変化が始まって3年目の次回試験は、何をどう準備すればいいのかが本当に難しいと思う。

過渡期に行う対策の基本

しかし、新たな潮流への対応は、これまでも何度も行われてきた。平成6年秋と7年春に、システムアナリスト（現ITストラテジスト）試験やプロジェクトマネージャ試験ができた時も、平成13年に情報セキュリティアドミニストレータ（現情報処理安全確保支援士）試験ができた時も、平成21年に現行の試験体系に整備された時も、やるべきこと、できることは同じである。それを今回もやっていこう。

令和2年と令和3年の問題が大事

この2年間の問題は、しっかり確実に理解しておく必要がある。過渡期でなければ、"直近2年間の問題"はそれほど重要視しなくて構わない。例えば、調達の問題やEVMをテーマにした問題が出題された翌年に、2年連続で出題される可能性は低

いからだ。極端に言うと"捨ててもいい"ぐらいのレベルになる。複数のマネジメント領域のあるプロジェクトマネージャ試験では、ローテーションとまではいわないが、偏りのないように順次様々な領域から出題する必要があるからだ。

しかし、それは変化が少ない状況の話。今回のように"変化が始まって3年目"というのは、ある程度、新傾向の問題も出てきている。しかも、最初に出てくるものは…典型的な問題になるケースが多い。平成21年の新体系の一発目でも、今でも"教科書として使える"象徴的な問題が多い。

今回も、その傾向がみられる。令和3年午後Ⅰ問2の問題では、予測型（従来型）のプロジェクトと、適応型のプロジェクトの考え方の違いを表にまとめて説明している。過去問題を"教科書"だと考えてもいいぐらいのレベルだ。

それを見越して解説を充実させている

本書では、それを見越して午後Ⅰの解説を充実させている。したがって、ぜひ、令和2年と令和3年の問題に、じっくりと腰を据えて取り組んでもらいたい。そして、予測型（従来型）との差分を把握できるように、しっかりと平成の過去問題にも取り組んでもらいたい。

第 0 章　新技術への対応

4-2　予想問題②　アジャイル開発のプロジェクトについて

【問題タイトル】　アジャイル開発のプロジェクトについて

【問題文】（要旨）

- 近年，DX 推進等でアジャイル型開発のプロジェクトが増えている
- 迅速かつ柔軟性が求められている仮説検証型のプロジェクト
- 予測型（従来型，ウォータフォール型開発）と異なるリスクがある
    - 体制面のリスク（その例）
    - 要員のスキル面のリスク（その例）
    - マネジメントのリスク（その例）
    - 契約面のリスク（その例）
- 周囲の協力，ユーザの理解なども必要
- アジャイル型開発プロジェクトを担当する場合には，そうしたリスクの違いに十分配慮してマネジメントをすることが求められる。

【設問】（段落分け）

設問ア　：　1−1. プロジェクトの特徴
　　　　　　1−2. アジャイル開発手法を採用する理由（向いている根拠）
　　　　　　　　※なぜ，予測型ではなかったのか？
設問イ　：　2−1. 予測型のマネジメントとの異なるリスクについて
　　　　　　　　→体制面，要員のスキル面，マネジメント面など，どこに，どういうリスクがあるのか？
　　　　　　2−2. その中で特に注意した点，工夫した点
　　　　　　　　※予測型なら配慮しなくてよかったことで，かつ，今回は必須である点
　　　　　　　　→最終的には契約面の配慮が必要
設問ウ　：　3−1. 評価
　　　　　　3−2. 改善点
　　　　　　　　※予測型なら配慮しなくてよかったことで，かつ，今回は必須だった点のうち，不十分だったこと
　　　　　　　　→各人のスキルアップ，自分の外部との交渉力強化など

図6　アジャイル型開発の問題が出た場合のポイント

DX プロジェクトの問題に絡める形で，あるいは単独の事例として，アジャイル開発プロジェクトの経験が問われる問題が出題される可能性がある。その場合，これまでの他区分の過去問題や IPA の考え方，公表資料などから推測するに，まず間違いなく予測型（従来型，ウォータフォール型開発）との違いが「予測型開発との違いを中心に」という観点で問われるだろう。したがって，準備をする場合には，予測型開発プロジェクトとの違いを中心に "アジャイル開発" に関する知識を習得した上で，自分の知識や経験を整理しておくといいだろう。

●問題文から読み取ること

出題された場合には，問題文からどういう状況の "アジャイル開発" が問われているのかを正確に読み取らなければならない。

①どのマネジメント領域でもいいのか？特定のマネジメント領域なのか？

まずはマネジメント領域が特定されているかどうかを，問題文の "例" を見て確認しよう。おそらく，最初に出題された場合にはどのマネジメント領域でも大丈夫なようになっていると思う。しかし，調達マネジメント（契約）や進捗管理，品質管理に特化して出題される場合も絶対にないとは言えない。

② PoC のプロジェクトか？本格的導入のプロジェクトか？

通常，DX 関連のプロジェクトでは，PoC のプロジェクトと，その後の導入プロジェクトに分けられる。PoC で思うような成果が出ない場合には，撤退するという選択肢も必要だからだ。その場合，後続する予定だった本格的な導入プロジェクトは実施されない。

そのため，問題文で問われている "アジャイル開発" を適用するプロジェクトが，次のどの部分を指しているのかを読み取って，それに合致するパターンで解答するようにしなければならないだろう。

---

① PoC の部分のみのアジャイル開発 PJ
②後続する本格的導入 PJ がアジャイル開発のケース
③上記の①＋②（両方がアジャイル開発型 PJ）
④上記の①と，後続する本格的導入 PJ は予測型 PJ

第0章　新技術への対応

●工夫した点として使えそうなもの

　工夫した点として使えそうな情報に関しては，ここで紹介するようなものがある。いずれも「アジャイル開発版「情報システム・モデル取引・契約書」～ユーザ／ベンダ間の緊密な協働によるシステム開発で、DXを推進～」の資料から抜粋したものだ。当該資料には詳しい記述があるので，時間に余裕があれば目を通しておこう。

①当該資料の付録1「ノウハウ事例－事例調査に基づく参考情報－」

　当該資料の58ページから61ページにかけて，下記のような契約に関する工夫が7つ，新しいビジネスモデルの出現（による対応）が2つなどを紹介している。

【工夫1】　ユーザ企業が初めてアジャイル開発を行う場合には、最初に開発の進め方などについて説明し，アジャイルマインドセットの共通認識を確認する。

【工夫2】　ユーザ企業がアジャイル開発に慣れていない場合には、最初に研修期間を設定する。

【工夫3】　ユーザ企業との相性や信頼関係が構築できるか確認するために、お試し期間として短期の契約を締結する。

【工夫4】　準委任契約であっても、契約期間内に不具合対応ができるようなスケジュールを組めるように受入（検査）期間を長く設定した。

【工夫5】　アジャイル開発に向いたプロジェクトかどうか、開始前にチェックリストで確認する。

【工夫6】　アジャイル開発を請負契約でやらざるを得ないケースでは、以下の様なリスクヘッジを行った事例がある。
　　　①スプリント（2か月程度）毎に請負契約を締結する
　　　②要件を必須機能とオプション機能に分類し、それぞれ費用を割り当てる。

【工夫7】　契約後のトラブル防止のため、契約前に前提条件を明確化する。

図7　契約に関する工夫の一例（IPAの資料より工夫部分だけを引用。説明は当該資料を参照）

②契約前チェックリストの利用

アジャイル開発版「情報システム・モデル取引・契約書」では，安易にアジャイル開発を行わないように，アジャイル開発が成功するかどうかの判断材料として，契約前チェックリスト（当該資料のP.4～P.6）の使用を推奨している。午後Ⅱ論述式で問われる場合，「初めてのアジャイル開発」を題材にする方が書きやすいだろうから，その場合の工夫した点としての最強ツールとして，この契約前チェックリストを利用したという点が使えるだろう。

③偽装請負にならないような配慮

アジャイル開発では，ユーザ企業と開発ベンダが一体化して密接なコミュニケーションを取りながら進めていくことが重要になる。しかし，それはあくまでも対等な立場でのもので，契約上優越的な地位になりがちなユーザ企業が，対等な立場とは到底言えないような"指示"や"命令"を出すと偽装請負に該当する（準委任契約の場合は表現的には"偽装請負"とは言えないが，実質的に雇用か派遣契約でなければできない点は同じである）。開発中のコミュニケーションは，あくまでも対等な立場で，"指示"ではなく"提案"，"助言"，"相談"，"説明"でなければならない。

●プロジェクト体制の検討

前述のとおり，アジャイル開発は，ユーザと開発者が一体化して密接にコミュニケーションを取りながら開発を進めていくスタイルになる。したがって，そこには指揮命令や提案，助言，相談等，様々な種類のコミュニケーションが飛び交うことになる。それゆえ，開発体制そのものをどうするのか？も重要なポイントだと言えるだろう。

一般的に，システム開発プロジェクトは次のようなパターンがある。

---

①内製モデル：自社システムを，自社要員（派遣社員含む）だけで開発する
②外部委託モデル：ベンダ等の会社に開発の一部もしくは全部を委託する
③ジョイント・ベンチャーモデル：ユーザ企業とベンダ企業が共同でジョイント・ベンチャーを組成し，協力してシステム開発を行う

---

①や③の場合だと，偽装請負等契約上の問題を意識することはないので，マネジメントそのものはシンプルになる。但し，①の場合は"パワハラ"にならないように注意し（それゆえ，やはり提案や助言，交渉がいいだろう），③の場合はジョイント・ベンチャーならではの部分に配慮が必要になる。

115

第1章 プロジェクト計画の作成（価値実現）

ここでは"価値を実現するためのプロジェクト計画の作成"にフォーカスした問題をまとめている。プロジェクトの立ち上げ時に，プロジェクトへの要求を見極め，最適な開発アプローチを採用してプロジェクト計画を立案する部分になる。シンプルに言えば，プロジェクト全体を俯瞰するところになる。

1.1	基礎知識の確認
1.2	午後Ⅱ 章別の対策
1.3	午後Ⅰ 章別の対策
1.4	午前Ⅱ 章別の対策
午後Ⅰ演習	令和3年度　問2
午後Ⅱ演習	令和2年度　問1

（演習の続きはWebサイト※からダウンロード）

※ https://www.shoeisha.co.jp/book/present/9784798174914/ からダウンロードできます。詳しくは，ivページ「付録のダウンロード」をご覧ください。

第1章　プロジェクト計画の作成（価値実現）

　本章で取り上げる問題を短時間で効率よく解答するには，プロセスベースの PMBOK（第6版）で言うと「統合マネジメント」と「スコープ・マネジメント」の知識が必要になる。原理・原則ベースの PMBOK（第7版）だと，「価値」，「システム思考」，「テーラリング」，「複雑さ」，「適応力と回復力」，「変革」の原理・原則と，「開発アプローチとライフサイクル」のパフォーマンス領域になる。ちょうど，この見開きページにまとめている三つの表の白抜きの部分だ。必要に応じて公式本をチェックしよう。

　ここで取り上げる問題の象徴的な表現が，令和3年度秋期プロジェクトマネージャ試験解答例午後Ⅰ問2の出題趣旨に記されていた。「(新技術への対応等)，近年の多様化するプロジェクトへの要求に応えてプロジェクトを成功に導くために，プロジェクトの特徴を捉え，その特徴に合わせて適切なプロジェクト計画を作成する必要がある。」というもの。"価値"の重要性，"テーラリング"の大事さを示している。

【原理・原則】　　　　　　　　　　　　　　　PMBOK（第7版）

PMBOK（第7版）の原理原則	
価値	価値に焦点を当てること（→P.122「1.1.1 価値の実現」参照）
システム思考	システムの相互作用を認識し，評価し，対応すること
テーラリング	状況に基づいてテーラリングすること
複雑さ	複雑さに対処すること
適応力と回復力	適応力と回復力を持つこと
変革	想定した将来の状態を達成するために変革できるようにすること
スチュワードシップ	勤勉で，敬意を払い，面倒見の良いスチュワードであること
チーム	協働的なプロジェクト・チーム環境を構築すること
ステークホルダー	ステークホルダーと効果的に関わること
リーダーシップ	リーダーシップを示すこと
リスク	リスク対応を最適化すること
品質	プロセスと成果物に品質を組み込むこと

【パフォーマンス領域】　　　　　　　　　　　PMBOK（第7版）

PMBOK（第7版）のパフォーマンス領域	
ステークホルダー	ステークホルダー，ステークホルダー分析
チーム	プロジェクト・マネジャー，プロジェクトマネジメント・チーム，プロジェクト・チーム
開発アプローチとライフサイクル	成果物，開発アプローチ，ケイデンス，プロジェクト・フェーズ，プロジェクト・フェーズ，プロジェクト・ライフサイクル
計画	見積り，正確さ，精密さ，クラッシング，ファスト・トラッキング，予算
プロジェクト作業	入札文書，入札説明会，形式知，暗黙知
デリバリー	要求事項，WBS，完了の定義，品質，品質コスト
測定	メトリックス，ベースライン，ダッシュボード
不確かさ	不確かさ，曖昧さ，複雑さ，変動制，リスク

【プロセス】　　　　　　　　　　　　　　　　　　　　　PMBOK（第6版）

知識エリア	プロジェクトマネジメント・プロセス群				
	立上げプロセス群	計画プロセス群	実行プロセス群	監視・コントロール・プロセス群	終結プロセス群
プロジェクト統合マネジメント	プロジェクト憲章の作成	プロジェクトマネジメント計画書の作成 / プロジェクト知識のマネジメント	プロジェクト作業の指揮・マネジメント	プロジェクト作業の監視・コントロール / 統合変更管理	プロジェクトやフェーズの終結
プロジェクト・スコープ・マネジメント		スコープ・マネジメントの計画 / 要求事項の収集 / スコープの定義 / WBSの作成		スコープの妥当性確認 / スコープのコントロール	
プロジェクト・スケジュール・マネジメント		スケジュール・マネジメントの計画 / アクティビティの定義 / アクティビティの順序設定 / アクティビティ所要期間の見積り / スケジュールの作成		スケジュールのコントロール	
プロジェクト・コスト・マネジメント		コスト・マネジメントの計画 / コストの見積り / 予算の設定		コストのコントロール	
プロジェクト品質マネジメント		品質マネジメントの計画	品質のマネジメント	品質のコントロール	
プロジェクト資源マネジメント		資源マネジメントの計画 / アクティビティ資源の見積り	資源の獲得 / チームの育成 / チームのマネジメント	資源のコントロール	
プロジェクト・コミュニケーション・マネジメント		コミュニケーション・マネジメントの計画	コミュニケーションのマネジメント	コミュニケーションの監視	
プロジェクト・ステークホルダー・マネジメント	ステークホルダーの特定	ステークホルダー・エンゲージメントの計画	ステークホルダー・エンゲージメントのマネジメント	ステークホルダー・エンゲージメントの監視	
プロジェクト・リスク・マネジメント		リスク・マネジメントの計画 / リスクの特定 / リスクの定性的分析 / リスクの定量的分析 / リスク対応の計画	リスク対応策の実行	リスクの監視	
プロジェクト調達マネジメント		調達マネジメントの計画	調達の実行	調達のコントロール	

119

第1章　プロジェクト計画の作成（価値実現）

● PMBOK（第6版）のプロジェクト統合マネジメントとは？

PMBOK では「**プロジェクトマネジメント・プロセス群内の各種プロセスとプロジェクトマネジメント活動の特定，定義，結合，統一，調整を行うためのプロセスと活動からなる。（PMBOK 第 6 版 P.23）**」と定義されている。簡単に言うと，プロジェクトの立上げと終結を管理するとともに，全体最適の観点から，他のすべてのマネジメント領域を統括する管理になる。他の計画プロセスで作成される個々の補助計画書を，プロジェクトマネジメント計画書として統合する。ここには変更管理が含まれる。

表1　プロジェクト統合マネジメントの各プロセス

プロセス	内　　容	主要なアウトプット
プロジェクト憲章の作成	プロジェクト憲章を作成（文書化）し，プロジェクトの認可を受ける。これにより，プロジェクトは公式に認可され，プロジェクトマネージャには必要な権限が与えられる。	プロジェクト憲章
プロジェクトマネジメント計画書の作成	ベースラインや補助計画書を定義するとともに，（各々のマネジメント領域で）作成されたものを統合して，プロジェクトマネジメント計画書を作成する。	プロジェクトマネジメント計画書
プロジェクト作業の指揮・マネジメント	プロジェクト目標を達成するために，プロジェクトマネジメント計画書で定義された作業を実行する。	
プロジェクト知識のマネジメント	プロジェクト目標を達成するために，次の二つの目的のために，スキルや経験，専門知識などをマネジメントする。 ・既存の知識を（当該プロジェクトで）使用する ・（組織や将来の PJ のために）新しい知識を創造する	教訓登録簿
プロジェクト作業の監視・コントロール	・計画と実績との比較を行い問題を検知したり，リスクが顕在化するかどうかをチェックしたりする。	
統合変更管理	プロジェクト実施期間中に発生した様々な変更要求に対してその可否を判断し管理する。	各文書や各成果物を（最新状態で）維持する
プロジェクトやフェーズの終結	・契約に基づき，成果物を引き渡し受入を確認する。 ・ステークホルダーの要求事項を満たしていることを確認する。	

● PMBOK（第6版）のプロジェクト・スコープ・マネジメントとは？

PMBOK では「**プロジェクトを成功裏に完了するために必要なすべての作業，かつ必要な作業のみが確実に含まれるようにするプロセスからなる。（PMBOK 第 6 版 P.23）**」と定義されている。簡単に言うと "スコープ"＝"範囲" に関する管理になる。プロジェクトに含まれるものを "もれなく・ダブりなく" 定義し，WBS 等で管理する。

表2　プロジェクト・スコープ・マネジメントの各プロセス

プロセス	内　容	主要なアウトプット
スコープ・マネジメントの計画	当該マネジメント領域の他のプロセスのマネジメント方法や進め方を定義し文書化し，プロジェクトマネジメント計画書の補助計画書を作成する。	・スコープ・マネジメント計画書 ・要求事項マネジメント計画書
要求事項の収集	プロジェクト憲章，ステークホルダ登録簿を元に，インタビューや集団思考・発想技術等を使って，ステークホルダーのニーズや要求事項を収集し文書化する。	要求事項文書
スコープの定義	プロジェクト憲章，要求事項文書を元に，プロジェクトのスコープ（範囲）を定義し，プロジェクト・スコープ記述書を作成する。定義するスコープには，プロダクト・スコープ（成果物の範囲）とプロジェクト・スコープ（作業の範囲，制約条件や前提条件を含む）がある。	プロジェクト・スコープ記述書
WBS の作成	標準 WBS や過去の類似プロジェクトのテンプレートを参考にしながら，本プロジェクトの WBS を作成する。最下層をワークパッケージという。なお，プロジェクト・スコープ記述書と WBS，関連する WBS 辞書をまとめてスコープ・ベースラインという。これが WBS 作成プロセスのアウトプットになる。	スコープ・ベースライン
スコープの妥当性確認	完了したスコープと，それに関連する成果物について，検査し，ステークホルダーの公式な承認を受ける。その時に使用するのが，当該マネジメント領域の主要なアウトプットになる。	
スコープのコントロール	プロジェクト・スコープとプロダクト・スコープの状況を監視し，スコープ・ベースライン（プロジェクト・スコープ記述書や WBS など）に対する変更をコントロールする。	

121

第1章　プロジェクト計画の作成（価値実現）

1.1 ・ 基礎知識の確認

1.1.1 価値の実現

　業務効率化が主流だった時代のシステム開発プロジェクトでは「手作業で1時間かかって行っていた作業を数秒でできるようになる」という感じで，その効果が明白であり，その「数秒でできる」という品質目標の達成と，納期や予算の範囲内でいかに収めるかを考えればよかった。それでそれなりの価値を提供できていたからだ。いわば内なる戦いだった。

　しかし「売上を上げる」ことを目的にしたようなシステムでは，そこに競争が入ってくるため，当初の品質目標を達成できたからと言って，最終目的を達成できるわけではなくなってきた。特に長期のプロジェクトでは，その開発期間中にライバル企業が「より競争力のある（＝顧客価値の高い）」システムを開発し，革新的なサービスを提供されたとしたら，もはや，最大の目的である「売上を上げる」という点においては達成できないことになる。

　そういう背景もあって，そのプロジェクトで生み出す"価値"に焦点を当てて考えていく必要が出てきたというわけだ。DX などはまさにそうである。競争優位性を産み出すための施策だからだ。

●プロジェクトマネージャの責任の拡大
〜納期・品質・予算の遵守から，ベネフィットによるビジネス価値の実現へ

　PMBOK 第6版では「プロジェクト統合マネジメントにおける傾向と新たな実務慣行」の一つに「プロジェクト・マネージャーの責任の拡大」を挙げている（PMBOK実務ガイド第6版 P.73）。以前は経営層や PMO の責任だったプロジェクト・ビジネス・ケースの開発やベネフィット・マネジメントなどに参加して，同じ目標の下に協力していくことが必要だということだ。

　予測型（従来型）PJ では，PJ 立ち上げ時に納期・予算・品質などの成果目標を決めて，後は，それをプロジェクトの目標として粛々とプロジェクトを遂行していけばよかった。成果が出ることが前提で請負契約を締結し，その目標を達成しないと債務不履行になる可能性のあるプロジェクトだ。

　しかし，DX の実現を目指すプロジェクトでは，最初に決めた納期や予算，品質を遵守することが必ずしも目標ではない。あくまでも，顧客価値を実現し，競争優位性を得られることを目指すことになる。そうしたプロジェクトでは，プロジェク

トマネージャも，経営戦略や事業戦略から切り離してプロジェクトを考えているのではなく，そうした戦略を成功裏に収められるようにプロジェクトをハンドリングしていかないといけなくなったというわけだ。

シンプルに考えれば，プロジェクトマネージャにも経営層やITストラテジストの視点が必要になってきたというわけだ。具体的には，これからのプロジェクトマネージャは，納期・予算・品質を遵守すればいいという立場から，経営層やITストラテジスト同様，プロジェクトにおけるベネフィットによってビジネス価値実現を目標にしてプロジェクトを運営していくことが求められている。

ベネフィット

直訳すると"利益"や"便益"になる。マーケティング用語だと"効果"という意味にもなるらしい。PMBOKでは，第6版でベネフィットの重要性が強調されていることもあり，次のように説明している。

> プロジェクト・ベネフィットとは，スポンサー組織のほかプロジェクトの受益対象者に価値を提供する行動，行為，プロダクト，サービス，所産の成果と定義される。(PMBOK第6版P.33より引用)

そして，次のような項目を含めた「プロジェクト・ベネフィット・マネジメント計画書」を作成する。

- 目標ベネフィット
- 戦略の整合性
- ベネフィット実現の時間枠
- ベネフィット・オーナー
- 評価尺度
- リスク

●アジャイル開発

価値の実現を主眼においたプロジェクトでは，成果物を繰り返しリリースしながら，顧客の反応を見て"価値実現"の程度を確認しながら進めることがある。その時に，アジャイル開発を採用することが多い。

第 1 章　プロジェクト計画の作成（価値実現）

1.1.2 プロジェクト立上げ〜プロジェクト計画まで

　それでは最初に，プロジェクトを立ち上げて，プロジェクト概要を決定するまでのフェーズについて説明する。

●プロジェクト立上げ前

　プロジェクトが立ち上がる前，すなわち，プロジェクトマネージャが登場する前は，通常，営業担当者（セールスエンジニア）やITストラテジストが，経営者やCIO，情報システム部の部門長などと一緒に情報化について企画を練るのが一般的である。そして，情報戦略，情報化構想，情報化企画などという形にする（この部分の詳細はITストラテジストの試験範囲を参照すること。ほかに，情報化に関する"提案活動"などもこのフェーズ）。

　当然，このときはまだ，プロジェクトマネージャは任命されていない。しかし，提案や構想段階とはいえ，そこにはある程度の費用や期間，機能などがあるわけだから，プロジェクトが立ち上がった後に「実現は不可能だ」というわけにはいかない。そこで，この時点でも，プロジェクトマネージャが参画して，そういった企画や構想の**フィージビリティスタディ（実現可能性の検討）** を実施することが多い。その後プロジェクトが立ち上がった暁には，普通は，そのプロジェクトマネージャがそのまま任命される。

●プロジェクト立上げ

　ITストラテジストなどが作成した情報化企画をもとに，実施計画に落とし込んだ**プロジェクト企画書**が作成される。顧客や経営者などのプロジェクトオーナが，このプロジェクト企画書を承認すると，プロジェクトが正式に認知され，プロジェクトが立ち上がる。

　プロジェクトの立上げフェーズは，PMBOKでいうと統合マネジメントの範疇で，「プロジェクト憲章の作成プロセス」になる。具体的には，プロジェクト憲章が作成され，それをもとにプロジェクトが正式に認可される。その時点で，プロジェクトチームが発足しているか，メンバが決まっているかはケースバイケースだが，仮に既に決まっているとしたら，キックオフなども行われるだろう。

124

プロジェクト憲章

　プロジェクト憲章とは，プロジェクトオーナやスポンサーなどによって発行される文書で，当該プロジェクトを公式に認可する役割を持つものである。通常は，このプロジェクト憲章の中でプロジェクトマネージャが任命され，費用や要員などの資源を使用する権限を与えられる。

　プロジェクト憲章に記載される内容は，立上げ時点で把握しているプロジェクトに関する情報で，主要なものには次のようなものがある。

- プロジェクト目的
- 成果等の要求事項，概要スケジュール，概算予算，主要機能など
- 制約条件と前提条件

　なお，体制が決まっていれば，プロジェクトに対する共通認識を醸成するために，キックオフミーティングで，プロジェクトメンバらにプロジェクト憲章を配布することもある。

● WBS（Work Breakdown Structure）と WP（Work Package）

　WBSとは，プロジェクトに必要な作業を明確にするために，トップダウンで作業を洗い出し階層構造で表現したものである。

　通常は，プロジェクトの成果物（顧客に納品する情報システムや，それに付随するサービス。要素成果物）を最初に定義し，そこから細かく分解（＝ブレークダウンしていく。これを要素分解という）していく。この手順，すなわち"大きな単位"から"段階的"に"詳細化"を進めていくことで，作業の網羅性が確保できることを期待している。いわゆる"漏れなく"，"だぶりなく"というものだ。

　こうして詳細化していった最下位の作業をワークパッケージ（WP：Work Package）という。PMBOK（第6版）の全体図を見ていただくとわかると思うが，プロジェクト・スコープ・マネジメントの計画フェーズに「WBSの作成」プロセスがあり，ここでWPに要素分解し，WP単位にコストや所要期間を見積もる。

　なお，このWPは，この後のプロジェクト・スケジュール・マネジメントのところで"アクティビティ"にさらに細分化される（アクティビティ定義）。具体的にはWPを完了させるために必要な作業をアクティビティとして定義する。簡単に言えば，スケジュール管理に適した単位にさらに分割することだ。情報処理技術者試験でも，WPとアクティビティは使い分けているので注意しよう。

第1章　プロジェクト計画の作成（価値実現）

1.1.3　変更管理

　プロジェクトマネージャは，当初計画した"プロジェクト計画"に従ってプロジェクトを実施していくが，様々な原因によって，変更要求が発生する。そのときに備えて，プロジェクト計画段階から変更管理手続を明確にしておかなければならない。

●変更が発生する原因

　いったん立てた計画どおりにコトが進んでいけばプロジェクト管理も楽であるが，実際にはそうならない。様々な局面で変更が発生する。良いプロジェクトマネージャは，変更の発生を予測し，それをリスクとして定義し，リスクをプロジェクト内で管理またはコントロールしていく。

　変更が必要なケースで最も多い理由が「仕様変更」である。だから，午後I・午後IIの問題に限らず，仕様変更がテーマになっているものは非常に多い。

　こういうケースでは，まず，仕様変更の原因を明確にしなければならない。仕様変更の原因は，客先の業務改革や組織変更など顧客側に起因するものと，SEのヒアリングスキル不足，開発者側の都合など，開発側に起因するものに分かれる。

●変更管理手順を決める

　変更要求が発生した場合を想定して，変更管理手順をルール化しておくことも計画段階における重要な仕事である。変更管理の手順は次のようになる。

　チームリーダや現場の担当SEが変更の発生する状況に直面したとき，絶対に独自の判断で対応してはいけない（これは，午後Iの問題でもよく見かける）。必ず，変更依頼書（変更要求書）に記述し，変更に対して決定権を持つ会議体（変更管理委員会など）で判断し，変更が必要なら変更時期，担当者などを決定する。その中心となるのがプロジェクトマネージャで，全体の進捗状況や費用，体制などへの影響を総合的に判断し，プロダクトスコープとプロジェクトスコープを再定義して完了する。

　これが変更管理の一連の流れである。

　もしも，変更要求が発生したときに，適切な手続を行わなければ，結果として納期遅延やコストオーバという失敗プロジェクトになりかねない。そこで，適切な変更管理が必要になるというわけだ。

変更管理委員会（CCB：Change Control Board）

　多くの要員，多くのステークホルダーが関与するプロジェクトでは，変更管理委員会を設けることがある。その目的は，変更要求の一元管理と正確な変更可否の判断にある。

　変更要求は，利用者側と開発者側の双方で窓口を一元化し，変更要求を集中的に管理しなければならない。午後Ⅰ問題でもよく"悪い例"としてあがっているが，現場で担当者同士が話をして，プロジェクトマネージャの知らないところで勝手な判断で変更してはいけない。統制が取れないからだ。だからすべての変更要求が，そのまま変更管理委員会に集中する仕組みが必須である。

　また，変更の可否を正確に判断するためには，変更要求の起案者，プロジェクトスポンサー，オーナ，その他ステークホルダー，専門家，ほかのチームリーダなどが集まって多角的に検討しなければならない。そうしないと，プロジェクト目的が達成できなかったり（違う方向に向いてしまったり），ほかの部分に思わぬ影響があったりして，プロジェクトが崩壊するかもしれない。

●変更の実施

　プロジェクトマネージャもしくは変更管理委員会では，変更依頼書を受け取り，変更するかしないかを決定しなければならない。その場合，どのような基準で判断するのであろうか。一つは，先に述べた変更が開発側に起因するのか，顧客側に起因するのかによって変わる。

　顧客側に起因する理由であれば，契約内容の変更になる。つまり，納期と費用を再度見直すところから話を進める。一方，開発者側に起因するのであれば，少なくとも費用は持出になることは仕方がない。その後は，どちらの場合も同じである。再度スコープ定義，もしくはスケジュール，費用，体制を見直さなければならない。

　スケジュールや費用，体制などを見直した結果，本番時期を変更することができない場合には，稼働時期の優先順位を考慮するなどの調整が必要になる。このあたりの詳細対応は，進捗（第4章）や予算（第5章）などの章を参考にしていただきたい。

第1章　プロジェクト計画の作成（価値実現）

過去に午後Ⅰで出題された設問

（1）ベネフィットによるビジネス価値実現

　DX 関連の PJ のように，従来の納期・品質・予算遵守を最大の目標とする PJ ではなく，ベネフィットやビジネス価値実現を目標とする PJ に変化してきている点に関する問題。

①顧客の視点から捉えた広義の生産性（R02 問 2 設問 1（1））

　生産性を "投入工数に対する開発成果物の量" と捉えるのは開発者の視点であり狭義の生産性だとしている。それに対して今回のプロジェクトでは，生産性を "時間を含めた投下資源に対するサービスの提供価値" と捉え，顧客の視点による広義の生産性で考えないといけないとしている。

②顧客の体験価値向上の度合い（R03 問 2 設問 3（3））

　顧客満足度を向上させる活動の一環としてのシステム開発プロジェクトを題材としている場合，当該プロジェクトの目的が「顧客の体験価値を高めることで CS 向上を図る」というものになることがある。この場合，何かしらの方法で顧客の体験価値向上の度合い＝効果について重点的に分析し評価する必要がある。

（2）プロジェクト憲章とキックオフミーティング

　午前問題で定番の "プロジェクト憲章" に関する問題も，ちらほらと午後Ⅰでも見かけるようになってきた。今後，DX をテーマにした問題が増えることが予想されるが，その場合，プロジェクトへのプロダクトオーナの参加が必須になったりベネフィット（効果）重視になったりするため，より一層，全社的に（公式に）認知させて協力を得るための "プロジェクト憲章" が重要になる。

①プロジェクト憲章を発行する目的（1）（H22 問 2 設問 2（1））

　プロジェクトの立上げフェーズでは，プロジェクトの目的と目標を明確に定めたプロジェクト憲章を経営会議で決定してもらった上で，キックオフミーティングを早急に実施し，ステークホルダ全員に対して周知する。これは，プロジェクトを立ち上げた段階で，各部の目的意識が合っていない場合や，部門ごとに要求が異なり意識が合っていない場合に有効だからだ。問題文中に，そういう記述がないかどうかを確認しよう。

②プロジェクト憲章を発行する目的（2）（R02 問 1 設問 1（1））

この問題では，PJ の状況をよく知らない部署があり，積極的な協力を得られないと感じた PM が，プロジェクト憲章を早急に作成し，DX 推進の責任者である CDO（Chief Digital Officer）の取締役から全社に向けて，当該プロジェクトのプロジェクト憲章を発表することを提案した。その狙いは，プロジェクトの承認を全社に伝え協力体制を確立するためである。

③プロジェクト憲章に明記すること（R02 問 1 設問 1（2））

プロジェクト憲章には，プロジェクトの背景と目的，達成する目標，概略のスケジュール，利用可能な資源，PM 及びプロジェクトチームの構成と果たすべき役割などを明記する。特に，DX 関連のプロジェクトは，全社的な意思決定の上に実施される。仮に，役員会での協議を経て，工場の生産プロセス DX を今期の最優先案件とすることを決定するなど，経営層の最優先案件として決定している場合には，その旨を背景に明記して強調するべきである。

（3）スコープの確定

過去の出題では，スコープを確定させることの重要性などが問われている。また，スコープを確定する際に，"現行機能と一緒"という曖昧なことがダメだとか，デッドプログラムを削除するとか，細かい留意点も問われている。そのあたりは，午後 II 論文の工夫した点でも使えそうな内容になる。

① WBS の 100％ルール

PMBOK では「プロジェクト・スコープで定義したすべての作業，社内外他向けの要素成果物作成に必要な作業，そしてプロジェクトマネジメント作業などのすべてが WBS に含まれていること（WBS 実務標準第 2 版 P.10 より引用）」を意味するルールを 100％ルールと呼んでいる。具体的には階層表現された部分において，子レベルの総和が親レベルの作業と 100％等しくなければいけないということだ。

● WBS の作成（H31 問 2 設問 1）

G 社プロジェクトのスコープを定義することから始め，G 社工事管理システムを構成する全ての要素を拾い出し，それにマネジメントの要素を加えて次頁の WBS を作成した。次に，次頁の図の六つの要素に関わる作業をすべて完了すれば，G 社プロジェクトは確実に完了しているといえる関係であることを確認した。これにより，プロジェクトの要素に抜けがないことが確認できた。

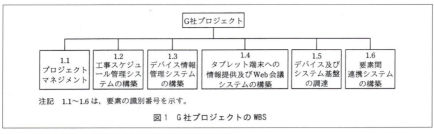

図1　平成31年問2の図1より

- **WBSで漏れを防ぐ（H23問1設問1（2））**

　プロジェクト計画の策定に取り掛かった。まず，成果物を洗い出し，それらを作成するための作業項目を設定した。次に，それらの作業項目の所要期間の見積りと，要員の検討を行った。この時，成果物の洗い出しから行うのは，成果物を基に計画することで作業項目の漏れを防ぎたいから，あるいは，目に見える検証可能なもので進捗を把握したいからである。

②**スコープを確定させる時に必要な情報（R03問2設問2（1），（2））**

　アジャイル開発でスプリントのスコープを決めるときをはじめ，スコープを確定させる時には，次のような情報を出し合って要求ごとの優先度を決める。

　　＜利用者側＞：要求事項の一覧を作成
　　＜開発チーム＞：技術的な実現性，影響範囲の確認，
　　　　　　　　　要求事項ごとに，要求事項の開発に必要な期間とコスト

　その後，優先度の高い要求事項から順に要件定義を進め，制約（開発期間や予算）の範囲内で収まるようにスコープを確定させる。

③**スコープと契約（H21問3設問1）**

　請負契約の締結に向けて，リスクを低減するために，Q社との間で成果物の種類や記述のレベルを合わせようと考えた。これによって低減しようとしたリスクは，次のようなものである。

- 後から想定外の成果物を要求され，費用や期間が予定を超過する
- 成果物が不明確なまま契約して，後でトラブルが発生する

　この設問のように，"なぜ成果物の種類や記述レベルを合わせようと考えたのか"と改めて問われると，当たり前すぎてなかなか答えが出てこない。このような解答もあるということを意識しておこう。

1.1 基礎知識の確認

④ "現行のシステムと同じ"というスコープには注意（H26 問3 設問2）

契約段階で決めるスコープを「現システムの業務機能は変えず」とするのは（そういう条件で契約するのは）避けるべきである。そういう要求がある場合でも，必ず「新たに作成した外部設計書に基づいて新システムの開発を行う」ということで合意形成する必要がある。

⑤ デッドプログラムの削除（H20 問4 設問2 (2), (3)）

度重なる保守を経て現在は未使用になっているプログラム（以下，デッドプログラムという）の分析を行う。そして2次開発においてこれらを削除しておけば，移行後の修正作業の効率向上が図れる。デッドプログラムに対する無駄な修正が不要となるから（あるいは，関連するテストが不要になるから）だ。

S課長は，移行の対象を確定し相手の合意を得るために（あるいは，削除できないことを事後に言われることによる手戻りを防ぐために），デッドプログラムを削除することについて商品開発部に申し入れ，書面で了承を得た。

(4) プロジェクト実施フェーズ

プロジェクトが開始され，プロジェクト期間中に何かしら環境が変化した場合には，スコープそのものの変化があるかどうかを確認する。

① 類似機能の新規案件が入ってくるケース（H20 問2 設問2）

下図のように，定期案件開発中（内部設計に着手直後）に，定期案件のX機能の一部として開発する新規案件の追加要求が発生した。そこで，対策案として二案の検討に入った。

▼ここで，新規案件の追加要求（X機能の一部）が発生

項目	月	10月	11月	12月	1月	2月	3月	4月
定期案件 X機能		外部設計	内部設計	製造・単体テスト		結合テスト	総合テスト	△稼働開始
Y機能		外部設計	内部設計	製造・単体テスト		結合テスト		

図1　定期案件の開発スケジュール

次の二案を検討

表　既存機能活用の検討結果

パターン	方針	内容
パターンⅠ	既存商品に関する機能を拡張する。	定期案件で改修中のプログラムに，新商品で必要な機能を追加・修正する。
パターンⅡ	新たに新商品用の機能一式を作る。	定期案件で改修着手前のプログラムのコピーを作成し，新商品用に書き換える。

図2　問題文中の図（一部加筆）

第1章　プロジェクト計画の作成（価値実現）

　結果的に，今回の新規案件における既存機能の活用方法としては，<u>次のような理由から</u>パターンⅡを採用した。

- <u>開発するプログラムが別々になるので，相互の影響が少なく開発ができるから</u>
- <u>定期案件の開発とは別個に開発することで，相互に関連するリスクを回避できるから</u>
- <u>稼働実績のある改修着手前のプログラムをベースとした方が，リスクが小さいから</u>

②追加部分は別タスクとするケース（H27問3設問3（1），（2），（3））

　追加開発分の仕様を取り込まずに，内部設計及びプログラム製造・単体テスト工程は当初計画のスケジュールどおり継続する。追加開発分は別タスクとして行い，その後結合テストを遅らせて対応する。

（メリット）	進捗面でプラス：現在実施中の内部設計を当初計画のスケジュールどおり継続できる
（デメリット）	品質面でマイナス：<u>構成管理の漏れ（＝当初開発分の設計ミスやプログラムバグに対する対応結果の取り込み漏れ）</u>が発生する可能性がある。

　内部設計を仕切りなおして，追加開発分の仕様を取り込む。具体的には外部設計からやり直し，内部設計の完了日を当初計画よりも1か月遅らせる形で作業計画を見直す。

（メリット）	品質面でプラス：早期に内部設計全体の整合性を確保できる。これにより，<u>上流工程での品質の確保ができ，テストでのバグ発生の抑止ができる</u>。
（デメリット）	内部設計が予定通り完了しない。作業の停滞，中断などが発生する可能性がある。
	→ <u>追加開発分の影響を受けない部分の洗い出し</u>を最優先で行った上で，作業計画を見直す（影響を受けない部分から先に実施し，影響を受ける部分を後半にもってくる）ことで解消できる。

※2案を比較する場合，片方のメリットはもう一方のデメリット。
※トレードオフにある納期・品質・予算のどれかを最重視しているケースの有無
※情報処理技術者試験では，上流工程での品質の確保を重視している傾向が強い。手戻りは"悪"としている。

132

③スコープが変わらない場合（H25問3設問2（1））

プロジェクト実施期間中に，合併等の変更が発生した場合にはスコープそのものを変える必要があるかどうかを確認する。仮に，システム統合が必要な"合併"でも，合併先企業が現在開発中のシステムを使う場合には，プロジェクトには全く影響しないので計画を変更する必要はない。

この設問の例でも，合併する相手企業には，自社の独自の部分が無く今回のプロジェクトで完成するシステムの機能に業務を合わせることになっている。それゆえ，要件の変更もなく，スコープも変わらないため，開発部分に関してのスケジュールも何も変えなくてもいい。

④原則，スコープを変えないケースの留意点（H25問4設問1）

納期を守るために，仕様確定後の変更は原則として開発完了後の対応とすることで合意した。しかし，そうすることで，本来の目的（この問題では顧客満足度向上）に関わる重要な要求を，十分に取り込めなくなるかもしれないので注意しなければならない。本来の目的に合致しているかどうかで判断する。

（5）プロジェクトの途中で変更要求があった場合

プロジェクトの途中で変更要求が発生した場合，その変更の可否を判断する必要があるが，そのときに様々なことを考えなければならない。

●必要な作業（H24問1設問4（1））

見積りを取りスケジュールと予算（工数）がどうなるのかを調査した上で，その変更要望への対応についての優先度を判断するために，次のような情報の提供を求める。

- ・変更要望に対応することによる業務上の効果
- ・変更要望に対応しなかった場合の業務への影響など
- ・スケジュールどおりに変更要望に対応する必要性

●他システムとの連携部分（R03問3設問3（1））

設計変更等が発生した場合，その見積りと影響範囲の特定は必須の作業になる。その時に，他社が管理している他システムと連携しているケースでは，当然ながら，他システムに精通している（管理している）企業に，設計変更が他方のシステムに影響を与えるか否かを確認しなければならない。他方のシステムとの接続機能の使用には影響しないと安易に考えて実施すると，予期せぬトラブルに見舞われることもある。

第1章　プロジェクト計画の作成（価値実現）

●**変更要望に応えられない場合（H24 問 1 設問 4（2））**

　変更要望に，スケジュールどおりに対応するのが難しい場合，変更要望への対応を後ろにずらすことが可能か，稼働開始の時点でその機能が必要かどうかを再検討する。

（6）プロジェクトマネジメントの標準化

　社内にマネジメントの標準がなく，組織に定量的なマネジメントが根付いていないという課題がある場合，プロジェクトマネジメント標準を作成する。

①残すところ，改善するところ（H31 問 3 設問 1）

　品質を確保し，納期を遵守するためのプロセス改善を行うために，マネジメント標準を適用する時に，抵抗や反発もあると考えられる。そのため，強みを尊重し，弱い部分を優先的に改善する方向で優先度をつけることにした。

　具体的には，職人気質のエンジニアが多く，組織の価値観として品質重視が浸透していて，この組織の強みは今後も大切にしていく必要があることから，品質に関するプロセス改善は最小限にとどめる。

　一方，進捗遅れが発覚し，顧客から苦情を受けるといったことが徐々に増えてきていたり，進捗遅れのリカバリ策に具体的な裏付けが不足していたという話から，進捗遅れの予防と，リカバリ策の具体化をするために，スケジュールに関するプロセス改善を優先することにした。

②当該標準を遵守すべきメンバと十分議論する（H31 問 3 設問 2（3））

　マネジメント標準の試案をチームメンバにスムーズに浸透させるために，"チームメンバと十分に議論をして，当該マネジメント標準の試案を具体的に提案してほしい"と指示を出した。これは，十分に議論することで，全てのメンバに納得感を得てもらうためで，自ら試案を作成することで自発性や主体性を持ってもらうためである。チームメンバが自ら改善策の検討を行うことで，実行の意欲が高まることを期待してのものである。

Column

価値，テーラリング，開発アプローチとライフサイクル

PMBOK（第7版）では，原理原則に"価値"や"テーラリング"がある。それぞれ，本章で重視するキーワードだ。

価値

プロジェクトを立ち上げる場合，まずは，当該プロジェクトでどのような"価値"を産み出すのかを明確にする。実際のプロジェクトでも，以前に増してその部分を重視する傾向にある。したがって，試験対策を行う上でも，例えば問題文に"価値"が出てきている場合には，その部分にはしっかりと反応しなければならないだろう。実務でも，担当するプロジェクトがどういう"価値"を産み出すのかを考え，試験対策を通じても，様々な"価値"の創出に触れるようにし，"価値"について考えていこう。

テーラリング

プロジェクトは一つとして同じものがない。そのため，標準化されたプロセスも，類似プロジェクトのプロセスも，そのままでは適用できない。そこには，プロジェクトの特徴に応じてアレンジすることが必要になる。それをテーラリングという。情報処理技術者試験の午後II試験でも，設問アでは必ずと言っていいほど「プロジェクトの特徴」が問われている。これは，その個性に応じてどのようにテーラリングしたのかが問われているとも考えられる。

また，パフォーマンス領域では開発アプローチとライフサイクルが関連している。

開発アプローチとライフサイクル

プロジェクトへの要求が多様化する昨今は，それに合致する開発アプローチを選択することも重要になる。開発アプローチには，例えば次のようなものがある。

	概要
予測型	従来から行われているアプローチ。PJ開始前に要求事項を定義し，それを実現するために粛々と進めていく。ウォーターフォール型アプローチともいう。
適応型	PJ開始前に要求事項を定義しにくい不確かさと変動性が高いケースで採用されるアプローチ。反復型，漸進型アプローチを使う。アジャイル開発をイメージするアプローチ。
ハイブリッド型	予測型，適応型の組合せ

情報処理技術者試験では，これまでずっと予測型アプローチをベースに出題されてきたが，今後出題が増えてくると考えられるDX関連のプロジェクトでは，適応型アプローチやハイブリッド型アプローチも視野に入れておかなければならないだろう。少なくとも，それぞれの特徴を知識として持っておく必要はあると思う。

第1章 プロジェクト計画の作成（価値実現）

1.2 午後Ⅱ 章別の対策

　午後対策のスタートは午後Ⅱから。まずはテーマ別のポイントを押さえてから問題文の読み込みに入っていこう。

●過去に出題された午後Ⅱ問題

表3　午後Ⅱ過去問題

年度	問題番号	テーマ	掲載場所	重要度 ◎＝最重要 ○＝要読込 ×＝不要	2時間で書く推奨問題
①DXを意識したプロジェクト計画の立案					
R02	1	未経験の技術やサービスを利用するシステム開発プロジェクト	本紙	◎	◎
②予測型（従来型）プロジェクトの変更管理					
H08	2	システム開発における仕様変更の管理	なし	○	
H14	2	業務仕様の変更を考慮したプロジェクトの運営方法	Web	◎	
H18	3	業務の開始日を変更できないプロジェクトでの変更要求への対応	Web	○	
H24	2	システム開発プロジェクトにおけるスコープのマネジメント	Web	○	
③問題解決（プロジェクト知識のマネジメント）					
H31	2	システム開発プロジェクトにおける，助言や他のプロジェクトの知見などを活用した問題の迅速な解決	本紙	○	
④プロジェクトの完了評価					
H09	2	プロジェクトの評価	なし	×	
H20	3	情報システム開発プロジェクトの完了時の評価	Web	◎	○

※掲載場所が"Web"のものは https://www.shoeisha.co.jp/book/present/9784798174914/
からダウンロードできます。詳しくは，ivページ「付録のダウンロード」をご覧ください。

　本章は大きく4つに分けられる。①DXを意識したプロジェクト計画の立案，②予測型（従来型）プロジェクトの変更管理，③問題解決（プロジェクト知識のマネジメント），④プロジェクトの完了評価である。変更管理をテーマにした問題の場合，予測型（従来型）プロジェクトとDXを意識したプロジェクトと，どちらが問われているのかを読み取る必要がある。変更管理に関する考え方が異なるからだ。前者の場合は②のグループの問題のように変更管理プロセスを確立する必要がある。後者の場合は，アジャイル開発を採用するなどして変更に強いスタイルを検討する必要がある。

136

① DX を意識したプロジェクト計画の立案（1問）

問題文にも解答例や採点講評にも"DX"とは一言も書いていないものの，その内容から DX を意識したプロジェクトの問題になる。新技術を扱うことによる不確実性を検証フェーズを設けることで対応しようというものだ。

過渡期になる次回試験で，DX 関連のプロジェクトの出題がどうなるのかはわからないが，本章の問題に関しては予測型（従来型）のプロジェクトと，DX 関連の適応型のプロジェクトの両方に対して準備しておいた方が良いだろう。

②予測型（従来型）プロジェクトの変更管理（4問）

予測型（従来型）プロジェクトにおいて"変更"をテーマにした問題では，変更管理をどう計画したのか，仕様変更要求に対してどう対応したのかが問われている。

前者は，プロジェクトの立ち上げ時に業務仕様を定義しきれていなかったり，早期に凍結できなかったりするというリスクのあるプロジェクトに対して，どのような計画を立てたのか（**平成 14 年度問 2**）という問題だ。

後者は，過去には 3 問出題されているが，それぞれ微妙に"変更"の度合いや影響度が異なっている。問題文の要求と異なるケースを書いてしまわないように注意しよう。また，その仕様変更が"いつ？"発生したものなのか？残り期間がどれぐらいあるのか？いわゆる"時"が読み手に伝わっていない論文をよく見かける。"時"を正確に伝えないと，読み手は対応の是非を判断できないので，そこも注意が必要になる。

変更を柔軟に受け入れるアジャイル開発プロジェクトとは違って，しっかりとした変更管理が必要なプロジェクトも存在する。そういう問題にも対応できるように準備をしておこう。

③問題解決（プロジェクト知識のマネジメント）（1問）

プロジェクト推進中に発生した問題（以下，"PJ 上の問題"とする）を，プロジェクト外部の"知識"を使って解決した経験を問う出題もある。プロジェクトマネージャの問題解決力が問われる問題は少なくない。そのうち対処方法が限定されている問題も，これまでかなり出題されている（P.409 のコラム参照）。しかし，プロジェクト外の知見を活用したものは，平成 31 年度が初めてだ。この問題で，1 本論文を準備しておく必要はないが，問題文を熟読して"正解"を頭に入れておく必要はある。しっかりと読み込んでおきたい問題の一つだと言える。

第1章　プロジェクト計画の作成（価値実現）

④プロジェクトの完了評価（2問）

　最後は "変更管理" ではなく "完了評価" をテーマにした問題。過去に2問出題されている。いずれも，プロジェクトの立ち上げ時から明確な目的を持ってデータ収集している点がポイントになる。明確な目的に基づき評価対象を設定する。そしてその評価対象に関する評価項目，すなわち必要なデータを決定する。そのあたりを書ききれるかどうかがポイントになる。何かを試す "モデル・プロジェクト" をイメージすればわかりやすいかもしれない。

● 2時間で書く論文の推奨問題

　本章の4つのテーマ，8問の過去問題の中から2時間で書く練習に使う1問を選択するとしたら，令和2年度問1が最適だと考える。理由は今後の主流になる可能性があるからだ。

　さらに後2問準備できる場合は，平成14年度問2，平成20年度問3をイメージしておいてもいいだろう。時間がなければプロジェクト立上時に考えた「明確な目的に基づき評価対象を設定する。そしてその評価対象に関する評価項目，すなわち必要なデータを決定する。」部分だけを用意しておくだけでもいいだろう。

●参考になる午後Ⅰ問題

　午後Ⅱ問題文を読んでみて，"経験不足"，"ネタがない" と感じたり，どんな感じで表現していいかイメージがつかないと感じたりしたら，次の表を参考に "午後Ⅰの問題" を見てみよう。まだ解いていない午後Ⅰの問題だったら，実際に解いてみると一石二鳥になる。中には，とても参考になる問題も存在する。

表4　対応表

テーマ	午後Ⅱ問題番号（年度ー問）	参考になる午後Ⅰ問題番号（年度ー問）
① DXを意識したプロジェクト計画の立案	R02-1	
② 予測型（従来型）プロジェクトの変更管理	H14-2	○（H21-3，H17-1），△（H18-3，H15-2）
	H24-2，H18-3，H08-2	○（H27-3，H25-3，H20-2），△（H09-3）
③ 問題解決（プロジェクト知識のマネジメント）	H31-2	
④ プロジェクトの完了評価	H20-3，H9-2	○（H15-4），△（H23-4）

午後Ⅱ問題を使って"予防接種"とは？

（3）予防接種をする

　本書では，各問題文の読み違えを無くすために，次のような手順で対策をしておくことを推奨している。筆者はこの学習方法を"予防接種"と呼んでいる。問題文の読み違えは，1度引っかかっておけば2度目は引っかからないからだ。それまでの先入観を上書きし，新たな先入観を"免疫"として習得しておけば，少なくとも試験本番時に問題文を読み違えることはないと考えているからだ。

【予防接種の具体的手順（1問＝1時間程度）】

①午後Ⅱ過去問題を1問，じっくりと読み込む（5分）

　「何が問われているのか？」，「どういう経験について書かないといけないのか？」を自分なりに読み取る

　※該当する過去問題を各章に掲載しています

②それに対して何を書くのか？ "骨子"を作成する。できればこの時に，具体的に書く内容もイメージしておく（10分～30分）

③本書の解説を確認して，②で考えたことが正しかったかどうか？ 漏れはないかなどを確認する（10分）

　※各午後Ⅱ問題文に対して，手書きワンポイントアドバイスを掲載しています。さらに，ページ右上のQRコードからアクセスできる専用サイトで，各問の解説を提供しています。

④再度，問題文をじっくりと読み込み，気付かなかった視点や勘違いした部分等をマークし，その後，定期的に繰り返し見るようにする（10分）

詳しい説明は，P.21～！

→　"過去問題の読込"の重要性を理解しよう！

第1章 プロジェクト計画の作成（価値実現）

令和2年度 問1　未経験の技術やサービスを利用するシステム開発プロジェクトについて

解説はこちら

状況
プロジェクトマネージャ（PM）は，システム化の目的を実現するために，組織にとって未経験の技術やサービス（以下，新技術という）を利用するプロジェクトをマネジメントすることがある。

計画
このようなプロジェクトでは，新技術を利用して機能，性能，運用などのシステム要件を完了時期や予算などのプロジェクトへの要求事項を満たすように実現できること（以下，実現性という）を，システム開発に先立って検証することが必要になる場合がある。このような場合，プロジェクトライフサイクルの中で，システム開発などのプロジェクトフェーズ（以下，開発フェーズという）に先立って，実現性を検証するプロジェクトフェーズ（以下，検証フェーズという）を設けることがある。検証する内容はステークホルダと合意する必要がある。検証フェーズでは，

実施
品質目標を定めたり，開発フェーズの活動期間やコストなどを詳細に見積もったりするための情報を得る。PMは，それらの情報を活用して，必要に応じ開発フェーズ

計画
の計画を更新する。

さらに，検証フェーズで得た情報や更新した開発フェーズの計画を示すなどして，検証結果の評価についてステークホルダの理解を得る。場合によっては，システム要件やプロジェクトへの要求事項を見直すことについて協議して理解を得ることもある。

あなたの経験と考えに基づいて，設問ア〜ウに従って論述せよ。

設問ア　あなたが携わった新技術を利用したシステム開発プロジェクトにおけるプロジェクトとしての特徴，システム要件，及びプロジェクトへの要求事項について，800字以内で述べよ。（状況）

設問イ　設問アで述べたシステム要件とプロジェクトへの要求事項について，検証フェーズで実現性をどのように検証したか。検証フェーズで得た情報を開発フェーズの計画の更新にどのように活用したか。また，ステークホルダの理解を得るために行ったことは何か。800字以上1,600字以内で具体的に述べよ。（計画・実施・計画）

設問ウ　設問イで述べた検証フェーズで検証した内容，及び得た情報の活用について，それぞれの評価及び今後の改善点を，600字以上1,200字以内で具体的に述べよ。

平成8年度 問2　システム開発における仕様変更の管理について

解説はこちら

問題

　システム開発においては，業務要件や運用条件の変更などによって，仕様の変更が発生する場合が多い。仕様変更が統制なく行われると，プロジェクトの進捗やシステムの品質に重大な影響を与えるため，プロジェクトマネージャには仕様変更を適切に管理することが要求される。

対応

　仕様変更の実施の可否を判断するに当たっては，変更の必要性の度合いと変更によるスケジュールや予算などへの影響を的確に把握することが重要である。この際，エンドユーザとの十分な調整が必要である。また，システム開発のどの段階であるかも十分に配慮しなければならない。例えば，基本設計の段階では容易に取り込める変更であっても，総合テストの段階では取込みが困難なことがある。

　仕様変更の実施においては，変更したことによるシステムの整合性を確保するためのレビュー方法，変更が正しく行われ他に影響のないことを確認するためのテスト方法，及び変更作業の進捗管理に十分な考慮が必要である。更に，ドキュメントやプログラムなどに矛盾が生じないような配慮も必要である。

あなたの経験に基づいて，設問ア〜ウに従って論述せよ。

問題
設問ア　あなたが携わったシステム開発プロジェクトの概要と特徴，及び仕様変更の発生状況を，800字以内で述べよ。

対応
設問イ　設問アで述べたプロジェクトにおいて，仕様変更を適切に管理するためにどのような仕組みを作り，どのように運用したか。また特に工夫した点は何か。具体的に述べよ。

設問ウ　設問イで述べた仕組みと運用についての評価と改善すべき点について，簡潔に述べよ。

仕様変更発生時の基礎

平成14年度 問2 業務仕様の変更を考慮したプロジェクトの運営方法について

解説はこちら

状況
　近年，インターネットを用いた新しいビジネスモデルの構築など，未経験領域のアプリケーションが増加している。アプリケーションによっては，プロジェクトの初期の段階で業務仕様をすべて定義しきれなかったり，早期に凍結できなかったりすることがある。

計画
　このような場合，プロジェクトの立上げに際しては，まず，全体の業務仕様のうち，変更の可能性のある部分とそれらの変更の発生時期を，利用者の協力を得て可能な限り予測することが肝要である。そして，業務仕様の変更に柔軟に対応できるようプロジェクトの運営方法に工夫を凝らす必要がある。そのために，例えば，次のような事項を検討する。

- プロジェクトの初期の段階から利用者がプロジェクトへ参画する。
- 短いサイクルで段階的に開発するなど，変更に強い開発プロセスモデルを採用する。
- 予想される変更の影響を局所化できるように設計を工夫する。
- 開発期間，費用に余裕を含めたり，見直し時期や調整方法を顧客と取り決めたりしておく。

実施
　プロジェクトの実行に際しては，個々の変更要求に対して，様々な観点から評価する。例えば，利用部門から見た変更の緊急性や効果，変更しないことによる不便さの度合い，開発部門から見た開発期間や費用への影響などを総合的に判断して，採用の可否を決める。また，必要に応じてプロジェクト体制やスケジュールなどを調整する。

　あなたの経験と考えに基づいて，設問ア〜ウに従って論述せよ。

設問ア　あなたが携わったプロジェクトの概要と，プロジェクトの立上げの際に変更の可能性があると予測した業務仕様とその理由を，800字以内で述べよ。

設問イ　プロジェクトの立上げに際して，業務仕様の変更に柔軟に対応するためにどのような事項を検討したか。また，プロジェクトの実行に際して，業務仕様の変更に対してどのように対応したか。工夫した点を中心に述べよ。

設問ウ　設問イで述べた活動をどのように評価しているか。また，今後どのような改善を考えているか。それぞれ簡潔に述べよ。

覚えておきたい問題！

平成18年度 問3　業務の開始日を変更できないプロジェクトでの変更要求への対応について

状況　情報システム開発プロジェクトにおいて，新製品や新サービスにかかわる業務の開始日が決まっており，それに応じて稼働開始時期が決められているシステムを開発することがある。このようなシステム開発において，ビジネス上の方針変更などによって要求機能やシステムの対象範囲に関して影響の大きい変更要求が発生したとき，業務の開始日までにシステムの開発が完了できない場合がある。

問題

対応　このような場合，プロジェクトマネージャは，まず，業務の開始日に稼働させるシステムとそれ以降に段階的に稼働させるシステムの範囲を決定する。
　次に，プロジェクトマネージャは，新たに必要となるタスクの追加や実行中のタスクの中断又は継続を検討したり，業務の開始日以降に段階的に稼働させるための移行手順を検討したりしなければならない。また，プロジェクト体制の見直しなどの検討も必要である。これらの検討においては，次のような観点を考慮して，タスクの優先度を決めたり，関係者と調整したりすることが重要である。
・利用部門が円滑に業務を遂行できること
・運用部門に大きな負担がかからないこと
・現行システムと並行運用させる場合，システム間の整合性が取られていること
・チーム編成を変更する場合，リーダや要員の理解が得られること

あなたの経験と考えに基づいて，設問ア〜ウに従って論述せよ。

設問ア　あなたが携わった情報システム開発プロジェクトの概要と，業務の開始日を変更できなかった背景及び変更要求の内容を，800字以内で述べよ。

問題／対応　設問イ　設問アで述べた変更要求に対して，あなたが検討した内容と，その結果を，あなたが特に重要と考えた観点とともに，具体的に述べよ。

設問ウ　設問イで述べた検討した内容とその結果について，あなたはどのように評価しているか。また，今後どのように改善したいと考えているか。それぞれ簡潔に述べよ。

H8-2 + 業務の開始日変更不可
要求 → 優先する → 計画変更（旧・新）
　　　　　　　　↳ 後回しはNG．

第1章 プロジェクト計画の作成（価値実現）

平成24年度 問2　システム開発プロジェクトにおけるスコープのマネジメントについて

解説はこちら

問題

　プロジェクトマネージャ（PM）には，システム開発プロジェクトのスコープとして成果物の範囲と作業の範囲を定義し，これらを適切に管理することで予算，納期，品質に関するプロジェクト目標を達成することが求められる。

　プロジェクトの遂行中には，業務要件やシステム要件の変更などによって成果物の範囲や作業の範囲を変更しなくてはならないことがある。スコープの変更に至った原因とそれによるプロジェクト目標の達成に及ぼす影響としては，例えば，次のようなものがある。

- 事業環境の変化に伴う業務要件の変更による納期の遅延や品質の低下
- 連携対象システムの追加などシステム要件の変更による予算の超過や納期の遅延

対応

　このような場合，PMは，スコープの変更による予算，納期，品質への影響を把握し，プロジェクト目標の達成に及ぼす影響を最小にするための対策などを検討し，プロジェクトの発注者を含む関係者と協議してスコープの変更の要否を決定する。

　スコープの変更を実施する場合には，PMは，プロジェクトの成果物の範囲と作業の範囲を再定義して関係者に周知する。その際，変更を円滑に実施するために，成果物の不整合を防ぐこと，特定の担当者への作業の集中を防ぐことなどについて留意することが重要である。

　あなたの経験と考えに基づいて，設問ア〜ウに従って論述せよ。

設問ア　あなたが携わったシステム開発プロジェクトにおける，プロジェクトとしての特徴と，プロジェクトの遂行中に発生したプロジェクト目標の達成に影響を及ぼすスコープの変更に至った原因について，800字以内で述べよ。（問題）

設問イ　設問アで述べた原因によってスコープの変更をした場合，プロジェクト目標の達成にどのような影響が出ると考えたか。また，どのような検討をしてスコープの変更の要否を決定したか。協議に関わった関係者とその協議内容を含めて，800字以上1,600字以内で具体的に述べよ。（対応）

設問ウ　設問イで述べたスコープの変更を円滑に実施するために，どのような点に留意して成果物の範囲と作業の範囲を再定義したか。成果物の範囲と作業の範囲の変更点を含めて，600字以上1,200字以内で具体的に述べよ。

スコープ変更時の基本的対応手順

1.2 午後Ⅱ 章別の対策

平成31年度 問2　システム開発プロジェクトにおける，助言や他のプロジェクトの知見などを活用した問題の迅速な解決について

解説は
こちら

問題

　プロジェクトマネージャ（PM）には，プロジェクト推進中に品質，納期，コストに影響し得る問題が発生した場合，問題を迅速に解決して，プロジェクトを計画どおりに進めることが求められる。問題発生時には，ステークホルダへの事実関係の確認などを行った上で，プロジェクト内の取組によって解決を図る。

対応

　しかし，プロジェクト内の取組だけでは問題を迅速に解決できず，プロジェクトが計画どおりに進まないと懸念される場合，PM は，プロジェクト内の取組とは異なる観点や手段などを見いだし，原因の究明や解決策の立案を行うことも必要である。このような場合，プロジェクト外の有識者に助言を求めたり，他のプロジェクトから得た教訓やプロジェクト完了報告などの知見を参考にしたりすることがある。

　こうした助言や知見などを活用する場合，PM は，まず，プロジェクトの特徴のほか，品質，納期，コストに影響し得る問題の内容，問題発生時の背景や状況の類似性などから，有識者や参考とするプロジェクトを特定する。次に，有識者と会話して得た助言やプロジェクト完了報告書を調べて得た知見などに，プロジェクト内の取組では考慮していなかった観点や手段などが含まれていないかどうかを分析する。そして，解決に役立つ観点や手段などが見いだせれば，これらを活用して，問題の迅速な解決に取り組む。

　あなたの経験と考えに基づいて，設問ア～ウに従って論述せよ。

問題

設問ア　あなたが携わったシステム開発プロジェクトにおけるプロジェクトの特徴，及びプロジェクト内の取組だけでは解決できなかった品質，納期，コストに影響し得る問題について，800字以内で述べよ。

対応

設問イ　設問アで述べた問題に対して，解決に役立つ観点や手段などを見いだすために，有識者や参考とするプロジェクトの特定及び助言や知見などの分析をどのように行ったか。また，見いだした観点や手段などをどのように活用して，問題の迅速な解決に取り組んだか。800字以上1,600字以内で具体的に述べよ。

設問ウ　設問イで述べた特定や分析，問題解決の取組について，それらの有効性の評価，及び今後の改善点について，600字以上1,200字以内で具体的に述べよ。

　　問題解決時のひとつの手段
　　→準備しておこう！

平成9年度 問2　プロジェクトの評価について

解説はこちら

計画

　システム開発プロジェクトの完了時点で，プロジェクト運営にかかわる各種データを集計・分析し，その評価を通じて管理ノウハウを抽出することは，その後の開発プロジェクトを円滑に進めるうえでたいへん重要な意味をもっている。

　評価を行うためには，何を目的にどのような評価項目を設定すべきか，収集すべきデータは何かを，プロジェクトの特徴を踏まえて，事前に十分検討しておく必要がある。例えば，新しい開発手法を適用するプロジェクトでは，その手法による生産性が十分に実証されていないことが多い。このような場合には，その後のプロジェクトでの工数見積りや進捗管理に生かす目的で，生産性を評価項目として設定し，工程ごとの作業実績，要員のスキル向上度合いやバグの収束状況などのデータを収集することが考えられる。また，開発体制の組み方なども，重要な評価項目として挙げられる。

　項目の設定に加えて，データ収集のための仕組みの整備も，プロジェクトの開始時点で忘れてはならない事項である。そして，プロジェクトの実施中はデータが確実に収集されていることを随時確認し，プロジェクト完了時の評価に備えておかなければならない。

　あなたの経験に基づいて，設問ア〜ウに従って論述せよ。

設問ア　あなたが携わったプロジェクトにおいて，何を目的にどのような項目についてプロジェクトの評価をしようとしたか。プロジェクトの特徴と関連づけて800字以内で述べよ。

計画

設問イ　設問アで述べたプロジェクトの評価のために，あなたはどのようなデータを収集することにしたか。また，それらのデータを収集する仕組みをどう整えたか。それぞれ工夫した点を中心に具体的に述べよ。

設問ウ　プロジェクトの評価の結果として，あなたは何を得たか。また，それをどのような方法でその後のプロジェクトに役立たせようと考えているか。それぞれ簡潔に述べよ。

→ H20-3

1.2 午後Ⅱ 章別の対策

平成 20 年度 問 3　情報システム開発プロジェクトの完了時の評価について

解説はこちら

計画

　情報システム開発プロジェクトの完了時には，計画と実績について分析して評価し，プロジェクト報告書などとして文書化する。その際，プロジェクトマネージャは，採用した取組の実施結果を評価する。評価の対象となる取組には，例えば，次のようなものがある。

・新しいソフトウェアやツール類の活用
・新たなシステム導入手法の採用
・オフショアリソースの活用

　評価を行うためには，取組を採用した目的を踏まえて，プロジェクトの計画時に適切な評価項目を定め，評価に必要なデータを収集する仕組みを準備する。そして，プロジェクトの完了時には，収集したデータや管理資料を整理し，取組の実施結果を評価する。評価の視点には，例えば，体制，WBS，プロジェクト運営ルールがあり，評価項目には，例えば，生産性，品質がある。これらの評価の視点と評価項目を用いて，作業工数，不具合の発生件数などのデータを分析することで，それぞれの取組の実施結果を総合的に評価し，成功要因や改善点を洗い出す。

実施

　さらに，プロジェクト運営のチェックリストを作成したり，工数積算の指標を作成したりするなど，マネジメント上のノウハウを組織内で共有し，今後のプロジェクトに役立てる工夫も必要である。

　あなたの経験と考えに基づいて，設問ア～ウに従って論述せよ。

設問ア　あなたが携わった情報システム開発プロジェクトの概要と，プロジェクトで採用した取組について，採用した目的とともに，800 字以内で述べよ。

設問イ　設問アで述べた取組の実施結果を評価するためにあなたが設定した評価の視点や評価項目と，評価を行うために収集したデータは何か。評価方法，評価結果とともに具体的に述べよ。また，評価から得られたマネジメント上のノウハウを今後のプロジェクトに役立てるための工夫について，具体的に述べよ。

計画
実施

設問ウ　設問イで述べた活動について，あなたはどのように評価しているか。また，今後どのように改善したいと考えているか。それぞれ簡潔に述べよ。

評価したいこと → このPJがベストな理由
　　　　　あり主
（但し，PJ運営bのデータ：PJ標準）

147

第1章　プロジェクト計画の作成（価値実現）

1.3 ・ 午後Ⅰ 章別の対策

　午後Ⅱの問題文がある程度頭に入り「この点について書かないといけないのか」と把握できたら，続いて午後Ⅰ演習に入っていこう。この順番で進めると，午後Ⅰの練習にもなるし，午後Ⅱのコンテンツ部品のヒントにもなる。

●過去に出題された午後Ⅰ問題

表5　午後Ⅰ問題

年度	問題番号	テーマ	掲載場所	優先度 1	2	3
①プロジェクト計画の立案						
R02	1	DX推進におけるプロジェクトの立ち上げ	Web	◎		
R03	2	業務管理システムの改善のためのシステム開発プロジェクト	本紙	◎		
②予測型（従来型）プロジェクトにおける変更管理及び変更への対応						
H16	4	営業支援システムの構築における計画変更	Web	→第4章		
H17	1	基幹系システム再構築の変更管理	Web	◎		
H18	4	受付システムの再構築のためのプロジェクト運営	Web			△
H20	3	保守サービス管理システムの開発プロジェクト	Web	→第4章		
H21	3	プロジェクト進捗方法の見直し	Web		○	
H25	3	システム開発プロジェクトの企業合併に伴う計画変更	Web		○	
H27	3	システムの再構築	Web	→第4章		
③プロジェクト完了評価に関する問題						
H15	4	プロジェクトの完了報告	Web		○	
H23	4	プロジェクトの評価	Web	→第6章		
④その他の問題						
H16	1	ドキュメント管理	Web			△
H20	2	新規機能の追加開発	Web			△
H26	1	人材管理システムの構築	本紙			△
H31	1	IoTを活用した工事監理システムの構築	本紙		○	

※掲載場所が"Web"のものは https://www.shoeisha.co.jp/book/present/9784798174914/
　からダウンロードできます。詳しくは，ivページ「付録のダウンロード」をご覧ください。

　統合マネジメント及びスコープマネジメントをテーマにした問題は，変更管理プロセスに関する問題，計画変更が発生した時の対応に関する問題の二つに大別できる。また，プロジェクトが終結してからの完了評価の問題と，その他分類の難しい問題をここに加えている。計画変更時の対応や完了評価の問題は，進捗管理や品質管理で説明している問題もあるので，必要に応じてそちらでも確認しておこう。

148

1.3　午後Ⅰ章別の対策

【優先度1】必須問題，時間を計って解く＋覚える問題

　優先度1の問題とは，問題文そのものが良い教科書であり，（問題文そのものを）覚えておいても決して損をしない類の問題を指している。午後Ⅱ（論文）の事例としても参考になる問題だ。時間を計測して解いてみるだけではなく，問題文と設問，解答をワンセットにして，（ある程度でいいので）覚えていこう。

(1)　プロジェクト計画の立案＝令和3年度　問2

　この問題は，予測型（従来型）アプローチと適応型アプローチを対比する形で構成されている。ちょうど過渡期の今，両方を知るには良い問題になる。

(2)　DX推進におけるプロジェクトの立ち上げ＝令和2年度　問1

　この問題も，数少ないDX関連のプロジェクトをテーマにしている問題だ。令和に入ってから，午後Ⅰの問題は，3問中2問が多様化するプロジェクトへの要求をテーマにした問題になっている。慣れておいた方が良いだろう。

(3)　予測型アプローチの変更管理プロセス＝平成17年度　問1

　この問題には，予測型（従来型）アプローチにおける変更管理の体制，一連の変更管理プロセス，実際の変更要求への対応など，変更管理に関する基礎が詰まっている。最初に目を通しておきたい問題で，かつ，ある程度問題文を覚えておきたい問題の典型的な一つである。

【優先度2】推奨問題，時間を計って解く問題

　優先度1の問題のように問題文全体を覚えておく必要はないが，解答手順をチェックしたり，設問と解答（加えて，解答を一意に決定づける記述）を覚えたりした方がいい問題を，優先度2の問題として取り上げてみた。

　1問目は平成21年度問3。平成17年度問1と合わせて解いておきたい1問になる。"仕様変更ルールの見直し"の段落があり設問にもなっているからだ。

　次に，平成25年度問3を推奨する。この問題は，プロジェクトの途中で"変更"が発生し，スケジュール等を見直したという事例になる。変更前と変更後のスケジュールが掲載されているので，その差分から解答を求めるというアプローチの練習ができる。一度，解いておいた方がいいだろう。

　あともう1問は，プロジェクトの完了評価の問題から，古いけど平成15年度問4をお勧めする。これは，プロジェクトの完了報告をテーマにした典型的問題で，完了報告書の目次案や，工数計画／実績比較表もあって，完了報告がどういうものかをイメージしやすいものになっているからだ。

149

第 1 章　プロジェクト計画の作成（価値実現）

1.4・午前Ⅱ 章別の対策

　現段階の知識を確認したら午前Ⅱ対策を進めていこう。以下に本章に属する午前
問題を集めてみた。表6の章別午前問題は下記のサイトにあるので，問題と解答を
ダウンロードして解いておこう。

URL：https://www.shoeisha.co.jp/book/present/9784798174914/

●過去に出題された午前Ⅱ問題

表6　午前Ⅱ過去問題

テーマ			出題年度 - 問題番号 (※1，2)		
プロジェクトマネージャ	①	プロジェクトマネージャの成すべきこと	H23-1		
プロジェクトライフサイクル	②	プロジェクトライフサイクルの特徴（1）	H28-3	H24-1	
	③	プロジェクトライフサイクルの特徴（2）	H25-3		
	④	プロジェクトライフサイクルの特徴（3）	H26-2		
プロジェクト作業の管理	⑤	プロジェクト作業の管理の目的	R02-2		
プロジェクト憲章	⑥	プロジェクト憲章の目的	H22-1		
	⑦	プロジェクト憲章の知識エリア・プロセス群	H26-3	H23-2	
	⑧	プロジェクト憲章（1）	R02-3	H30-2	
	⑨	プロジェクト憲章（2）	H25-4		
	⑩	プロジェクト憲章（3）	H28-4		
コンフィギュレーションマネジメント	⑪	コンフィギュレーションマネジメント	H30-3		
プロジェクトの技法	⑫	差異分析	H26-10		
	⑬	傾向分析	R03-12	H31-11	H28-9
プロジェクトスコープ	⑭	スコープコントロールの活動	H28-5		
	⑮	プロジェクトスコープの拡張や縮小	H23-3		
	⑯	プロジェクトスコープ記述書	H31-15	H25-6	H22-3
	⑰	ローリングウェーブ計画法	H29-4	H26-6	
変更管理	⑱	変更要求とプロセスグループの関係	R02-1	H30-1	
	⑲	変更要求，是正処置	H29-3		
	⑳	変更管理の管理策	H20-35		
WBS	㉑	ワークパッケージ	H31-12	H29-5	H25-5
組織のプロセス資産	㉒	企業の知識ベース	H26-4		
	㉓	課題と欠陥のマネジメントの手順	R03-3	H29-2	H27-3
アジャイル開発	㉔	ベロシティ	H29-11		

※1．平成14年度～平成20年度のプロジェクトマネージャ試験の午前試験，及び平成21年度～令和3年度のプロジェクトマネージャ試験の午前Ⅱ試験の合計710問より，プロジェクトマネジメントの分野だと考えられるものを抽出。
※2．問題は，選択肢まで含めて全く同じ問題だけではなく，多少の変更点であれば，それも同じ問題として扱っている。

150

Column ▶ 資格の使い方

「えっ？知らないよ。それって何？
教えてよ。」

　自分に…自分の知識に“自信”を持って
いる人は，自信を持ってこの言葉を使って
います。虚勢や見栄を張ることもなく，ま
してや自分を卑下することもなく，とても
スマートに使います。その相手が，たとえ
年下，後輩，部下，子供であろうとも，そ
んなもの何の関係もないと言わんばかり
に，ほんと素直に使うのです。

あなたは素直に
「わかりません。教えてください。」
と言えますか？
それが，部下や後輩でも？

　この言葉が素直に使えたら，自分が成長
できるのはもちろんのこと，人間関係を円
滑にすることも可能になります。この言葉
は，相手に存在感や優越感，満足感，充実
感を与えるからです。それも，教えを請う
側の評価が高ければ高いほど，その感情も
大きなものに。ときには部下のパフォーマ
ンスに影響することもあります。
　でも，どうやって“素直に”この言葉を
出せるようになるのでしょうか？
　その答えは簡単です。資格のカリキュラ

ムを使って勉強をするだけ。そして，そこ
に出てきていない言葉や用語をこう理解
すれば良い。

「国家資格のカリキュラムに出てきていない
こと＝知らなくても恥ずかしくないこと」

　そう考えれば，自分が知らないことに自
信が持てるはずです。
　情報処理技術者試験の資格を持ってい
ても，それだけで“仕事で必要な知識は十
分”とは言えません。この程度の知識でプ
ロジェクトを成功させることができるな
んて言おうものなら，現役プロジェクトマ
ネージャの方々に怒られます。全くもって
不十分です。しかし，その一方で「ひとま
ず最低限これだけ知っていれば，恥ずかし
くないんだよ。」という程度は担保されて
いるのです。それが国家資格のいいところ
ですよね。

「この言葉は，知らなくても恥ずかしくな
いんだ。だから素直に聞こう。」

　そう考えられる自分になるためにも，資
格のカリキュラムを使って知識を補充す
ることは重要なんですね。

今やっている勉強に疑問を感じたら
→ P.754　ここを読んでみてください

第 1 章　プロジェクト計画の作成（価値実現）

午後 I 演習

令和 3 年度　問 2

問 2　業務管理システムの改善のためのシステム開発プロジェクトに関する次の記述を読んで，設問 1〜3 に答えよ。

　L 社は，健康食品の通信販売会社であり，これまでは堅調に事業を拡大してきたが，近年は他社との競合が激化してきている。L 社の経営層は競争力の強化を図るため，顧客満足度（以下，CS という）の向上を目的とした活動を全社で実行することにした。この活動を推進するために CS 向上ワーキンググループ（以下，CSWG という）を設置することを決定し，経営企画担当役員の M 氏がリーダとなって，本年 4 月初めから CSWG の活動を開始した。

　L 社はこれまでにも，商品ラインナップの充実，顧客コミュニティの運営，顧客チャネル機能の拡張としてのスマートフォン向けアプリケーションの提供などを進めてきた。L 社では CS 調査を半年に一度実施しており，顧客コミュニティを利用して CS を 5 段階で評価してもらっている。これまでの CS 調査の結果では，第 4 段階以上の高評価の割合が 60％前後で推移している。L 社経営層は，CS が高評価の顧客による購入体験に基づく顧客コミュニティでの発言が売上向上につながっているとの分析から，高評価の割合を 80％以上とすることを CSWG の目標にした。

　CSWG の進め方としては，施策を迅速に展開して，CS 調査のタイミングで CS と施策の効果を分析し評価する。その結果を反映して新たな施策を展開し，半年後の CS 調査のタイミングで再び CS と施策の効果を分析し評価する，というプロセスを繰り返し，2 年以内に CSWG の目標を達成する計画とした。

　施策の一つとして，販売管理機能，顧客管理機能及び通販サイトなどの顧客接点となる顧客チャネル機能から構成されている業務管理システム（以下，L 社業務管理システムという）の改善によって，購入体験に基づく顧客価値（以下，顧客の体験価値という）を高めることで CS 向上を図る。L 社業務管理システムの改善のためのシステム開発プロジェクト（以下，改善プロジェクトという）を，CSWG の活動予算の一部を充当して，本年 4 月中旬に立ち上げることになった。

　改善プロジェクトのスポンサは M 氏が兼任し，プロジェクトマネージャ（PM）には L 社システム部の N 課長が任命された。プロジェクトチームのメンバは L 社システム部から 10 名程度選任し，内製で開発を進める。2 年以内に CSWG の目標を達成する必要があることから，改善プロジェクトの期間も最長 2 年間と設定された。

152

なお，M 氏から，目標達成には状況の変化に適応して施策を見直し，新たな施策を速やかに展開することが必要なので，改善プロジェクトも要件の変更や追加に迅速かつ柔軟に対応してほしい，との要望があった。

〔L 社業務管理システム〕

現在の L 社業務管理システムは，L 社業務管理システム構築プロジェクト（以下，構築プロジェクトという）として 2 年間掛けて構築し，昨年 4 月にリリースした。

N 課長は，構築プロジェクトでは開発チームのリーダであり，リリース後もリーダとして機能拡張などの保守に従事していて，L 社業務管理システム及び業務の全体を良く理解している。L 社システム部のメンバも，構築プロジェクトでは機能ごとのチームに分かれて開発を担当したが，リリース後はローテーションしながら機能拡張などの保守を担当してきたので，L 社業務管理システム及び業務の全体を理解したメンバが育ってきている。

L 社業務管理システムは，業務プロセスの抜本的な改革の実現を目的に，処理の正しさ（以下，正確性という）と処理性能の向上を重点目標として構築され，業務の効率化に寄与している。業務の効率化は L 社内で高く評価されているだけでなく，生産性の向上による戦略的な価格設定や新たなサービスの提供を可能にして，CS 向上にもつながっている。また，構築プロジェクトは品質・コスト・納期（以下，QCD という）の観点でも目標を達成したことから，L 社経営層からも高く評価されている。

N 課長は，改善プロジェクトのプロジェクト計画を作成するに当たって，社内で高く評価された構築プロジェクトのプロジェクト計画を参照して，スコープ，QCD，リスク，ステークホルダなどのマネジメントプロセスを修整し，適用することにした。N 課長は，まずスコープと QCD のマネジメントプロセスの検討に着手した。その際，M 氏の意向を確認した上で，①構築プロジェクトと改善プロジェクトの目的及び QCD に対する考え方の違いを表 1 のとおりに整理した。

第1章　プロジェクト計画の作成（価値実現）

表1　構築プロジェクトと改善プロジェクトの目的及び QCD に対する考え方の違い

項目	構築プロジェクト	改善プロジェクト
目的	L 社業務管理システムの構築によって，業務プロセスの抜本的な改革を実現する。	L 社業務管理システムの改善によって，顧客の体験価値を高め CS 向上の目標を達成する。
品質	正確性と処理性能の向上を重点目標とする。	現状の正確性と処理性能を維持した上で，顧客の体験価値を高める。
コスト	定められた予算内でのプロジェクトの完了を目指す。要件定義完了後は，予算を超過するような要件の追加や変更は原則として禁止とする。	CSWG の活動予算の一部として予算が制約されている。
納期	業務プロセスの移行タイミングと合わせる必要があったので，リリース時期は必達とする。	CS 向上が期待できる施策に対応する要件ごとに迅速に開発してリリースする。

〔スコープ定義のマネジメントプロセス〕

　N 課長は，表1から，改善プロジェクトにおけるスコープ定義のマネジメントプロセスを次のように定めた。

・CSWG が，施策ごとに CS 向上の効果を予測して，改善プロジェクトへの要求事項の一覧を作成する。そして，改善プロジェクトは技術的な実現性及び影響範囲の確認を済ませた上で②全ての要求事項に対してある情報を追加する。改善プロジェクトが追加した情報も踏まえて，CSWG と改善プロジェクトのチームが協議して，CSWG が要求事項の優先度を決定する。

・改善プロジェクトでは優先度の高い要求事項から順に要件定義を進め，③制約を考慮してスコープとする要件を決定する。

・CSWG が状況の変化に適応して要求事項の一覧を更新した場合，④改善プロジェクトのチームは，直ちに CSWG と協議して，速やかにスコープの変更を検討し，CSWG の目標達成に寄与する。

　N 課長は，これらの方針を M 氏に説明し，了承を得た上で CSWG に伝えてもらい，CS 向上の目標達成に向けてお互いに協力することを CSWG と合意した。

〔QCD に関するマネジメントプロセス〕

　N 課長は，表1から，改善プロジェクトにおける QCD に関するマネジメントプロセスを次のように定めた。

・改善プロジェクトは，要件ごとに，要件定義が済んだものから開発に着手してリリ

ースする方針なので，要件ごとにスケジュールを作成する。

・一つの要件を実現するために販売管理機能，顧客管理機能及び顧客チャネル機能の全ての改修を同時に実施する可能性がある。迅速に開発してリリースするには，構築プロジェクトとは異なり，要件ごとのチーム構成とするプロジェクト体制が必要と考え，可能な範囲で⑤この考えに基づいてメンバを選任する。

・リリースの可否を判定する総合テストでは，改善プロジェクトの考え方を踏まえて，⑥必ずリグレッションテストを実施し，ある観点で確認を行う。

・システムのリリース後に実施する CS 調査のタイミングで，CSWG が CS とリリースした要件の効果を分析し評価する際，⑦改善プロジェクトのチームは特にある効果について重点的に分析し評価して CSWG と共有する。

設問1　〔L 社業務管理システム〕の本文中の下線①について，N 課長が，改善プロジェクトのプロジェクト計画を作成するに当たって，プロジェクトの目的及び QCD に対する考え方の違いを整理した狙いは何か。35 字以内で述べよ。

設問2　〔スコープ定義のマネジメントプロセス〕について，(1)～(3)に答えよ。

(1)　本文中の下線②について，改善プロジェクトが追加する情報とは何か。20 字以内で述べよ。

(2)　本文中の下線③について，改善プロジェクトはどのような制約を考慮してスコープとする要件を決定するのか。20 字以内で述べよ。

(3)　本文中の下線④について，N 課長は，改善プロジェクトが速やかにスコープの変更を検討することによって，CSWG の目標達成にどのようなことで寄与すると考えたのか。30 字以内で述べよ。

設問3　〔QCD に関するマネジメントプロセス〕について，(1)～(3)に答えよ。

(1)　本文中の下線⑤について，N 課長はどのようなメンバを選任することにしたのか。30 字以内で述べよ。

(2)　本文中の下線⑥について，N 課長が，総合テストで必ずリグレッションテストを実施して確認する観点とは何か。25 字以内で述べよ。

(3)　本文中の下線⑦について，改善プロジェクトのチームが重点的に分析し評価する効果とは何か。30 字以内で述べよ。

第 1 章　プロジェクト計画の作成（価値実現）

〔解答用紙〕

設問 1																
設問 2	(1)															
	(2)															
	(3)															
設問 3	(1)															
	(2)															
	(2)															

156

午後Ⅰ演習

問題の読み方とマークの仕方

最近は，プロジェクトのベネフィット（プロジェクトそのものの目的，システムに期待する効果，経営戦略＝ビジネス面での目標）が重視されている。DX やアジャイル開発ではなおさらだ。したがって，プロジェクトのベネフィットは必ずチェックして，頭の中に入れておこう。

問2　業務管理システムの改善のためのシステム開発プロジェクトに関する次の記述を読んで，設問1～3に答えよ。

　L社は，健康食品の通信販売会社であり，これまでは堅調に事業を拡大してきたが，近年は他社との競合が激化してきている。L社の経営層は競争力の強化を図るため，顧客満足度（以下，CSという）の向上を目的とした活動を全社で実行することにした。この活動を推進するためにCS向上ワーキンググループ（以下，CSWGという）を設置することを決定し，経営企画担当役員のM氏がリーダとなって，本年4月初めからCSWGの活動を開始した。

　L社はこれまでにも，商品ラインナップの充実，顧客コミュニティの運営，顧客チャネル機能の拡張としてのスマートフォン向けアプリケーションの提供などを進めてきた。L社ではCS調査を半年に一度実施しており，顧客コミュニティを利用してCSを5段階で評価してもらっている。これまでのCS調査の結果では，第4段階以上の高評価の割合が60%前後で推移している。L社経営層は，CSが高評価の顧客による購入体験に基づく顧客コミュニティでの発言が売上向上につながっているとの分析から，高評価の割合を80%以上とすることをCSWGの目標にした。設問2(3)

　CSWGの進め方としては，施策を迅速に展開し，CS調査のタイミングでCSと施策の効果を分析し評価する。その結果を反映して新たな施策を展開し，半年後のCS調査のタイミングで再びCSと施策の効果を分析し評価する，というプロセスを繰り返し，2年以内にCSWGの目標を達成する計画とした。

　施策の一つとして，販売管理機能，顧客管理機能及び通販サイトなどの顧客接点となる顧客チャネル機能から構成されている業務管理システム（以下，L社業務管理システムという）の改善によって，購入体験に基づく顧客価値（以下，顧客の体験価値という）を高めることでCS向上を図る。L社業務管理システムの改善のためのシステム開発プロジェクト（以下，改善プロジェクトという）を，CSWGの活動予算の一部を充当して，本年4月中旬に立ち上げることになった。PM　アジャイル?

　改善プロジェクトのスポンサはM氏が兼任し，プロジェクトマネージャ（PM）にはL社システム部のN課長が任命された。プロジェクトチームのメンバはL社システム部から10名程度選任し，内製で開発を進める。2年以内にCSWGの目標を達成する必要があることから，改善プロジェクトの期間も最長2年間と設定された。

― 7 ―

プロジェクトを立ち上げた背景にある外部環境もチェック！

設問2 (3) の中にある「CSWG の目標」がこれ。

ビジネス上の目標（PJ の目的）とシステム開発プロジェクトの目標をつなげている部分。因果関係を示している。

PJ の立上げ。開始時期を確認。

わざわざ「内製で進める」と書いている。アジャイル開発は，契約行為のない内製の方がやりやすい。DX ＋アジャイル開発を想定しておいてもいい。

PJ 期間に「最長」という表現を用いて可変を匂わせている。また，経営目標と同じ期間の2年。つまり，この PJ は経営目標を達成することこそ成功になる PJ

157

第1章　プロジェクト計画の作成（価値実現）

> 「なお」という表現は，必要だから付け足しているということ。チェックしておくべきところになる。内容は，迅速かつ柔軟に対応することを求めていることから，やはり「アジャイル開発」を想定していることが分かる。

なお，M氏から，目標達成には状況の変化に適応して施策を見直し，新たな施策を速やかに展開することが必要なので，改善プロジェクトも要件の変更や追加に迅速かつ柔軟に対応してほしいとの要望があった。

［L社業務管理システム］

設問1

現在のL社業務管理システムは，L社業務管理システム構築プロジェクト（以下，構築プロジェクトという）として2年間掛けて構築し，昨年4月にリリースした。N課長は，構築プロジェクトでは開発チームのリーダであり，リリース後もリーダとして機能拡張などの保守に従事していて，L社業務管理システム及び業務の全体を良く理解している。L社システム部のメンバも，構築プロジェクトでは機能ごとのチームに分かれて開発を担当したが，リリース後はローテーションしながら機能拡張などの保守を担当してきたので，L社業務管理システム及び業務の全体を理解したメンバが育ってきている。

L社業務管理システムは，業務プロセスの抜本的な改革の実現を目的に，処理の正しさ（以下，正確性という）と処理性能の向上を重点目標として構築され，業務の効率化に寄与している。業務の効率化はL社内で高く評価されているだけでなく，生産性の向上による戦略的な価格設定や新たなサービスの提供を可能にして，CS向上にもつながっている。また，構築プロジェクトは品質・コスト・納期（以下，QCDという）の観点でも目標を達成したことから，L社経営層からも高く評価されている。

N課長は，改善プロジェクトのプロジェクト計画を作成するに当たって，社内で高く評価された構築プロジェクトのプロジェクト計画を参照して，スコープ，QCD，リスク，ステークホルダなどのマネジメントプロセスを修整し，適用することにした。N課長は，まずスコープとQCDのマネジメントプロセスの検討に着手した。その際，M氏の意向を確認した上で，①構築プロジェクトと改善プロジェクトの目的及びQCDに対する考え方の違いを表1のとおりに整理した。

> 次頁の表1で対比されていることからも明白だが，ここでは従来型の開発PJについて説明している。

> 業務に精通しているとか，逆にしていないとか，わざわざ書いている所は要注意。解答に使われやすい。実際，設問3（1）の解答で使われている。

> 「高く評価されている」とか，「CS向上につながっている」とか，既存システムに対して評価し，べた褒めしているところは，改善PJでもキープしないといけないところ。改善PJでもキープできるかどうかを意識しておく。

> 「（以下，〜という）」と言い換えている部分で，かつ「〜性」と特性を表現している部分なので，重点的にチェックしている。前者は，問題文中で何度も使うことを表明しているものだから重要だし，後者も解答に使われやすい表現だからだ。実際，設問3（2）の解答で使われている。

> これまでの記述をコンパクトにまとめた対比表。左が、いわゆる従来の「予測型PJ」で、右がアジャイル開発の「適応型PJ」になる。自分の知識をベースに、違いが想定通りかどうかを確認しておく。

表1 構築プロジェクトと改善プロジェクトの目的及びQCDに対する考え方の違い

項目	構築プロジェクト	改善プロジェクト
目的	社業務管理システムの構築によって、業務プロセスの抜本的改善を実現する。	社業務管理システムの改善によって、顧客の体験価値を高めCS向上の目標を達成する。
品質	正確性や処理性能の向上を重点目標とする。	現状の正確性や処理性能を維持した上で、顧客の体験価値を高める。
コスト	定められた予算内でのプロジェクトの完了を目指す。要件定義完了後は、予算を超過するような要件の追加や変更は原則として禁止とする。	CSWGの活動予算の一部として予算が割り当てられている。
納期	業務プロセスの移行タイミングと合わせる必要があったので、リリース時期は必達とする。	CS向上が継続できる施策に対応する要件ごとに迅速に開発してリリースする。

設問2

〔スコープ定義のマネジメントプロセス〕

N課長は、表1から、改善プロジェクトにおけるスコープ定義のマネジメントプロセスを次のように定めた。

・CSWGが、施策ごとにCS向上の効果を予測して、改善プロジェクトへの要求事項の一覧を作成する。そして、改善プロジェクトは技術的な実現性及び影響範囲の確認を済ませた上で②全ての要求事項に対してある情報を追加する。改善プロジェクトが追加した情報も踏まえて、CSWGと改善プロジェクトのチームが協議してCSWGが要求事項の優先度を決定する。

・改善プロジェクトでは優先度の高い要求事項から順に要件定義を進め、③制約を考慮してスコープとする要件を決定する。

・CSWGが状況の変化に適応して要求事項の一覧を更新した場合、④改善プロジェクトのチームは、直ちにCSWGと協議して、速やかにスコープの変更を検討しCSWGの目標達成に寄与する。

N課長は、これらの方針をM氏に説明し、了承を得た上でCSWGに伝えてもらい、CS向上の目標達成に向けてお互いに協力することをCSWGと合意した。

〔QCDに関するマネジメントプロセス〕

N課長は、表1から、改善プロジェクトにおけるQCDに関するマネジメントプロセスを次のように定めた。

・改善プロジェクトは、要件ごとに、要件定義が済んだものから開発に着手してリリ

> 利用者側のCSWGと改善プロジェクトチームの、それぞれの役割分担を整理すると、設問2（1）で問われている下線②の「ある情報」として必要不可欠なものはすぐにわかるはず。

> 「制約」つながりをチェック

> このPJの目的を常に最優先して考えていることを示している。

第1章　プロジェクト計画の作成（価値実現）

> 下線⑤の「この考え」が何を指すのかを整理する。「要件ごとのチーム構成」が，すなわち，「販売管理機能，顧客管理機能及び顧客チャネル機能の全ての改修を同時に実施」できるチーム構成にしなければならない。

・一する方針なので，要件ごとにスケジュールを作成する。〔表1〕

・一つの要件を実現するために販売管理機能，顧客管理機能及び顧客チャネル機能の全ての改修を同時に実施する可能性がある。迅速に開発しリリースするには，構築プロジェクトとは異なり，要件ごとのチーム構成とするプロジェクト体制が必要と考え，可能な範囲で⑤この考えに基づいてメンバを選任する。

・リリースの可否を判定する総合テストでは，改善プロジェクトの考え方を踏まえて，⑥必ずリグレッションテストを実施し，ある観点で確認を行う。→品管

・システムのリリース後に実施するCS調査のタイミングで，CSWGがCSとリリースした要件の効果を分析し評価する際，⑦改善プロジェクトのチームは特にある効果について重点的に分析し評価してCSWGと共有する。

> リグレッションテストなので，既存システムの良さが残っていることを確認することを目的としていることがわかる。後は，既存システムの良さを思い出せばいい。

> 効果＝ベネフィット

設問1　〔L社業務管理システム〕の本文中の下線①について，N課長が，改善プロジェクトのプロジェクト計画を作成するに当たって，プロジェクトの目的及びQCDに対する考え方の違いを整理した狙いは何か。35字以内で述べよ。

設問2　〔スコープ定義のマネジメントプロセス〕について，(1)～(3)に答えよ。

  (1)　本文中の下線②について，改善プロジェクトが追加する情報とは何か。20字以内で述べよ。

  (2)　本文中の下線③について，改善プロジェクトはどのような制約を考慮してスコープとする要件を決定するのか。20字以内で述べよ。

  (3)　本文中の下線④について，N課長は，改善プロジェクトが速やかにスコープの変更を検討することによって，CSWGの目標達成にどのようなことで寄与すると考えたのか。30字以内で述べよ。

設問3　〔QCDに関するマネジメントプロセス〕について，(1)～(3)に答えよ。

  (1)　本文中の下線⑤について，N課長はどのようなメンバを選任することにしたのか。30字以内で述べよ。

  (2)　本文中の下線⑥について，N課長が，総合テストで必ずリグレッションテストを実施して確認する観点とは何か。25字以内で述べよ。

  (3)　本文中の下線⑦について，改善プロジェクトのチームが重点的に分析し評価する効果とは何か。30字以内で述べよ。

> まずは，どこに直接的な該当箇所があるのかをチェックしておく。
>
> 今回も，1つの段落に1つの設問としてきれいに分かれている。最近の主流だが，この場合，問題文を頭から順番に読み進めながら，設問をひとつずつ順番に解いていけばいいだろう。

> 設問を読んで解答を考える時に，その設問で，問題文中から「何を探すのか？」を見極めることが重要。加えて，解答そのものが問題文中にしか存在しないのか？それとも，解答を一意にするための記述を探すのか？（その場合，解答は自分の言葉で組み立てる）を，ある程度，想定して探す必要がある。詳しくは解説を参照。

IPA公表の出題趣旨・解答・採点講評

午後I演習

出題趣旨
プロジェクトマネージャ（PM）は，近年の多様化するプロジェクトへの要求に応えてプロジェクトを成功に導くために，プロジェクトの特徴を捉え，その特徴に合わせて適切なプロジェクト計画を作成する必要がある。 　本問では，顧客満足度を向上させる活動の一環としてのシステム開発プロジェクトを題材としている。顧客満足度向上の目標を事業部門と共有し，協力して迅速に目標を達成するというプロジェクトの特徴に合わせて，マネジメントプロセスを修整して，適切なプロジェクト計画を作成することについて，PMとしての実践的な能力を問う。

設問		解答例・解答の要点	備考
設問1		違いに基づきマネジメントプロセスの修整内容を検討するから	
設問2	(1)	要求事項の開発に必要な期間とコスト	
	(2)	予算の範囲内に収まっていること	
	(3)	状況の変化に適応し，新たな施策を速やかに展開すること	
設問3	(1)	L社業務管理システム及び業務の全体を理解したメンバ	
	(2)	現状の正確性と処理性能が維持されていること	
	(3)	リリースした要件による顧客の体験価値向上の度合い	

採点講評
問2では，顧客満足度（以下，CSという）を向上させるというプロジェクトを題材に，プロジェクトの特徴に合わせたマネジメントプロセスの修整とプロジェクト計画の作成について出題した。全体として正答率は平均的であった。 　設問1は，正答率がやや低かった。プロジェクトの違いを踏まえてマネジメントプロセスを修整する必要があることを理解しているかを問うが，"プロジェクトの目標達成に必要な体制を整備する"，"要件の変更や追加に迅速かつ柔軟に対応できるようにする"，という解答が散見された。過去のプロジェクト計画を参照し，適用する意味に着目してほしい。 　設問2（1）は，正答率がやや低かった。改善プロジェクトから提供してもらう必要がある情報は何かを問うが，"CS向上の効果"や"優先度付けの情報"という解答が散見された。これは，CS向上ワーキンググループと改善プロジェクトの役割を区別できていないからと考えられる。プロジェクトにおけるステークホルダの役割と追加する情報の利用目的を正しく理解してほしい。

161

第1章　プロジェクト計画の作成（価値実現）

解説

　この問題も，従来型プロジェクトとアジャイル型プロジェクトの違いをテーマにした問題である。DX関連プロジェクトだとは書かれていないが，価値創造や目的志向など，納期・予算・品質などの成果目標を達成する従来型プロジェクトには無かった視点のプロジェクトになっている。改めて，DXやアジャイル開発に関する知識が重要だということが確認できる。

設問1

PMの行動の狙い　　　　　　　　　　　　　　　　「問題文導出－解答加工型」

【解答のための考え方】

　設問1は，問題文2ページ目，括弧の付いた1つ目の〔L社業務管理システム〕段落に関する問題である。下線①について問われているので，まずは下線①のところまで約2ページを読み進めて，この問題の状況を確認しよう。

　そして，ここで問われているのは下線①の狙いである。PMの狙いや考えが問われている時には，その後のPMの行動をチェックするとわかる時がある。狙いは，その後の行動に現れるからだ。最後まで読んでから解答してもいいが，段落タイトルとその後の第一段落だけをチェックしてもすぐにわかるだろう。

【解説】

　下線①まで読み進めると，今回の改善プロジェクトが従来型のプロジェクトの進め方とは異なっていることが確認できる。プロジェクトの目的達成を最重視する点，内製で開発を進める点，柔軟な対応が必要な点などだ。明らかに，アジャイル型の開発が適している案件である。下線①では，その違いを整理している。

　その後のアクションを各段落の冒頭を読んで確認すると次のようになる。

第2段落〔**スコープ定義のマネジメントプロセス**〕
　改善プロジェクトにおけるスコープ定義のマネジメントプロセスを次のように定めた。
第3段落〔**QCDに関するマネジメントプロセス**〕
　改善プロジェクトにおけるQCDに関するマネジメントプロセスを次のように定めた。

162

いずれも，改善プロジェクトのマネジメントプロセスを定めていることから，それが目的ではないかと推測する。

さらに，下線①を含む文の前後もチェックする。すると，下線①の前に，次のような文が確認できるだろう。

---

①改善プロジェクトのプロジェクト計画を作成する

②上記①は，社内で高く評価された構築プロジェクトのプロジェクト計画を参照して，マネジメントプロセスを修整し，適用する

③マネジメントプロセス＝スコープ，QCD，リスク，ステークホルダなど

下線①の後の段落から読み取れるPMの行動と，下線①の前半部分の記述を合わせて考えれば「**違いに基づきマネジメントプロセスの修整内容を検討するから**」という解答例のような解答になることがわかるだろう。

なお，ここで問われていることと解答例の組合せは，単に「テーラリングが重要だよ」と言っているだけのことなのだろう。今回のような大きな違いが無くてもテーラリングは重要だが，プロジェクトにも多様性が求められるようになった今（特に，大きな変革への過渡期にある情報処理技術者試験では），益々重要になっている。

【自己採点の基準】（配点8点）

IPA公表の解答例（網掛け部分は問題文中で使われている表現）

違いに基づきマネジメントプロセスの修整内容を検討するから（28字）

下線①を含む文の前の文に記載されている内容を受けて「構築プロジェクトのマネジメントプロセスを修整して適用する」というニュアンスの表現が解答の軸になる。そのために表1を作成しなければならなかったと考えたのだろう。

また，この問題がテーラリングの重要性を示唆しているのであれば，「プロジェクトの特徴を加味して（修整する）」という部分も不可欠になる。したがって「考え方の違いに基づき」という部分も必要だと考えておいた方が良いだろう。

テーラリングが重要だという原理原則そのものが問われることは，今後は少ないと思われるが，この設問と解答例を覚えておいても損はしないと思われる。

第1章　プロジェクト計画の作成（価値実現）

設問2

　設問2は，問題文3ページ目，括弧の付いた2つ目の〔**スコープ定義のマネジメ
ントプロセス**〕段落に関する問題である。問われているのは3問（20字×2，30
字）。ここも，いずれも下線が対応している。

■ 設問2（1）

スコープを確定させるときに必要な情報　　　　　　　　「問題文導出－解答加工型」
　　　　　　　　　　　　　　　　　　　　　　　　　　　　　　「知識解答型」

【解答のための考え方】

　下線②は「**全ての要求事項に対してある情報を追加する**」というもの。スコープ
定義のマネジメントプロセスを定めるために行う手順の一つ目である。追加するの
は改善プロジェクト側。また，追加するのは"情報"なので，下線②を含む文が何
をしようとしているのかをチェックして，そこまでのプロセスを登場人物ごとに整
理したうえで考えよう。

【解説】

　下線②を含む箇条書きの一つ目は，「**CSWGと改善プロジェクトのチームが協議
して，CSWGが要求事項の優先度を決定する。**」ところまでだ。つまり，<u>要求事項
の優先度を決めるために必要な情報</u>だということが推測できる。
　また，その手順は，次のようになっていることが確認できる。

・CSWG：施策ごとにCS向上の効果を予測して，要求事項の一覧を作成
・改善プロジェクト：技術的な実現性，影響範囲の確認＋「ある情報」

　こうやって並べてみると，改善プロジェクト側で出さないといけない情報は，要
求ごとの見積りに関するものだということがすぐにわかるだろう。どれくらいの期
間，コストがかかるのかを見ないと優先順位は付けられないし，その後の計画も立
てられない。要求の強さだけではなく，容易に実現できる要求は優先順位が高くな
るし，その逆もある。したがって，ある情報とは「要求事項の開発に必要な期間と
コスト」となる。

164

午後Ⅰ演習

【自己採点の基準】（配点 7 点）

IPA 公表の解答例（網掛け部分は問題文中で使われている表現）

要求事項の開発に必要な期間とコスト（17 字）

　要求事項ごとにかかる期間とコストの見積情報というニュアンスなら正解だと判断してもいい。注意しないといけないのは，必要な期間を"納期"としてしまうこと。正解にしてくれるかもしれないが，着手日が決まっていない段階なので納品する日を決めることはできない。細かいところだが注意しよう。

　また，"期間"と"コスト"のいずれか一方だけであったり，いずれもなくただ"見積情報"とだけしか書いていなければ正解なのかどうかはわからない。厳しく評価するのなら不正解だと考えた方がいい。そして，この設問と解答の組合せを覚えておこう。そうすれば，本番で同じようなことが問われた時に「期間とコスト」の両方を解答できるだろう。

第1章　プロジェクト計画の作成（価値実現）

■ 設問2 (2)

スコープを確定させる時に考慮する制約　　　　　　「問題文導出－解答抜粋型」

【解答のための考え方】

　下線③は「**制約を考慮してスコープとする要件を決定する**」という内容で，この制約が何を指しているのかを解答する問題だ。要求事項に優先順位を付けた後で，この制約を加味してスコープとなる要件を決定するとしている。

　この手の問題は，まず問題文中にある"制約"を探すというのが鉄則だ。プロジェクトに対する制約事項は，プロジェクトごとに固有のものなので，一般的な知識を頭の中から出すことは原則ありえない。ほぼ間違いなく問題文中に記載されている。「制約」という同じ言葉を使っていることも多いので，そのあたりを探し出す。

【解説】

　今回の改善プロジェクトの制約なので，1ページ目や表1をチェックする。最初に一読した時や設問1と設問2 (1) を解答した時にマークしていたら，そこを確認してもいいだろう。

　結果，表1の改善プロジェクトのコストのところに「**CSWG の活動予算の一部として予算が制約されている。**」と明記されている。この部分を活用して20字で解答を組み立てる。

【自己採点の基準】（配点7点）

IPA 公表の解答例（網掛け部分は問題文中で使われている表現）
予算の範囲内に収まっていること（15字）

　「制約＝予算」だという解答であれば正解だと思われる。但し，この問題は20字以内での（＝20字近くの）解答を求められているので，「**どのような制約を考慮してスコープとする要件を決定するのか**」に対した表現に膨らませておけばいいだろう。解答例のようにしてもいいし，「予算を考慮して決定する」というニュアンスでも不正解にする理由はない。「どのように考慮すべきか」とまでは問われていないからだ。あまり国語の問題で悩む必要はないので，「制約＝予算」だとわかれば"できる限り"で構わないので会話が成立するように解答すればいいだろう。

午後Ⅰ演習

■ 設問２（３）

アジャイル開発プロジェクトのポイント 「問題文導出－解答抜粋型」

【解答のための考え方】

　下線④は，箇条書きの三つ目で，CSWG が状況の変化に適応して要求事項の一覧を更新した場合に，改善プロジェクトがどう対応するのかという部分になる。具体的には「**改善プロジェクトのチームは，直ちに CSWG と協議して，速やかにスコープの変更を検討し，CSWG の目標達成に寄与する**」というもの。アジャイル型（適応型）の典型的な対応だ。問われているのは，こうした改善プロジェクトの対応で，CSWG の目標達成にどのようなことで寄与するのかという点になる。

　この設問は，一見すると，何をおっしゃっているのかわからないのだが，そうも言っていられないので，① CSWG の目標が何かを明確にし，②それに寄与するのが"どのようなこと"なのかを考える。それが，どのような行動なのか，それとも行動以外のものなのかも探るしかない。

【解説】

　まず，SCWG の目標を探す。問題文中に，ストレートに"**目標**"と書いているところがあるはずだと考えながら読み進めていけばいいだろう。この手の問題は，どれが目標か分かりにくい表現を嫌うので，必ずと言っていいほど"**目標**"という表現をそのまま使っている。そうすると，次の記述を見つけるだろう。

　「**高評価の割合を 80% 以上とすることを CSWG の目標にした。**」

　それまで 60% だったものを 20% 引き上げるという目標だ。

　CSWG の目標が「**高評価の割合を 80% 以上とすること**」なら，設問で問われていることも理解できる。「**改善プロジェクトのチームは，直ちに CSWG と協議して，速やかにスコープの変更を検討し，CSWG の目標達成に寄与する**」というアクションが，なぜ「**高評価の割合を 80% 以上とすること**」につながるのかを考えればいいだけだからだ。

　CSWG の目標が書いている行の次の部分で，CSWG の進め方，すなわち，どうやってその目標を達成するのか，目標達成に必要な進め方（すなわちそれが重要成功要因であるということ）が書いてある。次の部分だ。

167

第1章　プロジェクト計画の作成（価値実現）

> CSWG の進め方としては，施策を迅速に展開して，CS 調査のタイミングで CS と施策の効果を分析し評価する。その結果を反映して新たな施策を展開し，半年後の CS 調査のタイミングで再び CS と施策の効果を分析し評価する，というプロセスを繰り返し，2 年以内に CSWG の目標を達成する計画とした。

　要するに，目標必達のためには変化を厭わず，状況が変化した場合には積極的に新たな施策を展開していくという方針になる。この方向で合意していることから，改善プロジェクトも速やかにスコープの変更を検討することにしている。そのあたりの手順をまとめると次のようになる。

> 状況が変化　→　①CSWG：要求事項の一覧を更新
> 　　　　　　　→　②改善プロジェクト：スコープの変更を検討
> 　　　　　　　→　③（スコープを変更した場合）CSWG：新たな施策を展開
> 　　　　　　　→　④目標達成

　設問は「改善プロジェクトが速やかにスコープの変更を検討することによって，CSWG の目標達成にどのようなことで寄与すると考えたのか。」というもの。換言すると「②をすることによって，④にどのようなことで寄与すると考えたのか」となる。間にあるのは③しかない。以上より，「状況の変化に適応し，新たな施策を速やかに展開すること」という解答が考えられる。

【自己採点の基準】（配点 7 点）

IPA 公表の解答例（網掛け部分は問題文中で使われている表現）
状況の変化に適応し，新たな施策を速やかに展開すること（26 字）

　設問で何が問われているのかがわからずに解答を思いつかなかった場合は，特に気にすることはない。「～することによって，…どのようなことで寄与すると考えたのか」という部分は，「～することによって，…どのようなこと"が"寄与すると考えたのか」という方の意味なのだろう。他にも"どう寄与するか"，"何が寄与するか"と考えよう。そうすれば，解答例のような解答にたどり着くことができる。

　ここは「～することによって，なぜ寄与すると考えたのか」，「どのような理由で寄与すると考えたのか」などだったらわかりやすかったのかもしれない。その場合

は，解答例に近い「状況の変化に適応し，新たな施策を速やかに展開できるから」という解答になる。本番試験で解答例以外の解答をした場合，どのような解答を正解にしてくれるか想像もつかないが，ただの国語の問題なら，あまり深く考えないようにしよう。

第1章　プロジェクト計画の作成（価値実現）

設問3

設問3は，問題文3ページ目，括弧の付いた3つ目の〔QCDに関するマネジメントプロセス〕段落に関する問題である。問われているのは3問。

■ 設問3（1）

PMの行動（体制構築）の狙い　　　　　　　　　　「問題文導出－解答抜粋型」

【解答のための考え方】

下線⑤は「この考えに基づいてメンバを選任する」である。問われているのは，N課長が考えた体制だ（どのようなメンバを選任したのか）。したがって，「〜のメンバ」という解答になる。

解答に当たっては，まずは「この考え」というのを明確にし，それに合致するメンバを想像する。一般論として「〜のスキルが高いメンバ」などの解答も想定できるが，問題文中に具体的なメンバの持つ能力が書いていることが多い。そのため，問題文中に記載されているメンバのスキルや能力に関する部分を中心にチェックしていくと良いだろう。

【解説】

下線⑤の「この考え」は，「一つの要件を実現するために販売管理機能，顧客管理機能及び顧客チャネル機能の全ての改修を同時に実施する可能性がある。迅速に開発してリリースするには，構築プロジェクトとは異なり，要件ごとのチーム構成とするプロジェクト体制が必要」という考えだ。この部分の「構築プロジェクト」というのは，改善プロジェクトと対比されているものだ。その構築プロジェクトにおける体制（チーム構成）は，〔L社業務管理システム〕段落に書いてある。「構築プロジェクトでは機能ごとのチームに分かれて開発を担当した」という部分だ。

このような構築プロジェクトと改善プロジェクトの開発対象チーム構成の違いから，メンバに求められる能力は「販売管理機能，顧客管理機能及び顧客チャネル機能の全て」に精通していることだと推測できる。

時間がなければそのまま解答してもいいぐらいのレベルだが，念のため，問題文中の類似表現の有無，あるいはそういうメンバがいるのかどうかをざっとチェックしていく。

すると，ちょうど〔L社業務管理システム〕段落の「構築プロジェクトでは機能ごとのチームに分かれて開発を担当した」という部分の前後に，記述があった。

170

「N 課長は，…L 社業務管理システム及び業務の全体を良く理解している。」
「L 社システム部のメンバも，…L 社業務管理システム及び業務の全体を理解した
　メンバが育ってきている。」

　ここに記載されている言葉を使って，解答例のように解答を組み立てればいいだ
ろう。

【自己採点の基準】（配点 7 点）

IPA 公表の解答例（網掛け部分は問題文中で使われている表現）
L 社業務管理システム及び業務の全体を理解したメンバ（25 字）

　この問題は抜粋型である。同じニュアンスの表現であれば正解にしてくれるか，
部分点ぐらいはあるだろうが，できればこの部分を抜粋していることが明白な解答
例通りの解答がいいだろう。問題文中にストレートに書いてあることなので，そう
いうメンバが存在していることを示しているからだ。時間が無ければ仕方がない
が，解答を組み立てる時に問題文中の用語を使えないかどうか，探す姿勢は高得点
を狙う上での必須のプロセス。癖付けも含めて考えていこう。

第1章　プロジェクト計画の作成（価値実現）

■ 設問3（2）

プロジェクトの状況を判断して解答する設問　　　　「問題文導出－解答抜粋型」

【解答のための考え方】

下線⑥は「**必ずリグレッションテストを実施し，ある観点で確認を行う**」である。問われているのは，その中の「**確認する観点**」だ。つまり，「～という観点で，～を確認する」というレグレッションテストの目的の中の一部になる。

一般的に，レグレッションテストを行うのは，既存部分に影響がないかをチェックするためだ。今回の改善プロジェクトは，既に構築プロジェクトで構築済みのL社業務管理システムである。したがって，問題文中から業務管理システムの現状がどうなっているのか？　業務管理システムの現状について記載している部分を探し出せばいいだろう。

なお，この問題のようにレグレッションテストの目的として「ある観点」が問われている場合，一般論で解答することはないと考えた方がいいだろう。レグレッションテストが，変更していない箇所も含めてテストして既存部分に影響がないことを確認するという知識は，受験生が持っている前提で問題が作られているからだ。今回のケースだと，具体的にそれが何かということが問われていると考えるのがベスト。業務管理システムの現状に関する記載を探し出さないといけないと考えて，しっかりと探し出そう。

【解説】

業務管理システムの現状に関する記載を探せば，〔L社業務管理システム〕段落で，すぐに次のような記述を見つけるだろう。

> 「処理の正しさ（以下，正確性という）と処理性能の向上を重点目標として構築され，業務の効率化に寄与している。業務の効率化はL社内で高く評価されているだけでなく，生産性の向上による戦略的な価格設定や新たなサービスの提供を可能にして，CS向上にもつながっている。」

べた褒めだ。この後にも「L社経営層からも高く評価されている。」という記述もあるし，表1にもまとめられている。ここまで高く評価されている部分に手を加えるため，絶対にこの部分を喪失してはならない。これを死守することが，レグレッションテストの観点になる。つまり，解答例のように「**現状の正確性と処理性能が維持されていること**」という解答になる。

なお，問題文を読む時に「正確性」のように，わざわざ「～性」という表現を用

いている場合はマークしておこう。解答で使われることの多い要注意のワードになる。しかも今回は，「（以下，正確性という）」という表現を用いて言い換えており，この用語を何度も使おうとしている。設問を見なくても，問題文を読み進めている時に「解答で使われる用語じゃないかな？」と考えるようにしておこう。

【自己採点の基準】（配点 7 点）

IPA 公表の解答例（網掛け部分は問題文中で使われている表現）
現状の正確性と処理性能が維持されていること（21 字）

「正確性」と「処理性能の向上」は必須だと考えられる。この二つの用語を含み，同じようなニュアンスの解答なら正解だろう。「維持されていること」は，「損なわないこと」などでもいいし，「～という観点」という表現でも何ら問題はないと思われる。

第1章　プロジェクト計画の作成（価値実現）

■ 設問 3（3）
導入効果を探し出して解答する設問　　　　　　　　　「問題文導出－解答加工型」

【解答のための考え方】
　下線⑦は「**改善プロジェクトのチームは特にある効果について重点的に分析し評価して CSWG と共有する**」というもの。この中の「**ある効果**」とはどのような効果なのかが問われている。

　解答に当たっては，下線⑦の前の文をチェックした上で，問題文に記述されている「**効果**」を探せばいいだろう。ストレートに「**効果**」と記載されている部分を中心に，「**効果**」という表現が無ければ，この改善プロジェクトで開発するシステムで，何を狙っているのかを探せばいいだろう。この問題も，一般論で出すものではなく，問題文中で示されている"今回必要な効果"になると考えられる。そのため，それを探し出さないといけないと考えよう。

【解説】
　下線⑦を含む文をチェックすると，分析し評価するのは「**システムのリリース後に実施する CS 調査のタイミング**」になっている。そのため，CS 調査に関しての記述部分を重点的にチェックする。そこに狙いが書かれている可能性が高いからだ。

　CS 調査に関する記述を，登場順にピックアップすると次のようになる。

- 「**競争力の強化を図るため**」に実施
- 「**高評価の割合が 60% 前後で推移している。**」
- 「**高評価の割合を 80% 以上とすること**」を目標にして 2 年以内に達成を狙う
- 「**顧客の体験価値を高めることで CS 向上を図る。**」

「効果」という表現は，問題文 1 ページ目でいくつか使われているが，いずれも「施策の効果」というもので具体的な記載は無かった。そこで，上記の中から「**効果**」になりえそうなものを探す。

　この改善プロジェクトの目標は，CS 調査でチェックする競争力強化で，具体的には高評価の割合を 80% 以上にすることだ。これも効果と言えば効果だが，結果指標であり，改善プロジェクトで改善したシステムの直接的効果ではない。あくまでも目標になる。そうなると，上記の 4 つめの「**顧客の体験価値を高めることで CS 向上を図る。**」という部分をベースに解答を考える。顧客の体験価値向上の度合い（割合）や，顧客の体験価値がどれくらい向上しているかという内容になるだろう。

174

【自己採点の基準】（配点7点）

IPA 公表の解答例（網掛け部分は問題文中で使われている表現）
リリースした要件による**顧客の体験価値向上**の度合い（24字）

「**顧客の体験価値向上**」という表現は必須だろう。これは問題文に明記されているし，他に適切な表現もないからだ。その後に続く「度合い」という表現を用いているが，同じようなニュアンスであれば問題ないし，「**顧客の体験価値向上**」で終わっていても大丈夫だと思われる。問題文中には，具体的な KPI が示されていないので，何で顧客の体験価値向上を測るのかはわからないからだ。確かに，向上したか否かだけではなく，どれくらい向上したのかを測ることで効果が評価できるので，解答例のように程度を表す表現が必要だろうが，採点講評にも特に書かれていないし，国語の問題でもないので大丈夫だろう。但し，次回からは「効果が問われたら，KPI をイメージして程度を表す表現にしよう」と覚えておこう。

また，前半の「リリースした要件による」というのも無くてもいいだろう。下線⑦の前には，既に「リリースした要件の効果」と書かれているからだ。そのため，問われていること自体が「リリースした要件の効果」になる。ただし，これを書かないと字数が極端に少なくなるので，その点を考えて付け足してもいいだろう。

第1章　プロジェクト計画の作成（価値実現）

午後Ⅱ演習

令和2年度　問1

問1　未経験の技術やサービスを利用するシステム開発プロジェクトについて

　　プロジェクトマネージャ（PM）は，システム化の目的を実現するために，組織にとって未経験の技術やサービス（以下，新技術という）を利用するプロジェクトをマネジメントすることがある。

　　このようなプロジェクトでは，新技術を利用して機能，性能，運用などのシステム要件を完了時期や予算などのプロジェクトへの要求事項を満たすように実現できること（以下，実現性という）を，システム開発に先立って検証することが必要になる場合がある。このような場合，プロジェクトライフサイクルの中で，システム開発などのプロジェクトフェーズ（以下，開発フェーズという）に先立って，実現性を検証するプロジェクトフェーズ（以下，検証フェーズという）を設けることがある。検証する内容はステークホルダと合意する必要がある。検証フェーズでは，品質目標を定めたり，開発フェーズの活動期間やコストなどを詳細に見積もったりするための情報を得る。PMは，それらの情報を活用して，必要に応じ開発フェーズの計画を更新する。

　　さらに，検証フェーズで得た情報や更新した開発フェーズの計画を示すなどして，検証結果の評価についてステークホルダの理解を得る。場合によっては，システム要件やプロジェクトへの要求事項を見直すことについて協議して理解を得ることもある。

　　あなたの経験と考えに基づいて，設問ア～ウに従って論述せよ。

設問ア　あなたが携わった新技術を利用したシステム開発プロジェクトにおけるプロジェクトとしての特徴，システム要件，及びプロジェクトへの要求事項について，800字以内で述べよ。

設問イ　設問アで述べたシステム要件とプロジェクトへの要求事項について，検証フェーズで実現性をどのように検証したか。検証フェーズで得た情報を開発フェーズの計画の更新にどのように活用したか。また，ステークホルダの理解を得るために行ったことは何か。800字以上1,600字以内で具体的に述べよ。

設問ウ　設問イで述べた検証フェーズで検証した内容，及び得た情報の活用について，それぞれの評価及び今後の改善点を，600字以上1,200字以内で具体的に述べよ。

解説

●問題文の読み方

問題文は次の手順で解析する。最初に，設問で問われていることを明確にし，各段落の記述文字数を（ひとまず）確定する（①②③）。続いて，問題文と設問の対応付けを行う（④⑤）。最後に，問題文にある状況設定（プロジェクト状況の例）やあるべき姿をピックアップするとともに，例を確認し，自分の書こうと考えているものが適当かどうかを判断する（⑥⑦）。

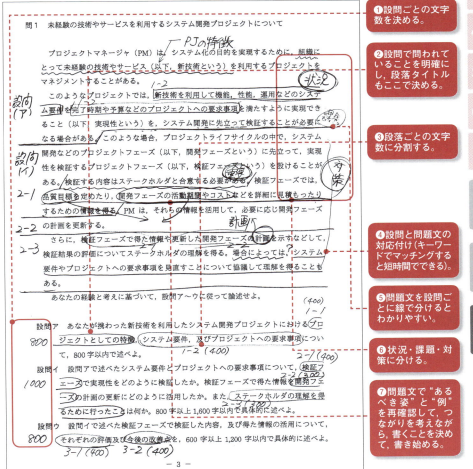

第1章　プロジェクト計画の作成（価値実現）

●出題者の意図（プロジェクトマネージャとして主張すべきこと）を確認

出題趣旨
プロジェクトマネージャ（PM）には，システム開発プロジェクトを責任をもって計画，実行，管理することが期待される。 　本問は，未経験の技術やサービスを利用するプロジェクトにおいて，検証フェーズを設けて，システム要件をプロジェクトへの要求事項を満たすように実現できることをどのように検証したか，検証フェーズで得た情報を後続フェーズである開発フェーズの計画の更新へどのように活用したか，検証結果の評価への理解をステークホルダから得るために行ったことなどについて具体的に論述することを求めている。論述を通じて，PM として有すべきプロジェクト計画の作成に関する知識，経験，実践能力などを評価する。 <div align="right">（IPA 公表の出題趣旨より転載）</div>

●段落構成と字数の確認

1. プロジェクトの特徴とシステム要件及びプロジェクトへの要求事項
   1.1 プロジェクトとしての特徴（400）
   1.2 システム要件及びプロジェクトへの要求事項（400）
2. システム開発プロジェクトについて
   2.1 検証フェーズ（400）
   2.2 開発フェーズ（300）
   2.3 ステークホルダの理解を得るために行ったこと（300）
3. 評価と今後の改善点
   3.1 評価（400）
   3.2 今後の改善点（400）

●書くべき内容の決定

　整合性の取れた論文，一貫性のある論文にするために，論文の骨子を作成する。この時に，過去問題を想いだし「どの問題に近いのか？　複合問題なのか？　新規問題か？」で切り分けるといいだろう。そして，どのような骨子にすればいいのかを考えよう。

過去問題との関係を考える

　この問題は，令和元年 5 月 27 日に IPA が公表した「情報処理技術者試験の「シラバス」における一部内容の見直しについて〜第 4 次産業革命に対応した用語例等の追加〜」を受けた新傾向の問題である（詳細は，2021 年版・序章の P.80 〜 P.102「6.　新規問題への対応」参照）。したがって，今後もこうした問題への対応準備が必要になる。

しかし，過去に近い問題が出題されなかったということではない。**平成9年度の問1「システム開発プロジェクトにおける技術にかかわるリスク」**は，最も近い問題だろう。但し，平成9年度の問1は，問題文の例を見る限りプロジェクトメンバが当該新技術における未経験であるケースを想定していると考えられるが，この問題では**「組織にとって」**の新技術になっている。これは，AIやビッグデータを取り扱うようなケースで，PJ側（開発者側）だけではなく，利用者側にとっても未経験であるケースを想定しているからだ。その点は，平成9年度問1には「ステークホルダの理解」がないことからもわかるだろう。PJ側（開発者側）だけが未経験で，自社の経営層や時に顧客側ステークホルダに理解を得ることもなくはないが，そこに照準を当てるのは，DX推進のPoCを想定した問題にはさほど関係ないと思われる。

そして，カテゴリで言えば新技術をリスクとするリスクマネジメント分野の問題だと言えるだろう。そのため，他のリスクマネジメントの問題でも，そのリスクが新技術であれば応用できる。

全体構成を決定する

全体構成を組み立てる上で，まず決めないといけないのは次の3つである。

> ①新技術，及び新技術が必要なシステム要件とそれを扱うリスク（1-2）
> ②検証フェーズの計画（2-1）
> ③開発フェーズの計画変更（2-2）

ここの整合性を最初に取っておかないと，途中で書く手が止まるだろう。試験本番の時に2時間の中で絞り出すのは難しいので，できれば試験対策期間中に準備しておくべきものになる。特に，DX関連プロジェクトやアジャイル型開発の問題は，今後も定期的に出題される可能性が高いので，しっかりと準備しておこう。

なお，この問題は"新技術"だが問題文には**「組織にとって未経験の技術やサービス」**としていることや，現在の新技術（AIやIoT，スマホ，タブレット端末）に限定していないことなどから，昔の（当時の）新技術を取り扱った経験を書いても差し支えないと思われる。

但し，それはこの問題に限ったことで，今後もそうであるかどうかはわからない。そのため，準備をするなら，昔の経験ではなく昨今のDX関連プロジェクトの事例で準備しておこう。それが最も安全である。

第1章　プロジェクト計画の作成（価値実現）

● 1-1 段落（プロジェクトとしての特徴）

　ここでは，プロジェクトの概要を簡単に説明した後に，今回のプロジェクトの特徴を書く。今回のプロジェクトの特徴は，問題文にもある通り**「未経験の技術やサービスを利用すること」**である。それを特徴にするといいだろう。

　ここで注意しないといけないのは，事前に用意していた"プロジェクトの特徴"との兼ね合いだ。**「未経験の技術やサービスを利用すること」**は，非常に大きなリスクなので，次のようなリスクと一緒に書いてしまうと話がおかしくなる。

　・納期遵守　→　検証結果次第では納期を守れない可能性がある
　・新人が参加　→　新人のOJT研修を兼ねるプロジェクトには向いていない

　そのあたりにだけ注意していれば，ここは準備した内容と**「未経験の技術やサービスを利用すること」**を特徴として書くだけでいい。但し，未経験の技術やサービスは具体的に書くようにしよう。もちろん，メーカ名や製品名はイニシャルで構わないが，どういう部類のものなのか（開発言語，開発ツール，データベース，AI エンジン，API など）ぐらいは書いた方が良いだろう。詳細は 1-2 に書くので，ここは一言で。また，前述の通り，その新技術は，"この問題に限っては"，昔の経験（当時の新技術で，今はそうでもない技術）でも構わないと思われる。

　なお，この問題は"プロジェクトの特徴"ではなく，"プロジェクトとしての特徴"というようになっているが，特に意識することは無い。タイトルも，従来通り「プロジェクトの特徴」でも何ら問題はない。

【減点ポイント】

①プロジェクトの話になっていない又は特徴が無い（致命度：中）
　→　特徴が 1-2 に書かれているのなら問題は無い。
②プロジェクトの特徴に矛盾を感じる（致命度：小）
　→　ここでは大きな問題でなくても後々矛盾が露呈する可能性がある。その場合は一貫性が無くなるので評価は低くなる。
③未経験の技術やサービスが具体的ではない（致命度：中）
　→　後々（設問アの後半）具体的に記述されていれば大丈夫だが，最後まで（もしくは設問イの中盤や後半まで）"未経験の技術"や"未経験のサービス"，"新技術"というだけで展開しているのは良くない。

180

● 1-2 段落（システム要件及びプロジェクトへの要求事項）

続いて，設問で問われているシステム要件とプロジェクトへの要求事項について書く。ここでは一つの段落にまとめているが，段落を二つに分けても何の問題もない。

システム要件について，問題文では「**機能，性能，運用などのシステム要件**」としているので，その属性を具体的に書く。但し，何を書いてもいいというわけではない。ここで書くのは「**新技術を利用して**」実現したいものになる。したがって，新技術との関連性に言及するとともに，あえてリスクを取ってでも実現したい"新技術を利用する必要性"についても言及しなければならないだろう。

プロジェクトへの要求事項については，「**完了時期や予算**」としている。したがって，これを定量的に書く。できれば，プロジェクトの開始時期，開発期間などを含めておこう。

ここで注意しないといけないのは，前述の通り，あまり強い制約にしないことである。"納期遵守"，"予算超過厳禁"としてしまうと，検証にも制約が出てくるからだ。仮に，検証結果を受けて交渉し，納期や予算を変更できたとしても，検証結果次第でそういう約束が反故になる可能性もあるのに，それを引き受ける PM だと判断されるのはマイナスだ。「ユーザからは納期遵守を言われていたが，検証結果次第で変わる可能性について説明し…」という程度にとどめておこう。

そして，ここで納期や予算について書くので，できれば「1-1 のプロジェクトの特徴」には書かないようにしたい。冗長になるからだ。「前述の通り…」としてもいいので，できればというレベルで。

最後にひとこと。設問イに「ステークホルダの理解を得る」という記述があるので，できれば「誰の要求」なのかを明確にしていた方が良いだろう。ここで，はっきりさせなくても，設問イ（ここでは 2-3 にしている部分）で書けば大丈夫だが。

【減点ポイント】

①新技術の必要性がわからない（致命度：中）

→ 新技術と無関係なシステム要件を書いてしまっていたり，それを書いていても，特に新技術の必要性が感じられなかったりするのはよくない。

②完了時期や予算が定量的ではない（致命度：中）

→ この問題は，リスクに対してこれをどう実現したのかが問われているので，採点者にもイメージできるような客観性が必要になる。

③納期厳守や予算超過，かつシステム要件の実現に対して合意してしまっている（致命度：中）

→ システム要件及びプロジェクトへの要求の全てを実現できるかどうかわからないため，遵守できない要求を安請け合いするのは良くない。

181

第1章　プロジェクト計画の作成（価値実現）

● 2-1 段落（検証フェーズ）

　ここでは，検証フェーズについて書く。いわゆる PoC の部分だ。まずは，検証の目的（検証の必要性）から始めると，スムーズな展開になる。具体的には，設問アで書いた"システム要件"と"プロジェクトへの要求事項"とが実現できるかどうかを検証するためだとすればいいだろう。問題文にも**「検証フェーズでは，品質目標を定めたり，開発フェーズの活動期間やコストなどを詳細に見積もったりするための情報を得る。」**と書いている。

　そして，ここでは検証フェーズの"計画"を説明するので，具体的に書くには「いつから，いつまで，どういう体制で，どういう進め方をするのか？」などの要素が必要になる。採点者がイメージできるように客観性をもたせるところがポイントになる。

　最後に，問題文の**「検証する内容はステークホルダと合意する必要がある。」**という一文も忘れないようにしたい。実務でも重要な部分になる。検証の結果次第では，システム要件やプロジェクトへの要求事項を満たせない可能性があるだけではなく，ここにかけるコストに見合う成果を得られるかどうかさえ未定だからだ。

　なお，2-2 や 2-3 との分け方（どこに何を書くのか？）に悩むかもしれないが，ここに検証の結果を書いても構わないし，計画だけでも構わない。段落タイトルに合致する形で，設問イ内で冗長になっていなければ大丈夫である。

【減点ポイント】

①検証の目的が不明（致命度：中）
　→　設問にも**「設問アで述べたシステム要件とプロジェクトへの要求事項について」**と書いている通り，設問アとの関連性をもって説明する必要がある。

②具体的な計画がよくわからない（致命度：中）
　→　"いつからいつまで（期間）"，"体制"，"進め方"等，計画を説明する属性が具体的ではなく，よくわからない計画になっている。

③ステークホルダに関する記述が無い，もしくは不明瞭（致命度：中）
　→　"ステークホルダ"は，具体的に，どういう部署のどういうポジションの人なのかを書くこと。設問アで明確にしている場合は，ここではその人が合意を得る相手になる。

午後II演習

● 2-2 段落（開発フェーズ）

　続いて，検証フェーズで得た情報によって更新した開発フェーズについて書く。問題文には「**PM は，それらの情報を活用して，必要に応じ開発フェーズの計画を更新する。**」という記載がある。これを額面通りに取れば，計画を更新する必要は無かったという展開も可能だろうが，その方向だとこの後に書くことが無くなる。したがって，開発フェーズの計画を更新するとした方が書きやすくはなるだろう。

　余談だが，筆者に機会があれば「更新する必要は無かった」という展開で書いてみて，どういう評価になるのかを確認してみたいと思っている。しかし残念ながら，未だこういうケースで同様のことを試したことは無い。したがって安全策を取るならば，開発フェーズの計画を更新するという展開で書いた方が良いと思う。

　具体的に書く内容は，次のようなものになる。

---

①検証フェーズの結果（2-1 に書いている場合は不要）
②元々の開発計画（設問アの 1-2 で書いたプロジェクトの要求事項を満たす計画）
③検証フェーズの結果を受けて作成した開発計画（上記②との差を明確に）
　※ 1-2 のプロジェクトへの要求事項を満たせたかどうかを明確に。
④検証フェーズの結果を受けてわかったシステム要件の実現性
　※ 1-2 のシステム要件を満たせたかどうかを明確に。

　上記の③と④において，システム開発要件やプロジェクトへの要求事項のうち，どれが実現できないのかを明確にすることがポイント。すべてが実現できるのなら，計画を更新する必要が無いからだ。

　ここも，問題文には「**場合によっては，システム要件やプロジェクトへの要求事項を見直すことについて協議して理解を得ることもある。**」という表現なので，「そういう場合では無かった」ことを書いても問題ないはずだ。実際，この試験で A 評価を得ているサンプル論文でも，システム要件やプロジェクトへの要求事項を見直していないケースだった。ただ，そうなると 2-3 に書くことが"結果の説明"だけになって書きにくくなる。ステークホルダの理解を得ることはたやすいからだ。その点に関しては，例えば「システム要件とプロジェクトへの要求事項のいずれもを満たすにあたって，ユーザ側で…をしてくれたら」というように，何か別の要求があるのなら書けないこともないので，そのあたり柔軟に考えればいいだろう。

183

第 1 章　プロジェクト計画の作成（価値実現）

【減点ポイント】

①元々の開発計画がわからない（致命度：中）

→　問題文や設問にも書いてある通り，ここに書くのは「計画の更新」だ。プロジェクトの要求事項を満足させる計画を立案していることが前提だ。ガッツリ書かなくても，元の計画に対する変更点を示唆する表現が必要になる。

②設問アの実現性について言及していない（致命度：中）

→　設問アと絡めて書くのは基本中の基本。どの問題でも意識しなければならないこと。

● 2-3 段落（ステークホルダの理解を得るために行ったこと）

最後は，問題文の「さらに，…（中略）…ステークホルダの理解を得る。**場合によっては，システム要件やプロジェクトへの要求事項を見直すことについて協議して理解を得ることもある。**」に関する部分の記述である。

"見直しの有無"については，前述の通りだ。見直しがある方が書きやすいとは思うが，見直しが無くても書くことは不可能ではない。いずれにせよ 300 字程度なので，ステークホルダ（2-1 の検証フェーズに書いたステークホルダと同一人物）に検証結果を伝え，開発計画に入れるかどうかの判断を得る。

見直しが必要な場合には，次のような観点で協議するといいだろう。

・ システム要件で実現不可の部分がある　→　代替案の提示
・ 完了時期（納期）の変更　→　部分稼働含めて提案
・ 予算の変更（追加予算の要求）　→　ベネフィット部分を強調

なお，この段落は 2-2 に含めてしまっても構わない。

【減点ポイント】

①設問アや設問イの 2-1，2-2 と矛盾がある（致命度：中）

→　矛盾が出やすいところになる。設問アで書いたことを確認して矛盾がないように表現しよう。

②ステークホルダが不明瞭（致命度：中）

→　"ステークホルダ"は，具体的に，どういう部署のどういうポジションの人なのかを書くこと。設問アや 2-1（検証フェーズ）で明確にしている場合は，ここではその人が協議の相手になる。

● 3-1 段落（評価）

設問イでは，あくまでも "計画段階の話" になる。したがって，ここではその対策が計画通りに実施できたかどうかを書く。

ここは難しく考えずに，まずは，時間軸を明確にしたうえで計画通りに粛々と実施したという感じでいいだろう。そして，検証フェーズでの検証結果を引き合いに出して，それをしていたことが結果的に良かったと評価する。検証フェーズが無かったら，ステークホルダの要求事項は満たせなかっただろうと。TV のコマーシャルではないが「ある時，無い時」だ。

【減点ポイント】

①検証フェーズで得た情報を活用したことと無関係（致命度：小）

　　→　評価の観点が違っているとまずい。

②あまり高く評価していない（致命度：小）

　　→　やぶへびになる可能性がある．

● 3-2 段落（今後の改善点）

最後も，平成 20 年度までのパターンのひとつ。最近は再度定番になりつつある "今後の改善点" だ。ここは，序章に書いている通り，最後の最後なのでどうしても絞り出すことが出来なければ，何も書かないのではなく典型的なパターンでもいいだろう。

しかし，今回の問題なら，"検証フェーズのプロジェクトとしての難しさ" や "アジャイル開発の難しさ" について言及しておけばいいだろう。前向きに，「今後は，我が社でもこうした検証フェーズが増える可能性が高い。しかし，アジャイル型の開発は従来のウォータフォール型開発とは異なる部分が多い。したがって…」というように締めくくれば問題はない。

【減点ポイント】

特になし。何も書いていない場合だけ減点対象になるだろうが，何かを書いていれば大丈夫。時間切れで最後まで書けなかったというところだけ避けたいところ。過去の採点講評では「一般的な本文と関係ない改善点を書かないように」という注意をしているので，それを意識したもの（つまり，ここまでの論文で書いた内容に関連しているもの）にするのが望ましい。しかし，時間もなく何も思い付かない場合もあるので，そういう時に備えて汎用的なものを事前準備しておこう。

第1章　プロジェクト計画の作成（価値実現）

●サンプル論文の評価

　サンプル論文に関しては，この年度にこの問題で受験して，受験後すぐに再現論文として起こしてもらったものになる。したがって正真正銘の合格論文だと言える。実際の合格論文（A評価）は，多少ミスが入っても問題はない。論文も午前問題や午後Ⅰと同様に6割ぐらいの出来でも問題ないと言われているが，それを実感できるのも，実際に合格した人の再現論文の価値あるところになる。

　この論文で，筆者が問題文及び設問と比較して違和感を覚えたのは次の点である。

- ・「不測の事態によるシステム許容停止時間を3時間以内」が設問イ・ウにでてきていない点。
- ・「A社点検業務に精通した技術者による現地（変電所）検証を通じてIoT機器の使い勝手を早期に把握し」という点をシステム要件ではなく，プロジェクトへの要求事項に含めている点（表現的には間違いないが）。
- ・「2-1. 実現性の検証手順」の計画がわかりにくく長い点。もう少し簡潔かつ具体的に書いた方が良い。
- ・検証フェーズの実施において，ステークホルダの合意を得ていない。
- ・コンティンジェンシ予備費の流用についての説明がない点。

　これらはいずれも軽微なものだ。全体的には，問題文と設問で問われている内容から大きなズレは無いし，何より，かなり具体的に書いている。ちょっとシステムアーキテクト側の詳しさで，プロジェクトマネジメント側はそうでもないが，IPAも採点講評でよく言及している「経験者の書いた臨場感」は伝わってくるだろう。一貫性についても問題はなく，事前準備が難しい新傾向の問題でここまで書ければ十分である。したがって，いくつか改善点はあるものの十分A評価に値する内容だと判断できる。

● IPA 公表の採点講評

　全問に共通して，自らの経験に基づいて具体的に論述できているものが多かった。一方で，"問題文の趣旨に沿って解答する"ことを求めているが，趣旨を正しく理解していない論述が見受けられた。設問アでは，プロジェクトの特徴や目標，プロジェクトへの要求事項など，プロジェクトマネージャとして内容を正しく認識すべき事項，設問イ及び設問ウの論述を展開する上で前提となる事項についての記述を求めている。したがって，設問の趣旨を正しく理解するとともに，問われている幾つかの事項の内容が整合するように，正確で分かりやすい論述を心掛けてほしい。

　問1では，未経験の技術やサービスを利用するシステム開発プロジェクトにおいて，検証フェーズを設けて，システム要件とプロジェクトへの要求事項の実現性を検証することや，検証フェーズで得た情報を開発フェーズの計画の更新に利用することについて，具体的な論述を期待した。経験に基づき具体的に論述できているものが多かった。一方で，一般的な技術的課題の解決の論述に終始するなど，未経験の技術やサービスの利用に伴う不確実性への対応が読み取れない論述も見受けられた。今後も，プロジェクトマネージャとして，未経験の技術やサービスを利用するプロジェクトに対応できるように，新しい技術に関する知識や，それらをプロジェクトで利用するためのスキルの習得に努めてほしい。

第1章　プロジェクト計画の作成（価値実現）

サンプル論文

1．プロジェクトの特徴と主要な品質目標

1．1プロジェクトの特徴

今回、私が担当したプロジェクトは、「電気事業を営むA社設備管理システムへのIoT機器導入」である。従来紙ベースであった送変電設備の点検業務を、通信機能を搭載したタブレット端末とスマートウォッチを導入することで、点検作業のハンズフリー化、点検記録入力業務の効率化、ペーパーレス化を目的としたものである。

本プロジェクトの開発期間は2018年4月から2019年3月までの12か月間、開発規模は200人月であり、私は当該プロジェクトの開発（要件定義からシステムテストまで）を受託したP社のプロジェクトマネージャである。A社で過去に導入経験の無いIoT機器であったため、A社送変電部長から「IoT機器の性能や使い勝手を早期に検証して欲しい」と指示があった。

> これが新技術になる。

1．2システム要件及びプロジェクトへの要求事項

本システムの総利用者数は約700人、年間の点検件数は約7000件、日中に加えて夜間作業も多いため24時間稼働が求められる。当該業務は、電気を使用するお客さまとの間で事前に取り決めた送電停止時間内で完了する必要があり、予定時間を3時間以上超過した場合、A社からお客様へ停電補償金を支払う必要がある。そこでシステム要件の一つであるSLAは、「不測の事態によるシステム許容停止時間を3時間以内」とされた。

> 【改善点】
> 運用面でのシステム要件になる。新技術との関連性が微妙で、読み手が想像する必要が出てくる。ここはストレートに結び付けておくべきだろう。設問イで何を検証するのかでつなげれば大丈夫だが。

また、A社点検業務に精通した技術者による現地（変電所）検証を通じてIoT機器の使い勝手を早期に把握し必要に応じて開発計画へ反映すること、導入完了時期（2019年3月）を厳守すること、予算200百万円（コンティンジェンシ予備費20百万円含む）に収める点がプロジェクトへの要求事項として提示された。

> 【改善点】
> これは正確にはシステム要件になるが、国語の問題ではないので、そこまでは問題ないと判断されたのだろう。

> 1-1と冗長になっているが、これぐらいなら許容範囲である。

上記前提条件の元、私は実現性を検証するための具体的な検証計画を立案・実行することとなった。

２．実現性の検証手順、開発計画の更新と合意形成
２.１ 実現性の検証手順

　通常、プロジェクトライフサイクルの中で、SLA や操作性などの品質目標を実現するための検討は、外部設計工程以降で行う。しかし本プロジェクトでは、事前に検証をした上で開発計画へ反映する必要があったことから、要件定義工程において通常行う業務プロセス記述書作成等のタスクに加えて、（１）SLA 実現に向けた技術検討、（２）プロトタイプによる現地検証の２タスクを追加することで、要件定義工程を検証フェーズと位置付けるプロジェクト計画とした。

（１）SLA 実現のための机上検証

　本システムでは、点検記録を集約するサーバ、現場で利用する通信機能付きのタブレット端末、点検手順を表示するスマートウォッチで構成される。サーバに搭載するプログラムについては、要求される可用性や性能などの非機能要件を満たすハードウェアを調達するため、設計における制約条件は少ない。一方、タブレット端末とスマートウォッチについては、メモリやストレージ等のリソースに制約があるため、これを考慮した設計としないとプログラムの停止を招いてしまう。そこで、タブレット端末とスマートウォッチに搭載するプログラムの品質を設計段階で高めるためのチェックリスト（CPU 使用率、メモリリーク等）を、2018 年 4 月～5 月に実施する要件定義工程で整備することとした。また、採用する IoT 機器メーカー SE を要件定義工程でアサインし、潜在する不具合を早期発見できる体制とした。

（２）プロトタイプによる現地検証

　A 社の過去の点検手順表と点検記録データ活用して、本プロジェクトで採用するタブレット端末およびスマートウォッチにデータを投入し、A 社変電所１か所で実際に点検業務をハンズフリーで実施可能か、点検記録をス

【改善点】
もう少しスッキリとポイントを絞ってまとめた方が良かった。いつからいつまで，どんな体制で，何を検証するのか？　を。

また，ステークホルダと合意する必要がある点に触れていない部分も改善した方が良いだろう。

【改善点】
設問アのシステム要件のところには「不測の事態によるシステム許容停止時間を 3 時間以内」と書いている。しかし，そこには設問イ以後触れていない。

【良かった点】
それを挽回できたのは，設問アのプロジェクトへの要求事項に「システム要件」も書いてあったからだと思われる。「A 社点検業務に精通した技術者による現地（変電所）検証を通じて IoT 機器の使い勝手を早期に把握し必要に応じて開発計画へ反映すること」の部分だ。そこには対応している。

第1章　プロジェクト計画の作成（価値実現）

ムーズに入力可能かなど、A社のベテラン点検業務担当者と我が社メンバーでフィールド試験として検証することで、開発フェーズの計画へ反映すべき課題を洗い出すこととした。

2.2 検証フェーズで得た情報に基づく開発計画の更新

> 開発計画の変更点を説明している。

　検証の結果、外部設計工程以降の工程（開発フェーズ）について、チェックリストを活用した外部設計内容のレビュー期間の確保や、タブレット端末の画面設計を変電所毎にカスタマイズするなど、当初想定していなかった設計作業があることが判明したため、2019年6月から1.5カ月を予定していた外部設計工程を2カ月へ延長するとともに、設計要員の追加投入をコンティンジェンシ予備費（20百万円）から充当する形で、外部設計以降の工程（開発フェーズ）を見直すこととした。

> 【改善点】
> 「当初想定していなかった」作業に対し、コンティンジェンシ予備費（特定のリスクで使用する予備費）を当てている点については説明が必要。

2.3 A社送変電部長への検証結果の説明・合意形成

> システム要件、プロジェクトへの要求事項ともに変更がないため「丁寧に説明し合意形成を得ることで」だけで終わっている。全体のバランスを考えれば、この程度で設問イを終えたのは試験中の英断だったが、本来なら2.1を簡潔にして、ここをもう少し具体的に説明した方が良かった。

　検証の結果および見直し後の外部設計以降の工程（開発フェーズ）について、特に本プロジェクトで採用するIoT機器の早期検証を要望していたA社送変電部長に対して丁寧に説明し合意形成を得ることで、当初スケジュール通り2019年5月末に要件定義工程（検証フェーズ）を終え、6月から、外部設計工程（開発フェーズ）を開始した。

3．実施した施策の評価と今後の改善点
3．1 実施した施策の評価

　要件定義工程（検証フェーズ）で作成したチェックリストや、IoT機器メーカーSEからの情報提供のお陰で、特に市場に出て間もないスマートウォッチの初期不良を早期に検出することができた。またタブレット端末プログラムからタブレット端末のメモリを定期的に開放しないと、膨大な量の点検記録入力画面の生成でメモリを徐々に消費してしまい、性能が低下してしまうことから、点検記録画面がタブレット端末上で20画面を超過する場合は、タブレット端末プログラムからメモリを解放する処理を追加するよう機能仕様書を修正することで問題を解決することができた。

　また、現地検証結果を踏まえて、点検記録の入力順序は単に機器種類毎に並べるのではなく、現地変電所の機器配列に合わせてタブレット端末に表示するなど、事前に想定していなかった画面設計上考慮すべき点を早期発見することができた。A社送変電部長もこの点について高く評価して頂くことができた。

　この対応策が功を奏し、内部設計工程〜各種テスト工程においても大きな問題は発生せず、当初目標通り2019年4月に本システムを運用開始することができたことから、私が実施した一連の検証作業は適切だったと評価している。

3．2 今後の改善点

　しかし残された課題もある。今回、IoT機器メーカーSEを検証段階で早期にアサインしたことや、外部設計工程での要員追加投入により、コンティンジェンシ予備費（20百万円）をほぼ使い切る形となった。私がプロジェクト立ち上げ段階で作成した当初予算見積もりが甘かったことは否めない。検証作業により発生する新たな課題を適切に予見するスキルを今後磨いていきたい。

第2章 ステークホルダ

ここでは"ステークホルダ"にフォーカスした問題をまとめている。いわゆる"人"に関する部分になる。プロジェクトには多くのステークホルダが関与している。利害が一致する場合もあれば，利害が異なる場合もある。そういう多くのステークホルダを適切にマネジメントすることは，プロジェクトの重要な成功要因になる。そのため，試験で問われることが最も多いのもこの分野になる。

- **2.1** 基礎知識の確認
- **2.2** 午後Ⅱ 章別の対策
- **2.3** 午後Ⅰ 章別の対策
- **2.4** 午前Ⅱ 章別の対策
- **午後Ⅰ演習** 令和2年度 問2
- **午後Ⅱ演習** 令和3年度 問1

アクセスキー **T**
（大文字のティー）

（演習の続きはWebサイト※からダウンロード）

※ https://www.shoeisha.co.jp/book/present/9784798174914/ からダウンロードできます。詳しくは，ivページ「付録のダウンロード」をご覧ください。

第2章　ステークホルダ

　本章で取り上げる問題を短時間で効率よく解答するには，プロセスベースの PMBOK（第6版）で言うと「資源マネジメント」と「コミュニケーション・マネジメント」，「ステークホルダー・マネジメント」の知識が必要になる。原理・原則ベースの PMBOK（第7版）だと，「スチュワードシップ」，「チーム」，「ステークホルダー」，「リーダーシップ」，「適応力と回復力」，「変革」の原理・原則と，「ステークホルダー」，「チーム」のパフォーマンス領域になる。ちょうど，この見開きページにまとめている三つの表の白抜きの部分だ。必要に応じて公式本をチェックしよう。

　予測型（従来型）のプロジェクトと適応型のプロジェクトとでは，チーム編成や役割分担が違ってくる。しかし，人間関係のマネジメントや会議，コミュニケーションなどの"あるべき姿"には共通の部分もある。何が同じで（原理・原則），何が違ってくるのかを理解しながら進めていくことが重要になる。

【原理・原則】　PMBOK（第7版）

PMBOK（第7版）の原理原則	
価値	価値に焦点を当てること（→P.122「1.1.1 価値の実現」参照）
システム思考	システムの相互作用を認識し，評価し，対応すること
テーラリング	状況に基づいてテーラリングすること
複雑さ	複雑さに対処すること
適応力と回復力	適応力と回復力を持つこと
変革	想定した将来の状態を達成するために変革できるようにすること
スチュワードシップ	勤勉で，敬意を払い，面倒見の良いスチュワードであること
チーム	協働的なプロジェクト・チーム環境を構築すること
ステークホルダー	ステークホルダーと効果的に関わること
リーダーシップ	リーダーシップを示すこと
リスク	リスク対応を最適化すること
品質	プロセスと成果物に品質を組み込むこと

【パフォーマンス領域】　PMBOK（第7版）

PMBOK（第7版）のパフォーマンス領域	
ステークホルダー	ステークホルダー，ステークホルダー分析
チーム	プロジェクト・マネジャー，プロジェクトマネジメント・チーム，プロジェクト・チーム
開発アプローチとライフサイクル	成果物，開発アプローチ，ケイデンス，プロジェクト・フェーズ，プロジェクト・フェーズ，プロジェクト・ライフサイクル
計画	見積り，正確さ，精密さ，クラッシング，ファスト・トラッキング，予算
プロジェクト作業	入札文書，入札説明会，形式知，暗黙知
デリバリー	要求事項，WBS，完了の定義，品質，品質コスト
測定	メトリックス，ベースライン，ダッシュボード
不確かさ	不確かさ，曖昧さ，複雑さ，変動制，リスク

【プロセス】　PMBOK（第6版）

知識エリア	プロジェクトマネジメント・プロセス群				
	立上げプロセス群	計画プロセス群	実行プロセス群	監視・コントロール・プロセス群	終結プロセス群
プロジェクト統合マネジメント	プロジェクト憲章の作成	プロジェクトマネジメント計画書の作成　プロジェクト知識のマネジメント	プロジェクト作業の指揮・マネジメント	プロジェクト作業の監視・コントロール　統合変更管理	プロジェクトやフェーズの終結
プロジェクト・スコープ・マネジメント		スコープ・マネジメントの計画　要求事項の収集　スコープの定義　WBSの作成		スコープの妥当性確認　スコープのコントロール	
プロジェクト・スケジュール・マネジメント		スケジュール・マネジメントの計画　アクティビティの定義　アクティビティの順序設定　アクティビティ所要期間の見積り　スケジュールの作成		スケジュールのコントロール	
プロジェクト・コスト・マネジメント		コスト・マネジメントの計画　コストの見積り　予算の設定		コストのコントロール	
プロジェクト品質マネジメント		品質マネジメントの計画	品質のマネジメント	品質のコントロール	
プロジェクト資源マネジメント		資源マネジメントの計画　アクティビティ資源の見積り	資源の獲得　チームの育成　チームのマネジメント	資源のコントロール	
プロジェクト・コミュニケーション・マネジメント		コミュニケーション・マネジメントの計画	コミュニケーションのマネジメント	コミュニケーションの監視	
プロジェクト・ステークホルダー・マネジメント	ステークホルダーの特定	ステークホルダー・エンゲージメントの計画	ステークホルダー・エンゲージメントのマネジメント	ステークホルダー・エンゲージメントの監視	
プロジェクト・リスク・マネジメント		リスク・マネジメントの計画　リスクの特定　リスクの定性的分析　リスクの定量的分析　リスク対応の計画	リスク対応策の実行	リスクの監視	
プロジェクト調達マネジメント		調達マネジメントの計画	調達の実行	調達のコントロール	

195

第2章　ステークホルダ

● PMBOK（第6版）のプロジェクト資源マネジメントとは？

PMBOKでは「プロジェクトを成功裏に完了させるために必要な資源を特定し，獲得し，そしてマネジメントするプロセスからなる。（PMBOK第6版P.24）」と定義されている。ここでいう資源とは，チーム資源（プロジェクトメンバ，要員）と，物的資源（装置，資材，施設，インフラストラクチャなど）のこと。このうち，情報処理技術者試験で問題になるのは，前者のチーム資源になる。

表1　プロジェクト資源マネジメントの各プロセス

プロセス	内　　容	主要なアウトプット
資源マネジメントの計画	当該マネジメント領域の他のプロセスのマネジメント方法や進め方を定義し文書化し，プロジェクトマネジメント計画書の補助計画書を作成する。（プロジェクトの組織図や体制図を含む）	資源マネジメント計画書
アクティビティ資源の見積り	プロジェクトを進めていく上で必要になる資源（チーム資源，物的資源）の種類と量を見積もる。このプロセスで，プロジェクト完了に必要とされる資源の種類，量，および性質を特定する。したがって，コスト見積りプロセスと強い関連性を持つ。	● 見積りの根拠 ● 資源ブレークダウン・ストラクチャー
資源の獲得	プロジェクトを進めていく上で必要になる資源（チーム資源，物的資源）を確保する。必要な要員を実際に任命し，アクティビティに割り当て配置する。ここで，プロジェクト体制図やプロジェクトチームの名簿が確定する。	● プロジェクト・チームの任命 ● 資源カレンダー
チームの育成	プロジェクトのパフォーマンスや生産性を向上させるために，要員のスキルを向上させるための教育・トレーニングや，チームワークの改善，連帯意識を形成するためのチーム形成活動などを実施する。	
チームのマネジメント	プロジェクトのパフォーマンスや生産性を最適化するために，要員の生産性を実績報告等で収集しチェックする。何か問題が発生していれば，その解消を図る。場合によっては，要員の交代や体制の変更を実施する（※）。	
資源のコントロール	プロジェクトに割り当てられ，配布された物的資源が計画通りに利用もしくは消費できているかどうかを監視し，必要に応じて是正処置を講じる。 ※資源のうち，要員（チーム資源）は"チームのマネジメント"で対処される。	

※ PMBOKでは，すべての変更要求は，統合変更管理プロセスで処理するという流れになっているが，本書では，便宜上ここで説明していることもある。以後全てそれは共通である。

● PMBOK（第6版）のプロジェクト・コミュニケーション・マネジメントとは？

PMBOK では「**プロジェクト情報の計画，収集，作成，配布，保管，検索，マネジメント，コントロール，監視，そして最終的な廃棄を適時かつ適切な形で確実に行うために必要なプロセスからなる。（PMBOK 第 6 版 P.24）**」と定義されている。報連相などのコミュニケーションルートや会議体のマネジメントだと考えればいいだろう。

表2　プロジェクト・コミュニケーション・マネジメントの各プロセス

プロセス	内　容	主要なアウトプット
コミュニケーション・マネジメントの計画	当該マネジメント領域の他のプロセスのマネジメント方法や進め方を定義し文書化し，プロジェクトマネジメント計画書の補助計画書を作成する。具体的には，ステークホルダー（要員を含む）のコミュニケーションニーズ（どのような情報を，どういうタイミングで必要としているのか）を明確にする。その後，情報配布のルート，会議開催計画なども立案し文書化する。	コミュニケーション・マネジメント計画書
コミュニケーションのマネジメント	コミュニケーション・マネジメント計画書に基づき，必要な人に，必要な情報をタイムリーに，生成，収集，配布，保管から廃棄までを行う。	プロジェクト伝達事項
コミュニケーションの監視	ステークホルダーの要求事項を満たすために，コミュニケーションを監視し，その実現度をチェックする。課題があれば，解決を図る動きをとるとともに，課題管理を実施する。	作業パフォーマンス情報

● PMBOK（第6版）のプロジェクト・ステークホルダー・マネジメントとは？

PMBOK では「**プロジェクトに影響を与えたりプロジェクトによって影響を受けたりする可能性がある個人やグループまたは組織を特定し，ステークホルダーの期待とプロジェクトへの影響力を分析し，ステークホルダーがプロジェクトの意思決定や実行に効果的に関与できるような適切なマネジメント戦略を策定するために必要なプロセスからなる。（PMBOK 第 6 版 P.24）**」と定義されている。"エンゲージメント"という表現が印象的だ。

表3　プロジェクト・ステークホルダー・マネジメントの各プロセス

プロセス	内　容	主要なアウトプット
ステークホルダーの特定	ステークホルダーを特定し，ステークホルダー登録簿を作成する。そして，各ステークホルダーのプロジェクト成功への関心事，関与，相互依存，影響，および潜在的影響に関連する情報を分析する。	ステークホルダー登録簿
ステークホルダー・エンゲージメントの計画	当該マネジメント領域の他のプロセスのマネジメント方法や進め方を定義し文書化し，プロジェクトマネジメント計画書の補助計画書を作成する。具体的には，ステークホルダの期待やニーズ（要求事項収集プロセスで収集），関心，プロジェクトへの潜在的影響に基づいて，効果的にプロジェクトへの関与を促すための計画を作成する。	ステークホルダー・エンゲージメント計画書
ステークホルダー・エンゲージメントのマネジメント	ステークホルダーのニーズや期待を満足させるために，かつ，ステークホルダーの適切な関与を促すためにステークホルダーとコミュニケーションをとりながら協働する。	
ステークホルダー・エンゲージメントの監視	エンゲージメント戦略に基づき，プロジェクトとステークホルダーの関係を監視し，計画した通りに効果的にプロジェクトに関与できているかどうかをチェックする。	

197

第2章 ステークホルダ

2.1 基礎知識の確認

2.1.1 要員数の計算　FE

　要員数の計算問題は，プロジェクトマネージャ試験としては，平成10年度午後Ⅰ問2で出題されたことがあるが，今では基本情報技術者試験の午後問題になっている（平成23年秋，29年春）。ここでは平成29年度（春）に出題された午後問題を例に，プロジェクト要員数の計算手順を説明する。

STEP-1．必要要員数の計算
　開発規模（総工数）と納期の制約に，過去の経験値（会社にあるプロジェクト管理に関するデータ，資産）から，各月の必要要員数を算出する。過去問題では，下図が与えられ，各月の人数を計算させるところから始めることが多い。

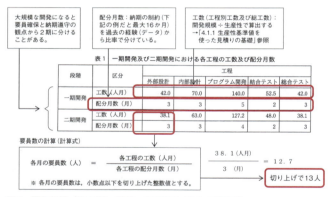

図1　開発規模（総工数），納期，各工程のバランス等の例

　このケースのように，1期と2期に分ける場合に例えば「プログラム工程の配分月数は3～5か月」というように幅を持たせることもある。後述しているが，この例でも，結局1期のプログラム工程は5か月，2期の同工程は4か月として，他の前提条件を満たすように調整されている。

STEP-2．前提条件への配慮
　各月の要員数を計算で算出したら，それを図2のような月別要員数の一覧表にまとめるが，ここから前提条件を加味して調整が入る。

2.1 基礎知識の確認

前提条件：A社が自社という設定。B社はA社の協力会社（依頼を受ける別会社）

① プログラム開発工程には，一期開発及び二期開発ともに，B社の要員だけを割り当てる。
② プログラム開発工程を除き，各月の必要要員については，まずA社の要員を割り当て，A社の要員だけでは不足する場合に，B社の要員を割り当てる。

表　開発スケジュール案（前提条件①②で計算）

年			2017										2018								
月			4	5	6	7	8	9	10	11	12	1	2	3	4	5	6	7	8	9	10	11	12
工程	一期開発		外部設計			内部設計			プログラム開発					結合テスト	総合テスト						
	二期開発								外部設計			内部設計			プログラム開発				結合テスト	総合テスト		
要員数（人）	一期開発	A社	14	14	14	24	24	24	0	0	0	0	0	27	27	14	14	14				
		B社	0	0	0	0	0	0	28	28	28	28	28	0	0	0	0	0				
	二期開発	A社							13	13	13	21	21	21	0	0	0	0	24	24	13	13	13
		B社							0	0	0	0	0	0	32	32	32	32	0	0	0	0	0

前提条件：A社が自社という設定。B社はA社の協力会社（依頼を受ける別会社）

③ 業務ノウハウ蓄積の観点から，外部設計工程の要員には，A社の要員を80%以上割り当てる。
④ ③の条件を満たす最少の人数をA社の要員数とし，全期間を通して一定の人数とする。すなわち，A社の要員には，各月とも，全員が必ず担当する工程があるものとする。
⑤ 一期開発と二期開発の作業が重なる期間については，A社の要員を，一期開発に優先して割り当てる。
一人が一期開発と二期開発の作業を同一月に行うことはない。

14人×0.8＝11.2　∴12人が最少の人数

表　開発スケジュール案（前提条件③④⑤で調整）

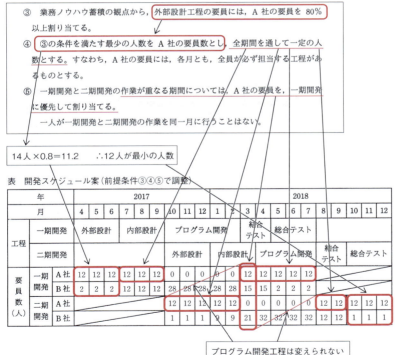

プログラム開発工程は変えられない

図2　前提条件を加味した月別要員数の計算例

●様々な制約条件（要員計画の前提条件）

ここまで説明してきたように，プロジェクト体制を組む場合，様々な形で既存組織の制約を受ける。この例を含め，次のようなケースがある。

- 要件定義と外部設計は自社要員だけで実施する（ノウハウ流出の防止等）
- 外部設計は8割以上自社要員（教育・育成の観点等）
- プログラミング要員は自社では抱えない方針
- 同じ部署のメンバで体制を作ることが前提（SIベンダ等）
- 6人しかいない（人数の限界）
- 全員が常に手待ち時間（遊び）が無いようにする
- 他の業務や他のプロジェクトで忙しい（専任できない，時間的制約など）

試験問題では，その前提条件を与えられ，それに基づいて要員配置を調整するスキルが求められる。基本情報技術者試験の段階で，どういう制約があるのかを押さえておこう。

STEP-3. 山積み，山崩し

様々な制約条件の中でも，今回の例のような「A社要員を，全期間を通して一定の人数＝12人にする」という条件はとても重要になる。この点に配慮せずに必要要員数を積み上げただけのものを「山積み」といい，それを一定の人数にしたり，あるいは増減を最小限にしたり，"山"をひとつにしたりする作業を「山崩し」という。作業の平準化で，ちょうどこのようなイメージだ。

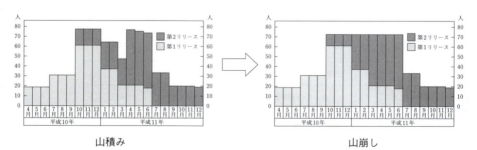

図3　プロジェクトマネージャ試験　平成10年午後I問2を一部加工

2.1 基礎知識の確認

　今回の例では「A 社要員を，全期間を通して一定の人数 = 12 人にする」という前提条件があったので，A 社要員だけを考えれば山崩しは必要ない。しかし，開発を依頼する B 社は山崩しが行われていない。それをみた B 社から，次のような要請が入ったら，そこでさらに山崩しを行う。

要員に対する調整要求：A社が自社，B社はA社の協力会社（依頼を受ける別会社）

> 各月の B 社の総要員数（B 社の一期開発及び二期開発の要員数の合計）は，ピーク時の 2018 年 4 月に他の月よりも突出する。ピーク時の B 社の総要員数を減らし，3 月から 5 月の 3 か月間の各月 B 社の総要員数を等しくしたい。

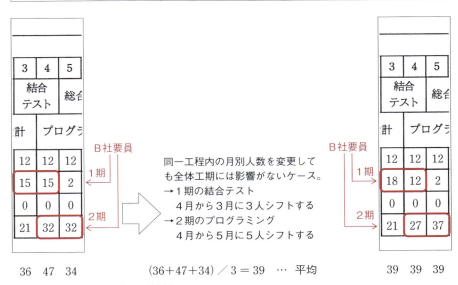

図4　要員に対する調整要求への対応例

　この例の場合，各月の要員数がバラバラになっていた。それは山積みをしただけの状態だったからだともいえよう。協力会社からの要請とはいえ，可能であれば各月均等になるように要員数を調整すること（山崩し）ができれば，要員の確保もしやすくなる。そこで，同一工程内で調整することが可能であれば，上記の図のように調整することもある。

201

2.1.2 プロジェクト体制

　午後の問題では，プロジェクト体制図（プロジェクト組織図ともいう）が示されている場合が多い。それを見て，どういう体制になっているのかを把握できるようにしておこう。問題文に，下記のような体制図が無く，問題文中に言葉だけでいろいろな立場の人が出てくる場合には，それを整理して余白に体制図を書いておけば，混乱することはないだろう。

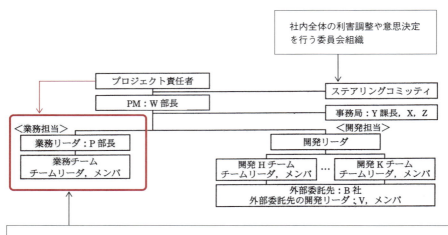

図5　体制図（A社）の例　（応用情報平成27年春午後問9より）

●ステークホルダ（利害関係者）

　ステークホルダとは，当該プロジェクトによってプラスまたはマイナスの影響を受ける利害関係者のことである。簡単にいうとプロジェクト内外に存在する登場人物といったところ。当事者としてプロジェクトに関わっている場合や，そのプロジェクトがもたらす影響を受ける人々も含む概念になる。

　プロジェクトのステークホルダには，プロジェクトオーナ（スポンサー），顧客，遂行組織，プロジェクトマネージャ，チームリーダ，プロジェクトメンバなどがある。先に紹介したPMOや，プログラムマネージャ，ポートフォリオマネージャなども含まれる。

●スポンサー

　"スポンサー"は，プロジェクトに対する財政的資源（多くの場合は"費用"）を提供する人物になる。顧客企業の社長や決裁権を持つ CIO で，プロジェクトにおける最高決定権を持つ人を指す場合が多い。この図で言うと"プロジェクト責任者"だ。通常は，プロジェクトマネージャの上位に位置する。プロジェクトマネージャのコントロール範囲を超える問題に対応する人物と設定されている。

●ステアリングコミッティ

　PMBOK では例示されていないが，プロジェクトにおける意思決定機関としてステアリングコミッティを組織する場合がある。ワンマン企業であれば，社長（スポンサー）が兼ねる場合もあるが，通常は，役員会や経営会議などの合議体であることが多い。利害関係を調整する役割を持つ。これも PM の上位，もしくは対等な位置になることが多い。

●プロジェクト・チーム

　PMBOK では，プロジェクトマネージャ，チームリーダ，メンバ，その他をプロジェクト・チームとして例示している。ちなみに，情報処理技術者試験では，プロジェクトマネージャの直下にチームリーダを配備する体制を，これまでよく使ってきている。このときのチームリーダとは，システムアーキテクト（旧アプリケーションエンジニア）に該当するもので，マネジメントの一部を実施しながら外部設計や総合テストを担当する者を想定することが多かった。

●利用者側（業務担当者）

　自社プロジェクトの場合，PM 配下に，プロジェクトで開発する情報システムを，実際に業務で利用する人たちのグループを配置することがある。利用者側が，異なる法人で"請負契約"や"準委任契約"の契約先の場合は，別プロジェクトとしなければならないが（指揮命令権が無いので），同一企業であれば図 5 のようになることもある。

　しかし，業務担当（利用部門）が非協力的であったり，積極的に参加してくれなかったり，コミュニケーションが取れなかったり，よく問題が発生する部分でもある。自分の本業（本来の役割）に影響する場合，当然，そっちを最優先するからだ。そのため，兼任の場合にはプロジェクトへの参画割合を定量化して管理したり，あるいはプロジェクト専任を打診したりする。"役割や責任及び権限"を明確にして意識させたりして参画意欲を高めるのも有効。他には，ステアリングコミッティー（もしくは社長や役員）に相談してトップダウンで命令してもらったりすることが有効な対策となる。

第2章　ステークホルダ

過去に午後Ⅰで出題された設問

(1) DX関連のプロジェクト体制

DX関連のプロジェクトのように，現状を抜本的に変革するような事業戦略に対応したプロジェクトでは，プロジェクトの体制も，従来とは異なる考え方で構築しなければならないことがある。

①組織横断的にメンバを参加させるチーム編成（R03問1設問3（2））

現状を抜本的に変革するような事業戦略に対応したプロジェクトでは，（事業部の）メンバの多様な経験や知見を最大限生かす必要がある。その場合のチーム編成は，従来のように「事業部は，事業部内で議論して整理した結果を要求事項として，システム部にあげる」，「システム部は，その要求事項を受けて要件定義をする」という役割分担の元，システム部のメンバだけで編成するのは不十分だ。新事業を一体感をもって実現するために，組織横断的に事業部とシステム部のメンバを参加させる方針でチーム編成をしなければならない。そうしたチーム編成にすることで，業務プロセスやシステムについて，多様な経験や知見を生かして活発に議論することが可能になる。

②既存システムと業務全体を理解したメンバ（R03問2設問3（1））

予測型（従来型）のプロジェクトでは役割分担ができることが多かった。この問題でも「構築プロジェクトでは機能ごとのチームに分かれて開発を担当した」としている。しかし，（この問題のような）顧客の体験価値を高めることを目的として，一つの要件を実現するために販売管理機能，顧客管理機能及び顧客チャネル機能の全ての改修を同時かつ迅速に実施する必要があるようなプロジェクトでは，要件ごとのチーム構成にして，既存システム（L社業務管理システム）及び業務の全体を理解したメンバを選定しなければならない。

③顧客の顧客（消費者）も重要なステークホルダ（R02問2設問3（1））

ITベンダの顧客が"消費者向けのサービス"を提供する会社の場合，当該PJで顧客のサービスの提供価値を継続かつ迅速に高めていくことを目標にしているのなら，顧客の顧客に該当する"消費者"も重要なステークホルダになる。

(2) PMO (P.227 コラム参照) やステアリングコミッティ

PMOやステアリングコミッティ，委員会等，プロジェクトの上位に位置付けられる組織や，プロジェクトの最高意思決定機関に関連する設問をまとめた。

①役員の参画 (H22問2設問2 (2))

経営会議の配下に，図に示す管理部門を所管している担当役員を委員長とした委員会を設置する。役員が加わった委員会を設置した目的は，役員が加わることで，部門間の調整の権限をもった調査機関とする狙いがある。そして，管理部門担当役員の支援を受けてプロジェクトを進めたいと考えているからだ。

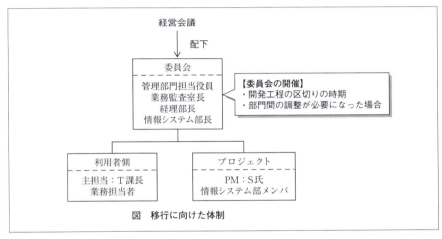

図6　問題文中の図（一部加筆）

②経営陣からの指示ルートを一本化する (R03問3設問1 (1))

経営陣に派閥がある場合，経営陣からの指示が一貫せずプロジェクト推進上の阻害要因になることがある。そういうケースでは，経営陣からのプロジェクトに対する要求や指示はCIOも出席する経営会議で決定する。その決定後にCIOからプロジェクトマネージャに指示するようにすれば，経営陣からの指示ルートを一本化することができる。

③ステークホルダマネジメント

ステークホルダマネジメントでは，ステークホルダの影響度と関与度を調査した上で，必要に応じて対策を実施して望ましい状態に持って行く。

第2章 ステークホルダ

● ステークホルダの影響度と関与度の調整（H27 問1 設問2, 3（5））

図から問題点を読み取れるようにしておく。

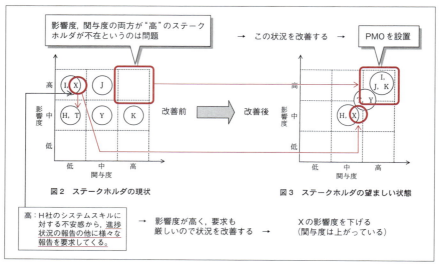

図7　問題文中の図（一部加筆）

- **関与度，影響度がともに高い領域にステークホルダがいない状態**にはなっていないかを確認。PMOやステアリングコミッティ等，最高の意思決定機関を設置する必要はないかを考える。
- 関与度は役割の与え方で調整できるが，その時に，影響度も調整できるように考える。例えば，このプロジェクトではX社（図7の"X"）の影響度だけを下げている。これは，関与はしない割に"進捗状況の報告の他に様々な報告を要求してくる"ため影響が大きい。この影響度を下げる（様々な報告をしない方向にもっていく）ために，X社が信頼しているアドバイザのY氏（図の"Y"）にその点を任せてもらえるようにもっていくことを検討している。こうすることで，**X社の影響力の行使を，Y氏を通して行う形に変える**。ちなみにこれは，よくある「（X社が）あれ出せ，これ出せ」という要求を抑制するための対策である。X社の影響度が大きいことが問題なので，影響度を下げるために，X社が信頼しているステークホルダのY氏に役割と権限を与えることで，窓口を一本化することを狙った形になる。

●合同会議を開催して関与度を高める（R03 問 1 設問 1（2））

　マルチベンダによるシステム開発プロジェクトで，X 社と Y 社の責任者は，自社の作業は管理していたが，両社に関わる共通の課題や調整事項への対応には積極的ではなかった。それは，お互いが他社の作業の内容が分からないので関与しづらいし，両社に関わることは A 社（ユーザ）が調整するものと考えていたからであった。そこで，3 社に関わる課題や調整事項の対応を迅速に進めることを目的に，B 課長と両者の責任者が出席する 3 社合同会議を隔週で開催することにした。それは，X 社と Y 社の責任者の改修プロジェクトへの関与度を高める効果を狙った対策である。

④ PMO

PMO に関する問題もたまに出題される。

● PMO に期待した役割（H27 問 1 設問 3（2））

プロジェクトの推進役，関与度，影響度ともに高いステークホルダ

● PMO の人選（H31 問 2 設問 2（2））

　G 社 PJ が遅延すると，G 社の事業戦略に大きな影響を与えるので PMO を設置することにし，G 社 PJ の要素全体の進捗状況の監視を強化することにした。PMO の設置に当たっては，G 社 PJ の特性を考慮して WBS の各要素の内容を理解して進捗状況を把握できる人材を選ぶ必要がある。

⑤新たに参加が必要となるステークホルダ（H25 問 2 設問 3（1））

　新たに参加が必要となるステークホルダが設問で問われている場合には，解答は問題文中にしかないと考えて，問題文中に登場するステークホルダをすべてピックアップし，その中からプロジェクトに参加していないステークホルダを答えればいいだろう。抜粋型の解答になる。

第2章　ステークホルダ

⑥ IoT を活用した PJ の難しさ（H31 問 2 設問 4）

　一般的に，IoT を活用したシステム開発プロジェクトの場合，多様なスキルが必要になるので，その分，関連する企業や IT エンジニアが多くなる。実際，この問題でも，下図のように多岐にわたる分野のステークホルダが存在している。こうした PJ をマネジメントする場合，多岐にわたる分野のステークホルダの統率や調整が必要になるので，従来のシステム開発 PJ と比較して，マネジメントが難しくなる。

表1　G社プロジェクトのステークホルダの一覧表

識別番号	要素	ステークホルダ
1.1	プロジェクトマネジメント	G 社 PMO
1.2	工事スケジュール管理システムの構築	ソフトウェアパッケージベンダ
1.3	デバイス情報管理システムの構築	デバイスベンダ
1.4	タブレット端末への情報提供及び Web 会議システムの構築	タブレット端末ベンダ，G 社システム部
1.5	デバイス及びシステム基盤の調達	デバイスベンダ，IaaS ベンダ
1.6	要素間連携システムの構築	G 社システム部，各ベンダ

図8　平成 31 年午後 I 問 2 の表 1

（3）自律的なプロジェクトチームの開発

　DX 関連の PJ やアジャイル開発 PJ の開発チームでは，メンバが自律的に自ら考え判断して行動するチームへの変革が求められる。

①プロジェクトチームの基本原則

　メンバが自律的に自ら考え判断して行動することが求められる場合，行動の基本原則を作成する。

● 全員で議論して合意する（R02 問 2 設問 2（2）－ 1）

　メンバ全員が納得した上で行動に移れるようにするために，全員で議論して合意し，メンバの総意としての行動原則にする必要がある。

● 明文化する（R02 問 2 設問 2（2）－ 2）

　メンバ全員が自律的に行動するための基準とするために，明文化して共有することにした。

②プロジェクトチームやメンバの育成

メンバが自律的に自ら考え判断して行動するようになるためには，チームの育成やメンバの育成も重要になる。

● プロジェクトチームの育成（R02 問 2 設問 2（1））

顧客の提供価値を継続的に高めるという期待に応えるためには，ともに学び続けながら，成長し続けるプロジェクトチームになる必要がある。そのために基本原則が必要になる。

● メンバの育成（R02 問 2 設問 3（4））

これまでは，PM やリーダの指示は，失敗を回避する意図から，詳細かつ具体的な内容にまで踏み込む傾向があった。しかし，これだとメンバ一人一人の成長のためにならない。行動の基本原則に従って，自律的に，失敗を恐れずに行動し，さらにその結果に責任をもつことに挑戦できるよう，PM は自律的な判断と行動を尊重して，学びの機会を与えるという，これまでとは異なる方法で対応する。

③サブチーム間の役割分担

プロジェクトチームを複数のサブチームに分けて進める場合，サブチーム間に発生する課題にどう対応するのかが問われる。

● サブチーム間の稼働の不均衡（R02 問 2 設問 3（2））

元々は，PM が決めた役割分担に基づいてその任務を遂行しているが，役割分担にこだわりすぎる面もあり，サブチーム間の稼働が不均衡になることがある。サブチーム間のコミュニケーションも少ない。その結果，上流工程での認識合わせが不十分だったことが原因で手戻りが多くなった。

連携する他のサブチームの仕事を理解するためと，サブチーム間の稼働が不均衡だという課題を解消するために，サブチーム間での役割分担を，プロジェクトの途中でも必要に応じて見直すことにした。

● サブチーム間でメンバのローテーション（R02 問 2 設問 3（3））

サブチーム間の相互理解を更に深化させて役割の固定化の解消へつなげ，異なる視点から改善のアイディアを得ることを目的として，サブチーム間でメンバのローテーションを行う。

第2章　ステークホルダ

（4）開発側の体制

　情報処理技術者試験では，通常，開発側のプロジェクトマネージャが主人公として話が展開される（したがって，午後Ⅱの論文でもその立場で書くのが最も安全になる）。そして体制に関して以下のような視点で問われている。

①要員の確保（H25問3設問4（1））

　プロジェクト計画を立案する場合，必要な要員の確保が可能かどうかを確認する。特に，代替えの利かない重要なキーパーソンが問題文に書いてあり，その重要なキーパーソンが別の作業に従事している場合には，それを調整する必要性を考える。

②開発経験者の有無

　特定のアプリケーションや，特定のパッケージ，既存システムの開発経験者など，何かしらの経験者が必要かどうかを問題文から読み取る。ストレートに「○○の開発経験者がいなかった（少なかった）」という記述がある場合も少なくないので，チェックしよう。

●現行システムの開発経験者（H22問3設問2）

　（情報システム部の）B課長（＝PM）は，部下の中からメンバを選任した。部下には現行システムの開発経験者がいなかった。（中略）その作業を確実に進めるために，現行システムの業務機能の追加開発と運用保守を担当している情報システム部の責任者に，新システムの体制に関してある要請（現行システムの開発経験者を参加させるよう）を行い，了解を得た。

　この記述のように，最初に，課長等が部下の中から（つまり課の中から）メンバを選任したという記述があり，その時点では開発経験者がいなかったとしているケースで，加えてスケジュールが厳しいような場合，作業を確実に進めるために，要員を確保する行動に出る必要がある。

●パッケージ導入プロジェクトの経験者（H27問2設問1）

　今まで業務システムを自社開発しており，ソフトウェアパッケージの導入経験がなかったが，今回ソフトウェアパッケージを導入することになった。そこで，当該パッケージ導入におけるプロジェクト管理の知識と経験を有するメンバの人選も依頼することにした。

2.1 基礎知識の確認

● 新バージョンの開発スキルをもった要員（H23問1設問2（2））

　本来，外部設計，内部設計，プログラム製造には，あるパッケージの新バージョンでの開発スキルをもった要員の確保が必要であると考えている。しかし，そうした要員がプログラム製造工程からしか参加できない場合には，次のような工夫をする。

- ・外部設計，内部設計は（新バージョンの開発スキルをもっていないが）旧バージョンに詳しく，新バージョンの機能調査を行ったメンバにスキルを習得させて対応する。
- ・資料の確認や機能調査，問合せの時間が必要になり，生産性が低下することを考慮し，外部設計と内部設計の期間を長めに設定する。
- ・パッケージベンダに対しては，新バージョンの技術情報の提供，外部設計と内部設計での必要に応じた支援を依頼する。
- ・進捗だけでなく品質が確保されているかという観点でも管理する。

● 経験者が不足する場合（H20問2設問3（2），（3））

　既存機能の一部を活用して新規にシステム開発を行う場合，開発体制としては当該既存機能の経験者をアサインしたい。しかし，必要な要員数が集まらない場合には，経験者は既存機能を活用する部分（この問題だと"顧客対応機能の画面"も同じような構成になるという記述がある）を担当する。

　それ以外の部分を未経験者に担当してもらうことを考えるが，その場合，リスクとして，当該既存機能に不慣れなので必要となる工数の見積りができない点と，開発期間が短く遅れた時の責任を負えない点があることを認識しておく必要がある。

③移行チームとの共同チーム（H22問3設問3（2））

　総合テストの後半からは，移行作業の担当者と業務機能開発の担当者で合同の調査チームを編成することにした。合同の調査チームを編成すれば，次のような理由で発生した不具合事象の原因を迅速に究明できると考えた。

- ・移行作業と業務機能開発のどちらに原因があるかの切分けが迅速にできるから
- ・原因を，移行作業と業務機能開発の両面から並行で調査できるから
- ・移行作業と業務機能開発の担当者が連携して調査を行うことで，早く原因がつかめるから

④テスト専門のチームを作るケース（H21 問4 設問1 (1), (2), (3)）

開発チームと結合テストチームを分離するケースもある。そのメリットは，内部設計や製造・単体テストと結合テストの準備が並行して実施できるため，前工程が遅れても，結合テストの準備に影響しないし，結合テストも可能な部分から開始できるところにある。

結合テストチームのリーダには，各開発チームのリーダではなく，テストに関する十分な経験をもつ人（この問題ではG主任）を任命する。G主任は，結合テスト開始の5週間前からプロジェクトに参加する。設計書を読込，各開発チームからヒアリングを行い，仕様と設計を理解して，テスト計画書やテスト仕様書の作成などの結合テストの準備を進める。また，結合テストの開始時点で，各開発チームから数名のメンバを結合テストチームに異動させ，結合テストの実施にあたらせることを計画している。

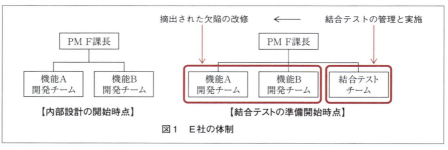

図9　問題文中の図（一部加筆）

この問題では，各開発チームには比較的経験の浅いメンバが含まれるというのも，この体制にした理由の一つとしている。内部設計で品質や進捗に問題が生じた場合，G主任の参加を前倒しし，結合テストでの検証が正確かつ容易に実施できるか，という観点で内部設計書をレビューしてもらう。こうすることで，内部設計の品質を改善する。加えて，結合テストの開始が遅れた場合でも，結合テストの検証効率が向上したり，検証が正確かつ容易に実施できたりするので，結合テストを予定通り完了させる効果を期待している。

但し，この体制では，結合テストチームの設置（結合テスト開始の5週間前）後しばらくの間は，G主任のヒアリングへの対応，G主任とのコミュニケーションに時間が取られるから，各開発チームの効率が一時的に低下する。

⑤合併時の共同チーム（H25 問3 設問4 (2)）

合併時の移行方式設計等は，両社で共同で行うように指示した。新システムのデータ仕様を早期に把握するためである。

（5）ユーザ側の体制

　ベンダが顧客の情報システム開発を請け負う場合，開発側のプロジェクトだけではなく，ユーザ側にもプロジェクトが立ち上がる。そうしたケースでは，ユーザ側プロジェクトのプロジェクトマネージャ（責任者）や体制に関しても出題される。なお，大きな組織では自社開発でも，同様に利用部門側でプロジェクトを立ち上げたり，責任者を置くこともある。

①ユーザ側作業の明確化

　要求事項一覧や業務要件定義書，ERP の適用範囲などはユーザ側の責任で作る必要がある。ベンダが決めても責任を取ることはできないからだ。但し，"要件定義書"には，業務要件を定義したものと，業務要件を受けてシステムの要件を定義したものがあるので，どちらのことなのかを正しく把握しよう。業務のことを定義するのはユーザ側だが，システムの要件定義書は開発者側で作成するのが一般的である。

● 業務要件の定義と ERP の適用範囲の確定（H23 問 2 設問 2（1））

　ユーザから"利用部門と調整を重ねたが，利用部門は各自の現在の業務との掛け持ちでしか参加できず，要件定義書（業務要件の定義と ERP の適用範囲の確定）を完成させることは難しいので，ベンダの方で業務内容をヒアリングして完成させてほしい"という要請を受けた。

　しかし，要件定義書（業務要件の定義と ERP の適用範囲の確定）を M 社の責任で完成させることは，次の点で不可能である。

　（責任分担の面）ユーザが決めるべき業務要件をベンダが決めることはできない
　（契約との整合性）準委任契約では成果物の完成責任を負うことは適切ではない

● 要求事項一覧（H28 問 2 設問 1（2））

　ユーザ側から提示された要求事項一覧に関する責任の所在はユーザ側にある（当たり前すぎるが…）。

第2章　ステークホルダ

●要件定義工程のユーザ側体制（R02 問3 設問2 (1)）

　従来の人材管理制度を刷新し新たな業務プロセスを定義するために，それが可能な SaaS を利用した人材管理システムを導入する。その場合，人事部だけではなく，人事評価を行う立場の利用者である各部の部長及び課長の代表者を選任することにした。これは，自らの立場を踏まえて主体的に取り組むこと，および社員の人材管理に対するニーズをかなえることが重要だと考えたからだ。

　選任した各部の部長及び課長の代表者には，具体的には，次のような役割を期待している。

・ 人事評価業務の運用ができるかどうかを確認する役割
・ 人材管理システムに対する利用者要求事項を提示する役割

②ユーザ側体制におけるメンバの選定

　ユーザ側作業で，PJ 完了後に横展開したり，ある程度の保守をユーザ側で実施したりする場合，その目的遂行のためにプロジェクトに参加しておくべきメンバが存在する。

● PJ 完了後を見据えたメンバの選定（R02 問1 設問2 (3)）

　今回の PJ には直接関係ないメンバを，今回の PJ のメンバとして選んだ場合，今回の PJ 完了後に同様の PJ を担当することになっているケースが多い。例えば，来期からの横展開に必要な手順を習得してもらうためという狙いなどだ。そういうケースでは，問題文から"次の役割"を探し出し，その役割を成就するために必要なスキルが何で，それを今回習得できるか否かをチェックすればいいだろう。

●保守を見据えたメンバの選定（R02 問1 設問3 (2)）

　保守を見据えて担当を決めることもある。システムに異常が発生した場合には，自分たちで迅速に復旧できる技術を身に付けておく必要があるようなケースでは，それを見据えて，その技術が必要な担当者に作業を任せる必要がある。必要に応じて外部ベンダの協力を得て，教育を兼ねて実施する。この問題の場合は，運転支援ソフトウェアパッケージによる自動運転のためのパラメタの設定値の変更及び AI に学習させる作業を，外部ベンダの協力を得てメンバが行い，来期の本番運用でもそのメンバだけで行えるよう技術習得を行うようにした。

③ユーザ側のスキルは大丈夫か

ユーザ側の作業でも，何かしらのスキルが必要な場合がある。特に DX プロジェクトやアジャイル開発プロジェクトでは，開発者側と一体になって進めるので，時に高度なスキルが求められることもある。

●要件定義（H23 問 2 設問 2 (2)）

要件定義書をレビューし，指摘事項一覧表を作成する。その後，次のような点に起因する指摘事項をモニタリングする。

- ・業務要件に関する理解不足
- ・業務要件に関する理解の誤り
- ・業務に関するスキル不足

● DX プロジェクトにおけるデータ分析・評価（R02 問 1 設問 3 (1)）

DX プロジェクトでは，ユーザ側の作業としてデータ分析や評価を求められることがある。その場合，IT の活用に慣れていないと，操作を習得するのに時間が掛かって本来の作業が遅れてしまう。そうならないように，IT とプロセス分析の専門家の支援を検討する。

④プロトタイプを用いて早い段階から参画（H24 問 3 設問 1 (2)）

要件定義工程で，プロトタイピングを用いて早い段階から利用部門に参加してもらう理由は次のとおり。

- ・利用部門のニーズを早く的確に把握するため
- ・利用部門のプロジェクトへの参加意識を高めるため

⑤ユーザ側責任者への依頼

請負契約等で他社（以下，ユーザとする）のシステム開発を受託したプロジェクトにおいて，ユーザ側の現場利用者に対する要求がある場合，直接依頼するのではなく，ユーザ側のプロジェクト責任者に依頼する。

●経営層の直下にプロジェクトチームを設置する（R02 問 1 設問 2 (1)）

DX を推進する PJ は，往々にして全社的な取り組みになる。その場合，プロジェクトチームは，経営層の直下にプロジェクトチームを設置する。そうすることで，組織横断的に全社からプロジェクトへ参加できる体制とすることもできる。あるいは，どの部署にも指示ができる。

第2章　ステークホルダ

● プロジェクトに専任してもらう（R02 問 1 設問 2（1））

　PM がプロジェクトチームを編成するにあたって，現業部門と兼務していたメンバの兼任を解き，専任とするという提案をした。その狙いは，専任する時間で何かしらの作業をしてもらいたいからだ。こういう場合は，問題文の中に，専任して実施してもらいたい（担当してもらいたい）ことが書いている。兼任では完了しないボリュームの作業だ。それを見つけて，それをする時間を確保するためというのが狙いになる。

● プロジェクトへの協力を要請（H25 問 2 設問 3（2））

　プロジェクトの途中でスコープが変わり，業務プロセスの整理が必要になった。そのため，新たなステークホルダの参加を要求する必要があると考えた。そこで，ユーザ側のプロジェクト責任者（C 社の D 部長）から，現場利用者等（C 社の各事業部）に対して，次のような点で協力を依頼してもらうことにした。
　　・ このプロジェクトに要員を割いてもらう
　　・ このプロジェクトへの参画の優先順位を上げてもらう

● 外部設計工程で，ユーザ側に要員面で協力を依頼する（H20 問 2 設問 1（1））

　当該業務を理解している専任者の配置か，それが難しければ，外部設計に優先的に対応する要員の割り当てを依頼する。

● 担当者が提案に取り合ってくれない場合（H20 問 3 設問 2（3））

　ユーザ側作業が遅れており，その対応策を提案するが，E 課長（相手先の担当者）からは "追加予算の承認には時間が掛かり，D 社プロジェクトが思うように進まない中で，K 課長（ベンダ側の PM）の提案に対応している時間はない。" と言って，取り合ってくれない。

　これに対し K 課長（ベンダ側の PM）は，F 部長（E 課長の上司）の判断を求める（もしくは，トップダウンの支援を要請する）ことにした（特にこの問題の場合は，問題文中に，"キックオフミーティングで D 社システム企画部の F 部長から，D 社プロジェクトの成功のために必要な方策があれば，遠慮なく提案してくれるように依頼を受けた" という記述もあった）。

216

2.1 基礎知識の確認

⑥現場利用者の意見や要望（H25問2設問2（1））

　問題文を読む時に，現場利用者の意見や要望を聞いているかどうかを確認する。特に，情報システム部からしかヒアリングをしていない場合など，それで問題ないかどうかを考える。現場利用者（最終利用者）には，そもそもの必要性（すなわち開発の目的やシステムに対する要望）を確認すること。

⑦現場利用者が繁忙期と重なるケース

　問題文中に現場利用者が多忙だという記述（例：3月初～5月末は年度決算の時期であり，経理部のメンバは多忙になる等）がある場合には注意が必要である。マークしておこう。

●リスク要因（H23問2設問1（2））

　要件定義工程を計画通りに完了させるに当たって，要件定義作業の進捗を注視していく必要があると考えた。それは，経理部門のメンバが（繁忙期で）要件定義作業に参加できなくなるリスクがあったからだ。

●なぜ問題なのか（H21問2設問1（1））

　要求仕様の検討に欠かせない業務部のメンバが多忙なので，事務処理の見直し内容や使い勝手の改善内容について，業務とのすり合わせが十分に行える状況ではなかった。このまま開発を進めると，業務部が参加して行う総合テストで（使い勝手の改善についての要望等の変更要求が多発するという）問題が発生するリスクが高いと考えた。

●対応策が問われる（H20問4設問1（4））

　来年4月の新商品の販売を控え，商品開発部の協力が十分に得られないことも想定されるので，システム部としては商品開発部の支援を行う工数（要員，予算）の確保及びドキュメント整備を支援する工数（要員，予算）の確保という対応策を検討し，計画に織り込んでおく。

⑧テスト工程に参加してもらう場合（H20問4設問3（1））

　新システムの導入によって，これまで常時出力が可能であった帳票が定期的にしか出力されなくなるなど，業務面で若干の変更がある。そこで，S課長は，2次開発のテストには，商品開発部にも参加してもらい，現行機能が保証されていることの確認に加え，業務遂行上の問題がないことの確認（業務運用面で問題がないことの確認）を依頼した。

217

第2章 ステークホルダ

2.1.3 責任分担マトリックス

　プロジェクト・スコープ・マネジメントで作成されたWBSの作業項目ごとに，資源と責任の関係をまとめた表を責任分担マトリックス（責任分担表，RAM：Responsibility Assignment Matrix）という。その一種で，情報処理技術者試験でよく問われているのがRACIチャートである。

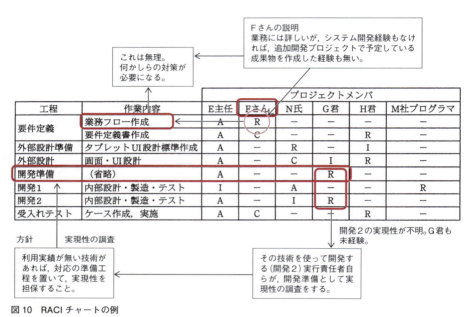

図10　RACIチャートの例

R（Responsible）実行責任：　作業を実際に行い，成果物などを作成する。

A（Accountable）説明責任：　作業を計画し，作業の進捗や成果物の品質を管理し，作業の結果に責任を負う。

C（Consult）相談対応：　作業に直接携わらないが，作業の遂行に役立つ助言や支援，補助的な作業を行う。

I（Inform）情報提供：　作業の結果，進捗の状況，他の作業のために必要な情報などの，情報の提供を受ける。

●責任分担マトリックスの必要性

組織によっては，プロジェクト計画時にこの責任分担マトリックスの作成を義務付けていることがある。

その理由の一つは，人的資源の効率性（必要最小限）が一覧で確認できるからだ。ある作業で支援者がいなかったり，逆に責任者が複数いて命令が輻輳したり矛盾が発生したりするとトラブルの元になるが，それを避ける狙いがある。

また，常時最適な担当者がアサインできるわけでもない。そこで責任分担マトリックスを利用する。具体的には，工程やタスクごとに必要なスキルや経験値（コンピテンシー）を定義し，それと候補者の能力や実績と比較する。その結果，スキル等が不足している場合には，何かしらの対策（教育や調査，専門家の支援など）を検討する（図のF君やG君のケース）。情報処理技術者試験では，上記の下線部が問題文で与えられていて，それに対する対策が，適当かどうかが問われることが多い。これが二つ目の理由である。

三つ目の理由は，この表を基に個々交渉し，事前にコンセンサスを取ることで自覚や参画意識を高めるためである。例えば，業務部門の参画意識が低かったり，非協力的だったりする時に，この表を基に実現可能かどうかを話し合い，参画意識や当事者意識を高めていく。

●体制構築のポイント

階層型チャート図のプロジェクト体制図や，責任分担マトリックスを作成することでチーム編成を行うことになるが，その時（体制構築時）の留意点を最後にまとめておく。午後の問題を読む時には，この視点でチェックしておくと短時間で正解がイメージできるようになるだろう。

- 特定の人に負荷が集中していないか
- 専任もしくは兼任が適切か（役割，作業負荷等を考慮し必要なら専任）
- 指揮命令系統は適切か（役職や年齢面で実現可能か。輻輳は無いか。複数の命令系統になる場合には優先度を明確にしておく）
- 教育や育成について考えているか（必要な場合，フォローは大丈夫か）

第2章　ステークホルダ

2.1.4　要員管理

目　　　的：組織見直し（必要性有無の判断含む）
留　意　点：①要員のモチベーションは維持できているか
　　　　　　②要員の離脱，交代，増員に対する判断
　　　　　　③プロジェクト内での要員教育
具体的方法：①特定の要員に起因する生産性低下がないかモニタリングする
　　　　　　②（計画的かつ意図的に）計画された育成計画

　要員管理（内部要員の管理）では，要員のプロジェクトを通じた教育や，プロジェクトを成功させるためのプロジェクト体制の維持が重要になる。プロジェクトを遂行する中で，プロジェクトメンバに起因する問題が起こるケースがある。そのときに，プロジェクト体制の見直しが必要かどうかをチェックし，必要だと判断すればプロジェクト体制を変更しなければならない。

　ただし，プロジェクト体制の変更には大きなリスクが存在する。作業の引継ぎや新たな人間関係の形成に余分に時間がかかったり，期待していたほどの能力がなかったりすることもある。要するに，体制を変更すると新たなリスクが発生するので，その部分のリスク管理も十分考慮しなければならないというわけだ。

●要員に関する問題の（早期）発見

　要員に関する問題は，進捗遅延や費用超過，品質不良などプロジェクトの管理目標となるQCD（納期・品質・コスト）に問題が発生して判明する事が多い。その原因を分析してみると，「実は，要員に……」というケースだ。情報処理技術者試験の問題でも，そういう状況設定が普通である。

　しかし逆に，要員の問題を早期に発見できれば，進捗遅延や費用超過，品質不良を防止することができる。つまり，進捗遅延や費用超過の兆候をつかむことができるというわけである。その方法には次のようなものがある。

要員別の進捗管理表での問題発見

　全体では進捗遅延になっていなくても，特定の要員は進捗遅延になっている場合がある。そういう状態を放置しておくと，全体への影響は必ず出てくるので，要員別の進捗管理表で，要員ごとに進捗チェックをする。

220

要員別の工数管理（生産性）での問題発見

　要員別の生産性にも注意が必要である。進捗遅延にはなっていなくても，それを残業時間でカバーしているようなケースだ。いずれ，残業や休日出勤では遅れを取り戻せなくなり，進捗遅延につながったり，（その状態が長時間続き）健康面に影響が出て離脱しなければならなかったりするかもしれない。そのため，残業時間や，生産性を管理するのも問題の検知に有効になる。

勤怠管理での問題発見

　プロジェクト要員の勤怠状況から，抱えている固有の問題を発見できる場合がある。遅刻や早退，欠勤，残業時間などが多くなっているような場合，健康面で問題があったり，事件や事故，近親者の病気や不幸などが発生しているかもしれない。そこで，プロジェクトメンバの勤怠情報を管理し，異常値を検出した場合には，個別に面談して，その根本原因を確認する。

現場を見ることで問題を発見

　チーム編成に当たっては，メンバ相互の相性も重要である。特に，チームの和を乱すメンバがいることによって，ほかのメンバのモチベーションが下がるのは避けなければならない。そこで，できる限り現場を見たり，要員とコミュニケーションを取ったりして，問題の発見につなげる。

●要員問題の原因と予防的対策（リスク管理）

　要員に関する問題が発生し，プロジェクト体制の変更を余儀なくされる原因には次のようなものがある。

- 別の重要プロジェクトからの招聘による離脱
- 要員の病気・けが，欠勤，退職等
- 派遣会社の引上げ
- 人事異動
- 要員間のトラブル
- 要員の能力不足の発覚
- 工数不足，工数余剰
- その他不測の事態

　これらのリスクに対して，本番開始のスケジュールが絶対に延期できないようなシステム（例えばオリンピックのシステムなど）では，そうした要員の離脱も考慮してプロジェクト体制を立てなければならない。ちょうどプロ野球選手が9人ではなくて，ケガで戦線離脱しても試合が中止にならないように，控え選手を準備して

第2章 ステークホルダ

おくようなものである。ただし，余裕を持った体制にすると，当然その分，費用は
上積みされることも忘れてはならない。

　また，プロジェクトを兼務しているメンバ，新人など能力が未知数のメンバ，新
技術を使うケースなどは，リスク管理の観点から重点的に管理する項目を決めてお
かなければならない。プロジェクトを兼務しているメンバの場合，ほかのプロジェ
クトの稼働時間，その比率，当該プロジェクトへの参画時間などを，それ以外の場
合は，想定した生産性になっているかどうか，生産性を，それぞれ重点管理項目に
入れる。

●要員問題の事後対策

　プロジェクト体制や要員に問題があると分かったら，要員の配置換え，役割変更，
要員の交代，要員の追加など，可能な選択肢を駆使して，プロジェクト体制を見直す。

　しかし，いずれにせよ，プロジェクト体制の変更には大きなリスクが伴うため，
可能であれば変更しない方がよい。そこで最初に検討するのは，既存の体制でこの
ままプロジェクトを進めた場合，どのようになるのかを予測するところからであ
る。これは，平成13年度 午後Ⅱ 問2でも出題されている。

　例えば，要員が一人離脱した場合，残りの要員で（一人不足したまま）残りの作
業を分担した場合，どのようになるのかをシミュレーションする。労働関係の法律
に違反することがなく，特定の要員に負荷もかからないのであれば，残りのメンバ
で作業分担するのも有効な対策になる。

要員の追加を検討

　新たに要員を追加する場合は，必要なスキル，経験を明確にし，該当する要員を
決定する。そして，作業の引継ぎやプロジェクトルール，標準化の方針などの習得
時間，その他情報収集等の準備時間など，新たに必要なタスクとその時間を見積も
る。それらを基にシミュレーションした結果，既存の体制でいくよりも適当だと判
断した場合，要員を追加する。

　また，新たに投入した要員に期待していたほどの能力がなかったりすることもあ
る。そこで，新たに投入した要員の生産性に関しても想定どおりかどうかを重点的
に追跡調査しなければならない。

　なお，要員を追加するには，権限を持つ上司に相談して調整をするか，外部協力
会社に依頼して派遣してもらうことが多い。

過去に午後Ⅰで出題された設問

(1) 会議に関する設問

過去問題の中には"会議"をテーマにしたものもある。午後Ⅱ論文でも"会議"について書くこともあると思うので、ここで整理しておこう。

①定例会議の運営に問題があるケース（H21問3設問4（1））

報告内容の似た二つの定例会議があり、各リーダは会議の出席や準備に追われ、残業時間が増加していることが分かった。各リーダは忙しいので配下の担当者に適切な指示を出すことができず、作業の誤りとそれによる手戻りなどが多くなり、配下の担当者の残業時間が増加していた。

そこで下図のように改善する（図の表2を表3に）。特に連絡会は、R課長（ユーザ企業の責任者）と1対1で話をする機会として、原則、月次で開催することにした。

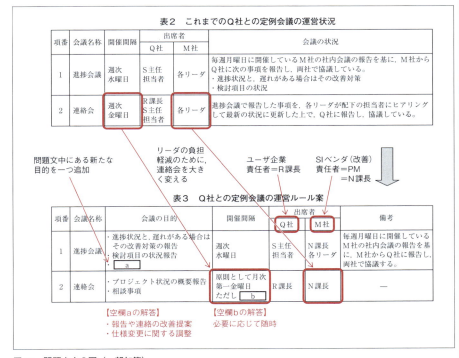

図11　問題文中の図（一部加筆）

②会議を有効な場とするために必要な工夫

会議の効率いい進め方，あるべき姿に関する問題もよく見かける。"会議の場"を効率よく進めるには，資料を事前に配布して読み込んでおいてもらい，自分の意見を事前に整理しておいてもらう必要がある。何の会議かもわからない中，集まってから資料に目を通し，その場で考えている時間を削減でき，意見交換だけに時間を使えるからだ。これは，午後Ⅱの論文ネタとしても使えるものだ。

● 会議前に状況確認と課題分析を実施（H31 問 3 設問 3（2））

会議への参加メンバに関する「各自の成果物の出来高実績，担当部分の SPI 及び今後の見通しの報告」は会議前に実施し，それを受けて PM もしくはチームリーダは，プロジェクトの状況や課題の分析を会議前に実施しておく。進捗会議では，その内容を共有する。遅れを認識しているメンバは，リカバリ策を検討して会議に挑む。そうすることで，会議の場は「分析の結果を共有し，適切なリカバリ策を合意する場」，「課題をプロジェクトチーム全体として共有し，調整を行う場」になりうる。

● 会議の効率化（H21 問 3 設問 4（2））

進捗会議では毎回，検討項目の"すべて"の未決事項についての状況報告を求められることから負荷がかかっていた。そこで，検討項目の未決事項の状況報告に関して，リーダの負荷を低減するため，（すべてではなく）優先度の高い未決事項や，解決期限が近い未決事項，重要な動きがあった未決事項に絞り込んで報告するように変更した。

③メンバから話を聞きたい場合の工夫

会議の場や，あるいは個別に，メンバから話を聞きたい場合には，その目的を達成するために様々な工夫が必要になる。

● 会議の場で全員から話を聞きたい場合（H28 問 2 設問 3（2））

会議の場で"全員に自分の意見を述べさせる"ことがある。それは，ミーティングで発言しないメンバの意見も含めて，全員に認識してもらうためである。会議の場では，一部の人しか発言しないことも少なくない。問題文では，それを問題視している場合もあるので注意しよう。ストレートに"一部の人しか発言しない"と書いている場合，そこを改善する設問が用意されている可能性が高い。

2.1　基礎知識の確認

● 個別に話を聞く場合（H21 問 3 設問 3（2））

　N 課長は，各リーダと配下の担当者を集めて行ったヒアリングの様子から，各リーダ配下の担当者と個別にヒアリングをした。ヒアリングを個別にしたねらいは，話しやすい環境を作る話せないことを聞き出すためなどである。
※問題文中には「各リーダと配下の担当者を集めてヒアリングを行った。このヒアリングでは，出席者に自由に発言をするよう促したが，各リーダの発言が大半を占めた。」という記述があった。

● PM が肯定も否定もしないと気をつける理由（R02 問 2 設問 1（2））

　PM が，メンバに対して，プロジェクトの状況をどのように認識しているのか，個別にヒアリングすることにした。その際，それぞれの状況に対して PM が抱いている肯定や否定の考えを感じさせないように気をつけるようにした。それは，PM が肯定や否定の考えを感じさせると，PM の考えに引きずられないメンバの真の考えがでてこない可能性があることを懸念したからだ。

④ チャットツールを活用したコミュニケーション

　PJ を運営する上で，正確なコミュニケーションをとることは非常に重要なことである。メンバが多い場合はなおさらだ。より多くの情報共有や意見交換が必要になる。そういうケースで“正確なコミュニケーション”ができるように，ビジネス向けチャットツールを活用することがある。これは，午後Ⅱ論文の工夫した点でも使えるだろう。

● 議事録の確実な閲覧を促すことができる（R02 問 3 設問 3（1））

　会議では，討議内容及び討議結果などを記載した議事録を作成する。そして，その議事録は，会議終了後にチャットルームに投稿する。チャットルームを使えば閲覧したかどうかが分かるので，数日経過後，各メンバの議事録閲覧の有無を確認し，閲覧していないメンバに閲覧を促すプッシュ通知をする。そうすれば，議事録の確認漏れや古い資料を見ての回答が多数発生し，認識齟齬のままプロジェクトが進み，手戻りが生じることを防止できる。以前は，電子メールで議事録を送信していたので防止できず，情報共有や意見交換に課題があり，正確なコミュニケーションがとれていなかった。

● チャットツールのログも要件定義工程の成果物にする（R02 問 3 設問 3（2））

　会議資料の議事録は，討議内容及び討議結果を欠席者の意見も含めて記録している。それゆえ要件に関わる討議内容に関しては，要件定義の作業の成果物

に追加するといい。要件定義には決定事項が記載されるが，議事録はその決定に至るまでのプロセスを記録しているため，<u>討議結果の根拠となる意見の記載があるから</u>だ。

（2）要員の追加投入

スケジュール遅延をばん回する目的や要員の交代などで，要員を追加投入する場合がある。

● 自社要員だけで実施している工程（H23 問 1 設問 3（3））

どの工程に要員を追加するのが適切かが問われている場合，まずは<u>自社要員だけで実施している工程</u>を探す。そこが単純に要員の追加投入だけで乗り切れそうな場合，自社の判断だけで要員を追加することができる。この場合，費用（工数）をどちらが負担するのかにも注意が必要。

● 要員を追加投入する時の留意点（H27 問 3 設問 2）

要員を急きょ追加した場合，開発工数の手当てはできていても，新システムに関する知識不足から，<u>追加要員の教育に想定以上の時間が掛かる</u>という問題が発生し，計画通りに進められないリスクがある。

（3）要員の追加投入が難しい場合（H20 問 2 設問 1（2））

スケジュールを作成している時や，追加要求の発生，進捗遅延への対応などで要員を追加しようとした時に，要員不足で追加投入が難しい場合には，PMO 等の複数プロジェクトを統括しているところに，兼任している要員の（他プロジェクトでの）負荷を下げて専任するように働きかけたり，他プロジェクトの要員を自プロジェクトに参画できるように調整できないかを相談したりする。

この事例では，ユーザ企業がベンダに対して複数案件の開発を委託している（定期案件，新規案件＝今回の開発 PJ）ところ，新規案件に追加要望が発生している。ユーザ側の PM が，ベンダに相談したところ，ベンダから"当社で用意できる要員の多くを定期案件に投入している。（中略）新規案件の内部設計以降は要員が確保できないので，一部分しか対応できない"という報告があった。

これに対してユーザ側の PM は，定期案件のうち，次回の定期案件に先送りできる案件が無いか，ユーザ側の定期案件の責任者である C 課長に確認した。<u>定期案件の対応要員（ベンダ側の要員）を新規案件に回してもらうため</u>である。

Column ▶ PMO (Project Management Office)

　プロジェクトマネージャを支援する組織として PMO を設置する企業が増えている。PMO に関して，PMBOK（第6版）では**「プロジェクトに関連するガバナンス・プロセスを標準化し，資源，方法論，ツールおよび技法の共有を促進する組織構造」**と定義している（PMBOK 第6版 P.48 より）。また，JIS Q 21500：2018 でも，**「ガバナンス，標準化，プロジェクトマネジメントの教育訓練，プロジェクトの計画及びプロジェクトの監視を含む多彩な活動を遂行することがある。」**と説明している。

　こうした定義と一般的な解釈より，具体的な PMO は，次のような役割を果たす組織だと言える（もちろん，「プロジェクトマネージャを支援する」役割で，「全てのプロジェクトを成功させる」目的なら，これらに限らないし，全ての機能を持たないといけないわけでもない）。

【PMO の役割の例】

- 自社のプロジェクトマネジメント標準の開発
  （PMBOK 等の各方法論の研究，ベストプラクティスの追及，ドキュメントのフォーマット管理なども含む）
- 知識やノウハウの管理
- プロジェクト実施支援
- プロジェクトで共有する資源の管理
- プロジェクト間の調整
- プロジェクト成果物の品質管理や品質確認
- プロジェクトマネージャの教育やトレーニング
- プロジェクトの監査，プロジェクトマネジメント標準の遵守状況の監視

　そもそも企業が PMO の設置を検討するのは，失敗プロジェクト（赤字プロジェクト等）が問題となっている時が多い。プロジェクトマネージャによって，プロジェクトの成否に差が出る場合，その品質の均一化を目的に検討が進められるパターンだ。あるいは，元々存在したプロダクトの品質をチェックする品質管理部門が改組するパターンも少なくない。

　そんな PMO なので，役割や影響力は様々なパターンがある。したがって，午後Ⅰ試験や午後Ⅱ試験で PMO が登場したり，問われている場合，その問題では "どんな目的で，どのような役割をもって（どんな機能で），プロジェクトにどれくらいの影響がある組織なのか？" を必ず正確に読みとろう。

　なお，PMO に関して詳しく説明している資料に，IPA の「IT プロジェクトの「見える化」～総集編～」がある。少々古い資料だが「PMO を活用した統合的マネジメント」や「PMO のあるべき姿」をテーマに 30 ページ強にわたって説明してくれている。時間があればダウンロードして目を通しておこう。

https://www.ipa.go.jp/sec/publish/tn08-006.html

第2章 ステークホルダ

2.1.5 組織の制約

ここ数年，プライバシーマークや ISMS（P.717 コラム参照）取得企業が増加している。ソフトウェア開発企業が取得した場合，プロジェクト計画を立てる時点で，セキュリティを確保するための制約事項（組織から要求される制約事項）を意識して計画を立案しなければならない。ここでは，どのようなことを意識しておけばよいのかを説明する。

プロジェクト計画時に影響を受ける制度の確認

最初に，自社または顧客企業，協力会社など，プロジェクトに関連する企業が，ISMS やプライバシーマーク制度など，情報セキュリティに関する認証制度を取得しているかどうかを確認する。

もしもどこかの企業が，いずれかの制度を取得していると，もちろんプロジェクト自体も影響を受ける。例えば，顧客企業がプライバシーマーク制度を取得している場合には，テストデータや打合わせのときに使用する資料に個人情報が含まれていると，細かい手続が必要になったり，作業場所に制約がかけられたりする。

そのような制約があるため，最初に各企業がどの制度の認証を受けているかを明確にしなければならない。もちろん，認証取得はしていなくても，そういった運用ルールを作っている企業の要請であれば従う必要がある。

機密情報を扱うかどうかの確認

次にプロジェクトで機密情報を扱うかどうかを明確にする。機密情報には次のような種類がある。

①秘密管理規程で規定されている「社外秘」や「極秘」情報（不正競争防止法での保護対象）
②個人情報保護法や，コンプライアンス・プログラムなどで対象になっている個人情報（社員情報も含む）
③ISMS で規定している情報資産

機密情報の取扱い計画

こうした機密管理が必要な情報については，ISMS やコンプライアンス・プログラムで，その取扱いルールが定められているケースが多い。もちろん，そうした管理要求がある場合，それに従わなければならないが，単に安全に管理することのみを要求されている場合には，プロジェクトマネージャの判断で，管理ルールを定めなければならない。考慮しなければならないことは多岐にわたるが，代表的なものは次のとおりである。

①技術的対策

不正アクセスに対する措置で，アクセスコントロールをしっかりして，プロジェクトメンバ以外が（ネットワークを通じて）アクセスできないようにする。このほか，必要に応じて（ノートパソコンなどが盗難したときに備えて）暗号化したり，ほかのネットワークとの境界にファイアウォールを設置したりする。

②人的対策

人の不注意や不正が入り込まないようにする対策も重要である。重要なデータをフロッピーディスクやUSBメモリなどにダウンロードできないようにしたり，出力した帳票や借りてきた資料の保管方法（単独で扱えないように二重に施錠した保管庫に保管）や廃棄方法（シュレッダーを責任者が確認）をルール化したりすることが重要になる。ほかに，複写するときのルール化などもある。

このとき，不注意に対する対策だけではなく，不正も意識しておく必要がある。プロジェクトで取り扱う情報が漏えいした場合，すべての責任はプロジェクトマネージャが負うことになるからである。

③物理及び環境的対策

一番の対策は，開発環境を通常の業務環境から隔離することである。社内LANに接続しなかったり，物理的に立ち入ることができない区画で開発したりすることである。その上で，入退室管理をしっかりと行う。

また，機密情報を運搬しているときや，保護されている環境から持ち出すとき（例えば，自宅に持ち帰るなど）にどうするかを決めておく必要がある。例えば，運搬には，宅配業者などに任せるのではなく，プロジェクトメンバが複数人で直接取りに行ったり，自宅への持ち帰りを禁止したりする。

そのほかの計画

そのほか，ISMSでもプライバシーマークでも，単にルール化するだけでは不十分で，ルールの周知（教育）と，遵守状況のチェック（監査）が重要だと位置付けている。そのため，プロジェクト計画立案時にも，プロジェクト内でのセキュリティに関する教育や，監査プロセスを組み込むことが必要になる。これらを正しくスケジュールの中に組み込んでおかなければならない。

なお，教育や監査などは，情報セキュリティ委員会や個人情報保護委員会など，常設の体制があれば，そういったリソースを利用してもよい。

第2章　ステークホルダ

2.2 午後Ⅱ 章別の対策

　午後対策のスタートは午後Ⅱから。まずはテーマ別のポイントを押さえてから問題文の読み込みに入っていこう。

●過去に出題された午後Ⅱ問題

表4　午後Ⅱ過去問題

年度	問題番号	テーマ	掲載場所	重要度 ◎＝最重要 ○＝要読込 ×＝不要	2時間で書く推奨問題
①チーム編成と運営					
H07	1	プロジェクトチームの編成とその運営	なし	×	
H13	2	要員交代	なし	◎	○
H14	3	問題発生プロジェクトへの新たな参画	Web	◎	
H17	3	プロジェクト進行中のチームの再編成	Web	◎	○
H23	3	システム開発プロジェクトにおける組織要員管理	Web	○	
H26	2	システム開発プロジェクトにおける要員のマネジメント	Web	○	
②チーム育成（教育）					
H12	2	チームリーダの養成	Web	◎	
H15	2	開発支援ソフトウェアの効果的な使用	Web	○	
H22	2	システム開発プロジェクトにおける業務の分担	Web	○	
③ステークホルダや利用者との関係					
H09	3	システムの業務仕様の確定	なし	×	
H17	1	プロジェクトにおける重要な関係者とのコミュニケーション	Web	◎	
H20	1	情報システム開発プロジェクトにおける利用部門の参加	Web	○	
H21	3	業務パッケージを採用した情報システム開発プロジェクト	Web	○	
H24	1	システム開発プロジェクトにおける要件定義のマネジメント	Web	○	
H30	1	システム開発プロジェクトにおける非機能要件に関する関係部門との連携	本紙	○	
④機密管理					
H16	1	プロジェクトの機密管理	Web	◎	
H25	1	システム開発業務における情報セキュリティの確保	Web	◎	▲
⑤人間関係のスキル					
H18	1	情報システム開発におけるプロジェクト内の連帯意識の形成	Web	○	△
H19	1	情報システム開発プロジェクトにおける交渉による問題解決	Web	○	◎
H21	1	システム開発プロジェクトにおける動機付け	Web	◎	△
H24	3	システム開発プロジェクトにおける利害の調整	Web	○	
H29	1	システム開発プロジェクトにおける信頼関係の構築・維持	Web	○	
R03	1	システム開発プロジェクトにおける，プロジェクトチーム内の対立の解消	本紙	◎	

※掲載場所が "Web" のものは https://www.shoeisha.co.jp/book/present/9784798174914/ からダウンロードできます。詳しくは，ivページ「付録のダウンロード」をご覧ください。

230

本章は大きく5つに分けられる。①チーム編成と運営，②チーム育成（教育），③ステークホルダや利用者との関係，④機密管理，⑤人間関係のスキルである。

①チーム編成と運営（6問）

一つ目は，計画段階で"チームを編成"し，プロジェクト実行時に必要に応じて"チーム編成を変える"という部分にフォーカスされた問題である。具体的には，要員交代（平成13年度問2，平成26年度問2），PMの交代（平成14年度問3），チームの再編成（平成17年度問3）など。こうした"チーム編成にメスを入れる"というアクションは，問題発生時にプロジェクトマネージャが取り得る"事後対策"の最有力候補にもなる。そういう意味では，これらの問題でネタを準備しておけば，プロジェクトにトラブルが発生した場合の対策として，数多くの問題で部分的に活用できるだろう。

②チーム育成（教育）（3問）

プロジェクト計画立案時に考慮することの一つに，チーム育成（教育）がある。その部分にフォーカスした問題も出題されている。問題を見ればわかると思うが，なかなかの難問で，改めてOJT教育のあるべき姿に気付かされる。但し，ここで取り上げている3問は微妙に違っているので，ここも3問とも目を通しておきたいところだ。熟読して予防接種をしておこう。

③ステークホルダや利用者との関係（6問）

三つ目は，ステークホルダーとのコミュニケーションをどう計画するかや，利用者との役割分担にフォーカスした問題である。合意形成をどうするか？利用者側に起因する問題が発生した場合にどう対応するかなどが問われている。その特性上，利用者との接点がある要件定義工程（平成24年度問1）や，パッケージの導入事例（平成21年度問3）などが問われやすい。交渉や協議を通じて合意形成したところを書かないといけない場合には，二往復ぐらいのやり取り（会話のキャッチボール）を書いた方がいい。

④機密管理（2問）

四つ目は，プロジェクトマネジメントにおける"セキュリティ"にフォーカスした問題である。IPAは近年，情報処理技術者試験の全区分で情報セキュリティを重視することを宣言しているので，定期的に出題されるテーマだと考えておいた方がいいだろう。前回出題は平成25年度。IPAが，全区分でセキュリティ重視を宣言したのが平成25年秋のこと。それ以後は出題されていないので，そろそろ出題されそうな気もする。

第2章　ステークホルダ

⑤人間関係のスキル（6問）

　連帯意識の形成（平成18年度問1），動機付け（平成21年度問1），交渉（平成19年度問1，平成24年度問3），信頼関係の構築（平成29年度問1），リーダーシップの問題解決能力（平成31年度問2），対立の解消（令和3年度問1）など，PMBOKで言うところの"人間関係のスキル"にフォーカスした問題も出題される。いずれも，特徴のある問題なので一通り目を通しておいた方がいいだろう。「連帯意識の形成はどうやって行ったの？」とか，「どうやって動機付けをしたの？」と聞かれても，いきなり答えることはほぼ不可能なので，事前準備が必要になるからだ。

● 2時間で書くことの推奨問題

　推奨するのは，今回も平成19年度問1になる。プロジェクトにおける"交渉"をテーマにした問題だ。プロジェクトマネージャにとって"交渉力"は大きな武器になる。利害関係の異なるステークホルダ間のトラブルを解決するのも交渉によるもの。しかし，それをいざ文章にしてみようとするとこれがなかなか難しい。どう表現すればいいのか，その練習には最適だろう。この問題で練習しておけば，平成17年度問1，平成24年度問3などにも応用できるし，部分的ならそれこそ様々な問題で活用できる。

　他には，古い問題だが部品化しておくにはもってこいの平成13年度問2（要員交代）や平成17年度問3（チームの再編成）だ。この2問も具体的にイメージできるところまで作り込んでおけば，"交渉"，"要員交代"，"チーム再編成"が揃うので，かなりの問題を（部分的に）カバーできるだろう。

　セキュリティが得意な人は平成25年度問1で準備しておくのもいいだろう。出題されなければ部品としても使うことはないだろうが，出題されたら準備をしている人だけが有利になる。一発を狙うならこの問題だ。予測型でも適応型でも変わりはない。他にも，「⑤人間関係のスキル」の中の動機付け，連帯意識の形成，対立の交渉なども重要な問題には違いない。しかし，これらの問題に限っては，一度出題されたテーマが再度出題されることは，これまでは無かった。その点だけが気がかりだ。平成18年度問1や平成21年度問1なんかは，アジャイル開発の方が重要視されているので出題されてもおかしくはないのだが。

●参考になる午後Ⅰ問題

午後Ⅱ問題文を読んでみて,"経験不足","ネタがない"と感じたり,どんな感じで表現していいかイメージがつかないと感じたりしたら,次の表を参考に"午後Ⅰの問題"を見てみよう。まだ解いていない午後Ⅰの問題だったら,実際に解いてみると一石二鳥になる。中には,とても参考になる問題も存在する。

表5 対応表

テーマ	午後Ⅱ問題番号(年度-問)	参考になる午後Ⅰ問題番号(年度-問)
① チーム編成と運営	H26-2, H23-3, H17-3, H14-3, H13-2, H07-1	○(H24-2, H10-2), △(H15-3)
② チーム育成	H22-2, H15-2, H12-2	○(H13-4)
③ 利用者との関係	H30-1, H24-1, H21-3, H20-1, H17-1, H09-3	○(H30-3, H28-2, H21-3)
④ 機密管理	H25-1, H16-1	○(H19-1, H14-1)
⑤ 人間関係のスキル	R03-1, H29-1, H24-3, H21-1, H19-1, H18-1	△(H21-3)

人間関係のスキルに関して

　PMBOK(第5版)では付属文書X3において,PMBOK(第6版)ではプロジェクトマネージャの役割の中で(PMBOK第6版 P.552),次のような11の人間関係のスキルについて言及している。

- ・リーダーシップ(問題解決力含む)
- ・チーム形成
- ・動機づけ
- ・コミュニケーション
- ・影響力
- ・意思決定
- ・政治的活動と文化への認識
- ・交渉
- ・信頼関係の構築(5版),促進(6版)
- ・コンフリクト・マネジメント
- ・コーチング

　原理・原則ベースになったPMBOK(第7版)では,チーム・パフォーマンス領域で,これらのうちのいくつかの要素を説明している。リーダーシップ,動機付け,コンフリクト・マネジメントなどだ。つまり,これらはチームのパフォーマンスを向上させるために必要なことだということがわかる。

第2章　ステークホルダ

午後Ⅱ問題を使って "予防接種" とは？

（3）予防接種をする

　本書では，各問題文の読み違えを無くすために，次のような手順で対策をしておくことを推奨している。筆者はこの学習方法を "予防接種" と呼んでいる。問題文の読み違えは，1度引っかかっておけば2度目は引っかからないからだ。それまでの先入観を上書きし，新たな先入観を "免疫" として習得しておけば，少なくとも試験本番時に問題文を読み違えることはないと考えているからだ。

【予防接種の具体的手順（1問＝1時間程度）】

①午後Ⅱ過去問題を1問，じっくりと読み込む（5分）

　「何が問われているのか？」，「どういう経験について書かないといけないのか？」を自分なりに読み取る

　※該当する過去問題を各章に掲載しています

②それに対して何を書くのか？ "骨子" を作成する。できればこの時に，具体的に書く内容もイメージしておく（10分〜30分）

③本書の解説を確認して，②で考えたことが正しかったかどうか？漏れはないかなどを確認する（10分）

　※各午後Ⅱ問題文に対して，手書きワンポイントアドバイスを掲載しています。さらに，ページ右上のQRコードからアクセスできる専用サイトで，各問の解説を提供しています。

④再度，問題文をじっくりと読み込み，気付かなかった視点や勘違いした部分等をマークし，その後，定期的に繰り返し見るようにする（10分）

詳しい説明は，P.21〜！

→ "過去問題の読込" の重要性を理解しよう！

平成7年度 問1　プロジェクトチームの編成とその運営について

解説はこちら

計画　システム開発のプロジェクトを成功させるためには，プロジェクトの立上げに先立って，プロジェクトが十分に機能するように，チームを編成し，要員の役割分担を決め，作業手順やコミュニケーション手段などの仕事の仕組みを確立しておくことが重要である。更に，その運営に当たっては，要員の教育，モチベーション管理，チーム間のコミュニケーションの円滑化など，プロジェクト全体が有機的な組織として働くための諸活動を行うことが必要である。

問題　しかし，実際には種々の事情で十分な体制を整えられないままプロジェクトを立ち上げる，プロジェクトの途上で欠員が生じる，要員のスキルが当初の期待どおりでない，業務の割当てや仕事の進め方が不適切である，などの要因でプロジェクトの運営が困難になることはまれではない。

対応　このため，プロジェクトマネージャには，常にプロジェクト全体の状況をよく把握し，チーム編成や仕事の仕組みの見直しを適切に行うことが求められる。

あなたの経験に基づいて，設問ア～ウに従って論述せよ。

計画 → 設問ア　あなたが携わったプロジェクトにおいて，プロジェクトのチーム編成をどのような考え方で行ったかについて，その背景となったシステムの特徴とともに，800字以内で述べよ。

問題 → 設問イ　設問アで述べたプロジェクトにおいて，あなたが直面したプロジェクトチーム
対策 → 　　　　 ム運営上の問題点とその原因を具体的に述べよ。また，それにどう対処したか。あなたが工夫し実施した施策とその効果について述べよ。

設問ウ　プロジェクトチームの編成とその運営をより適切に行うために，あなたが今後採り入れたい施策について，簡潔に述べよ。

→ H13-2 + H17-3 で十分！

第2章 ステークホルダ

平成13年度 問2　要員交代について

解説はこちら

問題
システム開発プロジェクトの途中で，特定の要員が体調不良や能力不足などによって交代を余儀なくされることがある。

対応
そのような場合，プロジェクトマネージャは，まずプロジェクトの問題を正確に把握し，問題に応じて適切な対応策を検討，実施する必要がある。

問題の把握に当たっては，工程や品質などのプロジェクト状況について，計画とその時点での差異を明確にするとともに，既存の体制のままで推進した場合に，将来，プロジェクトへどのような影響を与えるかを予測することも大切である。さらに，同じことを繰り返さないためには，必ずしも当人に起因するとはいえないプロジェクト運営上の問題，例えば，度重なる業務仕様の変更や，無理なスケジュールによる過負荷などの要因がなかったかどうかを見直すことも重要である。

対応策の検討に当たっては，新規要員を確保する方法以外に，ほかの要員による一時的な兼務や応援などの対応策も併せて検討すべきである。その際，それらの対応策がもたらす新たなリスク，例えば，新規要員の立ち上がりに予想以上の時間がかかる，兼務者の作業が過負荷になるなどへの対応も忘れてはならない。

これらの検討結果を総合的に判断して，プロジェクトの問題を解決するために最も有効な対応策を選択し，迅速に実施する必要がある。

なお，要員交代直後は，プロジェクトの進捗状況や対応策を検討した時点で予測した新たなリスクなどを注意して観察し，状況に応じて臨機応変に対処しなければならない。

あなたの経験と考えに基づいて，設問ア～ウに従って論述せよ。

設問ア　あなたが携わったプロジェクトの概要と，交代となった要員の担当作業を，800字以内で述べよ。

設問イ　要員交代を余儀なくされた際に把握したプロジェクトの問題は何か。それらの問題を解決するために，どのような対応策を検討したか。また，要員の交代をどのように行ったか。プロジェクトマネージャとして工夫した点を中心に述べよ。

設問ウ　設問イで述べた活動をどのように評価しているか。また，今後どのような改善を考えているか。それぞれ簡潔に述べよ。

iPS細胞のような問題…覚えよう！

平成14年度 問3　問題発生プロジェクトへの新たな参画について

問題
　成果物の機能不備や品質不良などによって進捗が遅れているプロジェクトに，プロジェクトマネージャとして新たに参画し，問題を早期に解決する使命を与えられる場合がある。このようなプロジェクトでは，進捗管理や成果物レビューが不十分であったり，要員の士気が低下していたり，顧客との信頼関係が悪化していたりするなどのプロジェクト管理上の問題点が見られることが多い。

対応
　新たに参画したプロジェクトマネージャは，そのプロジェクトの過去の管理方法などにとらわれることなく，新たな観点で問題点の調査や原因の分析などを行うことが重要である。まず，プロジェクトや構築する情報システムの特徴を理解した上で，プロジェクト管理上の問題点を調査する。そのためには，例えば，次のような項目を自ら検証する。

・プロジェクトの進捗管理や成果物の品質管理などの実施方法・実施状況
・成果物の作成状況やレビュー結果の反映状況
・プロジェクト体制や要員配置の状況

　次に，調査結果を基に，プロジェクト管理上の問題点の原因を分析する。この分析は，これまでのプロジェクトの管理に欠落及び不足していると思われる事項を重点的に行う。そして，対策を検討して実施する。例えば，レビューの管理や実施体制に原因があれば，管理帳票や記録帳票などを改訂したり，実施体制を変更したりする。このようにして，これまでの問題点を是正し，成果物の機能不備や品質不良などを早期に解決することが重要である。

　あなたの経験と考えに基づいて，設問ア～ウに従って論述せよ。

設問ア　あなたが新たに参画した問題発生プロジェクトの概要と，参画した時点での成果物の機能不備や品質不良などの状況を，800字以内で述べよ。

設問イ　あなたは，プロジェクト管理上の問題点をどのように調査し，その原因をどのように分析したか。また，その結果，明確になった原因と実施した対策は何か。それぞれ具体的に述べよ。

設問ウ　設問イで述べた活動をどのように評価しているか。また，今後どのような改善を考えているか。それぞれ簡潔に述べよ。

前任PMの管理不備！　メンバやユーザじゃない！

平成17年度 問3　プロジェクト遂行中のチームの再編成について

解説はこちら

問題　情報システム開発プロジェクトの遂行中に，進捗の遅れ，成果物の品質不良や要員間のトラブルなどの問題が発生することがある。これらの問題は，要員スキルの見込み違い，予測していなかった作業の発生，プロジェクト内のコミュニケーションの不足などが複雑に絡み合って起きることが多い。

対応　このような場合，プロジェクトマネージャは，問題の原因を分析し，その結果を基に，チームを再編成して問題に対処することがある。チームの再編成には，チーム間の要員の配置換え，チームリーダの交代，チーム構成の変更などがある。チームの再編成はプロジェクト遂行に影響を与えるので，慎重に取り組む必要がある。このため，プロジェクトマネージャは，関係するチームリーダや要員に再編成の目的を十分に説明して理解を得ておかなければならない。

さらに，チームの再編成後には，チームリーダからの報告や要員の作業状況などから問題の改善状況を把握することによって，チームの再編成による効果を確認し，プロジェクトの納期，品質，予算の見通しを得ることが重要である。

あなたの経験と考えに基づいて，設問ア～ウに従って論述せよ。

設問ア　あなたが携わったプロジェクトの概要と，チームの再編成によって対処した問題を，800字以内で述べよ。

設問イ　設問アで述べた問題に対処するために，あなたはチームの再編成をどのように行ったか。再編成するのが適切であると考えた理由とともに具体的に述べよ。また，チームの再編成による効果をどのように確認したかを，具体的に述べよ。

設問ウ　設問イで述べたチームの再編成について，あなたはどのように評価しているか。今後改善したい点とともに簡潔に述べよ。

※手書きメモ：H13-2 とワンセットで覚えるべし！　いろいろ使える！

平成23年度 問3　システム開発プロジェクトにおける組織要員管理について

解説はこちら

計画
　プロジェクトマネージャ（PM）には，プロジェクト目標の達成に向けてプロジェクトを円滑に運営できるチームを編成し，チームを構成する要員が個々の能力を十分に発揮できるように要員を管理することが求められる。

　要員のもつ能力には，専門知識や開発スキルなどの技術的側面や，精神力や人間関係への対応力などの人間的側面がある。プロジェクトの遂行中は，ともすれば技術的

問題
側面を重視しがちである。しかし，人間的側面に起因した問題（以下，人間的側面の問題という）を軽視すると，次のようなプロジェクト目標の達成を阻害するリスクを誘発することがある。

・意欲の低下による成果物の品質の低下
・健康を損なうことによる進捗の遅延
・要員間の対立がもたらす作業効率の低下によるコストの増加

対応
　PMはプロジェクトの遂行中に人間的側面の問題の発生を察知した場合，その問題によって誘発される，プロジェクト目標の達成を阻害するリスクを想定し，人間的側面の問題に対して原因を取り除いたり，影響を軽減したりするなどして，適切な対策をとる必要がある。

あなたの経験と考えに基づいて，設問ア～ウに従って論述せよ。

計画 → 設問ア　あなたが携わったシステム開発プロジェクトの目標，及びプロジェクトのチーム編成とその特徴について，800字以内で述べよ。

問題 **対応** → 設問イ　設問アで述べたプロジェクトの遂行中に察知した人間的側面の問題と，その問題によって誘発されると想定したプロジェクト目標の達成を阻害するリスク，及び人間的側面の問題への対策について，800字以上1,600字以内で具体的に述べよ。

設問ウ　設問イで述べた対策の評価，認識した課題，今後の改善点について，600字以上1,200字以内で具体的に述べよ。

機械ではなく"人"だから…
でもヒューマンドラマはだめ！
計画変更で…表現は旧と新で！

第 2 章 ステークホルダ

平成 26 年度 問 2 システム開発プロジェクトにおける
要員のマネジメントについて

解説は
こちら

計画
　プロジェクトマネージャには，プロジェクト目標の達成に向けて，プロジェクトの要員に期待した能力が十分に発揮されるように，プロジェクトをマネジメントすることが求められる。
　プロジェクト目標の達成は，要員に期待した能力が十分に発揮されるかどうかに依存することが少なくない。プロジェクト組織体制の中で，要員に期待した能力が十分に発揮されない事態になると，担当させた作業が目標の期間で完了できなかったり，目標とする品質を満足できなかったりするなど，プロジェクト目標の達成にまで影響が及ぶことになりかねない。
　したがって，プロジェクトの遂行中に，例えば，次のような観点から，要員に期待した能力が十分に発揮されているかどうかを注意深く見守る必要がある。
・担当作業に対する要員の取組状況
・要員間のコミュニケーション

問題
対応
　要員に期待した能力が十分に発揮されていない事態であると認識した場合，対応策を立案し，実施するとともに，根本原因を追究し，このような事態が発生しないように再発防止策を立案し，実施することが重要である。

　あなたの経験と考えに基づいて，設問ア～ウに従って論述せよ。

設問ア　あなたが携わったシステム開発プロジェクトにおけるプロジェクトの特徴，プロジェクト組織体制，要員に期待した能力について，800 字以内で述べよ。
（**計画**）

設問イ　設問アで述べたプロジェクトの遂行中に，要員に期待した能力が十分に発揮されていないと認識した事態，立案した対応策とその工夫，及び対応策の実施状況について，800 字以上 1,600 字以内で具体的に述べよ。
（**問題 対応**）

設問ウ　設問イで述べた事態が発生した根本原因と立案した再発防止策について，再発防止策の実施状況を含めて，600 字以上 1,200 字以内で具体的に述べよ。

*期待していた能力が
無かったわけじゃない！*

2.2 午後Ⅱ 章別の対策

平成 12 年度 問 2 　チームリーダの養成について

解説は
こちら

計画

　システム開発プロジェクトは，通常，複数のチームから編成され，チームリーダの働きがプロジェクトの成否を左右する。

　しかし，技術，管理，人間的資質のすべての面で優れたチームリーダを確保することは一般には困難で，技術は強いが管理の経験が浅いメンバをチームリーダに任命せざるを得ないことが少なくない。そうした場合には，プロジェクトマネージャは，日々のプロジェクト運営の中で，そのチームリーダを計画的，意図的に指導することが重要である。

　そのためには，チームの役割やチームリーダの実績などを見極め，重点的に伸ばすべき能力やその方法をチームリーダと共通に認識することが大切である。また，実際の業務を遂行していく中では，状況の把握方法，問題解決方法，報告の仕方などの具体的指導が必要である。

　あなたの経験に基づいて，設問ア～ウに従って論述せよ。

設問ア　あなたが携わったプロジェクトの概要と，チームリーダの養成を図ろうとしたチームの特徴を，800 字以内で述べよ。

設問イ　設問アで述べたチームにおいて，特に伸ばそうとしたチームリーダとしての能

計画 ➡　力は何か。また，その能力の養成に関してどのような施策を実施したか。実務を通じて工夫した点を中心に具体的に述べよ。

設問ウ　あなたが実施したチームリーダ養成策をどのように評価しているか。また，今後改善したいと考えている点は何か。それぞれ簡潔に述べよ。

計画的：何をどのレベルまで？
意図的：どのフェーズで？

第 2 章　ステークホルダ

平成 15 年度 問 2　開発支援ソフトウェアの効果的な使用について

解説は
こちら

計画
　高い生産性で，高品質なアプリケーションを構築するために，コンポーネント指向の開発環境や言語，CASE ツールなど，豊富な機能をもった開発支援ソフトウェアが提供されている。プロジェクトマネージャは，情報システム開発の条件として，特定の開発支援ソフトウェアの使用を指定され，ほとんどの要員が使用経験がない状態でプロジェクトを立ち上げることがある。このような場合，プロジェクトを運営しながら要員を育成して，習熟度や生産性を早期に高めることが必要となる。
　開発支援ソフトウェアを効果的に使用するためには，プロジェクト立上げ時に，教育・訓練，作業方法，仕組みなどについて，例えば，次のような工夫を検討しておくことが重要である。
　・キーパーソンへの教育とキーパーソンによる訓練の実施
　・作業標準の制定や一部のアプリケーションの先行開発
　・外部の事例やプロジェクト内のノウハウを利用し，共有する仕組みの整備

実施
　また，プロジェクト遂行の中で，要員ごとの習熟度や生産性などの変化を監視し，必要に応じて教育・訓練，作業方法，仕組みなどの見直しを行うことも重要である。例えば，再訓練を実施したり，使用機能を変更したり，蓄積したノウハウを利用しやすくしたりする。

　あなたの経験と考えに基づいて，設問ア～ウに従って論述せよ。

　設問ア　あなたが携わったプロジェクトの概要と，開発支援ソフトウェアの概要及び特徴を，800 字以内で述べよ。
　設問イ　設問アで述べた開発支援ソフトウェアを効果的に使用するために，プロジェクト立上げ時にどのような工夫をしたか。また，プロジェクト遂行の中でどのような見直しを行ったか。それぞれ具体的に述べよ。
　計画 →
　実施 →
　設問ウ　設問イで述べた活動をどのように評価しているか。また，今後どのような改善を考えているか。それぞれ簡潔に述べよ。

計画的表現で "差" を.
*　　KPI の設定 → 計画見直し*

平成22年度 問2 システム開発プロジェクトにおける業務の分担について

解説はこちら

計画

　プロジェクトマネージャ（PM）には，プロジェクトの責任者として，システム開発プロジェクトの管理・運営を行い，プロジェクトの目標を達成することが求められる。プロジェクトの管理・運営を効率よく実施するために，PMはプロジェクトの管理・運営に関する承認，判断，指示などの業務をチームリーダなどに分担させることがある。

　この場合，分担させる業務をプロジェクトのルールとして明確にし，プロジェクトのメンバにルールを周知徹底することが重要である。チームリーダなどに分担させる業務として，例えば，次のようなものがある。
- 変更管理における変更の承認
- 進捗管理における進捗遅れの判断と対策の指示
- 調達管理における調達先候補の選定

　ルール化する際にはチームリーダなどの経験や力量に応じて分担させる業務の内容や範囲などを決めたり，分担させた業務についても任せきりにせず，業務の状況について適宜適切な報告を義務付けたりするなどの工夫も必要である。

　あなたの経験と考えに基づいて，設問ア～ウに従って論述せよ。

設問ア　あなたが携わったシステム開発プロジェクトの特徴とプロジェクト組織の構成について，800字以内で述べよ。

設問イ（計画）　設問アで述べたプロジェクトにおいて，チームリーダなどに分担させた業務の内容と分担させた理由，分担のルールとその周知徹底の方法について，工夫を含めて，800字以上1,600字以内で具体的に述べよ。

設問ウ　設問イで述べた業務の分担に対する評価，認識した課題，今後の改善点について，600字以上1,200字以内で具体的に述べよ。

権限委譲 + 育成 (H12-2)
任せきりにせず，裁量を与える！

第2章 ステークホルダ

平成9年度 問3　システムの業務仕様の確定について

解説はこちら

計画

　システム開発プロジェクトにおいては，業務仕様が不適切のままソフトウェアの開発工程に進むと，後工程で大幅な手直しが発生し，プロジェクトに混乱を招くことがある。これは，開発者側の業務に対する理解不足や業務仕様の検討不足などにもよるが，次に示すような利用者側のプロジェクトへのかかわり方の問題も大きな要因として挙げることができる。

- ・利用者側のシステムに対する過度な要求や期待
- ・利用部門間の意見の調整不足
- ・業務仕様の検討及び決定プロセスにおける利用者側の検討不足

　したがって，業務仕様の検討及び決定プロセスにおいては，利用者側の責任ある参画と，利用者側と開発者側の十分な意志疎通が特に重要となる。

　これらを的確に遂行するためには，プロジェクト体制，業務仕様の検討の進め方，業務仕様の確認方法，業務仕様のドキュメンテーションの方法などに，様々な工夫が必要である。また，業務仕様に関する利用者側と開発者側の責任分担を明確にしておくことも有効である。

　このように，利用者側と開発者側との円滑な連携を図り，業務仕様が適切に決められるようにすることは，プロジェクトの成否にかかわることであり，プロジェクトマネージャの重要な業務の一つである。

　あなたの経験に基づいて，設問ア〜ウに従って論述せよ。

設問ア　あなたの携わったプロジェクトの概要と，業務仕様を確定するうえでの課題を，800字以内で述べよ。

設問イ　設問アで述べたプロジェクトにおいて，業務仕様を確定するうえで，利用者側と開発者側との十分な連携を確立するために，どのような施策を採ったか。工夫した点を中心に具体的に述べよ。また，その評価も述べよ。

計画

設問ウ　利用者側の業務仕様の確定へのかかわり方をより適切にするために，今後どのようなことを考えているか。簡潔に述べよ。

利用者 → 誰？ どんなスキル？
*　　→ それに応じた計画！*

平成17年度 問1 プロジェクトにおける重要な関係者とのコミュニケーションについて

計画

　情報システムの開発を円滑に進めるため，プロジェクトマネージャには直接の管理下にあるメンバ以外に，プロジェクトの進行に応じてかかわりをもつプロジェクト関係者との十分なコミュニケーションが求められる。

　プロジェクト関係者は，情報システムの利用部門，購買部門，ベンダなどの組織に所属している。これらのうち，例えば，プロジェクトに要員を参加させている部門の責任者，プロジェクト予算の承認者，問題解決を支援する技術部門の責任者などは重要な関係者として認識することが大切である。

　重要な関係者とのコミュニケーションが不足していると，意思決定や支援が実際に必要になったとき，重要な関係者が状況を認識するのに時間がかかり，対応が遅れ，プロジェクトの進捗に影響することがある。このような事態を招かないように，日ごろからプロジェクトの進捗状況や問題点を積極的に説明するなどのコミュニケーションを行い，相互の理解を深めておくことが重要である。その際，プロジェクトへの関心やかかわりは重要な関係者ごとに異なるので，コミュニケーションの内容や方法について，個別の工夫が必要となる。

あなたの経験と考えに基づいて，設問ア～ウに従って論述せよ。

設問ア　あなたが携わったプロジェクトの概要と，プロジェクト関係者を，800字以内で述べよ。

設問イ　設問アで述べたプロジェクト関係者の中で，重要と考えた関係者とその理由について述べよ。また，重要な関係者とのコミュニケーションの内容や方法について，あなたが個別に工夫した点を含めて具体的に述べよ。

計画

設問ウ　設問イで述べたコミュニケーションの内容や方法について，あなたはどのように評価しているか。また，今後どのように改善したいと考えているか。それぞれ簡潔に述べよ。

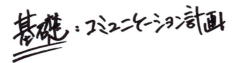

第2章 ステークホルダ

平成20年度 問1 情報システム開発プロジェクトにおける利用部門の参加について

解説はこちら

計画 プロジェクトマネージャは、情報システム開発のプロジェクト立上げ時に、業務仕様の確定、総合テストの準備などに関して、システムの利用部門の作業を明確にし、利用部門の合意を得る。

問題 プロジェクト遂行中には、利用部門の作業が計画どおりに実行されないことによって、問題が発生することもある。このような場合、プロジェクトマネージャは問題の原因を分析し、分析結果に基づいて、問題を解決するための対策を検討しなければならない。例えば、次のような問題、原因及び対策が考えられる。

- 業務仕様の確定が遅れるという問題が発生し、その原因が利用部門の要員の業務多忙にあれば、利用部門に対して、その要員を業務仕様の確定のための作業に専念させるように要求する。
- 総合テストの進捗が遅れるという問題が発生し、その原因がテストデータの不備にあれば、利用部門にテストの目的と方法を再度説明した上で、協力してテストデータの不備を改善する。

対応 プロジェクトマネージャは、複数の対策を検討し、その中から幾つかを選択したり、組み合わせたりして、プロジェクトの納期や予算などを守るために適切な対策を実施し、問題を解決しなければならない。

あなたの経験と考えに基づいて、設問ア〜ウに従って論述せよ。

設問ア あなたが携わった情報システム開発プロジェクトの概要と、合意を得られたシステムの利用部門の作業について、800字以内で述べよ。 ← **計画**

設問イ 設問アで述べた利用部門の作業が計画どおりに実行されなかったことによって発生した問題とその原因、及び実施した対策は何か。その対策がプロジェクトの納期や予算などを守るために適切な対策であると考えた理由とともに、具体的に述べよ。 ← **問題**／**対応**

設問ウ 設問イで述べた対策について、あなたはどのように評価しているか。今後改善したい点とともに簡潔に述べよ。

計画変更（旧・新・複数）
→ 遅れ・オーバーの回復

平成 21 年度 問 3 業務パッケージを採用した情報システム開発プロジェクトについて

解説はこちら

計画

　近年の情報システム開発では，業務プロセスの改善，開発期間の短縮，保守性の向上などを目的として，会計システムや販売システムなどの業務用ソフトウェアパッケージ（以下，業務パッケージという）を採用することが多くなっている。このような情報システム開発では，上記の目的を達成するためには，できるだけ業務パッケージの標準機能を適用する。その上で，標準機能では満たせない機能を実現するための独自の"外付けプログラム"の開発は必要最小限に抑えることが重要である。

　プロジェクトマネージャ（PM）は，例えば，次のような方針について利用部門の合意を得た上でプロジェクトを遂行しなければならない。
- 業務パッケージの標準機能を最大限適用する。
- 業務パッケージの標準機能では満たせない機能を実現する場合でも，外付けプログラムの開発は必要最小限に抑える。

　外付けプログラムの開発が必要な場合には，PMは，開発が必要な理由を明確にし，開発がプロジェクトに与える影響を慎重に検討する。その上で，開発の優先順位に基づいて開発範囲を見直したり，バージョンアップの容易さなどの保守性を考慮した開発方法を選択したりするなどの工夫をしなければならない。

あなたの経験と考えに基づいて，設問ア～ウに従って論述せよ。

設問ア　あなたが携わった情報システム開発プロジェクトの特徴を，採用した業務パッケージとその採用目的とともに，800字以内で述べよ。

設問イ　設問アで述べた情報システム開発プロジェクトの遂行に当たり，外付けプログラムの開発が必要となった理由，開発を必要最小限に抑えるために利用部門と合意した内容，合意に至った経緯，及び開発した外付けプログラムの概要を，800字以上1,600字以内で具体的に述べよ。

計画

設問ウ　設問イで述べた外付けプログラムの開発に当たり，業務パッケージ採用の目的を達成するためにどのような工夫をしたか。その成果，及び今後の改善点を含め，600字以上1,200字以内で具体的に述べよ。

SAになりがち。
PMの要素を散りばめる！

第2章 ステークホルダ

平成24年度 問1 システム開発プロジェクトにおける要件定義のマネジメントについて

解説はこちら

計画

　プロジェクトマネージャには，システム化に関する要求を実現するため，要求を要件として明確に定義できるように，プロジェクトをマネジメントすることが求められる。

　システム化に関する要求は従来に比べ，複雑化かつ多様化している。このような要求を要件として定義する際，要求を詳細にする過程や新たな要求の追加に対処する過程などで要件が膨張する場合がある。また，要件定義工程では要件の定義漏れや定義誤りなどの不備に気付かず，要件定義後の工程でそれらの不備が判明する場合もある。このようなことが起こると，プロジェクトの立上げ時に承認された個別システム化計画書に記載されている予算限度額や完了時期などの条件を満たせなくなるおそれがある。

　要件の膨張を防ぐためには，例えば，次のような対応策を計画し，実施することが重要である。
　・要求の優先順位を決定する仕組みの構築
　・要件の確定に関する承認体制の構築

　また，要件の定義漏れや定義誤りなどの不備を防ぐためには，過去のプロジェクトを参考にチェックリストを整備して活用したり，プロトタイプを用いたりするなどの対応策を計画し，実施することが有効である。

　あなたの経験と考えに基づいて，設問ア〜ウに従って論述せよ。

設問ア あなたが携わったシステム開発プロジェクトにおける，プロジェクトとしての特徴，及びシステム化に関する要求の特徴について，800字以内で述べよ。

設問イ 設問アで述べたプロジェクトにおいて要件を定義する際に，要件の膨張を防ぐために計画した対応策は何か。対応策の実施状況と評価を含め，800字以上1,600字以内で具体的に述べよ。

設問ウ 設問アで述べたプロジェクトにおいて要件を定義する際に，要件の定義漏れや定義誤りなどの不備を防ぐために計画した対応策は何か。対応策の実施状況と評価を含め，600字以上1,200字以内で具体的に述べよ。

（手書き）SAになりがち！ PMの要素を散りばめる！

2.2 午後Ⅱ 章別の対策

平成30年度 問1 システム開発プロジェクトにおける
非機能要件に関する関係部門との連携について

解説は
こちら

計画

　システム開発プロジェクトにおいて，プロジェクトマネージャ（PM）は，業務そのものに関わる機能要件に加えて，可用性，性能などに関わる非機能要件についても確実に要件が満たされるようにマネジメントしなければならない。特に非機能要件については，利用部門や運用部門など（以下，関係部門という）と連携を図り，その際，例えば，次のような点に注意を払う必要がある。

- 非機能要件が関係部門にとってどのような意義をもつかについて関係部門と認識を合わせる
- 非機能要件に対して関係部門が関わることの重要性について関係部門と認識を合わせる

　このような点に注意が十分に払われないと，関係部門との連携が不十分となり，システム受入れテストの段階で不満が続出するなどして，場合によっては納期などに大きく影響する問題になることがある。関係部門と連携を図るに当たって，PMはまずプロジェクト計画の段階で，要件定義を始めとする各工程について，非機能要件に関するWBSを設定し，WBSの各タスクの内容と関係部門を定め，関係部門の役割を明確にする。次に，関係部門と十分な連携を図るための取組みについて検討する。それらの内容をプロジェクト計画に反映した上で，関係部門を巻き込みながら一体となってプロジェクトを推進する。

　あなたの経験と考えに基づいて，設問ア～ウに従って論述せよ。

設問ア　あなたが携わったシステム開発プロジェクトの特徴，代表的な非機能要件の概要，並びにその非機能要件に関して関係部門と連携を図る際に注意を払う必要があった点及びその理由について，800字以内で述べよ。

設問イ　設問アで述べた代表的な非機能要件に関し，関係部門と十分な連携を図るために検討して実施した取組みについて，主なタスクの内容と関係部門，及び関係部門の役割とともに，800字以上1,600字以内で具体的に述べよ。

計画

設問ウ　設問イで述べた取組みに関する実施結果の評価，及び今後の改善点について，600字以上1,200字以内で具体的に述べよ。

数値目標は"ア"？"イ"？

第2章 ステークホルダ

平成16年度 問1 プロジェクトの機密管理について

解説はこちら

[計画]

> プロジェクトマネージャには，情報システムを開発する際に利用したり，作成したりする機密情報の外部への漏えい防止が求められる。機密情報が漏えいした場合，経済的な損害はもとより，社会的な影響も予想されるので，機密管理のルールを定めて運用し，漏えいを防止する必要がある。
>
> 具体的には，まず，機密として管理すべき情報を明確にし，機密度（漏えいの影響レベルなど）を決定する。次に，機密度に応じて，アクセスコントロール，作業管理，文書管理などの諸ルールを定め，教育などを通じてプロジェクト関係者全員の機密管理意識を高め，ルールを周知徹底する。プロジェクト実行時は，ルールに従って運用されているか，ルール逸脱や漏えいが発生していないかを定期的に確認するなどの日常管理を徹底する。
>
> また，機密情報が漏えいした場合を想定し，損害を最小限に抑えたり，機密情報の利用を困難にしたりするなど，漏えい時の影響を少なくする対策も重要である。例えば，機密情報は可能な限り分割して管理する，機密情報を二重のパスワードで保護するなどである。

あなたの経験と考えに基づいて，設問ア～ウに従って論述せよ。

設問ア あなたが携わったシステム開発プロジェクトの概要と，その中で機密として管理した情報を，理由や機密度とともに800字以内で述べよ。

設問イ 設問アで述べたプロジェクトにおける機密管理のルール，及びルールに従って運用するための日常管理について，あなたが特に工夫した点を中心に，具体的に述べよ。また，漏えい時の影響を少なくする対策は何か。簡潔に述べよ。

[計画]

設問ウ 設問イで述べたルール及び日常管理について，あなたはどのように評価しているか。また，今後どのような改善を考えているか。それぞれ簡潔に述べよ。

2.2 午後Ⅱ 章別の対策

平成25年度 問1　システム開発業務における情報セキュリティの確保について

解説はこちら

計画

　プロジェクトマネージャ（PM）は，システム開発プロジェクトの遂行段階における情報セキュリティの確保のために，個人情報，営業や財務に関する情報などに対する情報漏えい，改ざん，不正アクセスなどのリスクに対応しなければならない。

　PM は，プロジェクト開始に当たって，次に示すような，開発業務における情報セキュリティ上のリスクを特定する。

- データ移行の際に，個人情報を開発環境に取り込んで加工してから新システムに移行する場合，情報漏えいや改ざんのリスクがある
- 接続確認テストの際に，稼働中のシステムの財務情報を参照する場合，不正アクセスのリスクがある

　PM は，特定したリスクを分析し評価した上で，リスクに対応するために，技術面の予防策だけでなく運営面の予防策も立案する。運営面の予防策では，個人情報の取扱時の役割分担や管理ルールを定めたり，財務情報の参照時の承認手続や作業手順を定めたりする。立案した予防策は，メンバに周知する。

　PM は，プロジェクトのメンバが，プロジェクトの遂行中に予防策を遵守していることを確認するためのモニタリングの仕組みを設ける。

問題対応　問題が発見された場合には，原因を究明して対処しなければならない。

あなたの経験と考えに基づいて，設問ア～ウに従って論述せよ。

設問ア　あなたが携わったシステム開発プロジェクトのプロジェクトとしての特徴，情報セキュリティ上のリスクが特定された開発業務及び特定されたリスクについて，800字以内で述べよ。

設問イ　設問アで述べたリスクに対してどのような運営面の予防策をどのように立案したか。また，立案した予防策をどのようにメンバに周知したか。重要と考えた点を中心に，800字以上1,600字以内で具体的に述べよ。　←**計画**

設問ウ　設問イで述べた予防策をメンバが遵守していることを確認するためのモニタリングの仕組み，及び発見された問題とその対処について，600字以上1,200字以内で具体的に述べよ。　←**問題対応**

セキュリティポリシとの関係性が重要！
→ 事前準備しておきたい．後で泣く．㉑

第2章 ステークホルダ

平成18年度 問1　情報システム開発における プロジェクト内の連帯意識の形成について

解説はこちら

[計画]
　プロジェクトマネージャには，プロジェクト目標の達成に向けてメンバが共通の意識をもち，例えば，プロジェクト内で発生する問題の解決に全員参加の意識で取り組むように，プロジェクト内の連帯意識を形成し，維持・向上することが求められる。

　通常，プロジェクトは異なる部門や会社のメンバで構成されており，メンバの経験や参加意欲などは様々である。そのために，プロジェクト内で発生する問題についての理解や対応が異なり，メンバ間の対立やプロジェクト内の混乱に至ることもある。このような事態を招かないためにも，プロジェクト内の連帯意識を形成し，維持・向上を図ることが重要である。

　連帯意識を形成するためには，目標の共有，参画意識の向上，コミュニケーションの円滑化などの観点からの具体的な活動や仕組み作りが必要となる。これらを通じて，自分の役割や責任と直接には関係がなくても，相手の状況を察知して，自主的に支援するなどの行動をもたらす連帯意識が形成される。

[実施]
また，プロジェクトマネージャは日常の管理を通じ，会議の出席状況を把握したり，開発現場の雰囲気やメンバ間のコミュニケーションを観察したりするなどの方法で連帯意識の状態を確認し，その維持・向上に努めることが肝要である。

あなたの経験と考えに基づいて，設問ア～ウに従って論述せよ。

設問ア　あなたが携わった情報システム開発プロジェクトの概要と，プロジェクトのメンバ構成の特徴について，800字以内で述べよ。

設問イ　設問アで述べたプロジェクトにおいて，連帯意識を形成するために実施した具体的な活動や仕組み作りはどのようなものか。また，連帯意識の状態をどのような方法で確認したか。それぞれ具体的に述べよ。

設問ウ　設問イで述べた活動と仕組み作り及び連帯意識の状態の確認方法について，あなたはどのように評価しているか。また，今後どのように改善したいと考えているか。それぞれ簡潔に述べよ。

実際にはすごく難しいが…ここは思い切って！
いい状態の主観と客観．

2.2 午後Ⅱ 章別の対策

平成19年度 問1 情報システム開発プロジェクトにおける交渉による問題解決について

問題
　プロジェクトマネージャには，プロジェクトの目標を確実に達成するため，プロジェクトが直面する様々な問題を早期に把握し，適切に対応することが求められる。中でも，利用部門や協力会社などのプロジェクト関係者（以下，関係者という）にかかわる問題は，解決に利害が対立することもあり，プロジェクトマネージャは交渉を通じて問題解決を図ることが必要となる。

対応
　プロジェクト遂行中に関係者との交渉による問題解決が必要な場合として，"開発範囲の認識が異なる"，"プロジェクト要員の交代を求められた"，"リスクが顕在化して運用開始日が守れなくなった"などがある。
　プロジェクトにおける問題解決のために，プロジェクトマネージャは関係者と状況の認識を合わせた後，問題の本質を理解し，解決策としての選択肢の立案，優先順位の決定などを行う。続いて，これらを整理して関係者に提示するが，関係者の考え方や立場の違いなどによって，調整や合意のために交渉が必要になる。この場合，一方の主張が全面的に取り入れられて合意に至ることは少なく，説得や譲歩などを通じて，双方に納得が得られるように交渉し，問題を解決することが肝要である。

　あなたの経験と考えに基づいて，設問ア～ウに従って論述せよ。

設問ア　あなたが携わった情報システム開発プロジェクトの概要と，関係者との交渉が必要になった問題とその背景について，800字以内で述べよ。

問題

設問イ　設問アで述べた問題を解決するための手順について具体的に述べよ。また，交渉時の双方の主張，説得した内容，譲歩した内容，合意に至った解決策を具体的に述べよ。

対応

設問ウ　設問イで述べた手順と解決策について，あなたはどのように評価しているか。また，今後どのように改善したいと考えているか。それぞれ簡潔に述べよ。

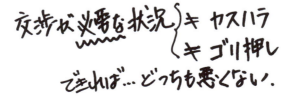

第2章　ステークホルダ

平成21年度 問1　システム開発プロジェクトにおける動機付けについて

解説はこちら

計画
　システム開発プロジェクトの目標を確実に達成するためには，メンバのスキルや経験などの力量に応じた動機付けによって，メンバの一人一人がプロジェクトに積極的に参加し，高い生産性を発揮することが大切である。
　プロジェクトマネージャ（PM）は，プロジェクトの立上げ時にプロジェクトの目標をメンバ全員と共有した後，適宜，面談などの方法を通じてプロジェクトにおけるメンバ一人一人の役割や目標を相互に確認し，プロジェクトの目標との関係を明確にする。この過程で，メンバはプロジェクトの目標の達成に自分がどのようにかかわり，貢献するのか，その役割や目標を納得し，動機付けられる。

実施
　プロジェクト遂行中は，メンバの貢献の状況を見ながら，立上げ時にメンバに対して行った動機付けの内容を維持・強化する。PMには，例えば，次のような観点に基づく行動が必要となる。
・責任感の観点から，メンバの判断で進められる作業の範囲を拡大する。
・一体感の観点から，プロジェクト全体の情報を共有させる。
・達成感の観点から，自分が担当する作業のマイルストーンを設定させる。

あなたの経験と考えに基づいて，設問ア〜ウに従って論述せよ。

設問ア　あなたが携わったシステム開発プロジェクトの目標と特徴，メンバの構成について，800字以内で述べよ。

計画 → 設問イ　設問アで述べたプロジェクトの立上げ時に，メンバに対して行った動機付けの内容と方法はどのようなものであったか。メンバの力量や動機付けしたときの反応などを含めて，800字以上1,600字以内で具体的に述べよ。

実施 → 設問ウ　立上げ時にメンバに対して行った動機付けの内容をプロジェクト遂行中にどのような観点で維持・強化したか。観点とその観点に基づく行動及びその結果について，600字以上1,200字以内で具体的に述べよ。

「これができたら苦労しない！」はさておき…

役割・期待・観点 → PJ計画に反映

ヒューマンドラマにならない

平成 24 年度 問 3 システム開発プロジェクトにおける利害の調整について

解説はこちら

問題

　プロジェクトマネージャ（PM）には，システム開発プロジェクトの遂行中に発生する様々な問題を解決し，プロジェクト目標を達成することが求められる。問題によってはプロジェクト関係者（以下，関係者という）の間で利害が対立し，その調整をしながら問題を解決しなければならない場合がある。

　利害の調整が必要になる問題として，例えば，次のようなものがある。

- 利用部門間の利害の対立によって意思決定が遅れる
- PM と利用部門の利害の対立によって利用部門からの参加メンバが決まらない
- プロジェクト内のチーム間の利害の対立によって作業の分担が決まらない

対応

　利害の対立がある場合，関係者が納得する解決策を見いだすのは容易ではない。しかし，PM は利害の対立の背景を把握した上で，関係者が何を望み，何を避けたいと思っているのかなどについて十分に理解し，関係者が納得するように利害を調整しながら解決策を見いださなければならない。その際，関係者の本音を引き出すために個別に相談したり，事前に複数の解決策を用意したりするなど，種々の工夫をすることも重要である。

　あなたの経験と考えに基づいて，設問ア～ウに従って論述せよ。

設問ア　あなたが携わったシステム開発プロジェクトにおける，プロジェクトとしての特徴，利害の調整が必要になった問題とその際の関係者について，800 字以内で述べよ。

設問イ　設問アで述べた問題に関する関係者それぞれの利害は何か。また，どのように利害の調整をして問題を解決したかについて，工夫したことを含め，800 字以上 1,600 字以内で具体的に述べよ。

設問ウ　設問イで述べた利害の調整に対する評価，利害の調整を行った際に認識した課題，今後の改善点について，600 字以上 1,200 字以内で具体的に述べよ。

"立場"を履き違えない。
その権限はあるの？
→チーム間が安全かな。

第2章 ステークホルダ

平成29年度 問1 システム開発プロジェクトにおける
信頼関係の構築・維持について

解説は
こちら

状況
　プロジェクトマネージャ（PM）には，ステークホルダとの信頼関係を構築し，維持することによってプロジェクトを円滑に遂行し，プロジェクト目標を達成することが求められる。

　例えば，プロジェクトが山場に近づくにつれ，現場では解決を迫られる問題が山積し，プロジェクトメンバの負荷も増えていく。時間的なプレッシャの中で，必要に応じてステークホルダの協力を得ながら問題を解決しなければならない状況になる。

対応
　このような状況を乗り切るには，問題を解決する能力や知識などに加え，ステークホルダとの信頼関係が重要となる。信頼関係が損なわれていると，問題解決へ向けて積極的に協力し合うことが難しくなり，迅速な問題解決ができない事態となる。

　PMは，このような事態に陥らないように，ステークホルダとの信頼関係を構築しておくことが重要であり，このため，行動面，コミュニケーション面，情報共有面など，様々な切り口での取組みが必要となる。また，構築した信頼関係を維持していく取組みも大切である。

　あなたの経験と考えに基づいて，設問ア〜ウに従って論述せよ。

設問ア　あなたが携わったシステム開発プロジェクトにおけるプロジェクトの特徴，信頼関係を構築したステークホルダ，及びステークホルダとの信頼関係の構築が重要と考えた理由について，800字以内で述べよ。

計画 / **対応**
設問イ　設問アで述べたステークホルダとの信頼関係を構築するための取組み，及び信頼関係を維持していくための取組みはそれぞれ，どのようなものであったか。工夫した点を含めて，800字以上1,600字以内で具体的に述べよ。

問題 / **対応**
設問ウ　設問アで述べたプロジェクトにおいて，ステークホルダとの信頼関係が解決に貢献した問題，その解決において信頼関係が果たした役割，及び今後に向けて改善が必要と考えた点について，600字以上1,200字以内で具体的に述べよ。

コミュニケーション面 → Hワーをチェック！

ヒューマンドラマではなく，取組み（計画）

… 後，初対面？

令和3年度 問1　システム開発プロジェクトにおけるプロジェクトチーム内の対立の解消について

　プロジェクトマネージャ（PM）は，プロジェクトの目標の達成に向け継続的にプロジェクトチームをマネジメントし，プロジェクトを円滑に推進しなければならない。

　プロジェクトの実行中には，作業の進め方をめぐって様々な意見や認識の相違がプロジェクトチーム内に生じることがある。チームで作業するからにはこれらの相違が発生することは避けられないが，これらの相違がなくならない状態が続くと，プロジェクトの円滑な推進にマイナスの影響を与えるような事態（以下，対立という）に発展することがある。

【計画】　PM は，プロジェクトチームの意識を統一するための行動の基本原則を定め，メンバに周知し，遵守させる。【問題】プロジェクトの実行中に，プロジェクトチームの状況から対立の兆候を察知した場合，対立に発展しないように行動の基本原則に従うように促し，プロジェクトチーム内の関係を改善する。

【問題】　しかし，行動の基本原則に従っていても意見や認識の相違が対立に発展してしまうことがある。【対策】その場合は，原因を分析して対立を解消するとともに，行動の基本原則を改善し，遵守を徹底させることによって，継続的にプロジェクトチームをマネジメントする必要がある。

　あなたの経験と考えに基づいて，設問ア〜ウに従って論述せよ。

設問ア　あなたが携わったシステム開発プロジェクトにおけるプロジェクトの特徴，【計画】あなたが定めた行動の基本原則と【問題】プロジェクトチームの状況から察知した対立の兆候について，800字以内で述べよ。

設問イ　設問アで述べたプロジェクトの実行中に【問題】作業の進め方をめぐって発生した対立と，あなたが実施した【対策】対立の解消策及び行動の基本原則の改善策について，800字以上1,600字以内で具体的に述べよ。

設問ウ　設問イで述べた対立の解消策と行動の基本原則の改善策の実施状況及び評価と，今後の改善点について，600字以上1,200字以内で具体的に述べよ。

第2章　ステークホルダ

2.3 ● 午後Ⅰ 章別の対策

　午後Ⅱの問題文がある程度頭に入り「この点について書かないといけないのか」と把握できたら，続いて午後Ⅰ演習に入っていこう。この順番で進めると，午後Ⅰの練習にもなるし，午後Ⅱのコンテンツ部品のヒントにもなる。

●過去に出題された午後Ⅰ問題

表6　午後Ⅰ問題

年度	問題番号	テーマ	掲載場所	優先度 1	2	3
①チーム編成と運営						
H10	2	プロジェクトの開発要員計画	Web		○	
H20	3	保守サービス管理システムの開発プロジェクト	Web			△
H24	2	プロジェクトの立て直し	Web		○	
②チーム育成						
H13	4	プロジェクトマネージャの育成	Web			△
R02	2	プロジェクトチームの開発	本紙	◎		
③ステークホルダマネジメント						
H27	1	生産管理システムを導入するプロジェクトの，ステークホルダマネジメント	Web		○	
H30	3	情報システム刷新プロジェクトのコミュニケーション	本紙	◎		
④利用者との関係						
H18	2	顧客管理・請求システムの再構築	Web			△
H22	2	会計業務において EUC から Web アプリケーションシステムへ移行するプロジェクト	Web		○	
⑤コミュニケーションマネジメント・会議						
H21	3	プロジェクト進捗方法の見直し	Web		○	
H28	2	プロジェクトにおけるコミュニケーション	Web		○	
R02	3	SaaS を利用した人材管理システム導入プロジェクト	Web		○	
⑥機密管理						
H14	1	システムの開発計画立案	Web			△
H19	1	会計システム再構築プロジェクト	Web			△

※掲載場所が "Web" のものは https://www.shoeisha.co.jp/book/present/9784798174914/
　からダウンロードできます。詳しくは，ⅳページ「付録のダウンロード」をご覧ください。

　第2章では，"人"に関するマネジメント領域をまとめている。PMBOK（第6版）でいうと，人的資源マネジメント，コミュニケーションマネジメント，ステークホルダマネジメントだ。それを，ここではわかりやすく，プロジェクトメンバ（要員）に関する問題（チーム編成と運営，チーム育成）と，ステークホルダや利用者に関する問題に分けてみた。

258

【優先度 1】必須問題，時間を計って解く＋覚える問題

　優先度 1 の問題とは，問題文そのものが良い教科書であり，（問題文そのものを）覚えておいても決して損をしない類の問題を指している。午後Ⅱ（論文）の事例としても参考になる問題だ。時間を計測して解いてみるだけではなく，問題文と設問，解答をワンセットにして，（ある程度でいいので）覚えていこう。

持続的な成長を期待されるプロジェクトチーム＝令和 2 年度　問 2

　新技術への対応等 DX 関連のプロジェクトではアジャイル開発が適しているが，この問題はアジャイル開発のプロジェクトにおいて重要な"自律的かつ持続的に成長するチーム"を題材としたものだ。

ステークホルダマネジメント手順＝平成 30 年度　問 3

　ステークホルダマネジメントに関して，2 回目の出題になる総合的な問題だ。今後，しばらくの間，ステークホルダマネジメントの知識領域は問題になりやすいので，目を通しておいて損はないだろう。全体の流れを，この問題で掴んでおこう。

【優先度 2】推奨問題，時間を計って解く問題

　本章の"優先度 2"は，他の章とは異なり"優先度 1"に近いと考えている。というのも，論文を書く時に，午後Ⅰの問題文を参考にして表現方法や書くべき内容を確認したり，（疑似経験で書く時）ネタとして使ったりできるからだ。

　例えば，平成 24 年度問 2 では，「プロジェクトの立て直し」をテーマにした問題が出題されている。別のプロジェクトマネージャが担当していたプロジェクトに問題が発生し，体調不良で離脱したプロジェクトマネージャに代わって，主人公たるプロジェクトマネージャが選任するというストーリだ。これは，ちょうど午後Ⅱ試験の平成 14 年度問 3 と同じ展開になっている。

　また，平成 22 年度問 2 では，問題文の後半で"利害関係の調整の実際"を示してくれている。その内容は，午後Ⅱ試験の多くの問題（平成 17 年度問 1，平成 19 年度問 1，平成 24 年度問 3，平成 25 年度問 2 など）で活用できる。"利害関係の調整"などは，実務経験者なら必ず経験していることで，いくらでも書けるはずなのに，なぜかポイントがずれている論文が多い。単に，何をどう表現していいかわからないのだろう。本当なら書けるはずなのに，非常にもったいない。この問題に目を通しておけば，表現のポイントや詳細度を間違うことはないだろう。

　同じような問題として，他にも，平成 21 年度問 3，平成 28 年度問 2，令和 2 年度問 3 がある。これらは"会議"についての言及がある。論文で"会議"について説明する機会も少なくないだろうから，この 3 つの問題にも目を通しておくといいだろう。

第2章　ステークホルダ

2.4 ・ 午前II 章別の対策

　現段階の知識を確認したら午前II対策を進めていこう。以下に本章に属する午前問題を集めてみた。表7の章別午前問題は下記のサイトにあるので，問題と解答をダウンロードして解いておこう。

URL：https://www.shoeisha.co.jp/book/present/9784798174914/

●過去に出題された午前II問題

表7　午前II過去問題

テーマ			出題年度 - 問題番号 （※1，2）		
チーム編成	①	チーム編成	H14-21		
要員計画	②	山積みの計算（1）	H23-4	H15-23	
	③	山積みの計算（2）	H25-8		
	④	要員数の計算（1）	H20-23		
	⑤	要員数の計算（2）	H21-4		
責任分担マトリックス	⑥	責任分担マトリックス	H24-11		
	⑦	ＲＡＣＩチャート（1）	R03-2	H31-2	H29-6
			H27-5	H25-14	
	⑧	ＲＡＣＩチャート（2）	R02-4	H30-4	H28-6
			H26-7		
教育技法	⑨	教育技法	H23-11		
	⑩	教育効果の測定	R02-15		
	⑪	問題解決能力の育成	H20-44		
文書構成法	⑫	帰納法（1）	H23-10	H17-31	
	⑬	帰納法（2）	H24-13		
	⑭	軽重順序法	H21-7	H16-31	
ステークホルダ	⑮	ステークホルダ（1）	H26-5	H24-2	
	⑯	ステークホルダ（2）	H25-1		
	⑰	プロジェクトガバナンスを維持する責任者	H27-1		
	⑱	PMO	R03-1	H31-1	
	⑲	エンゲージメント・マネジメント	H31-7		
資源マネジメント	⑳	ブルックスの法則	H27-6		
	㉑	コンフリクトマネジメントの指針	H24-10		
	㉒	組織とリーダーシップの関係	H19-43	H17-42	H14-38
	㉓	集団思考	H31-23		
	㉔	タックマンモデル	H29-7		
資源サブジェクトグループ	㉕	資源コントロールプロセス	H30-5		
コミュニケーション	㉖	コミュニケーションマネジメントの目的	R03-14		
	㉗	コミュニケーションの計画の目的	R02-14		
	㉘	コミュニケーションマネジメント計画書の内容	H31-14		

※1．平成14年度～平成20年度のプロジェクトマネージャ試験の午前試験，及び平成21年度～令和3年度のプロジェクトマネージャ試験の午前II試験の合計710問より，プロジェクトマネジメントの分野だと考えられるものを抽出。
※2．問題は，選択肢まで含めて全く同じ問題だけではなく，多少の変更点であれば，それも同じ問題として扱っている。

260

Column ▶ エンゲージメントにまつわる四方山話

PMBOK（第5版）から登場した"ステークホルダー・マネジメント"…そこにある重要キーワードのひとつが"**エンゲージメント**"です。

婚約

エンゲージメント（engagement）を直訳すると，約束とか契約とか…。でも，マネジメント用語として使う場合に最もイメージが近い訳は"婚約"だと思います。ほら，婚約指輪のことをエンゲージリングといいますよね。あのエンゲージです。

マーケティング用語としてのエンゲージメント

他には，マーケティングの用語としても使われています。企業やブランドに対して，ユーザが持っている"愛着"のある状態を示す言葉で，その度合いを測る場合には"エンゲージメント指数"などと言ったりします。

ちょうどコトラーが2010年に発表したマーケティング3.0が，ネット全盛時代のマーケティングなのでそれとも合致しています。

エンゲージメントマネジメント

コトラーがマーケティング3.0を発表した…ちょうどその頃，SNS全盛のネット時代（誰もが情報発信する時代）は，マーケティングだけではなく，マネジメントにも"エンゲージメント"という言葉を使わせ始めました。PMBOK（第5版）が発表されたのも2013年です。

最初は，従業員を…「企業や組織に対してロイヤルティを持ち，方向性や目標に共感し，自己実現の場として"愛着"と"絆"を感じている状態」に持って行くことが必要だとしていました。従業員満足度にも近い概念です。

しかし，その後，人材育成に強いコンサルティングファームのウイリス・タワーズワトソンが，エンゲージメントマネジメントに関して，興味深い発表をしたのです。企業の業績を考えると，従業員満足度だけでは不十分で，そこには従業員の自発的貢献意欲が必要だと。

自発的貢献意欲…

この"自発的貢献意欲"という言葉は，確かに今の時代にベストマッチする言葉だと思います。

少子高齢化，売り手市場，転職市場の発達，労働者の権利意識の高まり，多様性を尊重する社会への移行など，今，大きく変化しようとしている"働き方"の中で，企業も上司も選ばれる時代になったのかもしれません。

では，どうすれば"自発的貢献意欲"に満ちた人材を率いることができるのでしょうか。当たり前ですが…必勝法などありません。

でも…一つだけ言えるのは，"自発的貢献意欲"をただ相手に求めるだけの人には，誰も"その人のために…"なんて思いません。他人は鏡。まずは自分が…その相手に対して"自発的貢献意欲"を持つ。すべてはそこから始まるのではないでしょうか。

第2章　ステークホルダ

午後Ⅰ演習

令和2年度　問2

問2　システム開発プロジェクトにおける，プロジェクトチームの開発に関する次の記述を読んで，設問1～3に答えよ。

　P社は，ソフトウェア企業である。P社は，主要顧客であるE社から消費者向けのサービスを提供するシステムの機能追加・改善を行うプロジェクトを受託している。このプロジェクトは，期間は2年間，12名の要員で，4か月間に1回のリリースを合計6回実施するものである。E社は，各リリースで実現したい機能追加・改善の要件を抽出して，当該リリースに向けた作業の着手前にP社に提示している。

　プロジェクト開始から10か月たった頃に，E社から"ビジネス環境が目まぐるしく変化している。この状況に適応するために，もっと迅速にサービスを改善して，時間を含めた投下資源に対して十分な価値を提供できるようにしたい。次回委託する予定の2年間のプロジェクトでは，優先的に実現する要件を現在よりも厳選するので，徐々に各リリースの間隔を短縮して，最終的には1～2か月程度でリリースできるようにしてほしい。E社のサービスの提供価値を継続的かつ迅速に高めていくためにも，長期的な協力をお願いしたい。"との要望が上げられた。

　アジャイル開発の経験が豊富なP社のQ課長は，E社からの要望を実現することを使命として4か月前に現在の部署に着任し，プロジェクトマネージャ（PM）の補佐としてE社向けシステム開発プロジェクトチーム（以下，E社PTという）に加わった。Q課長は，このプロジェクトのリリース間隔の短縮を実現するための開発技術面での計画を作成し，その適用についてPMと協議してきた。

　プロジェクトのスケジュールを図1に示す。現在は，4回目のリリースが目前となり，5回目のリリースに向けた作業の準備に取り掛かったところである。

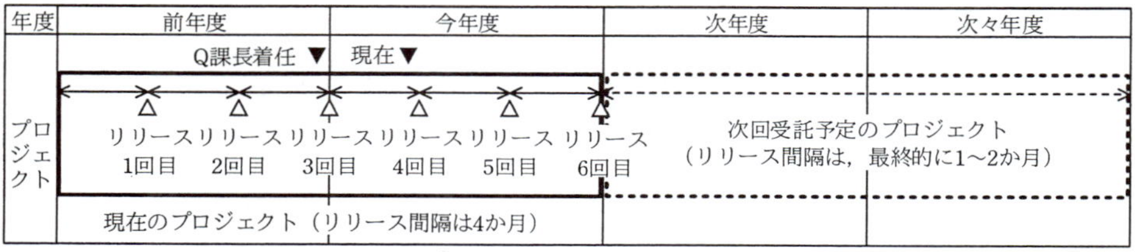

図1　プロジェクトのスケジュール

262

ところが，PM が急きょ，介護のために休職することになった。そこで Q 課長が，このプロジェクトの PM に任命され，5 回目のリリースに向けた作業から指揮をとることになった。任命に当たって P 社経営層からは，"重要な顧客である E 社の顧客満足を，しっかり獲得し続けてほしい。現状のプロジェクトチームは今後も維持していく方針なので，長期的な視点で，プロジェクトチームの開発にも取り組んでほしい。"との言葉があった。

〔Q 課長の観察〕

Q 課長は，リリース間隔の短縮を実現し，E 社のサービスの提供価値を継続的かつ迅速に高めていくという期待に応えるためには，開発技術面での改善に加えて，E 社 PT の生産性の向上が不可欠だと考えていた。ここで Q 課長が認識している生産性とは，"投入工数に対する開発成果物の量"といった開発者の視点から捉えた狭義の生産性ではなく，①顧客の視点から捉えた広義の生産性である。この生産性の向上のためには，E 社 PT の仕事のやり方とメンバの意識を変えることが必要であり，それらを実現する過程で，成長し続けるプロジェクトチームに変わる可能性も見えてくると考えていた。

E 社 PT は，仕様管理・検証チームと開発チームの二つのサブチーム（ST）で構成されており，それぞれの ST にリーダ（以下，ST リーダという）が配置されている。Q 課長は着任後，仕事のやり方とメンバの意識に着目して，E 社 PT の状況を観察してきた。その内容を整理すると，次のようになる。

・ST リーダ同士，ST 内のメンバ同士は 1 年にわたり一緒に仕事をしてきており，スキルや任務の遂行に関しては互いに信頼がある。

・過去の開発では，PM の強力なリーダシップと ST リーダをはじめとするメンバの頑張りで，QCD の目標を何とか達成してきた。

・これまで行動の基本原則について議論したことはなく，PM や ST リーダが都度，状況に応じた判断を下してきたので，ST 内のメンバは，自律的に自ら考え判断して行動するよりも，PM や ST リーダの指示を待って行動する傾向が強い。PM や ST リーダの指示は，失敗を回避する意図から，詳細かつ具体的な内容にまで踏み込む傾向がある。

・ST リーダや ST 内のメンバは，PM が決めた役割分担に基づいてその任務を忠実に

第2章 ステークホルダ

遂行しているが，役割分担にこだわりすぎる面もあり，ST 間の稼働が不均衡になることがある。例えば，上流工程での仕様の確定に手間取ると仕様管理・検証チームの稼働は高いのに開発チームが待ち状態になったり，テスト工程で不具合の改修が滞ると開発チームの稼働は高いのに仕様管理・検証チームは待ち状態になったりする。また，ST を横断したメンバ間のコミュニケーションは少ない。

・E 社 PT 全体として，直近のリリースの QCD の目標達成に有効な活動は積極的に行われるが，チームワークの改善やメンバの育成など将来に資する活動に使われる時間が少ない。

Q 課長は，これらの状況について，メンバはどのように認識しているのか，個別にヒアリングすることにした。その際に，②それぞれの状況に対して Q 課長が抱いている肯定や否定の考えを感じさせないように気をつけることにした。

〔メンバへのヒアリング〕

Q 課長は，PM 着任の挨拶で，"QCD の目標達成は非常に重要だが，一方で次年度からはリリース間隔を短縮する要望に応える計画や，サービスの提供価値を継続的かつ迅速に高めてほしいという顧客の期待もある。これらについて，まずは一人一人の考えをじっくり聞かせてほしい。"と話し，ヒアリングを開始した。

全てのメンバとのヒアリングを終えて，Q 課長は，自分が観察した状況とメンバの認識が合致していたことを確認した。一方，ヒアリング結果から判明した新たな状況があり，それらを次のように整理した。

・現在の固定化した役割分担は自分の成長につながるのか，このままでリリース間隔の短縮に対応できるのか，という不安をもっているメンバが多かった。

・上流工程での認識合わせが不十分だったことが原因で手戻りが発生するなど，ST 間のコミュニケーションに問題があると考えているメンバがいた。

・ST 内のメンバ同士が，相手の仕事に口を挟むことを遠慮してタイムリに意見交換をしなかったことによって，手戻りが多くなった，という意見があった。

・メンバが PM や ST リーダの指示を待って行動する傾向は，生産性の向上を妨げる原因になっているようだという認識が，ほぼ全員にあった。

Q 課長は，ヒアリング結果を整理した内容をメンバに示し，"顧客の期待に応えるためには，皆で一緒に考え，③ともに学び続けながら，成長し続けるプロジェクト

264

チームになる必要があると思う。そのためには，E 社 PT の行動の基本原則を全員で議論して合意し，明文化して共有することが大切だと思う。その行動の基本原則に従って，具体的な活動についても検討し，実践していくことにしたいがどうだろうか。”と問いかけた。その問いかけに対する全員の同意を確認した上で，“1 週間の期間を設けて何度かミーティングを開催し，今後の E 社 PT の行動の基本原則と実践する具体的な活動について議論しよう。”と告げた。

〔ミーティングでの議論〕

初回のミーティングはぎこちない雰囲気だったが，Q 課長が発言や意見交換を和やかに促していったことで，回を追うごとにメンバは，自分が大切だと思う E 社 PT の行動の基本原則と実践する具体的な活動についてオープンに議論するようになった。

その結果，メンバの総意として次に示す E 社 PT の行動の基本原則を決定した。

(i) 顧客の視点から捉えた広義の生産性の向上に継続的に取り組む。そのためには，指示を待つのではなく自律的に行動すること，役割分担にこだわらずに自由にコミュニケートすること，そして全ての機会を捉えて学び続けることを重視する。

(ii) チームワークの改善やメンバの育成など将来に資する活動の時間を確保する。このことは，プロジェクトチームやメンバのためになるだけでなく，生産性の向上を通じて，顧客満足を獲得し続けることにつながる。そして，サービスの提供価値を E 社と共創し向上させることは，最終的に E 社 PT の外部の④ある重要なステークホルダへの提供価値を高め続けることにつながる。

また，次に示す，実践する具体的な活動についても併せて決定した。

（イ） E 社 PT 内では互いに遠慮せず，必要なときにいつでも声を掛け合って，コミュニケーションの質と量を改善する。

（ロ） 連携する他の ST の仕事を理解するためと，⑤ある具体的な課題を解消するために，ST 間での役割分担を，プロジェクトの途中でも必要に応じて見直す。

（ハ） 相互理解を更に深化させて役割の固定化の解消へつなげ，異なる視点から改善のアイディアを得ることを目的として，ST 間で ▢ a ▢ を行う。

（ニ） ST 内の他のメンバの仕事の内容，進め方及び考え方の理解に努める。ST 内で役割の相互補完ができるように努める。

（ホ） 行動の基本原則に従って，自律的に，失敗を恐れずに行動し，さらにその

第2章　ステークホルダ

結果に責任をもつことに挑戦する。PM や ST リーダはこの挑戦を支援するに当たり，⑥メンバ一人一人の成長のために，これまでとは異なる方法で対応する。

　Q 課長は，これらの具体的な活動を実践していけば，プロジェクトチームの活動がスムーズになり，生産性も向上して，8 か月後にはリリース間隔の短縮への見通しも十分に立ってくるだろう，と考えた。

設問1　〔Q 課長の観察〕について，(1)，(2)に答えよ。

(1)　Q 課長が認識している本文中の下線①の顧客の視点から捉えた広義の生産性とは，どのようなものか。"　ア　に対する　イ　の大きさ"と表現するとき，　ア　，　イ　に入れる適切な字句を答えよ。

(2)　Q 課長は，本文中の下線②で，肯定や否定の考えを感じさせないように気をつけることで，どのようなヒアリング結果を得ようと考えたのか。30 字以内で述べよ。

設問2　〔メンバへのヒアリング〕について，(1)，(2)に答えよ。

(1)　Q 課長が，本文中の下線③で"学び続けながら"，"成長し続ける"という方針を示したのは，E 社 PT をどのような期待に応えるプロジェクトチームにするためか。25 字以内で述べよ。

(2)　Q 課長が，E 社 PT の行動の基本原則について，全員で議論して合意し，明文化して共有することにしたのは，どのような意図からか。全員で議論して合意することにした意図と，明文化して共有することにした意図を，それぞれ 30 字以内で述べよ。

設問3　〔ミーティングでの議論〕について，(1)〜(4)に答えよ。

(1)　本文中の下線④の重要なステークホルダとは誰か，答えよ。

(2)　本文中の下線⑤の課題とは，どのような課題か。15 字以内で答えよ。

(3)　本文中の　a　に入れる，ST 間で行うことを，15 字以内で答えよ。

(4)　本文中の下線⑥について，どのような方法で対応するのか，30 字以内で述べよ。

午後Ⅰ演習

〔解答用紙〕

設問1	(1)	ア													
		イ													
	(2)														
設問2	(1)														
	(2)														
設問3	(1)														
	(2)														
	(3)														
	(4)														

267

問題の読み方とマークの仕方

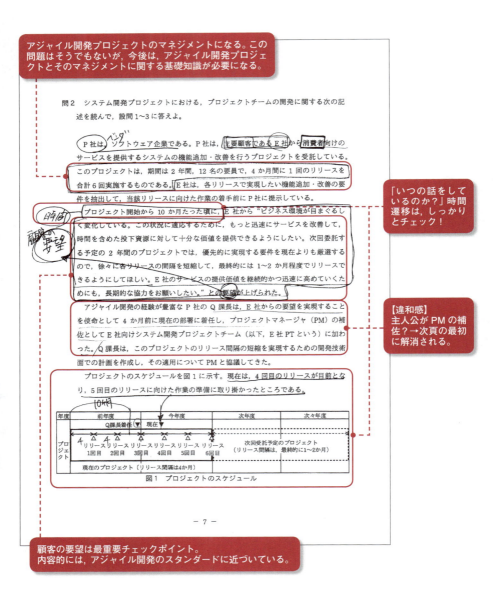

午後Ⅰ演習

改めて，主人公の PM 登場。
チェックしておく。

わざわざ経営層からのお達しがあるところは，必要だから書いているわけなので，設問に絡んでくる可能性が非常に高い。しっかりとチェックしておこう。
→今回は，結果的に，この後の記述で何度も強調されているので，設問に直接的に絡むことは無かった。

P社経営層の要望

　ところが，PM が急きょ，介護のために休職することになった。そこで Q 課長が，このプロジェクトの PM に任命され，5 回目のリリースに向けた作業から指揮をとることになった。任命に当たって P 社経営層からは，"重要な顧客である E 社の顧客満足を，しっかり獲得し続けてほしい。現状のプロジェクトチームは今後も維持していく方針なので，長期的な視点で，プロジェクトチームの開発にも取り組んでほしい。"との言葉があった。

設問 1

Q 課長の観察　　顧客の要望　　P社経営層の要望

　Q 課長は，リリース間隔の短縮を実現し，E 社のサービスの提供価値を継続的かつ迅速に高めていくという期待に応えるためには，開発技術面での改善に加えて，E 社 PT の生産性の向上が不可欠だと考えていた。ここで Q 課長が認識している生産性とは，"投入工数に対する開発成果物の量"といった開発者の視点から捉えた狭義の生産性ではなく，①顧客の視点から捉えた広義の生産性である。この生産性の向上のためには，E 社 PT の仕事のやり方とメンバの意識を変えることが必要であり，それらを実現する過程で，成長し続けるプロジェクトチームに変わる可能性も見えてくると考えていた。

CSF

アジャイル成長のインパクトP7へ

　E 社 PT は，仕様管理，検証チームと開発チームの二つのサブチーム（ST）で構成されており，それぞれの ST にリーダ（以下，ST リーダという）が配置されている。Q 課長は着任後，仕事のやり方とメンバの意識に着目して，E 社 PT の状況を観察してきた。その内容を整理すると，次のようになる。

誰の要望なのかを，これまでの記述に照らして考える。

上記の要望を実現するための重要成功要因（CSF）。

PJ 体制を確認。

① ST リーダ同士，ST 内のメンバ同士は 1 年にわたり一緒に仕事をしてきており，スキルや任務の遂行に関しては互いに信頼がある。　（〇）アジャイルへ
② 過去の開発では，PM の強力なリーダシップと ST リーダをはじめとするメンバの頑張りで，QCD の目標を何とか達成してきた。 →アジャイルへ
③ これまで行動の基本原則について議論したことはなく，PM や ST リーダが都度，状況に応じた判断を下してきたので，ST 内のメンバは，自律的に自ら考え判断して行動するよりも，PM や ST リーダの指示を待って行動する傾向が強い。PM や ST リーダの指示は，失敗を回避する意図から，詳細かつ具体的な内容にまで踏み込む傾向がある。　（-）① 自律的に行動しない
④ ST リーダや ST 内のメンバは，PM が決めた役割分担に基づいてその任務を忠実に

－ 8 －

アジャイル開発の場合は，顧客の視点からのメリット（経営へのインパクト）を常に考えて行動指針とする。それに合致している。

箇条書きの部分。

観察してきた内容なので，良い面と悪い面を明確にする。悪い面には連番を振っておくと頭の中も整理されるだろう。

他には，従来型のウォータフォール型開発とアジャイル開発との違いもチェック。

序
0
1
2
3
4
5
6
7

基礎知識
午後Ⅰ演習
午後Ⅱ演習

269

第2章 ステークホルダ

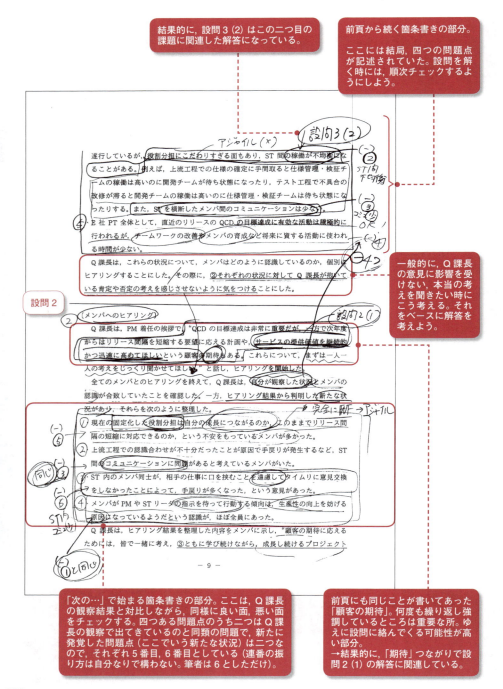

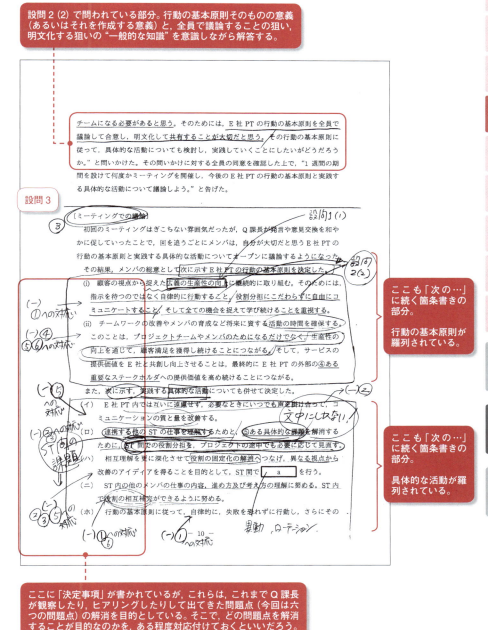

結果に責任をもつことに挑戦する。PM や ST リーダはこの挑戦を支援するに当たり，⑤メンバー人一人の成長のために，これまでとは異なる方法で対応する。

　Q課長は，これらの具体的な活動を実践していけば，プロジェクトチームの活動がスムーズになり，生産性も向上して，8か月後にはリリース間隔の短縮への見通しも十分に立ってくるだろう，と考えた。

設問1　〔Q課長の観察〕について，(1)，(2)に答えよ。
(1)　Q課長が認識している本文中の下線①の顧客の視点から捉えた広義の生産性とは，どのようなものか。"　ア　に対する　イ　の大きさ" と表現するとき，　ア　，　イ　に入れる適切な字句を答えよ。
(2)　Q課長は，本文中の下線②で，肯定や否定の考えを感じさせないように気をつけることで，どのようなヒアリング結果を得ようと考えたのか。30字以内で述べよ。

設問2　〔メンバーへのヒアリング〕について，(1)，(2)に答えよ。
(1)　Q課長が，本文中の下線③で"学び続けながら""成長し続ける"という方針を示したのは，E社PTをどのような姿勢で応えるプロジェクトチームにするためか。25字以内で述べよ。
(2)　Q課長が，E社PTの行動の基本原則について，全員で議論して合意し，明文化して共有することにしたのは，どのような意図からか。全員で議論して合意することにした意図と，明文化して共有することにした意図を，それぞれ30字以内で述べよ。

設問3　〔ミーティングでの議論〕について，(1)～(4)に答えよ。
(1)　本文中の下線④の重要なステークホルダとは誰か，答えよ。
(2)　本文中の下線⑤の課題とは，どのような課題か。15字以内で答えよ。
(3)　本文中の　a　は入れる，ST間で行うことを，15字以内で答えよ。
(4)　本文中の下線⑥について，どのような方法で対応するのか，30字以内で述べよ。

まずは，どこに直接的な該当箇所があるのかをチェックしておく。

今回も，一つの段落に一つの設問としてきれいに分かれている。最近の主流だが，この場合，問題文を頭から順番に読み進めながら，設問を一つずつ順番に解いていけばいいだろう。

設問を読んで解答を考える時に，その設問で，問題文中から「何を探すのか？」を見極めることが重要。加えて，解答そのものが問題文中にしか存在しないのか？　それとも，解答を一意にするための記述を探すのか？（その場合，解答は自分の言葉で組み立てる）を，ある程度，想定して探す必要がある。詳しくは解説を参照。

午後Ⅰ演習

IPA 公表の出題趣旨・解答・採点講評

出題趣旨

　プロジェクトマネージャ（PM）は，プロジェクトを円滑に運営するために，プロジェクトチームの状況について的確に掌握し，プロジェクトチームの構成員に，必要な能力の獲得や自らの成長を促すための活動を計画する必要がある。

　本問では，顧客のサービスの提供価値を継続的かつ迅速に高めるために，システムのリリース間隔の短縮と持続的な成長を期待されるプロジェクトチームを題材として，プロジェクトチームの開発に関する実践的な能力を問う。

設問			解答例・解答の要点		備考
設問1	(1)	ア	時間を含めた投下資源		
		イ	サービスの提供価値		
	(2)		PM の考えに引きずられないメンバの真の考え		
設問2	(1)		提供価値を継続的に高めるという期待		
	(2)		合意することにした意図	メンバ全員が納得した上で行動に移れるようにするため	
			明文化して共有することにした意図	メンバ全員が自律的に行動するための基準とするため	
設問3	(1)		消費者		
	(2)		ST 間の稼働の不均衡		
	(3)	a	メンバのローテーション		
	(4)		自律的な判断と行動を尊重して，学びの機会を与える		

採点講評

　問2では，プロジェクトチームの開発について出題した。全体として正答率は高かった。顧客から，自社のサービスの提供価値を，継続的かつ迅速に高めていくために長期的な協力を期待されている状況において，市場に提供する価値を顧客と共創しつつ，プロジェクトチームの学習サイクルを回しながら成長させていこうとするプロジェクトマネージャの意図はよく理解されていた。

　設問3 (1) は，正答率がやや高かった。"重要な"ステークホルダとして，多くの受験者が"消費者"と解答したことは，社会に価値を提供することがプロジェクトの本質的な目的であることをしっかり意識して活動しているプロジェクトマネージャが多いことを示していると思われる。一方で，目の前の一部の"顧客"や"自社の経営層"と解答した受験者は，この機会にプロジェクトの本質的な目的について，見つめ直してほしい。

　設問3 (3) は，正答率が低かった。相互理解の更なる深化，役割の固定化の解消及び異なる視点からの改善のアイディアの獲得という目的で，サブチーム間で行うことを問うたが，自由なコミュニケーション，タイムリな意見交換，などの解答が散見された。役割の固定化の解消までつなげるには，抜本的な施策が必要である，という視点をもってほしかった。

第2章　ステークホルダ

解説

設問1

設問1は，問題文2ページ目，括弧の付いた一つ目の〔Q課長の観察〕段落に関する問題である。(1) は穴埋め問題，(2) はQ課長の狙いが問われている。

■ 設問1 (1)

問題文の状況設定を正確に把握しているかどうかを試される設問
DX推進に関する設問　　　　　　　　　「問題文導出－解答抜粋型」「穴埋め問題」

【解答のための考え方】

下線①は「**顧客の視点から捉えた広義の生産性**」で，それがどういうものかが問われている。解答に当たっては，"　ア　に対する　イ　の大きさ"の，アとイを埋めるように指示があるので，ここに当てはまる表現にすることを考える。

一般的に，「**顧客の視点から捉えた広義の生産性**」という表現を，DXやアジャイル開発で考える生産性や，顧客側の視点で考えれば，ビジネスにどれだけ貢献するものを産み出したのか？　ということになる。したがって，例えば，次のような解答が想像できる。

　　　　"　ビジネス　に対する　　価値　　の大きさ"

しかし，通常通りであれば，この設問はそうした"知識"を問うてるわけでは無いので，問題文中に同じような表現があるはずだと考えよう。探すのは，"顧客側の視点"を説明しているところと，(狭義の生産性についても記載があるはずなので) "生産性"という用語が使われているところ。そのあたりを中心に問題文中を探してみる。

【解説】

まずは1ページ目の6行目から始まる顧客の要望を書いているところ。ここが"顧客の視点"で書かれているところになる。ここには，次頁の図の赤下線のような記述がある。これは，そのまま"生産性"に関する記載である。

274

午後Ⅰ演習

> プロジェクト開始から 10 か月たった頃に，E 社から"ビジネス環境が目まぐるしく変化している。この状況に適応するために，もっと迅速にサービスを改善して，時間を含めた投下資源に対して十分な価値を提供できるようにしたい。次回委託する予定の 2 年間のプロジェクトでは，優先的に実現する要件を現在よりも厳選するので，徐々に各リリースの間隔を短縮して，最終的には 1〜2 か月程度でリリースできるようにしてほしい。E 社のサービスの提供価値を継続的かつ迅速に高めていくためにも，長期的な協力をお願いしたい。"との要望が上げられた。

　また，広義の生産性があるからには，狭義の生産性も書いてあるはずだという推測のもとに問題文を読み進めると，〔Q 課長の観察〕段落の 3 行目から 5 行目に，その存在を確認できるだろう。そこには，ストレートに「**開発者の視点から捉えた狭義の生産性**」と書いているからだ。その内容は**"投入工数に対する開発成果物の量"**としている。

　この狭義の生産性と，顧客の要望に入っている**"時間を含めた投下資源に対して十分な価値"**という表現が似ているところからも，空欄アは「**時間を含めた投下資源**」になると判断できる。加えて，空欄イは「**十分な価値**」という解答が考えられるが，その"十分な価値"を，より具体的に表現した「**サービスの提供価値**」にという記述があるので，こちらを解答とする。

【自己採点の基準】（配点 6 点：完答のみ）

IPA 公表の解答例（網掛け部分は問題文中で使われている表現）
ア：時間を含めた投下資源 イ：サービスの提供価値

　この解答例は"抜粋型"であり，問題文に"狭義の生産性"の説明も記載されているので，解答例通りのみを正解だと考えた方がいいだろう。もちろん，「サービスの提供価値」に「E 社の」を付けるぐらいは問題ないだろう。

275

第 2 章　ステークホルダ

■ 設問 1（2）

PM の行動の狙いに関する設問　　　　　　　　　　　　　　　　　「知識解答型」

【解答のための考え方】

　続いて，下線②「それぞれの状況に対して **Q 課長が抱いている肯定や否定の考え
を感じさせないように気をつける**」ことにしたが，その意図として「**どのようなヒ
アリング結果を得ようと考えたのか**」が問われている。

　解答に当たっては，「**それぞれの状況**」とは何かを明確にしたうえで，この後の
〔**メンバへのヒアリング**〕段落で，実際に，その得ようとしたヒアリング結果が書い
てあるので，この設問は，先にそこに目を通して考えた方がいいだろう。Q 課長の
態度が出ているはずだから。

　なお，こういうケースでメンバにヒアリングをする際に，下線②のような配慮を
するのは，自分（Q 課長）の肯定や否定の意見に影響されずに，本当に思っている
ことを聞きたい時に行う。そうした一般的な "知識" をベースに，それに類する表
現を探す目的で問題文を読み進めていこう。

【解説】

　まず，下線②にある「**それぞれの状況**」を明確にする。これは〔**Q 課長の観察**〕段
落を読めばわかるだろう。Q 課長が着任後，仕事のやり方とメンバの意識に着目し
て，E 社 PT の状況を観察して感じた状況（箇条書きの部分）内の，メンバそれぞ
れの状況である。

　そして，そうした自分の感じた各メンバの状況に対して，「**（個々の）メンバはど
のように認識しているのか（知りたかったので），個別にヒアリングすることにし
た**」わけだ。それは，次の段落〔**メンバへのヒアリング**〕の，次の記述からも確認
できる。

・自分が観察した状況とメンバの認識が合致していたことを確認した
・ヒアリング結果から新たな状況があった

　これらの結果は，PM の意見の影響を受けずに，メンバが本当に思っていること
を聞けないと得られなかっただろう。

　ただ，「Q 課長の意見に影響されないように」とか，「フラットな意見を聞きたい」
という表現は問題文中には見受けられなかったので，ある程度知識解答型だと考え
て解答例のように解答を組み立てればいいだろう。

276

【自己採点の基準】（配点 7 点）

IPA 公表の解答例（網掛け部分は問題文中で使われている表現）

PM の考えに引きずられないメンバの真の考え（21 字）

「PM の考えに引きずられない」という表現があれば正解だと考えていいだろう。もちろん，解答例の「引きずられない」と「真の」という表現は問題文中にはないので，「影響を受けない」や「真のメンバの認識」，「本当に思っていること」など他の表現でも問題はない。

第2章　ステークホルダ

設問2

　設問2は，問題文3ページ目，括弧の付いた二つ目の〔メンバへのヒアリング〕段落に関する問題である。問われているのは2問で解答は三つ（25字，30字×2）。ここも，いずれもプロジェクトマネージャ（Q課長）の狙いが問われている。

■ 設問2（1）

PMの行動の狙いに関する設問　　　　　　　　　　　　　「問題文導出－解答抜粋型」

【解答のための考え方】

　まず下線③を確認する。下線③は「**ともに学び続けながら，成長し続けるプロジェクトチームになる必要があると思う**」というもの。このうち"学び続けながら"，"成長し続ける"という方針が，E社PTをどのような期待に応えるプロジェクトチームにするためなのかが問われている。

　解答に当たっては，最初に「E社PTに対する期待」を問題文中から探し出せばいいだろう。これは問題文中にしか記載がないことだ。加えて，情報処理技術者試験の場合，問題文中でも，素直に"期待"という表現を使っていることが多い。

　以上より，まずは"期待"という用語を中心に探し出せばいいだろう。これまでにマークしたところにあることを覚えていればそこを，そうでなければ1ページ目からチェックする。"期待"という用語が無ければ，それに準じる表現（要望や要求など）で探し出そう。

【解説】

　問題文中に"期待"という表現を使っている箇所は，下線③の直前の一つを除けば次の2か所である。

- E社のサービスの提供価値を継続的かつ迅速に高めていくという期待
  （問題文2ページ目の〔**Q課長の観察**〕段落の1～2行目）
- サービスの提供価値を継続的かつ迅速に高めてほしいという顧客の期待
  （問題文3ページ目の〔**メンバへのヒアリング**〕段落の2～3行目）

　内容はいずれも同じで，これらはまさにE社PTに対する期待になる。但し，"学び続けながら"，"成長し続ける"という方針と合致するのは「継続的」という点になるので，この期待のうちの「継続的」という点に絞って解答する。すると解答例のようになる。問われていることが"期待"だという点に注意して解答表現を合わせるのも忘れないようにしておこう。

【自己採点の基準】（配点 6 点）

IPA 公表の解答例（網掛け部分は問題文中で使われている表現）

提供価値を継続的に高めるという期待（17 字）

　この設問は"抜粋型"で，解説に記した通り，問題文中にも顧客の期待が明記されている。そのため，問題文の該当箇所（期待が書かれている部分）の表現を使っていれば正解だと考えていいだろう。解答例には字数にも余裕があるので，「サービスの提供価値…」としてもいい。

　但し，「迅速に」という表現を付けると減点対象になる点に注意が必要。採点講評でも指摘されているが，「迅速に」という部分はシステムのリリース間隔の短縮によって応える部分になる。この設問の"学び続けながら"，"成長し続ける"という方針で応えようとしている期待は「継続的に高める」という部分になるからだ。なかなか珍しく繊細な解答が求められている。

第2章　ステークホルダ

■ 設問2（2）
PMの行動の狙い（意図）に関する設問
「知識解答型」，「問題文導出－解答加工型」

【解答のための考え方】

　続いて，E社PTの**"行動の基本原則"**について，全員で議論して合意し，明文化して共有することにした（Q課長）の意図が問われている。一つが**"全員で議論して合意すること"**にした意図で，もう一つが**"明文化して共有すること"**にした意図だ。それぞれを30字で別々に解答する。

　一般的な知識として，PTの行動の基本原則をプロジェクトチーム内において全員で合意する必要があるのは，メンバ全員が決定事項に対し納得感を得るためである。チームリーダが独断で決定したり，多数決で決めたりすることと比較して考えれば，全員で合意する意味は容易に思いつくだろう。一方，それを明文化して共有するのは，プロジェクト内の公式な決定事項とし，それを各自の行動や意思決定の判断基準にするためだ。

　しかし，プロジェクトマネージャ試験の午後I試験で，そうした"知識の有無"を問われることは少なく，解答する上でも，そう考えなければならない。具体的には，問題文中に記載されている"マイナス点"をチェックし，それを解消するためではないかと考える。その時に，前述の"知識"を活用し，同じ内容のものを優先するといいだろう。

【解説】

　問題文中に記載されている"マイナス点"は，〔**Q課長の観察**〕段落でQ課長が認識したものと，〔**メンバへのヒアリング**〕段落で判明した新たな状況と，2か所に存在する。ここから順次，マイナス点をピックアップすると次のようになる。

〔**Q課長の観察**〕段落
- ・自律的に自ら考え判断して行動しない…①
- ・役割分担にこだわり，ST間の稼働が不均衡になることがある…②
- ・STを横断したメンバ間のコミュニケーションは少ない…③
- ・チームワークの改善，メンバの育成など将来に資する活動時間が少ない…④

〔**メンバへのヒアリング**〕段落
- ・自分の成長やリリース間隔の対応に不安をもっているメンバが多い…⑤
- ・ST内でも相手の仕事に口を挟むことを遠慮→手戻りが多くなった…⑥
- ・指示待ち→生産性の向上を妨げる…上記の①と同じ

280

このうち，まずは**"全員で議論して合意すること"**にした意図，すなわち，それで解決できそうなマイナス点を探してみる。しかし，残念ながら「メンバの意見が対立している」とか「特定のメンバが納得していない」というような**"決定事項に対し納得感を得る"**ということで解決すべき問題は記述されていない。強いてあげるとすれば〔ミーティングでの議論〕段落の4行目に「**その結果，メンバの総意として**」という表現があるくらいだ。そのため，（この表現を踏まえた上で）ある程度知識解答型だと考え「全員に納得してもらった上で行動してもらうため」という点を中心に解答を組み立てればいいだろう。

続いて，**"明文化して共有すること"**にした意図についても同様に考える。一般的には「プロジェクト内の公式な決定事項とし，それを各自の行動や意思決定の判断基準にする」ためである。これで解消できそうな問題点は，上記の①になる。自律的に行動してもらうための判断基準にしたいからだ。結果，解答例のような解答になる。

【自己採点の基準】（配点6点×2）

IPA公表の解答例（網掛け部分は問題文中で使われている表現）
①合意することにした意図 　**メンバ全員が納得した上で行動に移れるようにするため**（25字） ②明文化して共有することにした意図 　**メンバ全員が自律的に行動するための基準とするため**（24字）

①に関しては知識解答型なので，同じ意味の表現であれば正解だと考えて問題ないだろう。「納得」以外にも「総意の上で」などでもいいだろう。それと，今回は「**行動の基本原則**」なので「**行動してもらう**」ことを狙っているので，「**行動**」を使って解答を組み立てるのがベスト。

②に関しては，「**自律的に行動するための基準**」という表現は使いたい。「**自律的に行動する**」というのは今回の目標で，行動の基本原則はその基準になるからだ。**"基準"**という表現は問題文中では用いられていないが，行動の基本原則の意味として行動や意思決定の判断基準になるものなので，この表現を覚えておいて損はないだろう。

第2章　ステークホルダ

設問3

　設問3は，問題文4ページ目，括弧の付いた三つ目の〔ミーティングでの議論〕段落に関する問題である。問われているのは4問だが，4問目を除き短文での解答になっている。

■ 設問3（1）

| 「ある～」を問題文中から探す設問 | 「問題文導出－解答抜粋型」 |

【解答のための考え方】

　下線④は「**ある重要なステークホルダ**」である。これは，情報処理技術者試験ではよくある"匂わせ"の問題である。この"ある～"という"匂わせ"表現は，下線が無くても設問になっている可能性が高いということがわかるので，問題文を読んでいる時に，（特に設問を見なくても）解答を考えてもいい部分である。

　それと，問われているのが具体的な「**ステークホルダ**」なので，原則，問題文中に登場している人物になる。"経営者"や"経営層"，"監査役"であれば問題文中に記載のない場合でも解答になり得るケースも考えられるが，そういう場合でも，問題文中に適当なステークホルダの記載を探して，無かった場合に解答と考えた方がいいだろう。

【解説】

　問題文中に登場する「ステークホルダ」を探す。マークをしていればそこを，していなければ，問題文を最初から読み進めていく。但し，下線④の直前には「**E社PT（E社向けシステム開発プロジェクトチーム）の外部の**」という記述があるので，P社のPT（プロジェクトマネージャ（Q課長）やプロジェクトメンバ）は外して考える。その結果，次のような登場人物をピックアップするだろう。

- ・主要顧客であるE社（問題文1ページ目の1行目）
- ・消費者（問題文1ページ目の1行目）
- ・P社経営層（問題文2ページ目の3行目）

　問題文に記載があるのは，これくらいである。このうち，P社経営層は無関係だということは容易にわかるだろう。後は，顧客のE社か，E社の顧客に当たる消費者か，いずれかで考える。

　下線④を含む文には，「**サービスの提供価値をE社と共創し向上させること**」によって，「**最終的に**」「**提供価値を高め続けることになる**」のは，文脈から考えてE

282

社ではない。E社の顧客に当たる消費者である。したがって解答は**「消費者」**とするのが妥当だろう。

なお，これは設問3なので，設問1や設問2の後に解いているケースが多いと思う。その場合，設問1や設問2を解くために問題文の〔**Q課長の観察**〕段落や，〔**メンバへのヒアリング**〕段落を一度は熟読しているはず。その時に，この設問のように，登場人物が設問で問われたり，解答を組み立てる時に使う可能性を考えて，しっかりとマークしておこう。そうすれば，この問題文を解く時に，その続きから読み進めることができる。短時間で解くためには，同じところを何度も読み返さないというのは鉄則だからだ。

【自己採点の基準】（配点4点）

IPA公表の解答例（網掛け部分は問題文中で使われている表現）
消費者

この問題は抜粋型である。解答例以外の「E社の顧客」と書いても同じ意味なので正解にしてほしいが，正解なのか部分点があるのかは不明。ただ，過去問題で練習していると考えれば，「E社の顧客」という表現が無いので，消費者だけを正解と考えておいた方がいいだろう。

第2章　ステークホルダ

■ 設問3（2）

「ある～」を問題文中から探す設問　　　　　　　　　「問題文導出－解答抜粋型」

【解答のための考え方】

　下線⑤は「**ある具体的な課題**」である。これも"匂わせ"の問題だ。しかも今回は具体的な課題が問われているので，問題文中にしか解答はない。

　加えて，下線⑤の前後をチェックすると，「**ST間での役割分担を，プロジェクトの途中でも必要に応じて見直す**」ことで，解消される課題になる。それらを念頭に，設問3（1）同様，問題文を読み進めて，探し出そう。

【解説】

　この問題の課題は，設問2（2）の解説で，次のようにピックアップしている（下記は再掲）。

　　　〔Q課長の観察〕段落
　　　　　・自律的に自ら考え判断して行動しない…①
　　　　　・役割分担にこだわり，ST間の稼働が不均衡になることがある…②
　　　　　・STを横断したメンバ間のコミュニケーションは少ない…③
　　　　　・チームワークの改善，メンバの育成など将来に資する活動時間が少ない…④
　　　〔メンバへのヒアリング〕段落
　　　　　・自分の成長やリリース間隔の対応に不安をもっているメンバが多い…⑤
　　　　　・ST内でも相手の仕事に口を挟むことを遠慮→手戻りが多くなった…⑥
　　　　　・指示待ち→生産性の向上を妨げる…上記の①と同じ

　このうち「**ST間での役割分担を，プロジェクトの途中でも必要に応じて見直す**」ことで解消される課題だと考えられるのは，②③になるが，プロジェクトマネージャが考えるのは②になる。これを15字でまとめると解答例のようになる。

【自己採点の基準】（配点4点）

IPA公表の解答例（網掛け部分は問題文中で使われている表現）
ST間の稼働の不均衡（10字）

　この解答は抜粋型で，具体的な課題も問題文中に記載されているので，これを正解とする。もちろん「ST間の稼働が不均衡という課題（15字）」のような多少の表現の揺らぎは全く問題ない。

午後Ⅰ演習

■ 設問 3（3）

穴埋め問題 「問題文導出－知識解答型」

【解答のための考え方】

　続いては，空欄 a の穴埋め問題である。設問では「ST 間で行うこと」としている。穴埋め問題なので，前後の文脈から解答を考えればいいだろう。

　空欄 a の直前には，その「ST 間で行うこと」の目的が書いてある。その目的を踏まえて考えればいいだろう。

【解説】

　「ST 間で」空欄 a を「行うこと」の目的は「**相互理解を更に深化させて役割の固定化の解消へつなげ，異なる視点から改善のアイディアを得ること**」だとしている。「**役割の固定化を解消する**」目的や，「**異なる視点から改善のアイディアを得る**」目的で行うことと言えば，メンバのローテーションしかない。したがって，解答例のように解答になる。

　これらの空欄 a を含む（ハ）の活動については，「役割分担にこだわりすぎる面がある」とか，「現在の固定化した役割分担は自分の成長につながるのか…不安に思う」とか，「ST 間のコミュニケーションが少ない」という様々な問題を解消するための活動である。

【自己採点の基準】（配点 4 点）

IPA 公表の解答例（網掛け部分は問題文中で使われている表現）
メンバのローテーション（11 字）

　知識解答型なので（問題文中の用語を使っていないので），この解答例と同類の施策は正解になると考えてもいいだろう。ローテーションとは意味が異なるが「メンバの異動（6 字）」や「メンバの配置換え（8 字）」などでも正解だと考えてもいいと思う（字数は短いが）。「定期的に」という表現を付けてもいいだろう。IPA も「国語の問題ではない」と明言しているので，そこまで厳密ではない。この程度の揺らぎは問題ないはずだ。

285

第2章　ステークホルダ

■ 設問3（4）

【基礎知識】アジャイル開発における PM やリーダの役割

「問題文導出－知識解答型」

【解答のための考え方】

　下線⑥は「メンバー人一人の成長のために，これまでとは異なる方法で対応する」
である。この中の「**異なる方法**」が，どのような方法なのかが問われている。

　この下線⑥を含む具体的な活動の（ホ）は「**自律的に，失敗を恐れずに行動し，さ
らにその結果に責任を持つことに挑戦する**」というもの。それを前提に，下線⑥の
「**これまで（の方法）**」が問題文中にあるので，それを探し出し，それと異なる方法
を解答すればいいだろう。

【解説】

　下線⑥の「**これまで（の方法）**」は，自律的ではないという記述をしている下記の
部分を指している。下線⑥の主語は「PM や ST リーダ」なので，特に，下記の赤の
下線部分が，これまでの方法だ。

> ・これまで行動の基本原則について議論したことはなく，PM や ST リーダが都度，
> 状況に応じた判断を下してきたので，ST 内のメンバは，自律的に自ら考え判断し
> て行動するよりも，PM や ST リーダの指示を待って行動する傾向が強い。<u>PM や
> ST リーダの指示は，失敗を回避する意図から，詳細かつ具体的な内容にまで踏み
> 込む傾向がある。</u>

　これを，「**自律的に，失敗を恐れずに行動し，さらにその結果に責任を持つことに
挑戦する**」となるような指示に変えればいい。

　一般的にアジャイル開発では，常に，開発チームの生産性が最大になるように考
えなければならない。そのためには，プロジェクトマネージャやチームリーダを配
置するのであれば，できる限り開発チームに権限を委譲した上で，自らは支援に回
る必要がある（下線⑥を含む文にも「支援する」という表現がある）。

　そうした基礎知識を念頭に置いた上で，問題文中に記載している「**これまで（の
方法）**」とは異なる方法（あるいは，反対の方法）として，解答例のように解答を組
み立てればいいだろう。

【自己採点の基準】（配点 7 点）

> IPA 公表の解答例（網掛け部分は問題文中で使われている表現）
>
> **自律的な判断と行動を尊重して**，**学びの機会を与える**（24 字）

これも，特に問題文中の用語を使わずに解答を組み立てる知識解答型なので，この解答例と同じような意味のものは正解になると考えてもいいだろう。「**自律的な判断と行動を尊重して**」という部分は，例えば「**責任と権限を与えて自律的に行動できるように**」という表現でも，この程度であれば問題ないと考えられる。他にも，「**成長できるように支援に回る**」という解答でも不正解にする理由がない。採点講評にも正答率が高かったと記載しているので，非常に幅広い解答で正解になると考えられる。

第2章　ステークホルダ

午後Ⅱ演習

令和3年度　問1

問1　システム開発プロジェクトにおけるプロジェクトチーム内の対立の解消について

　　プロジェクトマネージャ（PM）は，プロジェクトの目標の達成に向け継続的にプロジェクトチームをマネジメントし，プロジェクトを円滑に推進しなければならない。

　　プロジェクトの実行中には，作業の進め方をめぐって様々な意見や認識の相違がプロジェクトチーム内に生じることがある。チームで作業するからにはこれらの相違が発生することは避けられないが，これらの相違がなくならない状態が続くと，プロジェクトの円滑な推進にマイナスの影響を与えるような事態（以下，対立という）に発展することがある。

　　PM は，プロジェクトチームの意識を統一するための行動の基本原則を定め，メンバに周知し，遵守させる。プロジェクトの実行中に，プロジェクトチームの状況から対立の兆候を察知した場合，対立に発展しないように行動の基本原則に従うように促し，プロジェクトチーム内の関係を改善する。

　　しかし，行動の基本原則に従っていても意見や認識の相違が対立に発展してしまうことがある。その場合は，原因を分析して対立を解消するとともに，行動の基本原則を改善し，遵守を徹底させることによって，継続的にプロジェクトチームをマネジメントする必要がある。

　　あなたの経験と考えに基づいて，設問ア～ウに従って論述せよ。

設問ア　あなたが携わったシステム開発プロジェクトにおけるプロジェクトの特徴，あなたが定めた行動の基本原則とプロジェクトチームの状況から察知した対立の兆候について，800 字以内で述べよ。

設問イ　設問アで述べたプロジェクトの実行中に作業の進め方をめぐって発生した対立と，あなたが実施した対立の解消策及び行動の基本原則の改善策について，800 字以上 1,600 字以内で具体的に述べよ。

設問ウ　設問イで述べた対立の解消策と行動の基本原則の改善策の実施状況及び評価と，今後の改善点について，600 字以上 1,200 字以内で具体的に述べよ。

解説

●問題文の読み方

問題文は次の手順で解析する。最初に，設問で問われていることを明確にし，各段落の記述文字数を（ひとまず）確定する（①②③）。続いて，問題文と設問の対応付けを行う（④⑤）。最後に，問題文にある状況設定（プロジェクト状況の例）やあるべき姿をピックアップするとともに，例を確認し，自分の書こうと考えているものが適当かどうかを判断する（⑥⑦）。

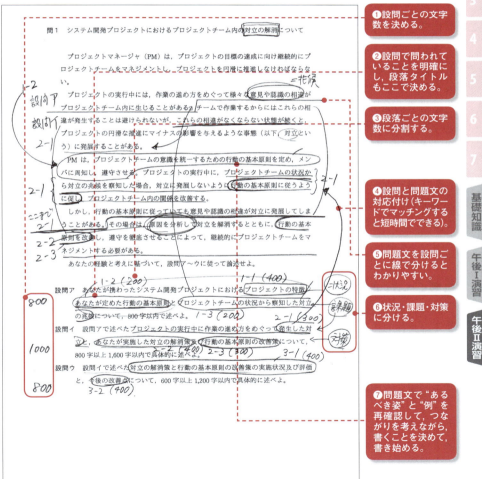

第 2 章　ステークホルダ

●出題者の意図（プロジェクトマネージャとして主張すべきこと）を確認

出題趣旨

　プロジェクトの実行中には，作業の進め方をめぐってプロジェクトチーム内に様々な意見や認識の相違が発生する。これらの相違の発生を一概には否定できないが，これらの相違がなくならない状態が続くことで，プロジェクトの円滑な推進にマイナスの影響を与えるような対立に発展することがある。

　本問は，プロジェクトマネージャ（PM）として，行動の基本原則を定めどのように対立を回避しようとしたのか，それでもなお対立が発生した場合，PM としてその対立をどのように解消したのか，また，行動の基本原則をどのように改善し遵守させたかを具体的に論述することを求めている。論述を通じて，PM として有すべきプロジェクトチームのマネジメントに関する知識，経験，実践能力などを評価する。

（IPA 公表の出題趣旨より転載）

●段落構成と字数の確認

1. プロジェクトの特徴と対立の兆候
   1.1 プロジェクトの特徴（400）
   1.2 私が定めた行動の基本原則（200）
   1.3 察知した対立の兆候（200）
2. 対立の発生と対立の解消
   2.1 対立の発生（300）
   2.2 私が実施した対立の解消（400）
   2.3 行動の基本原則の改善策（300）
3. 実施状況及び評価と今後の改善点
   3.1 対立の解消策と行動の基本原則の改善策の実施状況及び評価（400）
   3.2 今後の改善点（400）

●書くべき内容の決定

　次に，整合性の取れた論文，一貫性のある論文にするために，論文の骨子を作成する。具体的には，過去問題を想い出し「どの問題に近いのか？複合問題なのか？新規問題か？」で切り分けるとともに，どのような骨子にすればいいのかを考える。

過去問題との関係を考える

　この問題は，プロジェクトマネージャの人間関係のスキルの１つ，コンフリクト・マネジメントに関するものである。PMBOK 第 7 版では，広く“リーダーシップ・スキル”に必要な要素としている。

　人間関係のスキルに関する問題は，過去，連帯意識の形成（平成 18 年度問 1），動機付け（平成 21 年度問 1），交渉（平成 19 年度問 1，平成 24 年度問 3），信頼関係の

290

構築（平成 29 年度問 1），リーダーシップの問題解決能力（平成 31 年度問 2）など
が出題されてきたが，コンフリクト・マネジメントにフォーカスした問題は出題さ
れていなかった。

しかし，これらの問題のポイントは同じなので，ヒューマンドラマにならないよ
うに注意するとともに，情・熱意・浪花節中心にならないように意識して，どのよ
うに合理的な"計画"にするのか？を考えるようにしよう。

全体構成を決定する

全体構成を組み立てる上で，まず決めないといけないのは次の 3 つである。

---

①意見の相違（対立の兆候）と対立の内容（1-3，2-1）
②上記の①に関連した行動の基本原則について，当初の不備（1-2）と改善後の
　行動の基本原則（2-3）
③上記の①②に関連した対立に発展した原因と対立の解消策（2-2）

ここの整合性を最初に取っておかないと，途中で書く手が止まるだろう。特に，
行動の基本原則（上記の②）と，兆候から対立に発展した原因（上記の③）の 2 つ
の要素につながる"対立"（上記の③）を決める必要がある。試験本番の時に，2 時
間という制限の中で絞り出すのは難しいので，できれば試験対策期間中に準備して
おこう。

第2章 ステークホルダ

● 1-1 段落（プロジェクトの特徴）

　ここでは，プロジェクトの概要を簡単に説明した後に，今回のプロジェクトの特徴を書く。今回のプロジェクトの特徴は，実際に「**対立の解消**」をした経験があれば，そのプロジェクトの特徴を書けばいいのだけれど，"対立"と全く関係のないところにフォーカスするのは得策ではない。なぜ対立に発展したのかを考えた上で，その真因となるところを特徴とするのがベストだろう。具体的には，次のような特徴が考えられる。

- ・ 多様なスキル・知識・経験を持っている個人の集まりであるチーム
- ・ 作業範囲や作業時間，役割，責任などが多様なチーム
- ・ マルチベンダでの協働

　ひとことで言えば"多様性"。多様だからこそ，それぞれの考え方や意見の相違も発生する可能性がある。そのため，今回のプロジェクトの目的や目標を加味して，今回のプロジェクトで1つの方向性を示す行動原則が必要となる。

【減点ポイント】
　①プロジェクトの話になっていない又は特徴が無い（致命度：中）
　②記述した"プロジェクトの特徴"が，対立につながらない特徴（致命度：小）
　　→　一貫性が無くなるので評価は低くなる。

● 1-2 段落（私が定めた行動の基本原則）

　続いて，自分が定めた行動の基本原則を具体的に書く。1-1に記述した特徴を根拠（必要性）にして，コンフリクトを避けるために定めた基本原則とすると，前の段落と綺麗につながる。

　行動の基本原則の例としては，自社のプロジェクトチーム等の基本原則をベースに考えればいいが，他にも，プロジェクトマネージャ試験の過去問題（令和2年午後I問2）を参考にしてもいいだろう（次頁参照）。

　ちなみにPMBOK第7版に記載されているコンフリクト・マネジメントには，コンフリクト（対立）に発展しないように次のようなアプローチが有効だとしている（PMBOK第7版 P.29 より）。

- ・ コミュニケーションをオープンに保ち，相手を尊重する
- ・ そして，人ではなく課題に焦点を当てる
- ・ 過去ではなく，現在と未来に焦点を当てる
- ・ 代替案を一緒に探す

午後II演習

その結果，メンバの総意として次に示す E 社 PT の行動の基本原則を決定した。

(i)　顧客の視点から捉えた広義の生産性の向上に継続的に取り組む。そのためには，指示を待つのではなく自律的に行動すること，役割分担にこだわらずに自由にコミュニケートすること，そして全ての機会を捉えて学び続けることを重視する。

(ii)　チームワークの改善やメンバの育成など将来に資する活動の時間を確保する。このことは，プロジェクトチームやメンバのためになるだけでなく，生産性の向上を通じて，顧客満足を獲得し続けることにつながる。そして，サービスの提供価値を E 社と共創し向上させることは，最終的に E 社 PT の外部の④ある重要なステークホルダへの提供価値を高め続けることにつながる。

プロジェクトマネージャ試験　令和 2 年午後 I 問 2 より

また，具体的な活動として次のようにも言及している。

（イ）　E 社 PT 内では互いに遠慮せず，必要なときにいつでも声を掛け合って，コミュニケーションの質と量を改善する。

（ロ）　連携する他の ST の仕事を理解するためと，⑤ある具体的な課題を解消するために，ST 間での役割分担を，プロジェクトの途中でも必要に応じて見直す。

（ハ）　相互理解を更に深化させて役割の固定化の解消へつなげ，異なる視点から改善のアイディアを得ることを目的として，ST 間で　　a　　を行う。

（二）　ST 内の他のメンバの仕事の内容，進め方及び考え方の理解に努める。ST 内で役割の相互補完ができるように努める。

（ホ）　行動の基本原則に従って，自律的に，失敗を恐れずに行動し，さらにその結果に責任をもつことに挑戦する。PM や ST リーダはこの挑戦を支援するに当たり，⑥メンバ一人一人の成長のために，これまでとは異なる方法で対応する。

プロジェクトマネージャ試験　令和 2 年午後 I 問 2 より

【減点ポイント】

基本原則の必要性や根拠が書かれていない（致命度：中）

→　なぜ，その基本原則が必要なのかを説明できていない場合，その基本原則は今回のテーマ"対立の回避"と無関係の可能性がある。

293

第2章　ステークホルダ

● 1-3 段落（察知した対立の兆候）

　設問アで書かないといけない3つめの要求事項は「プロジェクトチームの状況から察知した対立の兆候」である。注意しないといけないのは，あくまでも対立の"兆候"であるという点。まだ対立にはなっていないということだ。その違いを，問題文では次のように例示している。

　　兆候の例：作業の進め方をめぐって様々な意見や認識の相違
　　対立の例：相違がなくならない状態が続くと，プロジェクトの円滑な推進にマイ
　　　　　　　ナスの影響を与えるような事態

　したがって，ここで書かないといけないのは「意見や認識の相違」になる。

　他に注意すべきところは，いつ，何をしている時に，その兆候を察知したのか？という点，（どういう役割の）誰と誰の間のコンフリクトなのか？という点をクリアにするところ。ここは設問イにつなげる重要な部分なので，採点者にしっかりと状況を伝えなければならないところだからだ。

　また，過敏に反応するのも非現実的だ。ちょっと意見が違うだけで，PMが直ちに関与することはない。PMBOKでも「意見の相違は，適切にマネジメントすれば，高い創造性とより良い意思決定につながる。」としているからだ。したがって，しばらく様子を見ているというのが現実的だろう。

【減点ポイント】

　①対立が発生してしまっている（致命度：中）
　　→　ここはあくまでも対立の兆候。
　②状況が良くわからない（致命度：中）
　　→　5W1Hを意識して，採点者がイメージできるくらいの内容にはしなければならない。

294

午後Ⅱ演習

● 2-1 段落（対立の発生）

　設問イでは，まずは「対立に進展してしまったこと」を書く。但し，設問アからのつながりを考えると，次のような展開になるだろう。

（前提：設問アでは兆候を察知したところで終わっている）

・ 対立に発展しないように行動の基本原則に従うように促し，プロジェクトチーム内の関係を改善する。

・ しかし，対立に発展してしまった。

　基本原則に関しては，設問ア（1-2）に書いているので，その基本原則のどれに従うように促したのか？わかるように書くと良いだろう。PMBOK 第 6 版でも「**プロジェクト・チーム・メンバーは，まず自分たちでコンフリクトの解消を図る責任がある。コンフリクトがエスカレーションされてきた場合には，満足のいける解消に至るようにプロジェクト・マネジャーが助力すべきである。**」としているので，それを表現する。

　また，ここでも時間遷移を明確にすることが望ましい。問題文でも，対立の例として「**相違がなくならない状態が続くと，プロジェクトの円滑な推進にマイナスの影響を与えるような事態**」としているため，例えば「これ以上この状態が続くと，○○工程が予定通りに完了しなくなる」というように，納期遅延等に絡めて判断することもあるからだ。

【減点ポイント】

①基本原則に従うように促していない（致命度：小）

　→　しっかりと解決への手順を踏んだ方が良いので，第一選択肢として，これにも触れておいた方が良い。

②過敏反応（致命度：小）

　→　なんでもかんでも PM がすぐに介入していると，意見の相違を否定していると捉えられかねない。意見の相違は肯定的に捉えている姿勢を示し，対立につながる線引きをしっかりと決めていることを示しておく。

③兆候から対立へと発展したと判断した基準が不明（致命度：小）

　→　他の問題でも同じだが，しっかりとマネジメントしていることを強調するためには，この基準を予め明確にしていたことを伝えた方が良い。行き当たりばったりで適当に判断していると思われないように。

295

第2章　ステークホルダ

● 2-2 段落（私が実施した対立の解消）

この段落に対応している問題文は「**原因を分析して対立を解消する**」というところ。したがって，原因を分析したこと，その結果判明した原因，その原因に対する解消策について書く。

原因については，なぜ行動の基本原則に従うように促したのに，それで解決しなかったのかを含める必要がある。そこが無いと，単に「対立したから解消した」話で，あっさりと終わるからだ。この問題では設問ア，イ，ウの全てで基本原則が問われていることからも，基本原則がポイントだとわかるだろう。

コンフリクトを解消する方法として，PMBOK 第 6 版では，次の 5 つの一般的な方法を挙げているので，これらを念頭に置きながら解消を図ったことについて言及するといいだろう。

- ・ 撤退や回避
- ・ 鎮静や適応
- ・ 妥協や和解
- ・ 強制や指示
- ・ 協力や問題解決

また，ここで記載するのは，あくまでも"計画"。その解決策の実施状況は設問ウで書くことになるからだ。そのため，ここでは，今がいつで，それをいつ誰が何をするようにしたのかを定量的な数値を使って具体的に書くのがベストだろう。その"誰が"という人が自分の仕事を抱えている場合，それをいったん中断するのか否か，中断する場合にはそれらの作業の影響や挽回策も含めて記載しよう。

【減点ポイント】

①基本原則に従うように促したのに発展した点についての言及がない（致命度：中）

→ 単に「対立が発生したから解消した」という話にとどまってしまう。

②原因を分析していない。分析しなくても容易に分かる原因（致命度：中）

→ 分析しないと（じっくり考えないと）見えてこない原因でないと，もっと容易にかつ速く解消できていたかもしれない。

③解決策がどういう計画になっているのか，よくわからない（致命度：小）

→ いつ，誰が，何をするのか？そこを明確にした方が良い。

● 2-3 段落（行動の基本原則の改善策）

　設問イの最後は，行動の基本原則の改善策だ。設問ア（この解説では 1-2）で書いた行動の基本原則のどの部分を，どのように変えたのかを書く。ここでのポイントは，これまでの記述との一貫性だ。設問アで書いた行動の基本原則で配慮されていなかったことで，かつ，ここで書く改善策を実施した後は，今回の対立は発生しないと思える内容にしなければならない。もちろん，設問アに書いた行動の基本原則そのものが，あまりにも杜撰なものにならないようにもしなければならない。

【減点ポイント】

①行動の基本原則の改善策が具体的ではない（致命度：中）

　→　設問アで記載する粒度と同様，実際の行動の基本原則だと思えるレベルで書かないといけない。

②設問アとの関係性がわからない（致命度：小）

　→　元々の行動の基本原則がどうだったのか？その部分のどこをどう改善したのか？を明確にする必要がある。仮に，設問アに書いた行動の基本原則には無かったものを追加したケースであっても，例えば「既存の行動の基本原則には記載が無かった…」というのは必要だろう。

③改善策でも今回の対立は発生すると思われる（致命度：中）

　→　改善策の有効性が不明瞭だということは，"改善策" とは言えないということ。

● 3-1 段落（対立の解消策と行動の基本原則の改善策の実施状況及び評価）

　設問イでは，あくまでも "計画段階の話" になる。したがって，ここではその対策が計画通りに実施できたかどうかを書く。

　対立の解消の実施状況については，設問イに "計画" を書いているはずなので，その計画通りに粛々と実施したことについて言及すればいい。加えて，改善策の実施状況については，バージョンアップしたこと，それをメンバにしっかりと周知したことを書けばいいだろう。実施状況なので，"いつ" 実施したのかを明確にしておくことも忘れないようにしておこう。

　最後の「評価」に関してだが，実施状況と評価を別の段落に分けてもいいが，「評価」だけの段落にしても，あまり書くことがない。そのため，実施状況と評価を1つにして「計画通りに実施できたから良かった」として，同じ段落に含めた方が書きやすいし，段落ごとの記述量のバランスも良くなる。

第 2 章　ステークホルダ

【減点ポイント】

①2つの実施状況に言及していない（致命度：中）

→　必ず，対立の解消の実施状況と改善策の実施状況について書かないといけない。

②各々，実施した時期が不明瞭（致命度：小）

→　設問イの計画段階で書いていても，その計画通りに実施できたかどうかも含めて触れておいた方が良い。

③評価が無い。もしくは，あまり高く評価していない（致命度：中及び小）

→　評価が無いのは設問に回答できていないので注意しなければならい。実施状況と無関係のものも NG（致命度：中）。また，自己評価が低い場合はやぶへびになる可能性がある（致命度は小）。

● 3-2 段落（今後の改善点）

最後も，平成 20 年度までのパターンの１つ。最近は再度定番になりつつある“今後の改善点”だ。ここは，序章に書いている通り，最後の最後なのでどうしても絞り出すことが出来なければ，何も書かないのではなく典型的なパターンでもいいだろう。

しかし，今回の問題なら，何かしら“対立”に関係したものになる。中でも特に，対立の解消の計画に関して「もっと，…しておいた方が良かった」という部分になるだろう。行動の基本原則の改善策だと，この前の段落で書いた改善策との違いが不明瞭になるからだ。なぜ2段階の改善にしたのか（なったのか）理由を付けるのも困難だろう。

【減点ポイント】

特になし。何も書いていない場合だけ減点対象になるだろうが，何かを書いていれば大丈夫。時間切れで最後まで書けなかったというところだけ避けたいところだ。過去の採点講評では「一般的な本文と関係ない改善点を書かないように」という注意をしているので，それを意識したもの（つまり，ここまでの論文で書いた内容に関連しているもの）にするのが望ましいが，時間もなく何も思い付かない場合に備えて汎用的なものを事前準備しておこう。

●サンプル論文の評価

　全体的な内容は「意見の相違が発生し，対立に発展したから，PMが介入して対応した」だけの話である。よくあることだ。内容面もこれといって“すごい対応”をしたわけでもない。しかし，合格論文か否かを考えれば，次の観点から，かなりハイレベルな合格論文だと考えている。

- ・ 設問に加え問題文にもパーフェクトに対応している点
- ・ 行動の基本原則が具体的に書かれている点
- ・ 対立の解消は「鎮静／適応」を選択したが，その意思決定の根拠が妥当である点
- ・ プロジェクトの特徴から今後の改善点まで一貫して筋が通っている点
- ・ 無駄な要素（問題文でも問われていないこと）が一切ない点

● IPA 公表の採点講評

　全問に共通して，自らの経験に基づいて具体的に論述できているものが多かった。一方で，各設問には論述を求める項目が複数あるが，対応していない項目のある論述，どの項目に対する解答なのか判然としない論述が見受けられた。また，論述の主題がプロジェクトチームのマネジメントやスケジュールの管理であるにもかかわらず，内容が主題から外れて他のマネジメントプロセスに偏った論述となったり，システムの開発状況やプロジェクトの作業状況の説明に終始したりしている論述も見受けられた。プロジェクトマネージャとしての役割や立場を意識した論述を心掛けてほしい。

　問１では，プロジェクトマネージャ（PM）として，行動の基本原則を定めた上でどのように兆候を察知して対立を回避しようとしたのか，それでもなお対立が発生した場合，PMとしてその対立をどのように解消したのか，また，行動の基本原則をどのように改善し遵守させたのか，具体的な論述を期待した。経験に基づき具体的に論述できているものが多かった。一方で，行動の基本原則がプロジェクトの特徴に即していない論述や，対立の解消策が対立の内容や原因に対応していない論述も見受けられた。PMとして，行動の基本原則を定め遵守させることでプロジェクトチームの意識を統一してプロジェクトを円滑に推進するよう，プロジェクトチームのマネジメントのスキルの習得に努めてほしい。

第2章　ステークホルダ

サンプル論文

1．プロジェクトの特徴と対立の兆候
1.1　プロジェクトの特徴

　私がプロジェクトマネージャ（以下PM）として携わったのは、部品メーカW社のBtoBサイトに新機能を組み込むソフトウェア開発である。

　今回のプロジェクトでは、W社の顧客（家電メーカや自動車メーカ，機械メーカなど）のニーズに応えられるよりよい新機能を盛り込むために，協議の結果，アジャイル開発で対応することになった。開発期間は5か月（4月1日開始）。2週間のイテレーションを4回繰り返す。各回のリリース後1か月間は，W社の顧客から意見を聞く期間としている。

> この問題の場合，従来型の開発でも，アジャイル開発でも書けると判断。より，行動の基本原則が重視されるアジャイル開発のPJで書くことにした。

1.2. 私が定めた行動の基本原則

　私は，今回はアジャイル開発を採用していることもあり，開発チームの各自が行動するときの判断基準として，次のような行動の基本原則を定めることにした。

　①積極的なコミュニケーションを心掛ける

　②コミュニケーションはオープンにすること

　③傾聴を心掛けるが，意見の相違を恐れずに建設的な意見交換を実施する

　④変化に対して柔軟かつ積極的に対応する

　⑤その他

　これらはいずれも，少しでもより良い機能を盛り込むために，チーム全体の総合力を結集するためである。

> 全ての行動原則は書けないが，ひとつだけというのもおかしい。重要な部分をいくつか（この問題に関係しているところを中心に）書いておくとベスト。

> 単に行動の基本原則を定めるだけではなく，しっかりと根拠や理由，PMの想いを一言添えておくことが重要になる。

1.3. 察知した対立の兆候

　プロジェクトは計画通り4月1日から開始することになった。1回目のイテレーションとその後の意見収集期間を終え，2回目のイテレーションに入ってすぐの5月中旬，開発チームのA君とB君の間で意見がぶつかり合うことが増えてきた。商品検索機能の改善に関して，顧客の明示的なニーズを最優先すべきだと主張するA君に対し，B君が異を唱える部分が増えてきた。

> 「いつ」なのかを明記している。

> B君の主張も書きたかったが，字数的に無理なのでここでとどめた。この続きは設問イに書こうと判断。できればここに全てを含めるべきだが，この程度なら設問イで補足説明的にしても大丈夫だと判断した。

300

午後Ⅱ演習

２．対立の発生と対立の解消

2.1. 対立の発生

当初は，そのまま建設的な結論に向かっていくと考えて様子見をしていた。加えて，対立に発展しないように，改めて積極的なコミュニケーションを行うように，オープンな場で議論するように，すなわち行動の基本原則に従うように伝えた。

> ここでは対立に発展したことを書く。簡潔に。

しかし，その後，Ａ君とＢ君の問題から，他の開発メンバを巻き込んでいき，Ａ君の意見に賛成するグループとＢ君の意見に賛成するグループに分かれていき，開発チームを二分して，さながらグループ間の対立のような感じになっていった。

> 問題文で要求されているワンクッションを入れている。

２週間のイテレーションも１週間が過ぎ，意見を集約しなければならない時期が来ても，一向にまとまりそうになかった。私は，このままでは今回のイテレーションの成果にも影響してくると考えて，対立に発展したと判断し，対応することにした。

> ここでは納期への影響を書くことになると思う。その場合，単に「納期に影響する」と書くのではなく，客観性のある時間遷移を表現しなければならない。

2.2. 私が実施した対立の解消

元々の意見の相違を整理すると，次のようになる。

Ａ君は，顧客のニーズを重視して，１回目のリリース後に出てきた意見を中心に必要な機能に優先順位を付けることで，２回目のイテレーションで開発する機能を決定しようと考えていた。

それに対してＢ君は，顧客のニーズとしては明示的には出てこないけれど，潜在的に必要としているいくつかの機能の優先順位を上げる必要があると主張している。保守性や移植性，将来性などに配慮した機能だ。そのあたりの機能については，顧客の今のニーズとしては出てこないが，とても重要だと。

> 設問アには分量的に書けなかった対立の要因を，ここで詳細に書く。

双方の意見は，いずれも「顧客にとってよりよい機能」について考えた結果であり，どちらかが間違っているわけでもない。そのため，じっくりと話し合って最善の答

301

第2章　ステークホルダ

えが出ることを期待して見ていたが，もう決めないといけない時期に来ている。

　そこで私は，正解がないこと，お互い顧客のことを考えての意見であること，十分な時間議論を重ねたこと，これ以上時間をかけると感情論に発展する恐れもあることなどの理由から，開発チームよりも上位の権限を持つ私とプロダクトオーナで話し合って今回及び今後のイテレーションの機能を決めることにした。

> 対立の解消には，いくつかの方法がある。もちろん，対立の原因に合致する解消策を選択しなければならない。その点を見るためにも，解決策の理由は必須。

> いわゆる「鎮静／適応」に該当する解決策。

2.3. 行動の基本原則の改善策

　また，現行の行動の基本原則だけでは，今回のような対立は不可避だと考え，行動の基本原則についても改善することにした。具体的には，次のような基本原則を追加した。

> 基本原則は，ふわっとした抽象的なものではなく，最低でもこの程度は具体的にしなければならない。

　ひとつは，「一定期間議論を尽くし，十分なコミュニケーションをもってしても意見の一致をしない場合には，お互い妥協点を探すものとする」ということ。今回のケースでは，その一定期間をテーマごとに3日間と設定した。

　二つ目は，「一定期間議論を尽くしてもお互い妥協点を見いだせない場合，上位権限者の決定に従うものとする」というもの。

　そして最後に「課題に焦点を当てて，決して感情論にはならないように心がける」という原則も付け加えた。多少，感情論に発展しそうだったからである。

> 最初の2つは，今回の解決策そのものだから理由は不要だが，3つ目の追加事項は，そうではないので理由を添えた。理由（PMの考え）こそが重要だからだ。

3．実施状況及び評価と今後の改善点

3.1. 対立の解消策と行動の基本原則の改善策の実施状況及び評価

　その後，私はプロダクトオーナに保守性や移植性など，今後を見据えた機能の必要性を説明した上で，プロダクトオーナと話し合って，今回の必要機能に優先順位付けをして定義した。そして，その決定事項を開発チームに説明し，合わせて行動の基本原則にも三つの事項を加えたことを伝えた。

> 実施状況は，設問イで書いた「計画」がどうだったのかを書く。通常は結果どおりに粛々と進めているはずなので，それを書けばいい。

　その後，プロジェクトは順調に推移し，大きな問題もなく完了した。顧客からの評価も高く，プロジェクトは成功したと考えている。

> 最終的にはこれが目標にすべき評価。

　プロジェクト期間中は，この対立が，当初の基本原則にある「積極的なコミュニケーション」（意見交換）の阻害要因にならないかと懸念したが，そこに関しては十分な説明を行ったことと，行動の基本原則を改善したことで目安が出来たことなどから，最後まで問題は発生しなかった。もちろん，感情論に発展するような意見の相違も生まれなかったので，今回の対応は正解だったと考えている。

> 設問イのどの部分が功を奏したのかを書く。

3.2 今後の改善点

　但し，「最終的にPMとプロダクトオーナが決めてくれる」という安心感が，生産性のない議論や結論を探らない議論になったりする可能性もある。自律性が損なわれるのはまずい。

> メリットがあれば，それに対するデメリットも存在する。そう考えて，課題を考えよう。

　やはり，原則は自分たちで議論して決めることが重要になる。そのため，時に双方が妥協して決定しないといけないこともあることを知って欲しい。

　そこで，意見が対立した時に，他にどのような解消策があるのか，どういう意見交換が生産的で創造的なのかを考えてもらうために，コンフリクト・マネジメントの知識を身に着けて欲しいと考えている。

第 2 章　ステークホルダ

　そういう研修を探し，研修講座を開催したいと考えている。

3 リスク

第3章

ここでは"リスク"にフォーカスした問題をまとめている。プロジェクトには様々なリスクが存在する。しかも，それらのリスクはプロジェクトごとに違ってくる。そうしたプロジェクト固有のリスクを特定し，適切にマネジメントをしなければならない。具体的には，リスク分析，分析結果に基づく対策（予防的対策），リスクが顕在化する時の基準とコンティンジェンシプラン（事後対応計画）などだ。

3.1	基礎知識の確認
3.2	午後Ⅱ 章別の対策
3.3	午後Ⅰ 章別の対策
3.4	午前Ⅱ 章別の対策
午後Ⅰ演習	令和3年度　問1
午後Ⅱ演習	令和2年度　問2

アクセスキー　**3**
（数字のさん）

（演習の続きは Web サイト※からダウンロード）

※ https://www.shoeisha.co.jp/book/present/9784798174914/ からダウンロードできます。
　詳しくは，iv ページ「付録のダウンロード」をご覧ください。

第3章　リスク

　本章で取り上げる問題を短時間で効率よく解答するには，プロセスベースの PMBOK（第6版）で言うと「リスク・マネジメント」の知識が必要になる。原理・原則ベースの PMBOK（第7版）では「リスク」（原理・原則），「不確かさ」（パフォーマンス領域）になる。ちょうど，この見開きページにまとめている三つの表の白抜きの部分だ。必要に応じて公式本をチェックしよう。

　但し，それらは PMBOK（第6版）のリスクマネジメントでも詳しく説明されている。第7版に変わったと言ってもあまり意識する必要はないだろう。PMBOK（第6版）のリスクマネジメントに関する知識を押さえておこう。そして，過去問題を活用してしっかりと仕上げておけばいいだろう。

【原理・原則】　　　　　　　　　　　　　　　　　　　　PMBOK（第7版）

PMBOK（第7版）の原理原則	
価値	価値に焦点を当てること（→P.122「1.1.1 価値の実現」参照）
システム思考	システムの相互作用を認識し，評価し，対応すること
テーラリング	状況に基づいてテーラリングすること
複雑さ	複雑さに対処すること
適応力と回復力	適応力と回復力を持つこと
変革	想定した将来の状態を達成するために変革できるようにすること
スチュワードシップ	勤勉で，敬意を払い，面倒見の良いスチュワードであること
チーム	協働的なプロジェクト・チーム環境を構築すること
ステークホルダー	ステークホルダーと効果的に関わること
リーダーシップ	リーダーシップを示すこと
リスク	リスク対応を最適化すること
品質	プロセスと成果物に品質を組み込むこと

【パフォーマンス領域】　　　　　　　　　　　　　　　　PMBOK（第7版）

PMBOK（第7版）のパフォーマンス領域	
ステークホルダー	ステークホルダー，ステークホルダー分析
チーム	プロジェクト・マネジャー，プロジェクトマネジメント・チーム，プロジェクト・チーム
開発アプローチとライフサイクル	成果物，開発アプローチ，ケイデンス，プロジェクト・フェーズ，プロジェクト・フェーズ，プロジェクト・ライフサイクル
計画	見積り，正確さ，精密さ，クラッシング，ファスト・トラッキング，予算
プロジェクト作業	入札文書，入札説明会，形式知，暗黙知
デリバリー	要求事項，WBS，完了の定義，品質，品質コスト
測定	メトリックス，ベースライン，ダッシュボード
不確かさ	不確かさ，曖昧さ，複雑さ，変動制，リスク

【プロセス】

PMBOK（第6版）

知識エリア	プロジェクトマネジメント・プロセス群				
	立上げプロセス群	計画プロセス群	実行プロセス群	監視・コントロール・プロセス群	終結プロセス群
プロジェクト統合マネジメント	プロジェクト憲章の作成	プロジェクトマネジメント計画書の作成	プロジェクト作業の指揮・マネジメント／プロジェクト知識のマネジメント	プロジェクト作業の監視・コントロール／統合変更管理	プロジェクトやフェーズの終結
プロジェクト・スコープ・マネジメント		スコープ・マネジメントの計画／要求事項の収集／スコープの定義／WBSの作成		スコープの妥当性確認／スコープのコントロール	
プロジェクト・スケジュール・マネジメント		スケジュール・マネジメントの計画／アクティビティの定義／アクティビティの順序設定／アクティビティ所要期間の見積り／スケジュールの作成		スケジュールのコントロール	
プロジェクト・コスト・マネジメント		コスト・マネジメントの計画／コストの見積り／予算の設定		コストのコントロール	
プロジェクト品質マネジメント		品質マネジメントの計画	品質のマネジメント	品質のコントロール	
プロジェクト資源マネジメント		資源マネジメントの計画／アクティビティ資源の見積り	資源の獲得／チームの育成／チームのマネジメント	資源のコントロール	
プロジェクト・コミュニケーション・マネジメント		コミュニケーション・マネジメントの計画	コミュニケーションのマネジメント	コミュニケーションの監視	
プロジェクト・ステークホルダー・マネジメント	ステークホルダーの特定	ステークホルダー・エンゲージメントの計画	ステークホルダー・エンゲージメントのマネジメント	ステークホルダー・エンゲージメントの監視	
プロジェクト・リスク・マネジメント		リスク・マネジメントの計画／リスクの特定／リスクの定性的分析／リスクの定量的分析／リスク対応の計画	リスク対応策の実行	リスクの監視	
プロジェクト調達マネジメント		調達マネジメントの計画	調達の実行	調達のコントロール	

第3章　リスク

● PMBOK（第6版）のプロジェクト・リスク・マネジメントとは？

PMBOK では「プロジェクトに関するリスク・マネジメント計画，特定，分析，対応計画，対応処置の実行，およびリスクの監視を実施するプロセスからなる。（PMBOK 第 6 版 P.24）」と定義されている。

表1　プロジェクト・リスク・マネジメントの各プロセス

プロセス	内　容	主要なアウトプット
リスク・マネジメントの計画	当該マネジメント領域の他のプロセスのマネジメント方法や進め方を定義し文書化し，プロジェクトマネジメント計画書の補助計画書を作成する。 具体的には，プロジェクトのリスク・マネジメント活動を実行する方法（リスクをどう定義し，どう分析し，監視して，コントロールするのかなど）を計画し文書化する。	リスク・マネジメント計画書
リスクの特定	プロジェクトに影響を与えるリスク（プロジェクト全体のリスク，個別リスク）を洗い出し，「リスク登録簿」に定義していく。	リスク登録簿
リスクの定性的分析	プロジェクトの個別リスクに対して，発生確率や影響，他の特性を評価し，さらなる分析や行動のために個々のリスクに優先順位を付ける。	
リスクの定量的分析	プロジェクトの個別リスク等を定量的に分析する。すべてのプロジェクトで必須ではないが，プロジェクトの全体リスクのエクスポージャーを定量化する。	
リスク対応の計画	分析結果に基づき，プロジェクトのリスク（全体リスクと個別リスク）に対して，どのように対応するのか（回避，転嫁，軽減，受容他）を計画し，合意する。	
リスク対応策の実行	合意されたリスク対応計画を実行する。	
リスクの監視	合意済みリスク対応計画の実行を監視する。特定したリスクを追跡するとともに，新しいリスクが発生すれば特定し分析する。	

Column ▶ IT プロジェクトの「見える化」

筆者は普段，ユーザ側企業の IT コンサルタントとして，ユーザ側のプロジェクトを支援していますが，その中で…最適な SI ベンダを選定するというオーダーが結構あります。

ユーザ側企業のプロジェクトマネージャならわかってくれると思いますが…ユーザ側プロジェクトほど"最初が肝心"なものはありませんよね。プロジェクトが進むにつれて…なぜか立場が弱くなっていく…お金出す側なのに（笑）。ここまで来たら逃げられませんから…って感じで。

だから筆者も，あらゆる手法で"ベンダ企業"と"おそらく担当してくれるであろう PM の方"の"成功させる力"を見極めることに，全力を注いでいます。

具体的には，筆者とユーザ企業の担当者で作成する RFP の中に，プロジェクトマネジメントのレベルが判断できるポイントをいくつか仕込んで，各ベンダから提出される提案書と見積りを精査する時に，それが加味されているかどうかをチェックしています。そのひとつに"リスクマネジメント"に関するものがあります。

「御社のリスクマネジメントの関連ドキュメントのサンプルと，今回のプロジェクトで特定しているリスク，及びその処理方法に関する意見についてまとめて欲しい」

ざっくりとしか言えませんが，だいたいこんな感じの質問をして，いくつのリスクを上げてくるのかを見ています。というのも，このテーマで意見交換すれば，力量が容易に見極められるからです。

それに，リスクの特定はリスクマネジメントの最初のアクションであり，見積りに

も影響しますし，何より当該プロジェクトに対する理解度の確認ができるわけですからね。

しかも…特にこれからは，働き方改革と雇用流動化の激化などで，それらを十分加味したハンドリングが必要になります。PMBOK の第 6 版でも**「テクニカル・プロジェクトマネジメント・スキル」**の重要性を前面に押し出してきたように，マネジメントは，もはやテクニカルなものなのです。

IPA/SEC の出版物

そんな"プロジェクトを成功させる条件"ともいえる，リスクに対する知識…どうやって増やしていくのか？そこって考えていますか？

もしもまだ考えていないのなら，この試験対策を通じて，数多くのリスクに触れ，その対応策を学んでいくというのはどうでしょう？実は，筆者も研修なんかで活用しているいい資料があるんです（約 10 年前に開発されたものなので，これに昨今の法改正や働き方改革関連を加える必要はありますが）。

それが，IPA の下記のサイトで公開している『IT プロジェクトの「見える化」』関連の資料です。総集編，上流工程編，中流工程編，下流工程編の 4 種類あって，PDF 版なら無償でダウンロードできます。そして，その資料の中には"事例集"という名称で約 200 のリスクについて，原因，対処方法，再発防止策などを紹介してくれています。試験勉強の合間にでも目を通しておくといいかもしれません。

URL：https://www.ipa.go.jp/sec/
　　　publish/index.html

第 3 章　リスク

3.1 ・ 基礎知識の確認

3.1.1　リスク

　最初に"リスク"について整理しておこう。リスクには，純粋リスクと投機的リスクがある。前者の純粋リスクとは，コンピュータ障害など，純粋に"損失のみ"が発生する可能性のことを指す。一方，後者の投機的リスクとは，株式投機やギャンブルなどのように"利益と損失"の両方の可能性のことを指す。

　従来，リスクマネジメントといえば純粋リスクのみを対象としてきた。しかし，PMBOK では投機的リスクの概念をも含んでリスクマネジメントするように明言している。新試験以後，PMBOK 色が濃くなってきたため知識としては知っておく必要はあるだろう。

　ただ，情報処理技術者試験においては，本試験開始以来，リスクは損失を発生する可能性のものしか問われていない。平成 22 年度午後 II の問題でも，プロジェクトに対するマイナスリスク要因のみしか例示されていない。確かに午前問題では，企業経営におけるリスクマネジメントの例として投機的リスクもリスク分析の対象にするという点が問われているが，午後問題なら，純粋リスクを中心に考えていくべきである。

●リスクマネジメントの規格

　リスクマネジメントに関連した国際規格及び国内規格には次のようなものがある。

国内規格	国際規格	内容
JIS Q 31000：2019	ISO 31000：2018	**リスクマネジメントー指針** （リスクマネジメントに関する原則及び一般的な指針をまとめたもの）
JIS Q 0073：2010	ISO Guide 73：2009	**リスクマネジメントー用語** （リスクマネジメントに関する用語を定義した規格）
JIS Q 31010：2012	IEC/ISO 31010：2009	**リスクアセスメント技法**に関する規格。略称は "IEC31010" で，dual logo の場合は "IEC/ISO31010"（https://www.iso.org/standard/51073.html より）

　これらの規格は，これまで様々な分野（企業経営，プロジェクト管理，セキュリティなど）で独自の発展を続けてきたリスクマネジメントに対し，すべてのリスクに適用できる汎用的なプロセス及びフレームワークを提供するものである。ゆえに，ここで"リスクマネジメント"に関する知識を得ておけば，企業経営（内部統制）や情報セキュリティ分野でも役に立つ。

310

3.1.2 定量的リスク分析で使用するツール

定量的リスク分析で使用するツールには，感度分析，期待金額価値分析，デシジョンツリー分析などがある。

●感度分析

感度分析とは，複数あるリスクのうち，どのリスクがプロジェクトに与える影響が最も大きいか（あくまでもリスクなので，その可能性）を見る分析手法になる。どのリスクを重点的に管理するのか，優先順位をつける目的などに利用する。元々は，経営分析や損益シミュレーションで使われていたもの。

具体的には，複数あるリスクのひとつを取り上げ，そのリスクが顕在化したとき，あるいは変動（±10%など）したときに結果がどうなるのかを算出する。このとき，そのリスク以外の残りのリスクについては変動が無い（リスクが顕在化しない）ものと仮定して考える。こうすることで，どのリスクが最も影響を与えるかがわかる。これを"感度"と読んでいるわけだ。

感度分析の代表的な表示方法に，スパイダーチャートとトルネードチャートがある。

●期待金額価値分析（EMV = Expected Monetary Value 分析）

期待金額価値分析は，確率論における"期待値"を使った分析手法である。あるリスクに対して，起こりうる結果が複数ある場合に，それぞれの結果がもたらす数値(a)を求める。それと同時に，その結果になる確率(b)をそれぞれ求める。そして(a)と(b)を乗ずるとともに，それらを合算しその総和を求める。後述するデシジョンツリー分析にも使われる。

●デシジョンツリー分析

あるシナリオ（あるいはリスク）に対して複数の対応策（代替案・選択肢）があるとき，個々の選択肢のコスト，シナリオの発生確率，発生したときの結果を算出する。加えて，個々の選択肢の EMV も求めることが出来る。そうして作成したデシジョンツリー図を用いて行う分析手法。

ここで説明しているものは，午前問題で出題されている。**感度分析のトルネードチャート**（平成 31 年問 10），**EMV**（平成 26 年問 12 他），**デシジョンツリー**（平成 30 年問 9）などだ。確認しておこう。

311

第3章 リスク

3.1.3 リスクマネジメント手順

リスクマネジメントとは，具体的に何をするのか？その全体像を把握しておくことはとても重要なことになる。いろいろな概念が乱立し，微妙に違う名称が付いているものの，大まかな流れはさほど変わりはない。ざっとこんな感じだ。午後対策としては，このレベルで理解しておくのがベストだろう。

【リスクマネジメントの流れ】

プロジェクト計画策定時

① プロジェクトに存在する "リスク" をピックアップする

②「リスクの発生する確率」と「発生した場合の影響の大きさ」を，リスクごとにまとめて，検討すべき優先順位を付ける。可能であれば，明確になる時期を予測する

③ 必要に応じて，定量的に分析する

④ リスク対応戦略を考える

⑤ 具体的な対応策を考える

プロジェクト実施時

⑥ 設定したリスクを監視し，発生したら計画通りに対応する

---

①プロジェクトに存在する "リスク" をピックアップする

最初に，当該プロジェクトには，どのようなリスクが存在するのか…プロジェクトに存在するリスクを明確にして文書化する。PMBOK では，これをリスクの特定といっている。

この作業では，重要なリスクを見落としてしまうと大変なことになるので，リスクをピックアップする方法には工夫が必要になる。ブレーンストーミングを行ったり，チェックリストや SWOT 分析，WBS と同じ考え方の RBS（Risk Breakdown Structure）を使ったりする。

②「リスクの発生する確率」と「発生した場合の影響の大きさ」を，リスクごとにまとめて，検討すべき優先順位を付ける。可能であれば，明確になる時期を予測する

リスクをピックアップしても，それら全てにパーフェクトな対応ができるとは限らない。コストや納期面をはじめとして制約があるからだ。そこで，リスクへの対応を最適化するために，ピックアップしたリスクに優先順位を付ける。これが PMBOK でいう「リスクの定性的分析」である。他の概念では，リスク査定やリスク評価といわれることもある。ちょうど平成 21 年度の午後Ⅰ試験で，簡易的なリス

312

ク評価マトリックスが題材になっている。"マイナスリスク"のみなので，それぞれの数値が高いほど高優先になっているのが読み取れる。

	影響度	小	中	大
発生確率		0.20	0.40	0.80
高い	0.50	0.10	0.20	0.40
普通	0.30	0.06	0.12	0.24
低い	0.10	0.02	0.04	0.08

（凡例）
　■：高優先
　■：中優先
　□：低優先

図1　リスク評価マトリックスの例（平成21年度　午後Ⅰ問1より）

③必要に応じて，定量的に分析する

　PMBOKではリスク分析を二つに分けて説明している。1つは前段で説明したリスクの定性的分析だが，残る1つが，このリスクの定量的分析になる。ただ，タイトルにも書いているとおり，"必要に応じて"行うべきプロセスで，全てに適用しなければならないわけじゃない。リスク評価マトリックスからリスク対応の計画を立案しても構わない（平成21年度の午後Ⅰではそうなっている）。取るべき対策に迷う時など定量的に評価した方が良いと判断した時だけ実施すれば良い。

④リスク対応戦略を考える

　リスク分析の後，リスクへの対応計画を作成するが，その時にステークホルダの意見を確認してリスクへの対応戦略をとることがある。これをリスク対応戦略といい，例えばPMBOK（第7版）では次のように定義している（但し，説明は筆者がわかりやすくしたもの）。

脅威（マイナス）のリスクに対する戦略
　　・エスカレーション：プログラムレベル，ポートフォリオレベル等（PMの上司やPMO等）に判断を委ねる。
　・回避：リスクそのものを回避する。
　・転嫁：保険や保障，契約などの工夫で責任を転嫁する。
　・軽減：対応策をとってリスクそのものを軽減する。
　・受容：積極的に動くわけではなく現状のリスクを受け入れ，発生した時に備える。

機会（プラス）のリスクに対する戦略
　　・エスカレーション：プログラムレベル，ポートフォリオレベル等（PMの上司やPMO等）に判断を委ねる。
　・活用：確実に好機を掴むためそれを妨げる不確実性を除去する。
　・共有：好機を掴む確率を上げるため第三者と共有する。
　・強化：プラス要因を増加させる。
　・受容：積極的に動くわけではなく現状のリスクを受け入れる。

第3章　リスク

⑤ 具体的な対応策を考える

　リスクに対する具体的な計画を立案する。一般的には，下図のように予防処置と事後対応計画（コンティンジェンシプラン）及びコンティンジェンシプラン発動の契機などを計画する。

表2　リスク管理表

項番	リスク	発生確率	影響度	対応の優先順位	予防処置	コンティンジェンシプラン発動の契機	コンティンジェンシプラン
1	新バージョンの機能仕様が把握できず設計が進まない。	高い	大	高優先	［ a ］。	K社があくまでも新バージョンの適用を要求する。	P社に新バージョンの分かる要員の支援を依頼する。
2	L社のプロジェクト管理能力が低く，スケジュールが遅れる。	高い	中	高優先	C社のプロジェクト管理のノウハウを提供する。	L社の進捗が遅れる。	指導・監視のためにC社の要員を配置する。
3	L社への技術移転が進まず，開発が遅れる。	普通	大	高優先	プロジェクトの初期に教育を徹底し，プロジェクト期間を通してフォローする。	設計・開発段階のL社の生産性が目標に達しない。	技術移転の専任者を派遣する。
4	K社の合併によってプロジェクトが中断する。	低い	大	中優先	［ b ］。	K社からプロジェクト中断の指示がある。	掛かった費用の回収をK社と交渉する。
5	テレビ会議による週次レビューでの指示が正確に伝わらない。	普通	小	低優先	L社の成果物をネットワーク上の共通ファイルサーバに保管し，双方で確認できるようにする。	週次レビューでの指示が繰り返され，成果物への反映が遅れる。	L社に出向いて会議を行う。

図2　リスク対応計画の例（平成21年度　午後Ⅰ問1より）

⑥ 設定したリスクを監視し，発生したら計画通りに対応する

　プロジェクト計画フェーズが終わり，開発作業に入って行くと，リスクを監視し，コントロールする必要がある。具体的には，次のようなアクションを取る。

- **特定したリスクが顕在化していないかどうかをチェックする**

　管理表等を使って，（上記の図の）「コンティンジェンシプラン発動の契機」にアンテナを張っておく。残存リスクや優先度の低いリスクについても必要に応じて監視する。

- **新たなリスクを特定する**

　特に，何らかの“変更”があった場合には，新たなリスクが発生している“かもしれない”と考えて，発生していればリスク登録簿を更新する。

3.1 基礎知識の確認

Column ▶ リスクへの対応例

それではここで，左ページの**「図2 事後対応計画（コンティンジェンシプラン）の例（平成21年度 午後I問1より）」**の中のひとつのリスクを取り上げて，それがどのようにプロジェクト計画に組み込まれるのかをみていきましょう。実際のプロジェクトだったら**「きっとこんな風になるんだろうな」**という感じで，仕立ててみました。予防処置，事後対応計画，前提条件などの雰囲気を掴んでいただければ幸いです。

あらすじ（ここは問題文から引用）

C社（今回主役のPMがいるSIベンダ）は，P社製の生産管理用のソフトウェアパッケージの現在普及しているバージョン（以下，現バージョンという）をベースとして，顧客要件に合わせて，機能や画面を追加する開発方法を取っている。P社は，先月から大幅に機能を強化したバージョン（以下，新バージョンという）の提供を開始したが，C社は新バージョンでの開発経験はまだない。K社（生産管理用のソフトウェアパッケージを導入する予定の顧客）は，システムの稼働開始後にバージョンアップ作業を改めて行うことは避けたいとして，K社プロジェクトでは新バージョンを適用するように，C社に要求している。

C社社内での会話

今回のプロジェクトマネージャは衛藤係長で，その上司が今野部長という設定です。ここからはその二人の会話になります。ちなみに，巷の噂では，今野部長は"伝説のプロマネ"と呼ばれているそうです。

予防処置

今野「で，どうするんだ。新バージョンで行くのはリスクが大きすぎやしないか？」

衛藤「はい。私もそう思います。今のメンバに新バージョンでの開発経験が無いのは…うちの問題なのですが，それだけじゃなく，新バージョンを適用すること自体に大きなリスクがありますからね。」

今野「確かに。」

衛藤「新バージョンの品質は，我々の方でどうすることもできません。だから，本リスクの**予防処置**として，K社の秋元先生を粘り強く説得するという方向で考えています。」

今野「なるほど。」

衛藤「説得にあたっては，一般論として，新バージョンには潜在的なバグが含まれている可能性が高いこと。実際，現バージョンも品質が安定してきたのは1年後だったということなどを説明しようかなと。で，仮にそうなってしまったら，プロジェクト期間中に修正モジュールがリリースされる可能性が高く，その時期によっては大幅な手戻りが発生すると。」

今野「そうだ。リスクに対しては，まずは**認識合わせ**をしないと，交渉も提案も始まらないからな。」

今野「オッケー。でも，それがダメだったら？」

コンティンジェンシプラン

衛藤「はい。遅くとも6月20日までにはどちらのバージョンで行くのかを決めないといけません。そこまでに決めます。そして，秋元先生があくまでも新バージョンの適用に固執される場合は，新バージョンで進めます。」

今野「**コンティンジェンシプラン**は？」

衛藤「はい。新バージョンで行く場合は，それによって発生する**新たなリスク**を…例えば『新バージョンに不具合が見つかる』というリスクなんかを，リスク登録簿に登録し，再度リスクを評価します。そして，コンティンジェンシプランでもあり，新たなリスクの予防策のひとつにもなるのですが，P社に新バージョンに精通した要員の支援を要求します。その場合の費用は年間サポート費用として240万円です。ある程度対応時間に制限がありますが，私が調べたところそれが最適なコースです。」

今野「わかった。一応現バージョン，新バージョンの違いを説明する時に，その金額も秋元先生に提示してみよう。最終的にどっちがその費用を負担するのかは別として，総合的に判断してもらうには伝えておいた方がいいだろう。それとな，衛藤…いつも言ってるけど"コンティジェンシープラン"じゃなくて，"コンティンジェンシプラン"な。言いにくいけど，試験じゃなぜかそうなってるからな。」

衛藤「…。秋元先生に伝える件に関しては，私もそう思います。新バージョンの適用に弊社が反対する理由にもなりますからね。秋元先生だったら『それはお前の所の問題だろ』とは言わないと思いますから。」

新たなリスク

今野「新たなリスクとして定義するなら，今の段階で，そのリスク評価もしておいた方が良いな。」

衛藤「はい。ある程度想定はできていますので，この後，別のリスク管理表に案を整理しておきます。」

今野「それがいい。今回，結果的に新バージョンで行くことになっても，それは秋元先生側の固執によるものだから，新バージョンを採用するリスクは，K社側にも負担してもらわないといけないからな。現バージョンで行きたいという我々の考えを聞いてもらういい機会にもなるはずだ。」

前提条件

今野「後は**前提条件**をどうするのか…そこもよく話あっておいたほうがいい。」

衛藤「そうですね。『新バージョンに不具合が見つかる』という新たなリスクについては，その程度が読めません。だから前提条件を細かく決めておかないといけないとは思っています。」

今野「どんな感じで行こう？」

衛藤「はい。まずは『新バージョンに不具合がない前提』から始めようと思っています。予備費用ゼロからです。そして，前提条件が崩れたら，その都度K社側に費用を負担してもらう点と，納期を見直す点を説明し，その上で秋元先生のニーズ，リスクの発生確率や影響度から，どんな前提条件にするのかを話し合いで決めていきます。」

今野「オッケー。じゃあそれで行こう。」

3.1 基礎知識の確認

☕ Column ▶ リスク源（risk source）

　リスク源とは「それ自体又はほかとの組合せによって，リスクを生じさせる力を本来潜在的にもっている要素」のことをいう。JIS Q 0073:2010（ISO Guide73：2009）で定義されている用語の一つになる。

　情報処理技術者試験では，これまで類似の言葉として「リスク要因」を使っていたが（平成21年度午後Ⅰ問1や平成22年度午後Ⅱ問1参照），平成29年の午後Ⅰ問1では，リスク要因ではなく"リスク源"を使っている。もちろん，文脈から同じような意味だと判断はできると思うので解答を得るにあたって，何の支障もないが，せっかくなので「JIS Q 0073で定義されている用語」だという点を覚えておいても損はないだろう。厳密な用語の解釈

は別として，いずれもリスクを引き起こす可能性のあるものだと理解しておきたい。情報処理技術者試験対策としては，それで問題ない。

　なお, JIS Q 0073:2010（ISO Guide73：2009）では，リスク源に似た用語としてハザード（hazard）も定義されている。これは「潜在的な危害の源」であり，その注記には「ハザードは，リスク源となることがある」と記されている。リスク源との違いは，ハザードの場合は，"危害"すなわちマイナスリスクだけを対象にしている点だ。ハザードは，ニュアンス的にプロジェクトマネージャ試験では使われることはないが，これもTIPSとして覚えておいて損はないだろう。

317

第3章　リスク

過去に午後Ⅰで出題された設問

（1）優先的に対応するリスク（H21問1設問3（1））

　リスクの中には，影響がまだ軽微な段階（それほど影響が出ていない段階）でも，対応を早めに実行しなければならないリスクがある。それは，リスク管理表の中に"リスクの影響度が大きい"という記述があるものである。

（2）新技術や新製品等，新しいものを利用するリスク

　何かしら"新しいもの"を利用する場合には，それ自体がリスクになるので，しっかりとしたリスクマネジメントが必要になる。

①具体的なリスク（H21問1設問2（1），H25問2設問3（3））

　パッケージやミドルウェア等で，こなれたバージョンを使わずに最近リリースされたばかりのバージョンを使う場合には次のようなリスクがある。問題文中に記載がある場合もあれば，ない場合もあるので，探して見つければ抜粋型として，見つからなければ知識解答型として解答しよう。

a）品質面のリスク
- 洗い出されていない初期の不具合が発生する
- 機能仕様の理解が不十分で設計不具合が発生する
- 不具合が発生し品質目標を達成できない←（問題文中に記述あり）

b）プロジェクト体制面のリスク
- 新バージョンでの開発を経験した要員を確保できない
- 新バージョンの機能が分かる要員を確保できない
- 詳しい開発要員がいない（手配できない）←（問題文中に記述あり）

c）納期面のリスク
- 最終納期に間に合わない。←（上記aやbによって）

②定期改修と並行して開発をしているケース　（H22問1設問1（1））

　何かしらのシステムをベースに，あるいは参考にしてシステム開発を進める場合，どの時点のものを利用するのかを考える。特に，参考にするシステムに対して定期的に改修が行われている場合には，注意が必要になる。

　本番稼働前のシステムを基にして開発作業を進めると，十分な稼働実績がないことから，新システムの開発スケジュールに悪影響を及ぼす追加の作業（初期障害への対応）が頻発するおそれがある。

318

③ユーザが新バージョンの適用を要求してくる場合 (H21 問 1 設問 1)

　開発者側（C社）は現在普及しているバージョン（現バージョン）をベースとして開発することを考えていたが，顧客側（K社）が最近大幅に機能を強化したバージョン（新バージョン）の適用を要求。C社は新バージョンでの開発経験はまだない。

　要求どおり新バージョンで開発を進めると，新バージョンの機能仕様が把握できず設計が進まないリスクがある。そこで，予防処置として（そうならないように）現バージョンで開発することでK社を説得する。それに対して，K社があくまでも新バージョンの適用を要求してくる場合には，コンティンジェンシプランとして，パッケージの開発ベンダに新バージョンの分かる要員の支援を依頼する。

(3) 他のプロジェクトに起因するリスク (H29 問 1 設問 3 (2))

　この事例では，納期遅延NGのMESプロジェクトにおけるスケジュール上のリスクが問われており，その解答例が"増設工事が予定どおり8か月で終わるかどうか"になっている。

　この設問からは，①他のプロジェクトの影響は受けないかを疑うという観点と，②図の中にこそ大きなヒントがあるという二つの観点の重要性が伺える。覚えておこう。

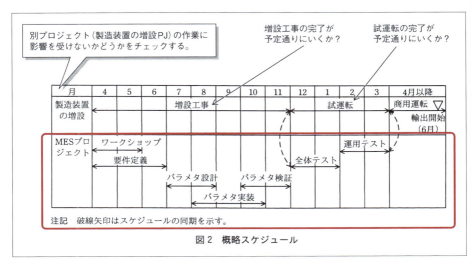

図3　問題文中の図（一部加筆）

第3章　リスク

3.2・午後Ⅱ 章別の対策

午後対策のスタートは午後Ⅱから。まずはテーマ別のポイントを押さえてから問題文の読み込みに入っていこう。

●過去に出題された午後Ⅱ問題

表2　午後Ⅱ過去問題

年度	問題番号	テーマ	掲載場所	重要度 ◎＝最重要 ○＝要読込 ×＝不要	2時間で書く推奨問題
①リスク分析を中心にした問題					
H22	1	システム開発プロジェクトのリスク対応計画	Web	○	
H28	2	システム開発プロジェクトの実行中におけるリスクのコントロール	Web	○	
R02	2	システム開発プロジェクトにおけるリスクのマネジメント	本紙	◎	
②リスク分析を求めていないが"リスク"という表現が出てくる問題					
H09	1	システム開発プロジェクトにおける技術に関わるリスク	なし	◎	
H12	1	開発規模の見積りにかかわるリスク	なし	→第5章「予算」　参照	
H14	1	クリティカルパス上の工程における進捗管理	Web	→第4章「進捗」　参照	
H14	2	業務仕様の変更を考慮したプロジェクトの運営方法	Web	→第1章「プロジェクト計画の作成」参照	
H15	3	プロジェクト全体に波及する問題の早期発見	Web	→第4章「進捗」　参照	

※掲載場所が"Web"のものは https://www.shoeisha.co.jp/book/present/9784798174914/ からダウンロードできます。詳しくは，ivページ「付録のダウンロード」をご覧ください。

本章は2つに分けられる。①リスク分析を中心にした問題，②リスク分析を求めていないが"リスク"という表現が出てくる問題だ。

①リスク分析を中心にした問題（3問）

一つは，リスク分析を中心にした問題である。具体的には，定量的リスク分析及び定性的リスク分析をどのように実施したのか？その結果，どのような軽減策及びコンティンジェンシプランを計画したかが問われている問題になる。

これまで3問出題されているが，数多くの添削を行ってきてわかっているポイントはただ1点。リスク対応計画が，リスク分析の結果を受けたものになっていること。ここに合理的な関連性を持たせられるかどうかが唯一のポイントになる。そこを十分に意識するようにしよう。平成22年度問1がリスク対応計画の標準的な問題になるので，この問題は何度も熟読して徹底的に頭に叩き込んでおこう。平成22年度問1を応用した問題が平成28年度問2や令和2年度問2になる。

320

②リスク分析を求めていないが"リスク"という表現が出てくる問題（5問）

　そしてもう一つは，①以外で"リスク"という表現が出てきていて，リスクとリスクに対する対応策を求めている問題だ。注意しないといけないのは，リスク分析をアウトプットする必要があるかどうかという点。設問でも問題文でも求められてはいないが，数行で影響度と発生確率ぐらいは出しておいた方がいいものもある。その必要性を問題文から読み取ろう。

　なお，本紙では，リスク対応計画が複数の章にまたがる場合には本章に分類し，それ以外は各章に分類している。したがって，ここでは複数の章にまたがる平成9年度問1にだけ目を通しておいて，それ以外の問題は他の章でチェックしてほしい。

● 2 時間で書く論文の推奨問題

　本章に収録している問題（令和2年度問2）を使って，特に2時間で論文を書く練習をする必要はない。前々回に出題されたばかりなので，すぐには再出題されないと思えるからだ。とは言うものの準備せずにいきなり書けるわけがないので，令和2年度問2の問題を使って頭の中でシミュレーションしたり，骨子を作ったりはしておこう。600字程度で「リスク分析」を用意しておくだけでもいいだろう。

●参考になる午後Ⅰ問題

　午後Ⅱ問題文を読んでみて，"経験不足"，"ネタがない"と感じたり，どんな感じで表現していいかイメージがつかないと感じたりしたら，次の表を参考に"午後Ⅰの問題"を見てみよう。まだ解いていない午後Ⅰの問題だったら，実際に解いてみると一石二鳥になる。中には，とても参考になる問題も存在する。

表3　対応表

テーマ	午後Ⅱ問題番号（年度－問）	参考になる午後Ⅰ問題番号（年度－問）
① リスク分析を中心にした問題	R02-2，H28-2，H22-1	○（H23-2，H21-1）

第3章 リスク

平成22年度 問1　システム開発プロジェクトの リスク対応計画について

解説はこちら

計画

　プロジェクトマネージャ（PM）には，システム開発プロジェクトのリスクを早期に把握し，適切に対応することによってプロジェクト目標を達成することが求められる。プロジェクトの立上げ時にリスク要因が存在し，プロジェクト目標の達成を阻害するようなリスクが想定される場合，リスクを分析し，対策を検討することが必要となる。

　プロジェクトの立上げ時に存在するリスク要因と想定されるリスクとしては，例えば，次のようなものがある。
　・採用した新技術が十分に成熟していないことによる品質の低下
　・未経験の開発方法論を採用したことによるコストの増加
　・利用部門の参加が決まっていないことによるスケジュールの遅延

　PMは想定されるリスクについては定性的リスク分析や定量的リスク分析などを実施し，リスクを現実化させないための予防処置や，万一現実化してもその影響を最小限にとどめるための対策などのリスク対応計画を策定し，リスクを管理することが重要である。

　あなたの経験と考えに基づいて，設問ア～ウに従って論述せよ。

設問ア　あなたが携わったシステム開発プロジェクトの特徴とプロジェクト目標について，800字以内で述べよ。

設問イ　設問アで述べたプロジェクトの立上げ時に存在したリスク要因とプロジェクト目標の達成を阻害するようなリスクは何か。また，リスク分析をどのように行ったか。800字以上1,600字以内で具体的に述べよ。

計画

設問ウ　設問イで述べたリスク分析に基づいて策定した予防処置や現実化したときの対策などのリスク対応計画と，その実施状況及び評価について，600字以上1,200字以内で具体的に述べよ。

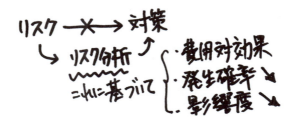

平成 28 年度 問 2 　情報システム開発プロジェクトの実行中におけるリスクのコントロールについて

解説はこちら

兆候

　プロジェクトマネージャ（PM）には，情報システム開発プロジェクトの実行中，プロジェクト目標の達成を阻害するリスクにつながる兆候を早期に察知し，適切に対応することによってプロジェクト目標を達成することが求められる。

　プロジェクトの実行中に察知する兆候としては，例えば，メンバの稼働時間が計画以上に増加している状況や，メンバが仕様書の記述に対して分かりにくさを表明している状況などが挙げられる。これらの兆候をそのままにしておくと，開発生産性が目標に達しないリスクや成果物の品質を確保できないリスクなどが顕在化し，プロジェクト目標の達成を阻害するおそれがある。

対応

　PM は，このようなリスクの顕在化に備えて，察知した兆候の原因を分析するとともに，リスクの発生確率や影響度などのリスク分析を実施する。その結果，リスクへの対応が必要と判断した場合は，リスクを顕在化させないための予防処置を策定し，実施する。併せて，リスクの顕在化に備え，その影響を最小限にとどめるための対応計画を策定することが必要である。

　あなたの経験と考えに基づいて，設問ア〜ウに従って論述せよ。

設問ア　あなたが携わった情報システム開発プロジェクトにおけるプロジェクトの特徴，及びプロジェクトの実行中に察知したプロジェクト目標の達成を阻害する **（兆候）** リスクにつながる兆候について，800 字以内で述べよ。

設問イ　設問アで述べた兆候をそのままにした場合に顕在化すると考えたリスクとそのように考えた理由，対応が必要と判断したリスクへの予防処置，及びリスク **（対応）** の顕在化に備えて策定した対応計画について，800 字以上 1,600 字以内で具体的に述べよ。

設問ウ　設問イで述べたリスクへの予防処置の実施状況と評価，及び今後の改善点について，600 字以上 1,200 字以内で具体的に述べよ。

[手書きメモ] H22-1 は計画フェーズ / H28-2 は実施フェーズ ）視点は同じ

令和2年度 問2 システム開発プロジェクトにおけるリスクのマネジメントについて

解説はこちら

　プロジェクトマネージャ（PM）は，プロジェクトの計画時に，プロジェクトの目標の達成に影響を与えるリスクへの対応を検討する。プロジェクトの実行中は，リスクへ適切に対応することによってプロジェクトの目標を達成することが求められる。

　プロジェクトチームの外部のステークホルダはPMの直接の指揮下にないので，外部のステークホルダに起因するプロジェクトの目標の達成にマイナスの影響がある問題が発生していたとしても，その発見や対応が遅れがちとなる。PMはこのような事態を防ぐために，プロジェクトの計画時に，ステークホルダ分析の結果やPMとしての経験などから，外部のステークホルダに起因するプロジェクトの目標の達成にマイナスの影響を与える様々なリスクを特定する。続いて，これらのリスクの発生確率や影響度を推定するなど，リスクを評価してリスクへの対応の優先順位を決定し，リスクへの対応策とリスクが顕在化した時のコンティンジェンシ計画を策定する。

　プロジェクトを実行する際は，外部のステークホルダに起因するリスクへの対応策を実施するとともに，あらかじめ設定しておいたリスクの顕在化を判断するための指標に基づき状況を確認するなどの方法によってリスクを監視する。

　あなたの経験と考えに基づいて，設問ア〜ウに従って論述せよ。

設問ア　あなたが携わったシステム開発プロジェクトにおけるプロジェクトの特徴と目標，外部のステークホルダに起因するプロジェクトの目標の達成にマイナスの影響を与えると計画時に特定した様々なリスク，及びこれらのリスクを特定した理由について，800字以内で述べよ。

設問イ　設問アで述べた様々なリスクについてどのように評価し，どのような対応策を策定したか。また，リスクをどのような方法で監視したか。800字以上1,600字以内で具体的に述べよ。

設問ウ　設問イで述べたリスクへの対応策とリスクの監視の実施状況，及び今後の改善点について，600字以上1,200字以内で具体的に述べよ。

平成9年度 問1　システム開発プロジェクトにおける技術にかかわるリスクについて

解説はこちら

計画

　システム開発プロジェクトにおいては，次に示すような技術にかかわるリスクが多数内在している。
・使用するハードウェア製品やソフトウェア製品，適用する技術への不慣れ
・使用する製品や適用する技術への過度の期待
・新製品や新しい技術の未成熟あるいは欠陥
・マルチベンダシステムにおける製品間の不整合

　これらのリスクに対して，適切な対策を怠ると，作業の遅れや混乱，設計の手直しなどが発生し，プロジェクトの進捗やコストに重大な影響を与えたり，場合によっては欠陥のあるシステムを作り上げてしまうこともある。
　プロジェクトマネージャは，プロジェクトにおけるこれらのリスクをよく認識し，採用する新しい製品や技術を使いこなせるようにするための事前検討や要員訓練の実施，検証工程の組込み，設計レビューの方法やテストの進め方の工夫など，リスクを回避するためのプロジェクトの計画並びに運営上の工夫と努力をする必要がある。
　あなたの経験に基づいて，設問ア～ウに従って論述せよ。

設問ア　あなたが携わったプロジェクトの概要と，プロジェクトの計画段階で認識した技術にかかわるリスクについて，800字以内で述べよ。

計画　設問イ　設問アで述べたプロジェクトにおいて，リスクを事前に回避するために，プロジェクト運営面でどのような施策を採ったか。工夫した点を中心に具体的に述べよ。また，その評価も述べよ。

設問ウ　今後のプロジェクトの運営において，技術にかかわるリスクへの対応を改善するためにどのようなことを考えているか。簡潔に述べよ。

AI、IoT、ビッグデータ…
古い問題だけど出そう…な気配
PoC、実証実験、パイロット開発…

第3章 リスク

3.3 ・ 午後Ⅰ 章別の対策

　午後Ⅱの問題文がある程度頭に入り「この点について書かないといけないのか」と把握できたら，続いて午後Ⅰ演習に入っていこう。この順番で進めると，午後Ⅰの練習にもなるし，午後Ⅱのコンテンツ部品のヒントにもなる。

●過去に出題された午後Ⅰ問題

表4　午後Ⅰ問題

年度	問題番号	テーマ	掲載場所	優先度		
				1	2	3
①リスク対応戦略						
R03	1	新たな事業を実現するためのシステム開発プロジェクトにおけるプロジェクト計画	本紙		○	
②リスクマネジメント計画						
H21	1	プロジェクトのリスク管理	Web	◎		
H23	2	基幹システムの再構築	Web			△
H25	2	プロジェクト計画の策定	Web			△
H28	1	プロジェクトのリスク管理	Web		○	
H29	1	製造実行システム導入プロジェクトの計画作成	Web			△
H31	1	コンタクトセンタにおけるサービス利用のための移行	本紙			△
③パッケージやクラウド（SaaS）を利用する場合のリスクマネジメント						
H15	1	ソフトウェアパッケージの開発計画策定	Web			△
H27	2	ソフトウェアパッケージの導入	Web			△
H30	1	SaaS を利用した営業支援システムの導入	Web			△

※掲載場所が"Web"のものは https://www.shoeisha.co.jp/book/present/9784798174914/
　からダウンロードできます。詳しくは，iv ページ「付録のダウンロード」をご覧ください。

　プロジェクトを成功させるために必要なことは"リスク"の適切な管理である。そのため，午後Ⅰ，午後Ⅱいずれにも，この"リスク"は必ず出題されている。しかし本書では，納期遅延のリスクは"第4章"，品質不良のリスクは"第6章"というように，他の章に分類している。したがって，ここでは，プロジェクトにおける"リスクマネジメント"についての問題だけを取り上げた。

【優先度 1】必須問題，時間を計って解く＋覚える問題

優先度 1 の問題とは，問題文そのものが良い教科書であり，（問題文そのものを）覚えておいても決して損をしない類の問題を指している。午後 II （論文）の事例としても参考になる問題だ。時間を計測して解いてみるだけではなく，問題文と設問，解答をワンセットにして，（ある程度でいいので）覚えていこう。

リスクマネジメント手順＝平成 21 年度　問 1

平成 21 年度問 1 は，定性的リスク分析をテーマにした典型的なリスクマネジメントの問題である。これを頭に入れておけば，リスクマネジメントの一連の流れが把握できるので，午後 II 問題（平成 22 年問 1）のコンテンツ部品にもなる。特に，この問題と午後 II の平成 22 問 1 は同じ視点，同じ流れになる。

【優先度 2】推奨問題，時間を計って解く問題

優先度 1 の問題のように問題文全体を覚えておく必要はないが，解答手順をチェックしたり，設問と解答（加えて，解答を一意に決定づける記述）を覚えたりした方がいい問題を，優先度 2 の問題として取り上げてみた。解答手順に特徴のあるものも含んでいるので，時間を計測して解いておきたい問題になる。

本章では，優先度 2 の問題は平成 28 年度問 1 を設定している。プロジェクトに存在する個々の "リスク" に関する問題（設問単位）への対応で，他の章の優先度 1，優先度 2 の問題で，十分に把握できるが，最新の 1 問ぐらいは解いておいた方がいい。そして，時間的に余裕があれば，他の 3 問にも目を通したり，時間を計測して解いたりしてもかまわない。但し，それはあくまでも他の章を含めて全体の学習が進んでからでいいだろう。

第3章　リスク

3.4 午前Ⅱ 章別の対策

　現段階の知識を確認したら午前Ⅱ対策を進めていこう。以下に本章に属する午前問題を集めてみた。表5の章別午前問題は下記のサイトにあるので，問題と解答をダウンロードして解いておこう。

URL：https://www.shoeisha.co.jp/book/present/9784798174914/

●過去に出題された午前Ⅱ問題

表5　午前Ⅱ過去問題

テーマ			出題年度 - 問題番号 （※1，2）		
計画フェーズ	①	リスクの特定，リスクの評価	R03-10		
リスク分析	②	定性的リスク分析（1）	H30-11	H27-12	H24-14
			H22-14		
	③	定性的リスク分析（2）	H28-14		
	④	感度分析	R03-11	H31-10	
	⑤	ＥＭＶの計算式	H26-12	H23-12	H21-8
	⑥	ＥＭＶの計算問題	R02-10	H30-9	H25-15
リスク対応戦略	⑦	プラスのリスク，マイナスのリスク	H30-10	H28-15	H26-13
			H23-14		
	⑧	リスク対応戦略"強化"	R02-11		
	⑨	リスク対応計画	H21-10		
リスク対応	⑩	リスクへの対応	H31-5		
デルファイ法	⑪	デルファイ法	H17-41		
	⑫	デルファイ法の利用によるリスク抽出	H28-13	H23-13	H21-9

※1．平成14年度〜平成20年度のプロジェクトマネージャ試験の午前試験，及び平成21年度〜令和3年度のプロジェクトマネージャ試験の午前Ⅱ試験の合計710問より，プロジェクトマネジメントの分野だと考えられるものを抽出。
※2．問題は，選択肢まで含めて全く同じ問題だけではなく，多少の変更点であれば，それも同じ問題として扱っている。

想像力は超能力 〜試験対策を通じて高めよう！

筆者は，プロジェクトマネジメント研修で，よくこんな質問をします。

【質問】
あるところに，2人のプロジェクトマネージャがいました。

Aさん：劣悪な環境（部下にも会社にもお客さんにも恵まれない環境）でプロジェクトを担当してきた。これまで楽しんだ記憶はないし，失敗も多々経験してきた。ただ，その結果マネジメントスキルは鍛え上げられている。ゆえに今後も，どんな環境でも成功させる自信をもっている。

Bさん：恵まれた環境でプロジェクトを担当してきた。それゆえプロジェクトは成功させてきたし，いつも笑顔で幸せだった。しかし，彼自身のマネジメントスキルは未知数。劣悪な環境で成功できるかどうかはわからない。

どちらかの人生を選べるのなら，あなたはどちらを選ぶでしょうか？将来，劣悪な環境に身を置かれる未来が見えていた場合はどうでしょう？

この質問をすると，いつも議論が白熱します。大概「その未来が見えているならAさん」という人が若干多いのですが，中には次のような意見も。

「Bさんの人生を選びます。幸せに笑っていられる時は，それを満喫します。」

そしてこう続けます。

「但し，その幸せと笑顔を守るため，想像の中で自分を常に劣悪な環境下におき，いつ劣悪な環境に変わっても対応できるように，心構えや知識，対応力を身に着けておきます。」

そうなのです。Bさんは幸せに感謝する一方で，いわゆる"平和ボケ"にならないように，想像力を駆使して未来を想像し，どんな未来にでも対応できるようにしておきたいと考えているのです。そして「自分の力を試したくなるところまで努力することで，劣悪な環境を待ち焦がれ，楽しめるようになる。それが自信を持つということだ。」と話してくれました。

まさに"想像力"は"超能力"

今の自分の限界を超えるために必要なものだと言えますね。

確かに"一流"と言われている人や失敗しない人は，想像力をフル活用しています。"イメージトレーニング"も"防犯"や"防災"も…武装化も想像力の賜物です。未来に起こる可能性（＝リスク）を特定することも。戦略も…

それに，そもそも人間は，他人の考えを想像しながら人間関係を形成しているわけで…何をどう考えても，やはり想像力は大きな武器であることは間違いありません。

情報処理技術者試験に合格するには，時に想像力が必要になります。それが良いのか悪いのかはさておき，試験対策を通じて自分の"想像力"を高め，坂を上って行きましょう！

第3章　リスク

午後Ⅰ演習

令和3年度　問1

問1　新たな事業を実現するためのシステム開発プロジェクトにおけるプロジェクト計画
に関する次の記述を読んで，設問1〜3に答えよ。

　　中堅の生命保険会社のD社は，保険代理店や多数の保険外交員による顧客に対す
るきめ細かな対応を強みに，これまで主に自営業者や企業内の従業員などをターゲッ
トにした堅実な経営で企業ブランドを築いてきた。D社には，この強みを継続してい
けば今後も安定した経営ができるとの思いが強かったが，近年は新しい保険商品の開
発や新たな顧客の開拓で他社に後れを取っていた。D社経営層は今後の経営を危惧し，
経営企画部に対応策の検討を指示した。その結果，"昨今の規制緩和に対応し，また
最新のデジタル技術を積極的に活用して，他社に先駆けて新たな顧客層へ新しい保険
商品を販売する事業（以下，新事業という）"の実現を事業戦略として決定した。新
事業では，個人向けにインターネットなどを活用したマーケティングやダイレクト販
売を行って，新たな顧客層を開拓する。また，顧客のニーズ及びその変化に対応した
新しい保険商品を迅速に提供する計画である。

　　D社は，規制緩和に柔軟に対応して事業戦略を実現するために，新たに100%出資の
子会社（以下，G社という）を設立し，D社から社員を出向させることにした。G社は，
D社で事前に検討した幾つかの新しい保険商品を基に，できるだけ早くシステムを開発
し，新たな顧客層へ新しい保険商品の販売を開始することにしている。一方，新しい保
険商品に対して顧客がどのように反応するかが予測困難であるなど，その事業運営には
大きな不確実性があり，事業の進展状況を見ながら運営していく必要がある。

〔D社のシステム開発の現状とG社の概要〕

　　D社では，事業部門である商品開発部及び営業部が提示する要求事項に基づいて，
システム部のメンバで編成したプロジェクトチームでシステムを開発している。きめ
細かなサービスを実現するために，大部分の業務ソフトウェアをシステム部のメンバ
が自社開発していて，ソフトウェアパッケージの利用は最小限にとどまっている。運
用も自社データセンタで，保険代理店の要望に応じてシステム部が運用時間を調整す
るなどきめ細かく対応している。システム部のメンバはベテランが多く，また実績の
ある技術を使うという方針もあり，開発や運用でのトラブルは少ない。一方，業務要
件の変更や新規の保険代理店の追加などへの対応に柔軟さを欠くことが，新しい保険

商品の開発や新たな顧客の開拓において他社に後れを取る原因の一つであった。

　G 社設立に当たり，D 社経営企画部は，G 社におけるシステム開発プロジェクトの課題を次のように整理した。

・新事業の運営には大きな不確実性があるので，システム開発に伴う初期投資を抑える必要があること。

・顧客のニーズや他社動向の急激な変化が予想され，この変化にシステムの機能やシステムのリソースも迅速に適応できるようにする必要があること。

・最新のデジタル技術の利用は，実績のある技術の利用とは異なり，多様な技術の中から仮説と検証を繰り返して実現性や適合性などを評価し，採用する技術を決定する必要があること。ただし，多くの時間を掛けずに，迅速に決定する必要があること。

　これらの課題に対して D 社経営層は，D 社には最新のデジタル技術の知識や経験が不足していることから，G 社の設立時においては，出向者に加えて必要なメンバを社外から採用することにした。

　G 社の組織は，本社機構，事業部及びシステム部から成る。約 30 名の体制で事業を開始する計画で，その準備をしているところである。G 社経営層は 4 名で構成され，D 社経営企画担当の役員が G 社の社長を兼務し，残りの 3 名は，D 社からの異動者 1 名，外部の保険関係の企業から 1 名，外部の IT 企業から 1 名という構成である。各部門も，半数は最新の保険業務や IT に詳しいメンバを社外から採用する。

〔プロジェクトの立上げ〕

　D 社で事前に検討した幾つかの新しい保険商品を提供するための G 社のシステム開発プロジェクト（以下，G プロジェクトという）は，従来の D 社のシステム開発プロジェクトとは特徴が大きく異なるので，G 社社長は，D 社システム部にはプロジェクトマネージャ（PM）の適任者がいないと考えていた。G 社社長は，かつて D 社システム部管掌時に接した多くのベンダの PM から，特にデジタル技術を活用した事業改革を実現するデジタルトランスフォーメーション（DX）に知見がある H 氏が適任と考えた。H 氏は，G 社社長からの誘いに応じて G 社に転職し，G 社システム部長兼 PM に任命された。現在 H 氏は，G プロジェクトの立上げを進めている。

　H 氏は，D 社経営企画部が整理した G 社におけるシステム開発プロジェクトの課

第3章　リスク

題を解決する方策を，G社の本社機構，事業部及びシステム部のキーパーソンととも
に検討した。その結果，次のような特徴をもつクラウドサービスの利用が課題の解決
に有効であると考えて，G社経営層に提案し，G社役員会で承認を得た。

・①使用するサービスの種類やリソースの量に応じて課金される。

・サービスやリソースを柔軟に選択できるので，②Gプロジェクトを取り巻く環境に
　適合する。

・③最新の多様なデジタル技術を活用する際にその技術を検証するための環境が備わ
　っており，実現性や適合性を効率良く評価できる。

〔プロジェクト計画〕

　H氏は，プロジェクト計画の作成を開始した。Gプロジェクトのスコープは販売す
る保険商品やその販売状況に左右される。先行して販売する保険商品は決まったが，
これに対する顧客の反応などを含む事業の進展状況に従って，プロジェクトのスコー
プが明確になっていく。Gプロジェクトを計画する上で必要な情報が事業の進展状況
によって順次明らかになることから，H氏は，④ある方法でプロジェクト計画を作
成することにした。

　H氏は，システム部を10名程度のメンバで発足することにした。既にD社システ
ム部から5名が出向していたので，残りの5名前後を社外から採用する。H氏は，G
社社長とも協議の上，採用面接に当たってはクラウドサービスなどの技術に詳しいこ
とに加えて，⑤多様な価値観を受け入れ，それぞれの知見を生かして議論できること
を採用基準として重視した。この採用基準に沿って，採用は順調に進んでいる。

〔ステークホルダへのヒアリング〕

　H氏は，Gプロジェクトのステークホルダは多様なメンバから構成されることから，
G社社長以下の役員に対し，プロジェクト運営に関してヒアリングした。その結果は
次のとおりである。

・D社からの異動者は，顧客や築いてきたブランドへの悪影響がないことを重視して，
　脅威のリスクは取りたくないという考え方であった。一方，社外から採用したメンバ
　は，斬新なチャレンジを重視して，脅威のリスクに対応するだけでなく，積極的に機
　会のリスクを捉えて成果を最大化することに取り組むべき，との考え方であった。

・G社社長は，脅威のリスクへの対応について，軽減又は受容の戦略を選択する場合には，組織のリスク許容度に基づいてリスクを適切に評価する，という考え方であった。また，機会のリスクについても適切にマネジメントしていくべき，という考え方であった。

H氏は，ヒアリングの結果から，GプロジェクトのリスクへのNo対応に留意する必要があると感じた。そこで，Gプロジェクトのリスク対応計画における戦略選択の方針を表1のように定め，全役員に了解を得ることにした。

表1　リスク対応計画における戦略選択の方針

脅威のリスクへの対応		機会のリスクへの対応	
戦略	戦略選択の方針	戦略	戦略選択の方針
a	法令違反など，新事業の存続を揺るがすような脅威に適用する。	活用	確実に捉えるべき機会に適用する。
軽減	組織の b を上回る脅威に適用する。	c	影響度や発生確率を高めることで，事業の実現に効果が高い機会に適用する。
d	セキュリティの脅威など，外部の専門組織に対応を委託できる脅威に適用する。	共有	第三者とともに活動することで，捉えやすく，成果が大きくなる機会に適用する。
受容	組織の b と同等か下回る脅威に適用する。	受容	特別な戦略を策定しなくてもよい，と判断した機会に適用する。

H氏は，G社のメンバの多様な経験や知見を最大限生かす観点から，Gプロジェクトのプロジェクトチームを⑥"ある方針"で編成するのが適切であると考えていた。そこで，H氏は，事業部とシステム部の社員に，状況をヒアリングした。両部とも，部内ではD社からの出向者，社外出身者を問わず，業務プロセスやシステムについて，多様な経験や知見を生かして活発に議論していることが確認できた。しかし，事業部の中には，事業部内で議論して整理した結果をシステム部のプロジェクトに要求事項として提示することが役割だと考えているメンバが複数いた。また，システム部の中には事業部から提示された要求事項を実現することが役割だという考えのメンバが複数いた。H氏は，こうした状況を改善し，新事業を一体感をもって実現するためにも，当初考えていた"ある方針"のままプロジェクトチームを編成するのがよいと考えた。

第3章 リスク

設問1 〔プロジェクトの立上げ〕について，(1)～(3)に答えよ。

(1) 本文中の下線①について，H 氏が，G プロジェクトでは使用するサービス
の種類やリソースの量に応じて課金されるクラウドサービスを利用することに
した狙いは何か。30 字以内で述べよ。

(2) 本文中の下線②について，H 氏は，サービスやリソースを柔軟に選択でき
ることは，G プロジェクトを取り巻くどのような環境に適合すると考えたのか。
30 字以内で述べよ。

(3) 本文中の下線③について，H 氏が G プロジェクトでのデジタル技術の活用
において，実現性や適合性を効率良く評価できることが課題の解決に有効であ
ると考えた理由は何か。30 字以内で述べよ。

設問2 〔プロジェクト計画〕について，(1)，(2)に答えよ。

(1) 本文中の下線④について，H 氏が G プロジェクトの計画を作成する際に用
いたのは，どのような方法か。35 字以内で述べよ。

(2) 本文中の下線⑤について，H 氏がこのようなことを採用基準として重視し
た狙いは何か。25 字以内で述べよ。

設問3 〔ステークホルダへのヒアリング〕について，(1)，(2)に答えよ。

(1) 表1中の │ a │ ～ │ d │ に入れる適切な字句を答えよ。

(2) 本文中の下線⑥について，H 氏が G プロジェクトのプロジェクトチームの
編成に当たり適切と考えた方針は何か。30 字以内で述べよ。

午後Ⅰ演習

〔解答用紙〕

設問1	(1)															
	(2)															
	(3)															
設問2	(1)															
	(2)															
設問3	(1)	a														
		b														
		c														
		d														
	(2)															

335

第3章　リスク

問題の読み方とマークの仕方

DX推進プロジェクトを匂わせる記述。今後も必ず出題される「DX推進」関連のプロジェクト。常に,従来型かDXかを注意しておく必要がある。そのため,DXに関する基礎知識と,アジャイル開発の基礎知識は必須だと考えておこう。

問1　新たな事業を実現するためのシステム開発プロジェクトにおけるプロジェクト計画に関する次の記述を読んで,設問1～3に答えよ。

　　中堅の生命保険会社のD社は,保険代理店や多数の保険外交員による顧客に対するきめ細かな対応を強みに,これまで主に自営業者や企業内の従業員などをターゲットにした堅実な経営で企業ブランドを築いてきた。D社には,この強みを継続していけば今後も安定した経営ができるとの思いが強かったが,近年は新しい保険商品の開発や新たな顧客の開拓で他社に後れを取っていた。D社経営層は今後の経営を危惧し,経営企画部に対応策の検討を指示した。その結果,"昨今の規制緩和に対応し,また最新のデジタル技術を積極的に活用して,他社に先駆けて新たな顧客層へ新しい保険商品を販売する事業(以下,新事業という)"の実現を事業戦略として決定した。新事業では,個人向けにインターネットなどを活用したマーケティングやダイレクト販売を行って,新たな顧客層を開拓する。また,顧客のニーズ及びその変化に対応した新しい保険商品を迅速に提供する計画である。

PJが立ち上がった背景の部分。DXは,事業を成功させることが目的で,経営層の関与も必須になる。したがって,より重要な部分になる。必ずチェックする!

　　D社は,規制緩和に柔軟に対応して事業戦略を実現するために,新たに100%出資の子会社(以下,G社という)を設立し,D社から社員を出向させることにした。G社は,D社で事前に検討した幾つかの新しい保険商品を基に,できるだけ早くシステムを開発し,新たな顧客層へ新しい保険商品の販売を開始することにしている。一方,新しい保険商品に対して顧客がどのように反応するかが予測困難であるなど,その事業運営には大きな不確実性があり,事業の進展状況を見ながら運営していく必要がある。

会社を新事業のために作っている。

アジャイル開発,PoCを匂わせる記述。マークしておこう。

　　D社のシステム開発の現状とG社の概要

　　D社では,事業部門である商品開発部及び営業部が提示する要求事項に基づいて,システム部のメンバで編成したプロジェクトチームでシステムを開発している。きめ細かなサービスを実現するために,大部分の業務ソフトウェアをシステム部のメンバが自社開発していて,ソフトウェアパッケージの利用は最小限にとどまっている。運用も自社データセンタで,保険代理店の要望に応じてシステム部が運用時間を調整するなどきめ細かく対応している。システム部のメンバはベテランが多く,また実績のある技術を使うという方針もあり,開発や運用でのトラブルは少ない。一方,業務要件の変更や新規の保険代理店の追加などへの対応に柔軟さを欠くことが,新しい保険

設問3(2)で,新プロジェクトのチーム編成が問われている。ここに従来型のチーム編成があることも解答の手掛かりになる。

－ 2 －

明らかに,DXプロジェクトでは強みとはならない部分。ゆえに,この後に課題が続いている。

336

> 「次の〜」＋箇条書き。箇条書き部分を枠で囲んで、「ここに・・・という記述がある。」ということだけを確認しておく。そして設問を解くなど必要な時に、熟読する。

商品の開発や新たな顧客の開拓において他社に後れを取る原因の一つであった。

G社設立に当たり、D社経営企画部は、G社におけるシステム開発プロジェクトの課題を次のように整理した。

- 新事業の運営には大きな不確実性があるので、システム開発に伴う初期投資を抑える必要があること。
- 顧客のニーズや他社動向の急激な変化が予想され、この変化にシステムの機能やシステムのリソースも迅速に適応できるようにする必要があること。
- 最新のデジタル技術の利用は、実績のある技術の利用とは異なり、多様な技術の中から仮説と検証を繰り返して実現性や適合性などを評価し、採用する技術を決定する必要があること。ただし、多くの時間を掛けずに、迅速に決定する必要があること。

> 「課題」が三つ書かれている。設問1に対応する部分でもある。非常に重要なところになる。

これらの課題に対してD社経営層は、D社には最新のデジタル技術の知識や経験が不足していることから、G社の設立時においては、出向者に加えて必要なメンバを社外から採用することにした。

G社の組織は、本社機構、事業部及びシステム部から成る。約30名の体制で事業を開始する計画で、その準備をしているところである。G社経営層は4名で構成され、D社経営企画担当の役員がG社の社長を兼務し、残りの3名は、D社からの異動者1名、外部の保険関係の企業から1名、外部のIT企業から1名という構成である。各部門も、平均は最新の保険業務やITに詳しいメンバを社外から採用する。

> まずは体制の話。課題解決に向けて、体制を適合させていこうとしている。体制は重要なので、ここに体制について書いていることを覚えておこう。

設問1

[プロジェクトの立上げ]

D社で事前に検討した幾つかの新しい保険商品を提供するためのG社のシステム開発プロジェクト（以下、Gプロジェクトという）は、従来のD社のシステム開発プロジェクトとは特徴が大きく異なるので、G社社長は、D社システム部にはプロジェクトマネージャ（PM）の適任者がいないと考えていた。G社社長は、かつてD社システム部管掌時に接した多くのベンダのPMから、特にデジタル技術を活用した事業改革を実現するデジタルトランスフォーメーション（DX）に知見があるH氏が適任と考えた。H氏は、G社社長からの誘いに応じてG社に転職し、G社システム部長兼PMに任命された。現在H氏は、Gプロジェクトの立上げを進めている。

H氏は、D社経営企画部が整理したG社におけるシステム開発プロジェクトの課

> 〔D社のシステム開発の現状とG社の概要〕段落に、従来のD社のシステム開発プロジェクトについて書かれている。そこと対比する。

— 3 —

> DXプロジェクト、事業改革が必要だということを示唆。ここでPMが登場。

337

第3章　リスク

> 「次の～」＋箇条書き。箇条書き部分を枠で囲んで，「ここに・・・という記述がある。」ということだけを確認しておく。そして設問を解くなど必要な時に，熟読する。なお，クラウドサービスの特徴が三つ箇条書きで書かれているが，それぞれに下線部があり，設問1の三つの問題が対応している。

題を解決する方策を，G社の本社機構，事業部及びシステム部のキーパーソンとともに検討した。その結果，次のような特徴をもつクラウドサービスの利用が課題の解決に有効であると考え，G社経営層に提案し，G社役員会で承認を得た。

- ・①使用するサービスの種類やリソースの量に応じて課金される。
- ・サービスやリソースを柔軟に選択できるので，②Gプロジェクトを取り巻く環境に適合する。
- ・③最新の多様なデジタル技術を活用する際にその技術を検証するための環境が備わっており，実現性や適合性を効率良く評価できる。

> 課題の解決に有効ということなので，前ページの課題と対応付ける。

設問2

③ [プロジェクト計画]

　H氏は，プロジェクト計画の作成を開始した。Gプロジェクトのスコープは販売する保険商品やその販売状況に左右される。先行して販売する保険商品は決まったが，これに対する顧客の反応などを含む事業の進展状況に従って，プロジェクトのスコープが明確になっていく。Gプロジェクトを計画する上で必要な情報が事業の進展状況によって順次明らかになることから，H氏は，④ある方法でプロジェクト計画を作成することにした。

> 1ページ目同様，アジャイルやPoCを匂わせる内容。「不確実性」の部分。

　H氏は，システム部を10名程度のメンバで発足することにした。既にD社システム部から5名が出向していたので，残りの5名前後を社外から採用する。H氏は，G社社員とも協議の上，採用面接に当たってはクラウドサービスなどの技術に詳しいことに加えて，⑤多様な価値観を受け入れ，それぞれの知見を生かして議論できることを採用基準として重視した。この採用基準に沿って，採用は順調に進んでいる。

> 2ページ目に続く「体制」に関する記述箇所。

設問3

④ [ステークホルダへのヒアリング]

　H氏は，Gプロジェクトのステークホルダは多様なメンバから構成されることから，G社社長以下の役員に対し，プロジェクト運営に関してヒアリングした。その結果は次のとおりである。

- ・D社からの異動者は，顧客や築いてきたブランドへの悪影響がないことを重視して，脅威のリスクは取りたくないという考え方であった。一方，社外から採用したメンバは，斬新なチャレンジを重視して，脅威のリスクに対応するだけでなく，積極的に機会のリスクを捉えて成果を最大化することに取り組むべき，との考え方であった。

> ここも，従来のPJや従来の人材と，DXのPJや人材との違いを書いている部分。

－ 4 －

G社社長は，脅威のリスクへの対応について，軽減又は受容の戦略を選択する場合には，組織のリスク許容度に基づいてリスクを適切に評価する，という考え方であった。また，機会のリスクについても適切にマネジメントしていくべき，という考え方であった。

H氏は，ヒアリングの結果から，Gプロジェクトのリスクへの対応に留意する必要があると感じた。そこで，Gプロジェクトのリスク対応計画における戦略選択の方針を表1のように定め，全役員に了解を得ることにした。

表1 リスク対応計画における戦略選択の方針

脅威のリスクへの対応		機会のリスクへの対応	
戦略	戦略選択の方針	戦略	戦略選択の方針
a	法令違反など，新事業の存続を揺るがすような脅威に適用する。	活用	確実に捉えるべき機会に適用する。
軽減	組織の b を上回る脅威に適用する。	c	影響度や発生確率を高めることで，事業の実現に効果が高い機会に適用する。
d	セキュリティの脅威など，外部の専門組織に対応を委託できる脅威に適用する。	共有	第三者とともに活動することで，捉えやすく，成果が大きくなる機会に適用する。
受容	組織の b と同等か下回る脅威に適用する。	受容	特別な戦略を策定しなくてもよい，と判断した機会に適用する。

H氏は，G社のメンバの多様な経験や知見を最大限生かす観点から，Gプロジェクトのプロジェクトチームを⑥"ある方針"で編成するのが適切であると考えていた。そこで，H氏は，事業部とシステム部の社員に，状況をヒアリングした。両部とも，部内ではD社からの出向者，社外出身者を問わず，業務プロセスやシステムについて，多様な経験や知見を生かして活発に議論していることが確認できた。しかし，事業部の中には，事業部内で議論して整理した結果をシステム部のプロジェクトに要求事項として提示することが役割だと考えているメンバが複数いた。また，システム部の中には事業部から提示された要求事項を実現することが役割だという考えのメンバが複数いた。H氏は，こうした状況を改善し，新事業を一体感をもって実現するためにも，当初考えていた"ある方針"のままプロジェクトチームを編成するのがよいと考えた。

— 5 —

第3章 リスク

設問1 〔プロジェクトの立上げ〕について，(1)〜(3)に答えよ。

(1) 本文中の下線①について，H 氏が，G プロジェクトでは使用するサービスの種類やリソースの量に応じて課金されるクラウドサービスを利用することにした狙いは何か。30字以内で述べよ。

(2) 本文中の下線②について，H 氏は，サービスやリソースを柔軟に選択できることは，G プロジェクトを取り巻くどのような環境に適合すると考えたのか。30字以内で述べよ。

(3) 本文中の下線③について，H 氏が G プロジェクトでのデジタル技術の活用において，実現性や適合性を効率良く評価できることが課題の解決に有効であると考えた理由は何か。30字以内で述べよ。

設問2 〔プロジェクト計画〕について，(1)，(2)に答えよ。

(1) 本文中の下線④について，H 氏が G プロジェクトの計画を作成する際に用いたのは，どのような方法か。35字以内で述べよ。

(2) 本文中の下線⑤について，H 氏がこのようなことを採用基準として重視した狙いは何か。25字以内で述べよ。

設問3 〔ステークホルダへのヒアリング〕について，(1)，(2)に答えよ。

(1) 表1中の　　a　　〜　　d　　に入れる適切な字句を答えよ。

(2) 本文中の下線⑥について，H 氏が G プロジェクトのプロジェクトチームの編成に当たり適切と考えた方針は何か。30字以内で述べよ。

― 6 ―

まずは，どこに直接的な該当箇所があるのかをチェックしておく。

今回も，1つの段落に1つの設問としてきれいに分かれている。最近の主流だが，この場合，問題文を頭から順番に読み進めながら，設問をひとつずつ順番に解いていけばいいだろう。

午後Ⅰ演習

IPA 公表の出題趣旨・解答・採点講評

出題趣旨
プロジェクトマネージャ（PM）は，現状を抜本的に変革するような事業戦略に対応したプロジェクトにおいては，現状を正確に分析した上で，前例にとらわれずにプロジェクトの計画を作成する必要がある。 　本問では，生命保険会社の子会社設立を通じて，新たな事業を実現するためのシステム開発プロジェクトを題材としている。デジタルトランスフォーメーション（DX）などの新しい考え方を取り入れたり，必要な人材を社外から集めたりして事業戦略を実現すること，プロジェクト計画を段階的に詳細化するようなプロジェクトの特徴にあった修整をすることなど，不確実性の高いプロジェクトにおける計画の作成やリスクへの対応について，PMとしての知識と実践的な能力を問う。

設問		解答例・解答の要点	備考
設問1	(1)	システム開発に伴う初期投資を抑えるため	
	(2)	顧客のニーズや他社動向の急激な変化が予想される環境	
	(3)	仮説と検証を多くの時間を掛けず繰り返し実施できるから	
設問2	(1)	計画の内容を事業の進展状況に合わせて段階的に詳細化する。	
	(2)	多様な知見を活用し，新事業を実現するため	
設問3	(1)	a	回避	
		b	リスク許容度	
		c	強化	
		d	転嫁　又は　移転	
	(2)	組織横断的に事業部とシステム部のメンバを参加させる。	

採点講評
問1では，新たな事業を実現するためのシステム開発プロジェクトを題材に，不確実性の高いプロジェクトにおけるプロジェクト計画の作成やリスクへの対応について出題した。全体として正答率は平均的であった。 　設問2（2）は，正答率が低かった。単にG社に足りない技術や知見の獲得を狙った解答が散見された。新事業の実現のためには，個々のメンバが変化を柔軟に受け入れ，多様な知見を組織として活用する必要があることを読み取って解答してほしい。 　設問3（2）は，正答率がやや低かった。事業部のメンバとシステム部のメンバが，それぞれの役割を組織の枠内に限定して考えている状況をよく理解し，組織として一体感をもってプロジェクトを進めるためには，事業部とシステム部のメンバを混在させたチーム編成にする必要がある点を読み取って解答してほしい。

第 3 章　リスク

解説

　これからの主流になるであろう DX 関連のプロジェクトをテーマにした問題。ス
コープを確定させてから粛々と進めていく“従来型のプロジェクト”と，不確実性
を多く含むため，PoC やアジャイル型の開発を意識した DX 関連のプロジェクトの
違いに関する知識が必要になる。今後も十分出題される可能性が高いので，しっか
りと準備をしておこう。

設問 1

　設問 1 は，問題文 2 ページ目，括弧の付いた二つ目の〔プロジェクトの立上げ〕
段落に関する問題である。PM（G 社システム部長兼 PM に任命された H 氏）が，G
社におけるシステム開発プロジェクトの課題を解決する方策を検討した結果，クラ
ウドサービスの利用が有効だと判断したことについて問われている。クラウドサー
ビスの特徴が三つ，設問もそれぞれに対応する形で三つ用意されている。

　解答に当たっては，このクラウドサービスがシステム開発プロジェクトの課題を
解決する方策として有効だということなので，問題文中の「**システム開発プロジェ
クトの課題**」について書かれている部分を中心に考えればいいだろう。

■ 設問 1（1）

どの課題を解決できるのかを答える設問　　　　　　　　　　　「問題文導出－解答抜粋型」

【解答のための考え方】

　この問題では，クラウドサービスの特徴の一つ目，下線①「**使用するサービスの
種類やリソースの量に応じて課金される**」という点について問われている。この特
徴がクラウドサービスを利用する決め手となった一つの理由だとして，その狙いに
ついて問われている。

　先に説明したとおり，このクラウドサービスがシステム開発プロジェクトの課題
を解決する方策として有効だということなので，問題文中の「**システム開発プロ
ジェクトの課題**」について書かれている部分を確認して，そこに下線①で解決でき
る課題が無いかを探してみる。そういう手順なので，基本的には問題文中に解答が
あるはずなので，それを探し出そうと考えればいいだろう。

342

【解説】

　システム開発プロジェクトの課題は，問題文2ページ目の3行目以後に三つ記載されている。この三つの課題が下線①で解決できないかという視点でチェックする。

　するとすぐに「**新事業の運営には大きな不確実性があるので，システム開発に伴う初期投資を抑える必要があること。**」という点に反応できるだろう。一般的に，使用するサービスの量やリソースの量に応じて課金されるクラウドサービス（以下，従量制という）は，自前でハードウェアを含むシステムを用意する場合と比較して，初期投資を抑制できると考えられているからだ。

　仮に，従量制のクラウドサービスではなく，自前のハードウェアを購入もしくはリースで用意するとしたら，後々増設ができるにせよ，最初からある程度先を見越して用意しなければならない。そのため，そこそこ初期投資が掛かってしまう。それを，従量制のクラウドサービスにすると，システムの準備も十分ではなくデータも少ない初期段階は安く抑えることができる。その後，利用頻度が増えたり，リソースの使用量が増えてくると逆転することもあるが，総じて準備に時間がかかる初期段階は従量制のクラウドサービスの方がコストは抑制できるとされている。

　以上より，「**システム開発に伴う初期投資を抑えるため（19字）**」という解答になる。

【自己採点の基準】（配点7点）

IPA公表の解答例（網掛け部分は問題文中で使われている表現）
システム開発に伴う初期投資を抑えるため（19字）

　この設問は，問題文中から抜き出す"抜粋型"になるので，問題文中から抜き出す部分はそのまま使いたい。また，設問で要求されている「30字以内」に対して，解答例は19字しかない。そのため，意味が変わらないように注意すれば，この解答例に「課題に対応するため」などを付け加えてもいいだろう。

第3章 リスク

■ 設問1（2）
どの課題を解決できるのかを答える設問　　　　　　「問題文導出－解答抜粋型」

【解答のための考え方】
　この問題も，クラウドサービスの特徴の二つ目，サービスやリソースを柔軟に選択できるという点について問われている。それが，下線②「**Gプロジェクトを取り巻く環境に適合する**」としているが，その"環境"とは何かというものだ。

　この問題の"環境"のように，ある特定の名詞が問われているケースでは，問題文中で，その名詞が使われていないかを探すのが鉄則だ。今回なら「**環境**」について説明しているところになる。但し，設問1の三つの問題は全て「課題に対応するため」なので，そこもチェックしなければならない。いずれにせよ，ここで問われているのは「Gプロジェクトを取り巻く環境」なので，一般論の知識として出てくることは無い。解答は，必ず文中にあると考えて探し出そう。

【解説】
　まずは設問1（1）同様，三つの課題をチェックする。すると，ここでもすぐに「**顧客のニーズや他社動向の急激な変化が予想され，…**」という文に反応できると思う。これはまさに「**環境**」に該当するからだ。後続の「**この変化にシステムの機能やシステムのリソースも迅速に適応できるようにする必要があること。**」という表現は，下線②の前の「**サービスやリソースを柔軟に選択できるので**」という表現と対応付けるとしっくりくる。これが解答だとわかるだろう。

　時間があれば，（念のため）問題文中のほかのところに「Gプロジェクトを取り巻く環境」について書かれているところがないかをチェックしてもいい。"環境"という用語を探すイメージでいいだろう。しかし，特に見当たらなかったので，課題のところで見つけた箇所の表現を使って「**顧客のニーズや他社動向の急激な変化が予想される環境**」という解答で確定する。

【自己採点の基準】（配点7点）

IPA公表の解答例（網掛け部分は問題文中で使われている表現）
顧客のニーズや他社動向の急激な変化が予想される環境（25字）

　これも抜粋型なので"顧客のニーズや他社動向の急激な変化"という部分は，使っていないといけないと考えた方がいいだろう。多少の表現の揺れ程度は問題ないと思えるが。

344

午後 I 演習

■ 設問 1（3）

どの課題を解決できるのかを答える設問　　　　　　「問題文導出－解答抜粋型」

【解答のための考え方】

これまで同様，クラウドサービスの特徴の三つ目についての問題だ。箇条書きの3つめは全てが下線③になっている。Gプロジェクトでのデジタル技術の活用において，実現性や適合性を効率良く評価できることが課題の解決に有効であると考えた理由が問われている。

解答に当たっては，対象となる課題を明確にして，その課題に，下線③の特徴がどのように影響するのかを考えればいいだろう。

【解説】

ここでも，これまで同様，三つの課題をチェックする。普通に考えれば，残った三つ目の課題である可能性が高いと想像できるが，まさにその通りだった。箇条書き三つ目の「**最新のデジタル技術の利用は，…ただし，多くの時間を掛けずに，迅速に決定する必要があること。**」の部分に対応しているのは間違いない。

それに対して，利用しようとしているクラウドサービスは，下線③のように既に「**環境が備わって**」いる。そのため，多様な技術の中から仮説と検証を繰り返す時に，いちいち個々の環境を準備する必要がない。それゆえ，「**多くの時間を掛けずに，迅速に決定する**」ことができる。これが解答の軸になる。「**仮説と検証をするときに**」というニュアンスの言葉を添えて，解答例のようにまとめればいいだろう。

【自己採点の基準】（配点 7 点）

IPA 公表の解答例（網掛け部分は問題文中で使われている表現）
仮説と検証を多くの時間を掛けず繰り返し実施できるから（26字）

これも，ほぼ抜粋型になる。解答の中心は「**多くの時間を掛けない**」という部分。これこそが課題だからだ。何に対してかという点は「**仮説と検証を繰り返すこと**」だ。この二つの要素が含まれていれば正解だと考えて間違いないだろう。

345

第3章　リスク

設問2

　設問2は，問題文3ページ目，括弧の付いた三つ目の〔プロジェクト計画〕段落の問題である。この段落には下線が二つあり，その二つが問題になっている。一つずつ丁寧に考えて行けばいい。

■ 設問2（1）
これまでと違ったプロジェクト計画の作成方法に関する設問　「問題文導出－解答加工型」
「知識解答型」

【解答のための考え方】
　一つ目は下線④についての問題だ。下線④は「ある方法」。いわゆる匂わせの問題で，その方法は，プロジェクト計画を作成する時に用いる方法だ。設問1を解いた時に残っている記憶と，この〔プロジェクト計画〕段落を熟読して考えればいい。

【解説】
　通常，プロジェクト計画を作成する時には，ステークホルダとコンセンサスが取れたスコープをベースに作成する。PMBOKの第6版まで，全てそういう方法で作成するように定義されている。

　しかし，今回はそうはいかない。「Gプロジェクトのスコープは販売する保険商品やその販売状況に左右される。」からだ。プロジェクトのスコープは「顧客の反応などを含む事業の進展状況に従って」明確になっていく。そのため，従来の方法ではスコープが確定するまでプロジェクトには着手できないわけだが，問題文の1ページ目には「できるだけ早くシステムを開発」することが求められている。そこで「ある方法」で作成することにしたようだ。

　通常，こういう場合は"アジャイル開発"を採用するところではないかと考えるだろう。この問題そのものがDXをテーマにしたものなので，その可能性は高い。しかし，ここで求められているのはプロジェクト計画を作成する時の「ある方法」だ。35字以内で解答することもあって，単純に「アジャイル開発…」と書くわけにはいかない。

　そこで，問題文中の言葉を活用して解答することを考える。スコープが確定するまで待てないわけだから，事業の進展状況によってスコープを決めるしかない。そして，それを段階的に詳細化していくというニュアンスのことを解答にすればいいだろう。

346

【自己採点の基準】（配点 7 点）

> **IPA 公表の解答例**（網掛け部分は問題文中で使われている表現）
>
> 計画の内容を事業の進展状況に合わせて段階的に詳細化する。(28 字)

　この解答例だと，①アジャイル開発にするのか，②スコープが確定してから従来型で開発するのかわからない。開発とリリースを繰り返しながら事業の進展状況に合わせて段階的に詳細化するのか（上記の①），計画作成の期間を長く取った上で事業の進展状況に合わせて計画を段階的に詳細化するだけなのか（上記の②），どちらともとれるからだ。別の言い方をすると，解答例の**「計画の内容」**に，設計やプログラミングを繰り返すところまで入っているのか（上記の①），単に「プロジェクト計画書の作成」フェーズだけの話（上記の②）なのかだ。

　この解答例のように，どちらともとれる解答を書いた場合には問題ないが，**「開発を繰り返す」**という表現を加えるなどしてアジャイルを想起させる解答を書いた場合に，上記の①なのか②なのかで，正解か不正解かが変わってくる。

　問題文中には**「従来の D 社のシステム開発プロジェクトとは特徴が大きく異なる」**とも書いているし，スコープが確定される時期についても書いてない。さらには**「顧客の反応」**を見ながらスコープを決めていくと書いている。以上のことを考えれば，段階的に詳細化していく**「計画の内容」**には，設計やプログラミング，場合によってはリリースも含んでいる可能性が高い。つまり，上記の①の可能性が高い。この問題そのものが DX をテーマにしている点や，設問 1 で考えた課題とクラウドサービス利用に関する記述の部分，**「できるだけ早くシステムを開発」**することが求められている点からも，おそらくスコープの確定まで待たずに設計，プログラミングと進めていくのだろう。それを段階的に繰り返すアジャイル開発を想定している可能性が高い。

　実際のところ，出題趣旨にも採点講評にも，そのあたりのことは書かれていないのでわからないが，総合的に考えてアジャイル開発を想定して「段階的に詳細化する」と書いているのだと思われる。

第3章　リスク

■ 設問2（2）

PMの意思決定の"狙い"を答える設問　　　　　　「問題文導出－解答加工型」

【解答のための考え方】

続いて下線⑤をチェックする。下線⑤は「**多様な価値観を受け入れ，それぞれの知見を生かして議論できること**」という社外から採用するメンバの重視すべき採用基準のところだ。その採用基準を重視することにしたのはPM（H氏）で，そのPMの狙いが問われている。

一般的に，今回のような不確実性が高いDXプロジェクトを進めていく場合，普通に「**多様な価値観を受け入れ，それぞれの知見を生かして議論できる**」メンバが必要になる。当然と言えば当然だ。都度，アイデアを出し合いながら議論をして，目的達成のためによりよい答えを出していかなければならないからだ。そのために，意思決定できる経営層を巻き込んで進めていくわけだ。単にデジタルを活用するだけの業務効率化ではなく，トランスフォーメーション（変革）が必要だからだ。

それを前提に，①なぜ社外から採用する必要があるのか，②今回のプロジェクトの目的は何なのかを明確にするところから着手して狙いを考えればいいだろう。

【解説】

社外から採用しなければならない理由は「**システム部を10名程度のメンバで発足**」したが，その時点で単純に5名足りないからだ。

一方，今回のプロジェクトの目的は〔プロジェクトの立上げ〕段落に，「**事前に検討した幾つかの新しい保険商品を提供するため**」だと書いている。そしてそれは「**規制緩和に柔軟に対応して事業戦略を実現するため**」である。事業戦略は「**新事業の実現**」である。

しかし，そうしたプロジェクトの目的を達成する上で，次のような課題がある。

> 「**新しい保険商品に対して顧客がどのように反応するかが予測困難であるなど，その事業運営には大きな不確実性があり，事業の進展状況を見ながら運営していく必要がある。**」

こうした課題がある中で，プロジェクトの目的である新事業を成功させるためには，こうした不確実性に対して，多様な価値観を受け入れ，それぞれの知見を生かして議論しながら進めていく人材が必要だと判断したのだろう。そのあたりを解答例のようにまとめて解答する。

348

午後Ⅰ演習

【自己採点の基準】（配点 7 点）

IPA 公表の解答例（網掛け部分は問題文中で使われている表現）

多様な知見を活用し，新事業を実現するため（20 字）

採点講評に書いてあるように正答率が低かったらしい。確かに，解答例のような解答を思い付くのは難しいと思われる。DX のプロジェクトが，プロジェクト目標（納期や予算）よりも，プロジェクトの目的の達成（事業の変革）を重視するというのは理解できるが，「新事業を実現するため」という解答でいいのであれば，全ての行動根拠や狙いがそこに帰結してしまい，全ての PM の狙いが「新事業を実現するため」という解答になってしまいかねない。

採点講評に書かれている「単に G 社に足りない技術や知見の獲得を狙った解答」が違っているという点には納得できる。確かに，問題文には「D 社には最新のデジタル技術の知識や経験が不足していることから，G 社の設立時においては，出向者に加えて必要なメンバを社外から採用することにした。」とは書かれているが，その部分は，下線⑤の直前にある「クラウドサービスなどの技術に詳しいことに加えて」という部分に含まれていると考えられるからだ。

しかし，「多様な価値観を受け入れ，それぞれの知見を生かして議論できること」という採用基準にしたことと，「新事業を実現するため」の因果関係の間には，「不確実性を確定させていかないといけないから」というような課題に対する解決プロセスが入るので，そちらを解答しても，あながち間違っているとは言えないはずだが，正解にしてくれるかどうかはわからない。

表現レベルでは，「新事業を成功させるため」という感じでも問題ないはずだ。「多様な知見を活用し」という部分が必須キーワードになっているとも思えないので，その部分を，「多角的に分析し」とか，「不確実性に対し適切な解を見出し」という表現に変えても問題ないだろう。採点講評に書かれている「変化を柔軟に受け入れ，多様な知見を組織として活用するため」という表現の一部を使うのも大丈夫なはずだ。

なお，DX プロジェクトが，事業やビジネスモデルの変革を狙っていることから，この設問と解答の組み合わせのように「新事業を成功させるため」という視点は覚えておいても損はないかもしれない。とは言うものの，答え合わせをした時に「あ，そういうことか」という感じだったとしたら，この設問に対しては，深く考えなくてもいいと思う。

349

第3章　リスク

設問3

　設問3は，問題文3ページ目，括弧の付いた四つ目の〔ステークホルダへのヒア
リング〕段落の問題である。ここではリスク対応戦略に関する穴埋め問題と，下線
に対する問題がある。

■ 設問3（1）

リスクに関する知識が問われている設問　　　　　　　　　　　　「穴埋め問題」

【解答のための考え方】

　午前問題とほぼ同様のリスクに対する戦略について問われている。リスク対応戦
略は JIS Q 0073 や PMBOK で定義されているが，例えば PMBOK（第6版及び第7
版）ではリスクを次のように定義している（説明は筆者がわかりやすく説明したも
の。PMBOK の定義ではない）。

脅威（マイナス）のリスクに対する戦略
・エスカレーション：プログラムレベル，ポートフォリオレベル等（PM の
　　　　　　　　　　上司や PMO 等）に判断を委ねる。
・回避：リスクそのものを回避する
・転嫁：保険や保障，契約などの工夫で責任を転嫁する
・軽減：対応策をとってリスクそのものを軽減する
・受容：積極的に動くわけではなく現状のリスクを受け入れ，発生した時に
　　　　備える
機会（プラス）のリスクに対する戦略
・エスカレーション：プログラムレベル，ポートフォリオレベル等（PM の
　　　　　　　　　　上司や PMO 等）に判断を委ねる。
・活用：確実に好機を掴むためそれを妨げる不確実性を除去する
・共有：好機を掴む確率を上げるため第三者と共有する
・強化：プラス要因を増加させる
・受容：積極的に動くわけではなく現状のリスクを受け入れる

　こうした知識をベースに解答を考えればいいだろう。

【解説】

　前述の知識があれば，表 1 の戦略部分の空欄 a，空欄 d，空欄 c から解いていくといいだろう。知識さえあれば即答できる容易な問題だからだ。

　空欄 a は，「新事業の存続を揺るがすような脅威」という表現から，影響がかなり大きい脅威に対するものだということがわかる。軽減や受容ではないもので，かつ，空欄 d の戦略選択の方針と比較して考えれば「回避」だということは容易にわかるだろう。ちなみに，JIS Q 0073 のリスク回避の説明では「法律上及び規制上の義務に基づく場合がある。」と書かれている。そのため「法令違反」というワードからも回避という解答が想起できるだろう。

　空欄 d は，空欄 a が回避で，軽減や受容ではないものなので「転嫁」ではないかと考える。戦略選択の方針には，「委託」という用語があるので「転嫁」で確定できる。なお，転嫁は移転でも問題はない。

　機会のリスクへの対応の空欄 c は，活用，共有，受容ではないものなので「強化」ではないかと推測できる。戦略選択の方針にも「影響度や発生確率を高める」と書いてあるので「強化」で確定できる。なお，PMBOK 第 6 版や第 7 版には，他にエスカレーションもあるが，今回は，それは対象外だったようだ。

　最後に空欄 b を考える。空欄 b は脅威に対する戦略の軽減と受容の両方にあるもので「組織の」という言葉に続くものになる。また，受容の戦略選択の方針には，空欄 b と「同等か下回る脅威」と続き，軽減でも「（空欄 b）を上回る脅威」となっている。これは何かしらの基準であり，その基準を上回る場合に軽減が，同等か下回る場合に受容することを意味している。以上より，空欄 b には「リスク許容度」が入る。リスク許容度とは JIS Q 0073 でも定義されている用語で，自らの目的を達成するため，リスク対応の後のリスクを負う組織又はステークホルダの用意している程度になる。つまり，組織が許容できる基準になる。そのため，リスク許容度を上回る場合には軽減することが必要だし，同程度か下回っていれば受容することになる。重要な用語の一つなので覚えておこう。

【自己採点の基準】（配点 2 点 × 4）

IPA 公表の解答例（網掛け部分は問題文中で使われている表現）
空欄 a：回避，空欄 b：リスク許容度，空欄 c：強化，空欄 d：転嫁 又は 移転

　用語が問われている穴埋め問題なので，解答例のみを正解だと考えよう。

第3章　リスク

■ 設問3（2）

PMの意思決定の"狙い"を答える設問　　　　　「問題文導出－解答抜粋型」

【解答のための考え方】

　ここで問われているのは，プロジェクトチームの編成に関する方針である。そして，そういう方針にしたのは「G社のメンバの多様な経験や知見を最大限生かす」ことを目的としている。

　プロジェクトチームの編成方針が問われており，「多様な経験や知見」を必要としていることから，「様々な専門家を集める」とか「全ての部署から人を集める」，「全社的に」，「組織横断的に」という方針だと推測できる。

　しかも，今回のような新事業のために会社を作り全社的に新事業を推進するケースで，そのためのDXプロジェクトなので全社一丸となって取り組む必要があることは明白だ。そもそもDXプロジェクトなので，経営層も事業部門も必要になる。そういうことを考えるだけでも，全社一丸となって組織横断的にチームを編成しなければならないことは明白だ。

　後は，（念のため）下線⑥前後の文を熟読して，どういう解答なら問題ないかを確認すればいいだろう。いずれにせよ，問われているのがプロジェクトチームの編成方針であり，しかもDXプロジェクトで，そのために会社を作ったことを考慮すれば，解答候補は絞り込める。

【解説】

　下線⑥の後続の文を最後まで読み進めると，「H氏は，事業部とシステム部の社員に，状況をヒアリングした。」と書いている。やはり，事業部は参画していることがわかる。

　さらにその後には「業務プロセスやシステムについて，多様な経験や知見を生かして活発に議論していることが確認できた。」としている。その後には，一部そうではないメンバもいたとしているが，そこには「事業部の中には，事業部内で議論して整理した結果をシステム部のプロジェクトに…」という表現や，「事業部から提示された要求事項を…」という表現がある。これらは，言い換えれば，従来通り"システム部だけ"でプロジェクトチームを編成し，事業部は，そのプロジェクトチームに要求事項を上げればいいという考えになる。この考えに対し，（H氏は）改善対象と考えているわけだ。以上より，少なくともチーム編成は「事業部とシステム部の混合チームでないといけない」ということになる。

　そして，最終的に「新事業を一体感をもって実現するためにも，当初考えていた"ある方針"のままプロジェクトチームを編成するのがよいと考えた。」と締めく

くっている。ここに「一体感をもって」とストレートに書いているので，当初考えた通りの解答で間違いないと確定できるだろう。

以上より，解答例のような「**組織横断的に事業部とシステム部のメンバを参加させる。**」という解答になる。

なお，〔D社のシステム開発の現状とG社の概要〕段落の2行目には「**システム部のメンバで編成したプロジェクトチームでシステムを開発している。**」と，それまでのプロジェクトチームの編成を明記している。それに対して，Gプロジェクトは，〔プロジェクトの立上げ〕段落では，「**従来のD社のシステム開発プロジェクトとは特徴が大きく異なる**」としている。この特徴の大きな違いは，この設問で問われているチーム編成ということになる。したがって，端的に言えば，事業部からのメンバを参加させることが，従来とは違った編成方針になる。それに加えて，「**多様な知見**」が必要なので，"**全社的**"とか"**組織横断的**"にという言葉も必要だと考えられる。

【自己採点の基準】（配点7点）

IPA公表の解答例（網掛け部分は問題文中で使われている表現）
組織横断的に事業部とシステム部のメンバを参加させる。（26字）

解説のところにも詳しく書いているが，「**事業部のメンバを参加させる**」というニュアンスの言葉は必須になると考えるべきだろう。従来がシステム部だけの編成で，その従来と同様の認識のメンバがいることを改善対象にしているからだ。

そして「**組織横断的**」という用語も欲しいところだ。これは，例えば情報セキュリティのISMSを構築する時などにも使われる用語で，情報処理技術者試験では，どの試験区分でも，よく見かけるワードだからだ。覚えておいて損はないだろう。他にも全社的にとか，全部門からという用語を使っても「**多様な経験や知見**」を用いた議論が可能なので，同じ意味になるはず。そのあたりまでは問題なく正解だと考えられる。

問題は，「**組織横断的**」や「**全社的**」という意味の用語が無い場合だ。「**多様な経験や知見**」を用いた議論に反応できていないとも捉えられるが，採点講評には「**事業部とシステム部のメンバを混在させたチーム編成にする必要がある**」としか書いていない。そのまま解釈すると，単に「**事業部とシステム部のメンバを混在させたチーム編成にする**」だけでも正解だということだろう。実際のところはわからないが，採点講評を見る限り，おそらく無くても正解になると思われる。しかし，チーム編成が問われた時に，「**組織横断的**」や「**全社的**」という言葉が必要かどうかを常に考える姿勢は必要になる。覚えておいて損はないだろう。

353

第 3 章　リスク

午後Ⅱ演習

令和2年度　問2

問2　システム開発プロジェクトにおけるリスクのマネジメントについて

　　プロジェクトマネージャ（PM）は，プロジェクトの計画時に，プロジェクトの目標の達成に影響を与えるリスクへの対応を検討する。プロジェクトの実行中は，リスクへ適切に対応することによってプロジェクトの目標を達成することが求められる。

　　プロジェクトチームの外部のステークホルダは PM の直接の指揮下にないので，外部のステークホルダに起因するプロジェクトの目標の達成にマイナスの影響がある問題が発生していたとしても，その発見や対応が遅れがちとなる。PM はこのような事態を防ぐために，プロジェクトの計画時に，ステークホルダ分析の結果や PM としての経験などから，外部のステークホルダに起因するプロジェクトの目標の達成にマイナスの影響を与える様々なリスクを特定する。続いて，これらのリスクの発生確率や影響度を推定するなど，リスクを評価してリスクへの対応の優先順位を決定し，リスクへの対応策とリスクが顕在化した時のコンティンジェンシ計画を策定する。

　　プロジェクトを実行する際は，外部のステークホルダに起因するリスクへの対応策を実施するとともに，あらかじめ設定しておいたリスクの顕在化を判断するための指標に基づき状況を確認するなどの方法によってリスクを監視する。

　　あなたの経験と考えに基づいて，設問ア～ウに従って論述せよ。

設問ア　あなたが携わったシステム開発プロジェクトにおけるプロジェクトの特徴と目標，外部のステークホルダに起因するプロジェクトの目標の達成にマイナスの影響を与えると計画時に特定した様々なリスク，及びこれらのリスクを特定した理由について，800 字以内で述べよ。

設問イ　設問アで述べた様々なリスクについてどのように評価し，どのような対応策を策定したか。また，リスクをどのような方法で監視したか。800 字以上 1,600 字以内で具体的に述べよ。

設問ウ　設問イで述べたリスクへの対応策とリスクの監視の実施状況，及び今後の改善点について，600 字以上 1,200 字以内で具体的に述べよ。

解説

●問題文の読み方

問題文は次の手順で解析する。最初に，設問で問われていることを明確にし，各段落の記述文字数を（ひとまず）確定する（①②③）。続いて，問題文と設問の対応付けを行う（④⑤）。最後に，問題文にある状況設定（プロジェクト状況の例）やあるべき姿をピックアップするとともに，例を確認し，自分の書こうと考えているものが適当かどうかを判断する（⑥⑦）。

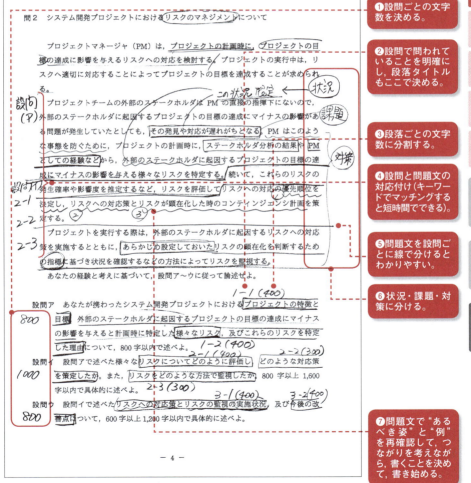

第3章　リスク

●出題者の意図（プロジェクトマネージャとして主張すべきこと）を確認

出題趣旨
プロジェクトマネージャ（PM）は，プロジェクトの計画時に，プロジェクトチームの外部のステークホルダに起因するプロジェクトの目標の達成にマイナスの影響を与えるリスクへの対応を検討する。プロジェクトの実行中は，リスクへ適切に対応することによってプロジェクトの目標を達成することが求められる。 　本問は，プロジェクトの計画時に特定して，評価した，プロジェクトチームの外部のステークホルダに起因する様々なリスク，これらのリスクへの対応策，リスクの顕在化を監視した方法などについて具体的に論述することを求めている。論述を通じて，PM として有すべきリスクのマネジメントに関する知識，経験，実践能力などを評価する。

(IPA 公表の出題趣旨より転載)

●段落構成と字数の確認

1. プロジェクトの特徴とコスト管理の概要
　1.1 プロジェクトの特徴と目標（400）
　1.2 リスク及びリスクを特定した理由（400）
2. システム開発プロジェクトについて
　2.1 様々なリスクについての評価（400）
　2.2 リスクへの対応策（300）
　2.3 リスクの監視方法（300）
3. 評価と今後の改善点
　3.1 リスクへの対応策とリスク監視の実施状況（400）
　3.2 今後の改善点（400）

●書くべき内容の決定

　次に，整合性の取れた論文，一貫性のある論文にするために，論文の骨子を作成する。具体的には，過去問題を想いだし「どの問題に近いのか？複合問題なのか？新規問題か？」で切り分けるとともに，どのような骨子にすればいいのかを考える。

過去問題との関係を考える

　この問題に近い過去問題は，**平成 22 年度の問 1 「システム開発プロジェクトのリスク対応計画について」**になる。但し，平成 22 年度の問 1 は，問題文の例を見る限り，どのようなリスクでも書けるようになっているが，この問題では「**PM の直接の指揮下にない**」「**プロジェクトチームの外部のステークホルダ**」で，かつ，「**問題が発生していたとしても，その発見や対応が遅れがちとなる**」リスク限定になっている。もちろん，プロジェクト目標に対して，マイナスリスクというのも限定だ。

したがって，平成 22 年度問 1 の問題で準備していた人は，論旨展開はそのままでも，リスクそのものは変える必要があったかもしれない。

そういう意味では，自分が経験していない様々なリスクについても，知識を得ておく必要があると考えなければならない。ちなみに，解説の中でも書いているが，未経験のリスクについて知っておくことは有益なので，次のような資料に目を通して "知識" として（今後出会うかもしれない）様々なリスクを押さえておこう。

IPA：「IT プロジェクトの「見える化」」の付録内にある事例集
・ 上流工程編（https://www.ipa.go.jp/sec/publish/tn06-001.html）
・ 中流工程編（https://www.ipa.go.jp/sec/publish/tn08-005.html）
・ 下流工程編（https://www.ipa.go.jp/sec/publish/tn05-003.html）

全体構成を決定する

全体構成を組み立てる上で，まず決めないといけないのは次の 4 つである。

---

①特定したリスク（1.2）
②リスク評価の方法と結果（2.1）
③対策（予防的対策，事後対策）（2.2）
④リスクの監視方法（2.3）

ここの整合性を最初に取っておかないと，途中で書く手が止まるだろう。試験本番の時に 2 時間の中で絞り出すのは難しいので，できれば試験対策期間中に準備しておくべきものになる。特に，この問題で問われているのは典型的な "リスクマネジメントプロセス" なので，しっかりと準備しておかないといけないだろう。

第3章　リスク

● 1.1 段落（プロジェクトの特徴と目標）

　ここでは，プロジェクトの概要を簡単に説明した後に，今回のプロジェクトの特徴とプロジェクトの目標を書く。

　まず，プロジェクトの特徴に関しては，外部のステークホルダに関しての特徴を書けば，スムーズに 1.2 や設問イにつなげていくことができるだろう。

　そして，設問で求められているのでプロジェクトの目標について書く。プロジェクトの目標は，（情報処理技術者試験では）特に問題文で例示されていない場合には"納期"と"予算"だと考えておけばいいだろう。これは，特に設問で求められていなくても"プロジェクトの特徴"に含めて書いた方が良い要素だが，今回は設問で問われているので必須になる。なお，採点者はここで書いた目標を記憶して，この後に進むので，イメージがストレートに伝わるように，定量的に書いた方が良いと考えておこう。具体的には，今がいつで，開発期間がどれくらいで，納期がいつなのか，それを定量的な数値で表現するように意識しておこう。

【減点ポイント】

①プロジェクトの話になっていない又は特徴が無い（致命度：中）
　　→　特徴が 1.2 に書かれているのなら問題は無い。
②プロジェクトの特徴に矛盾を感じる（致命度：小）
　　→　ここでは大きな問題でなくても後々矛盾が露呈する可能性がある。その場合は一貫性が無くなるので評価は低くなる。
③プロジェクト目標がない，あるいはよくわからない（致命度：中）
　　→　今回は設問で明確に求められているため必須になる。

● 1.2 段落（リスク及びリスクを特定した理由）

　続いて，今回のプロジェクトに存在するリスクについて書く。但し，どんなリスクでも構わないわけでは無い。この問題では「PM の直接の指揮下にない」「プロジェクトチームの外部のステークホルダ」で，かつ，「問題が発生していたとしても，その発見や対応が遅れがちとなる」リスク限定になる。もちろん，プロジェクト目標に対して，マイナスリスクというのも限定だ。

　この条件を満たしていさえすれば，どういったステークホルダでも可能だが，第一に考えられるのは，（自社開発ではないケースで）ユーザ側のステークホルダだろう。経営層，情報システム部，窓口対応の担当者，利用部門の方々などだ。他にも，"他社"に該当する請負契約や準委任契約で協力してもらっている協力会社やハードウェアベンダ，ソフトウェアベンダなども考えられる。自社の PJ 外部の技術支援部門や品質管理部門，経営層なども書けなくはない。そのあたりを対象にしたリ

358

スクにする。

　また，過去の同類の問題ではリスクの数が一つでも書くことができたが，この問題は，設問アで「**様々なリスク**」，「**これらのリスクを特定した理由**」としている点や，問題文中に「**優先順位を決定し**」という表現があることから，複数のリスクを書く必要があると考えよう。

　具体的には，ユーザ側作業の遅れの可能性，ユーザが協力してくれない，ハードウェアベンダの納期遅延，ソフトウェアベンダに納品してもらったミドルウェアにバグがあったなどだ。リスクが顕在化する期間についても書いておいた方が良いだろう。プロジェクト期間中ずっと顕在化する可能性があるのか，それとも，要件定義工程だけなのか。こうしたちょっとした差が大きな差にもつながる。

　そのあたりは，IPA が 2007 年に公表した「IT プロジェクトの「見える化」～上流工程編～（https://www.ipa.go.jp/sec/publish/tn06-001.html）」の付録内にある「付録3_上流工程事例集_20070507.pdf」などを参考にするといいだろう（同様に，中流工程編，下流工程編にもリスクを集めた事例集はある）。

　後は，個々のリスクについて「**特定した理由**」を書くことも忘れないようにしなければならない。この時に，問題文の「**ステークホルダ分析の結果や PM としての経験などから**」という部分を含めるとベストだろう。

【減点ポイント】

①PM の直接の指揮下にない，プロジェクトチームの外部のステークホルダで，かつ，問題が発生していたとしても，その発見や対応が遅れがちとなるリスクではない（致命度：大）
　　→　問題文の趣旨に合わないので一発アウトの可能性もある。

②1.1 で書いたプロジェクト目標の達成に対してマイナスの可能性があるリスクになっていない（致命度：中）
　　→　1.1 のプロジェクト目標への影響が不明瞭だというのも，この問題の趣旨に合わない。

③複数のリスクを書いていない（致命度：中）
　　→　あるリスクに特定して書けないこともないが，この後の展開を考えれば複数のリスクを書いている方が無難。

③ステークホルダ分析の結果や PM としての経験について言及していない（致命度：小）
　　→　ストレートに表現しなくても，リスクの内容から察知できるので致命的ではないが，反応できるようにしておくに越したことは無い。

359

第3章　リスク

● 2.1 段落（様々なリスクについての評価）

設問イの最初に書くことは「**様々なリスクについてどのように評価し**」たかである。問題文には，もう少し詳しく「**これらのリスクの発生確率や影響度を推定するなど，リスクを評価して**」と書いているので，定性的なリスク分析で構わない。もちろん，定量的なリスク分析を行っても何の問題もない。

どういう理由で，どのようなリスク分析手法を採用したのか，その結果，設問アで述べた個々のリスクがどのように評価されたのか，その評価結果とその理由を具体的に書いておけばいいだろう。

【減点ポイント】

個々のリスクにおいて，その発生確率や影響度にした理由が不明，もしくは矛盾がある（致命度：中）

→　結果よりも，そう考えた根拠の方が重要。

● 2.2 段落（リスクへの対応策）

2.1 で実施した評価結果を受けて「**リスクへの対応の優先順位を決定**」する。そして，策定した「**リスクへの対応策**」について書く。優先順位については 2.1 に含めて書いても構わないが，どちらかには必要だと考えよう。

また，各リスクへのリスク対応策に関しては，次のように考えればいいだろう。

- 予防策（発生確率が高いリスクに対して，発生確率を下げるもの）
- 予防策（影響度が大きいものに対して，発生した時の影響度を下げておくもの。予防策なのでコストは消化する）
- 事後対応策（発生した時に備えておく（コスト消化は無し）。コンティンジェンシ予備費）

この問題には，リスク保有や，当該リスクが発生しない前提で計画するというのは合わないだろう。また，一つのリスクに対して，予防策だけではなく事後対応も含めて両側面から対応策を検討していることをアピールした方が臨場感が伝わるだろう。

360

【減点ポイント】

①優先順位付けを行っていない（致命度：中）
　　→　大きな問題にはならないと思われるが，問題文に記載されている点と複数
　　　　のリスクを処理することを求められているので，簡単にでも優先順位付け
　　　　は行っておくべき。
②十分なリスク軽減が行われていない（致命度：中）
　　→　対策の有効性に疑問を持たれると，評価は下がる。
②予防策，事後対策の両面からの対応策ではない（致命度：小）
　　→　もちろんケースバイケースだが，どちらかしか考えていない，偏りがある
　　　　と判断されると不十分だと思われる可能性がある。

● 2.3 段落（リスクの監視方法）

　設問イの最後は，リスクの監視方法について書く。個々のリスクについて，どういう監視をしていたのかという点だ。問題文には**「あらかじめ設定しておいたリスクの顕在化を判断するための指標」**と記述されている。つまり，事前に設定していることと，何かしらの指標について書けというわけだ。

　ここでも，設問ア（1.2 リスクの特定）のところで書いたリスクが顕在化する可能性のある期間とともに書いた方が良いだろう。それに合わせて重点管理できるからだ。また，監視するスパンや頻度，兆候，様子見，対策の発動基準などを分けて丁寧に書くといいだろう。

【減点ポイント】

　リスクの顕在化期間が不明（致命度：小）
　　→　それほど大きな影響はないと思われるが，丁寧な説明をしていると高評価
　　　　になる可能性がある。

● 3.1 段落（リスクへの対応策とリスク監視の実施状況）

　設問イでは，あくまでも"計画段階の話"になる。したがって，ここではその対策が計画通りに実施できたかどうかを書く。特に，監視の実施状況では，兆候の発生やしばらくの様子見の後に，対策の発動基準を超えたためリスクが発生したと判断したという"段階を経た監視"について言及するとリアリティが増す。

　難しいのは，リスクが顕在化したかどうかの部分。経験したことを事実に忠実に書くことを要求しているのならば，「リスクは結局，顕在化しなかった。これもひとえに予防的対策が機能した結果である。」というものでも良いはず。問題文にも設問にも，"実施状況"としか要求していないので，それでも問題ないだろう（設問か問

361

第3章　リスク

題文に,「リスクが顕在化したときの実施状況」となっていれば,この限りにあらず)。

　ただ,疑似経験でチャレンジしている方は,サンプル論文のように「顕在化したが事後対策が機能して問題は解決できた」とした方が安全だろう。減点する理由がなくなるので。

【減点ポイント】
　①検証フェーズで得た情報を活用したことと無関係（致命度：小）
　　→　評価の観点が違っているとまずい。
　②あまり高く評価していない（致命度：小）
　　→　やぶへびになる可能性がある。
　③監視したことだけしか書いていない（致命度：小）
　　→　これもさほど大きな影響はないが,兆候や様子見の可能性を示唆した監視を説明できていれば高評価になる可能性がある。

● 3.2 段落（今後の改善点）

　最後も,平成20年度までのパターンのひとつ。最近は再度定番になりつつある"今後の改善点"だ。ここは,序章に書いている通り,最後の最後なのでどうしても絞り出すことが出来なければ,何も書かないのではなく典型的なパターンでもいいだろう。

　しかし,今回の問題なら,"リスク評価の方法改善"や"予防策の強化","事後対応策の強化","監視方法の改善"など,実際に実施してみたことについて,よりよくする方法はないかを考えればいいだろう。

【減点ポイント】
　特になし。何も書いていない場合だけ減点対象になるだろうが,何かを書いていれば大丈夫。時間切れで最後まで書けなかったというところだけ避けたいところ。過去の採点講評では「一般的な本文と関係ない改善点を書かないように」という注意をしているので,それを意識したもの（つまり,ここまでの論文で書いた内容に関連しているもの）にするのが望ましいが,時間もなく何も思い付かない場合に備えて汎用的なものを事前準備しておこう。

362

●サンプル論文の評価

サンプル論文に関しては，この年度にこの問題で受験して，受験後すぐに再現論文として起こしてもらったものになる。したがって正真正銘の合格論文だと言える。実際の合格論文（A評価）は，多少ミスが入っても問題なく午前問題や午後Ⅰと同様に6割ぐらいの出来でも問題ないと言われているが，それを実感できるのも，実際に合格した人の再現論文の価値あるところになる。

この論文で，筆者が問題文及び設問と比較して改善した方が良いと考えたのは次の点である。

- リスクが顕在化する期間が不明瞭。
- 様々なリスクに対して2つのリスクは少々少ない。もちろん4つも5つも書くと個々の内容が薄くなるのでピックアップしたのは2つで妥当だが，「いくつかのリスクがピックアップされたが，その中でも…」とした方がリアリティが増す。そして，優先順位付けをしたことに触れた方が良い。
- 対応策によって，発生確率や影響度がどう変化すると想定したのかに触れていない。
- リスクの監視方法と実施状況を，もう少し丁寧に説明。

これらはいずれも，特にこの問題文に書いている要求ではない。午後Ⅰや他の午後Ⅱの問題文中で"あるべき姿"として言及されていることになる。そのため，この問題文には，すべて正確に反応している（優先順位付けの部分は微妙だが…）ので，大きなマイナス評価にはなっていないのだろう。

加えて，設問で問われていることに対しての回答（＝各段落の結論）が明確で，読み手にすごく伝わりやすい表現になっている点と，経験者しか書けないリスク（①のリスク）をチョイスしている点や，チャットワークを利用した工夫や改善点（②のリスクへの対応他）を表現している点も，この論文がA評価ポイントを得た理由だと思われる。

第3章　リスク

● IPA 公表の採点講評

　全問に共通して，自らの経験に基づいて具体的に論述できているものが多かった。一方で，"問題文の趣旨に沿って解答する"ことを求めているが，趣旨を正しく理解していない論述が見受けられた。設問アでは，プロジェクトの特徴や目標，プロジェクトへの要求事項など，プロジェクトマネージャとして内容を正しく認識すべき事項，設問イ及び設問ウの論述を展開する上で前提となる事項についての記述を求めている。したがって，設問の趣旨を正しく理解するとともに，問われている幾つかの事項の内容が整合するように，正確で分かりやすい論述を心掛けてほしい。

　問2では，システム開発プロジェクトにおけるリスクのマネジメントにおいて，外部のステークホルダに起因するプロジェクトの目標の達成に影響を与えると計画時に特定した様々なリスクの評価方法，リスクへの対応策，リスクの監視方法について，具体的な論述を期待した。経験に基づき具体的に論述できているものが多かった。一方で，顕在化している問題やリスク源をリスクと称しているなど，リスクのマネジメントの知識や経験が乏しいと思われる論述も見受けられた。プロジェクトマネージャにとって，リスクのマネジメントは身に付けなければならない最重要の知識，スキルの一つであるので，理解を深めてほしい。

サンプル論文

（1）プロジェクトの特徴と目標

　今回，通信販売の商品発送代行を営むＺ社における，健康食品メーカーＦ社向け在庫管理システムの再構築について記述する。私はＺ社のシステム部門に勤めている。Ｆ社は古くからＺ社と取引を行っており，近年注文件数が増加している。それに伴って発生したＺ社の現場の負担増が問題となっていた。それに加え，Ｆ社の子会社Ｇ社が2020年1月よりＺ社からの商品発送を行うことが決定した。Ｆ社・Ｇ社の商品発送に対応できるよう，システムの再構築を行うこととなった。

　本プロジェクトの特徴として，2020年1月からの納期厳守であるということ，またＦ社・Ｇ社の商品発送に現場が耐えられるほどの厳しい品質目標が挙げられる。そのため目標は，2020年1月の本稼働厳守である。

> 目標が明確に記されている。Good！

（2）リスクの特定

　プロジェクトの開始に当たって，Ｆ社経営陣とプロジェクトの目標達成にマイナスの影響を与えるリスクの洗い出しを行った。その結果，以下のリスクを特定した。

　①Ｆ社の更なる処理件数増加　②Ｆ社組織改編に伴う現担当者の異動

> 複数のリスク。結論も明確。Good！但し，「実際はもっとたくさんのリスクがあったが，特に…」とした方がリアリティが増す。

（3）リスクを特定した理由

> 【改善点】
> リスクが顕在化する可能性のある期間を明確にしたらもっと良くなっていた。

　①について，Ｆ社の処理件数が増加しＺ社第1工場の処理機能の限界を超えた場合，Ｚ社第2工場の稼働が必要となる。その場合，倉庫間連携の機能が必要となる。倉庫間連携自体はスコープが別のため，別プロジェクトが立ち上がるが，連携に関する開発・テストが必要になってくる。②について，Ｆ社経営陣から「期替わりの4月のタイミングで組織改革をする計画がある」との話を内密に受けている。その場合，長年懇意にしてきたＦ社担当者が異動となる。4月に異動となると，設計フェーズから新担当者となるが，現担当者と定義した内容がくつがえされるリスクが存在する。

365

第3章　リスク

（1）リスク評価と優先順位の策定

　それぞれのリスクについて，F社経営陣からのヒアリング結果などを基に，発生確率と影響度を鑑みて以下の通りリスクを評価した。

　①発生確率：中　影響：大　評価：対応準備要
　②発生確率：大　影響：大　評価：対応必須

　①について，2019年中の出荷件数予測をF社に伺ったところ，10％増との回答を得ている。50％増でZ社第1工場の処理件数の限界となることから，発生確率はそこまで高くない。そのため，対応準備要という評価とした。

　②について，最近F社担当者との連絡が付かないことが多く，F社の繁忙期でもないのに忙しそうにしている様子が伺える。PMとしての経験から，F社内部で何かしらの大きな動きがあることが想定される。そのため，対応必須とした。

> 問題文に合致している。非常にいいところ。

（2）リスクの対応策と顕在化した時の計画策定

　次に，それぞれのリスクの対応策について協議した。

　①について，倉庫間連携が必要となった場合，連携に関する部分で工数増となることが予想される。それを軽減するため，本PJのスコープ内で「汎用入出力機能」を実装することとした。加えて，費用面で大きな負担が予想されることから，私はZ社の経営陣にマネジメント予備費の積算を提案した。その結果，提案は承認された。

> 【改善点】
> 最低限の記述は担保しているが，この対応策によって発生確率や影響度がどうなるのかを書いた方が良かった。
>
> また，ここで取り上げたリスクは二つではなく，もっといろいろあったことを匂わせたり，その上で優先順位付けを行ったりした旨を書いていると，問題文の全ての要求に回答できることになる。

　②について，チャットワークを利用して，F社現担当者との要件定義の記録を全て残すことをF社に提案した。加えて，チャットワークにある課題管理機能を利用することで，F社とのやりとりを全てチャットワークに集約した。それによってF社間での担当者の引継ぎを促す効果や，第三者が後から見て言った・言わないとなるトラブルを防ぐことが出来る。この提案を行ったところ，F社からは了承を頂いた。

> 具体的なプロジェクト運営上の工夫になっている。当たり前の対応のように見えるが，課題に対する対応策としては妥当。
> Good！

（3）リスクの監視方法

　最後に，リスクの監視方法を検討した。

　①について，週次のF社との定例会で頂いている出荷件数予測を1週間分から1ヶ月分に変更頂くよう依頼した。それによって，翌週以降の出荷件数の変動を把握し，出荷件数が35%増を超えたら（限界に達してからでは間に合わないため），Z社第2工場の利用と倉庫間連携機能の開発PJを始動することとした。なお，G社が稼働した場合でもF社・G社合わせてZ社第1倉庫で対応可能である。加えて2019年中にZ社第1工場の限界に達した場合でも，Z社第2工場は倉庫として利用するため，緊急で倉庫間連携の機能が必要となることはない。それでもZ社で対応しきれない場合，F社側で新規に3PL業者の利用を検討することとなっている。

　②について，F社で異動が正式に伝えられるのは1ヶ月前（3月頭）となる。2月半ばからF社に直接赴く回数を増やし，対面でF社社内の様子を伺うこととする。これによって合意した要件は全てチャットワークに反映させ，要件漏れを防ぐ。

　以上の計画の基，プロジェクトを始動した。

> ここは興味深い部分。一見，いつからいつまで監視するのか？等不十分な情報だが，経験者しか書けない具体性がある。採点講評でもこういう経験者しか書けない具体性については高評価だとしているので，高評価だったのだと推測する。

第3章　リスク

　プロジェクトは予定通り2020年1月に終了し，多少の課題はあったが概ね予定通りに完了することが出来た。

(1) リスクへの対応策と監視の実施状況

　①について，結果としては最大でも20％増までにしかならず，Ｚ社第2倉庫を利用する必要はなかった。十分な監視が出来ていた。

> リスクは顕在化しなかったものの，題意に沿った自己評価になっている。Good！

　②について，Ｆ社担当者の異動は予想通りあったが，新担当者が早くからプロジェクトに参画していたため，Ｆ社現担当者・新担当者の合意の下プロジェクトの要件定義の工程完了判定を行うことが出来た。

(2) 今後の改善点

　しかし今回のプロジェクトには改善点もある。チャットワークの利用法について，Ｆ社新担当者から私と現担当者のやりとりが分かりにくいとのお叱りを受けることがあった。私と現担当者は長い付き合いであるため，チャットワーク上でも砕けた表現を採ることがあったが，それが明確化を妨げていた。チャットワークはコミュニケーションの取りやすさが魅力であるが，そのような場でも第3者に伝わるようなコミュニケーションの取り方を考慮する必要があると感じた。一方でその注意点さえ守れば非常に有用なコミュニケーションツールとなるため，他PJでも展開して，チャットワークのより良い使い方について考察を進めていきたい。

> 設問1をうけた改善点で，しかも，実際に経験している者にしか出せないと思わせる内容になっている。非常に良い。Very Good！

第4章 進捗

ここでは"進捗"にフォーカスした問題をまとめている。"工期（時間や期間）"の管理で"納期"を守るためのマネジメントだ。予測型（従来型）プロジェクトでは，特に重要なプロジェクト目標になる。プロジェクトマネージャには，予め合意した期限（納期）に間に合うように開発することが強く求められている。PoCやアジャイル開発，準委任契約では制約の意味合いが強くなるが，もう管理が必要ないというわけではない。

4.1	基礎知識の確認
4.2	午後Ⅱ 章別の対策
4.3	午後Ⅰ 章別の対策
4.4	午前Ⅱ 章別の対策
午後Ⅰ演習	平成31年度　問3
午後Ⅱ演習	令和3年度　問2

アクセスキー　j
（小文字のジェイ）

（演習の続きはWebサイト※からダウンロード）

※ https://www.shoeisha.co.jp/book/present/9784798174914/ からダウンロードできます。詳しくは，ivページ「付録のダウンロード」をご覧ください。

第 4 章　進捗

　本章で取り上げる問題を短時間で効率よく解答するには，プロセスベースの
PMBOK（第 6 版）で言うと「スケジュール・マネジメント」の知識が必要になる。
（原理・原則ベース）の PMBOK（第 7 版）では，「計画」と「測定」のパフォーマン
ス領域になる。ちょうど，この見開きページにまとめている三つの表の白抜きの部
分だ。必要に応じて公式本をチェックしよう。なお，他にもデリバリーの「完了の
定義」なども含まれるし，原理・原則の中でもスケジュールを守るために「リーダー
シップ」なども必要になるだろうが，ここでは大きな分類で対応付けておくことに
している。

　スケジュールの管理は，予測型（従来型）のプロジェクトで，特に長期間にわた
るプロジェクトではことさら重要になる。予め決めた成果物ごとの完成日付を遵守
することがプロジェクトの目標となるからだ。

【原理・原則】 PMBOK（第 7 版）

PMBOK（第 7 版）の原理原則	
価値	価値に焦点を当てること （→P.122「1.1.1 価値の実現」参照）
システム思考	システムの相互作用を認識し，評価し，対応すること
テーラリング	状況に基づいてテーラリングすること
複雑さ	複雑さに対処すること
適応力と回復力	適応力と回復力を持つこと
変革	想定した将来の状態を達成するために変革できるようにすること
スチュワードシップ	勤勉で，敬意を払い，面倒見の良いスチュワードであること
チーム	協働的なプロジェクト・チーム環境を構築すること
ステークホルダー	ステークホルダーと効果的に関わること
リーダーシップ	リーダーシップを示すこと
リスク	リスク対応を最適化すること
品質	プロセスと成果物に品質を組み込むこと

【パフォーマンス領域】 PMBOK（第 7 版）

PMBOK（第 7 版）のパフォーマンス領域	
ステークホルダー	ステークホルダー，ステークホルダー分析
チーム	プロジェクト・マネジャー，プロジェクトマネジメント・チーム，プロジェクト・チーム
開発アプローチとライフサイクル	成果物，開発アプローチ，ケイデンス，プロジェクト・フェーズ，プロジェクト・フェーズ，プロジェクト・ライフサイクル
計画	見積り，正確さ，精密さ，クラッシング，ファスト・トラッキング，予算
プロジェクト作業	入札文書，入札説明会，形式知，暗黙知
デリバリー	要求事項，WBS，完了の定義，品質，品質コスト
測定	メトリックス，ベースライン，ダッシュボード
不確かさ	不確かさ，曖昧さ，複雑さ，変動制，リスク

【プロセス】

PMBOK（第6版）

知識エリア	プロジェクトマネジメント・プロセス群				
	立上げプロセス群	計画プロセス群	実行プロセス群	監視・コントロール・プロセス群	終結プロセス群
プロジェクト 統合マネジメント	プロジェクト憲章の作成	プロジェクトマネジメント計画書の作成 プロジェクト知識のマネジメント	プロジェクト作業の指揮・マネジメント	プロジェクト作業の監視・コントロール 統合変更管理	プロジェクトやフェーズの終結
プロジェクト・ スコープ・マネジメント		スコープ・マネジメントの計画 要求事項の収集 スコープの定義 WBSの作成		スコープの妥当性確認 スコープのコントロール	
プロジェクト・ スケジュール・ マネジメント		スケジュール・マネジメントの計画 アクティビティの定義 アクティビティの順序設定 アクティビティ所要期間の見積り スケジュールの作成		スケジュールのコントロール	
プロジェクト・コスト・ マネジメント		コスト・マネジメントの計画 コストの見積り 予算の設定		コストのコントロール	
プロジェクト 品質マネジメント		品質マネジメントの計画	品質のマネジメント	品質のコントロール	
プロジェクト 資源マネジメント		資源マネジメントの計画 アクティビティ資源の見積り	資源の獲得 チームの育成 チームのマネジメント	資源のコントロール	
プロジェクト・ コミュニケーション・ マネジメント		コミュニケーション・マネジメントの計画	コミュニケーションのマネジメント	コミュニケーションの監視	
プロジェクト・ ステークホルダー・ マネジメント	ステークホルダーの特定	ステークホルダー・エンゲージメントの計画	ステークホルダー・エンゲージメントのマネジメント	ステークホルダー・エンゲージメントの監視	
プロジェクト・リスク・ マネジメント		リスク・マネジメントの計画 リスクの特定 リスクの定性的分析 リスクの定量的分析 リスク対応の計画	リスク対応策の実行	リスクの監視	
プロジェクト 調達マネジメント		調達マネジメントの計画	調達の実行	調達のコントロール	

第4章 進捗

● PMBOK（第6版）のプロジェクト・スケジュール・マネジメントとは？

PMBOKでは「プロジェクトを所定の時期に完了するようにマネジメントする上で必要なプロセスからなる。（PMBOK第6版P.24）」と定義されている。いわゆる進捗管理のことで，納期を守るための一連の活動である。

表1 プロジェクト・スケジュール・マネジメントの各プロセス

プロセス	内　　　容	主要なアウトプット
スケジュール・マネジメントの計画	当該マネジメント領域の他のプロセスのマネジメント方法や進め方を定義し文書化し，プロジェクトマネジメント計画書の補助計画書を作成する。	スケジュール・マネジメント計画書
アクティビティの定義	WBS作成プロセスによって作成されたWBSの最下位層であるワークパッケージを，スケジュール管理に適した作業単位（アクティビティ）に，さらに細分化するプロセスである。また，アクティビティは，スケジュールの管理単位になるだけではなく，見積りの単位にもなる。	アクティビティ・リスト
アクティビティの順序設定	各アクティビティ（作業タスク）の順序を考える。アクティビティの中には，設計書ができないとプログラミングが開始できないように，先行するアクティビティが終了しないと開始できないものもある。そういう依存関係（作業の前後関係）を明確にしていく。	プロジェクト・スケジュール・ネットワーク図
アクティビティ所要期間の見積り	各アクティビティを完了するために必要な期間を見積もる。 プロジェクトの特徴に応じて，3点見積り（最尤値，楽観値，悲観値）を使ったり，簡易的に類推見積りを使ったりする。	・所要期間見積り ・見積りの根拠
スケジュールの作成	これまでの作業に，組織要員計画作成の段階で考慮する資源平準化（山積み・山崩し）等を加味して，スケジュールを作成する。以後，これがタイムマネジメントのベースラインになり，進捗が順調なのか，遅れているのかの判断材料になる。	スケジュール・ベースライン
スケジュールのコントロール	・スケジュール・ベースラインと実績報告を比較して差異をチェックし，問題が発生していれば，原因を追究し改善を図る。 ・統合変更管理プロセスの一部として，スケジュールに対して発生した変更を実際に行う。	

372

Column ▶ "図"を言葉だけで説明する

本書 25 ページの「(4) スケジュールなどの"図"を言葉だけで説明する」に書いてあることは、こと情報処理技術者試験では、本当に強力な武器になります。

論文系の全区分で有効

何かトラブル（問題）が発生した場合の解決策、企画、施策などが求められた時に、「いつ（からいつまで）誰が何をするのか？」を明確にした計画を、言葉だけでバチッと表現できれば、すごく説得力のある論文になります。これまで数万本以上の添削をしてきた筆者にはよくわかります（笑）。間違いありません。

しかもこれは、PM の論文に限らず、すべての区分の論文で有効なんです。いや、他区分の試験対策本で、そういう点の重要性に言及しているものは、筆者自身見たことが無いので（そのうち出てくるだろうけど、あるいは既にあるのかもしれないけど）、ほとんどの受験生が、そんなことを考えないだろうから、他区分の方が破壊力は大きいかもしれません。

文章で表現するということ

そもそも実際のビジネスシーンで、スケジュールの変更を説明する時には、スケジュール表の before・after を相手に渡して、「こういう感じになります。ご確認を」と言うところから会話が始まりますからね。報告書も提案書も、やれビジュアルだ、やれ視覚的に、一読しただけでわかるようにと言われるので、図表やグラフを駆使して作るのが主流ですから、逆に、図を言葉で説明するのが苦手になっているわけです。

「なんで今、文章だけで表現しないといけないの？」

そう思うかもしれませんが、これはこれで、きっといい練習になるはずです。習得することをお勧めします。

(4) スケジュールなどの"図"を言葉だけで説明する
例えば、下記のようなスケジュールを言葉だけで正確に相手に伝える。

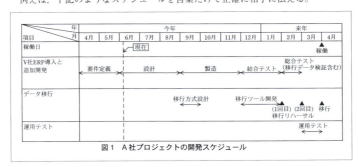

図1　A社プロジェクトの開発スケジュール

第4章 進捗

4.1 基礎知識の確認

4.1.1 所要期間の見積り　　FE

　プロジェクトのスケジュールは，（結局"人ありき"なので）要員のアサインを加味して決定されるため，その作成過程は，ある程度第2章で説明している。そこで，ここでは"スケジュール作成"に特化した部分を説明する。

●標準化されたスケジュール計画，過去の実績の使用

　開発プロセスの標準化が進んでいる企業では，標準工数や標準作業期間などが決まっている。また，標準化が進んでいない企業でも過去の実績値がある。そういうものを利用して「この開発規模のものを1年間のプロジェクトで行う場合，要件定義工程，外部設計工程，…，テスト工程などの配分はこの比率になる。」というように各工程別の所要期間を見積ることがある。類推法と呼ばれたりもする。情報処理技術者試験でも「1年間の各工程の配分は，過去の実績値よりこのようになる。」という感じで示されていることが多い。

全体で15か月間の開発期間だったためそれを各工程に，開発標準で定められている比率で計算した値

単位　生産性：kステップ/人月，配分月数：月

段階	区分	要件定義外部設計	内部設計	プログラム開発単体テスト	結合テスト	総合テスト	移行
第1リリース	生産性	10.00	6.00	3.00	7.50	9.00	30.00
	配分月数	3	3	3	2	3	1
第2リリース	生産性	11.00	6.60	3.30	8.25	9.90	33.00
	配分月数	3	3	3	2	3	1

図1　開発標準等で定義されている配賦月数の（例）（プロジェクトマネージャ　平成10年午後I問2より）

●3点見積り法

　開発でのスケジュール見積精度の向上を図るために，3点見積法を使うことがある。3点見積法とは，作業期間等を次の3種の値を用いて推定する方法である。

- 最頻値（最も実現の可能性が高い値）
- 楽観値（最良のシナリオで進んだとき）
- 悲観値（最悪のシナリオで進んだとき）

374

4.1 基礎知識の確認

この3つの値を用いて，平均値，分散，標準偏差，開発全体の標準偏差を求める。

$$平均 = \frac{悲観値 + 4 \times 最頻値 + 楽観値}{6} \qquad 分散 = \left(\frac{悲観値 - 楽観値}{6}\right)^2$$

$$標準偏差 = \sqrt{分散} \qquad 開発全体の標準偏差 = \sqrt{分散の合計}$$

表2 3点見積法によるスケジュールリスク分析の例（基本情報 H21 春午後問題より）

作業名	作業日数 悲観値	作業日数 最頻値	作業日数 楽観値	平均作業日数	分散	標準偏差
M3 の新規開発	20	12	8	12.7	4	2
M2 の改造	16	12	10	12.3	1	1
開発全体	36	24	18	25.0	5	2.2

こうして計算した"平均作業日数"を各作業の期待値としてスケジュールを作成したり，標準偏差から信頼範囲を求めてスケジュールリスクを考慮したりする。この例だと，期待値が25日で標準偏差が2.2日になっているので，次のような関係になる。

- 22.8 日～27.2 日（25 日 ± 2.2 日）に収まる確率は 68%
- 20.6 日～29.4 日（25 日 ± 4.4 日）に収まる確率は 95%
- 18.4 日～31.6 日（25 日 ± 6.6 日）に収まる確率は 99.7%

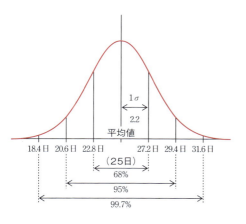

4.1.2 プロジェクト・スケジュール・ネットワーク図

　WBSでワークパッケージにまで分解された各作業を日程計画に落とし込むときに，各作業の依存関係（前後関係）を考慮しなければならない（PMBOKでは，「アクティビティの順序設定プロセス」に該当）。そのときに利用するツールがADM，PDMなどのプロジェクト・スケジュール・ネットワーク図である。なお，これらの図をどのように使うのかは，後述する「4.1.3　CPM/CCM」で説明する。

● ADM（Arrow Diagramming Method）

　ADMは，作業を矢印（アロー：arrow）で，作業と作業の接続点（node：ノードという）を丸印で表して作業の依存関係（前後関係）を明確にする方法（AOA：Activity-On-Arrow）である。PDMと比べて，過去のものになりつつある。

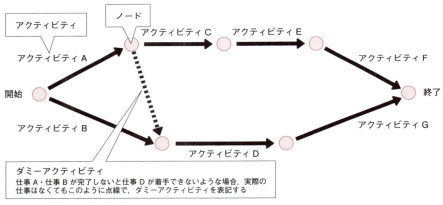

図2　ADM（Arrow Diagramming Method）

　参考までに，ADMの記述ルールも確認しておこう。図2のように，所要日数が0のダミーアクティビティを利用するのが特徴である。

ADMの記述ルール

1. それぞれの作業は，スタートとゴールの結合点を除いて，必ず前後に結合点をもっていること
2. すべての作業は「終了－開始」関係にある
3. 結合点は，二度通ってはならない
4. 結合点の番号は，作業の方向に大きくなるように付ける
5. 並行作業がある場合は，ダミー作業を用いて表現する

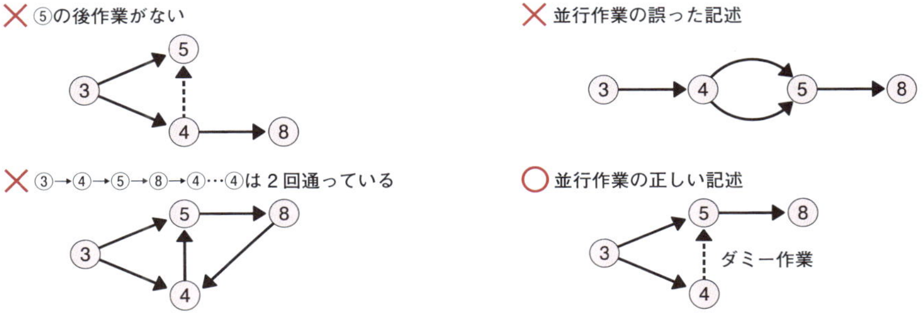

✗ ⑤の後作業がない

✗ 並行作業の誤った記述

✗ ③→④→⑤→⑧→④…④は2回通っている

○ 並行作業の正しい記述

図3　ADMの記述ルール

● PDM (Precedence Diagramming Method)

PDMは，作業を四角のノード（node），作業の関連をアロー（arrow）として表現する方式（AON：Activity-On-Node）で，ADMと異なり，アクティビティの依存関係（前後関係）が，図4のように4種類の設定が可能になっている（最も一般的に使われるのは，ADM同様，終了－開始関係になる）。

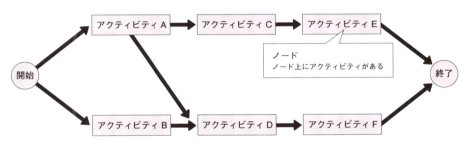

【作業順序の設定】終了－開始（FS；Finish to Start）※最も多い
　　　　　　　　終了－終了（FF；Finish to Finish）
　　　　　　　　開始－開始（SS；Start to Start）
　　　　　　　　開始－終了（SF；Start to Finish）

図4　PDM (Precedence Diagramming Method)

第4章　進捗

4.1.3 CPM/CCM

　PMBOK（第6版）では，「スケジュールの作成プロセス」の"ツールと技法"として，クリティカルパス法，資源最適化，データ分析（What-If シナリオ分析，シミュレーション）などの，プロジェクト・スケジュール・ネットワーク分析技法が紹介されている。いずれも，ADM や PDM などのプロジェクト・スケジュール・ネットワーク図を利用して，スケジュールを計算するために用いられる。ここでは，その中からクリティカルパス法を取り上げて説明する。合わせて，クリティカルパス法と関連の深い PERT と，第5版まで"ツールと技法"に含まれていたクリティカルチェーン法について説明する。それぞれの相違点は次の通り。

表3　分析技術の相違点

分析技法	特徴
クリティカルパス法	**CPM（Critical Path Method）** PERT と同時期に独立して開発されたスケジュール作成方法。作業の依存関係だけに着目してクリティカルパスを算出し，スケジュールの柔軟性を判定する。
PERT	**Program Evaluation and Review Technique** 1958 年に米国で開発された工程管理手法。ADM とクリティカルパスをベースに3点見積りの加重平均を用いるという特徴を持つ。
クリティカルチェーン法	**CCM（Critical Chain Method）** 1997 年に発表された概念で，CPM で考慮しなかった資源の依存関係にも考慮して，資源の競合が起きないようにスケジュールを作成する技法。

●クリティカルパス（CP：Critical Path）

　最初に，これらの分析技法に共通の"クリティカルパス"について確認しておこう。クリティカルパスとは，図5に示したように，作業の遅延が，そのままプロジェクト全体に影響する余裕のない工程をつなぎ合わせたものをいう。この例では，濃い黒の矢印で記した「A →ダミー→ E → G」の部分。合計14日間で，他の経路に比べて最大になる（これが全体工期になる）。全体工期（14日間）を守るためには，クリティカルパス上の工程（A, E, G）に遅れを出さないようにしなければならない。

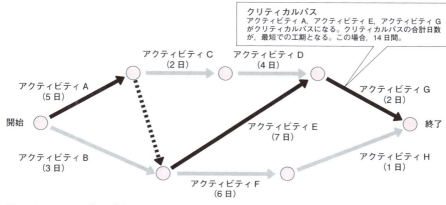

図5 クリティカルパスの算出

● PERT（Program Evaluation and Review Technique）

PERTは，1958年に米国で開発された工程管理手法である。PERTの特徴は，プロジェクトが内包するリスクを計画に反映させる点と，重点管理が必要な工程を明確にする点にある。前者は，計画立案に**3点見積り法**（「4.1.1 所要期間の見積り」参照）を用いた期待値を使う点に現れ，後者は，CPM（Critical Path Method：クリティカルパス法）同様，クリティカルパスを算出する点に現れている。

PERTでは，最初に作業の前後関係をADMで図示する。次に，各作業（アクティビティ）の所要期間を見積もる。この見積り段階で3点見積り法を使い，最頻値（最も実現の可能性が高い値），楽観値（最良のシナリオで進んだとき），悲観値（最悪のシナリオで進んだとき）の3パターンを求める。そうして求めた結果を以下の式を使って期待値を求め，それを各作業の所要期間とする。こうして所要日数を求めるため，リスクを考慮したスケジュールが作成できるというわけである。

$$期待値 = (楽観値 + 悲観値 + (最頻値 \times 4)) \div 6$$

また，標準偏差を求めると，信頼範囲を求めることもできる。これも「4.1.1 所要期間の見積り」に書いているので確認しておこう。

第4章　進捗

　なお，PERT と後述する CPM は，独立して開発されたものの，それが同時期で
あったことや，いずれもクリティカルパスを算出して用いるという共通点が多かっ
たため，両者を区別せずに "PERT/CPM" と呼ぶこともある。

　また，PMBOK では第3版以後，PERT の方は，スケジュール作成プロセスの
ツールと技法ではなく，プロジェクト所要期間見積りのところで紹介される程度に
なってしまった。但し，一貫して，（ここで紹介している）3点見積り技法として紹
介されている。

●クリティカルパス法（CPM：Critical Path Method）

　クリティカルパス法は，PERT とほぼ同時期に独立して開発されたスケジュール
作成方法（プロジェクト・スケジュール・ネットワーク分析技法）になる。PDM な
どのネットワーク図を使用してクリティカルパスを算出し，スケジュールの柔軟性
を判定する。具体的な手順をこの後に示す。

作業ボックス

　クリティカルパスや日程余裕度を求めるために "作業ボックス" を使うこともあ
る。具体的には，図のように各アクティビティの最早開始日，最早終了日，最遅開
始日，最遅終了日，トータルフロート，フリーフロートなどを使った方法だ。ちょ
うど，平成23年度の特別試験の午後Ⅰ問1で，その関連問題が出題されていたの
で，その事例を拝借して考え方を押さえていこう。

　図6が，当該問題にて出題された作業工程図である。ADM で表現しなおした
が上図で，問題で取り上げられていたのは下図に表現した工程 A〜I になる（実際
には一部記入されており，一部が設問になっていた。また，本試験では日数ではな
く月数になっているが，説明の便宜上，ここでは日数に変更している）。

4.1 基礎知識の確認

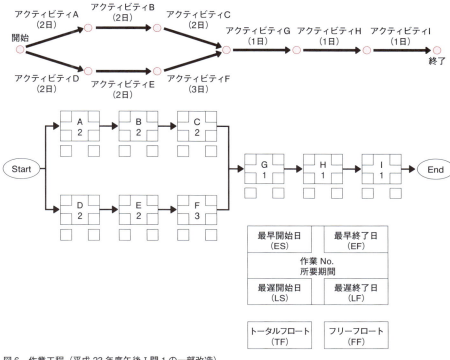

図6 作業工程（平成23年度午後Ⅰ問1の一部改造）

表4 図6の作業ボックスの用語と意味

用語	意味
最早開始日（ES：Early Start Date）	作業が予定どおりに進めば最も早く作業を開始できる日
最早終了日（EF：Early Finish Date）	作業が予定どおりに進めば最も早く作業を完了できる日
最遅開始日（LS：Late Start Date）	遅くともこの日には仕事を開始しないと全体工期が守れない日（すなわち，この日までに仕事を開始すればいい日）
最遅終了日（LF：Late Finish Date）	遅くともこの日には仕事を終了しないと全体工期が守れない日（すなわち，この日までに仕事を終了すればいい日）
フロート（Float）	余裕（日数）。"スラック"ということもある。TF ≧ FF になる。したがって，TF ＝ 0 ＝ FF がクリティカルパスになる
トータルフロート（TF：Total Float）	総余裕期間もしくは全余裕期間。 計算式は，最遅終了日－最早終了日 最早開始日から遅延しても，全体スケジュールに影響ない日数
フリーフロート（FF：Free Float）	余裕期間もしくは自由余裕。 後続作業の最早開始日と当該作業の最早終了日を比較して求める 当該アクティビティが遅延しても，直後のアクティビティの最早開始日に影響を及ぼさない日数

①フォワードパス（往路時間計算）分析

最初に，各仕事の最早開始日と最早終了日（上段部分，図7の赤枠のところ）を求める。この二つの項目は，「Start：開始点」を起点に（図7では左のアクティビティA及びアクティビティDから順に）「End：終了点」まで計算していく。これを，"作業を開始から順次求めていく"ので，フォワードパス（往路時間計算）分析という。

図7の例では，アクティビティAの最早開始日は1日（今回は，基点を1日スタートとしているが，基点を0日とすることもある），最早終了日は2日ということになる（2日も1日中作業して終了とみなしているケース）。続くアクティビティBは，最早開始日が翌日の3日，作業日数の2日を加えると最早終了日は4日になる。そうして，アクティビティIまで順に求めていく。このとき，複数の先行作業を持つアクティビティGなどでは，いずれか遅い方の作業の翌日（このケースの場合，アクティビティFの最早終了日の翌日の8日）が最早開始日になる点だけ注意しよう。

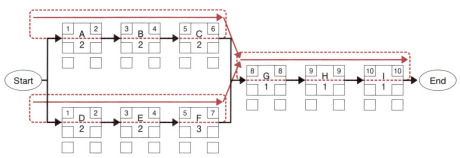

図7　フォワードパス（往路時間計算）分析の例

②バックワードパス（復路時間計算）分析

次に，最遅開始日と最遅終了日（下段）を求める。こちらは，所要日数を累計した全体工期，総工期を求め，「End：終了点」を起点に（図8ではアクティビティⅠから順に）逆に計算していく。終了から順次求めていくため，この作業をバックワードパス（復路時間計算）分析という。

図8の例では，全体工期は10日なので，アクティビティⅠの最遅終了日は10日になる。そして，アクティビティⅠの最遅開始日も，所要日数が1日なので10日になる。同様の考えで，アクティビティHの最遅終了日のところに，アクティビティⅠの最遅開始日の前日9日を入れ，最遅開始日も9日に設定する。その後「Start：開始点」まで計算していくわけだが，ここでも先行作業が複数あるアクティビティGからアクティビティCおよびFの最遅終了日を算出するところで注意が必要になる。図8では，いずれもアクティビティGの最遅開始日の前日を，アクティビティCおよびFの最遅終了日に設定していることがわかるだろう。このように，バックワードパスの場合は考える。

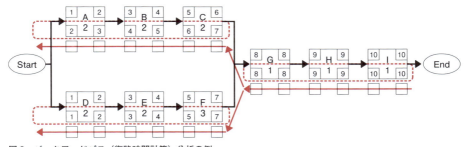

図8　バックワードパス（復路時間計算）分析の例

③余裕日数（フロート）の計算とクリティカルパスの設定

　最後に，フロート（トータルフロート及びフリーフロート）を計算してクリティカルパスを設定する。

　トータルフロートは，各アクティビティの最遅終了日から最早終了日を減じて計算する。これがゼロの工程は，要するに，"早くとも，遅くとも，この日に終了しなければならない工程"になるのでクリティカルパス上の工程になるし，ここが1以上なら"前工程すべてが順調であれば最早開始日に作業開始できるので，そこまでの工程で全工程中で余裕がある"ということを意味する。

　他方，フリーフロートは，各アクティビティの後続アクティビティの最早開始日に影響を与えない余裕のことなので，それらを比較して求めていく。図9のアクティビティBの例では，最も早く作業が終わっても，アクティビティCの最も早い開始が翌日なので，フリーフロートはゼロ（なし）になる。(唯一フリーフロートが"1"発生している) アクティビティCでは，後続のアクティビティGの最早開始日が8日なので，作業を5日に開始できたベストな状態の場合に最大の1日という余裕が発生することになる。

　こうして，各アクティビティのフロートを計算していき，最後にトータルフロートがゼロになっている経路をつなげていくと，それがクリティカルパスになる。なお，フリーフロートはトータルフロートを超えることはないので，トータルフロートがゼロの場合，必ずフリーフロートもゼロになる。

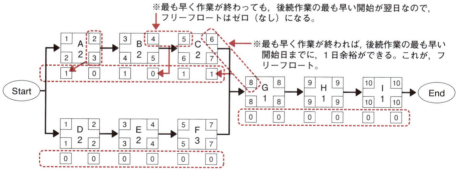

図9　フロートの計算例

●クリティカルチェーン法（CCM：Critical Chain Method）

　クリティカルチェーン法は，TOC（制約理論）で有名なゴールドラット博士が1997年に発表した「Critical Chain」の中で提唱した概念である。TOCの考え方をプロジェクトマネジメントに取り入れたもので，CPMでは考慮していなかった「資源の制約（資源の競合）」，すなわち"人（要員）"や"機械（開発サーバや開発端末）"などの依存関係を加味してスケジュールを作成する。簡単に言えば，作業Aと作業Bが仮に同時並行的にできる作業であっても，それを担当できる人が1人であったり，開発機器が1台しかない場合を考慮するものだ。

　PERTやCPMでは，資源の依存関係（資源の制約，資源の競合）を考慮せずに作業の依存関係（前後関係）だけを考えていた。その時代背景（1950年代）や，そのプロジェクト特性（戦争の勝利や建築目的のPJ）から，資源が足りなければ追加するという発想で考えていたところもあるのだろう。当時はそれでもよかったのかもしれないが，近年の，しかもシステム開発プロジェクトにおいては，資源の依存関係（資源の制約，資源の競合）は無視できない。

　そうした経緯もあってなのか，PMBOKでは第3版から，スケジュール作成プロセスのツールと技法の一つとして紹介されるようになった。PMBOKの場合は，資源割当て（要員山積み）や，資源最適化，資源平準化（要員の山崩し）などは別プロセスにもあるが，クリティカルチェーン法は，それらを包含する概念だと考えればわかりやすい。

　また，クリティカルチェーン法では，図10のようにいくつかのバッファを持っている。ひとつは**プロジェクト・バッファ**。これは，目標納期を守るためにクリティカルチェーンの最後尾に配置されるバッファになる。もう一つのバッファは，**合流バッファ**，もしくは**フィーディングバッファ**と呼ばれるもので，クリティカルチェーンと合流する時点に，クリティカルチェーン上にはないタスクやアクティビティの最後尾に配置されるバッファになる。

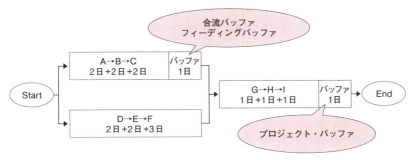

図10　クリティカルチェーン法のバッファ

第4章　進捗

過去に午後Ⅰで出題された設問

（1）クリティカルパスに関する設問

　午前の問題だけではなく，午後Ⅰでも問題文中や，解答例に"クリティカルパス"が使われることは少なくない。午後Ⅱでも，問題によっては使える可能性があるので意識しておきたい。

①図表から"クリティカルパス"を想起する（H23問1設問2（1））

　この設問では，下記の図表より，開発チームの作業の進捗状況を重点的に管理する必要があると考えたが，その理由が問われている。

表1　作業項目の一覧表

作業ID	作業項目	所要期間（月数）	先行作業	担当	成果物
A	基盤設計	2	—	基盤チーム	基盤設計書
B	製品調達	2	A	基盤チーム，メーカ	ハードウェア，ソフトウェア
C	基盤構築・テスト	2	B	基盤チーム	基盤構築完了報告書
D	外部設計	2	—	開発チーム	外部設計書
E	内部設計	2	D	開発チーム	内部設計書
F	プログラム製造	3	E	開発チーム，T社	プログラム
G	システムテスト	1	C，F	開発チーム，基盤チーム，T社	システムテスト完了報告書
H	運用テスト	1	G	開発チーム，利用部門	運用テスト完了報告書
I	教育・移行	1	H	開発チーム，利用部門	教育・移行完了報告書

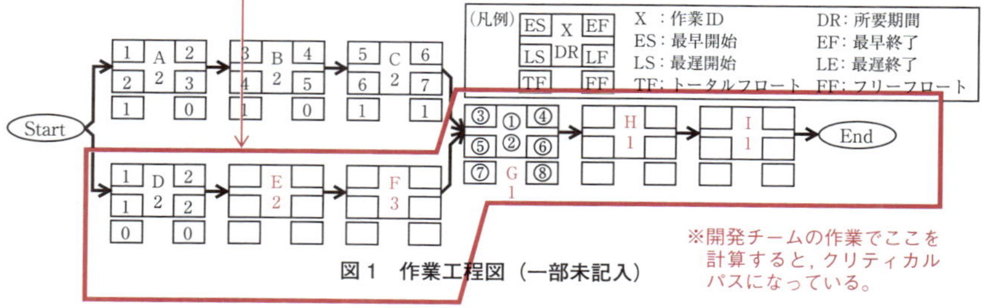

図1　作業工程図（一部未記入）

（凡例）
X：作業ID　　DR：所要期間
ES：最早開始　EF：最早終了
LS：最遅開始　LE：最遅終了
TF：トータルフロート　FF：フリーフロート

※開発チームの作業でここを計算すると，クリティカルパスになっている。

図11　問題文中の図（一部加筆）

　解答例は「**開発チームの作業項目は全てクリティカルパス上にあるから**」。知識解答型である。このパターンがあることを覚えておこう。

386

②スケジュールを短縮したい場合（H25問1設問1(1)，2(1)）

工程を短縮するに当たって，どの工程を対象にするかが問われている場合は，クリティカルパス上にあるものを優先する。

③クリティカルパスが変わる（H28問3設問2(5)，H23問1設問3(2)）

問題文に"現時点ではクリティカルパス上の作業ではない"と明記している場合であったり（大いに違和感を覚える記述），そういう記述が無くても，特定の工程の期間短縮を行った場合には，常に，クリティカルパスが変わる可能性があることを意識しておこう。

クリティカルパスが変われば，それまでのクリティカルパス上の工程でいくら期間短縮をしても，プロジェクト全体の期間短縮にはつながらない。クリティカルパスが変わると別の工程群がボトルネックになるからである。

④クリティカルパス上の活動群のSPIを重点管理（H31問3設問3(3)）

クリティカルパス上にある活動のSPIを算出して重点的に監視する。こうすることで，プロジェクト全体の遅れにつながる問題の予兆が検知できる。

⑤クリティカルパス上の遅延

クリティカルパスで遅延が発生しそうな場合は，設計要員を投入して遅延の回復を図る等，遅延をばん回する対応策の検討や調整を行う必要がある。そのあたりは，「4.1.4　進捗遅延の原因と予防的対策（リスク管理）」を参照。

(2) PDMに関する設問（H23問1設問1(1)）

平成23年度の問1はPDMがメインの問題である。左ページの図内のPDMの中の作業ID（①），所要期間（②），最早開始（③），最早終了（④），最遅開始（⑤），最遅終了（⑥），トータルフロート（⑦），フリーフロート（⑧）の数値を求めるという設問も出題されている。((　)内の丸囲み数字は左のページの図の"下側の図1"の①～⑧)。

(3) 他の作業工程と同期をとる　（R03問3設問2(1)）

マルチベンダによるシステム開発で，詳細設計工程に入っているX社が，Y社に疑問を確認したいのにY社はまだ詳細設計工程を開始していないのでわからないなど，それぞれの工程で同期がとれていないことによる問題が発生している場合，両社の各工程の開始・終了日を同日とすることで解消される。

第4章　進捗

4.1.4　進捗遅延の原因と予防的対策（リスク管理）

　進捗遅れの原因（リスク）とそれらに対する予防的対策（リスク管理）には表5のようなものがある。これらは，午後Ⅰ試験の解答を早く見つけるためにも，午後Ⅱ論文を書き上げるためにも必要なところである。よって，しっかりと暗記しておこう。

表5　進捗遅れの原因と予防策

<table>
<tr><th colspan="2">進捗遅れの主要な原因</th><th>具体例</th><th>予防的対策</th></tr>
<tr><td rowspan="7">開発者側に起因するもの</td><td>・見積り誤差</td><td>・見積り作業の経験不足
　（経験そのもの，同業種の経験，同類のシステム経験）
・見積りを行うための情報が少ない
・作業項目の漏れ
・生産性の見込み違い
　（新人の参画など）</td><td>・プロジェクトに適した見積手法を取る
・作業項目の漏れを防止するために，自社の開発標準を使用したり，標準 WBS や SLCP-JCF2007 を参考にしたりする
・新人の多いプロジェクトや未経験プロジェクトの場合，スケジュールに余裕をもたせておく
・上流工程に不確定要素が多い場合，請負契約を締結するのではなく，委任契約などで契約を分ける</td></tr>
<tr><td>・開発機器などの調達ミス</td><td>・開発に必要な機器の手配ミス</td><td>・手配漏れをなくすために，スケジュール計画作成段階から専門家（テクニカルエンジニアやメーカーの技術者など）を参画させておく</td></tr>
<tr><td>・手配品の納期遅れ
・手配品の不具合</td><td>・新製品，新商品などの発売時期延期
・新製品のバグなどの修復</td><td>・新商品の場合，リリースが遅れたり，不具合が発見されたりすることが多い。そうした可能性がある場合は，余裕をみたスケジュールを立てることと，問題が発生した場合の対応方法を検討しておくことが重要である</td></tr>
<tr><td>・要員の退職，病気など</td><td></td><td>・無理なスケジュールにしない
・不測の事態に備えてリスクへの対応をどこまでするか（2人体制にする，控えメンバを想定して多めにメンバを確保しておくなど）をコストとの兼ね合いで決めておく</td></tr>
<tr><td>・各工程の進め方が不適切
　（生産性が低い）</td><td>・担当者の能力不足
・各工程を間違った進め方で行っている</td><td>・適切な要員を手配する
・各工程の標準的な進め方を事前に指導しておく</td></tr>
<tr><td>・進捗確認が甘い</td><td>・メンバの報告を鵜呑みにする
・クリティカルパスを意識していない
・進捗報告の間隔が適切でない
　（会議が月1回など）
・経験不足</td><td>・クリティカルパスを重点的に管理する
・進捗報告を週1回にする</td></tr>
<tr><td>・設計ミスによる仕様変更</td><td>・SE の経験不足
・SE のヒアリング能力，設計能力不足</td><td>・SE の能力不足が考えられる場合は，フォローできる体制を考えておく。レビューチームに有識者や経験者に参画してもらうのも有効である</td></tr>
<tr><td rowspan="2">ユーザ側に起因するもの</td><td>・ユーザ都合による仕様変更</td><td>・業務内容の変更（経営戦略転換，法改正，改善指導など）
・ユーザのシステム構築リテラシが低い</td><td>・スコープ（範囲）を確定させ，ユーザと合意，契約する段階で，仕様変更についての意思統一を図っておく。変更内容によっては，スケジュールが遅れる，追加費用が発生することを事前に説明しておく</td></tr>
<tr><td>・ユーザ側作業の遅れ</td><td>・ユーザのシステム構築リテラシが低い
・ユーザ内部の組織が複雑
・ユーザの本来業務が多忙</td><td>・ユーザ側の体制が複雑であったり，多忙であるなどの事態が想定される場合，ユーザ側の体制に参画することも考えなければならない
・ユーザ側の繁忙期を考慮したスケジュールを立案する
・本当にユーザ作業が可能かどうかを判断する。不可能だと判断した場合，できるだけ負荷のかからない役割分担にし，必要であれば要員を派遣することも考慮する</td></tr>
</table>

388

4.1.5 スケジュール作成技法

これまでの作業に，要員計画作成の段階で考慮する資源平準化（山積み・山崩し）を加味して，スケジュールを作成する。以後，これが進捗管理のベースラインになり，進捗が順調なのか，遅れているのかの判断材料になる。

進捗管理表には，ガントチャートを使った予定と実績を管理するオーソドックスな方法（「4.1.6 進捗管理の基礎」の図12「進捗管理表の例」参照）や，EVMS（Earned Value Management Systems）（→第5章の「5.1.3 EVM」参照）を使う方法がある。

このほか，スケジュール作成のときに必要となる知識の一つにスケジュール短縮技法がある。平成17年度 午後Ⅱ 問2でそのポイントが出題されたので，次の二つのスケジュール短縮技法についても覚えておこう。

ファスト・トラッキング（Fast Tracking）

いったん立案したスケジュール（CPMやPERTで検討した結果）を，納期の制約のため，（プロジェクト・スコープの変更なしに）短縮しなければならないときに使う手段である。先行タスクが完了してから後続タスクを開始する計画にしていた二つのタスクを，（スケジュールを短縮しなければならないので）先行タスクが完了する前に，後続タスクを開始することを指している。PMBOKでは，「スケジュールの作成プロセス」のツールと技法で「スケジュール短縮」の一つとして登場する。

ただし，ファスト・トラッキングで並行作業させるタスクは，本来なら並行作業させたくないタスクであり，納期の制約からくるスケジュール短縮要請にこたえるためのものである。そこには，当初の計画と違って“リスクが増大する”という点を忘れてはいけない（そうでなければ，最初の計画時に並行作業する計画を立てるはずである）。もちろん，その新たに発生するリスクに対しては重点管理の対象になる。

クラッシング（Crashing）

クラッシングもファスト・トラッキング同様，PMBOKの「スケジュールの作成プロセス」のツールと技法で「スケジュール短縮」の一つとして登場する。こちらは，スケジュールとトレードオフの関係にある“コスト”を調整する手法で，納期を短縮させるために，クリティカルパス上の作業に資源を追加投入し，予算を追加して全体スケジュールの期間短縮を図る。具体的には，要員の追加投入，残業の承認などが多いが，生産性の上がるツールの購入なども対象になる。

第4章 進捗

4.1.6 進捗管理の基礎

> 目　　　的：納期を守る
> 留　意　点：①進捗遅れの兆候をいち早くつかみ, 事前に手を打つ（リスク管理）
> 　　　　　　②できるだけ早く進捗遅れを検知する
> 　　　　　　③多くの対応策をもっておく（事後対応）
> 具体的方法：①進捗管理表等の管理帳票で把握
> 　　　　　　②直接または進捗会議にて, 報告を受ける

　プロジェクトマネージャは, スケジュールを作成して進捗を管理する。納期を守るためには, できる限り早い段階で"進捗遅れ"を検知するとともに, できるだけ早く対処しなければならない。そのためには, プロジェクトマネージャとして, できるだけ多くの対応策をもっておくとともに, どういった場合に進捗遅れがおきやすいかという進捗遅れの兆候に関しても知っておかなければならない。

●進捗遅延の（早期）発見

　進捗管理を行う最大の目的は, 進捗遅延を早期に発見することである。いったん進捗が遅れるとそれを挽回するのは非常に難しい。そのため, できる限り早い段階で発見しなければならない。進捗遅延は, 進捗管理表（図12）, 完了状況管理表, 工程管理表などで予定と実績の差から遅れを検知する。また, このときの定量的指標には表7のようなものがある。

タスク	担当者		7月
			1 土　2 日　3 月　4 火　5 水　6 木　7 金　8 土　9 日　10 月　11 火　12 水　13 木　14 金　15 土　16 日
外部設計書作成	山田	予定／実績	⟶
共通処理作成	山田	予定／実績	⟶
受注管理サブシステム（10画面, 6帳票）	広田	予定／実績	⟶
売上管理サブシステム（8画面, 12帳票）	阪本	予定／実績	⟶
….		予定／実績	
		予定／実績	

図12　進捗管理表の例

4.1 基礎知識の確認

進捗管理で使用する管理ツールや定量的な管理項目には次のようなものがある。

表6 進捗管理ツールの例

管理ツール	概要
完了状況管理表	プログラム作成の進捗管理表として用いられることが多い。縦軸にプログラム名を入れ，各プログラムの完了予定日と実際の完了日を比較する表である。通常は作業開始日（予定，実績）も記述する
工程管理表 （マイルストーン）	全体計画の進捗管理で用いられる。次工程への引継ぎ時には「成果物」を基準に行うが，その成果物をマイルストーンに設定し，各マイルストーンの予定と実績から進捗を判断する。グラフはガントチャートを使う
プロジェクト管理 ソフトウェア	ツールという意味では，プロジェクト管理のソフトウェアを表現してもよい。午前や午後Ⅰでは問われることはないが，論文のネタとして書くことはあるかもしれない。ただし，実際に使っていないとボロが出るので注意しよう

表7 定量的管理項目の例

進捗管理の対象		定量的管理項目
マスタスケジュール	ガントチャート，マイルストーンチャート	実際の作業完了日／完了予定日
各種ドキュメント	操作説明書，要件定義書など	完成ページ数／作成予定ページ数
	外部設計書，内部設計書	完了数／設計予定数（画面数，帳票数，プログラム数）
	レビュー	レビュー完了ページ数／レビュー予定ページ数
プログラム	プログラム作成	作成完了本数／作成予定本数
	テストケース	テスト実施数／テストケース数
	不具合（バグ）改修	不具合の改修数／不具合の発生数
仕様変更への対応状況		対応完了数／仕様変更発生数

391

第4章　進捗

4.1.7　計画進捗率と実績進捗率を使った進捗管理技法　FE

　プロジェクトの進捗状況を把握する方法はいくつかある。情報処理技術者試験の主流は EVM になりつつあるが，それ以外の方法が問題になることもある。基本情報技術者試験の平成 24 年春の午後問題では，計画進捗率，実績進捗率，計画実績工数比を使って進捗を管理するオーソドックスな方法が取上げられている。

●計画進捗率

　最初に計画を立案する。週別あるいは月別に稼働工数を割り当てていく。1 週間の稼働時間を何時間にするのかは専任，兼任の違いや，残業時間を加味するかしないかで変わってくる。下記の例だと週 40 時間を上限としている。この時，週ごとに計画進捗率を算出する。

専任（フルタイム）の場合，1 日 8 時間 × 5 日間

兼任の場合など。

設計分担	メンバ	第1週		第2週		第3週		計画工数の総合計（時間）
		計画工数（時間）	計画進捗率（%）	計画工数（時間）	計画進捗率（%）	計画工数（時間）	計画進捗率（%）	
UI 設計 1	A	0	0.0	25	50.0	25	100.0	50
UI 設計 2	B	20	20.0	40	60.0	40	100.0	100
UI 設計 3	C	20	20.0	40	60.0	40	100.0	100
UI 設計 4	D	20	20.0	40	60.0	40	100.0	100
合計		60	17.1	145	58.6	145	100.0	350

$$計画進捗率 = \frac{計画工数の累積}{計画工数の総合計} \times 100$$

図 13　設計工程におけるメンバ別の設計分担，計画工数及び計画進捗率（基本情報　平成 24 年春　午後問題より）

●実績進捗率（進捗の確認）

　計画進捗率に対して実績進捗率を求める。この時のポイントは「残り工数」である。実績工数そのものは工数実績表や勤務表から，実際に要した工数を記入していくだけでいいが，「残り工数」は，"今後必要な工数"を算出し，それで置き換える。その見積りが正確であることが大前提だが，それで求めた実績進捗率を，計画進捗率と比較することで，スケジュール遅延の発生をチェックすることができる。

392

4.1 基礎知識の確認

実際に稼働した時間の累積値。工数実績表等から抽出

週末時点で、今後の作業に要する工数を見積り直してもらったもの。必要な残工数

WARNING！

単位 時間

設計分担	メンバ	計画工数の総合計	第1週の週末時点		第2週の週末時点		実績進捗率		計画進捗率
			実績工数の累積	残り工数	実績工数の累積	残り工数			
UI 設計1	A	50	0	50	25	20	56%	>	50%
UI 設計2	B	100	25	75	65	35	65%	>	60%
UI 設計3	C	100	20	80	60	45	57%	<	60%
UI 設計4	D	100	15	85	55	40	58%	<	60%
合計		350	60	290	205	140	59%	>	58.6%

$$実績進捗率 = \frac{実績工数の累積}{実績工数の累積 + 残り工数} \times 100$$

図14　各メンバの実績工数及び残り工数（基本情報　平成24年春　午後問題より）

- 実績進捗率＝計画進捗率の場合：計画通りの進捗
- 実績進捗率＞計画進捗率の場合：計画よりも進んでいる望ましい状況
- 実績進捗率＜計画進捗率の場合：スケジュール遅延の問題が懸念される状況

●計画実績工数比（スケジュール予測）

　残りの期間に、プロジェクトメンバの増減がないとした場合に、計画実績工数比を使って、今後のスケジュール予測を行うことができる。

$$計画実績工数比 = \frac{実績工数の累積 + 残り工数}{計画工数の総合計}$$

- 1.00 の場合：計画通りのスケジュールで進捗可能
- 1.00 よりも小さい場合：順調。スケジュール遅延の懸念は無い
- 1.00 よりも大きい場合：今後のスケジュールに遅延の発生が懸念される

　こうしてスケジュール予測をしたうえで、プロジェクト全体で見た場合の進捗はどうなのか？メンバ個別の進捗はどうなのかをチェックし、必要に応じてプロジェクトメンバの増員や、作業分担の見直し（進捗の芳しくないメンバの作業を、進捗の良いメンバに割り振るなど）を行い、プロジェクト全体のスケジュール遅延が発生しないように、あるいは挽回を図る。

393

4.1.8 重要工程での兆候の管理

　クリティカルパスに対する重点管理のあるべき姿は，平成14年度 午後Ⅱ 問1の問題文で示されている。その問題文を要約すると，「クリティカルパスのように，進捗遅延が発生してはいけない工程では，進捗遅延につながる兆候を管理しなければならない」となっている。すなわち，進捗遅れの予兆管理である。

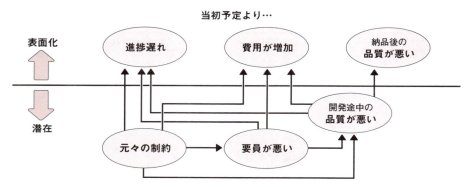

　プロジェクト実施フェーズで発生する様々な問題は，この図のように"潜在的な問題"と"表面化した問題"に分けられる。「品質が悪い」というのは，納品後においては表面化した問題になるが，開発途中においては潜在的な問題であり，この図のように進捗遅れや費用が増加する"先行要因"ととらえることもできる。同様に，要員の技術力がない，仕様が未確定，未経験者がいるなど，元々の制約条件も，進捗遅れや費用増加，（納品後の）品質不備の先行要因だと言える。

　そのため，進捗遅れや費用増加が絶対に許されない重要局面では，単に進捗遅れが発生しているかどうかを把握する進捗確認ではなく，下記のように進捗遅れにつながる先行要因に管理指標を設けて，重点的に管理し，進捗遅れの予兆の段階で対策を施すことが必要になる。

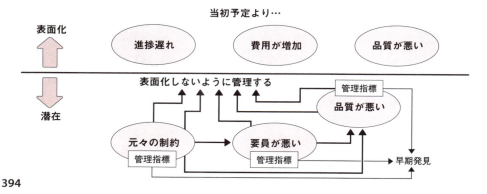

進捗管理においても，進捗遅延の予兆管理についても，管理項目と定量的管理指標を定めることが非常に重要になる。管理項目と管理指標の例を表 8 に記す。

表 8　管理項目と管理指標の例

管理項目	管理指標の例（必ず定量的に）
要員の残業時間	今回の進捗計画では，週 5 時間で計画し，その範囲内で作業を進めるように指示している。週によって作業の偏りがあるため週 10 時間までなら問題視しないが，週 10 時間を超えたら状況確認する
要員の生産性	新人には比較的容易なプログラムの開発を担当させている。そのため，プログラム 1 本当たり 8 時間の生産性で進捗計画を立てている。その値を超えたら状況確認している
設計レビューの指摘件数	今回の設計レビューでは，過去の統計から，全機能数の 2% の指摘件数を想定している。2% を超えると進捗に影響する可能性が高いため，対策が必要になる
兼任している要員の負荷	今回のプロジェクトでキーとなる A 君は，別プロジェクトと兼任しており，本プロジェクトへの参加割合は 50%，月間稼働時間は 90 時間で見積もっている。別プロジェクトに時間が取られるようであれば，しかるべき対応を行う

●メンバからの報告および進捗会議の開催

進捗を把握するためには，進捗管理表だけでは不十分である。特に，進捗遅れの兆候を事前につかむためには，メンバから直接報告を聞き，プロジェクトマネージャ自身の目で判断することが重要である。メンバの様子がおかしかったり，疲れていたり，悩んでいたりする場合には，直接対話をしないと分からないからである。

また，定例進捗会議を週に 1 度くらいの頻度で開催するようにする。毎回個別にメンバに応対するのは，管理する側の工数が無駄であるからだ。実際の定例進捗会議の開催間隔や 1 回の開催時間はプロジェクトによって異なるが，一般的に（情報処理技術者試験の教科書的には），1〜2 週間に 1 度 2 時間程度の開催がよいとされている。1 か月に 1 度の開催であれば放置しすぎ，1 日に 2 時間以上になると参加者の集中力がもたないなどが，実際に過去に出題されている。

第4章　進捗

過去に午後Ⅰで出題された設問

（1）スケジュールを2段階に分ける場合（R02問3設問1（3））

　システム導入のスケジュールを2段階に分けた場合，一定のデータが蓄積されないと効果が出ない部分については，第1段階では効果の創出が難しい（効果がない）ので，当然だが第2段階に振り分けられる。例えば，経年の業務経験が必要なキャリア形成やスキル認定などだ。

（2）進捗管理全般

　ここでは，進捗計画と進捗管理に関する設問をまとめてみた。まずは，進捗管理全般に関する設問をピックアップしている。

①客観性のある進捗の把握

　進捗や完了判定を，"担当者が自分だけで"行っているという記述があれば，それはおかしい（設問になる）と判断した方がいい。進捗や完了判定は，原則，客観的な判断基準が必要になる。

● 自分だけで進捗を見積もるのはNG（H24問3設問3（2））

　進捗管理は，開発担当者が自分で見積もった進捗率に基づいて行うのではなく，客観的な基準による進捗の把握が必要になる。そのためには，タスクの完了判定基準を決め，第三者による確認を受けて，タスクを完了するようにする。

● タスクの完了を自分で判断するのもNG（H18問1設問2（2））

　タスクの完了時を担当者が判断し，タスクの完了をリーダに報告するという管理では，成果物の品質が確保できないため管理不十分。タスクの完了基準を明確にしたうえで，タスクの完了基準を満たしているかどうかを（PMやチームリーダ等が）確実にレビューすることが必要になる。

②アクティビティ単位の管理（H24問3設問3（3））

　作業時間管理で，「工程別（要件定義工程，外部設計工程など）に作業時間をつける」だけでは不十分（工程単位の管理）。もっと細かく，アクティビティ（もしくはタスク）単位の管理が必要。EVMはそれに向いている。

③進捗率

進捗管理で進捗をどう見るのかも問われることが少なくない。

●所要日数に対する進捗率（H26 問 2 設問 2 (2)）

アクティビティごとの成果が，日ごとに一定に増加する場合に限り，所要日数に対する進捗率として，日数の経過で進み・遅れを示すことができる。

●工数に対する進捗率（H26 問 2 設問 2 (1)）

所要日数に対する日数の経過による進捗率では正確に進捗が把握できないことがある。日々の作業量や人数が異なり，日ごとに一定に増加しない場合だ。そういう場合は，計画した工数に対する消化率を進捗率にしなければならない。

④データ項目間の整合性（H25 問 2 設問 2 (2)）

標準化やシステム統合を行う場合で，データ項目間の整合性が取れていない時（システムによって名称が違う，類似のデータ項目が複数のシステムに存在する，更新のタイミングが違うなど）には，開発に入る前にデータ項目間の整合性を取る必要がある。

第4章　進捗

（3）要件定義工程共通

　要件定義工程における進捗管理及び，進捗に影響する部分もよく出題されている。ここでは，独自開発をする場合，後述するパッケージ導入をする場合，両方に共通する部分をまとめてみた。

①開発者側と利用者側の共同作業（H29 問 1 設問 3（1），（2））

　パッケージ導入時のフィット＆ギャップ分析は，開発者側と利用者側の共同作業になる。開発者側だけではできない。開発者側のリソースを増員しても，利用者側の参画が難しい場合は，利用者側がどの程度工数（要員）を投入可能かによって，プロジェクトのスコープを確定させなければならない。そうしないと<u>スコープが確定できないリスクが回避できない</u>。

②現場からの要求に優先順位を付けるケース（H26 問 1 設問 1，3（2））

　現状の業務上の問題点を解決する等，“ある目的”（＝メインの目的）のために立ち上げられたプロジェクトで，かつ，経営トップ等のプロジェクトスポンサーから「現場の要求も取り込むように」と指示があるプロジェクトの場合，納期もしくは予算の制約を考慮した上で，次のような手順で進めていく。

---

①メインの目的（例えば，現状の業務上の問題点など）を一覧表にまとめる。
②現場から要求を吸い上げる
③全ての要求を満たすことができないと判断した場合には，要求を集約する。
　1）個々の要求が①の中のどの問題点に起因しているかを紐づける
　2）<u>上記の影響度から要求の優先順位を付ける</u>

　要するに，第一義的な目的（ここでいう“ある目的”＝①）の解消を最優先に考えるということ。①に関連する要求は優先，そうではない要求は優先度は低い。前者の場合，<u>解決すべき対策や仕組みの構築，要求等が一致している</u>ため，現場や経営者に対しても説明しやすく，合意も得やすい。

③重要業務を特定する（H25 問 4 設問 2（2），（3））

　改善対象を絞り込むなど，何かしらの理由で重要業務を特定する必要がある場合，パレート分析を活用して，従来のシステムの<u>使用頻度が高い</u>もの（画面やプログラム），<u>累積使用時間が長い</u>ものをピックアップする。そして，それらの重要な画面やプログラムに関しては，（全工程にわたって）<u>作業の順序を先行させる</u>とともに，<u>作業の密度を高くして</u>計画する。

④標準化を進める場合の留意点（H18問1設問1）

それまで，部門ごとの要求にきめ細かく対応してきた帳票や画面を（すなわち，各部で使用する帳票や画面が異なる場合に），情報の共有や部門間連携を進めるために帳票・画面の標準化（統一）を行うケースがある。

その場合，利用者の合意を得にくいことが想定されるため，その作業には困難が伴う。利用者企業の経営者や上位マネジメントは合意を得やすいが，実際に利用する現場担当者は抵抗があるからだ。対策としては，その作業を経験豊富なメンバやリーダに任せるとともに，経営者や上位マネジメントに現場担当者を説得してもらうなどがある。

なお，利用者の合意が得にくいケースとしては，後述するパッケージ導入による業務改善（P.400参照）の時にも起こり得る問題になる。合わせて見ておこう。

⑤予算上限を超えた時（H27問2設問4（1））

フィット＆ギャップ分析を行った結果，追加開発の候補を洗い出し，概算の工数見積りを行う。このとき，プロジェクト予算に制約上上限が設定されている場合，見積工数が投入可能工数を超過した部分に関しては，パッケージベンダのメンバの支援を受け，改めて標準機能を使って実現できないかどうかを検討したり，標準機能に合わせるように業務プロセスを見直すという対策が必要になる。

⑥早めの情報開示（H28問2設問2（2））

問題解決のために，システム部やステークホルダの対応が必要になるケース（自分たちだけでは解決できない問題，ユーザ側の意思決定の問題等）では，その依頼が後手にならないように，依頼事項を検討後ではなく，問題が発生して検討している段階から開示して情報共有することが重要になる。

⑦前工程からの参画（H27問2設問3（3））

プロジェクトマネージャが，追加開発チーム（業務プロセス設計終了後から本格的に立ち上げるチーム）のチームリーダを（前工程の）業務プロセス設計の段階から参加できるよう調整した。

これは，追加開発の要件を事前に把握させることで，工数を見積もらせたり，スムーズに立ち上げたいからである。特に，要件定義工程だけではなく，テスト工程に参画する主要メンバを設計工程から参画させる場合もある。

第4章　進捗

(4) パッケージ及び SaaS の導入／業務改善プロジェクト

　近年主流になっているパッケージ（ERP，標準システム等も含む）及び SaaS（以下，パッケージ等という）を導入するプロジェクトの出題は多い。加えて，パッケージ等導入プロジェクトでは，パッケージ等のメリット（短納期・低コスト）を享受するという理由もあって，極力パッケージ等に合わせ，ギャップ部分に関しては"業務改善"を進めるという事例が中心になっている。

①メリットとデメリット

　パッケージ等を導入する場合のメリット（短納期，低コスト）・デメリットについて，正しく理解しておくことが必要になる。

●メリットを確実に得るための原則（R02 問 3 設問 1 (1)，(2)）

　SaaS の標準機能を中心に選択し，カスタマイズを最小化して導入することは，費用対効果を高めることに加え，納期遵守が絶対の PJ では納期遅延のリスク（人材管理システムの稼働が来年 4 月から遅延するリスク）を軽減できる。

　また，将来的に標準機能が拡張・改善された時に，迅速かつ追加コストなしで利用可能とするためには，SaaS の標準データ項目それぞれの仕様（以下，標準データ項目仕様という）に従ってデータを登録する必要がある。そのため，今後も拡張，改善される標準機能を（迅速かつ追加コストなしで）利用し続けるためには，標準データ項目の仕様に従って SaaS に現データを移行又は新規登録して，人材管理システムの人材情報データを整備する。

●デメリットも正しく伝える（H27 問 1 設問 3 (3)）

　パッケージシステムを導入する（この設問では H 社が，X 社のグループ傘下に入ったことから，H 社に X 社の標準システムを導入する）場合，利用部門に対しては，メリットだけではなくデメリットも併せて正しく伝えたうえで協力を要請する。これは，事前に正確な理解を得て対策を共有するためである。

②導入手順のテンプレートと独自の部分の存在（H27問1設問1（1））

　パッケージシステムには，その導入作業で利用する導入手順のテンプレートが付属している。但し，それは当然そのパッケージシステムを導入するための作業項目を中心に書かれているわけで，導入する側の作業については，全ての作業が記述されているわけではない。業務の継続性を確保するための重要な作業（＝現システムからの移行作業）を追加する必要がある。

③フィット＆ギャップ分析（H23問2設問1（1））

　パッケージを導入する場合，最初に既存業務とパッケージを比較して，パッケージがそのまま使える部分（フィット）と，そのままでは既存業務で使えない部分（ギャップ）に切り分ける。その作業をフィット＆ギャップ分析という。

　導入確定前の検討段階，最適製品の選定段階で行うものを概要フィット＆ギャップ分析，導入決定後の要件定義工程で行うものを詳細フィット＆ギャップ分析といい，それぞれ次のようなことを行う。

・概要フィット＆ギャップ分析
　簡単にヒアリングしている段階でのある程度の適合率を算出する
　大きなギャップ部分の解決方法を検討し，おおよその開発規模を見積もる
・詳細フィット＆ギャップ分析
　標準機能で対応できる業務要件の範囲を"確定させる"
　標準機能と業務要件とのギャップを"確定させる"

---

④業務改善

　パッケージ等のフィット＆ギャップ分析を実施した後，ギャップ部分の解消方法のメインが業務改善になる。この部分は，原則ユーザ側の作業になるが，ベンダ側にもその実現を手助けすることが必要になる。

●新たな業務プロセスの早期確認（H28問1設問1）

　業務プロセスそのものを大きく改善する場合，開発スケジュール面のリスクを軽減するために，早い段階からステークホルダの協力を得て，協働して開発を進める必要がある。その狙いは，新たな業務プロセスを早期に検証してもらうためである。プロトタイプも有効。

第4章　進捗

● 操作性や画面，帳票のレイアウトが変わる（H22 問2 設問2 (2)）

　新たなパッケージを導入する場合，通常，操作性や画面及び帳票レイアウトは変わってしまう。機能の欠如や性能劣化等のギャップは，その必要性によって何かしらの対応が迫られるが，パッケージの操作性やレイアウトはそのままで"人が慣れる"のが基本になるからだ。その場合，利用部門が精度の高い要件定義を効率よく行えるように，次のような理由で，プロトタイプを構築することがある。

- ・ システムの使い勝手を実感できるから
- ・ システムの特徴を正確に把握できるから
- ・ システムの内容を正確に理解できるから

● 成功企業の見学（H25 問3 設問3 (1)，(2)）

　A社が，パッケージ（新システム）に合わせて業務改善をする方向で要件定義が完了。その後，B社を吸収合併。B社にも新システム（パッケージ）に合わせて業務改善をしてもらう必要がある。

　そこで，A社の社長に，A社の経験（当初，現行の業務プロセスを変更することに業務部門が抵抗感を示したという経験）から，B社の業務部門に対して，新たな業務プロセスを前向きに評価すること，あるいは業務プロセスの変更に抵抗感をもたないようにすることを強く要請していただくことにした。

　加えて，その時に要件定義工程で中心的な役割を担ったメンバに対して，新システムの業務プロセスを説明するように指示した。この狙いは，新システムの業務プロセスに納得した理由を説明し，合併する企業の業務部門の理解を得る。または，理解するポイントを伝えるためである。

● 利用者の不安や抵抗

　パッケージ等の機能に合わせて現場の業務改善を行うようなケースでは，現場利用者の不安や抵抗を受けるリスクがある。その場合，まずは経営層に依頼し，トップダウンで現場を押さえてもらうことを検討する。

- ・ キーパーソンの不安（H27 問2 設問3 (1)）
  キーパーソンが「既存業務プロセスからの変更が多く，現場がついてこられるか不安だ」と思っている。

4.1 基礎知識の確認

- **不安を和らげる対策＝デモンストレーションの実施（R02 問 3 設問 2（2））**
  標準機能で構成される標準モデルをそのまま用いたデモンストレーションを実施し，標準機能のままでも多様な業務プロセスが実現できることをメンバに理解させることにした。これは，利用者要求事項の大部分を標準機能で実現できる範囲に収めたいと考えたからだ。SaaS の機能を知らない利用者は，実際に見てみないと何とも言えないからだ。安直に「従来との違い＝無理だ」と考えることもある。

- **不安を和らげる対策＝導入企業の見学（H27 問 2 設問 3（2），4（2））**
  同じような企業規模や業務内容の会社で，当該パッケージの標準機能及び標準プロセスに合わせて業務プロセスを変更し，成果を出している企業の倉庫へ見学に行き，その倉庫の管理者や実務リーダとディスカッションができるように企画した。これにより，パッケージの標準機能及び標準プロセスで業務が運用できることを確認することが狙いである。

- **利用者の抵抗が強い場合と対策（H22 問 2 設問 4（2））**
  問題文中に「利用者の抵抗が強く，些細な変更点についても受け入れられないという意見が出た。」という感じで，ストレートに抵抗感を示すケースがある。それに対して，「期間がもうないので，利用者レビューの結果を待たずに進めたい」という意見が出たが，その場合，次のような大きなリスクがあるとして却下している。利用者レビューによる合意は必須。委員会等の場においてトップダウンで確定してもらう必要がある。
  - 結局，利用者の承認が得られず手戻りになる
  - 手戻りが発生してスケジュールが遅れる

- **利用者が既存の業務にこだわる場合（H22 問 1 設問 2（1））**
  開発作業を予定どおりに進めるには，既存業務に無駄にこだわることをしない方向で進める必要がある。そうしないと，改修量が想定規模以上に膨らんだり，修正要望が想定以上に膨らんだり，開発規模が予算を超過したりする。
  そういう事態にならないようにするには，PJ 立ち上げ時のキックオフミーティングで，パッケージを極力利用して業務プロセスを組み立てるように，CIO から利用部門に協力を要請してもらう。

403

第4章 進捗

(5) 設計工程（基本設計，外部設計，内部設計他）

設計工程の進捗管理で考えるべきことをまとめた。

①開発の期間に影響する数値（H23 問 2 設問 2 (3)）

ERP の適合率，追加開発の規模

②当初の計画から差異が発生する場合（H25 問 4 設問 2 (4)）

基本設計の進捗状況を見ながら，適宜 Q 課長（顧客側 PM）と U 社（ベンダ）で開発規模と開発期間の確認を行いその結果を共有する。そして，当初の計画よりも大きな差異が発生するおそれがあれば，スポンサー等に相談する。

③プロトタイプを利用した操作性の設計（H26 問 1 設問 4 (1)）

改善要望を出している社員にプロトタイプを使ってもらい，意見を把握することにした。その目的は，操作性に関する要望を仕様に反映させるためである。問題文には，操作性に関する問題点や要求は一切記載されていない。強いてあげれば手作業から入力に変わる点ぐらい。したがって，その程度でもプロトタイプ＝操作性確認と考えておく必要がある。

パッケージ導入の場合は要件定義工程で操作性を確認することが多いが，独自開発の場合（すなわち操作性を含めてデザインする場合）には，こういうケースもある。

④機密性を確保した設計（H26 問 1 設問 4 (2)）

現場の人が人事管理システムに直接アクセスする仕組みにしなかった（現場からの要望があったものの，それは断っている）。問い合わせがあった場合には従来通り，操作は人事部の人が行い回答する。これは，人材情報が漏えいするリスクがあるからである。これも問題文にはセキュリティに関する問題も要求もない。人事管理システムという特性からセキュリティを意識する必要がある。

⑤用語集の作成（H22 問 1 設問 1 (2)）

外部設計以降の開発作業における C 社（開発担当企業）にとってのメリットを考え，E 社（パッケージの所有者）の支援を受けながら，新システム担当に E 社特有の用語を収集して解説した用語集を作成させた。

これは，E 社システムの理解を早めたり，深めたりする。または，開発作業を円滑に立ち上げるためである。

⑥進捗の把握

設計工程の進捗は，まずは設計書等の成果物の計画した量（計画ページ数等）と，実際に作成した量（担当者が作成したページ数等）との比較で行う。しかし，それだけでは不十分である。

●レビュー済みの成果物の量（H25問4設問3（2））

作成した成果物の量（詳細設計：作成したドキュメント量，製造：作成したコード量）だけで進捗を把握するのは良くない。品質を確保する部分を含め，レビュー済みの成果物の量を用いて進捗状況を評価する。

●指摘事項対応済みの成果物の量（H31問3設問3（1））→ P.462参照

計画ページ数に対する担当者が作成済のページ数に加えて，次の指標も加えて進捗率を判断する。

- ・ レビューアがレビュー済のページ数／計画ページ数
- ・ 担当者がレビュー指摘対応済のページ数／計画ページ数

⑦レビュー実施のタイミング（H31問3設問2（2））→ P.458参照

レビューの実施時期は，あらかじめ決めておく（計画しておく）ことが大前提である。加えて，初回のレビューの実施時期は，初回のレビューで進捗への影響が明らかになることも多いことから，成果物作成の初期段階に計画した方がいい。

この問題のように，問題文中に「初回のレビューの実施時期は，レビューイの判断で決定している。」というような明らかにおかしい記述がある場合には，その部分を読んだだけでおかしいと考えよう。

⑧勉強，スキル向上のための参画（H30問3設問3（3））

今後，設計工程を担当する予定の協力会社が「顧客とレビューを繰り返しながら仕様を確定していくという経験が少なく，設計工程の進め方がイメージできていない」というケースでは，顧客の了解を得ることができれば，顧客とのレビューに当該協力会社の適任者を同席（見学，参加）してもらうと有益である。

⑨レビューをしない場合の大きなリスク（H27問3設問4（2））

受入れテストや並行運用で，利用者の認識に相違があると，質問や改善要望が多発して予定通りに進まなくなる。最悪，システムを利用せずに（現状どおり）手作業で処理してしまう。本番直前になってそういう混乱が生じないように，外部設計が完了した段階で，利用者を交えたウォークスルーを実施する。

第4章　進捗

(6) テスト工程（単体テスト，結合テスト，総合テスト）

テスト工程の進捗管理は，成果物の品質に大きく影響を受けることから，まずは品質管理をどのように行うのか？を確認する必要がある。品質管理指標を設定し，品質が十分に確保されているかどうかをチェックしながら進捗も管理する。そのあたりに関しては「第6章　品質」に記載しているので，そちらも併せてチェックしよう。ここでは，テスト工程を計画する上で検討すべきことや，テスト工程の進捗をどう管理するのか？テスト工程における進捗に関わる部分のみを抽出している。

①プロジェクトの特徴の考慮（H29 問 3 設問 3（1））

バグ密度の管理目標は，テストの効率と，過去の同レベルの難易度・規模の改修案件のバグ密度（件／kステップ等）の実績に基づき設定する。但し，そこから何かしら変更があれば（つまり，今回のプロジェクトの特徴があれば），それを考慮して適切な数値目標にしなければならない。

②テスト工程を標準よりも長くするケース（H25 問 3 設問 2（2））

元々1か月間だった運用テスト期間を3か月間に延ばした。これは，運用テストで問題が発生する可能性が高いと判断し，その発生する問題に対応する時間を確保するためである。問題文には「運用テストで問題が発生する可能性がある」という記述があるので，そういうケースではテスト工程を長くすることを検討する。

③ **管理指標（以下全て，全体及び開発チーム別）（H24 問 4 設問 3（2），（3），（4），（5））**

以下の管理指標を，全体及び開発チーム別に値を求めて進捗状況を評価する。

- ● **遅延チームになりそうな開発チームの監視**
  - a）結合テスト完了までの残障害見込数（件）

    現在の状況から推計した結合テスト完了までの総障害見込数−改修済障害数
  - b）障害の改修能力，1 件当たり障害改修工数（人時／件）

    改修済障害の改修に要した総工数÷改修済障害数

  ※上記の b と今後に計画されている作業工数より，今後の改修可能な障害数を算出し，その値が上記の a よりも少ない場合は，（今後全ての障害を改修できないと判断できるため）応援メンバの投入などの具体的な対策を実施する。

- ● **改修完了予定日を適切に設定しているか，当初設定した改修完了予定日を守れているかの監視**
  - a）当初設定した改修予定日に対する遵守率（％）

    当初設定した改修完了予定日を遵守した改修済の障害数

    ÷改修済障害数× 100
  - b）当初設定した改修予定日に対する遅延率（％）

    当初設定した改修完了予定日に遅延した改修済の障害数

    ÷改修済障害数× 100

- ● **障害改修の作業品質を監視**
  - a）不合格・デグレート発生率（％）

    改修済障害のうち，テスト不合格やデグレードが検出された障害数

    ÷改修済障害数× 100

④ **テストの終了判定条件（H20 問 1 設問 1（2））**

テストの終了判定条件を，予め計画しておいたテスト項目数だけにすると，品質的に問題があってもテスト完了となってしまう。バグの摘出数等の状況も分析しなければならない。

第4章　進捗

（7）移行

　最後は移行に関する設問である。移行作業にフォーカスした問題そのものが少ないが，出題された場合には，問題文から次の項目を探し出した上で設問に備えよう。

- a）移行作業における制約（移行に使える時間，要員）
- b）移行作業の見積り
- c）上記の a ＜ b の場合，何かしらの工夫が必要なる。また，b が不透明な場合にはリハーサル等も必要になる。

①本番移行の作業時間を見積もる（H22 問 3 設問 1 （2））

　本番移行が必要なデータの件数と種類を基にして，本番移行の作業時間を見積り，データ移行における制約（6 時間しか移行に使えないとか，要員が 5 人しかいないとか）の中で実現可能かどうかを評価する。

②データ移行時の工夫（H22 問 3 設問 1 （1））

　本番移行は，3 月 31 日から 4 月 1 日にかけて確保できた 6 時間以内に終えなければならない。

　移行方式に関しては，全てのデータ移行をその 6 時間で実施するのはリスクが高いので，本番移行の時間短縮をするために，対象データを削減する。具体的には，本番移行に先立ち，本番移行までの間に変更されることがないデータを移行しておき，残りのデータを本番移行で行うか，あるいは，本番移行に先立ち，全てのデータをいったん移行しておき，その後変更されたデータだけを本番移行で再度移行する。

③移行リハーサル（H22 問 3 設問 1 （3））

　移行方式で設計したデータ移行の一連の作業手順を実施して，手順の正しさを検証する。また，その作業手順で作成した新システムのデータ確認も行う。さらに，本番移行が制約の下で確実に実施できる（すなわち，本番移行が 6 時間以内で終わる）ことを検証する。移行リハーサルは，新システムの本番稼働向けに構築した環境で行う。

408

絶対に読み込んでおくべき問題 ～進捗遅延時の事後対策～

情報処理技術者試験では，プロジェクトで進捗遅延等の問題が発生した時の対処方法の"正解"が定義されている。それが現実的かどうかは別にして，合格するためには，その"正解"は強力な武器になるのは間違いない。

そしてその正解は，午後Ⅱの過去問題の文中（あるべき姿）に存在することも少なくない。問題発生時に対処方法が限定されている問題には下表のようなものがある。

これらは，問題文そのものが「対処方法の知識」になっているので，問題文を読み込んで，事前にネタを準備しておけば（経験の棚卸しや疑似経験の作り込みなど），試験本番時にはかなり役に立つ。問題を読んだ時に「書けるかどうか？」の判断につながるし，時間短縮につながるのも間違いない。時間があれば，そうしておくことをお勧めする。

また，時間が無ければ，これらの問題文を読み込んでおくだけでも十分役に立つ。筆者の試験対策講座でも，最低限，問題文を暗記するぐらい読み込むことを推奨している。そうしておけば，少なくとも試験本番時に"問題文の読み違え"や"読み落とし"を防止できるし，例えば，設問ウの中で部分的に問われているような問題に対しては，これらの問題文に書かれている内容（対処方法）に，少し具体化したものを付け加えるだけで高評価になる可能性があるからだ。

そのあたりは，P.20の「Step2 問題文の趣旨に沿って解答する～個々の問題文の読み違えを無くす！～」にも書いているので，目を通しておこう。

問題発生時の対応方法が限定されている問題のテーマ		出題年度	本紙の章とページ	
体制を変更する	PM自身の交代	平成14年問3	第2章	P.237
	要員の交代	平成13年問2	第2章	P.236
	チームの再編成	平成17年問3	第2章	P.238
ステークホルダと調整する	利用部門に参画を促す	平成20年問1	第2章	P.246
	交渉による問題解決	平成19年問1	第2章	P.253
	利害の調整	平成24年問3	第2章	P.255
プロジェクト外の知見を活用する	専門家，教訓登録簿，別PJの完了報告などの利用	平成31年問2	第1章	P.145
計画やスコープの見直し	スコープの見直し（部分稼働他）	平成12年問3	第4章	P.431
		平成19年問2	第4章	P.432
		平成24年問2	第1章	P.144
	スケジュール調整	平成17年問4	第4章	P.425
	テスト方法を見直す	平成10年問1	第6章	P.630
		平成13年問3	第6章	P.631
		平成27年問2	第6章	P.626
	トレードオフの解消	平成25年問2	第4章	P.433

第4章　進捗

4.1.9　進捗遅延時の事後対策

　進捗管理表より進捗遅れを検知した場合，あるいは進捗報告会議や日々のメンバとの対応の中で問題点を発見した場合には，適切な対策を取らなければならない（事後対策）。具体的には，次の三つのプロセスを実施する。

　一つは，根本的原因を把握するために原因分析を実施することである。プロジェクトマネジメントにおいては，システム障害などとは異なり1分1秒を争うことは少ないため，通常は原因分析を優先して行う（もちろん，原因の特定が困難で，緊急対応を優先する場合もないことはない）。

　次に，根本的原因を確認した後，その要因を除去し，これ以上遅れが進行しないようにすることである。例えば，あるメンバの生産性が予想よりも低く，その原因が，"体調が悪い"という場合，そのまま放置すると生産性はあがらない。そこで，要員を交替して，これ以上，遅延が進行しないようにしておく。

　最後に検討しなければならないことは，生じた遅延を挽回し，納期を確保することである。クラッシング（「4.1.5 スケジュール作成技法」）を使うことが多いが，そういう場合でも絶対に労働基準法などの法律に違反しないように配慮しなければならない。また，テスト作業の期間を短くするというのは，合理的な理由がない限り，

表9　進捗遅延対策（事後的対策）

事後対策		留意点
本番時期の変更		・ユーザの理解と合意を得る ・再スケジュールは慎重に行う 　（再延長は絶対に不可，また，変更決定までに時間を要する場合は，その時間も含む）
部分稼働		・ユーザの理解と合意を得る ・定量効果の出やすい部分を優先する ・後に，機能追加や変更ができることを確認する
スケジュールの組換え		・作業順序の見直し ・作業手順の指導 　（経験不足の担当者で作業効率が悪い場合）
追加要員の投入	PGの投入（人海戦術）	・要員の追加だけで，回復できる目処があること ・追加要員に必要なスキルが十分にあること ・コスト増の負担先を明確化
	SEの追加投入	
スペックダウン	仕様の簡易化	・ユーザの合意と理解を得る 　（あくまでも契約締結前で，詳細ヒアリングで初めて発覚したような場合にしか通用しない）
	要求機能の削減	
環境の改善	開発場所移動	・あくまでもほかの対策の支援対策 ・コスト増の負担先を明確化 ・機器の入荷遅れ等では，代替品を準備
	開発設備追加	
	代替品の利用	
進捗確認を強化		・早い段階で気づいた場合にしか効果がない ・遅れを取り戻すことはできない ・クリティカルパスは必須

410

絶対にしてはならない。なお，事後対策を実施するときには慎重な対応が求められている。P.409 のコラムも参照しておこう。

●特定メンバの作業遅延に対する対応例

　見積りや計画段階では，個別要員の生産性の違いを考慮せずに，均等に作業を配分し（難易度も，開発量も），同じ生産性で必要工数を算出することが多い。もちろん新人であったり，ベテランであったり，最初から異なる生産性を使って計画することもあるが，そうじゃない場合は，ある程度プロジェクトが進んだ段階で，それまでの要員別実績値に基づいて，見直しをかけて再計算し，必要に応じて作業分担を変えたり，スケジュールを再調整したりする。特に，プロジェクト全体では進捗遅れは発生していないが，要員別にばらつきがある場合には，そうした見直しが有効な対策になる。

●要員による進捗のばらつきの発生例

　この例は，平成 27 年秋期の基本情報技術者試験の午後の例だが，全 10 週間，1 人当たりの工数 400 時間（40 時間／週）で，A さんから E さんに均等に作業を割り当てて 8 週間が経過した時点の進捗率と，残りの予測時間（8 週目で再見積り）を示した表である。

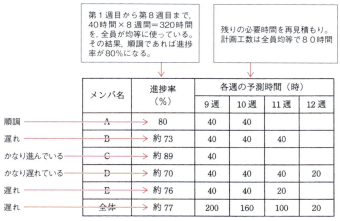

図 15　第 8 週末の進捗率と第 9 週以降の各メンバの予測時間（週単位）（例）
　　　（基本情報　平成 27 年秋　午後問題より）

　第 8 週目で，全員同じ 320 時間を使っているが，成果物ベースの進捗率で順調であることを示す 80％を超えているメンバは A さんと C さんだけである。

第4章 進捗

●対応策の検討
この場合の対応策として，問題文では2案が提示されている。

【1案】
第1案は，残りの設計を表2に示した当初の分担のまま実行し，各メンバが設計を終了し次第，プログラミングに着手する。このとき，再見積り後の開発規模を基に全員のプログラミングの終了日がそろうようにプログラミングの分担を割り振る。かつ，テストの分担は全員が均等になるように割り振る。

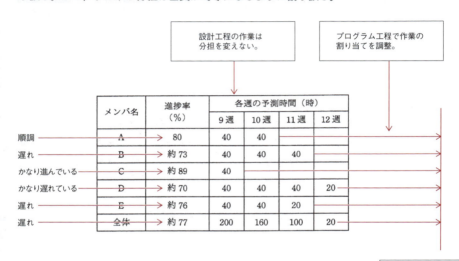

図16 第8週末の進捗率と第9週以降の各メンバの予測時間（週単位）（例）
　　（基本情報　平成27年秋　午後問題より）

【2案】

　第2案は，全員の設計の終了日がそろうように残りの設計の分担を割り振る。かつ，プログラミングとテストの分担もそれぞれ全員が均等になるように割り振り，全員のプログラミングの開始日及び終了日をそろえる。

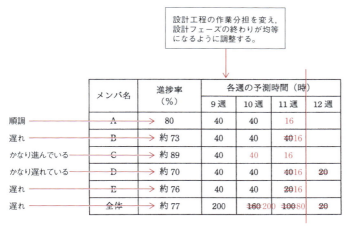

図17　第8週末の進捗率と第9週以降の各メンバの予測時間（週単位）（例）
　　　（基本情報　平成27年秋　午後問題より）

● 2案の比較

　この2案のどちらを選択するのかは，情報処理技術者試験では，「設計変更の可能性」で判断することが多い。

　第1案では，全ての設計が完了していないタイミングで，一部の要員がプログラミングを始めるわけだから，設計完了後のレビュー等で設計変更や修正依頼が発生すると，設計工程のスケジュール遅延とコスト増だけではなく，さらにプログラミングの手戻りも発生して，プログラミング工程のコスト増も発生する。

　他方，第2案では，設計工程が完全に完了してからプログラミング工程に入るので，手戻りは発生しない。しかし，順調に作業を進めている人が，生産性を高めれば高めるほど，他の人の作業が自分に振られることになるので，その点に対する十分な配慮が不可欠になる。

第4章　進捗

過去に午後Ⅰで出題された設問

（1）全工程共通
　ここでは，進捗遅延が発生した場合の対応についてまとめてみた。まずは，特定の工程に関わらずプロジェクト全体で考えることを記す。

①進捗遅延時の報告と対応策を改善（H31 問 3 設問 2 （1））
（問題点①）　担当者は進捗遅れを認識しているが，回復が可能だと判断し，予定通りと報告してくるケースがある。これは，職人気質で自負と責任感が強く，"遅れはエンジニアとして恥ずかしいことであり，自らの努力でリカバリする責任がある"と考えているからだ。結果，思い通りにリカバリできないこともある。

（改善策①）　進捗を定量的にチェックできる体制に変える。その上で，進捗遅れが発生した場合にも，リカバリの進捗状況を定量的に報告してもらう。

（問題点②）　進捗遅れのリカバリ策に具体的な裏付けがなかった。
（改善策②）　進捗遅延発生時には，具体的な裏付けのあるリカバリ策を提案してもらう。

②遅延の影響調査
　遅延が発生した場合には，原因を分析するのはもちろんのこと，その影響も調査しなければならない。

●クリティカルパスかどうか（H26 問 2 設問 3 ①）
　一部工程で遅れが発生している場合，プロジェクト全体のスケジュールに関わるリスク（＝クリティカルパス上のアクティビティの遅れで，プロジェクト全体が遅れるリスク）かどうかをチェックする。

●他の成果物への影響（H26 問 2 設問 3 ②）
　一部工程で遅れが発生している場合，多くの成果物の品質に関わるリスク（特に，レビューが不十分となることで，他の作業者の成果物の品質低下につながるリスク）の有無を確認する。

③遅延チームの進捗の早期回復

ある開発チームが遅延チームとなった場合，プロジェクト全体に影響が広がらないように，プロジェクトとして遅延チームの進捗の早期回復を最優先する。

④スケジュールを短縮する

プロジェクト計画立案時に顧客から要求があった場合や，遅延が発生した時に，計画を変更し，スケジュールを短縮する必要がある。

● 開発の期間に余裕を含んでいるケース（H23 問 2 設問 3（1））

問題文中に「開発の期間には 20% のスケジュールの余裕を含んでいる」という記述がある場合，まずはそこを削減できないかを検討する。当たり前すぎる内容だが，いざ問題を解く段階になると，気付かず見落としたり，忘れてしまっていたり，あるいは，当たり前すぎて解答できないことも少なくないので，覚えておこう。

● 元々長めに設定していたケース（H23 問 1 設問 3（1））

本来，外部設計，内部設計，プログラム製造には，あるパッケージの新バージョンでの開発スキルをもった要員の確保が必要であると考えている。しかし，そうした要員は，プログラム製造からしか参加できない。そこで，資料の確認や機能調査，問合せの時間が必要になり，生産性が低下することを考慮し，外部設計と内部設計の期間を長めに設定していた。

しかし，スケジュールを短縮しなければならないことから，改めて，開発スキルをもった要員を専任で参加させることができないかを交渉。これが可能になれば，長めに設定していた期間を元に戻せ，スケジュールを短縮できる。

● 当初計画していた利用者の操作訓練期間を短縮（H27 問 3 設問 4（1））

新システムの利用方法について利用者に事前に周知し，システムの利用イメージを把握しておいてもらう。そうすれば，内容を事前に理解した上で操作訓練に参加でき，円滑に立ち上げることができるから，操作訓練期間を短縮しても，操作訓練の目的が確実に達成できると考えた。

● 要員の追加投入をする（クラッシング）

→ 「第 2 章　ステークホルダ」の P.226 参照

第 4 章　進捗

（2）要件定義工程

進捗遅延が“要件定義工程”で発生した時に考えるべきことをまとめてみた。

①要件定義作業が遅れだした（H23 問 2 設問 3 （2））

要件定義作業の進捗に遅れが目立つようになってきた。理由を確認すると，ERP の標準機能で業務は実施可能であるのに，業務プロセスが変わることに抵抗感をもっている担当者が販売部に多く，その説得に時間が掛かっているということだった。そこで，販売部の担当者の意識を変えてもらう必要があると判断し，D 社経営層に，社内へ次のことを指示してもらうように依頼した。

- システム導入の目的を理解してプロジェクトを推進すること
- ERP の標準機能の利用を前提に，要件定義作業を進めること
- ERP の標準機能を極力利用し，業務の効率向上を実現すること

②要件定義が収束しない

収束のめどが立たなくなると，より具体的な対策が必要になってくる。

●担当者任せ（H24 問 2 設問 2 （1），（4），設問 3）

要求が収束しない。その原因を追究すると，あるレポートの集計方法や表示形式が，各部門の業務担当者ごとに異なっているにもかかわらず，その決定を各部門の業務担当者の判断に任せていたとわかった。

そこで，対応策として専用チームを作り業務担当者の要求を取りまとめる責任者を決めてもらう。そして，業務担当者の要求を聞く際には，必ず要求の実現による業務上の効果と優先順位を確認し，要求と併せて記録し，それらを根拠として業務管理レポートの要件を収束させる。

●部門の対立（H20 問 3 設問 2 （2））

営業情報機能については，要件定義のための打合せでも，営業部門と保守部門で，個々の要求の優先度が異なるために議論がかみ合わず，要件定義完了の見通しが立っていない。この件に対しては，保守部門と営業部門の要求を調整できる権限を持つ責任者による調整を依頼する。

●人がいない（H20 問 3 設問 2 （1））

要件定義書はユーザ側のシステム企画部が作成することになっているが，部員が忙しく，ドキュメントの作成に着手できないため，要件定義作業について，ベンダ側の要員を投入してドキュメント作成の支援）を強化する。

（3）設計工程（基本設計，外部設計，内部設計等）

進捗遅延が"設計工程"で発生した時に考えるべきことをまとめてみた。

①開発規模が想定を上回った場合（H20問2設問3（1））

開発規模は想定を上回っていたので，C課長（ユーザ側責任者）に新規案件の内容を確認したときの情報（稼働開始を優先するために，当初は機能面や運用面に制約を設けても構わない等の情報）を基に，次のような新規案件の規模の削減案を作成し，C課長と調整して，開発範囲を決定した。

- ・ 月次や年次の集計機能は後で作る
- ・ 営業部員の評価支援の機能は後で作る
- ・ 機能面や運用面に制約をもたせる

②プロジェクトへの参画ができないために進捗が遅れている場合

何かしらの理由で，当初計画どおりに様々なステークホルダがプロジェクトに参画できない場合には，その役割や作業内容によって，単純な要員追加でもいいのか，それが無理なのかを見極めて適切な対応を取る。

●ユーザ側の取りまとめ役（H24問1設問3（1））

外部設計工程で，月次処理に関わる意見のとりまとめが必要だが，とりまとめ役が多忙で方針が確定できないため，外部設計が遅れている。

このケースでは，単純に誰でもいいから要員を追加するわけにはいかないので，まずは遅れを極力抑えるために，月次処理に関連しない作業を先に行ったり，月次処理の影響を受けない作業を先に行うなど，作業順序を工夫するように指示をした。

●ユーザ側の中核メンバ（H24問1設問3（2））

ある業務の一部の外部設計を検討する際に，検討の中核となるユーザ側のメンバが急きょ約2週間海外に出張することになり，検討が内部設計の期間に1週間程度，ずれ込みそうである。

内部設計が終わるまでに遅れをばん回できるようにスケジュールを見直したうえで，そのスケジュールの見直しに対応する要員の確保，すなわち追加要員を投入することの可否をベンダに確認する。

第4章　進捗

③最後の承認が得られずに遅延が発生しているケース

全ての作業は完了しているものの，何かしらの理由で承認が進まずに遅れが発生しているケースもよく出題される。

●未承認で次工程を開始するリスク（H18問1設問4（2））

設計作業の承認を待たずに製造に着手するのはNG。次工程を進めたとしても，最終的に承認が得られなかった場合に手戻りが発生するリスクがある。

●体調不良（H24問3設問4（2））

作業は予定通り進み，完了判定基準を満たしているものの，それを最終確認する第三者が体調不良等で確認が終了していない場合，その遅れの影響を調査しリカバリプランを策定する。

（4）テスト工程（単体テスト，結合テスト，総合テスト等）

進捗遅延が"テスト工程"で発生した時に考えるべきことをまとめてみた。

①結合テストの遅延（H20問2設問4（2））

結合テストが，総合テストの開始時期までに完了しない見通しなので，総合テストを予定どおり開始するために，総合テストの実施方法に次のような工夫が必要であると考えた。

- 遅れている機能に関係しないテスト項目から先に実施する
- 遅れとは無関係の機能に閉じたテスト項目から先に実施する

②ミドルソフトのリリースが遅れる場合（H23問3設問2（1），（2））

結合テストから使うミドルソフトに，バグが発見されたり，リリースが遅れたりする場合がある。

その場合，バグの影響を受けない部分のテストや，バグの影響を受けない制約の下（端末台数が5台を超えると不具合が発生するようなケースの4台まででテストをする等）のテストを先行させ（結合テスト1），当該バグ修正版リリース後に，バグの影響を受ける部分のテストを行う（結合テスト2）というように，テストの順番を組み替えて，できるところから進めていくというのが基本的な対策になる。

ミドルソフトの入れ替えは，結合テスト1と結合テスト2の間に行い，結合テスト1の途中では行わない。障害の原因の切分けが難しくなったり，ミドルソフトに関する不具合の発生などで混乱しないようにするためである。

③納期が守れそうにない場合

●部分稼働①（H24 問 2 設問 2 （2），（3））

稼働開始時期について，顧客先の社長（H 社社長）から"再来年の 1 月に稼働開始したい"という要望があり，ベンダ側の社長（R 社社長）が H 社長を訪問した時に，それを口頭で約束している。

しかし，その約束が一部守れそうにない場合は，まずは R 社社長に相談し，R 社社長の方から H 社社長に，対策案とともにその旨を伝えてもらう。その上で，H 社社長が必要としている部分と，H 社社長以外が必要としている部分を切り分け，少なくとも H 社社長のこだわりや要求を，稼働開始時期に間に合うように優先して開発する。

●部分稼働②（H22 問 1 設問 4 （2））

納期の直前に，対応にかなりの工数を要する重大な障害が発生する場合，その障害の新システムへの影響の有無，障害対応の内容及び必要工数を基にして，納期の観点から次のような確認をしたうえで，障害への対応方針を整理する必要があると考えた。

- その機能が稼働開始時に対応が必須かどうかの確認
- 一部の対応を稼働開始後にできないかどうかの確認

（5）移行フェーズ（H22 問 3 設問 4 （1），（2））

移行作業のテスト段階で，移行プログラムの仕様に問題（ある機能に関する仕様の取り込みができていなかった）があることが判明した場合，移行プログラムを修正するという対応は，修正が間に合わずサービス開始が遅延したり，デグレードしデータ移行の見通しが立たなくなったりする可能性（リスク）がある。

また，仕様の取り込みができずにエラー（不一致）となったデータの件数が少なければ，対象データの値を個々に変更して対応することも考えられる。その場合は，本番移行が確実に実施できることを検証するために，次のようなことを確認しておく。

- 移行後にシステムを利用して，正しく変更できることを確認する
- 移行後にシステムで変更したデータを実データと比較し，一致することを確認する
- 作業時間を測定して，本番移行の時間内で変更作業が実施可能かどうかを確認する

第 4 章　進捗

4.2 午後Ⅱ 章別の対策

　午後対策のスタートは午後Ⅱから。まずはテーマ別のポイントを押さえてから問題文の読み込みに入っていこう。

●過去に出題された午後Ⅱ問題

表 10　午後Ⅱ過去問題

年度	問題番号	テーマ	掲載場所	重要度 ◎=最重要 ○=要読込 ×=不要	2時間で書く推奨問題
①スケジュールの作成					
H07	2	進捗状況と問題の正確な把握	なし	○	
H17	2	稼働開始時期を満足させるためのスケジュールの作成	Web	◎	◎
②兆候の把握と対応					
H14	1	クリティカルパス上の工程における進捗管理	Web	×	
H15	3	プロジェクト全体に波及する問題の早期発見	Web	○	
H20	2	情報システム開発における問題解決	Web	×	
H22	3	システム開発プロジェクトにおける進捗管理	Web	◎	△
H28	2	情報システム開発プロジェクトの実行中におけるリスクのコントロール	Web	→第3章「リスク」参照	
③工程の完了評価					
H25	3	システム開発プロジェクトにおける工程の完了評価	Web	◎	
④進捗遅れへの対応					
H12	3	開発システムの本稼働移行	なし	○	
H19	2	情報システムの本稼働開始	Web	○	
H25	2	システム開発プロジェクトにおけるトレードオフの解消	Web	○	
H30	2	システム開発プロジェクトにおける本稼働間近で発見された問題への対応	Web	○	
R03	2	システム開発プロジェクトにおけるスケジュールの管理	本紙	○	

※掲載場所が "Web" のものは https://www.shoeisha.co.jp/book/present/9784798174914/
　からダウンロードできます。詳しくは，iv ページ「付録のダウンロード」をご覧ください。

　本章は大きく 4 つに分けられる。①スケジュールの作成，②兆候の把握と対応，③工程の完了評価，④進捗遅れへの対応である。

①スケジュールの作成に関する問題（2問）

これまでスケジュールの作成過程を書かせる問題は2問ある。初年度の平成7年度問2と，その10年後の平成17年度問2だ。初年度の問題は，"初めて"ということもあってオーソドックスで，かつ"ぼやっ"とした内容だった。しかし，平成17年度問2では一転してスケジュール短縮技法（ファストトラッキング，クラッシング）をテーマにした問題になっている。事前に準備しておけば，短納期要求への対応，納期遅延の挽回などに流用できるので，しっかりと目を通しておいた方がいい。

②兆候の把握と対応に関する問題（5問）

進捗管理の問題のうち，もっともよく出題されているのが"兆候"をテーマにした問題である。左ページの表内の5問に第5章で説明する予算超過の"兆候"も含めると，さらに過去の出題数は増える。そんな"兆候"に関する過去問題を分析すると，計画段階から定量的な管理指標を組み込んでいる場合と，そういう類いのものではない場合に大別される。そして前者はさらに，重点管理が必要かどうかによって分類できる。また，切り口を変えれば，計画フェーズの問題と，実行フェーズにおける対応状況（検知・対応）を見る問題にも分けられる。

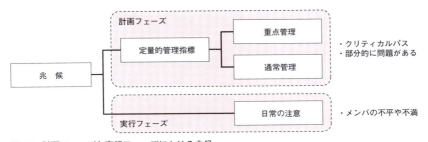

図18　計画フェーズと実行フェーズにおける兆候

a) 重点管理を前提とした計画フェーズの問題

クリティカルパス上のアクティビティ（平成22年度問3，平成14年度問1）や，部分的に問題を抱えたままプロジェクトを立ち上げる場合（平成15年度問3）には，それを進捗遅れが発生しやすい"リスク"と捉えて重点的にマネジメントする。具体的には，計画段階で定量的な指標を"兆候"として設定する。

b) 実行フェーズの問題

特に定量的管理指標で管理していたわけではないが，プロジェクトが実行フェーズに入ってから"兆候"を察知したという問題も出題されている。"メンバの対立"や"体調不良"など，日頃の注意で検知するものである。平成20年度問2や平成28年度問2は，その典型的な問題になる。

第4章　進捗

③工程の完了評価に関する問題（1問）

　珍しい問題として，工程の完了評価をテーマにした出題があった。個々の工程の完了条件と，次工程の開始条件を具体的にいくつか挙げて，そのうちのどれかが満たせなかったという経験を求めている。つまり，ある工程のマイルストーンで"遅れ"が発生したというパターンだ。それを，最終納期に間に合わせるために，どう乗り切ったのかが問われている。この問題と類似の問題が，直近で出題されるとは思えないが，工程ごとの完了条件を具体的にいくつかピックアップしておくには良い問題になる。問題文には目を通して，どんな完了条件や開始条件をアウトプットできるのかをシミュレーションしておこう。

④進捗遅れへの対応に関する問題（5問）

　進捗遅れへの対応をテーマにした問題も多い。兆候をテーマにした平成22年度問3や平成14年度問1も後半で問われている。他にも，部分的には数多くの問題に絡んできているので，準備しておく必要があるのは間違いないだろう。

　そのような中，ここで取り上げた5問は"進捗遅れ"をメインテーマにした問題になる。令和3年度問2は，遅延に対するばん回策を立案し，必要に応じてステークホルダの承認を得てリスケするという問題だ。一方，平成30年度問2と平成19年度問2は，スケジュール遅延が発生した時に，課題を残したまま部分的に稼働させた経験のみに絞り込まれている。解決策としては合理的な方法で，ユーザを説得する部分も不可欠になってくるので，この問題でシミュレーションしておけば，いろんなところで応用できるだろう。

● 2時間で書く論文の推奨問題

　本章のテーマで論文を書くなら，もっともよく出題されている"兆候"をテーマにした問題を書くことをお勧めしてきたが，平成28年度問2で（リスクマネジメントとの複合問題ではあるものの）出題されてしまったので，今回は別の問題を推奨したいと思う。それは平成17年度問2だ。スケジュール短縮技法を駆使して柔軟なスケジュールを作成するスキルが問われている。

　この問題は案外"書きやすい"と思うかもしれないが，この問題の論文を添削していてよく思うのが「2か月短縮できた？それなら，最初からそれで計画しとけよ」ということ。ひとりでツッコミを入れている（笑）。そんなツッコミをされないように，短縮することで発生する"リスク"を説明し，それをきちんとステークホルダに説明して納得してもらったということを書かなければならない。何か計画を変えると"新たなリスクが発生する"という点（平成13年度問2でも重視している点）を強く意識するためにも，この問題を推奨する。

4.2 午後Ⅱ 章別の対策

●参考になる午後Ⅰ問題

午後Ⅱ問題文を読んでみて，"経験不足"，"ネタがない" と感じたり，どんな感じで表現していいかイメージがつかないと感じたりしたら，次の表を参考に "午後Ⅰの問題" を見てみよう。論文を書く上で，とても参考になる問題も存在する。

表11 対応表

テーマ	午後Ⅱ問題番号（年度－問）	参考になる午後Ⅰ問題番号（年度－問）
① スケジュール作成，進捗管理	H07-2	○ （H24-3，H20-1，H18-1，H13-1，H12-1），△ （H31-3，H15-4）
② スケジュール調整，スケジュール短縮	H17-2	○ （H27-3，H23-1）
③ 兆候管理	H22-3，H20-2，H15-3，H14-1	
④ 進捗遅れへの対応	H14-1，H14-3	○ （H26-2，H20-3），△ （H09-3）
⑤ 進捗遅れと本稼動開始	H30-2，H19-2，H12-3	○ （H17-4）
⑥ 工程ごとの完了評価	H25-3	

423

第4章 進捗

平成7年度 問2　進捗状況と問題の正確な把握について

解説はこちら

計画
　プロジェクトを計画どおりに進めるためには，プロジェクトマネージャはプロジェクトの進捗状況を正確に把握し，問題に応じて適切な対策をとる必要がある。
　一般的に進捗状況は定型化された進捗管理表などを用いて把握されるが，よりよく実態を把握するには，入手する情報やその収集方法を工夫することが重要である。特に設計フェーズにおいては，設計作業の対象が機能，構造，データ，性能，運用，移行など多様であり，また作業の中間段階での進捗度が定量的には表しにくい。そのため進捗状況を的確に把握するには様々な工夫が要求される。
　更に，開発規模や期間，要員の構成やスキルの状況，採用した開発技法などのプロジェクトの特徴に応じて，進捗状況と問題を把握する方法を変えていくことも必要である。

問題対応
　進捗遅れが発生しその対策を検討するに当たっては，問題を表面的にとらえるのではなく，問題の領域や影響度，更にはその本質的な原因を掘り下げて把握することが重要である。

　あなたの経験に基づいて，設問ア～ウに従って論述せよ。

設問ア　あなたが携わったプロジェクトの概要と特徴を，進捗管理の視点から，800字以内で述べよ。

設問イ　設問アで述べたプロジェクトについて，設計フェーズにおける進捗状況及び問題を適切に把握するために，どのような方法を用いたか，特に工夫した点は何か，具体的に述べよ。また，これらの方法・工夫についてどう評価したか，簡潔に述べよ。
（**計画**／**問題対応**）

設問ウ　進捗管理をより適切に行うために，あなたが今後採り入れたい施策について進捗管理全般を対象に，簡潔に述べよ。

進捗管理の基礎．

午後Ⅱ問題文の使い方については，P.234及びP.21の「(3) 予防接種をする」を参照してください。各問に掲載した手書きワンポイントアドバイスや，ページ右上のQRコード＊からアクセスできる専用サイトで提供する解説をご利用ください。

4.2 午後Ⅱ 章別の対策

平成17年度 問2 稼働開始時期を満足させるための
スケジュールの作成について

解説は
こちら

計画

　情報システム開発プロジェクトでは，設計・開発・テストなどの各工程で必要となるタスクを定義し，タスクの実施順序を設定してからスケジュールを作成する。プロジェクトは個々に対象範囲や制約条件が異なるので，システム開発標準や過去の類似プロジェクトなどを参考にして，そのプロジェクト固有のスケジュールを作成する。

　特に，システム全体の稼働開始前に一部のサブシステムの稼働開始時期が決められている場合や，利用部門から開発期間の短縮を要求されている場合などは，プロジェクト全体のスケジュールの作成に様々な調整が必要となる。このような場合，システム開発標準で定められたタスクや，類似プロジェクトで実績のあるタスクとそれらの実施順序を参考にしながら，タスクの内容や構成，タスクの実施順序を調整して，スケジュールを作成しなければならない。

　その際，全体レビューや利用部門の承認などのように，日程を変更できないイベントやタスクに着目するとともに，次のような観点でスケジュールを作成することが重要である。

・タスクを並行させて実施することが可能な場合には，タスク間の整合性をとるための新しいタスクを定義する。
・長期間かかるタスクの場合は，サブタスクに分割し，並行させて実施したり，実施順序を調整したりする。

あなたの経験と考えに基づいて，設問ア～ウに従って論述せよ。

設問ア　あなたが携わったプロジェクトの概要と，稼働開始時期が決定された背景を，800字以内で述べよ。

設問イ　設問アで述べたプロジェクトで，日程を変更できないイベントやタスクには何があったかについて述べよ。その上で，稼働開始時期を満足させるための調整をどのように行ったか。あなたがスケジュールを作成する上で，特に重要と考え工夫した点を中心に，具体的に述べよ。

計画

設問ウ　設問イで述べたスケジュール作成について，あなたはどのように評価しているか。また，今後どのように改善したいと考えているか。それぞれ簡潔に述べよ。

一旦計画 → 調整 → 新たなリスク
（但し、ここ動かせない…）

第4章　進捗

平成14年度 問1　クリティカルパス上の工程における進捗管理について

解説はこちら

計画
　プロジェクトマネージャは，プロジェクト計画の作成において，作業の実施順序を決め，資源の割当てを行い，実行可能なスケジュールを作成する。そして，スケジュール上のクリティカルパスを明確にする。
　クリティカルパス上にある工程は，その進捗の遅れがプロジェクト全体の進捗に影響する。特に，作業者の増員などの単純な対策では遅れが回復できないような工程は，重点的に管理する必要がある。このような工程には，問題の兆候を早期に発見するための手続を組み込み，進捗の遅れが発生する前に対策を行うことが肝要である。
　問題の兆候を早期に発見するためには，成果物の作成状況や未解決案件を報告させる，定期的に成果物を提出させ報告の内容と照らし合わせるなどの手続を組み込む。

問題
そして，例えば，設計工程において未解決案件や仕様変更などが増えていないか，チームリーダが担当者の進捗報告を鵜呑みにしていないかなどの観点で，問題の兆候の発見に努め，進捗に悪影響を及ぼす状況があれば必要な処置を取る。

対応
　一方，進捗の遅れが顕在化した場合は，原因分析を行い，対策を実施する。例えば，一部の担当者に負荷が集中しているなどの原因で進捗の遅れが発生していれば，作業量の調整や作業の実施順序の変更などを行い，遅れの拡大防止や早期回復を図り，計画時に考慮した許容範囲内で，クリティカルパス上の工程の進捗を守るように努める。

　あなたの経験と考えに基づいて，設問ア～ウに従って論述せよ。

　設問ア　あなたが携わったプロジェクトの概要と，クリティカルパス上で重点的に進捗を管理した工程及びその理由を，800字以内で述べよ。

計画

　設問イ　あなたが重点的に進捗を管理した工程において，問題の兆候を早期に発見するためにどのような手続を組み込んだか。そして，問題の兆候に対してどのような処置を取り，進捗の遅れに対してどのような原因分析と対策を実施したか，具体的に述べよ。

実施
問題

　設問ウ　設問イで述べた活動をどのように評価しているか。また，今後どのような改善を考えているか。それぞれ簡潔に述べよ。

対応

重点管理 → 兆候にアンテナ (H20-2)
"遅れ"は発生していない…

426

平成15年度 問3　プロジェクト全体に波及する問題の早期発見について

計画

　情報システム開発のプロジェクトでは，顧客側の業務担当者の参加が約束されていなかったり，一部の要員の力量が不足していたり，一部の要員がほかのプロジェクトを兼任しスケジュール調整が難しかったりするなど，部分的に問題を抱えたままプロジェクトマネージャの判断でプロジェクトを立ち上げる場合がある。

　プロジェクトの遂行時には，これらの問題の解決が遅れたり，不十分であったりすることがある。その結果，例えば，要件定義が確定しなかったり，設計品質が低下したり，進捗が遅れたりするなどのプロジェクト全体に波及する問題になることがある。

　プロジェクトマネージャは，プロジェクトの立上げ時に抱えていた問題から波及するおそれがあるプロジェクト全体の問題を事前に想定し，その兆候を早期に発見することが必要である。そのためには，プロジェクトの立上げ時に抱えていた問題に応じて，例えば，次のような項目の傾向を分析することが重要である。

・要件に対する質問への回答の遅れ日数
・要件定義の変更回数
・設計レビューの指摘件数
・兼任している要員の作業負荷

あなたの経験と考えに基づいて，設問ア～ウに従って論述せよ。

設問ア　あなたが携わったプロジェクトの概要と，プロジェクトの立上げ時に抱えていた問題について，800字以内で述べよ。

設問イ　設問アで述べた問題が解決できない状況において，プロジェクト全体に波及するどのような問題が発生すると想定したかを述べよ。また，どのようにしてその発生の兆候を早期に発見したか，分析した項目とともに，具体的に述べよ。

計画

設問ウ　設問イで述べた活動をどのように評価しているか。また，今後どのような改善を考えているか。それぞれ簡潔に述べよ。

"兆候"の例
(H20-2)

第4章 進捗

平成20年度 問2　情報システム開発における問題解決について

解説はこちら

兆候

　プロジェクトマネージャには，プロジェクトの目標を確実に達成するために，問題を早期に把握し，適切に対応することが求められる。問題が悪化し，窮地に追い込まれてから対応するのではなく，問題の兆候を察知して，大きな問題になる前に対処することが肝要である。

　プロジェクトマネージャは，プロジェクト遂行中，現場で起きた問題に直面したり，定期的な報告を処理したりすることで，様々な問題を把握している。中には，問題の兆候を察知したが，当面は状況の推移を見守る場合もある。しかし，兆候への対応が遅れると品質，納期，費用に影響するような大きな問題になる場合もあり，その見極めが重要である。

　例えば，次のように，問題の兆候への対処を誤ると大きな問題になる場合がある。
・メンバの不平や不満への対処を誤ると，品質や費用に影響を与える。
・会議への出席率の低さへの対処を誤ると，進捗や費用に影響を与える。

対応

　プロジェクトマネージャは，問題の兆候を察知したときには，まず，兆候の詳細や出現の背景を迅速に調査する。その結果，静観できないと判断した場合，その対応策を検討し，大きな問題にならないように対処することが必要となる。

　あなたの経験と考えに基づいて，設問ア〜ウに従って論述せよ。

設問ア　あなたが携わった情報システム開発プロジェクトの概要と，プロジェクト遂行中に察知した問題の兆候について，800字以内で述べよ。

兆候

設問イ　設問アで述べた兆候の詳細や出現の背景について何をどのように調査したか。また，兆候を静観した場合に，どのような大きな問題になると想定したか。その根拠及び実施した対応策は何か。それぞれ具体的に述べよ。

対応

設問ウ　設問イで述べた活動について，あなたはどのように評価しているか。また，今後どのように改善したいと考えているか。それぞれ簡潔に述べよ。

これも兆候…「推移を見守る」は大事．
→H14-1，H15-3も．
計画変更は新たなリスク．労力が必要

平成22年度 問3　システム開発プロジェクトにおける進捗管理について

解説はこちら

【計画】
　プロジェクトマネージャには，プロジェクトのスケジュールを策定し，これを遵守することが求められる。クリティカルパス上のアクティビティなど，その遅れがプロジェクト全体の進捗に影響を与えるアクティビティを特定し，重点的に管理することが必要となる。

　このようなアクティビティの進捗管理に当たっては，進捗遅れの兆候を早期に把握し，品質を確保した上で，完了日を守るための対策が求められる。例えば，技術的なリスク要因が存在するアクティビティに対してスキルの高い要員を配置したり，完了日までの間にチェックポイントを細かく設定して進捗を確認したりする。また，成果物の完成状況や品質，問題の発生や解決の状況などを定期的に確認することによって，進捗遅れにつながる兆候を把握し，進捗遅れが現実に起きないような予防処置を講じたりする。

【問題対応】
　こうした対策にもかかわらず進捗が遅れた場合には，原因と影響を分析した上で遅れを回復するための対策を実施する。例えば，進捗遅れが技術的な問題に起因する場合には，問題を解決し，遅れを回復するために必要な技術者を追加投入する。また，仕様確定の遅れに起因する場合には，利用部門の責任者と作業方法の見直しを検討したり，レビューチームを編成したりする。進捗遅れの影響や対策の有効性についてはできるだけ定量的に分析し，進捗遅れを確実に回復させることができる対策を立てなければならない。

　あなたの経験と考えに基づいて，設問ア～ウに従って論述せよ。

設問ア　あなたが携わったシステム開発プロジェクトの特徴と，プロジェクトにおいて重点的に管理したアクティビティとその理由，及び進捗管理の方法を，800字以内で述べよ。

設問イ　設問アで述べたアクティビティの進捗管理に当たり，進捗遅れの兆候を早期に把握し，品質を確保した上で，アクティビティの完了日を守るための対策について，工夫を含めて，800字以上1,600字以内で具体的に述べよ。

設問ウ　設問イで述べた対策にもかかわらず進捗が遅れた際の原因と影響の分析，追加で実施した対策と結果について，600字以上1,200字以内で具体的に述べよ。

H14-1と同じ。"遅れへの対応"はH13-2, H17-3等。

第4章 進捗

平成25年度 問3 システム開発プロジェクトにおける工程の完了評価について

解説はこちら

計画
　プロジェクトマネージャ（PM）には，プロジェクトの品質，予算，納期の目標を達成するために，プロジェクトの状況を継続的に評価し，把握した問題について対策を検討し，実施することが求められる。
　特に，各工程の完了に先立って，作業の実績，成果物の品質などの項目について，その工程の完了条件に基づいて評価する。また，要員の能力や調達状況などの項目について，次工程の開始条件に基づいて評価する。評価時に把握されるプロジェクト遂

問題
行上の問題としては，例えば，設計工程では，次のようなものがある。
　・工程の成果物の承認プロセスが一部未完了
　・次工程の開発技術者が，計画上の人員に対して未充足

対応
　PMはこのような問題を把握して，次工程にどのような影響を与えるかを分析し，対応策を検討する。問題によっては，プロジェクトの納期は変えずにスケジュールの調整を行うなどの対応策が必要になる場合もある。そして，必要な関係者にその工程の完了及び次工程の開始の承認を得る。
　また，類似の問題が発生しないように問題の背景や原因を把握して，再発防止策を立案することも重要である。

　あなたの経験と考えに基づいて，設問ア～ウに従って論述せよ。

設問ア　あなたが携わったシステム開発プロジェクトのプロジェクトとしての特徴と，完了評価を行った工程の一つについて，その概要，その工程の完了条件と次工程の開始条件を，800字以内で述べよ。
（計画）

設問イ　設問アで述べた工程の完了評価の結果はどのようなものであったか。その際，把握した問題と次工程への影響，検討した対応策について，800字以上1,600字以内で具体的に述べよ。
（問題／対応）

設問ウ　設問イで述べた問題の背景や原因，再発防止策とその評価，及び残された問題について，600字以上1,200字以内で具体的に述べよ。

・工程の完了条件・次工程の開始条件のNG（○）
・品質が悪い（△，×）
・完成していない（×）

平成12年度 問3　開発システムの本稼働移行について

解説はこちら

問題
　システム開発プロジェクトでは，システムテストや運用テストの段階で，一部機能の欠陥や，ある条件下で性能要件が満たせないなどの問題が発見され，本稼働予定日までにすべての問題を解決することが困難であることも少なくない。しかし，このような状況でも，業務の都合などで本稼働の延期が難しく，条件付きでもなんとか運用を開始しなければならないことが多い。

対応
　このような場合，プロジェクトマネージャは問題の状況や影響範囲を分析し，本稼働に踏み切った場合に必要となる一部機能の使用制限や代替手段の提供，十分に検証が終わっていない特殊な条件に対する処理結果の再確認，想定されるトラブルへの対応策などについて，十分な検討を行わなければならない。
　また，これらの施策の検討に当たっては，利用部門及び運用部門との十分な調整も必要となる。

　あなたの経験に基づいて，設問ア～ウに従って論述せよ。

問題
設問ア　あなたが携わったプロジェクトの概要と，計画された本稼働移行を妨げる問題として何があったかを，800字以内で述べよ。

対応
設問イ　設問アで述べた本稼働移行を妨げる問題に対処するために，どのような施策を，どのように実施したか。工夫した点を中心に，具体的に述べよ。

設問ウ　あなたが実施した施策を，本稼働後の状況からどのように評価しているか。また，反省点は何か。それぞれ簡潔に述べよ。

⟶ H19-2

第4章 進捗

平成19年度 問2　情報システムの本稼働開始について

解説はこちら

計画
　プロジェクトマネージャは，システムの品質確保の状況，利用者への教育実施の状況，データ移行の状況などを情報システム開発の委託元に報告して本稼働開始の判断を仰ぐ。その際，プロジェクトマネージャは，プロジェクト成果物の完成見通しだけでなく，システムの利用部門や運用部門などにおける準備の状況も勘案して，本稼働開始の可否について判断を仰ぐための材料を用意する。

問題
　実際には，システムの品質やデータの移行などに課題が残り，本稼働予定日までに解決できないことも少なくない。

対応
このような場合でも，業務の都合などで本稼働を延期することが難しい状況にあるときは，必要な対応策を実施して，本稼働に踏み切ることがある。プロジェクトマネージャは，課題を残して本稼働を開始した場合の影響範囲を調査し，課題解決までの日程，影響を受ける部門・利用者・業務などを明確にする。その上で，例えば，次のような対応策を検討する。
- 一部の要件が実現できていない機能の代替策と運用手順を提供する。
- 利用者への教育が不十分な部門を支援するためのヘルプデスクを設置する。
- システムの運用部門が機能するまでの暫定的なシステム運用支援チームを設置する。
- データの移行が完了するまでの当面の対応ルールを利用部門や業務単位に設定する。

あなたの経験と考えに基づいて，設問ア〜ウに従って論述せよ。

設問ア　あなたが携わった情報システム開発プロジェクトの概要と，あなたが情報システム開発の委託元に本稼働開始の可否について判断を仰ぐために用意した材料について，800字以内で述べよ。　**【計画】**

設問イ　設問アで述べた情報システムの本稼働開始に当たり，本稼働までに解決できないと認識した課題はどのようなことか。また，課題を残して本稼働を開始した場合の影響範囲を調査した上で，どのような対応策を検討したか。工夫した点を中心に，具体的に述べよ。　**【問題】【対応】**

設問ウ　設問イで述べた対応策について，あなたはどのように評価しているか。また，今後どのように改善したいと考えているか。それぞれ簡潔に述べよ。

手書きメモ：
対応策＝計画変更（期間, コストを明確に）
・"責任"と権勢 → どこから？ 合意も大事

4.2 午後Ⅱ 章別の対策

平成25年度 問2 システム開発プロジェクトにおける トレードオフの解消について

解説はこちら

問題

　プロジェクトマネージャには，プロジェクトの遂行中に発生する様々な問題を解決することによって，プロジェクト目標を達成することが求められる。

　プロジェクトの制約条件としては，納期，予算，要員などがある。プロジェクトの遂行中に発生する問題の中には，解決に際し，複数の制約条件を同時に満足させることができない場合がある。このように，一つの制約条件を満足させようとすると，別の制約条件を満足させられない状態をトレードオフと呼ぶ。

対応

　プロジェクトの遂行中に，例えば，プロジェクトの納期を守れなくなる問題が発生したとき，この問題の解決に際し，制約条件である納期を満足させようとすれば予算超過となり，もう一つの制約条件である予算を満足させようとすれば納期遅延となる場合，納期と予算のトレードオフとなる。この場合，制約条件である納期と予算について分析したり，その他の条件も考慮に入れたりしながら調整し，トレードオフになった納期と予算が同時に受け入れられる状態を探すこと，すなわちトレードオフを解消することが必要になる。

　あなたの経験と考えに基づいて，設問ア～ウに従って論述せよ。

設問ア　あなたが携わったシステム開発プロジェクトにおけるプロジェクトの概要とプロジェクトの制約条件について，800字以内で述べよ。

設問イ　設問アで述べたプロジェクトの遂行中に発生した問題の中で，トレードオフの解消が必要になった問題とそのトレードオフはどのようなものであったか。また，このトレードオフをどのように解消したかについて，工夫した点を含めて，800字以上1,600字以内で具体的に述べよ。

問題 → 対応 →

設問ウ　設問イのトレードオフの解消策に対する評価，残された問題，その解決方針について，600字以上1,200字以内で具体的に述べよ。

→ H19-2 の応用.
　"責任"と整合性.

433

平成30年度 問2 システム開発プロジェクトにおける本稼働間近で発見された問題への対応について

解説はこちら

プロジェクトマネージャ（PM）には，システム開発プロジェクトで発生する問題を迅速に把握し，適切な解決策を立案，実施することによって，システムを本稼働に導くことが求められる。しかし，問題の状況によっては暫定的な稼働とせざるを得ないこともある。

問題　システムの本稼働間近では，開発者によるシステム適格性確認テストや発注者によるシステム受入れテストなどが実施される。この段階で，機能面，性能面，業務運用面などについての問題が発見され，予定された稼働日までに解決が困難なことがある。しかし，経営上や業務上の制約から，予定された稼働日の延期が難しい場合，暫定的な稼働で対応することになる。

対応　このように，本稼働間近で問題が発見され，予定された稼働日までに解決が困難な場合，PMは，まずは，利用部門や運用部門などの関係部門とともに問題の状況を把握し，影響などを分析する。次に，システム機能の代替手段，システム利用時の制限，運用ルールの一時的な変更などを含めて，問題に対する当面の対応策を関係部門と調整し，合意を得ながら立案，実施して暫定的な稼働を迎える。

あなたの経験と考えに基づいて，設問ア～ウに従って論述せよ。

設問ア　あなたが携わったシステム開発プロジェクトにおけるプロジェクトの特徴，本稼働間近で発見され，予定された稼働日までに解決することが困難であった問題，及び困難と判断した理由について，800字以内で述べよ。

設問イ　設問アで述べた問題の状況をどのように把握し，影響などをどのように分析したか。また，暫定的な稼働を迎えるために立案した問題に対する当面の対応策は何か。関係部門との調整や合意の内容を含めて，800字以上1,600字以内で具体的に述べよ。

設問ウ　設問イで述べた対応策の実施状況と評価，及び今後の改善点について，600字以上1,200字以内で具体的に述べよ。

→ H19-2

令和 3 年度 問 2　システム開発プロジェクトにおけるスケジュールの管理について

解説はこちら

　プロジェクトマネージャ（PM）には，プロジェクトの計画時にシステム開発プロジェクト全体のスケジュールを作成した上で，プロジェクトが所定の期日に完了するように，スケジュールの管理を適切に実施することが求められる。

計画　PM は，スケジュールの管理において一定期間内に投入したコストや資源，成果物の出来高と品質などを評価し，承認済みのスケジュールベースラインに対する現在の進捗の実績を確認する。そして，進捗の差異を監視し，差異の状況に応じて適切な処置をとる。

問題　PM は，このようなスケジュールの管理の仕組みで把握した進捗の差異がプロジェクトの完了期日に対して遅延を生じさせると判断した場合，差異の発生原因を明確
対策　にし，発生原因に対する対応策，続いて，遅延に対するばん回策を立案し，それぞれ実施する。

　なお，これらを立案する場合にプロジェクト計画の変更が必要となるとき，変更についてステークホルダの承認を得ることが必要である。

　あなたの経験と考えに基づいて，設問ア～ウに従って論述せよ。

設問ア　あなたが携わったシステム開発プロジェクトにおけるプロジェクトの特徴と
計画　　　目標，スケジュールの管理の概要について，800 字以内で述べよ。
設問イ　設問アで述べたスケジュールの管理の仕組みで把握した，プロジェクトの完
問題　　　了期日に対して遅延を生じさせると判断した進捗の差異の状況，及び判断した
対策　　　根拠は何か。また，差異の発生原因に対する対応策と遅延に対するばん回策は
　　　　どのようなものか。800 字以上 1,600 字以内で具体的に述べよ。
設問ウ　設問イで述べた対応策とばん回策の実施状況及び評価と，今後の改善点について，600 字以上 1,200 字以内で具体的に述べよ。

第4章　進捗

4.3 ・ 午後Ⅰ 章別の対策

午後Ⅱの問題文がある程度頭に入り「この点について書かないといけないのか」と把握できたら，続いて午後Ⅰ演習に入っていこう。この順番で進めると，午後Ⅰの練習にもなるし，午後Ⅱのコンテンツ部品のヒントにもなる。

●過去に出題された午後Ⅰ問題

表12　午後Ⅰ過去問題

年度	問題番号	テーマ	掲載場所	優先度 1	優先度 2	優先度 3
①進捗計画立案に関する問題						
H12	1	プログラム開発工程における進捗管理	Web		○	
H15	4	プロジェクトの完了報告	Web	→第1章		
H23	1	システム開発プロジェクトにおけるスケジュール管理	Web			△
H25	1	設計ドキュメント管理システムの開発プロジェクト	Web			△
H26	2	プロジェクトの進捗管理	Web		○	
H31	3	プロジェクトの定量的なマネジメント	本紙		○	
②スケジュール変更，及びスケジュール短縮技法に関する問題						
H16	4	営業支援システムの構築における計画変更	Web			△
H20	3	保守サービス管理システムの開発プロジェクト	Web			△
H27	3	システムの再構築	Web	◎		
②ＥＶＭ関連の問題						
H13	1	プロジェクトの進捗管理	Web			
H18	1	アーンドバリューマネジメントの導入	Web			
H20	1	進捗管理	Web	→第5章		
H24	3	EVMによるプロジェクト管理	Web			
H28	3	プロジェクトの進捗管理及びテスト計画	本紙			

※掲載場所が"Web"のものは https://www.shoeisha.co.jp/book/present/9784798174914/ からダウンロードできます。詳しくは，ivページ「付録のダウンロード」をご覧ください。

進捗やスケジュールをテーマにした問題は，進捗計画立案に関する問題，計画変更，及びスケジュール短縮（遅延解消）に関する問題，EVM関連の問題の三つに大別できる。

【優先度 1】必須問題，時間を計って解く＋覚える問題

優先度 1 の問題とは，問題文そのものが良い教科書であり，（問題文そのものを）覚えておいても決して損をしない類の問題を指している。午後Ⅱ（論文）の事例としても参考になる問題だ。時間を計測して解いてみるだけではなく，問題文と設問，解答をワンセットにして，（ある程度でいいので）覚えていこう。

計画変更，及びスケジュール短縮（遅延解消）＝平成 27 年度　問 3

スケジュール遅延や計画変更が発生したにもかかわらず，納期を変更できない場合，スケジュールを短縮する必要があるが，この問題は，そこが問われている。午後Ⅱの具体的事例としても有益なので，問題文を何度も読み返しておきたい 1 問だ。

【優先度 2】推奨問題，時間を計って解く問題

優先度 1 の問題のように問題文全体を覚えておく必要はないが，解答手順をチェックしたり，設問と解答（加えて，解答を一意に決定づける記述）を覚えたりした方がいい問題を，優先度 2 の問題として取り上げてみた。解答手順に特徴のあるものも含んでいるので，時間を計測して解いておきたい問題になる。

本章だと，「①進捗計画立案に関する問題」の中の，平成 12 年度問 1 と平成 26 年度問 2，平成 31 年度問 3 の 3 問を推奨する。いずれも，オーソドックスな進捗管理表を使う問題だ。進捗管理ツールに関しては，他にも PDM の問題（平成 23 年度問 1）があるが，これは午前レベルの問題と判断して優先度を 3 にした。また，現在の主流である EVM の問題も過去に 5 問出題されているが，こちらは改めて第 5 章で説明する。

他に，進捗管理がメインであるかどうかにかかわらず，進捗遅延が発生している問題は多い。このカテゴリで紹介している問題だと，平成 18 年度問 1，平成 20 年度問 3 などがある。他の章に分類した問題であれば，平成 14 年度問 2（→第 7 章，オフショア開発での遅延），平成 16 年度問 2（→第 6 章，総合テストでの対策），平成 17 年度問 4（→第 6 章，不具合の改修計画），平成 18 年度問 4（第 1 章，追加開発の依頼）などもある。遅延対策としてどういう対応が必要なのかを確認するには，これらの問題にも目を通しておくといいだろう。午後Ⅰの練習としての優先度は低くても，午後Ⅱ対策として，これらの問題や解答を参考にしながら，どのようなパターンがあるのか情報収集しておくのも有効である。

第4章　進捗

4.4 午前Ⅱ 章別の対策

　現段階の知識を確認したら午前Ⅱ対策を進めていこう。以下に本章に属する午前問題を集めてみた。表13の章別午前問題は下記のサイトにあるので，問題と解答をダウンロードして解いておこう。

URL：https://www.shoeisha.co.jp/book/present/9784798174914/

●過去に出題された午前Ⅱ問題

表13　午前Ⅱ過去問題

	テーマ		出題年度 - 問題番号 （※1，2）			
進捗	①	全体工期の計算（1）	H20-22			
	②	全体工期の計算（2）	H31-8			
	③	残りの工期の計算	H30-7	H27-4	H24-7	H22-8
			H19-21			
	④	資源カレンダー	H28-7			
	⑤	資源平準化	R02-8			
	⑥	進捗率の計算	H16-24			
ADM	⑦	ADMの解釈（1）	H20-21	H14-20		
	⑧	ADMの解釈（2）	R02-7			
	⑨	ADMを使ったファストトラッキング	H30-6			
PDM	⑩	ある作業の総余裕時間	H25-10			
	⑪	総工期の計算	H18-22			
	⑫	所要日数の計算（1）	H29-10			
	⑬	所要日数の計算（2）	R03-4			
トレンドチャート	⑭	トレンドチャートの読み方	H22-6			
クリティカルチェーン	⑮	クリティカルチェーン（1）	H22-5			
	⑯	クリティカルチェーン（2）	R03-7	H31-4	H29-1	H26-9
	⑰	クリティカルチェーン（3）	H27-7			
	⑱	クリティカルチェーン（4）	H25-7			
スケジュール短縮技法	⑲	ファストトラッキング	H24-5			
	⑳	クラッシング（1）	H23-6			
	㉑	クラッシング（2）	R03-6	H29-9	H27-9	H25-9
ガントチャート	㉒	ガントチャート（1）	H16-44			
	㉓	ガントチャート（2）	R03-5	H31-3	H29-8	H27-8
			H24-4	H22-4		
	㉔	ガントチャート（3）	H23-5	H15-24		
	㉕	ガントチャート（4）	R02-6			

※1．平成14年度～平成20年度のプロジェクトマネージャ試験の午前試験，及び平成21年度～令和3年度のプロジェクトマネージャ試験の午前Ⅱ試験の合計710問より，プロジェクトマネジメントの分野だと考えられるものを抽出。
※2．問題は，選択肢まで含めて全く同じ問題だけではなく，多少の変更点であれば，それも同じ問題として扱っている。

Column ▶ 邪魔をしないマネジメント

今，"**邪魔をしないマネジメント**"が求められています。

このコロナ禍で，多くの企業がリモートワークを導入するようになりました。感染リスクも減少し，通勤時間も削減できるというメリットもある一方，管理する側からは管理の難しさを，管理される側からは不満の声なんかも聞こえてきます。

「やっぱり会議は集まらないと！」ということで…結局，何か理由をつけて，今まで通りのスタイルに戻ったりすることも。

本当に必要で，リモートでは絶対に無理というなら仕方がないのですが，管理者が自分の仕事のために，あるいは自分が仕事をしているように見せたいがために，部下やメンバが巻き込まれているとしたら…大きな損失ですよね。

そういう意味では，今回のリモートワークの進展は，これまで埋没していた"無駄で意味のないマネジメント"を表面化させることにもなったようです。

裁量

リモートワークでのマネジメントでは，裁量の与え方が重要になります。裁量とは，相手（多くの場合，部下やメンバ）に判断や処理を任せることですよね。

この"裁量"…うまく使っていますか？

筆者の知る限りではありますが，有名な起業家，経営者，優秀な管理者やPMは，皆"裁量"の使い方が秀逸です。

基本は，相手の処理能力を正確に見極めた上で，相手に応じた最適な"質と量"を与えることです。

通常，自分の能力を試せるくらいの大きな裁量が与えられると（大きな仕事を任されると），それ自体が"やりがい"となりモチベーションがあがります。その逆だと，一気にやる気を失うことも。裁量の与え方一つで全然違ってくるんですよね。

裁量の与え方（裁量を育てる）

そんな"裁量"を考えるのもPMの仕事。裁量の与え方をメンバごとに最適化するのは，PJを成功させるためにも，生産性を最大化するためにも重要なんです。

メンバに仕事を任せる時には，1か月間を自分でしっかり制御できる人には，その仕事をこなすために必要な資源とともに1か月分まとめて仕事を与えるように考えるのがベストですよね。そういう人に対して日々細かい指示を出すとどんどんやる気をなくしますからね。

でも逆に，いくら"やる気"があっても1週間単位でしか自分をコントロールできない人には，毎週，細かく進捗を管理し指示を出さないといけないでしょう。

もちろん"裁量"は報告スパンだけを指すものではありません。判断や意思決定も含みます。しかし，形骸化したコミュニケーションルールを思考を停止して一律に適用するぐらいなら，せめて時間的自由だけでも…最適な裁量を与えるべきなんですよね。

そして，双方納得の上で"裁量"を決め，プロジェクトを通じて育てていくことができれば…後は，請負契約の如く…その時期を待つだけでよくなります。これが，"**邪魔をしないマネジメント**"，"**自信をもって何もしないマネジメント**"の第一歩ではないでしょうか。

第4章　進捗

午後Ⅰ演習

平成31年度　問3

問3　プロジェクトの定量的なマネジメントに関する次の記述を読んで，設問 1～3 に答えよ。

　　R 社は，首都圏から 3 時間ほどの地方都市を本拠地としているソフトウェア企業である。これまでの主要顧客は地元の製造業であったが，今後は首都圏の新規顧客の獲得を目指している。首都圏の大手 SI 企業でプロジェクトマネージャ（PM）としての経験を積んだ S 課長は，U ターンで R 社に入社した。入社に当たって，経営陣から，次のような説明を受けた。

・R 社には職人気質のエンジニアが多く，組織の価値観として品質重視が浸透している。この組織としての強みは，今後も大切にしていく。

・プロジェクトマネジメントは，顧客ごとの要求に合わせて実施しているが，社内でマネジメントの標準として制定しているものはない。最近になって，プロジェクトが佳境に入ったところで進捗遅れが発覚して，顧客から苦情を受けるといったことが徐々に増えてきている。その中には，進捗遅れのリカバリ策に具体的な裏付けが不足していた，というものもある。これらは，社内にマネジメントの標準がなく，組織に定量的なマネジメントが根付いていないことが原因だと考えている。

・R 社が首都圏の新規顧客のニアショアのパートナとして信頼を獲得するには，これまでのやり方では限界があるので，定量的な管理手法を取り入れたマネジメントの標準（以下，R 社標準という）を制定して社内に浸透させたい。S 課長には，そのリーダとなってほしい。

　　S 課長が PM として最初に担当するのは，首都圏の顧客である SI 企業の A 社から受注した販売管理システムの開発プロジェクトである。これは若手の T 主任が A 社に常駐し，複数のプロジェクトに参加する中で信頼を獲得して，A 社からは初めてシステム開発をニアショアとして受注したものである。A 社は，請負契約での開発を確実に遂行できる委託先を求めており，R 社経営陣もこのプロジェクトに注目している。プロジェクトチームの構成員（以下，チームメンバという）は 7 名，開発期間は 7 か月である。プロジェクトチームのリーダの T 主任は，対象となるシステムや開発内容についての十分な理解がある。見積りの前提となるスコープも適切な内容で，R 社が A 社と合意した受注金額にはリスクを考慮した予備費が含まれていた。S 課長は，R 社標準の試案を作成して，このプロジェクトで初めて適用することにした。

440

〔R社のスケジュール及び品質に関するマネジメントの状況〕

　S課長は，過去に発生した進捗遅れに関する記録を確認した。またT主任にも丁寧にヒアリングを行って，R社のスケジュール及び品質に関するマネジメントの状況について，次のように認識した。

・WBSは作成されており，個々の"活動（アクティビティ）"にまで階層的に分割されていたが，活動の粒度にはばらつきがあった。

・活動ごとに成果物が定義され，その作業量が見積もられていた。過去のプロジェクトの実績を基にした見積りで，これまで大きな見積りの誤りはなかった。

・成果物を作成する活動は，成果物の品質の確認も含めて，その活動の中で実施するように階層的に分割されていた。

・進捗状況は，週2回の進捗会議で，活動ごとに報告されていた。設計工程から製造工程までは，担当者が自己評価した成果物の出来高が報告されていた。

・レビューにおける欠陥の摘出件数，テストにおけるテスト項目数及び欠陥の摘出件数の計画値は，過去のプロジェクトの実績と，PMのこれまでの経験で決めていた。

・レビュー及びテストにおける欠陥への対処は，完了まで適切に管理されていた。

　首都圏の顧客のニアショアのパートナとして信頼を獲得するためには，品質を確保し，納期を遵守することが必達目標である。S課長は，この目標を確実に達成するためには，スケジュール及び品質に関するプロセスの改善が必要だと認識した。ただし，T主任の"R社標準の試案の適用に当たり，チームメンバの理解はおおむね得られるはずだが，導入に当たって少なからず抵抗や反発もあると思う"という意見を受け入れて，改善に優先度をつけることにした。具体的には，今回適用するR社標準の試案では，①品質に関するプロセスの改善は最小限にとどめて，スケジュールに関するプロセスの改善を優先することにした。

〔進捗遅れの原因分析〕

　S課長はT主任とともに，過去に発生した進捗遅れの原因分析を行い，次のような認識を得た。

・担当者は進捗遅れを認識しているが，回復が可能だと判断し，予定どおりと報告してくるケースがある。これは，R社の多くのエンジニアが，"遅れはエンジニアとして恥ずかしいことであり，自らの努力でリカバリする責任がある"と考えている

441

第4章　進捗

からである。結果として，期限に間に合うこともあるが，思いどおりにリカバリできないこともある。

・担当者が認識する品質と実際の品質との間にギャップがあると，進捗は正しく評価されない。このような場合，個々の成果物に対する初回のレビューで進捗への影響が明らかになる。初回のレビューの実施時期は，レビューイの判断で決定している。品質のギャップを検出する時期が遅くなると，リカバリは難しくなる。

・チームメンバがクリティカルパス上の活動を認識していないので，該当の活動に関する問題の検知と対応が遅れ，マイルストーンに間に合わなくなることがある。

　S課長は，進捗遅れの原因分析の結果から，次のような改善方針を考えた。

・成果物の出来高を客観的に評価することを定着させ，評価結果を事実として共有することの意義を組織に浸透させる。

・R社のエンジニアは自分の仕事への自負と責任感が強いので，②その特長を生かしつつR社標準の試案を浸透させる方針とし，現状を徐々に改善していく。

・品質に関するプロセスでは，③レビューについて，すぐに改善できることを実施し，根本的な原因に対しては時間を掛けて対応する。

・クリティカルパス上の活動を識別し，重点的に監視する。

　S課長は，T主任とはR社標準を制定することの意義と，プロセスの改善方針について，十分に認識を共有できたと感じた。そこで④R社標準の試案をチームメンバにスムーズに浸透させるために，"チームメンバと十分に議論をして，R社標準の試案を具体的に提案してほしい"とT主任に指示した。その議論に先だって，スケジュールの管理についてはEVM（Earned Value Management）に基づく進捗データの指標の設定や計測方法を参考にするよう助言した。

〔T主任の提案〕

　T主任が提案してきたR社標準の試案は，次のとおりであった。

・週2回の進捗会議で，各自が，成果物の出来高実績，担当部分のSPI（Schedule Performance Index）及び今後の見通しを報告する。

・T主任は会議後に，プロジェクト全体の出来高実績とSPIを算出し，プロジェクトの状況や課題を分析して，チームメンバにフィードバックする。進捗遅れが発生した際は，遅れという事象やその原因に焦点を当てて，プロジェクトチーム全体とし

442

ての対処や，チームメンバ間の調整を検討し，関係するチームメンバを集めて協議を行う。

・活動の階層的な分割について，基本的な考え方は従来どおりとするが，更に細かく成果物の章単位などに分割して，活動の粒度が 1 週間以内の作業になるようにする。

・成果物を作成する活動の進捗率は，表1に従って算出する。

表1　成果物を作成する活動の進捗率の算出方法（案）

成果物	単位	進捗率の算出方法
テスト仕様書兼成績書を除くドキュメント類	ページ数	担当者が作成済のページ数／計画ページ数
プログラム	行数	担当者がコーディング済の行数／計画行数
テスト仕様書兼成績書	テスト項目数	担当者が作成済，実施済又は検証済のテスト項目数／計画テスト項目数

注記　進捗率の算出に用いる分母は，計画見直しの段階で更新し，完成の段階で実績値に置き換える。

　S 課長は，R 社のスケジュール及び品質に関するマネジメントの状況や過去に発生した進捗遅れの原因と，提案された R 社標準の試案を照らし合わせ，次の見直しを行うことで T 主任と合意した。

・進捗率の算出方法について，品質の観点を加えて見直しを行う。

・進捗会議の場を有効活用するために，各自の成果物の出来高実績，担当部分の SPI 及び今後の見通しの報告は会議前に実施する。それを受けて T 主任は，プロジェクトの状況や課題を会議前に分析する。進捗会議では，その内容を共有する。遅れを認識しているチームメンバは，リカバリ策を検討して会議に臨む。

・プロジェクト全体の遅れにつながる問題の予兆を検知するために，⑤チームメンバ別以外のある切り口での SPI を算出して，重点的に監視する。

　S 課長と T 主任は今回のプロジェクトで，R 社標準の試案の有効性をチームメンバが体感し，"R 社標準は自分たちのためになる管理手法である"と認識してもらう，という目標を共有した。

第4章　進捗

設問1　〔R社のスケジュール及び品質に関するマネジメントの状況〕の本文中の下線
　　　　①について，S課長はなぜ，品質に関するプロセスの改善は最小限にとどめるこ
　　　　とにしたのか。また，なぜスケジュールに関するプロセスの改善を優先すること
　　　　にしたのか。それぞれ，30字以内で述べよ。

設問2　〔進捗遅れの原因分析〕について，(1)〜(3)に答えよ。

　(1)　本文中の下線②について，このS課長のR社標準の試案に基づく方針では，
　　　　進捗の遅れが発生した場合に，具体的にどのような対応を促すのか。35字以
　　　　内で述べよ。

　(2)　本文中の下線③について，すぐに改善できることとは具体的に何か。35字
　　　　以内で述べよ。

　(3)　本文中の下線④について，S課長がR社標準の試案をチームメンバにスム
　　　　ーズに浸透させるために，T主任にチームメンバと十分に議論をして試案を具
　　　　体的に提案するよう指示したのは，どのような効果を期待したからか。40字
　　　　以内で述べよ。

設問3　〔T主任の提案〕について，(1)〜(3)に答えよ。

　(1)　S課長とT主任は，進捗率の算出方法をどのように見直すことにしたのか。
　　　　"テスト仕様書兼成績書を除くドキュメント類"の進捗率の算出方法について，
　　　　表1における進捗率の算出方法欄に倣って30字以内で答えよ。

　(2)　S課長とT主任は，プロジェクトの状況や課題の分析を会議前に実施する
　　　　ことによって，進捗会議をどのような場として有効活用することにしたのか。
　　　　30字以内で述べよ。

　(3)　本文中の下線⑤について，S課長とT主任は，どのような切り口のSPIを
　　　　重点的に監視することにしたのか。25字以内で述べよ。

〔解答用紙〕

設問1	品質に関するプロセスの改善を最小限にとどめる理由													
	スケジュールに関するプロセスの改善を優先する理由													
設問2	(1)													
	(2)													
	(3)													
設問3	(1)													
	(2)													
	(3)													

第4章 進捗

問題の読み方とマークの仕方

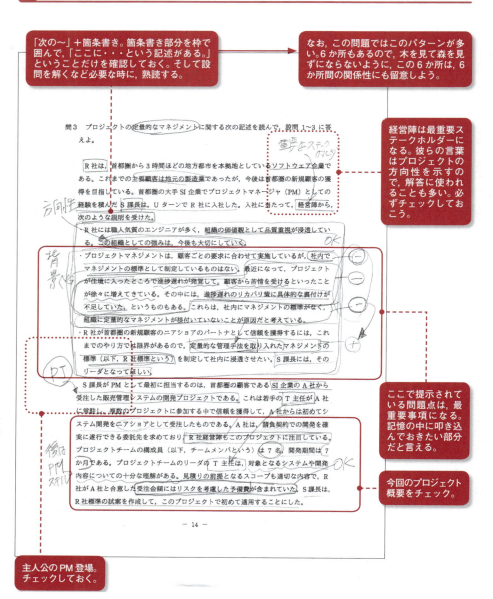

午後Ⅰ演習

〔R社のスケジュール及び品質に関するマネジメントの状況〕

S課長は、過去に発生した進捗遅れに関する記録を確認した。またT主任にも丁寧にヒアリングを行って、R社のスケジュール及び品質に関するマネジメントの状況について、次のように認識した。

・WBSは作成されており、個々の“活動（アクティビティ）”にまで階層的に分割されていたが、活動の粒度にはばらつきがあった。

・活動ごとに成果物が定義され、その作業量が見積もられていた。過去のプロジェクトの実績を基にした見積りで、これまで大きな見積りの誤りはなかった。

・成果物を作成する活動は、成果物の品質の確認も含めて、その活動の中で実施するように階層的に分割されていた。

・進捗状況は、週2回の進捗会議で、活動ごとに報告されていた。設計工程から製造工程までは、担当者が自己評価した成果物の出来高が報告されていた。

・レビューにおける欠陥の摘出件数、テストにおけるテスト項目数及び欠陥の摘出件数の計画値は、過去のプロジェクトの実績と、PMのこれまでの経験で決めていた。

・レビュー及びテストにおける欠陥への対処は、完了まで適切に管理されていた。

首都圏の顧客のニアショアのパートナとして信頼を獲得するためには、品質を確保し、納期を遵守することが必達目標である。S課長は、スケジュール及び品質に関するプロセスの改善が必要だと認識した。ただし、T主任の“R社標準の試案の適用に当たり、チームメンバの理解はおおむね得られるはずだが、導入に当たって少なからず抵抗や反発もあると思う”という意見を受け入れて、改善に優先度をつけることにした。具体的には、今回適用するR社標準の試案では、①品質に関するプロセスの改善は最小限にとどめ、スケジュールに関するプロセスの改善を優先することにした。

〔進捗遅れの原因分析〕

S課長はT主任とともに、過去に発生した進捗遅れの原因分析を行い、次のような認識を得た。

・担当者は進捗遅れを認識しているが、回復が可能だと判断し、予定どおりと報告してくるケースがある。これは、R社の多くのエンジニアが、“遅れはエンジニアとして恥ずかしいことであり、自らの努力でリカバリする責任がある”と考えている

— 15 —

第 4 章　進捗

> 前ページから続く，過去の大きな問題点が 3 つ箇条書きで示されているところ。この大きな問題 3 つは，その推移をチェックするとともに，設問の解答で使われないかどうかを十分注意しておこう。

大王な問題が 3 つ。

からである。結果として，期限に間に合うこともあるが，思いどおりにリカバリできないこともある。

② 担当者が認識する品質と実際の品質との間にギャップがあると，進捗は正しく評価されない。このような場合，個々の成果物に対する初回のレビューで進捗への影響が明らかになる。初回のレビューの実施時期は，レビューイの判断で決定している。品質のギャップを検出する時期が遅くなると，リカバリは難しくなる。

③ チームメンバがクリティカルパス上の活動を認識していないので，該当の活動に関する問題の検知と対応が遅れ，マイルストーンに間に合わなくなることがある。

問題

> 原因に対する改善方針なので，必ず 3 つの大きな問題点に対応付けておく。

S 課長は，進捗遅れの原因分析の結果から，次のような改善方針を考えた。

・成果物の出来高を客観的に評価することを定着させ，評価結果を事実として共有することの意義を組織に浸透させる。

・R 社のエンジニアは自分の仕事への自負と責任感が強いので，② その特長を生かしつつ R 社標準の試案を浸透させる方針とし，現状を徐々に改善していく。

・品質に関するプロセスでは，③ レビューについて，すぐに改善できることを実施し，根本的な原因に対しては時間を掛けて対応する。

・クリティカルパス上の活動を識別し，重点的に監視する。

方針

S 課長は，T 主任とは R 社標準を制定することの意義と，プロセスの改善方針について，十分に認識を共有できたと感じた。そこで ④ R 社標準の試案をチームメンバにスムーズに浸透させるために，"チームメンバと十分に議論をして，R 社標準の試案を具体的に提案してほしい"と T 主任に指示した。その議論に先立って，スケジュールの管理については EVM（Earned Value Management）に基づく進捗データの指標の設定や計測方法を参考にするよう助言した。

設問 3

〔T 主任の提案〕

T 主任が提案してきた R 社標準の試案は，次のとおりであった。

・週 2 回の進捗会議で，各自が，成果物の出来高実績，担当部分の SPI（Schedule Performance Index）及び今後の見通しを報告する。

・T 主任は会議後に，プロジェクト全体の出来高実績と SPI を算出し，プロジェクトの状況や課題を分析して，チームメンバにフィードバックする。進捗遅れが発生した際は，遅れという事象やその原因に焦点を当てて，プロジェクトチーム全体とし

試案

> **前ページから続く「試案」の部分。**

(手書き: WBSは向通ないから)

ての対処や，チームメンバ間の調整を検討し，関係するチームメンバを集めて協議を行う。

・活動の階層的な分割について，基本的な考え方は従来どおりとするが，更に細かく成果物の章単位などに分割して，活動の粒度が 1 週間以内の作業になるようにする。 *(手書き: ばらつきなあーてから)*

・成果物を作成する活動の進捗率は，表1に従って算出する。

表1 成果物を作成する活動の進捗率の算出方法（案）

成果物	単位	進捗率の算出方法
テスト仕様書兼成績書を除くドキュメント類	ページ数	担当者が作成済のページ数／計画ページ数
プログラム	行数	担当者がコーディング済の行数／計画行数
テスト仕様書兼成績書	テスト項目数	担当者が作成済，実施済又は検証済のテスト項目数／計画テスト項目数

注記　進捗率の算出に用いる分母は，計画見直しの段階で更新し，完成の段階で実績値に置き換える。

S 課長は，R 社のスケジュール及び品質に関するマネジメントの状況や過去に発生した進捗遅れの原因と，提案された R 社標準の試案を照らし合わせ，次の見直しを行うことで T 主任と合意した。

・進捗率の算出方法について，品質の観点を加えて見直しを行う。

・進捗会議の場を有効活用するために，各自の成果物の出来高実績，担当部分の SPI 及び今後の見通しの報告は会議前に実施する。それを受けて T 主任は，プロジェクトの状況や課題を会議前に分析する。進捗会議では，その内容を共有する。遅れを認識しているチームメンバは，リカバリ策を検討して会議に臨む。

・プロジェクト全体の遅れにつながる問題の予兆を検知するために，⑤チームメンバ別以外のある切り口での SPI を算出して，重点的に監視する。

S 課長と T 主任は今回のプロジェクトで，R 社標準の試案の有効性をチームメンバが体感し，"R 社標準は自分たちのためになる管理手法である" と認識してもらう，という目標を共有した。

― 17 ―

第4章　進捗

設問1　〔R社のスケジュール及び品質に関するマネジメントの状況〕の本文中の下線①について，S課長はなぜ，品質に関するプロセスの改善は最小限にとどめることにしたのか。また，なぜスケジュールに関するプロセスの改善を優先することにしたのか。それぞれ，30字以内で述べよ。

設問2　〔進捗遅れの原因分析〕について，(1)～(3)に答えよ。

(1)　本文中の下線②について，このS課長のR社標準の試案に基づく方針では，進捗の遅れが発生した場合に，具体的にどのような対応を促すのか。35字以内で述べよ。

(2)　本文中の下線③について，すぐに改善できることとは具体的に何か。35字以内で述べよ。

(3)　本文中の下線④について，S課長がR社標準の試案をチームメンバにスムーズに浸透させるために，T主任にチームメンバと十分に議論をして試案を具体的に提案するよう指示したのは，どのような効果を期待したからか。40字以内で述べよ。

設問3　〔T主任の提案〕について，(1)～(3)に答えよ。

(1)　S課長とT主任は，進捗率の算出方法をどのように見直すことにしたのか。"テスト仕様書兼成績書を除くドキュメント類"の進捗率の算出方法について，表1における進捗率の算出方法欄に倣って30字以内で答えよ。

(2)　S課長とT主任は，プロジェクトの状況や課題の分析を会議前に実施することによって，進捗会議をどのような場として有効活用することにしたのか。30字以内で述べよ。

(3)　本文中の下線⑤について，S課長とT主任は，どのような切り口のSPIを重点的に監視することにしたのか。25字以内で述べよ。

― 18 ―

まずは，どこに直接的な該当箇所があるのかをチェックしておく。

今回も，1つの段落に1つの設問として，きれいに分かれている。最近の主流だが，この場合，問題文を頭から順番に読み進めながら，設問をひとつずつ順番に解いていけばいいだろう。

午後Ⅰ演習

IPA公表の出題趣旨・解答・採点講評

出題趣旨
プロジェクトマネージャ（PM）は，システム開発プロジェクトの実施に当たり，スケジュールを適切に管理する必要がある。スケジュールの管理においては，関連する品質やリスクなど多様な要素を視野に入れて正確に状況を把握すること，問題の早期発見に努めること，ステークホルダと共有するための十分な客観性を担保することが重要であり，定量化への取組はその基礎となる。 　本問では，請負契約でのシステム開発プロジェクトを題材に，定量的な管理手法を取り入れたマネジメントの標準の立案と導入について，PMとしての実践的な能力を問う。

設問		解答例・解答の要点	備考
設問1		品質に関するプロセスの改善を最小限にとどめる理由	品質重視の価値観が，組織の強みとなっているから	
		スケジュールに関するプロセスの改善を優先する理由	進捗遅れの予防と，リカバリ策の具体化が優先課題だから	
設問2	(1)	・担当者自身に，具体的な裏付けのあるリカバリ策を提案してもらう。 ・担当者自身に，遅延リカバリの進捗状況を定量的に報告してもらう。	
	(2)	・初回のレビューの実施時期を，成果物作成の初期段階に計画すること ・初回のレビューの実施時期を，あらかじめ決めておくこと	
	(3)	チームメンバが自ら改善策の検討を行うことで，実行の意欲が高まること	
設問3	(1)	・レビュアがレビュー済のページ数／計画ページ数 ・担当者がレビュー指摘対応済のページ数／計画ページ数	
	(2)	・分析の結果を共有し，適切なリカバリ策を合意する場 ・課題をプロジェクトチーム全体として共有し，調整を行う場	
	(3)	クリティカルパス上の活動群のSPI	

採点講評
問3では，プロジェクトの定量的なマネジメントについて出題した。全体として正答率は高く，おおむね理解されていた。 　設問1は，正答率が高かった。品質にも課題はあるものの組織の価値観の効用が期待できるので，経営課題であるスケジュールの改善を優先して取り組む，という状況について，おおむね理解されていた。 　設問2（2）は，正答率が高かった。成果物の作成過程における早期レビューの重要性，スケジュールと品質の両面への効果について，おおむね理解されていた。 　設問3（2）は，正答率が高かった。進捗会議の場を有効活用するために会議前に行うべきこと，会議で行うべきことがよく理解されていた。

第4章　進捗

解説

設問 1

　設問1は，問題文2ページ目，括弧の付いた一つ目の〔R社のスケジュール及び品質に関するマネジメントの状況〕段落に関する問題である。ちょうど2ページの下段あたりまでが対象の範囲内になるので，そこまで読んで一旦解答を考える。

■ 設問 1

PM の考えを読み取る設問　　　　　　　　　　　　　「問題文導出－解答抜粋型」

【解答のための考え方】

　設問に「本文中の下線①について」とあるので，まずは下線①を確認する。

> 　具体的には，今回適用するR社標準の試案では，①品質に関するプロセスの改善は最小限にとどめて，スケジュールに関するプロセスの改善を優先することにした。

　この下線①のうち，それぞれの理由が問われているので，問題文のまずは下線①までの約2ページを熟読して，これまでの品質管理に関する記述と進捗管理に関する記述をピックアップ（マークして），そこから最適な解答を探すことを考える。

　この設問は，R社のこれまでの状況が問われているので，この問題文の中にしか解答は無い。自分の知識から出すようなものではない。そう考えて探し出すといいだろう。

　さらに可能であれば，まずは自分の知識の中から仮説を立ててみて，ある程度先入観を持って探すのもいい（次ページに例を示す）。

一般論として考える解答候補の例

【品質に関するプロセスの改善を最小限にとどめる理由】
・既に品質管理に関しては確固たる手順が存在しているから
・過去に品質が悪いことでトラブルになったことは無い
・高スキルの要員が揃っていて，技術には定評がある
・経営層の方針

【スケジュールに関するプロセスの改善を優先する理由】
・まだ進捗管理に関しては確固たる手順が存在していない
・属人的で進め方がバラバラ
・過去に進捗遅延でトラブルになったことがある
・経営層の方針

図19　一般論として考える解答候補の例

第4章　進捗

【解説】

　品質管理と進捗管理に関して，R社の状況に言及している部分を順番にピックアップしてみる。結果的に，問題文の中には，次のような「事前に一般論で立てていた仮説とも合致する部分」が多々あった。

【品質に関する記述】
・組織の価値観として品質重視が浸透している。この組織としての強みは，今後も大切にしていく（経営陣からの説明）
・レビュー及びテストにおける欠陥への対処は，完了まで適切に管理されていた（S課長の調査）

【スケジュールに関する記述】
・進捗遅れが発覚して，顧客から苦情を受けるといったことが徐々に増えてきている（経営陣からの説明）
・進捗遅れのリカバリ策に具体的な裏付けが不足していた（経営陣からの説明）

　このあたりの中から，最も強い表現を使って解答を組み立てればいいだろう。当然ながら今回の標準化の話も経営陣から出てきたものだ。したがって，経営陣の意向は最優先されるものになる。

●品質に関するプロセスの改善を最小限にとどめる理由

　問題文の中に，今回の標準化にあたっての経営陣からの説明がある。これは方向性を示すもので，S課長が様々な意思決定をする時に最優先で考慮しなければならないことになる。したがって，「**組織の価値観として品質重視が浸透している。この組織としての強みは，今後も大切にしていく。**」という40字以上ある部分を，解答例のように30字以内にまとめればいいだろう。

●スケジュールに関するプロセスの改善を優先する理由

　ここも問題文の中に経営陣の目的が入っている。少し長いが，これらの部分を解答例のように30字以内にまとめればいい。

454

【自己採点の基準】（配点 6 点 × 2）

IPA 公表の解答例（網掛け部分は問題文中で使われている表現）
【品質に関するプロセスの改善を最小限にとどめる理由】 品質重視の価値観が，組織の強みとなっているから（23 字） **【スケジュールに関するプロセスの改善を優先する理由】** 進捗遅れの予防と，リカバリ策の具体化が優先課題だから（26 字）

　経営陣の示す方向性がプロジェクトの方向性も決めるので，「このあたりをまとめると解答になる」というところまでは，比較的容易にわかるだろう。後は，該当部分が長いので，どうやってコンパクトな 30 字以内にまとめればいいのかを考えればいい。採点講評でも「**正答率が高かった**」と書いているので，経営者の説明のこのあたりに反応した解答であることが伝われば，多少の表現の揺らぎは問題ない。

　例えば，品質管理の問題の場合，「**品質重視の組織の強みは維持するのが経営陣の示す方向性だから**（29 字）」程度の表現の違いであれば問題なく正解になると考えられる。実際のところは当然わからないが，自己採点の時には "**品質重視が組織の強みになっている**" という点は含めないといけないと考えよう。

　そしてもうひとつのスケジュールに関する解答だが，そもそも現状の問題が，「**進捗遅れが徐々に増えてきて，顧客からも苦情を受けている点**」であり，それを解消するために標準化することになったので，その現状を説明していれば正解だと考えればいいだろう。一般論ではなく，R 社の現状を踏まえた表現になっていれば大丈夫だと考えられる。例えば「**今回の R 社標準の作成目的が，進捗遅れの解消だから**（24 字）」のような解答でも正解だと考えられる。

455

第4章　進捗

設問2

設問2は，問題文2ページ目，括弧の付いた二つ目の〔**進捗遅れの原因分析**〕段落に関する問題である。

■ 設問2（1）

PMの取った行動に関する設問　　　　　　　　　　　　**「問題文導出－解答加工型」**

【解答のための考え方】

設問2（1）では，下線②について，「このS課長のR社標準の試案に基づく方針では，進捗の遅れが発生した場合に，具体的にどのような対応を促すのか。」が問われている。

この設問や下線②には"指示語"が多いので，そこを最初に明確にする。設問の「このS課長の〜方針」は下線②の方針を，下線②の「その**特長**」は下線②の前の「**R社のエンジニアは自分の仕事への自負と責任感が強い**」を，それぞれ指している。

続いて，問題文から"過去の進捗遅れ時の誤った対応"に関する記述と，具体的にどのような対応策をすることになったのかという記述を探す。そして，それに対して「**R社のエンジニアは自分の仕事への自負と責任感が強い**」という特長を生かして改善できるものがあれば，それを解答する。無ければ一般論で解答する。

【解説】

現状の進捗遅れの原因は，〔**進捗遅れの原因分析**〕段落の前半部分に3つ挙げられている。このうち「**R社のエンジニアは自分の仕事への自負と責任感が強い**」という点に対応しているのは，一つ目の箇条書きの部分になる。自負と責任感が裏目に出ているという内容の部分だ。

ここに，進捗遅れ時の対応の最大の問題点が書いてある。進捗遅れを認識しているのに予定通りだと報告する点である。これは絶対に改善すべきことなので，「**遅れを認識した時点で報告すること**」という対応を促さないといけない。但し，「**R社のエンジニアは自分の仕事への自負と責任感が強い**」という点を考慮すれば，単に「**進捗遅れを認識した**」というだけの報告だと"無責任"になる。責任感の強さを考慮すると"リカバリ対策"に関しても合わせて，担当者自らに報告するように促すべきだろう。

そして，そのリカバリ対策だが，問題文の1ページ目の経営陣の説明の中の箇条書きの二番目のところには「**リカバリ策に具体的な裏付けが不足していた**」という記述があるので，促さないといけないのは「**具体的な裏付けのあるリカバリ対策**」でないといけないだろう。これが一つ目の対策になる。

456

また，同箇所には，もう一つ問題点が記載されている。「**組織に定量的なマネジメントが根付いていない**」という点だ。そこを解答に含めるのもいい。「**リカバリの進捗状況を定量的に報告してもらう**」という部分だ。これらを具体的に促す内容として，解答例のように解答を組み立てればいいだろう。

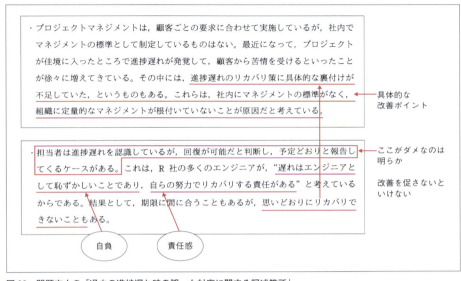

図20　問題文中の「過去の進捗遅れ時の誤った対応に関する記述箇所」

【自己採点の基準】（配点 7 点）

IPA 公表の解答例（網掛け部分は問題文中で使われている表現）
・担当者自身に，具体的な裏付けのあるリカバリ策を提案してもらう。(31 字) ・担当者自身に，遅延リカバリの進捗状況を定量的に報告してもらう。(31 字)

　進捗遅れ時の対応の最大の問題点は，担当者が虚偽の報告をしていることである。そのため，その改善を促さなければならないのは必須になるが，それだけだと不十分であると思われる。「責任感の強さ」を加味すると，リカバリ対策を含めた報告を促す必要があるからだ。
　以上より "担当者に報告を求める" という主旨の内容がベースで，そこに "進捗遅延" だけではなく "リカバリ対策" が含まれていれば半分は正解だと考えていいだろう。そして "定量的" とか "具体的な裏付け" が含まれていれば完答だと考えればいいだろう。

■ 設問2（2）

現状の問題点を抽出し改善する設問　　　　　　　　　　　「問題文導出－解答加工型」

【解答のための考え方】

　設問に「本文中の下線③について」とあるので，まずは下線③を確認する。この設問の「すぐに改善できること」はR社のレビューの現状で，かつ問題点なので，問題文中にしかない。したがって，まずは，問題文から「レビューの現状」に関する記述を探し出すことを考える。そして改善点は自分の知識から捻出する。本来どうあるべきかをよく考えて，解答を組み立てればいいだろう。

【解説】

　R社のレビューに関する記述の1か所目は問題文2ページ目の〔**R社のスケジュール及び品質に関するマネジメントの状況**〕段落の中のS課長が認識した現状の6つの箇条書きの下2つの記述だ。これまで問題にはなっていないようだが，KKD（経験と勘と度胸）の管理はよくない。特に情報処理技術者試験においては，「**経験で決めていた**」という表現は，よくないマネジメントという意味で使うことが多い。

　2か所目は，〔**進捗遅れの原因分析**〕段落のS課長が原因分析を行って得た認識を箇条書きでまとめた3つのうち2番目の記述部分である。

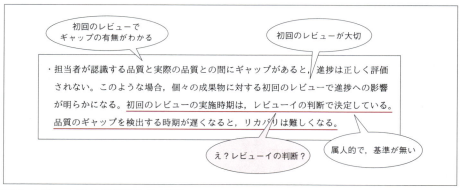

図21　レビューに関する記述箇所（2か所目）

　これ以後，表1に活動の進捗率の算出方法に多少関連する部分はあるものの，レビューに関してはこの2か所になる。

　このうち，明らかにおかしいもので，かつ「**すぐに改善できること**」となると2か所目の方になる。なぜレビューイ（レビューされる側）の判断で実施時期を決定

しているのか？「できました！レビューしてください」っていう成行き管理では，トラブルが発生するのも仕方がない。初回のレビューの実施時期の決め方にルールが無く，属人的で，そのため時に問題が発生している。

　通常，レビューの実施時期はプロジェクト計画を立案する時に決める。レビューで検出する指摘事項を想定し，その指摘事項を修正する期間を加味しながら，リスクも考慮して実施時期を決める。そこには客観的な基準があり，属人的で，決して成行き管理ではない。このあたりは，すぐに改善できることというよりは，すぐに改善しないといけないことでもある。

　そのあたりを，問題文から現状の問題になっている部分を抜粋し，そこに自分の知識を加えて改善案を添えて解答を組み立てる。

【自己採点の基準】（配点 7 点）

> **IPA 公表の解答例**（網掛け部分は問題文中で使われている表現）
>
> ・**初回のレビューの実施時期**を，成果物作成の初期段階に計画すること（31 字）
> ・**初回のレビューの実施時期**を，あらかじめ決めておくこと（26 字）

　まず，「R 社の行っている現状のレビュー」に関する問題点を解答例に含めなければならない。「**初回のレビューの実施時期**」だ。これは現状の問題点を示す部分だと考えて，必須のキーワードだと考えた方がいいだろう。

　後は，改善策を自分の知識から捻出する。必須は「計画性」を表す表現だ。「プロジェクト計画立案時に作成する。」という表現でも構わない。何かしらの方法で，プロジェクト計画立案時に（あらかじめ）決めておくという内容が含まれていれば正解になる。遅れている現状を加味すると，時期を早くする（初期段階に計画する）という部分を入れても構わない。

　採点講評を見ると「**成果物の作成過程における早期レビューの重要性**」についての理解を求めていたので，単に「初回のレビュー実施時期を早くする」という解答で，そこに「計画性」が感じられなくても正解になっている可能性が高いが，今後の試験で同類の設問があった場合には「計画性」も含めた解答になるように覚えておこう。成行管理から計画的に管理するように改善することは重要だから。

第4章　進捗

■ 設問2（3）
PM の行動根拠を読み取る設問　　　　　　　　「問題文導出－知識解答型」

【解答のための考え方】

　これまで同様，下線④について考える。下線④は全体会議に関するものである。

> そこで④R社標準の試案をチームメンバにスムーズに浸透させるために，
> "チームメンバと十分に議論をして，R社標準の試案を具体的に提案してほしい" とT主任に指示した。

　この下線④の指示を出したのは，どのような効果を期待したからか。それが問われている。

　下線④の「**試案をチームメンバにスムーズに浸透させる**」ということそのものが "期待した効果" に該当するとも思えるが，この文脈から考えるに，どういう効果で「**試案をチームメンバにスムーズに浸透させる**」ことができるのか？ということだろう。なぜそう言えるのか？というところを考える。

　一般的に「十分に議論する」のは納得感を得てもらうためで，「自ら試案を作成する」のは自発性や主体性を持ってもらうためだ。「十分に議論する」ことで「スムーズに」進むことを，「自ら試案を作成する」ことで「浸透（定着）させる」ことを，それぞれ狙っている。したがって，期待しているのは，自発性や主体性を持ってもらって納得して受け入れてもらうという効果である。

　この一般論を念頭に置きながら，問題文に何かしら期待していることがあるかどうかをチェックする。あればその答えを加味して解答し，無ければ一般論で解答する。

【解説】

　問題文には，「**社内に浸透させたい。**」，「**導入に当たって少なからず抵抗や反発もあると思う**」という記述があるが，前者は既に下線④に含まれていることであり，後者は「**改善に優先度をつける**」ことで対応している。他には，決め手になるような記述はないので，そのまま一般論で解答することを考える。

午後Ⅰ演習

【自己採点の基準】（配点 7 点）

IPA 公表の解答例（網掛け部分は問題文中で使われている表現）

チームメンバが自ら改善策の検討を行うことで，実行の意欲が高まること（33 字）

　この設問の解答例の「**実行の意欲が高まること**」という表現が，問題文中の言葉を使っていない点と，特に何かで定義されている特定の表現ではない点から，非常に幅広い解答が考えられる。問題文の「**導入に当たって少なからず抵抗や反発もあると思う**」のところを受けて，「**自ら試案を作成することで，抵抗や反発が無くなり積極的に取り組む効果（33 字）**」という解答でも意味は同じだ。"自発的" とか "自主性"，"納得する" というワードを使っても，それだけで意味が変わることにはならない。ポイントは，"自分たちが"，"自ら"，"主体的取組み"，"自発的取組み" などの部分と，"意欲が高まる"，"積極的に推進する"，"やる気になる" などの部分が入っていることだ。それらが表現できれば正解だと考えて構わないだろう。

第4章 進捗

設問3

　設問3は，問題文3ページ目，括弧の付いた3つ目の〔**T主任の提案**〕段落に関する問題である。(1) 進捗率の算出方法の見直し，(2) (3) が下線のついた記述式問題になる。

■ 設問3(1)
定量的な管理指標に関する問題　　　　　　　　　　　　　　**「問題文導出－解答加工型」**

【解答のための考え方】

　S課長とT主任が行った見直しの具体的な方法が問われている。"見直し"ということなので，まずは見直し前のものを確認する。設問では「"**テスト仕様書兼成績書を除くドキュメント類**"**の進捗率の算出方法について**」となっているので，対象はこれになる。

　また，設問で問われている"見直す"ということを決めた問題文の該当箇所も確認するとともに，「**表1における進捗率の算出方法欄に倣って**」という条件もあるので，そこも意識して解答する。

【解説】

　まず，見直し前の"**テスト仕様書兼成績書を除くドキュメント類**"**の進捗率の算出方法**について確認する（図22内の①）。

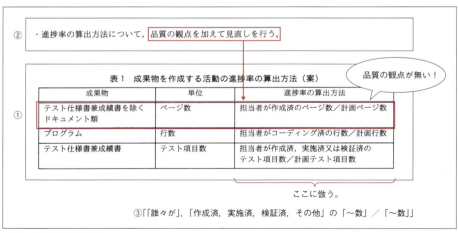

図22 問題文の該当箇所

　次に，設問で問われていることを問題文で確認する。これは問題文4ページ目の

表1の下「**次の見直しを行うことでT主任と合意した。**」という部分の"次の"に該当する箇条書きの一つ目にある（図22内の②）。そこには「品質の観点を加えて」という記述がある。確かに，**"テスト仕様書兼成績書を除くドキュメント類"の進捗率の算出方法**には，「品質の観点」はない。

解答に当たっては「**表1における進捗率の算出方法欄に倣って**」という条件があるので，表記方法は図22内の③のような構成になる。

以上より解答を考える。「**ドキュメント類**」の「**品質の観点**」なので，実施すべきことは「**レビュー**」になる。表1では，単に"作成したかどうか"だけの進捗になっているので，確かに品質の観点は入っていない。そのため「**作成済，検証済**」のところは「**レビュー済**」が妥当である。後は単位が「**ページ数**」のところだが，ここは変えなくても「**ページ数／計画ページ数**」で問題ないと判断できる。そして，誰のレビューかを明確にする。問題文には「**レビューイ（レビューされる側）**」が登場しているので（3ページ目の5行目），レビュアによるレビューが行われていることがわかる。したがって「**レビュアが**」が適切になる。これらを組み立てると，解答例のような解答になる。

【自己採点の基準】（配点6点）

IPA公表の解答例（網掛け部分は問題文中で使われている表現）
・レビュアがレビュー済のページ数／計画ページ数（22字） ・担当者がレビュー指摘対応済のページ数／計画ページ数（25字）

解答例の「**担当者**」は，「**レビューイ**」でも問題は無いが，ただ「**レビューイ**」の場合は「**担当者**」と同じ意味合いで使った時だけを正解だと考えなければならない。"レビューイがレビュー済"というように，"レビューイ（レビューされる側）"を"レビュア（レビューする側）"と間違えて使っている場合は正解ではないと考えよう。

次に，「**担当者**」や「**レビューイ**」を主語にする場合は，あくまでも，「**（レビュアが）指摘（したことに対して）対応済のページ数**」と組合せなければならないと考えよう。"担当者がレビュー済のページ数"のように自己評価にしてしまうと，それで必ずしも品質が上がったことにはならないからだ。この問題では「**レビューイ**」が出てきているので"レビュアによるレビュー"が行われているのは明らかなので，第三者評価か，そこで指摘されたことへの対応済のページ数にするようにしよう。

後は，品質そのものの指標や，レビューそのものの進捗管理指標になっていないことを確認する。ここで問われているのは，あくまでも「品質の観点を加えた進捗率の算出方法」である。すなわち"品質が確保できた部分の進捗率"であり，品質管理の指標でも，レビューそのものの進捗管理でもないからだ。ここにも注意しよう。

463

第 4 章　進捗

■ 設問 3（2）

【典型的問題】会議の効率よい進め方　　　　　　「問題文導出－解答加工型」

【解答のための考え方】

　これは過去にも何度か問われている会議の効率いい進め方，あるべき姿に関する問題である。参加者が一堂に会する "会議の場" を効率よく進めるには，資料を事前に配布して読み込んでおいてもらい，自分の意見を事前に整理しておいてもらう必要がある。何の会議かもわからない中，集まってから資料に目を通さないといけない会議に比べて，その場で考えている時間を削減でき，意見交換だけに時間を使えるからだ。つまり，「**進捗会議をどのような場として有効活用することにしたのか？**」という設問に対しては，"**活発に意見交換をする場**" や "**活発に意見交換して対応策を決める場**" などの解答が考えられる。

　解答に当たっては，こうした知識解答型の解答を念頭に置きながら，この問題特有の課題（現状の会議開催に関する課題や問題に関する記述）の有無と，この問題のケースで何か具体的な狙いがないかを問題文で確認する。それが見つかればそれを加味した解答にし，無ければ知識解答型として自分の表現で解答する。

【解説】

　問題文には，特に，現状の会議に関して言及している部分は無かったが，見直しを行ったとする部分に，次のような具体的な狙いに関する記載があった。

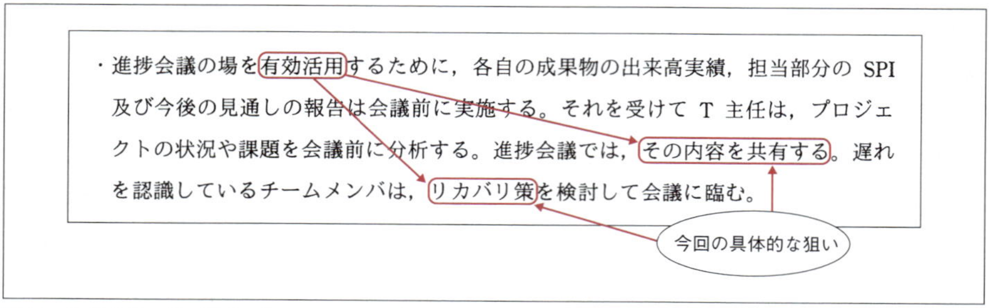

　・進捗会議の場を 有効活用 するために，各自の成果物の出来高実績，担当部分の SPI
　　及び今後の見通しの報告は会議前に実施する。それを受けて T 主任は，プロジェクトの状況や課題を会議前に分析する。進捗会議では，その内容を共有する。遅れを認識しているチームメンバは，リカバリ策 を検討して会議に臨む。

　　　　　　　　　　　　　　　　　　今回の具体的な狙い

図 23　進捗会議の場に関する問題文中の記述

　したがって，これを加味して解答例のようにまとめればいい。

【自己採点の基準】（配点 6 点）

IPA 公表の解答例（網掛け部分は問題文中で使われている表現）
・分析の結果を共有し，適切なリカバリ策を合意する場（24 字） ・課題をプロジェクトチーム全体として共有し，調整を行う場（27 字）

　解答例に挙げられているのは二つ。これを見れば，いずれも問題文に記載された内容を受けての解答になっている。したがって，「課題の分析結果を全員が持ち寄って議論だけをする場」のように，抽象的な一般論だと正解になるかどうかは微妙である。やはり，解説のところに書いたように，問題文に具体的な狙いがストレートに書かれているので，そこを受けた解答にすることは必要な条件だと考えておこう。

　解答例の一つ目は，解説のところに書いた理由で，“共有”と“リカバリ策の検討”をキーワードとして含めている。解答例の二つ目も問題文の言葉を使った表現になっている。該当箇所は〔T主任の提案〕段落の前半部分に箇条書きで書かれている「R社標準の試案」の箇条書き2つ目のところである。ここで会議について言及しているので，ここを踏まえた解答でも正解になるようだ。もちろん，一つ目と二つ目を組み合わせて“リカバリ策の検討”を含めても問題は無い。

第4章　進捗

■ 設問3（3）
問題文中の問題点を抽出する問題　　　　　　　　　　　「問題文導出－解答抜粋型」

【解答のための考え方】
　最後の設問は，下線についての設問になる。下線⑤だ。

> ・プロジェクト全体の遅れにつながる問題の予兆を検知するために，⑤チームメンバ
> 　別以外のある切り口での SPI を算出して，重点的に監視する。

　SPI は EVM で使うスケジュール管理指標になる。これを，チームメンバ別で算出しているが，それ以外のものを重点的に監視する必要があるが，それは何かという設問になる。つまり，進捗管理に置いて重点監視しなければならないものは何かが問われている。
　一般論で考えれば次のようになる。

　・　クリティカルパス上の工程
　・　リスクの大きい工程
　・　生産性に確証が持てない部分（プロジェクトの初期段階や計画変更した部分）

　これらを念頭に，問題文に関連箇所が無いかを探す。

【解説】
　これはすぐに見つかるだろう。これまで読み進めた問題文の中でも「大きな問題」の一つとして反応（マーク）しているはずだ。こんな大きな問題が，問題文中でも解答でも未完のまま終えることはありえない。この部分だ。

> ・チームメンバがクリティカルパス上の活動を認識していないので，該当の活動に
> 　関する問題の検知と対応が遅れ，マイルストーンに間に合わなくなることがある。

図 24　問題文に残された大きな問題点の該当箇所

　この後に続く，Ｓ課長の考えた改善方針には「**クリティカルパス上の活動を識別し，重点的に監視する。**」という記述もある。重点的に監視するものはここに書いてある。解答はそのまま「**クリティカルパス上の活動に関する SPI（19字）**」で構わ

466

ない。

【自己採点の基準】（配点 5 点）

IPA 公表の解答例（網掛け部分は問題文中で使われている表現）
クリティカルパス上の活動群の SPI（17 字）

　解答例の "群" が無ければ不正解や減点になるということは考えられない。普通に "クリティカルパス上の活動" が入っていれば正解だと考えて問題は無い。

　＜参考＞　この設問を間違えた場合は…

　午後Ⅰの問題では，この設問 3（3）で解説しているように「問題文中に記載されている問題点」は，そのまま放置されることはない。何かしらの解決策が問題文中で提示されて完結していたり，そうでなければ設問で問われていたり（つまり解答に使われる）する。そうでなければ，書く意味が無いからだ。

　そう考えれば，問題文を読み進めていく過程で見つけた問題点は必ずマークしておいて，問題文中で解決していないところは，全ての設問の解答を考える時に，解答の選択肢の一つに入れておくといい。答えがさっぱりわからない場合でも，「これが答えだったら…」という別角度からの発想で，正解を得られる可能性が高くなる。

　また，一通り解答した最後に，問題文中でマークした "問題点" が，全て解決できているかどうかをチェックすると，解答の見直しにつなげることもできる。設問 3（3）の "クリティカルパス" を見つけられなかった人は，この発想や手順が不十分だと思われるので，次回からは意識するといいだろう。

第4章 進捗

午後Ⅱ演習

令和3年度 問2

問2 システム開発プロジェクトにおけるスケジュールの管理について

　　プロジェクトマネージャ（PM）には，プロジェクトの計画時にシステム開発プロジェクト全体のスケジュールを作成した上で，プロジェクトが所定の期日に完了するように，スケジュールの管理を適切に実施することが求められる。

　　PMは，スケジュールの管理において一定期間内に投入したコストや資源，成果物の出来高と品質などを評価し，承認済みのスケジュールベースラインに対する現在の進捗の実績を確認する。そして，進捗の差異を監視し，差異の状況に応じて適切な処置をとる。

　　PMは，このようなスケジュールの管理の仕組みで把握した進捗の差異がプロジェクトの完了期日に対して遅延を生じさせると判断した場合，差異の発生原因を明確にし，発生原因に対する対応策，続いて，遅延に対するばん回策を立案し，それぞれ実施する。

　　なお，これらを立案する場合にプロジェクト計画の変更が必要となるとき，変更についてステークホルダの承認を得ることが必要である。

　　あなたの経験と考えに基づいて，設問ア～ウに従って論述せよ。

設問ア　あなたが携わったシステム開発プロジェクトにおけるプロジェクトの特徴と目標，スケジュールの管理の概要について，800字以内で述べよ。

設問イ　設問アで述べたスケジュールの管理の仕組みで把握した，プロジェクトの完了期日に対して遅延を生じさせると判断した進捗の差異の状況，及び判断した根拠は何か。また，差異の発生原因に対する対応策と遅延に対するばん回策はどのようなものか。800字以上1,600字以内で具体的に述べよ。

設問ウ　設問イで述べた対応策とばん回策の実施状況及び評価と，今後の改善点について，600字以上1,200字以内で具体的に述べよ。

解説

● 問題文の読み方

問題文は次の手順で解析する。最初に、設問で問われていることを明確にし、各段落の記述文字数を（ひとまず）確定する（①②③）。続いて、問題文と設問の対応付けを行う（④⑤）。最後に、問題文にある状況設定（プロジェクト状況の例）やあるべき姿をピックアップするとともに、例を確認し、自分の書こうと考えているものが適当かどうかを判断する（⑥⑦）。

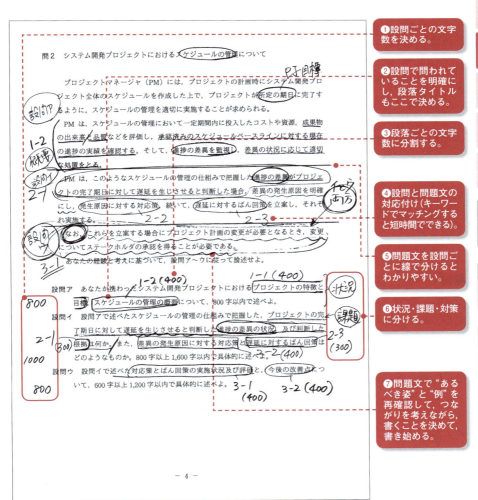

第4章　進捗

●出題者の意図（プロジェクトマネージャとして主張すべきこと）を確認

出題趣旨
プロジェクトマネージャ（PM）には，プロジェクトの計画時にプロジェクト全体のスケジュールを作成し，プロジェクトの実行中はプロジェクトが所定の期日に完了するようにスケジュールの管理を適切に実施することが求められる。 　本問は，プロジェクトの実行中，スケジュールの管理の仕組みを通じて把握した，プロジェクトの完了期日に対して遅延を生じさせると判断した進捗の差異の状況，判断した根拠，差異の発生原因に対する対応策，遅延に対するばん回策について具体的に論述することを求めている。論述を通じて，PMとして有すべきスケジュールの管理に関する知識，経験，実践能力などを評価する。 <div align="right">（IPA公表の出題趣旨より転載）</div>

●段落構成と字数の確認

1. プロジェクトの特徴とスケジュール管理の概要
   1.1 プロジェクトの特徴と目標（400）
   1.2 スケジュール管理の概要（400）
2. 進捗の差異の発生と，その対応策
   2.1 進捗の差異の状況（300）
   2.2 差異の発生原因に対する対応策（400）
   2.3 遅延に対する挽回策（300）
3. 実施状況及び評価と今後の改善点
   3.1 発生原因に対する対応策と挽回策の実施状況及び評価（400）
   3.2 今後の改善点（400）

●書くべき内容の決定

　次に，整合性の取れた論文，一貫性のある論文にするために，論文の骨子を作成する。具体的には，過去問題を想いだし「どの問題に近いのか？複合問題なのか？新規問題か？」で切り分けるとともに，どのような骨子にすればいいのかを考える。

過去問題との関係を考える

　この問題は，納期を守るための進捗管理をテーマにしたものである。同じカテゴリに分類できる問題には，スケジュールの作成，兆候の把握と対応，工程の完了評価，進捗遅れへの対応などがあるが，このうちの「進捗遅れへの対応」に関する問題だ。

　しかし，ここまでがっつりと"進捗遅れへの対応"だけにフォーカスしている問題は，これまで出題されていない。同類の過去問題は，本稼働開始直前に限定され

470

ていたり（平成30年問2），兆候の発生との複合問題だったり（平成22年問3）していた。本稼働開始前に限定されている問題では部分稼働を中心に対策を考えるものが多いし，兆候の発生との複合問題では，設問ウだけが進捗遅れへの対応だったりする。

そのため，過去問題を通じて論文を準備していた人は，対策の内容を変えたり（例えば原因の除去とクラッシングなど），設問ウで用意していた遅延対策を，より詳しく説明するというアレンジが必要になる。

全体構成を決定する

全体構成を組み立てる上で，まず決めないといけないのは次の3つである。

---

①差異の発生原因と対策（2-2）
②差異を検知した日（工程）（2-1）
③遅延の挽回策（2-3）

この問題の場合，最初に差異の発生原因を考えるようにした方が良い。対策を書かないといけないので，発生原因と対策をペアで考える方が良い。今後の改善点を考えれば，計画段階での配慮不足になるのは致し方ないが，それが余りにも初歩的なものだったら，そもそものPMとしての能力を疑われることになるからだ。「その原因なら仕方がないよな」と採点者に思わせる原因にする必要がある。そのためには，事前に準備しておくことも重要になるだろう。

そして，その原因に対して，様子見をすることや，原因分析手順を合わせて考えるとともに，スケジュール管理の概要（1-2）と，差異を検知した日（工程）（2-1）を確定させる。

遅延の挽回策は，要員の追加投入をベースに，コスト面をどうするのかを考えて，プロジェクトの特徴にも反映させるようにすればいいだろう。

471

第4章　進捗

● 1-1 段落（プロジェクトの特徴と目標）

　ここでは，プロジェクトの概要を簡単に説明した後に，今回のプロジェクトの特徴と目標を書く。この問題のテーマが「スケジュール管理」なので，そこに関連した特徴と目標を書くのがベストである。具体的には，次のようなものが考えられる。

・システムの納期，その納期に決まった背景，成果目標の中の納期の優先度，プロジェクトの完了日など（必要に応じて定量的に表現する）
・納期遅延に対するリスク源や懸念事項

【減点ポイント】

①プロジェクトの話になっていない又は特徴や目標が無い（致命度：中）
　→　添削していて散見されるのが，開発対象のシステムの話に終始しているもの。システムの特徴とプロジェクトの特徴の違いを十分に理解しておかないといけない。
②記述した"プロジェクトの特徴"が，スケジュール管理とは全く無関係のもので，目標とする納期やプロジェクトの完了日がよくわからない（致命度：中）
　→　一貫性が無くなるので評価は低くなる。
　→　採点者が，プロジェクト後半の時期を明瞭にイメージできるようにする。

● 1-2 段落（スケジュール管理の概要）

　続いて，スケジュール管理の概要について書く。どういうツールを使って，どれくらいの間隔や頻度で，何の差異を把握するのかを中心に書けばいいだろう。なお，ここで書いた情報に基づいて，設問イの"進捗の差異の状況（2-1）"について書くことになるので，それを前提に書く内容を決めるようにしなければならない。

【減点ポイント】

①どのような管理ツールを使ってスケジュール管理をしているのかわからない（致命度：小）
　→　EVM，ガントチャート，マイルストンチャートなど，一言添えておいた方が良い。
②どのタイミングで，何をもってして進捗の差異を把握できるのかわからない（致命度：中）
　→　差異を認識したり，検討したりするタイミングが毎日なのか，週1回なのか，2週間に1回なのかであったり，工程別の成果物の出来高を何で評価するのかであったりも必要になる。

472

午後Ⅱ演習

● 2-1 段落（進捗の差異の状況）

　設問イの１つ目は，進捗の差異の状況について書く。設問アが「スケジュール管理の概要」で終わっているので，プロジェクトが立ち上がったところから書くとスムーズにつながるだろう。そして，ここで 2-2 につながるように「**プロジェクトの完了期日に対して遅延を生じさせると判断した進捗の差異の状況，及び判断した根拠**」へと展開する。具体的には，次のような要素について説明していけばいいだろう。

- ・差異の発生。設問アに書いたスケジュール管理上に現れた差異
  いつのどの工程の話か？工程の残りの期間なども。"いつ"を明確にすることが重要になる。
- ・しばらく様子見。過敏に反応しない。残り期間はまだ十分ある場合は特に
- ・もう様子見ができないと判断したタイミング，その根拠
  特に，設問でも「プロジェクトの完了期日に対して遅延を生じさせると判断した根拠」が問われているので，その合理的な根拠についてはしっかりと書く。

　注意しないといけないのは，ただ単に「進捗に遅延が発生した」というのではないという点だ。ここでは，あくまでも「**プロジェクトの完了期日に対して遅延を生じさせる可能性が高い**」遅延限定になる。

　その根拠とともに書かないといけないので，例えば，ここで書く遅延が，要件定義工程や外部設計工程などプロジェクト開始直後の場合（プロジェクト完了期日までまだまだ長期間残っている場合），その工程がたとえクリティカルパスであったとしても，過敏に反応するのは現実的ではない。合理的な根拠を書くことができれば上流工程でも何ら問題は無いが，どういう根拠に基づいて「**プロジェクトの完了期日に対して遅延を生じさせる可能性が高い**」と判断したのかを，合わせて考えないといけない。

【減点ポイント】

　①プロジェクトの完了期日に対して遅延が発生するかどうか不明（致命度：大）
　　→　ここをしっかり書かないと，この問題の趣旨に合致した事例にはならない。
　②遅延発生日が不明瞭（致命度：中）
　　→　スケジュール管理の問題なので，ここが不明瞭だと話にならない。

473

第4章　進捗

● 2-2 段落（差異の発生原因に対する対応策）

　続いて，遅延（差異）の発生している原因を除去する対応策について書く。特に，原因を分析したプロセスが問われているわけでもないので，遅延に発展した原因とそれに対する対応策を書くだけで構わないが，2-1 との関係の整合性を考えて矛盾しないように注意しなければならない。

　例えば 2-1 で，「遅延が発生し，しばらく様子見をしていたが，徐々に差異が大きくなり…」という展開にした場合には，原因が明らかですぐに実行できるような対策だとおかしくなる。様子見をする前に，原因を除去すればいいだけの話だからだ。

　加えて，ここで書くべきことは"対応策"になる。したがって，誰に，いつからいつまでどんな指示を出したのかがはっきりとわかるように書く必要がある。どのような計画にしたのかを具体的に示す。必要に応じて，追加工数がどれくらいかかるのか，指示した人の今の作業は一旦ストップするのか否かなども，きちんと説明する必要があるだろう。

【減点ポイント】

①原因がはっきりしていたり，対応策が容易に実現できたりする。いずれも，それならなぜすぐに対応しなかったのか？という疑念を抱かせる（致命度：中）
　　→　2-1 と矛盾がなく疑念を抱かない内容にすること。

②対策（計画）の内容が不明瞭もしくは抽象的で採点者に伝わらない（致命度：中）
　　→　客観性のある数値を使って，5W1H の必要な要素を欠くことの無い説明が必要。誰がするのか，いつからいつまでするのかは最低限必要なこと。書いた本人しかわからない計画ではダメ。

③指示したメンバの元々のタスクをどうするのかが書かれていない（致命度：小）
　　→　誰がするのかを明記すると，続いて，そのメンバの元々のタスクをどうするのかも書く必要がある。そのメンバが偶々作業が空いていたという幸運による成果は評価されない。

● 2-3 段落（遅延に対する挽回策）

　設問イの 3 つ目の段落では，発生している遅延に対する挽回策を書く。ここも 2-2 と同じように計画を具体的に書くのはもちろんのこと，ここで書く計画を考えた時期（日付），その時点での差異（遅延日数）を明確にし，さらに，その計画変更でさらに遅延が発生するか否かを明確にして，それを挽回する対策を書く。

　対策として，まず考えるべきことは要員の追加投入等のクラッシングだ。要員の追加投入は一見当たり前すぎる対策に思えるが，当たり前すぎる対策だからこそ第一選択肢になるので，何の問題もない。この問題には"例"が書かれていないが，類

474

似問題の平成22年問3の問題文には「**遅れを回復するために必要な技術者を追加投入する。**」という例を挙げている。

　ただ，要員の追加投入をする場合には，そのコストをどう捻出したのか？誰の負担なのかを，その原因に対する妥当なものにしたうえで，書かないといけない。要員の追加投入による遅延挽回策は，誰でも容易に書くことができるからこそ，そのあたりに関する細かい記載をして他の受験生との差別化を考えよう。

　もちろん要員の追加投入以外の施策でも合理性があれば問題はない。ただ「生産性を1.3倍にして」というような夢のような対応策は，それを採点者が信じてくれるかどうかをよく考えて書くようにしよう。「それができたら苦労せぇへん」と思われないように。

　そして最後に，問題文に記載されている「変更についてのステークホルダの承認を得る」という部分に関しては，ここ（設問イ）に書くか，設問ウに書くかを考えよう。設問イでは「差異の発生原因に対する対応策と遅延に対する挽回策はどのようなものか」が問われている。この表現だけで考えれば，計画した内容がメインになっているのは明白だ。したがって，設問ウの「実施状況」に含むのがベストだと考えるべきだろう。もちろん，多少は設問イに書いてもいいし，ここに書いたからと言って大幅な減点があるとも考えにくいが，問題文で問われている“書かなければならないこと”は，設問ア・イ・ウのいずれに書くべきかを考えてから書くようにしたい。

【減点ポイント】

①対策に漏れや矛盾があり，その対策では遅延策を解消できないと思われる（致命度：中）

　→　少なくとも，採点者には効果的だと思ってもらえる内容にしないといけない。既存メンバの作業内容を変更する場合，元々計画していた作業をどうするのかも明確に記載しなければならない。

②計画の内容が不明瞭で採点者に伝わらない（致命度：中）

　→　客観性のある数値を使って，5W1Hの必要な要素を欠くことの無い説明が必要。誰がするのか，いつからいつまでするのかは最低限必要なこと。書いた本人しかわからない計画ではダメ。

③コスト増になるか否か，そのコストをどうするのかについて記載がない（致命度：中）

　→　実際のプロジェクトでは，コスト面は最初に考えること。その部分を無視してあれこれ書いても意味がない。

475

第 4 章　進捗

● 3-1 段落（発生原因に対する対応策と挽回策の実施状況及び評価）

　設問イは，あくまでも "計画段階の話" になる。したがって，ここではその対策が計画通りに実施できたかどうかを書く。

　設問イでどこまでを書いたかにもよるが，まずは問題文中の「**なお，これらを立案する…，変更についてステークホルダの承認を得ることが必要である。**」という部分についての記載である。コスト増につながる場合は，その旨を含めて，然るべきステークホルダに説明し，承認を得たことについて記載する。

　後は，設問イで書いた2つの対応策についての実施状況を書く。ここは，計画通りに粛々と実施したことについて言及すればいい。

　そして最後に，評価について書く。実施状況と評価を別の段落に分けてもいいが，評価だけの段落にしても，あまり書くことがなくなってしまうので，実施状況と評価は1つにした方が良い。そうすれば「計画通りに実施できたから良かった」とできるし，段落ごとの記述量のバランスも良くなる。また，今回の問題が「**プロジェクトの完了期日に対して遅延を生じさせる**」可能性のある遅延なので，プロジェクトの完了期日を守れたということについても書いておいた方が良いだろう。それが最重要事項になるので。

【減点ポイント】

　①2つの実施状況に言及していない（致命度：中）

　　→　必ず，差異の発生原因に対する対策の実施状況と，遅延に対する挽回策の実施状況について書かないといけない。

　②ステークホルダの承認を得たことについての記載がない（致命度：中）

　　→　計画変更が無ければ問題無いが，明らかに計画を変更しているのに承認を得ていないとなると問題である。問題文にも明記されているので，必ず書くようにしよう。

　③評価が無い。もしくは，あまり高く評価していない（致命度：中及び小）

　　→　評価が無いのは設問に解答できていないので注意しなければならない。実施状況と無関係のものも NG（致命度：中）。また，自己評価が低い場合はやぶへびになる可能性がある（致命度は小）。

　④プロジェクトの完了期日がどうなったか書かれていない（致命度：小）

　　→　書き方によって，明記しなくても伝わるかもしれないが，そのための対策なので，はっきりとしておいた方が良い。

午後Ⅱ演習

● 3-2 段落（今後の改善点）

最後も，平成20年度までのパターンのひとつ。最近は再度定番になりつつある "今後の改善点" だ。ここは，序章に書いている通り，最後の最後なのでどうしても絞り出すことが出来なければ，何も書かないのではなく典型的なパターンでもいいだろう。

しかし，今回の問題なら「兆候の管理が出来ていなかったので，次回から…」とすれば，矛盾なく書けると考えている。他の進捗管理の問題のように，スケジュール遅延の兆候となる指標を常時監視しておき，遅延が発生する前に早期対応，予防的対応ができるようにしていきたいとしておけばいいだろう。今回の教訓を活かすという視点だ。

【減点ポイント】

特になし。何も書いていない場合だけ減点対象になるだろうが，何かを書いていれば大丈夫。時間切れで最後まで書けなかったというところだけ避けたいところ。過去の採点講評では「一般的な本文と関係ない改善点を書かないように」という注意をしているので，それを意識したもの（つまり，ここまでの論文で書いた内容に関連しているもの）にするのが望ましいが，時間もなく何も思い付かない場合に備えて汎用的なものを事前準備しておこう。

●サンプル論文の評価

このサンプル論文は，ざっくりとしたストーリからすると，「単に進捗が遅れたから，原因を分析して対応策を取り，要員を追加投入して遅れを挽回した。」という単純でありきたりの内容になっている。

ただ，合格論文か否かという観点で言うと，次のような理由から，十分余裕のある（ハイレベルの）合格論文だと考えている。

- ・ 設問に加え問題文にもパーフェクトに対応している点
- ・ 時間遷移が明瞭で，読んでいても「いつ」なのかが手に取るようにわかる点
- ・ 単なる差異の発生と，プロジェクトの完了期日に影響する差異との違いが分かる点
- ・ 一旦作業をストップしている点や，コスト面にも触れている点
- ・ プロジェクトの特徴から今後の改善点まで一貫して筋が通っている点
- ・ 無駄な要素（問題文でも問われていないこと）が一切ない点

477

第4章　進捗

● IPA 公表の採点講評

　全問に共通して，自らの経験に基づいて具体的に論述できているものが多かった。一方で，各設問には論述を求める項目が複数あるが，対応していない項目のある論述，どの項目に対する解答なのか判然としない論述が見受けられた。また，論述の主題がプロジェクトチームのマネジメントやスケジュールの管理であるにもかかわらず，内容が主題から外れて他のマネジメントプロセスに偏った論述となったり，システムの開発状況やプロジェクトの作業状況の説明に終始したりしている論述も見受けられた。プロジェクトマネージャとしての役割や立場を意識した論述を心掛けてほしい。

　問2では，スケジュールの管理の仕組みを通じて把握した，プロジェクトの完了期日に対して遅延を生じさせると判断した進渉の差異の状況，判断した根拠，差異の発生原因に対する対応策，遅延に対するばん回策について，具体的な論述を期待した。経験に基づき具体的に論述できているものが多かった。一方で，スケジュールの管理の仕組みを通じて把握したものではない遅延やプロジェクトの完了期日に対してではない遅延についての論述や，EVM（Earned Value Management）の理解不足に基づく論述も見受けられた。プロジェクトマネージャにとって，スケジュールの管理は正しく身に付けなければならない重要な知識・スキルの一つであるので，理解を深めてほしい。

サンプル論文

1. プロジェクトの特徴とスケジュール管理の概要

1.1. プロジェクトの特徴と目標

　私の勤務する会社は，独立系ソフトウェア開発企業である。今回私が担当したのは，A大学の統合事務システム開発プロジェクトだ。

　プロジェクトの開始はX年10月1日。開発期間は1年7か月。大学側では1年後のX＋1年10月1日から一部の機能（学生管理機能）を利用し始め，X＋2年4月1日の新事業年度からは履修や教務など全機能について利用する予定にしている。その後1か月間本番立会いを実施して，順調に行けば4月末にプロジェクトを終了する計画だ。

　本プロジェクトにおいては，各業務ごとに設定した稼働時期の変更は不可能である。納期が遅れると，各種業務に多大な影響を及ぼす。そのため，しっかりとしたスケジュール管理が必要になるプロジェクトだと考えた。

1.2. スケジュール管理の概要

　今回のプロジェクトでは，ＥＶＭを適用してスケジュール管理を行う。

　要件定義，外部設計，内部設計工程及び結合・総合テスト工程では機能ごとに，製造・単体テスト工程ではプログラムモジュールごとにワークパッケージ（以下，ＷＰという）を設定し，工程別に設定したマイルストーンごとの出来高比率を用いて進捗を管理する。

　また，各ＷＰのうち，開始から終了までの期間が1週間を超えるＷＰに対しては，アクティビティに細分化して1週間の進捗予定を決め，ＥＶＭとは別にガントチャートで重点管理するようにしている。

　今回のスケジュールベースラインは，メンバの有給休暇の取得を加味し，かつ残業時間ゼロで計画したものなので，1週間ごとに進捗を管理することで，進捗に遅延が発生しても土日で挽回できると考えている。

事前に準備していたものをアレンジして適用を試みる。

この問題に対する設問アの全体の記述量を考えると，どうしても 1-2 が長くなる。そのため，早々にプロジェクトの話に持っていくために，不要なことを書かないように注意した。3 行で「今回のプロジェクトは…である」と宣言している。

この問題は，スケジュール管理をテーマにしているもので，かつ，設問アではプロジェクト目標を書くように要求している。そのため，いつもよりも詳しく書いた方が良いと判断。

あえて「コストよりも納期遵守が優先される」とは書かなかったが，その含みを持たせるために，稼働時期の変更ができないことを強調している。

スケジュール管理の問題なので，どのようなベースラインにしたのかも説明している。

第4章　進捗

2. 進捗の差異の発生と，その対応策
2.1. 進捗の差異の状況

プロジェクトは，X年10月1日に予定通り開始し，そこから内部設計工程までは順調に進んだが，製造・単体テスト工程に入って2か月経過したX＋1年5月の中旬ごろ，徐々に月曜日の段階でも進捗に遅れが発生するようになってきた。メンバに理由を聞くと，結合テスト以後に不具合を残さないように，徹底的に単体テストをしているということだった。

> 時間軸を明確に。工程と年月を明記している。Good。

悪いことではないので，しばらく様子を見ながらEACを注視していたが，4週目（6月初旬）になっても状況は改善せず，それどころか，差異は大きくなってきた。当初は，完了しているはずのモジュールのうち，未完了は数個だったのだが，その後数個ずつ増え，4週目には10を超えるモジュールが未完了になっていた。これらを完了させるのに1週間になる。つまり，6月初旬の段階で1週間の遅れである。

> 遅延の発生と，それが納期に影響を及ぼすレベルとには差があるため，しばらく様子見をしていることを表現している。それによって「（プロジェクトの完了期日に対して遅延を生じさせると）判断した根拠」につなげていきやすくしている。

> 遅延を定量的に表現。

> 現段階での遅延状況（差異）を定量的に表現して明確にしている。

1週間の遅れ程度なら，どうにでも取り返せると考えることもできる。しかし，今回のプロジェクトで納期遅延は許されないし，徐々にではあるが差異は拡大傾向にある。このままの生産性でEACを計算して，今のメンバだけで今後のベースラインをシミュレーションすると，プロジェクトの完了予定日が最大で1か月遅延することになる。つまり，X＋2年の4月1日に全てリリースすることができないところまできてしまったわけだ。そこで私は，6月の初旬ではあるものの早めの対策を実施することにした。

> 「判断した根拠」が決して過敏になっているわけでは無いことを主張している。

> これらが「判断した根拠」になる。

> 今が6月の初旬であるということを繰り返し伝えることで，読み手に覚えてもらおうと考えた。

2.2. 差異の発生原因に対する対応策

まずは，差異の発生原因を潰す対応策だ。メンバーから聞いている原因以外に，何か真の原因があるはずだが，品質管理指標の値には，特に原因となるような特徴は見いだせない。

> 容易に想像がつく原因ではない，すなわち調査分析が必要だということを示唆する表現。容易に想像がつく原因なら，すぐ除去すればいいだけの話なので，そうではない原因にする必要がある。

480

そこで，各チームリーダに対して，一旦既存作業をストップして，予定通り完了しなかったモジュールと，予定通り完了したモジュールのソースにまで調査範囲を広げるように指示を出した。

> これは重要なこと。忘れないようにしたい。

> 原因分析は PM 自身が行ってもいいが，通常は指示を出す。

すると，いくつか，想定していない複雑なロジックや命令を使用しているケースを見つけることができたと報告があった。それが，作成時間やテストケース数を押し上げる形になっていたということだ。

> ここを具体的に書かないといけないとも考えられるが，システムアーキテクトではないので，技術の観点ではなく，管理の観点をより具体的にした方が良い。そう考えると，ここを具体的にすると分量が肥大化してしまう。

そこで，その原因を除去するために，それらのケースのあるべき姿を本プロジェクトのコーディングルールに追加して，今後は，そのルールに従って作成するように，周知徹底を図ることにした。こうすることで，今後のこの工程での生産性は計画通りに進むはずである。完了したモジュールと未着手のモジュールから考えて，もう同様の問題は発生しないと考えられるからだ。

> この対策が有効だと考えていることを主張。

なお，その作業は 2 日間必要だと見積もった。

> いったん作業をストップしているため，さらに遅延が発生している点も，ちゃんと表現しよう。

2.3. 遅延に対する挽回策

続いて，遅延に対する挽回策について検討した。現段階での遅延は 1 週間と，作業をストップして原因追及と開発標準の改訂に 3 日かかっているので，その後作業を再開した段階で 10 日遅れである。これを挽回しなければならないからだ。

> 遅延を定量的に表現している。2.2 の対策を加味しているところが現実的でわかりやすい。

この点に関しては，6 月中旬からプログラマを 1 人追加投入することにした。期間は，開発標準の説明期間や，生産性を 2 割ほど低く見積もるという配慮に，さらに多少の余裕を見て 1 か月間とした。もちろん，この部分は重点的にスケジュール管理を実施する。大学側にも（追加費用を含めて）承認を得ることができた。

> 問題文で要求されている必要な要素。これでは少なすぎるので，設問ウでしっかりと説明しなければならない。

なお，新たに追加したコーディングルールに準拠しているかどうかの全モジュールを対象にした調査と，それに合わせた改修は，今回のプロジェクトでは実施しないことにした。品質と納期を考えてのことである。

> 今回の原因を考えれば，これをどうするのかは，絶対に考えなければならないこと。今回のPJ で対応しても良かったが，複雑になるのでこうした。こうすることで，今後の改善点につなげることもできる。

3. 実施状況及び評価と今後の改善点

3.1. 発生原因に対する対応策と挽回策の実施状況及び評価

　発生原因に対する対策については，チームリーダの作業をいったんストップしてもらったが，予定通り3日間で完了することができた。その後の生産性も，計画した生産性に戻り，その後遅延は発生することはなかった。

　また，挽回策についても，要員を1人1か月間追加投入して，7月中旬には予定通り遅延を取り戻すことができた。

　要員の追加投入により1人分の追加コストが発生したが，大学側には事情を伝えて，マネジメント予備費を使用する許可を得ている。今回の遅延の原因が，真の原因はあったものの，単体テストレベルで品質を確保したいという意識から生まれたものなので，大学側も納得してくれた。また，結合テスト及び総合テストでも高品質が期待でき，納期遵守の可能性が高まったことも理解してくれた。

　最終的に，プロジェクトは予定通り完了し，大学の希望する日程通りに各システムはリリースできた。最終リリース後1か月間立ち会ったが，大きな不具合も出なかった。結合テストと総合テストの時点でも，品質がよくて十分すぎるテストができたのが良かったのだと思う。

　今回の対策は，早すぎる対応だという意見もあった。しかし，プロジェクトの早い段階から対応するのは，納期遵守のプロジェクトでは基本中の基本だと考えている。決して早い対応では無く，妥当な対応策だと評価している。

3.2. 今後の改善点

　反省すべき点は，本プロジェクトのコーディングルールに漏れがあったことだ。「そこまでは記述する必要はないだろう」という私の認識の甘さが原因だ。

注釈:

ここには，設問イで計画したことがどうだったのかを中心に書く。設問イは，あくまでも計画の話だからだ。やぶへびにならないように，順調かつ粛々と実施したと書いたらいいだろう。

マネジメント予備費を使うことに対して承認を得られた理由を，プロジェクト特性に絡めて示している。

そして評価の部分。

教訓的な改善点ではなく，システムそのものに残された課題なので，微妙に要求されている趣旨とは違うが，この程度で，最後の改善点の部分だけなら，悪くても減点だけで合否に影響することもないだろうと判断した。

加えて，複雑なロジックや命令を使っていた部分は，保守性の観点を除き問題はないと判断して，そのままにしている。他のモジュールでも，いくつか存在していることもわかっている（スケジュールには影響なかったもの）。

そこで，本システムを，次回どこかを改修する際に，保守性に配慮してコーディングルールに従った改修を合わせて行う予定にしている。大学側に説明し，一定の理解も得ているので，忘れないようにドキュメントに記載している。

5 予算

第5章

ここでは"予算"にフォーカスした問題をまとめている。試験で取り上げられるのは，主に"工数"や"人件費"になる。予測型（従来型）プロジェクトでは，重要なプロジェクト目標になる。プロジェクトマネージャには，予め合意した予算の範囲内に収めることが強く求められている。SIベンダが顧客と請負契約を締結している場合には，赤字プロジェクトになる可能性もある。PoCやアジャイル開発，準委任契約では制約の意味合いが強くなるところだ。

5.1	基礎知識の確認
5.2	午後II 章別の対策
5.3	午後I 章別の対策
5.4	午前II 章別の対策
午後I演習	平成28年度 問3
午後II演習	平成31年度 問1

アクセスキー **7**
（数字のなな）

（演習の続きは Web サイト※からダウンロード）

※ https://www.shoeisha.co.jp/book/present/9784798174914/ からダウンロードできます。
　詳しくは，iv ページ「付録のダウンロード」をご覧ください。

第5章 予算

　本章で取り上げる問題を短時間で効率よく解答するには，プロセスベースの PMBOK（第6版）で言うと「コスト・マネジメント」の知識が必要になる。原理・原則ベースの PMBOK（第7版）では，第4章の進捗と同じ「計画」と「測定」のパフォーマンス領域になる。ちょうど，この見開きページにまとめている三つの表の白抜きの部分だ。必要に応じて公式本をチェックしよう。なお，ここでも同様に大きな分類で対応付けておくことにしている。

　予算は，制約でもあるが，予測型（従来型）のプロジェクトでは予め決めた予算の範囲内に収めることが，プロジェクトで目指すべき大きな目標の一つでもある。特に，SI ベンダが顧客と請負契約を締結している場合で，特に長期間にわたるプロジェクトではことさら重要になる。

【原理・原則】　　　　　　　　　　　　　　　　　　PMBOK（第7版）

PMBOK（第7版）の原理原則	
価値	価値に焦点を当てること（→P.122「1.1.1 価値の実現」参照）
システム思考	システムの相互作用を認識し，評価し，対応すること
テーラリング	状況に基づいてテーラリングすること
複雑さ	複雑さに対処すること
適応力と回復力	適応力と回復力を持つこと
変革	想定した将来の状態を達成するために変革できるようにすること
スチュワードシップ	勤勉で，敬意を払い，面倒見の良いスチュワードであること
チーム	協働的なプロジェクト・チーム環境を構築すること
ステークホルダー	ステークホルダーと効果的に関わること
リーダーシップ	リーダーシップを示すこと
リスク	リスク対応を最適化すること
品質	プロセスと成果物に品質を組み込むこと

【パフォーマンス領域】　　　　　　　　　　　　　　　PMBOK（第7版）

PMBOK（第7版）のパフォーマンス領域	
ステークホルダー	ステークホルダー，ステークホルダー分析
チーム	プロジェクト・マネジャー，プロジェクトマネジメント・チーム，プロジェクト・チーム
開発アプローチとライフサイクル	成果物，開発アプローチ，ケイデンス，プロジェクト・フェーズ，プロジェクト・フェーズ，プロジェクト・ライフサイクル
計画	見積り，正確さ，精密さ，クラッシング，ファスト・トラッキング，予算
プロジェクト作業	入札文書，入札説明会，形式知，暗黙知
デリバリー	要求事項，WBS，完了の定義，品質，品質コスト
測定	メトリックス，ベースライン，ダッシュボード
不確かさ	不確かさ，曖昧さ，複雑さ，変動制，リスク

【プロセス】

PMBOK（第6版）

知識エリア	プロジェクトマネジメント・プロセス群				
	立上げプロセス群	計画プロセス群	実行プロセス群	監視・コントロール・プロセス群	終結プロセス群
プロジェクト統合マネジメント	プロジェクト憲章の作成	プロジェクトマネジメント計画書の作成 / プロジェクト知識のマネジメント	プロジェクト作業の指揮・マネジメント	プロジェクト作業の監視・コントロール / 統合変更管理	プロジェクトやフェーズの終結
プロジェクト・スコープ・マネジメント		スコープ・マネジメントの計画 / 要求事項の収集 / スコープの定義 / WBSの作成		スコープの妥当性確認 / スコープのコントロール	
プロジェクト・スケジュール・マネジメント		スケジュール・マネジメントの計画 / アクティビティの定義 / アクティビティの順序設定 / アクティビティ所要期間の見積り / スケジュールの作成		スケジュールのコントロール	
プロジェクト・コスト・マネジメント		コスト・マネジメントの計画 / コストの見積り / 予算の設定		コストのコントロール	
プロジェクト品質マネジメント		品質マネジメントの計画	品質のマネジメント	品質のコントロール	
プロジェクト資源マネジメント		資源マネジメントの計画 / アクティビティ資源の見積り	資源の獲得 / チームの育成 / チームのマネジメント	資源のコントロール	
プロジェクト・コミュニケーション・マネジメント		コミュニケーション・マネジメントの計画	コミュニケーションのマネジメント	コミュニケーションの監視	
プロジェクト・ステークホルダー・マネジメント	ステークホルダーの特定	ステークホルダー・エンゲージメントの計画	ステークホルダー・エンゲージメントのマネジメント	ステークホルダー・エンゲージメントの監視	
プロジェクト・リスク・マネジメント		リスク・マネジメントの計画 / リスクの特定 / リスクの定性的分析 / リスクの定量的分析 / リスク対応の計画	リスク対応策の実行	リスクの監視	
プロジェクト調達マネジメント		調達マネジメントの計画	調達の実行	調達のコントロール	

487

第5章　予算

● PMBOK（第6版）のプロジェクト・コスト・マネジメントとは？

PMBOKでは「プロジェクトを承認済みの予算内で完了するためのコストの計画，見積り，予算化，資金調達，財源確保，マネジメント，およびコントロールを行うためのプロセスからなる。（PMBOK第6版 P.24）」と定義されている。計画した予算を守るための一連の管理である。

表1　プロジェクト・コスト・マネジメントの各プロセス

プロセス	内　　容	主要なアウトプット
コスト・マネジメントの計画	当該マネジメント領域の他のプロセスのマネジメント方法や進め方を定義し文書化し，プロジェクトマネジメント計画書の補助計画書を作成する。	コスト・マネジメント計画書
コストの見積り	スコープマネジメントのアウトプットであるスコープ・ベースライン（プロジェクト・スコープ記述書，WBS他）に，要員計画などを加味してプロジェクト・コストを見積もる。なお，このプロセスは，アクティビティ資源の見積りプロセスと強い関連性を持つ。	・コスト見積り ・見積りの根拠
予算の設定	コストの見積りプロセスで策定された見積りとスケジュールを使って，コスト・ベースラインを作成する。具体的には，どの費用が，いつ，どれくらい消費されるのかを時系列に配分していく。このコスト・ベースラインを元に"コストのコントロール"が行われる。	コスト・ベースライン
コストのコントロール	・コスト・ベースラインと実績報告を比較して差異をチェックし，問題が発生していれば，原因を追究し改善を図る。 ・統合変更管理プロセスに，必要に応じて変更要求を出してコストに対する変更をコントロールする。	

488

Column ▶ 知識に基づいた経験の重要性（1）

"守破離"という言葉をご存じだろうか。筆者の好きな言葉である。この言葉は，昔から伝わる有名なもので，茶道や華道，武道など（元々は能の世界？）の学び方や師弟関係のあるべき姿を現したものである。個々の文字には次のような意味があり，学びが進むにつれ，守→破→離の順で成長していきなさいという教えになっている。

- 守：既存の型を「守る」。真似する。
- 破：その後造詣を深め，その型を自分にあったものに合わせて「破る」。
- 離：最終的には型から「離れて」自由になる。

我々に例えると，さながらこういう感じなのかもしれない。

- 守＝PMBOK
- 破＝会社標準
- 離＝自分自身のオリジナリティ

- 守＝情報処理技術者試験
- 破＝経験
- 離＝改善した経験

いずれも，知識に基づく経験の重要性を示唆している。

経験至上主義の悪い点

人生の先輩は，よく経験の大切さを口にするけど，経験にも，肥やしになる"経験"と無駄な"経験"があることを忘れてはいけない。特に，現代のように大量の情報がネット上にあるような時代になるとなおさらだ。

単に知識がありさえすれば避けられたはずの"試行錯誤"や"苦労"，"失敗"なんかは，はっきり言って"無駄な経験"以外の何物でもない。

しかも，我々ITエンジニアの仕事というのは，芸術的感性や，体を使ったアクション，手先の器用さなど…知っていてもできないことは少ない。そうではなく，知識さえあれば，初めての経験でも失敗しなくても済む。通常，コンピュータに"ゆらぎ"や"矛盾"はないからだ。

そういう様々な理由で，IT業界では，注意をしないと「俺は，…を経験してきたんだ。ほんと苦労したんだぜ。」みたいなことを口にする行為は，己のレベルの低さを語っていることになりかねない。

知識に基づく経験の重要性

もちろん，"人"を相手に行う交渉やマネジメントは，経験がものをいう。そこは，コンピュータと違って正解の無い世界だからだ。そのあたりは，本書の付録でも触れているが，できれば，そこで"試行錯誤"や"苦労"，"失敗"をしたい。そのためにも，コンピュータ相手のところは，"初物"にチャレンジする時にでも，失敗しないだけの"知識"を身に付けておかないといけないというわけだ。

但し，その場合，我々の目の前にある"先に知っておくべき情報"は，余りにも多すぎる。何を知るべきなのか。それを考えた時に，情報処理技術者試験が最も合理的な選択になる。国と所属企業と自分自身の利害関係が一致しているから。
（P.529に続く）

第5章 予算

5.1 基礎知識の確認

5.1.1 生産性基準値を使った見積りの基礎 FE

　まずは最もシンプルな見積技法について説明しよう。生産性基準値を使ったものだ。標準値法と呼ばれることもある。プログラムソースのステップ数（行数，ライン数）の総数で表現した開発システムの「開発規模（kstep）」と，全体もしくは各工程別の「標準生産性（kstep／人月）」を用いて，所要工数を見積もる。ステップ換算しやすい COBOL や C 言語などに向いている見積り方法だ。

● **開発規模の算出**

　最初に開発規模を求める。情報処理技術者試験の場合は，問題文の最初に「見積もった開発規模は 200 k ステップであった。」と与えられていることが多いが，そもそもその 200 k ステップをどのように見積もったのだろうか。

　プロジェクトがプログラミング工程まで進み，実際にコーディングすると正確な値を求めることができる。しかし見積り段階（初期見積り，仕様確定後の見積り等）では，様々な方法で計画値を求める。

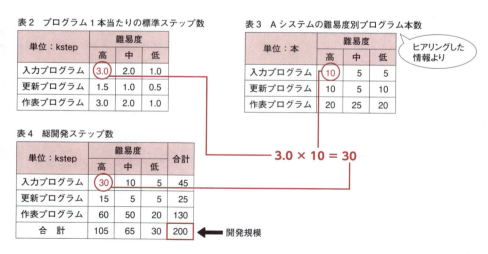

　この例では，難易度の高い入力プログラムは平均 3kstep 必要で，それが 10 本なので 30kstep ということになる。同様に，更新プログラム，作業プログラムもそれぞれ算出し，合計して 200kstep という開発規模が求められる（表4）。

●生産性

情報処理技術者試験の問題では，開発規模に対して“生産性の指標”も問題文で与えられている。実際のプロジェクトでも，プロジェクト標準や開発標準などで決められていたり，そうした標準化が進んでいない企業では過去のデータから保持したりしている。

表5　工程別生産性

	生産性（kstep/ 人月）	200kstep の開発工数（人月）	開発規模（kstep）÷標準生産性（kstep/ 人月）
要件定義，外部設計	10.00	20.0	200 ÷ 10.00
内部設計	6.00	33.4	200 ÷ 6.00
プログラム開発，単体テスト	3.00	66.7	200 ÷ 3.00
結合テスト	7.50	26.7	200 ÷ 7.50
総合テスト	9.00	22.3	200 ÷ 9.00
移行	30.00	6.7	200 ÷ 30.00
総開発工数 ➡		175.8	※小数第 2 位切上

例えば上記のケースでは，左側の表が工程別の生産性を示しているが，これは，工程別に「**1 人が 1 か月の作業で（／人月），どれくらいの量（kstep）を生産できるか**」を示している。この例では，“要件定義，外部設計”工程では，「1 人で 1 か月かけて 10kstep 分作成可能である」ということを示しており，（表 2 の）難易度“中”の入力プログラム（2kstep）の設計なら，1 人で 1 か月に 5 本分完成できる“生産性”になる。

この生産性で，開発規模を割ることによって，そのシステム開発に必要となる工数を計算する。この表の例のように総開発規模が 200kstep の場合，“要件定義，外部設計”工程では次のようになる。

$$200（kstep）　÷　10.00（kstep/ 人月）　=　20（人月）$$

つまり，要件定義工程の必要工数は 20 人月だということになる。こうして工程別に算出した工数を合計すると，総開発工数が求められる。この例だと 175.8 人月になる（表 5）。1 人月 100 万円という SE 費用の設定なら，1 億 7500 万円という見積りになる。

なお，この標準生産性は，開発言語によっても異なるし，会社によっても保持している値が違うし，その標準生産性を確保できるかどうか，個々のメンバによっても異なる。その点も覚えておこう。

491

第5章　予算

5.1.2　ファンクションポイント法による見積り　FE

　ソフトウェアの機能（外部仕様）に着目した見積り技法で，それをベースに開発規模を算出する。外部仕様は五つに分類される（外部入力，外部出力，内部論理ファイル，外部インタフェースファイル，外部照会）。これらを複雑度で分類し，ファンクション数を求める。これに，14の「影響度」スコアによって補正する（表9の例では，本来14の影響度のところを簡易的に七つの影響度で補正係数を求めている）。長所と短所はそれぞれ以下のとおりである。

- **長所**：プロジェクトの初期から適用可能。明確でユーザとの合意を得やすい。
- **短所**：実績データの収集・評価が必要。

総開発工数（人月）＝ FP数÷生産性（FP数／人月）
FP数 ＝ ファンクション数×（補正係数× 0.01 ＋ 0.65）

【ファンクションポイント法の算出例】

表6　外部インタフェース一つ当たりの
　　　標準ファンクション数

外部インタフェース の種類	難易度		
	高	中	低
外部入力	6	4	3
外部出力	7	5	4
内部論理ファイル	15	10	7
外部インタフェースファイル	10	7	5
外部照会	6	4	3

表7　外部インタフェース数

単位：本	複雑度		
	高	中	低
外部入力	5	5	5
外部出力	5	5	10
内部論理ファイル	5	10	10
外部インタフェースファイル	0	3	2
外部照会	5	10	10

表8　総ファンクション数

単位：kstep	難易度			合計
	高	中	低	
外部入力	30	20	15	65
外部出力	35	25	40	100
内部論理ファイル	75	100	70	245
外部インタフェースファイル	0	21	10	31
外部照会	30	40	30	100
合　計	170	206	165	541

← 総ファンクション数

5.1　基礎知識の確認

表9　補正係数の例（平成8年度本試験午後I問1から引用）

要因	影響度判定基準			影響度スコア
	0点	5点	10点	
1　分散処理	バッチタイプシステムである	単一ホストシステム又は単一クライアントサーバシステムである	複数のホストシステム又はサーバシステムが相互に関連をもってネットワーク上に分散している	5
2　応答性能	制約がない	一定の目標値がある	応答時間に強い制約がある	5
3　エンドユーザの操作容易性	制約がない	一定の目標がある	強い制約がある	0
4　データベースバックアップ	対応は不要である	オンライン終了後にバックアップを行う	オンライン稼働中にもデータベースのバックアップを行う	0
5　再利用可能性	考慮は不要である	限定的に再利用を行う	広範囲に再利用を行う	0
6　開発の拠点	1か所で開発する	中心となる拠点があり，作業の一部を他の場所でも分担する	同等規模の拠点が複数あり，相互の連携のため密接な連絡が必要である	10
7　処理の複雑度	単純である	平均的である	複雑な計算やロジックがある	10
補正係数（影響度スコア合計）				30

　このシステムのFP値は，513.95（= 541 ×（30 × 0.01+0.65））である。

【ファンクションポイントから総開発工数を算出】

　ファンクションポイント数が算出できれば，次に総開発工数を算出する。総開発工数は"FP数"と"開発生産性"から計算する。開発生産性は，企業ごとに過去の経験値から算出されたもので，表10のように，開発言語別，業務別に定義されている。

表10　サブシステム別見積FP数とそれぞれの言語別開発生産性

サブシステム	FP数	開発生産性（開発FP数／人月）		
		SQL	COBOL	RPG
入出庫処理	3,000	100	200	50
在庫照会処理	2,000	500	50	100
出荷分析処理	4,500	100	150	300
合計	9,500			

平成11年度 午前問題　問63より引用

(1) SQL言語で開発した場合　　3,000/100+2,000/500+4,500/100=79（人月）
(2) COBOL言語で開発した場合　3,000/200+2,000/ 50+4,500/150=85（人月）
(3) RPG言語で開発した場合　　3,000/ 50+2,000/100+4,500/300=95（人月）

493

第5章 予算

過去に午後Iで出題された設問

（1）見積り時の工夫

　見積りの基本は，会社標準の見積り方法に準拠しながら，今回のプロジェクトに特有のもの（午後Iだと問題文の中に記載されている特徴で，午後IIだと論文で求められる設問アのプロジェクトの特徴になるもの）によって調整するというのが基本になる。午後Iでもそのあたりが問われるし，午後IIの工夫した点もそこになる。

①過去の失敗を考慮して前提条件を決める

　以前，開発に使うソフトウェア製品（以下，製品Xという）の品質に関する前提条件を明示しておらず，製品Xの欠陥が多発してコストが増えた（つまり，自分たちの責任ではないケース）。しかし，見積りとの差異の明確な根拠を示すことができず，コスト増の一部を負担することになった。そのような背景がある問題で次のような設問があった。

● 前提条件を決める（H22問4設問2（1））

　その反省を踏まえ，前回の開発における製品Xに関する次の実績値を参考に，今回の見積りの前提条件となる見込値を設定して，見積りに活用しようと考えている。

　・ 結合テストで検出した製品Xの欠陥数
　・ 製品Xの欠陥で再テストを行った結合テストケース数
　・ 製品Xの欠陥による自社の対応コスト

● 前提条件は時系列の値を参考にする（H22問4設問2（2））

　これらの見込値については結合テスト完了時の最終的な値だけではなく，結合テスト開始時からの時系列の値を，過去の実績値の発生傾向を参考にして設定し，変動の発生に備えておくことにした。その理由は，見積りの前提条件からのかい離を早期に検出するため，あるいは，製品Xの欠陥が多発した場合の自社の作業量の増加に備えるためである。

● 前提条件を逸脱した時の対応（H22 問 4 設問 4 (1)）

結合テスト完了時の最終的な製品 X の品質は見積りの前提条件と大きく異なると判断したため，契約内容どおり製品 X の品質が前提条件からかい離したことによるコスト増は，N 社（契約相手先＝顧客企業）負担とする旨を説明し，合意を得た。

②見積りガイドライン（H22 問 4 設問 2 (3)）

外部の変動要因に関する前提条件は，見積りと実績との差異を明示できるように数値化して（定量的に，具体的に）提示し，変化があった場合の対応を顧客と明確に合意しておく。

③未確定事項が残っている場合の見積り（H22 問 4 設問 3 (2)）

未確定事項が残っている場合の見積りには，仕様確定時期と要件の影響範囲の想定規模に関する前提条件を付けて見積り，その確定後に再見積もりを行う旨を記載しておく。

(2) マネジメント予備

これまで，マネジメント予備に関する設問も何度か出題されている。

● 確保（R03 問 3 設問 3 (2)）

マルチベンダにおける相互連携部分など，複雑なプロジェクトにおいて"想定外に発生するリスク"が発生しそうな場合，プロジェクトマネージャはその対策として，プロジェクト開始前に CIO に相談してマネジメント予備費の確保をしておく。

● 承認が必要な理由　（H21 問 1 設問 3 (3)）

問題文中にコンティンジェンシ予備とマネジメント予備に関する記述があり，リスク管理表にないリスクが顕在化して対応した。コストへの影響が出るので，次のような理由で，事業部長の承認を得る必要があると判断した。

- ・ マネジメント予備の使用が必要だから
- ・ 計画時に想定していないコストだから
- ・ K 社プロジェクトの予算外のコストだから

5.1.3 EVM (Earned Value Management)

EVM（アーンドバリューマネジメント）は，プロジェクトの進捗状況を定量的にリアルタイムで把握できる手法である。1998年，米国防総省が作成した資材の調達に関する評価方法だったものを改訂し，ANSI（American National Standard Institute：米国規格協会）が標準規格とした。

情報処理技術者試験の午後I問題で，出題されるときには，図1のように，"EVMで使用される主な用語"についての説明文がある。まずは，それぞれの意味をもう少し詳しく見ていこう。

図1　EVMで使用される主な用語

● 3つの基本的構成要素

EVMについて学習する場合，最初に，この3つの基本的構成要素をしっかりと理解していかなければならない。

① PV（Planned Value：計画価値）

PVとは，予定した作業に対して期間毎に割り当てられた計画段階の予算のことである。予算設定プロセスで作成され，顧客や経営者の承認を得る（その承認を得たものが"承認済み予算"）。その後，プロジェクトが完了するまで，パフォーマンス測定のベースライン（午後I問題だと月別のベースライン）として利用される（図2）。

単位　百万円

年	N-1年	N年											N+1年
月	12月	1月	2月	3月	4月	5月	6月	7月	8月	9月	10月	11月	12月	1月
PV	−	10	21	31	42	57	72	90	105	118	128	136	142	−
工程	現在 ▼	要件定義			外部設計		内部設計		製造		結合テスト		総合テスト	稼働

図2　PVの例（平成20年午後I問1）

図2では，PVの月別コストの合計値のみしか表示されていないが，表11のように，もう少し細かい単位 "機能数" と "機能別標準工数（時間）" などで管理するケースもある。

表11　PVの例

工程	標準工数(時間)	1月		2月		3月		4月		5月		6月	
		機能数	工数	機能数	工数	機能数	工数	機能数	工数	機能数	工数	機能数	工数
外部設計	40	10	400	15	600	20	800						
内部設計	40			5	200	15	600	20	800	5	200		
プログラミング	40							20	800	20	800	5	200
結合テスト	16									20	320	25	400
合計工数			400		800		1,400		1,600		1,320		600
累積工数			400		1,200		2,600		4,200		5,520		6,120

　例えば，この表では1月の計画予算は400（時間）になる。同様に2月の計画予算は800時間で，2月終了時点での累計は1,200時間ということになる。

② AC（Actual Cost：実コスト）

　ACは，その期間内に実際に費やされたコストのことである。先の表11に，ACを加えたのが表12になるが，その中で，2月には，外部設計で1機能未完成にもかかわらず，計画値を40時間もオーバしていることが読み取れる。

表12　ACの例

工程	標準工数(時間)	予実	1月		2月		3月		4月		5月		6月	
			機能数	工数	機能数	工数	機能数	工数	機能数	工数	機能数	工数	機能数	工数
外部設計	40	予定(PV)	10	400	15	600	20	800						
		実際(AC)	10	400	14	640								
内部設計	40	予定(PV)			5	200	15	600	20	800	5	200		
		実際(AC)			5	160								
プログラミング	40	予定(PV)							20	800	20	800	5	200
		実際(AC)												
結合テスト	16	予定(PV)									20	320	25	400
		実際(AC)												
合計工数		予定(PV)		400		800		1,400		1,600		1,320		600
		実際(AC)		400		800								
累積工数		予定(PV)		400		1,200		2,600		4,200		5,520		6,120
		実際(AC)		400		1,200								

第5章 予算

　生産性の見積が甘かったのか，不測の事態があったのかを分析するのはこの後になるが，何らかの理由で予想したよりも工数がかかってしまったと判断できる。逆に，内部設計では，－40時間となっており，これも計画値と乖離していることが分かる。

③ EV（Earned Value：達成価値）

　EVは，計画価値の達成度を表す指標である。"達成価値"という言葉が示すように，"達成"した機能数と，計画段階で求めた"価値"（すなわち標準工数）とを乗じて求める。この例で，2月のEVを算出すると，達成した機能数は14，標準工数は40だから，EVは560時間ということになる。

表13　EVの例

工程	標準工数(時間)	予実	1月		2月		3月		4月		5月		6月	
			機能数	工数	機能数	工数	機能数	工数	機能数	工数	機能数	工数	機能数	工数
外部設計	40	予定(PV)	10	400	15	600	20	800						
		実際(AC)	10	400	14	640								
		EV	10	400	14	560								
内部設計	40	予定(PV)			5	200	15	600	20	800	5	200		
		実際(AC)			5	160								
		EV			5	200								
プログラミング	40	予定(PV)							20	800	20	800	5	200
		実際(AC)												
		EV												
結合テスト	16	予定(PV)									20	320	25	400
		実際(AC)												
		EV												
合計工数		予定(PV)		400		800		1,400		1,600		1,320		600
		実際(AC)		400		800								
		EV		400		760								
累積工数		予定(PV)		400		1,200		2,600		4,200		5,520		6,120
		実際(AC)		400		1,200								
		EV		400		1,160								

●予実管理の値

アーンドバリュー分析では，こうして求めた EV をもとに，PV や AC と比較して，作業の進捗に問題はないか，費用増になっていないかをチェックすることができる。そのときに用いるのが，次の四つの指標値である。

表14　現状把握の指標値の計算式

指標	計算式
SV（Schedule Variance）スケジュール差異	EV − PV
CV（Cost Variance）コスト差異	EV − AC
SPI（Schedule Performance Index）スケジュール効率指標	EV／PV
CPI（Cost Performance Index）コスト効率指標	EV／AC

SV（スケジュール差異）がプラスであったり，SPI（スケジュール効率指標）が1より大きい値であれば，進捗が予定よりも早いペースで進んでいると判断できる。同様に，CV（コスト差異）がプラスであったり，CPI（コスト効率指標）が1より大きい値であれば，計画よりも少ない費用で収まっていることを表している。

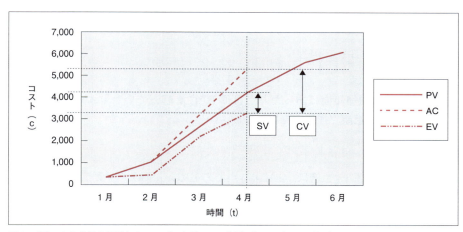

図3　グラフから差異を判断する　SV（スケジュール差異）と CV（コスト差異）

PV，AC，EV をそれぞれグラフ表示すると，一目瞭然になる。この例ではどうだろう。プロジェクトは4月半ばまで進んでいるが，その時点での EV は，PV，AC いずれも下回っている。すなわち，進捗遅れと費用増が同時に発生していることが読み取れる。

第5章　予算

●プロジェクトの予測

EVM を使えば，プロジェクト完了時の予測ができる。

① BAC（Budget At Completion：完成時総予算）

BAC とは，完成時総予算（完了時の実行予算総額）のことで，PV の合計値になる。図2の "（12月の）142百万円"，表13の "（6月の累積工数の）6,120" が，それぞれ BAC の値になる。

② EAC（Estimate At Completion：完成時総コスト見積り）

EAC は完成時総コスト見積りと訳される。プロジェクト期間中に，その時点までの情報に基づいて，プロジェクト完成時の最終コストを見積もるときに使われる指標である。

EAC の値は，現時点までの実コスト（AC）に，残作業のコスト見積り（ETC：Estimate To Complete）を加えて求められる。具体的には，図1内にも記述されているように，次の計算式が使われている（他にも違う計算式を使う考え方もある。例えば，CPI だけではなく，SPI の影響も受ける場合には，次の計算式の "CPI" の部分を，"CPI × SPI" とするときもある）。

$$EAC = AC + \frac{(BAC - EV)}{CPI}$$

なお，EAC が増加傾向にあったり，目標 BAC を超えていたりすると問題である。この2点は注意深く推移を見届けよう。

〈例〉

それではここで表13を例に，2月末時点での EAC を求めてみよう。月末完了時点での AC および EV はそれぞれ，1,200時間と1,160時間だから，次のような計算になる。

$$EAC = 1,200 + \frac{6,120 - 1,160}{\left.\frac{1,160}{1,200}\right\}CPI}$$

$$≒ 6,331$$

500

ただし，EAC のこの計算式の場合は，「これまでと同じ割合（CPI）で，作業が計画値と乖離する」ことが前提のものである。そこで，現段階で問題の原因を追究し，改善した場合は，今後は通常のペースに戻るはずである。そのときの計算は，CPI を 1，すなわち正常値として計算する。その場合は以下のようになる。

（問題が解消された場合の EAC の計算式）

$$EAC = AC + \frac{BAC - EV}{1} \leftarrow この "1" は計画通りの消化率を$$
表している（CPI = 1.00）

$$EAC = 1,200 + (6,120 - 1,160) = 6,160$$
$$VAC = 6,160 - 6,120 = 40$$

要するに，現在の遅れである 40 時間分だけ遅れることになる。

③ VAC（Variance At Completion：完了時差異）

EAC と目標とする BAC の差を VAC という。計算式もシンプル。この値が正の値なら "予算オーバ" で，負の値なら "予算内" になる。

$$VAC = EAC - BAC$$

④ TCPI（To-Complete-Performance-Index：残作業効率指数）

BAC や EAC を達成するために，残作業によって達成しなければならないコスト効率を TCPI といい，次の計算式によって求める。BAC − EV は "残作業" を，BAC − AC は "残資金" をそれぞれ表している。

$$TCPI = \frac{BAC - EV}{BAC - AC}$$

● EV の計上方法

EVM において，EV…すなわち出来高の計上は，WP（ワークパッケージ）単位など特定の管理単位で行われるが，その計上方法をどのように設定するのかは，とても重要なポイントになる。出来高の計上ルールは，実態を正しく表すものにしないと，正確な判断ができなくなるからだ。そういうこともあって，午後Ⅰ試験でも，計上方法についてはよく出題されている。

501

第 5 章　予算

表 15　出来高の計上方法（例）

名称，意味及び例		合う工程	特徴及び例 （例：管理単位が WP で， その WP が 20 万円の場合）
固定比率 （法）	着手時と完了時に固定比率で計上する方法	要件定義 外部設計 内部設計など	わかりやすい管理方法だが，その管理単位内の進捗が把握できないので，管理単位が短いもの向き（5 日程度の WP）
	（例 1） 着手時 0% 完了時 100%	要件定義など，やり直しの多い作業（これまでの成果がゼロになることもある作業）	その WP が完了したときにはじめて 20 万円を計上する。99% 終了していても 0
	（例 2） 着手時 30% 完了時 70%	設計工程など，多少の手戻りが発生するものの，最初からやり直しとはならない作業	その WP の着手時に 6 万円計上。完了した時点で残り 14 万円を計上
マイルストーンごとの出来高比率	マイルストーンを設定し，個々のマイルストーンごとに出来高比率を決める方法	設計〜テスト完了まで	管理単位が短いと煩雑になる。1 か月程度の一連の作業工程の管理に向く
	（例） 設計着手時 20% 設計完了時 25%（計 45%） 設計承認時 5%（計 50%） 製造完了時 40%（計 90%） 完了承認時 10%（計 100%）	固定比率法よりも期間が長く，その間の達成度管理が必要な作業	設計着手時に 4 万円を計上。その後，各マイルストーン完了時に，5 万円，1 万円，8 万円，2 万円ずつ計上する
成果物の完成比率	プログラムモジュール数，画面数，帳票数，機能数，テスト項目数などの完成比率に応じて計上する	製造工程 テスト工程	従来の進捗管理に似ている。WP 内の個々の成果物作成工数にばらつきがない方が良い
			ある WP でプログラムモジュール 20 本作成だとすると，1 本完了するごとに 5%，すなわち 1 万円ずつ計上する

ちなみに，過去の出題は次のようになる。

- 平成 13 年度午後Ⅰ問 1：作業工程を管理単位として，成果物（機能）の完成比率で計上している
- 平成 18 年度午後Ⅰ問 1：タスクを管理単位として，固定比率法，マイルストーン別出来高比率で計上している
- 平成 20 年度午後Ⅰ問 1：作業工程を WP として，固定比率法，成果物（機能）の完成比率で計上している
- 平成 24 年度午後Ⅰ問 3：EVM を採用した理由等，その本質が問われている設問が目立った。
- 平成 28 年度午後Ⅰ問 3：特に目新しい切り口はなかった。

過去に午後Ⅰで出題された設問

（1）EVM の導入目的

　EVM そのものの導入目的（= EVM のメリット）も押さえておこう。午後Ⅱの論文でも使える。

①問題文中に記載のあるケース（設問にはなっていない）

　下記はいずれも問題文中に記載されている表現。
- プロジェクト管理の高度化（H18 問 1）
- 客観的な基準によって進捗を把握するため（H24 問 3）
- 進捗を定量的に可視化して管理することで遅延リスクへの対応を行う（H28 問 3）

② EVM を導入するメリット（H24 問 3 設問 1 （1））

　EVM のメリットには次のようなものがある。知識解答型の場合もあるが，問題文中に「以前のプロジェクトで…」という感じで，解答に制約を変えている場合もあるので注意しよう。
- 完了予定日を EAC で明確に把握しながら進められる
- 早い段階で進捗の遅れを把握できる

③ WBS の活用（H24 問 3 設問 2 （1））

　EVM でプロジェクトの WBS を活用する理由が問われた設問もあった。当たり前すぎて解答を思いつかない可能性もあるが，そういう場合は原理原則で解答する。
- 予実管理は WP 単位に比較するから
- コストとスケジュールを WP 単位に設定できるから

④週次で管理する場合（H24 問 3 設問 3 （1））

　EVM で週次で進捗を管理したい場合は，WP ごとに必要なタスクを洗い出し（アクティビティ），その所要期間が 1 週間以内に収まるように細分化する。

503

第5章　予算

(2) PV，BAC，EAC に関する設問

PV を変更したり，BAC，EAC から読み取ったりする設問もある。

①計画外のコストが発生し PV を変更（H20 問 1 設問 2 (2)）

何かしらの要因で，ある時点で，当初の計画外のコスト（やり直しの工数など）が掛かり，その金額が明確で，かつ追加予算も認められた場合には，作業の発生も確定しているし，コストが掛かることも確定しているため，その金額を PV に反映させてベースラインを変更する。これによって BAC も変更する。

逆に，追加予算が認められても，作業の発生が確定していなかったり，コストが掛かることが確定していなければ，PV に反映させずに BAC ＋追加予算の金額を目標 BAC として管理する。

②逆に PV を変更しなくてもいいケース（H20 問 1 設問 3）

PV を変更しなくてもいい（当初計画のままの月間 PV 等を目標にすればいい）条件は，① EAC の月の推移が増加傾向にないことと，② BAC もしくは目標 BAC の範囲内であること。その場合はプロジェクトは順調だと判断できる。

(3) EVM の表から状況を読み取らせる設問

EVM の表やグラフが提示され，そこからプロジェクトの状態が読み取れるかどうかが試されることは少なくない。EVM の問題の基本中の基本だと考えよう。知識があれば正解できるところでもあるので，確実に正解できるようにしておこう。

① SPI, CPI の計算（H18 問 1 設問 3 (1), (2)，4 (3)，H28 問 3 設問 2 (1)）

単純な SPI，CPI，SV，CV に関する設問も少なくない。加えて，プロジェクトが期限までに完了しない可能性の高さを，SPI（もしくは SV）を計算して 1 を下回る（またはマイナス）になるという理由で説明する設問（H18 問 1 設問 3 (2)）や，CPI と SPI の改善策が記述してあり，それを読んで CPI と SPI が今後 "高くなる" のか "低くなる" のかを答える設問（H18 問 1 設問 4 (3)）などもある。

② EV の推移をみる（H28 問 3 設問 1）

表から EV の推移を見て，特に EV が回復していないことが問題だと説明する設問。

③総合的に判断する設問（H20 問１設問４（１），設問２（１））

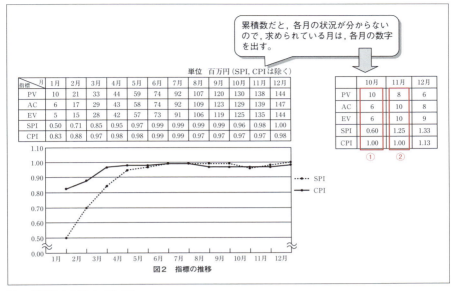

図4　問題文中の図（一部加筆）

　上記の図の赤枠①のように，AC と EV が同じ（CPI=1.00）であればコスト面では問題が無い（CPI が１以上であればコスト面では問題はない）。これに加えて PV だけが高い（SPI ＜ 1）ので，その場合は，急きょ別プロジェクトにアサインされるなど，当初予定していた要員が投入できなかったケースが考えられる。

　逆に，上記の図の赤枠②のように，EV が PV よりも高い（SPI ＞ 1）場合（ゆえにスケジュールには問題が無い場合）で，AC と EV が等しいのなら，要員を追加投入して作業を行ったと考えられる。

④プロジェクトの完了の判断（H20 問１設問４（２））

　EVM の指標からプロジェクト目標の達成を確認するには，納期の時点で SPI ≧ 1.00（これで作業がすべて完了した），CPI ≧ 1.00（PV に組み込んでいない追加予算があれば，それを加味した目標 BAC に収まっていればいい）。

（4）出来高の計上方法

EVMの問題では，出来高の計上方法も出題されている。

①出来高比率は適切か（H18問1設問2（1））

出来高比率は，作業の実態に即した管理ができるように設定しなければならない。ガイドラインの出来高比率が作業の実態に合わない場合は変更する。

②固定比率法（H20問1設問1（1））

この問題では，要件定義工程は固定比率法（着手時点で0％，完了時点で100％）を採用している。これは手戻りが発生した場合に最初からやり直しになることがあるためだという説明がある。また，外部工程及び内部設計工程でも固定比率法を採用しているが，これらの工程では，着手時点で30％，完了時点で100％にしている。これは**手戻りが発生しても，最初からやり直しとはならないため**である。

③出来高比率の落ち度を問う設問（H18問1設問4（1））

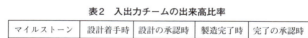

図5　問題文中の図（一部加筆）

設計工程及び製造工程の出来高は，原則「着手，完了，承認」となるはずなのに，設計工程に関しては完了時に計上していない（完了しても着手時と変わっていない）。製造工程の着手は設計工程の承認時で判断できるため（50％）不要。したがって，**設計工程の完了時を加える**修正が正解になる。

なお，これを見ただけで「おかしい！」と判断できるようになることが望ましい。また，絶対に不可欠というわけでは無いので設問で問われた時だけ，その可能性（不備の可能性）を確認した上で解答を確定させるようにしよう。

5.1.4 費用管理

目　　　的：費用を計画範囲（予算）内に収める
留　意　点：①予算超過のケースを想定し，事前に手を打つ（予防的対策）
　　　　　　②予算超過の兆候を管理する
　　　　　　③予算超過をできるだけ早く検知する
　　　　　　④多くの対応策を持っておく
具体的方法：①予算執行表等の管理帳票で把握
　　　　　　②直接または進捗会議にて，報告を受ける

　費用管理の留意点は，プロジェクト開始前の少ない情報量から，どれだけ正確に必要費用を算出するかという点にある。その点では，様々な工数見積り技法が存在する。また，効率よく予実管理するためには，進捗管理ツールを応用する。

●予算超過の兆候を管理する

　「第4章　進捗」のパートでも出現しているが，コスト・マネジメントにおいても"兆候"の管理，すなわち未然防止は重要になる。いったん予算をオーバしてしまうと，その取り返しは困難なことから，後述する早期発見よりも前の段階－予算オーバが発生する前の"兆候"段階で手を打つ必要があるからだ。午後Ⅱ過去問題でも，平成8年度，平成18年度に"兆候"について出題されていることから，その重要性がうかがえる。

　平成18年度の問題では，「兆候は，会議の席上や開発の現場など，日常に見られることが多い」として，成果物についての問題点の指摘や関係者の不満を例示している。このときは，特に定量的管理までは求められていなかったが，今後は，定量化された先行指標管理が要求されることも考えられるので，しっかりと準備しておきたい（「第4章　進捗」参照）。

第 5 章　予算

●予算超過の（早期）発見

ソフトウェア開発費用の予算超過をタイムリに検知するには，計画段階で作成したベースライン（時系列に配布された予算）と，実際に要した費用を比較する。そのツールには，工数予定実績表や EVT（Earned Value Technique：アーンドバリュー技法）（→「5.1.3 EVM」参照）を使うことが多い。

●予算超過の原因と予防的対策（リスク管理）

いったん計画予算をオーバしてしまうと，その回復は困難である。そのため，過去の教訓（プロジェクト経験など）から，予算超過につながるケースを想定し，あらかじめ計画段階でリスクを見込んでおくことが最も重要になる。

そこで最初に，予算超過につながるリスクから押さえていく。やはり最大の要因は，情報不足による見積り精度の低さだろう。プロジェクトを立ち上げ，費用計画を立てる段階では，多かれ少なかれ不確定要素が存在する。問題はそのリスクをどのように扱うかである。基本となる考え方は，平成 14 年度 午後Ⅱ 問 2 の問題「業務仕様の変更を考慮したプロジェクトの運営方法について」の問題文中にある。ほかに，予定していた生産性を実現できないときにも予算超過につながる。

これらの要因を計画段階でどのように考慮しておくのか，それには次のような予防的対策がある。

契約による対策
①分割契約

不確定要素があまりにも多かったり，ユーザ側の話が二転三転するケースがあったりする場合，一括請負契約を締結するのは危険である。その場合，要件定義と外部設計フェーズを委任契約にし，大枠が固まった時点で改めて請負契約を締結するなど，分割契約を考える。

ただし，ユーザ側にとっては，「外部設計終了後，ふたを開けてみると，とんでもない費用になっていた」というリスクを抱えることになる。後でトラブルにならないよう，契約前に十分なコミュニケーションを取っておこう。

②再見積りの可能性について言及しておく

分割契約が難しく，一括請負形式にする場合，少なくとも適宜再見積りをする旨を見積書に記載しておくことは必須だろう。その場合，スコープが明確になっていることが前提になる。初期の見積り範囲や不確定要素に対する共通認識を持ち，ユーザ側と合意した上で，スコープが変更されたり，新たな作業が出てきた場合，再見積りをして予算を適宜見直す。

リスクを見込んだ予算設定

契約による安全策が不可能な場合には，あらかじめ予算の中にリスク相当分を見込んでおくことがある。その方法には幾つかあり，CPM（→第4章の「4.1.3 CPM/CCM」参照）のようにリスクを加味して計算しておく方法，単純に予算に上積みをしておく方法（見積り費用の1.2倍など）などがある。

●予算超過の事後対策

予算超過を発見した場合には，適切な対策を取らなければならない（事後対策）。具体的には，次のようなプロセスを実施する。

まずは，やはり根本的原因を把握するために原因分析を実施しなければならない。これは，進捗管理や品質管理のときと同じである。だから，ここでも QC 七つ道具などを使うのがベスト。

その結果，ユーザ側に起因する場合は，追加費用を請求する方向で考えられるが，開発者側に起因する場合，次のように，原因に応じた最適な対策を練る。

スコープの変更

見積り誤り，当初の情報不足，作業漏れなど，根本的要因は別にして，（表現が難しいが）何らかの要因で，当初契約していたスコープが想定していたものよりも膨らんだ場合，費用は超過する。

このとき，明確にしておかなければならないことは，それがユーザ側に起因するものなのか，それとも開発者側に起因するものなのかという点である。そこを切り分けておかなければならない。機能追加などの仕様変更に関しては，前者になるが，ヒアリング漏れ，作業漏れ，見積段階のミスなどは後者になる。ちなみに，過去の出題としては次のようなものがある。

＜ユーザ側に起因する問題として出題されたケース＞
　午後Ⅰ問題：「ユーザ側に起因する問題なので追加費用を請求する」など
　午後Ⅱ問題：変更管理として出題される

＜開発者側に起因する問題として出題されたケース＞
　午後Ⅱ問題：「開発者側に起因する問題（進捗遅れ，費用超過，品質不良など）
　　　　　　　にどう対応したのか」など

第5章 予算

ユーザ側に起因する仕様変更や機能追加などであれば，追加費用の折衝後，請求を行う。それが認められない場合，原則対応する必要はない。しかし，開発者側に起因する場合，その後のプロジェクト体制を見直し，後の費用を削減することを検討する。例えば，単価の安い技術者にメンバを代えたり，外注に依頼してコスト削減を図る。絶対にしてはいけないのが，「テスト工数の削減」。試験では，これは NG ワードである。

生産性が計画値よりも低い

当初予定していた生産性よりも低かった場合も費用は超過する。例えば，当初 100kstep のボリュームで，プログラミング工程の生産性が 10kstep／人月（1 人が 1 か月で 10kstep 作成）で予定していた場合，10 人月の工数であるが，実際は 9kstep／人月（1 人が 1 か月で 9kstep 作成）の生産性しか達成できなければ，11.1 人月と 1.1 人月オーバしてしまうことになる。

この場合は，生産性が低くなっている根本的原因を追究する。難易度が高かったのか，ほかの作業に手を取られたのかなど，何らかの原因があるはずである。そして，生産性の低い原因を除去する。例えば，要員の技術力不足が原因なら，要員の交代をすることが対応策になる。ただし，原因が一時的なものであれば，対応策を取ると逆効果になることもあるので，その点は注意が必要である。

☕ Column ▶ 論文に "費用超過時の対策" を書く場合

論文で，各種問題発生時の事後対策が求められている場合，スケジュール遅延の挽回策に関しては，必殺 "金で解決！クラッシング" があるわけだが，予算超過の挽回策はかなり難しい。「（たまたま）単価の安い優秀な人材をアサインできた」とか，「（運よく安価な）海外に発注できた」とか，いろいろ書いたとしても，「おいおい，それはラッキーだっただけじゃん！」という結論か，あるいは「それなら何で最初からそうしなかったの？」というツッコミになってしまう。

もちろん，予算超過の根源的責任がユーザにある場合は，それをきちんと請求する必要があるし，自分たちに 100% 過失責任がある場合には自分たちの持ち出しで何とかするしかない。しかし，そこがグレー（双方に過失がある，もしくはどちらも責められないケース）の場合は "マネジメント予備" に頼るのが一番だろう。問題文で，どちらの責任のことを言っているのか？マネジメント予備を持っていても問題はないかを確認した上での話になるが，可能であれば設問アでその存在を匂わせておいて設問イ，ウで出していってもいいだろう。

●マネジメント予備費とコンティンジェンシ予備費

　プロジェクト予算を設定する時には，不確実性に備えて予備費を設定する。いわゆるバッファのことだ。不透明な予備費はトラブルの元だが，合理的に設定された根拠ある予備費は必須になる。この予備費は，マネジメント予備と，コンティンジェンシ予備に分けられる（違いは下図を参照）。使用例が，平成21年度午後Ⅰ問1にあるので，確認しておこう。

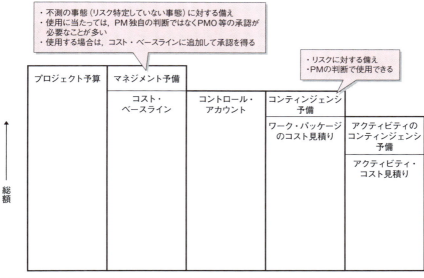

図6　プロジェクト予算の構成要素（PJ予算に占めるマネジメント予備とコンティンジェンシ予備）
（PMBOK 第6版 P.255 より引用し一部加筆）

第5章 予算

5.2 ・ 午後II 章別の対策

午後対策のスタートは午後IIから。まずはテーマ別のポイントを押さえてから問題文の読み込みに入っていこう。

●過去に出題された午後II問題

表16 午後II過去問題

年度	問題番号	テーマ	掲載場所	重要度	
				◎=最重要 ○=要読込 ×=不要	2時間で書く推奨問題
①見積り					
H12	1	開発規模の見積りにかかわるリスク	なし	×	
H23	1	システム開発プロジェクトにおけるコストのマネジメント	Web	○	
H26	1	システム開発プロジェクトにおける工数の見積りとコントロール	Web	◎	◎
②兆候の把握と対応					
H08	1	費用管理	なし	○	
H18	2	情報システム開発におけるプロジェクト予算の超過の防止	Web	×	
H31	1	システム開発プロジェクトにおけるコスト超過の防止	本紙	◎	
③予算超過への対応					
H11	1	プロジェクトの費用管理	Web	◎	
④生産性					
H07	3	システム開発プロジェクトにおける生産性	なし	○	
H11	2	アプリケーションプログラムの再利用	なし	×	
H28	1	他の情報システムの成果物を再利用した情報システムの構築	Web	×	

※掲載場所が "Web" のものは https://www.shoeisha.co.jp/book/present/9784798174914/ からダウンロードできます。詳しくは，iv ページ「付録のダウンロード」をご覧ください。

本章は大きく4つに分けられる。①見積り，②兆候の把握と対応，③予算超過への対応，④生産性である。

①見積りに関する問題（3問）

"見積り"に関する問題は，これまで3問出題されている。いずれも"開発工数"を対象にした見積りだ。ポイントは，その見積りの正確さを如何に伝えるかだ。具体的には，会社標準をベースに，（設問アで書く）プロジェクトの特徴を加味した"精度を高めるための工夫"，すなわち，リスクを加味して合理的なバッファを組み入れたり，前提条件を付けた見積りにする。

5.2 午後Ⅱ 章別の対策

② 兆候の把握と対応に関する問題（3問）

　進捗管理同様，予算管理の問題でも"兆候"をテーマにした問題が出題されている。平成8年度問1，平成18年度問2，平成31年度問1の3問だ。"兆候"がキーワードになる問題は，第4章の進捗のところ（「4.2 午後Ⅱ章別の対策」の「②兆候の把握と対応」のところ）で示している問題（全部で5問）と同じ考え方になる。したがって，進捗とコストの両方の問題を合わせて読み込み，何を兆候としたのかを準備しておこう。そうすれば，本番試験でどちらにも対応できる。

　なお，平成31年度問1の問題は，ほぼ平成18年度問2と同じ内容になる。そのため，平成31年度問1に目を通しておけば平成18年度問2は読み込まなくてもいい（同じ問題だということを確認するのは問題ない）。平成8年度問1も同じだが，"開発費用（人件費）"だけではなく，コンピュータ関連費用や交通費，通信費，環境整備費などの要素も問われている。今の主流ではないので，準備するのは"開発費用（人件費）"だけで構わないが，時間に余裕のある人は，この問題にも目を通して，人件費以外の費用に関しても準備しておいてもいいだろう。

③予算超過への対応に関する問題（1問）

　平成11年度問1では，プロジェクト実行フェーズにおいて予算超過が発生した時の事後対策が求められている。平成23年度問1でも，後半部分（設問ウ）は予算超過への対応に関する問題だ。予算超過への事後対応策が問われている場合，コンティンジェンシ予備やマネジメント予備が使えるかどうかを問題文から読み取ろう。過去の問題を見る限り，そういう"バッファ"の使用"だけ"という対策はありえない。生産性向上策，スコープの変更などで対応している。

④生産性に関する問題（3問）

　古い問題ではあるが，平成7年度問3で"生産性"をテーマにした問題が出されている。これは予算超過時に実施する"生産性向上策"ではなく，計画通りの生産性を確保するために，どんなプロジェクト運営にするのかが問われている。期待した計画どおりの生産性を確保するために，どのようにプロジェクトを切り盛りしたのかを説明しなければならない。

　一方，平成11年度問2と平成28年度問1は，生産性向上をテーマにした問題だ。過去の資産を再利用することで，短納期や低予算という強い制約に対応しようとするのが狙いになる。実務では，最初から資産の再利用を加味して見積りを実施するため，生産性向上と言われてもピンと来ないかもしれないが，普段普通にやっていることを普通に書くだけでいいので整理しておこう。

第5章　予算

●2時間で書く論文の推奨問題

　本章のテーマで論文を書くなら，平成26年度問1をお勧めする。コストマネジメントのエッセンスが全部詰まっている良い問題である。その内容は，コスト見積りの精度を高める方法，予備費の設定，コスト差異の確認，予算超過の防止など盛りだくさん。この問題を2時間で書いてみることで，2時間手書きの練習になるとともに，コストマネジメントに関する"ネタ"がストックできるからだ。

　しかも，コストマネジメントの問題なので，それを具体的に書こうとすると間違いなく定量的（数値）表現が必要になる。そのため，経験者の場合は，可能な限り"数値"をアウトプットすることを意識した方がいい。逆に未経験者の場合は，事前に"数字集め"をしておこう。しっかりと時間をかけて情報収集しておけば，（出そうと思ったら容易に出せるのに）出さずに評価を下げる経験者や，準備をしていない未経験者を駆逐できるからだ。まずは社内で取れる数字を調べ，それでも出て来なければ雑誌や午後Ⅰから集めればいいだろう。そうすれば，試験当日には既に大きなアドバンテージが完成している。

●参考になる午後Ⅰ問題

　午後Ⅱ問題文を読んでみて，"経験不足"，"ネタがない"と感じたり，どんな感じで表現していいかイメージがつかないと感じたりしたら，次の表を参考に"午後Ⅰの問題"を見てみよう。まだ解いていない午後Ⅰの問題だったら，実際に解いてみると一石二鳥になる。中には，とても参考になる問題も存在する。

表17　対応表

テーマ	午後Ⅱ問題番号（年度-問）	参考になる午後Ⅰ問題番号（年度-問）
① 見積り（リスク）	H26-1，H23-1，H12-1	○（H19-4，H12-2，H12-4）
② 兆候の把握と対応	H31-1，H18-2，H08-1	
③ 予算超過への対応	（H23-1），H11-1	
④ 生産性	H28-1，H11-2，H07-3	
⑤ EVM	未だ出題なし	○（H28-3，H24-3，H20-1，H18-1，H13-1）

午後Ⅱ問題を使って "予防接種" とは？

(3) 予防接種をする

　本書では，各問題文の読み違えを無くすために，次のような手順で対策をしておくことを推奨している。筆者はこの学習方法を "予防接種" と呼んでいる。問題文の読み違えは，1度引っかかっておけば2度目は引っかからないからだ。それまでの先入観を上書きし，新たな先入観を "免疫" として習得しておけば，少なくとも試験本番時に問題文を読み違えることはないと考えているからだ。

【予防接種の具体的手順（1問＝1時間程度）】

①午後Ⅱ過去問題を1問，じっくりと読み込む（5分）

　「何が問われているのか？」，「どういう経験について書かないといけないのか？」を自分なりに読み取る

　※該当する過去問題を各章に掲載しています

②それに対して何を書くのか？ "骨子" を作成する。できればこの時に，具体的に書く内容もイメージしておく（10分〜30分）

③本書の解説を確認して，②で考えたことが正しかったかどうか？漏れはないかなどを確認する（10分）

　※各午後Ⅱ問題文に対して，手書きワンポイントアドバイスを掲載しています。さらに，ページ右上のQRコードからアクセスできる専用サイトで，各問の解説を提供しています。

④再度，問題文をじっくりと読み込み，気付かなかった視点や勘違いした部分等をマークし，その後，定期的に繰り返し見るようにする（10分）

詳しい説明は，P.21 〜 ！

→ "過去問題の読込" の重要性を理解しよう！

第5章 予算

平成12年度 問1　開発規模の見積りにかかわるリスクについて

解説はこちら

計画
　ソフトウェアの開発規模は，プロジェクトの開発費用や開発期間を算定する基礎となる。開発規模を過小に見積もったために，プロジェクトの実施段階において，開発費用やスケジュール上の問題が発生することが少なくない。プロジェクトマネージャは，見積りに伴うリスクを想定し，そのリスクを軽減及び管理する必要がある。
　リスクを軽減するためには，仕様のあいまいな部分の確認や詳細化による明確化，見積事例データベースを利用した類似事例との比較など，より正確に見積もるための努力が不可欠である。また，高いリスクが予想される場合には，開発フェーズごとの分割契約やインクリメンタル（段階的）開発などの施策が効果的である。

実施
　リスクの管理においては，プロジェクトの進捗状況に応じて，プロジェクトに重大な影響を与えるような見積りの前提条件の変化や当初の見積値との差を常に追跡し，必要によって仕様や開発スケジュールを見直すなど適切な対応が求められる。

　あなたの経験に基づいて，設問ア～ウに従って論述せよ。

　設問ア　あなたが携わったプロジェクトの概要と，開発規模の見積りに関して想定したリスクを，800字以内で述べよ。

計画 **実施**
　設問イ　設問アで述べたリスクを軽減し，また，そのリスクを管理するために実施した施策を，工夫した点を中心に具体的に述べよ。

　設問ウ　あなたが実施した施策の効果をどのように評価しているか。また，今後改善したいと考えている点は何か。それぞれ簡潔に述べよ。

手書きメモ：
リスクを具体的に書けるかどうか、？
→ そしてバッファ以外の対策をメインに！
前提を上手く使う！

平成23年度 問1 システム開発プロジェクトにおけるコストのマネジメントについて

解説はこちら

【計画】

　プロジェクトマネージャ（PM）には，プロジェクトの予算を作成し，これを守ることが求められる。そのためには，予算の基となるコスト見積りの精度を高めるとともに，予算に沿ってプロジェクトを遂行することが必要となる。

　プロジェクトのコストは開発要員にかかわるコスト，開発環境にかかわるコストなど多くの要素から構成される。PMは，コストの各構成要素についてコスト見積りを行い，予算を作成する。その場合，例えば，開発要員にかかわるコストについては，過去の類似プロジェクトから類推したり，生産性の基準値をプロジェクトの特徴を踏まえて修正して利用したりするなど，コスト見積りの精度を高めるための工夫を行う。また，収集できるコスト情報の精度が低い場合には予算に幅をもたせたり，リスク管理の観点から予備費を設定したりするなどの考慮も重要である。

　一方，プロジェクトの遂行中において，PMは，完了時のコストが予算の範囲に収まるように管理する必要がある。そのためには，各アクティビティの完了に要した実コストと予算を比較するなど，コスト差異を把握するための仕組みを確立することが重要である。差異を把握した場合には，その原因と影響度合いを分析し，プロジェクトの完了時のコストを予測する。予算超過が予想されるときには，例えば，生産性の改善策を実施し，状況によっては，委託者や利用部門とプロジェクトのスコープの調整を行うなどの対策をとることも検討し，予算超過を防がなくてはならない。

【問題】【対応】

　あなたの経験と考えに基づいて，設問ア～ウに従って論述せよ。

設問ア　あなたが携わったシステム開発プロジェクトの特徴，及びプロジェクトにおけるコストの構成とその特徴について，800字以内で述べよ。

設問イ　設問アで述べたプロジェクトにおけるコスト見積りの方法とコスト見積りの精度を高めるための工夫，及び予算の作成に当たって特に考慮したことについて，800字以上1,600字以内で具体的に述べよ。【計画】

設問ウ　設問アで述べたプロジェクトの遂行中におけるコスト差異を把握するための仕組み，及び差異を把握した場合にとったプロジェクトの予算超過を防ぐための対策について，600字以上1,200字以内で具体的に述べよ。【問題】【対応】

粗 → アレンジ → リスクを考慮.
(H12-1)(H26-1)

第5章 予算

平成26年度 問1　システム開発プロジェクトにおける工数の見積りとコントロールについて

解説はこちら

【計画】

　プロジェクトマネージャ（PM）には，プロジェクトに必要な資源をできるだけ正確に見積もり，適切にコントロールすることによって，プロジェクトの目標を達成することが求められる。中でも工数の見積りを誤ったり，見積りどおりに工数をコントロールできなかったりすると，プロジェクトのコストや進捗に大きな問題が発生することがある。

　工数の見積りは，見積りを行う時点までに入手した情報とその精度などの特徴を踏まえて，開発規模と生産性からトップダウンで行ったり，WBSの各アクティビティをベースにボトムアップで行ったり，それらを組み合わせて行ったりする。PMは，所属する組織で使われている機能別やアクティビティ別の生産性の基準値，類似プロジェクトの経験値，調査機関が公表している調査結果などを用い，使用する開発技術，品質目標，スケジュール，組織要員体制などのプロジェクトの特徴を考慮して工数を見積もる。未経験の開発技術を使うなど，経験値の入手が困難な場合は，システムの一部を先行開発して関係する計数を実測するなど，見積りをできるだけ正確に行うための工夫を行う。

　見積りどおりに工数をコントロールするためには，プロジェクト運営面で様々な施策が必要となる。PMは，システム開発標準の整備と周知徹底，要員への適正な作業割当てなどによって，当初の見積りどおりの生産性を維持することに努めなければならない。

【問題対応】

　また，プロジェクトの進捗に応じた工数の実績と見積りの差異や，開発規模や生産性に関わる見積りの前提条件の変更内容などを常に把握し，プロジェクトのコストや進捗に影響を与える問題を早期に発見して，必要な対策を行うことが重要である。

　あなたの経験と考えに基づいて，設問ア～ウに従って論述せよ。

設問ア　あなたが携わったシステム開発プロジェクトにおけるプロジェクトの特徴と，見積りのために入手した情報について，あなたがどの時点で工数を見積もったかを含めて，800字以内で述べよ。

設問イ　設問アで述べた見積り時点において，プロジェクトの特徴，入手した情報の精度などの特徴を踏まえてどのように工数を見積もったか。見積りをできるだけ正確に行うために工夫したことを含めて，800字以上1,600字以内で具体的に述べよ。

設問ウ　設問アで述べたプロジェクトにおいて，見積りどおりに工数をコントロールするためのプロジェクト運営面での施策，その実施状況及び評価について，あなたが重要と考えた施策を中心に，発見した問題とその対策を含めて，600字以上1,200字以内で具体的に述べよ。

見積りの基礎

5.2 午後Ⅱ 章別の対策

平成 8 年度 問 1 費用管理について

解説は
こちら

状況　　プロジェクトマネージャは，プロジェクトの実施に先立って予算を立案し，その予算の範囲内でプロジェクトを完了させることが求められる。

システム開発プロジェクトでは，開発要員の人件費が費用の大半を占める場合が多い。しかし，それ以外にも開発に使用されるコンピュータ関連費用，開発作業場所にかかわる費用，交通費，通信費など多岐にわたる費用があり，プロジェクトによってはこれらが人件費と並んで重要となることがある。プロジェクトマネージャは，これ

計画　らの費用を把握し，リスクに留意して予算を作成する必要がある。

しかし，予定外の費用が必要となり，当初の予算を守れなくなることが往々にして起こる。このような予算超過を極力防ぐためには，予算と実績の差異を常に把握しながら，超過の兆候を早期に発見し，原因を分析し，超過を未然に予防する徹底した対策をとることが重要である。

あなたの経験に基づいて，設問ア～ウに従って論述せよ。

設問ア　あなたが携わった開発プロジェクトにおいて，予算を作成するうえで留意した事項について，プロジェクトの特徴とともに 800 字以内で述べよ。

状況 ▶

設問イ　設問アで述べたプロジェクトにおいて，予算を守るうえであなたが工夫した施策とその評価について，人件費だけでなくその他の費用も含めて具体的に述べよ。

計画 ▶

設問ウ　プロジェクトの費用管理をより適切に行うために，あなたが今後採り入れたい施策について，簡潔に述べよ。

→ H31-1

519

第5章 予算

平成18年度 問2 情報システム開発における プロジェクト予算の超過の防止について

解説はこちら

兆候

　プロジェクトマネージャには，情報システム開発プロジェクトの立上げ時にプロジェクト予算を作成し，予算の範囲内でプロジェクトを完了することが求められる。
　プロジェクト予算を費用計画に展開し，費用管理の仕組みを通じて，定期的に計画と実績を対比し，最終費用を推定する。計画と実績とのかい離が大きい場合や推定した最終費用が予算を超える場合には，適切な対策を実施して，予算の超過を防止する。しかし，対策が遅れて，プロジェクト予算の超過に至る場合もある。
　プロジェクトマネージャは，このような事態に至る前に，予算の超過につながる兆候を敏感に察知して対処する必要がある。兆候は，会議の席上や開発の現場など，プロジェクトを遂行している日常に見られることが多い。例えば，成果物についての問題点の指摘や関係者の不満などの中に見られる。兆候を見逃すと，システム全体に影響が及び，その対策のために予定外の費用が発生し，予算の超過に至ることがある。

対応

　予算の超過につながる兆候を発見した際は，その影響を的確に判断することが重要である。影響が大きいと判断した場合は，プロジェクトの範囲，品質，納期などの目標を守ることを前提とした対策を実施し，予算の超過を防止することが必要である。
　あなたの経験と考えに基づいて，設問ア～ウに従って論述せよ。

設問ア　あなたが携わった情報システム開発プロジェクトの概要と，そのプロジェクトにおける費用管理の仕組みを，800字以内で述べよ。

設問イ　設問アで述べた費用管理の仕組みに反映される前に発見した予算の超過につながる兆候と，そのように判断した理由は何か。また，プロジェクトの目標を守ることを前提として実施した対策は何か。それぞれ具体的に述べよ。

兆候 →
対応 →

設問ウ　設問イで述べた活動について，あなたはどのように評価しているか。また，今後どのように改善したいと考えているか。それぞれ簡潔に述べよ。

→ H31-1

5.2 午後Ⅱ 章別の対策

平成 31 年度 問 1　システム開発プロジェクトにおける コスト超過の防止

解説は こちら

兆候
　プロジェクトマネージャ（PM）には，プロジェクトの計画時に，活動別に必要なコストを積算し，リスクに備えた予備費などを特定してプロジェクト全体の予算を作成し，承認された予算内でプロジェクトを完了することが求められる。
　プロジェクトの実行中は，一定期間内に投入したコストを期間別に展開した予算であるコストベースラインと比較しながら，大局的に，また，活動別に詳細に分析し，プロジェクトの完了時までの総コストを予測する。コスト超過が予測される場合，原因を分析して対応策を実施したり，必要に応じて予備費を使用したりするなどして，コストの管理を実施する。
　しかし，このようなコストの管理を通じてコスト超過が予測される前に，例えば，会議での発言内容やメンバの報告内容などから，コスト超過につながると懸念される兆候を PM としての知識や経験に基づいて察知することがある。PM はこのような

対応
兆候を察知した場合，兆候の原因を分析し，コスト超過を防止する対策を立案，実施する必要がある。
　あなたの経験と考えに基づいて，設問ア～ウに従って論述せよ。

設問ア　あなたが携わったシステム開発プロジェクトにおけるプロジェクトの特徴とコストの管理の概要について，800 字以内で述べよ。

設問イ　設問アで述べたプロジェクトの実行中，コストの管理を通じてコスト超過が予測される前に，PM としての知識や経験に基づいて察知した，コスト超過につながると懸念した兆候はどのようなものか。コスト超過につながると懸念した根拠は何か。また，兆候の原因と立案したコスト超過を防止する対策は何か。800 字以上 1,600 字以内で具体的に述べよ。

兆候 →
対応 →

設問ウ　設問イで述べた対策の実施状況，対策の評価，及び今後の改善点について，600 字以上 1,200 字以内で具体的に述べよ。

　　　兆候とは何か？
　　　　事前準備しておく価値有り．

第5章 予算

平成11年度 問1 プロジェクトの費用管理について

解説はこちら

問題 プロジェクトの費用が計画内に収まるようにプロジェクトを運営することは、プロジェクトマネージャの重要な責務の一つである。しかし、ユーザ側との仕様に対する認識の行き違い、技術的なトラブル、外注先への指示ミス、チーム全体としてのスキル不足など、プロジェクト実施過程において開発側に起因する問題によってプロジェクトの費用が計画値を超過してしまうことも少なくない。

対応 このため、プロジェクトマネージャは、各工程での作業品質の確保、開発生産性の確保など、計画策定時に設定した前提に沿って開発が進むよう、様々な施策を講じなければならない。

あなたの経験に基づいて、設問ア~ウに従って論述せよ。

設問ア あなたが携わった開発プロジェクトの概要と、プロジェクトの特徴を踏まえた費用管理上の留意点について、800字以内で述べよ。

設問イ 設問アで述べたプロジェクトにおいて、費用を計画内に収める上で直面した問題と、その問題に対してどのような施策を実施したか。工夫した点を中心に具体的に述べよ。

問題 → **対応**

設問ウ あなたが実施した施策をどのように評価しているか。また、今後改善したいと考えている点は何か。それぞれ簡潔に述べよ。

難しい… 費用超過の挽回は．
開発者側に起因
計画変更（旧と新）
　「運が良かった！」はNG．

平成7年度 問3 システム開発プロジェクトにおける生産性について

計画

　システム開発プロジェクトの生産性は，開発期間や開発費用に直接かかわってくるため，プロジェクトにおける管理項目の中でも特に重要であるといえる。生産性は，システムの形態，要求される品質レベル，開発規模といったシステムの特徴や，開発期間・開発費用・プロジェクト要員についての制約など，プロジェクトの特徴によって左右されるが，プロジェクトの運営方法によっても大きく変わる。

　したがってプロジェクトマネージャは，開発技術面での工夫に加え，プロジェクトの運営面について様々な施策を講じ，与えられたプロジェクトの制約条件の下で，最大の生産性をあげるよう努力しなければならない。

　このためには，生産性目標値の設定，開発技法の選定，要員への業務の割当て，標準化などの作業の進め方，及び要員の指導・教育などに関する工夫が必要である。また，常にプロジェクトの生産性に関する実態の正確な把握を行い，問題点の早期発見とタイムリーで適切な対策も重要である。

　あなたの経験に基づいて，設問ア～ウに従って論述せよ。

設問ア　あなたが携わったプロジェクトにおける生産性の目標値とその設定根拠を，システム及びプロジェクトの特徴とともに，800字以内で述べよ。

設問イ　設問アで述べたプロジェクトにおいて，目標とした生産性を達成するうえで最も重要であったと考えるプロジェクト運営面での施策は何か。その理由とともに具体的に述べよ。また，その効果及び反省点も述べよ。

計画

設問ウ　生産性を更に向上させるうえでの課題は何か。そのためのプロジェクト運営面での施策と期待効果を簡潔に述べよ。

生産性の定量的数値管理．
→難しいから考え続けよう！

平成11年度 問2 アプリケーションプログラムの再利用について

解説はこちら

計画

　ソフトウェア開発では，過去に開発したアプリケーションプログラムを再利用できれば，開発期間の短縮や品質の確保などに大きな効果がある。しかし，細部の仕様が合わないなどの要因によって，修正が大量に発生し，プロジェクトの進捗がかえって阻害されることもある。

　したがって，再利用の対象を決めるに当たっては，どのプログラムが，どれくらい再利用できるかの判断に加え，適用システムの性能要件を満足できるかどうかなども検討する必要がある。

　再利用を効果的に行うためには，プロジェクトが属する組織全体で，プログラムの登録制度や再利用のための動機付けなど，再利用を促進するための仕組みを作ることが不可欠である。また，それぞれのプロジェクトでは，次のような工夫も必要である。

- 再利用対象プログラムの機能が要求仕様に合っているかどうかを確認するためのレビュー
- 性能要件を確認するための事前検証
- 修正部分を特定するためのプロトタイピング
- プログラムの正規化や設計ドキュメントの整理

あなたの経験に基づいて，設問ア〜ウに従って論述せよ。

- **設問ア** あなたが携わったプロジェクトにおける再利用の概要と，再利用を促進するための組織上の仕組みを，800字以内で述べよ。
- **設問イ** 設問アで述べたプロジェクトにおいて，再利用に当たって実際に発生した問題と，その対応策及び工夫した点を，具体的に述べよ。【計画】
- **設問ウ** あなたが行ったアプリケーションプログラムの再利用をどのように評価しているか。また，今後改善したいと考えている点は何か。それぞれ簡潔に述べよ。

> コスト抑制の具体策
> → 準備より読み込み

平成28年度 問1　他の情報システムの成果物を再利用した情報システムの構築について

解説はこちら

計画

　情報システムを構築する際，他の情報システムの設計書，プログラムなどの成果物を部分的又は全面的に再利用することがある。この場合，品質の確保，コストの低減，開発期間の短縮などの効果が期待できる一方で，再利用する成果物の状況に応じた適切な対策を講じることをあらかじめ計画しておかないと，有効利用することが難しくなり，期待どおりの効果が得られないことがある。プロジェクトマネージャ（PM）は，成果物の有効利用を図る上での課題を洗い出し，プロジェクト計画に適切な対策を織り込む必要がある。

　そのためには，PMは，再利用を予定している成果物の状況を，例えば，次のような点に着目して分析し，情報システムの構築への影響を確認しておくことが重要である。

・成果物の構成管理が適切に行われ，容易に再利用できる状態になっているか。
・本稼働後の保守効率の観点から，成果物を見直す必要がないか。
・成果物を再利用するに当たって，成果物の管理元の支援が受けられるか。

　成果物の有効利用を図る上での課題が見つかったときには，有効利用に支障を来さないようにするための対策を検討する。これらの結果を基に，成果物の再利用の範囲を特定した上で，再利用の方法，期待する効果などを明確にし，成果物の再利用の方針として取りまとめ，プロジェクト計画に反映する。

　あなたの経験と考えに基づいて，設問ア〜ウに従って論述せよ。

設問ア　あなたが携わった情報システム構築プロジェクトにおけるプロジェクトの特徴，並びに他の情報システムの成果物を再利用した際の再利用の範囲・方法，及びその決定理由について，800字以内で述べよ。

設問イ　設問アで述べた成果物の再利用に関し，期待した効果，有効利用を図る上での課題と対策，及び対策の実施状況について，特に工夫をした点を含めて，800字以上1,600字以内で具体的に述べよ。

計画

設問ウ　設問イで述べた期待した効果の実現状況と評価，及び今後の改善点について，600字以上1,200字以内で具体的に述べよ。

コスト抑制の具体策
→ 準備より読み込み。

第5章 予算

5.3 午後Ⅰ 章別の対策

　午後Ⅱの問題文がある程度頭に入り「この点について書かないといけないのか」と把握できたら，続いて午後Ⅰ演習に入っていこう。この順番で進めると，午後Ⅰの練習にもなるし，午後Ⅱのコンテンツ部品のヒントにもなる。

●過去に出題された午後Ⅰ問題

表18　午後Ⅰ過去問題

年度	問題番号	テーマ	掲載場所	優先度		
				1	2	3
①ＥＶＭ関連の問題						
H13	1	プロジェクトの進捗管理	Web	◎		
H18	1	アーンドバリューマネジメントの導入	Web	◎		
H20	1	進捗管理	Web	◎		
H24	3	EVM によるプロジェクト管理	Web	◎		
H28	3	プロジェクトの進捗管理及びテスト計画	本紙			△
②ＥＶＭ関連以外の問題						
H12	2	プロジェクトの計画立案	Web			△
H12	4	業務プロセスの見直しを伴うシステム開発	Web			△

※掲載場所が "Web" のものは https://www.shoeisha.co.jp/book/present/9784798174914/ からダウンロードできます。詳しくは，ivページ「付録のダウンロード」をご覧ください。

　コストマネジメントに関しては，午後Ⅰと午後Ⅱが独立した問題になっている印象が強い。表18を見てもらえばわかると思うが，EVM の問題が中心になる。対して午後Ⅱは，兆候や見積りをテーマにしたものが多い。そのため，午後Ⅰは午後Ⅰの問題として，午後Ⅱは午後Ⅱの問題として仕上げていこう。

【優先度 1】必須問題，時間を計って解く＋覚える問題

優先度1の問題とは，問題文そのものが良い教科書であり，（問題文そのものを）覚えておいても決して損をしない類の問題を指している。午後Ⅱ（論文）の事例としても参考になる問題だ。時間を計測して解いてみるだけではなく，問題文と設問，解答をワンセットにして，（ある程度でいいので）覚えていこう。

EVM 関連の午後Ⅰ問題×4問

本章のテーマのうち，EVM に関する問題は定期的に出題されている（本書では，プロジェクト・タイム・マネジメントではなく，ここで説明している）。平成13年度問1で初出題されてから，平成18年度問1，平成20年度問1，平成24年度問3と回数を重ねるにつれ，細かい部分が問われるようになってきているので，この4問を古い問題から順番に解いておくことを強く推奨する。

【優先度 2】推奨問題，時間を計って解く問題

優先度1の問題のように問題文全体を覚えておく必要はないが，解答手順をチェックしたり，設問と解答（加えて，解答を一意に決定づける記述）を覚えたりした方がいい問題を，優先度2の問題として取り上げてみた。解答手順に特徴のあるものも含んでいるので，時間を計測して解いておきたい問題になる。但し，本章では特に推奨問題を設定していない。

【優先度 3】まだ余裕があれば解いてみる問題

実は，平成10年以前まで遡れば，多様な問題が出題されている。ファンクションポイント法や，COCOMO 法，工数積算から山積み，山崩しまでの見積り関連の問題だ。今では午前問題で見かけることが多いので知識としては必要になるが，午後Ⅰ対策としては不要だろう。一応，必要な知識は「4.1 基礎知識の確認」で説明しているので，そちらに目を通しておけばいいだろう。

次に，最近は出題されていないが，パッケージを導入する時のコスト比較に関する問題も出題されている。平成12年度問2だ。独自開発との構築費用をテーマにしている。最近だとクラウドサービスも含む比較になるだろうが，まだ，その三者での比較の問題は出ていない。平成12年度問4もパッケージ導入に関する問題である。こちらは，開発工数を算出する視点になっている。そのあたり気になる人は目を通しておこう。

後は最新の EVM の問題として平成28年度問3もあるが，これは特に目新しい切り口もないのでここに入れておく。

第5章 予算

5.4 ・ 午前Ⅱ 章別の対策

　現段階の知識を確認したら午前Ⅱ対策を進めていこう。以下に本章に属する午前問題を集めてみた。表19の章別午前問題は下記のサイトにあるので、問題と解答をダウンロードして解いておこう。

URL：https://www.shoeisha.co.jp/book/present/9784798174914/

●過去に出題された午前Ⅱ問題

表19　午前Ⅱ過去問題

テーマ			出題年度 - 問題番号 （※1，2）		
品質コスト	①	適合コストと不適合コスト	H27-13		
生産性	②	生産性を表す式	H31-9	H29-14	H27-2
			H18-23		
	③	生産性の計算問題	H25-2		
工数計算	④	工数計算	H28-10	H26-11	H24-6
	⑤	進捗遅れの増加費用の計算（ADM）	H19-20	H17-22	
	⑥	クラッシング時の増加費用の計算（ADM）	H26-8		
	⑦	開発規模と開発工数のグラフ	H19-22	H17-24	
	⑧	人件費の計算	R03-8		
ファンクション ポイント法	⑨	ファンクションポイント法	H21-3	H15-25	
	⑩	ファンクションポイント法・IFPUG法の機能分類	H29-13	H27-11	H25-12
			H23-7		
COCOMO	⑪	COCOMOのグラフの傾向	R02-9	H30-8	H28-11
			H26-14	H24-3	H22-2
			H16-25		
COSMIC法	⑫	COSMIC法	R03-9		
ＥＶＭ	⑬	EVMの指標による進捗の判断	R02-5	H22-7	
	⑭	EVMのグラフの見方（1）	H28-8	H25-11	H21-2
			H17-23		
	⑮	EVMのグラフの見方（2）	H19-23		
	⑯	EVM CPI<1.0への対応	H29-12	H27-10	
	⑰	WPの進捗率ー重み付けマイルストーン法	H31-6		

※1．平成14年度～平成20年度のプロジェクトマネージャ試験の午前試験、及び平成21年度～令和3年度のプロジェクトマネージャ試験の午前Ⅱ試験の合計710問より、プロジェクトマネジメントの分野だと考えられるものを抽出。

※2．問題は、選択肢まで含めて全く同じ問題だけではなく、多少の変更点であれば、それも同じ問題として扱っている。

528

Column ▶ 知識に基づいた経験の重要性（2）

（P.489 から続く）

経験の方が強い？

知識と経験を比較した時，経験したことの方が価値がある，それゆえ，自信になると言われることが少なくない。

しかし，それもどうなんだろう。先にも述べた通り（P.489 のコラム「知識に基づいた経験の重要性（1）」），対人関係や，体を使うことならそうなのだろうけど，コンピュータ相手の"知識"に関しては，ほとんど関係ない。

確かに，マニュアルに掲載されていない部分や，マニュアル通りにいかない部分などは"失敗経験"なんかがものをいうところになる。しかし，それですら，基礎知識があれば，マニュアルの不備や矛盾，誤りにも気付くことが出来たりすることもある。あるいは，マニュアルが間違っていたってなったら，少なくとも"こっぴどく叱られる"ことはないだろう。

そう考えれば，経験と知識の違いは，記憶の強さだけのような気もする。

知識に基づく経験の強さ

それに，「経験＞知識」を主張する人は，そこに自分を置かないと（自分がそう信じないと），自分を保てなかったり，あるいは，自分自身の怠惰な部分（勉強しないという部分）を正当化したいがためだったりすることが多いような気がする。

だから，案外，その"自信"というのは脆い。経験からしかこない自信の方が不安定だ。順調にいっている間は大丈夫。しかし，いったん悪い展開になると，途端に自分を信じられなくなる。そういうケースが多い。

それに対して，知識に基づく経験は強い。その知識を信じることができたら，なおさら強くなれる。これが基礎からだと，その自信は絶対になる。基礎というのは，役に立っていないようだけれど，全くそんなことはなくて…基礎は，自信をもたらしてくれる。しかもその自信は，時に揺るぎの無い自信となる。

我流と"離"の違い

ここで，話を"守破離"に戻そう。これは，最初は型を真似るところから入った方がいいことを示しているが，それと同時に，そこに長くとどまっていてはいけないということも示唆している。

例としては適切でないかもしれないが，我々の前にある"標準化"などというものは，まさにその象徴で…標準化されたものを学ぶのは"入口"としてはいいけれど，それをそのまま使わない方がいい。

PMBOK もそう。標準化とは，あらゆるものから共通項を見出して定義したものなので，個別の特徴は含んでいない。午後Ⅱの論文の問題と同じイメージだ。そこで，標準化を"個"に適用しようとした段階で，その"個"の特徴を加味してカスタマイズしないといけない。それがある意味，"破"や"離"の必要性でもある。

それを念頭に置きながら，経験だけにしか基づかない"我流"と"離"を比べたら，それらが，似て非なるものであることはよくわかるだろう。経験しただけの"我流"に自信は持てない。しかし，"守"の後にある"離"であれば，その"守"の経験（これが他人の経験の集大成でもある）に自信が持てるようになるだろう。

第5章　予算

午後Ⅰ演習

平成 28 年度　問 3

問3　プロジェクトの進捗管理及びテスト計画に関する次の記述を読んで，設問 1〜3 に
答えよ。

　不動産会社の D 社は，H 社のソフトウェアパッケージ（以下，H 社パッケージと
いう）に一部機能を追加開発した人事給与システム（以下，現行人事給与システム
という）を 10 年前から利用している。H 社パッケージの現行バージョンは保守期限
が迫っている。また，現行人事給与システムが対応していない出退勤管理業務，休
暇・残業申請業務などに対する社員のシステム化ニーズは強い。これらの点を考慮
して，D 社経営陣は現行人事給与システムを刷新することにした。

　人事部が中心となって要件定義を行い，RFP を提示して複数のベンダから提案を
受けたところ，S 社のソフトウェアパッケージ（以下，S 社パッケージという）が要
件への適合度が最も高く，他社で多くの導入実績及び類似の追加開発実績を有して
いた。経営陣は，S 社パッケージに一部機能を追加開発する人事給与システム（以下，
新人事給与システムという）の外部設計，移行ツールの設計・製造・テスト，デー
タ移行及び総合テストを準委任契約で，内部設計，追加開発の製造・単体テスト，
結合テスト，S 社パッケージの設定・テストを請負契約で S 社に委託することを決定
した。また，現行人事給与システムの利用者は人事部だけであったが，新人事給与
システムでは出退勤管理業務，休暇・残業申請業務などのシステム化によって全社
員が利用者となる。そこで，操作マニュアルの作成，及び全社員を対象とする操作
説明会を行う利用者トレーニングも S 社に準委任契約で委託することにした。

　S 社は，新人事給与システム設計・開発プロジェクトのプロジェクトマネージャ
（PM）に T 課長を任命した。T 課長は新人事給与システム設計・開発プロジェクト
計画を立案し，D 社経営陣の承認を得た。スケジュールは図 1 に示すとおりである。

図1 スケジュール

　本プロジェクトは，H社パッケージの保守期限までに確実に新人事給与システムを稼働させる必要があること，及びH社パッケージからの切替えであり，利用者トレーニングを十分に行う必要があることから，遅延は許されない。そこで，T課長はEVM（Earned Value Management）手法を用いて進捗を定量的に可視化して管理することで遅延リスクへの対応を行うことにした。また，D社の経営陣に少なくとも月1回開催するプロジェクト全体会議で進捗状況，リスク及び課題を報告し，対応策を確定させることにした。

〔外部設計の進捗状況〕

　外部設計は人事外部設計チーム，給与外部設計チームの2チーム体制とし，8週間で実施して，工程完了時点で仕様を凍結する。S社は外部設計書として，D社の要件定義を踏まえS社パッケージの標準画面及び標準帳票を参考にして，処理フロー図，画面仕様，帳票仕様，利用者別処理権限表などを作成する。その上で，D社との仕様検討の際に，S社パッケージによって実現する機能については，外部設計書による説明に加え，S社パッケージの標準画面のデモンストレーションや標準帳票の記入例の提示を行う。一方，追加開発で実現する機能については，外部設計書だけで設計内容を説明する。

　各チームは機能単位でAC（Actual Cost），EV（Earned Value）を整理しており，T課長は各チームから週次でAC，EVのチーム集計結果，リスク・課題状況と翌週の作業予定の報告を受け，進捗状況などを確認している。外部設計を開始してから3週間経過時の進捗報告で，人事外部設計チームのリーダから，クリティカルパス上

第5章　予算

の作業ではないが一部機能の設計が遅れているので，この機能を含めて各機能の作業に投入する工数を調整し，遅延を回復させたいという相談があり，T課長はこれを承認した。3週間経過時及び4週間経過時における，EVMの実績に基づく進捗報告は表1に示すとおりである。

表1　進捗報告（外部設計全体）

単位　千円

チーム名	BAC[1]	3週間経過時			4週間経過時		
		PV[2]	AC	EV	PV[2]	AC	EV
人事外部設計	12,150	4,550	4,550	4,520	6,050	6,050	5,940
給与外部設計	8,400	3,200	3,200	3,200	4,400	4,400	4,400
全体合計	20,550	7,750	7,750	7,720	10,450	10,450	10,340

注 [1]　BAC : Budget At Completion
　 [2]　PV : Planned Value

　T課長は，表1からプロジェクト全体としてはおおむね計画どおりに進んでいると判断できるが，3週間経過時及び4週間経過時の報告内容を勘案すると，人事外部設計チームに関しては，各機能の作業状況を具体的に把握した上で，状況によっては課題を特定して対応策を検討し，プロジェクト全体会議でD社と対応策を確定させる必要があると考えた。人事外部設計チームは，機能1から機能4に分けて設計していることから，T課長は，人事外部設計チームのリーダに，それぞれの機能の作業状況について報告を求めた。

〔人事外部設計チームの進捗状況〕

　T課長が確認した，人事外部設計チームの各機能の作業状況は次のとおりであった。

　機能1から機能3まではS社パッケージによって実現する機能である。機能1は，最も作業工数を要する機能であり，プロジェクト計画においてクリティカルパス上の作業であるが，現時点では計画どおりに進んでいる。機能2はS社パッケージの標準画面及び標準帳票をそのまま利用する仕様となったこともあり，作業は当初計画よりも進んでいる。機能3はS社パッケージの標準画面及び標準帳票からの変更内容が明確であり，計画どおりに仕様検討が行われ，作業が進捗している。

　機能4は現行人事給与システムでは未対応であり，全社員が利用者となる休暇・

532

残業申請業務のシステム化を S 社パッケージに対する追加開発で実現するものである。S 社は他社で本機能に関する類似の追加開発実績を有しており、その知見を生かして設計を行っている。現時点ではクリティカルパス上の作業ではない。D 社人事部の仕様検討担当者（以下、D 社担当者という）は、本業務について現行の紙を用いた処理方法は具体的に理解しているが、システム化した処理方法のイメージが十分にもてておらず、詳細作業手順、作業条件、例外作業の処理方法などの理解が不十分である。このため、S 社外部設計案に対する D 社担当者の意見は、紙を前提とした処理方法に基づくものであり S 社外部設計案と比較してシステム化する上で優位性がない仕様であったり、仕様内容に不明瞭な点や整合性に欠けるところが残るものであったりする。D 社担当者の意見を生かしつつ当該機能の仕様を確定させるには時間が掛かる。仕様確定の迅速化に向け、作業に投入する工数を計画よりも増加させたが、遅延の解消に至っていない。

なお、外部設計工程では、品質・コスト・スケジュールに影響を与える事象を課題管理対象として扱っており、仕様確定に手間取った箇所もその都度、課題管理表に記録している。さらに、課題管理表を週次で整理して未決事項一覧表を作成し、未決事項の検討内容や仕様の確定状況をモニタリングしている。

作業状況を確認した T 課長は、人事外部設計チームの進捗状況を適切に管理するために、機能単位で EVM の実績及びクリティカルパスを明示した進捗状況の報告を受けることにした。報告を受けた機能単位の EVM の実績に基づく進捗報告は表 2 に示すとおりである。

表 2　進捗報告（人事外部設計チームの機能単位）

単位　千円

		クリティカルパス	BAC	3 週間経過時			4 週間経過時		
				PV	AC	EV	PV	AC	EV
人事外部設計	機能 1	○	5,600	1,100	1,100	1,100	1,500	1,500	1,500
	機能 2		3,650	1,500	1,500	1,650	2,100	1,980	2,170
	機能 3		1,050	650	650	650	850	850	850
	機能 4		1,850	1,300	1,300	1,120	1,600	1,720	1,420
合計			12,150	4,550	4,550	4,520	6,050	6,050	5,940

第 5 章　予算

　　機能 4 の 4 週間経過時の SPI（Schedule Performance Index）は［　a　］となっており，T 課長は各機能の作業に投入する工数の調整だけでは対応策として不十分であると判断した。そこで，プロジェクト全体会議において，T 課長は［　b　］を用いて仕様の確定が進んでいないことを報告し，D 社と S 社は，D 社のある状況が仕様確定に時間が掛かっている原因であるという共通認識をもった。その上で，EVM の実績の推移及び EAC（Estimate At Completion）を用いて進捗遅れの問題が顕在化していることを報告し，マイルストーンである仕様凍結日の遵守に向けて D 社にも対応を要請することにした。

　　さらに，T 課長は，仕様確定を迅速に進めるためには，D 社担当者が S 社の外部設計内容を，システム化した処理方法として適切なものであると容易に判断できるようにすることが重要であると考えた。そこで，T 課長は，人事外部設計チームに対して，現行人事給与システムで対応していない機能を追加開発する際の外部設計書に関しては，他社での類似の追加開発実績を活用して，ある補足資料を作成し，それも用いて外部設計内容の説明を行うように指示した。そして，引き続き機能単位の EVM の実績などを用いた進捗管理を行い，今後の外部設計期間中に，もし週次の進捗報告から①ある状況になったことが判明した場合は，S 社の設計要員を追加投入して遅延の回復を図る対応策の検討や調整も行うことにした。

〔テストに関する施策の追加〕

　　T 課長は，人事外部設計チームの作業状況から，本プロジェクトに潜在する品質リスクを勘案し，次に示す二つの施策をテスト工程で実施することを D 社に提案した。
①　総合テストのテストケース作成に，外部設計時に用いた課題管理表を活用する。
②　利用者トレーニングにおいて，操作説明会に加え，全社員を対象にトレーニング用のデータを使って一連の業務を実行する試行運用を追加する。さらに，試行運用結果を踏まえて［　c　］の記述を充実させ，本稼働後に，利用者が業務・システムについての不明点を自身で解消できるようにする。

設問 1　〔外部設計の進捗状況〕について，T 課長が，プロジェクト全体がおおむね計画どおりに進んでいる状況でも，人事外部設計チームの各機能の作業状況を具体的に把握する必要があると考えた理由を 35 字以内で述べよ。

534

設問2　〔人事外部設計チームの進捗状況〕について，(1)～(5)に答えよ。

(1)　本文中の　 a 　に入れる数値を求めよ。答えは小数第 3 位を四捨五入して小数第 2 位まで求めよ。

(2)　本文中の　 b 　に入れる適切な資料名を答えよ。

(3)　D 社のどのような状況が原因で仕様確定に時間が掛かっているのか。40 字以内で述べよ。

(4)　D 社担当者が S 社の外部設計内容を，システム化した処理方法として適切なものであると容易に判断できるようにするために，T 課長が人事外部設計チームに追加作成を指示した補足資料とはどのような資料か。25 字以内で述べよ。

(5)　本文中の下線①の"ある状況"とはどのような状況か。30 字以内で述べよ。

設問3　〔テストに関する施策の追加〕について，(1)，(2)に答えよ。

(1)　外部設計時に用いた課題管理表を活用してテストケースを作成することで，テスト実施時にどのような確認が可能になるか。30 字以内で述べよ。

(2)　本文中の　 c 　に入れる適切な資料名を答えよ。

第5章　予算

〔解答用紙〕

設問1																					

設問2	(1)	a																		
	(2)	b																		
	(3)																			
	(4)																			
	(5)																			

設問3	(1)																			
	(2)	c																		

午後Ⅰ演習

問題の読み方とマークの仕方

タイトルをチェック。進捗管理（EVM）とテスト計画の複合問題

問3　プロジェクトの進捗管理及びテスト計画に関する次の記述を読んで，設問1～3に答えよ。

不動産会社のD社は，H社のソフトウェアパッケージ（以下，H社パッケージという）に一部機能を追加開発した人事給与システム（以下，現行人事給与システムという）を10年前から利用している。H社パッケージの現行バージョンは保守期限が迫っている。また，現行人事給与システムが対応していない出退勤管理業務，休暇・残業申請業務などに対する社員のシステム化ニーズは強い。これらの点を考慮して，D社経営陣は現行人事給与システムを刷新することにした。

PJ立ち上げの背景
老朽化

PJ概要とPJ特徴が記載されている部分。問題によってピックアップしている部分が異なる。今回は，"PJ立ち上げの背景"。

人事部が中心となって要件定義を行い，RFPを提示して複数のベンダから提案を受けたところ，S社のソフトウェアパッケージ（以下，S社パッケージという）が要件への適合度が最も高く，他社で多くの導入実績及び類似の追加開発実績を有していた。経営陣は，S社パッケージに一部機能を追加開発する人事給与システム（以下，新人事給与システムという）の外部設計，移行ツールの設計・製造・テスト，データ移行及び総合テストを準委任契約で，内部設計，追加開発の製造・単体テスト，結合テスト，S社パッケージの設定・テストを請負契約でS社に委託することを決定した。また，現行人事給与システムの利用者は人事部だけであったが，新人事給与システムでは出退勤管理業務，休暇・残業申請業務などのシステム化によって全社員が利用者となる。そこで，操作マニュアルの作成及び全社員を対象とする操作説明会を行う利用者トレーニングもS社に準委任契約で委託することにした。

契約

パッケージ選定に関しての記述。数行しか書いていないけど問題はないことが確認できる。

この契約形態だと問題はない（設問にはならない）。一括請負契約の時には注意が必要。

S社は，新人事給与システム設計・開発プロジェクトのプロジェクトマネージャ（PM）にT課長を任命した。T課長は新人事給与システム設計・開発プロジェクト計画を立案し，D社経営陣の承認を得た。スケジュールは図1に示すとおりである。

ドキュメント①

今回のPM登場。チェックしておく

― 13 ―

今回のように，設問でドキュメント名が問われているようなケースでは，問題文中に登場するドキュメントに，連番を割り振っていき，そこから選択するようにすればいい。

「経営陣の承認を得た」という記述にも一応反応しておく（マークしておく）。意思決定の最高機関なので，解答に含める可能性がある。

537

第5章 予算

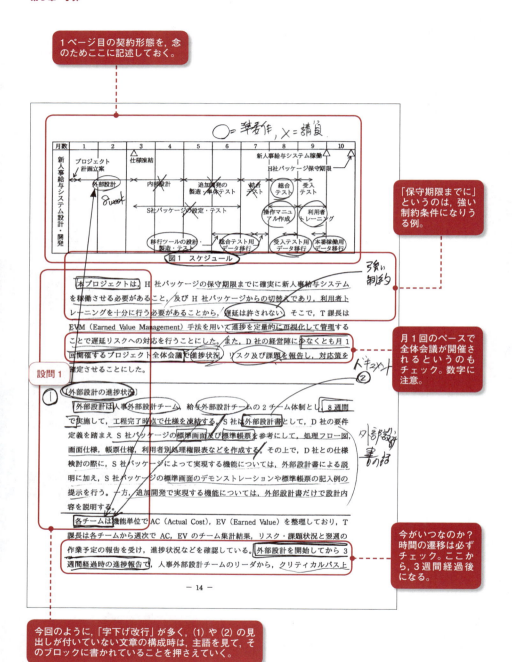

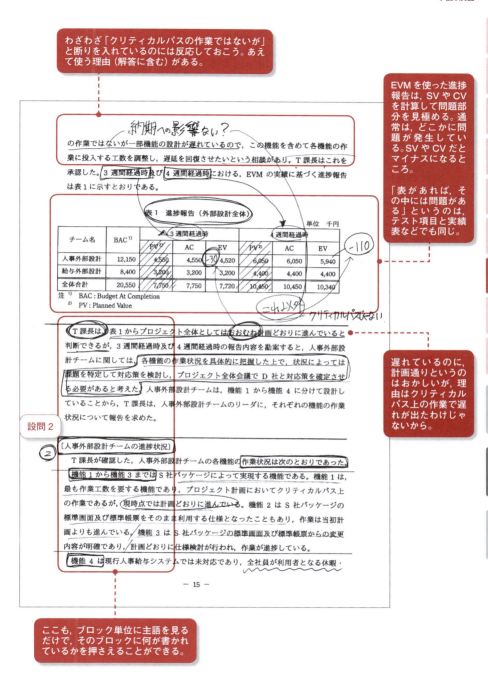

第5章 予算

残業申請業務のシステム化をS社パッケージに対する追加開発で実現するものである。S社は他社で本機能に関する類似の追加開発実績を有しており、その知見を生かして設計を行っている。現時点ではクリティカルパス上の作業ではない、D社人事部の仕様検討担当者(以下、D社担当者という)は、本業務について現行の紙を用いた処理方法は具体的に理解しているが、システム化した処理方法のイメージが十分にもてておらず、詳細作業手順、作業条件、例外作業の処理方法などの理解が不十分である。このため、S社外部設計案に対するD社担当者の意見は、紙を前提とした処理方法に基づくものであり、S社外部設計案と比較してシステム化する上で優位性がない仕様であったり、仕様内容に不明瞭な点や整合性に欠けるところが残るものであったりする。D社担当者の意見を生かしつつ当該機能の仕様を確定させるには時間が掛かる。仕様確定の迅速化に向け、作業に投入する工数を計画よりも増加させたが、遅延の解消に至っていない。

なお、外部設計工程では、品質・コスト・スケジュールに影響を与える事象を課題管理対象として扱っており、仕様確定に手間取った箇所もその都度、課題管理表に記録している。さらに、課題管理表を週次で整理して未決事項一覧表を作成し、未決事項の検討内容や仕様の確定状況をモニタリングしている。

作業状況を確認したT課長は、人事外部設計チームの進捗状況を適切に管理するために、機能単位でEVMの実績及びクリティカルパスを明示した進捗状況の報告を受けることにした。報告を受けた機能単位のEVMの実績に基づく進捗報告は表2に示すとおりである。

表2 進捗報告(人事外部設計チームの機能単位)

単位 千円

		クリティカルパス	BAC	3週間経過時 PV	AC	EV	4週間経過時 PV	AC	EV
人事外部設計	機能1	○	5,600	1,100	1,100	1,100	1,500	1,500	1,500
	機能2		3,650	1,500	1,500	1,650	2,100	1,980	2,170
	機能3		1,050	650	650	650	850	850	850
	機能4		1,850	1,300	1,300	1,120	1,600	1,720	1,420
合計			12,150	4,550	4,550	4,520	6,050	6,050	5,940

― 16 ―

午後Ⅰ演習

0.89

機能 4 の 4 週間経過時の SPI（Schedule Performance Index）は　a　となっ
ており，T 課長は各機能の作業に投入する工数の調整だけでは対応策として不十分で
あると判断した。そこで，プロジェクト全体会議において，T 課長は　b　を
用いて仕様の確定が進んでいないことを報告し，D 社と S 社は，D 社のある状況が
仕様確定に時間が掛かっている原因であるという共通認識をもった。その上で，
EVM の実績の推移及び EAC（Estimate At Completion）を用いて進捗遅れの問題が顕
在化していることを報告し，マイルストーンである仕様凍結日の遵守に向けて D 社
にも対応を要請することにした。

さらに，T 課長は，仕様確定を迅速に進めるためには，D 社担当者が S 社の外部設
計内容を，システム化した処理方法として適切なものであると容易に判断できるよ
うにすることが重要であると考えた。そこで，T 課長は，人事外部設計チームに対し
て，現行人事給与システムで対応していない機能を追加開発する際の外部設計書に
関しては，他社での類似の追加開発実績を活用して，ある補足資料を作成し，それ
も用いて外部設計内容の説明を行うように指示した。そして，引き続き機能単位の
EVM の実績などを用いた進捗管理を行い，今後の外部設計期間中に，もし週次の進
捗報告から①ある状況になったことが判明した場合は，S 社の設計要員を追加投入し
て遅延の回復を図る対応策の検討や調整も行うことにした。

設問 3

③〔テストに関する施策の追加〕
　T 課長は，人事外部設計チームの作業状況から，本プロジェクトに潜在する品質リ
スクを勘案し，次に示す二つの施策をテスト工程で実施することを D 社に提案した。
① 総合テストのテストケース作成に，外部設計時に用いた課題管理表を活用する。
② 利用者トレーニングにおいて，操作説明会に加え，全社員を対象にトレーニン
　グ用のデータを使って一連の業務を実行する試行運用を追加する。さらに，試行
　運用結果を踏まえて　c　の記述を充実させ，本稼働後に，利用者が業務・
　システムについての不明点を自身で解消できるようにする。

設問 1　〔外部設計の進捗状況〕について，T 課長が，プロジェクト全体がおおむね計
　　　　画どおりに進んでいる状況でも，人事外部設計チームの各機能の作業状況を具
　　　　体的に把握する必要があると考えた理由を 35 字以内で述べよ。

－ 17 －

第 5 章　予算

設問 2　〔人事外部設計チームの進捗状況〕について，(1)～(5)に答えよ。

(1)　本文中の　　a　　に入れる数値を求めよ。答えは小数第 3 位を四捨五入
して小数第 2 位まで求めよ。

(2)　本文中の　　b　　に入れる適切な資料名を答えよ。

(3)　D 社のどのような状況が原因で仕様確定に時間が掛かっているのか。40 字
以内で述べよ。

(4)　D 社担当者が S 社の外部設計内容を，システム化した処理方法として適切
なものであると容易に判断できるようにするために，T 課長が人事外部設計チ
ームに追加作成を指示した補足資料とはどのような資料か。25 字以内で述べ
よ。

(5)　本文中の下線①の "ある状況" とはどのような状況か。30 字以内で述べよ。

設問 3　〔テストに関する施策の追加〕について，(1)，(2)に答えよ。

(1)　外部設計時に用いた課題管理表を活用してテストケースを作成することで，
テスト実施時にどのような確認が可能になるか。30 字以内で述べよ。

(2)　本文中の　　c　　に入れる適切な資料名を答えよ。

－ 18 －

午後Ⅰ演習

IPA 公表の出題趣旨・解答・採点講評

出題趣旨
プロジェクトマネージャ（PM）は，プロジェクトを構成する個々の作業の進捗状況を把握し，ボトルネックとなっている箇所を特定して対策を採る必要がある。 　本問では，人事給与システムの設計・開発の外部設計における進捗管理を題材に，進捗状況の把握及び進捗遅延箇所に対する対応策の立案，潜在する品質リスクへの対応のためのテスト工程における施策の追加について，PM としての実践的な能力を問う。

設問			解答例・解答の要点	備考
設問 1			人事外部設計チームは 4 週間経過時も EV が回復していないから	
設問 2	(1)	a	0.89	
	(2)	b	未決事項一覧表	
	(3)		D 社担当者が，システム化した処理方法のイメージを十分にもてていない状況	
	(4)		・システム化した処理のデモンストレーション画面 ・詳細作業手順が分かるプロトタイプシステム	
	(5)		機能 4 の外部設計作業がクリティカルパスとなる状況	
設問 3	(1)		仕様の確定に手間取った箇所が正しく実現されていること	
	(2)	c	操作マニュアル	

採点講評
問 3 では，EVM を用いた進捗管理を行っていく過程で，進捗遅延に対しどのように対応するか，潜在する品質低下リスクをどのように回避するかなどについて出題した。設問 1，設問 2 (5)，設問 3 (1) の正答率が低かった。 　設問 1 では，表 1 から，人事外部設計チームの時系列的な変化に着目して解答してほしかったが，4 週間目の時点だけの遅延に着目する解答が散見された。また，EVM の各指標値の定義を適切に理解できていないと思われる解答も散見された。 　設問 2 (5) では，クリティカルパスに着目し，設計要員の追加投入を行わないと遅延回復が困難な状況であることを解答してほしかったが，スケジュール遅延拡大だけの解答や，進捗ではなく結果であるマイルストーンが守れそうにないという解答が多かった。状況判断においては，明確な判断基準を用いることが重要であることを理解しておいてほしい。 　設問 3 (1) では，"課題管理対象となった課題が全て解決していることの確認"などの課題管理表の一般的な利用方法に関する解答が目立った。"仕様確定に手間取った箇所もその都度，課題管理表に記録している"点を踏まえ，どのような品質低下リスクを回避できるのかを考えて解答してほしかった。

543

第5章　予算

解説

設問 1

EVM の管理資料を見て判断する問題　　　　　　　　「問題文導出－解答加工型」

　設問1は，問題文2ページ目，括弧の付いたひとつ目の〔**外部設計の進捗状況**〕段落に関する問題である。EVM に関する基礎知識は「5.1.3 EVM」を参照。

【解答のための考え方】

　この設問は，EVM の管理資料を見て進捗を判断する設問になる。以前からよく問われる形式で，EVM 以外でも品質管理資料などでも同じ形式で問われているので，このパターンを覚えておこう。

【解説】

　まず，表1の"3週間経過時"と"4週間経過時"の SV と CV を計算する。

3週間経過時
　人事外部設計　　$SV = EV - PV = 4,520 - 4,550 = -30$（遅れている）
　　　　　　　　　$CV = EV - AC = 4,520 - 4,550 = -30$（超過している）
　給与外部設計　　$SV = EV - PV = 3,200 - 3,200 = 0$
　　　　　　　　　$CV = EV - AC = 3,200 - 3,200 = 0$
4週間経過時
　人事外部設計　　$SV = EV - PV = 5,940 - 6,050 = -110$（遅れている）
　　　　　　　　　$CV = EV - AC = 5,940 - 6,050 = -110$（超過している）
　給与外部設計　　$SV = EV - PV = 4,400 - 4,400 = 0$
　　　　　　　　　$CV = EV - AC = 4,400 - 4,400 = 0$

　この表を見る限り，進捗も遅れているし予算も超過している。しかし問題文には次のように書かれている。

「**表1からプロジェクト全体としてはおおむね計画どおりに進んでいると判断できる**」

　SV や CV がマイナスにもかかわらず，"おおむね計画どおり"と判断したのは，① SV と CV がマイナスになっているもののその値はわずかで，②しかもクリティカルパスじゃないからだ（〔**外部設計の進捗状況**〕段落に，3週間経過時の進捗報告

544

で「クリティカルパス上の作業ではないが一部機能の設計が遅れている」という報告を受けている)。

　そうして，この表の値を見て「**各機能の作業状況を具体的に把握した上で，状況によっては課題を特定して対応策を検討し，プロジェクト全体会議でD社と対応策を確定させる必要があると考えた。**」理由が問われている。どうして，そう判断したのかだ。

　この背景として，最初に後れを把握した3週間経過時に「**この機能を含めて各機能の作業に投入する工数を調整し，遅延を回復させたいという相談があり，T課長は承認した。**」とある。その時点でSVもCVも"－30"である。しかし，対策を打ったにも関わらずSVもCVも"－110"に膨らんでいる。つまり，問題は収束していなくて益々大きくなっていると判断できる。それが理由になるので解答を次のようにまとめる。

「**人事外部設計チームは4週間経過時もSVやCVが回復していないから（32字）**」
「**人事外部設計チームは4週間経過時もEVが回復していないから（29字）**」

【解答表現に対する考え方と自己採点の基準】（配点7点）

　解答として伝えないといけないことは，3週間経過時に対策を打ったにも関わらず，それが空振りに終わったという点である。効果が無いばかりか，4週間経過時にはその差は広がっている。つまり原因も除去されていない。せめて"－30"のままならば，原因は一時的なものだと判断できる。しかし"－110"ということは一時的でもなく継続中だ。そのあたりを表現する。

　解答例は「**人事外部設計チームは4週間経過時もEVが回復していないから（29字）**」になっている。問題文には，「遅延を回復させたいという相談があり，T課長はこれを承認した」という表現があるので「回復していないから」という表現は使いたい。とは言うものの，"より悪くなっている"という表現でも問題はないはずだ。そこまで厳しくはない。ただ，"4週間経過時が3週間経過時と比較して"というのが伝わることが大前提。そこが表現できていないと不正解だと考えた方がいいだろう。

　次に「**EVが**」という表現だ。これはSVだけでも，SVとCVでも，問題ないと判断できる。一般的にはSVやCVで判断するからだ。もちろんSPI，CPIでも構わない。

　最後に「**人事外部設計チームは**」という部分。字数が足りないのでそれを埋めるために付ければいいが，無くても問題ない。設問の中で「**人事外部設計チームの各機能の作業状況を**」というように前提として書かれているからだ。

第 5 章　予算

設問 2

設問 2 は，問題文 3 ページ目，括弧の付いた二つ目の〔**人事外部設計チームの進捗状況**〕段落に関する問題である。

■ 設問 2（1）

EVM の計算問題　　　　　　　　　　　　　　　　　　　　　　　「計算問題」

【解答のための考え方】

SPI の計算方法を知っているだけで解ける問題。

【解説】

機能 4 の 4 週間経過時の値を使って計算する。

$$SPI \ = \ EV \div PV \ = \ 1{,}420 \div 1{,}600 \ = \ 0.8875$$

小数第 3 位を四捨五入して小数第 2 位まで求めるので，0.89 になる。

【解答表現に対する考え方と自己採点の基準】（配点 5 点）

0.89 のみ正解とする。

■ 設問 2（2）

問題文中にある解答（資料名）を探す設問　　　　　　　　　　　「穴埋め型」

【解答のための考え方】

設問 2（2）は，穴埋め問題であり具体的な資料名が問われている。具体的な資料名が問われている設問では，問題文中に出てくる資料（この問題文のプロジェクトにおいて存在することが明確な資料）の中から最適なものを選定する形で解答するということを覚えておこう。

もちろん，例外的に "問題文中に出てきていない資料名称" で解答させることも，今後でてくるかもしれないが，今のところ無いので「どこを探してもそれらしき資料名が無かった」というケース以外は，問題文中に出てくる資料名から選択することを想定しておけばいいだろう。システム開発で作成される資料の名称が統一されていない昨今，基本的には問題文中で使われている資料に限定されると考えていて間違いないからだ。

そういうことなので，まずは問題文中に出てくる資料名をすべてピックアップす

546

る。その上で最適な一つを選択する。万が一最適なものが見つからなければ，一般論でよく使われている代表的な資料名（外部設計書，要件定義書など）で考えればいい。

【解説】

　問題文中で，空欄ｂまでに出てくる資料を探してみると，①操作マニュアル，②外部設計書，③課題管理表，④未決事項一覧表の四つであることがわかる。このうち，空欄ｂを含む一文にある**「仕様の確定が進んでいないことを報告」**することに使えるもので，**「D社のある状況が仕様確定に時間が掛かっている原因であるという共通認識」**をもてるものは，③課題管理表か，それを週次で整理した④未決事項一覧表である。

　この二つだったら，どちらでも現状を説明する目的で使用することはできるだろうし，現実的には両方併用することが多いが，どちらか一つに絞るのであれば"未決事項一覧表"になる。"こんなに（品質・コスト・スケジュールに影響を与える）課題が発生している"ということを伝えるよりも，"まだこんなに未決事項が残っている"ということを伝える方が説明付きやすいからだ。それに，そもそも**「課題管理表を週次で整理して」**作成しているという時点で，週次に行われる全体会議で使う目的で"わかりやすく"整理していると考えられる。

【解答表現に対する考え方と自己採点の基準】（配点５点）

　未決事項一覧表だけを正解とする。

■ 設問２（３）

問題の原因を文中から探し出す問題　　　　　　　　　　「問題文導出－解答抜粋型」

【解答のための考え方】

　設問２（３）は，仕様確定に時間が掛かっている原因が問われている。そのため，基本的には問題文でその原因となりうる箇所を探し出して答えることを考える。つまり抜粋型だ。ただ，今回の場合は**「どのような状況」**なのかが問われており，それを問題文では**「D社とS社は，D社のある状況が仕様確定に時間が掛かっている原因」**だと明記しているので，問題文中から，その**「D社のある状況」**を探し出す。

【解説】

　仕様確定に時間が掛かっている原因に関する記述があるのは〔**人事外部設計チームの進捗状況**〕段落の第３パラグラフ「機能４は…」で始まるブロックだ。そこま

547

第5章　予算

では，最初にどこに何が書いているのかを把握していれば，すぐにたどり着けるだろう。後は，下記のように切り取るところがたくさんあるので，どこを切り取れば最適な解答になるのかを考えればいいだろう。

　「D社担当者が，システム化した処理方法のイメージが十分にもてていない状況」
　「D社担当者が，詳細作業手順，作業条件，例外作業の処理方法などの理解が不十分な状況」
　「D社担当者の意見が，紙を前提とした処理方法に基づくものである状況」
　「S社外部設計案と比較して…残るものであったりする状況」
　「D社担当者の意見を生かしつつ当該機能の仕様を確定させないといけない状況」

　実際のプロジェクトだとどこを切り取ろうが関係ないが，これは試験問題なので，一つに絞り込まなければならない。こういう場合は，どんな対策をとって乗り切ったのか？を，この後に続く問題文で探し出し，それに対応する部分を答えればいい。

　そこで問題文のさらに先を読んで，どのような対応策を選択したのかを確認する。すると「D社担当者がS社の外部設計内容を，システム化した処理方法として適切なものであると容易に判断できるようにすることが重要であると考えた。」という記述を見つけるだろう。そのために補足資料を作成するとしている。これは，「D社担当者が，システム化した処理方法のイメージが十分にもてていない状況」だからだと考えられる。したがって最初の部分を解答とすればいい。

【解答表現に対する考え方と自己採点の基準】（配点7点）

　D社担当者の意見とS社外部設計案は異なっており，「D社担当者の意見を生かしつつ当該機能の仕様を確定させるには時間が掛かる」と判断している。さらにD社担当者案は問題をはらんでいるという記述がある。対策案もD社担当者の意見を取り入れようとする方向には無い。そこで「D社担当者の意見を生かしつつ当該機能の仕様を確定させないといけない状況」というのは誤りである。

　また，これらの状況をすべて包含して「D社担当者との意見と，S社外部設計案が異なっており合意が取れない状況」という解答はどうだろう。これも今回は最適だとは言えない。というのも問われているのは原因となった「D社のある状況」である。D社とS社の状況ではない。さらに，その後に書かれている対応策を見ても，「D社担当者が，システム化した処理方法のイメージが十分にもてていない状況」を解答として選びたい。

548

午後Ⅰ演習

■ 設問2（4）

外部設計の効果的な進め方に関する設問 「問題文導出－解答加工型」

【解答のための考え方】

問題文の該当箇所を確認すると「他社での類似の追加開発実績を活用して，ある補足資料を作成し，それを用いて外部設計内容の説明を行うように指示した。」と書いてある。指示した外部設計内容の説明どおりにすれば，「D 社担当者が，システム化した処理方法のイメージが十分にもてていない状況」を改善できる（すなわち，イメージできるようになる）という考えだ。しかも，指示した外部設計内容の説明をすれば，D 社担当者は「容易に判断できるように」なるらしい。つまり，その補足資料さえあれば，D 社担当者は "システム化した処理方法をイメージできて，その是非を容易に判断できる" というわけだ。仮説を立案するなら，画面サンプルやプロトタイプをイメージしておけばいいだろう。

解答に当たっては，設問2（3）を解答するために読んだ部分を参考に，そのままの流れで考える。なお，25字程度で答えないといけないので，具体的な資料名称ではなく，その補足資料に必要な機能を中心にヒントを探せばいい。

【解説】

問題文には，理解が不十分なものの具体的な説明がある。「詳細作業手順，作業条件，例外作業の処理方法などの理解が不十分」というところだ。そこで，まずはその原因を問題文中から読み取る必要がある。具体的には，外部設計書に無いから理解できなかったのか？それとも，あるけど分かりにくかったのか？それによって対応策が変わってくるからだ。

問題が発生している機能4は「S 社パッケージに対する追加開発で実現する」。その外部設計書がどうなっているのかは〔外部設計の進捗状況〕の段落に書かれている。そこでは，他の機能1～3に関しては「外部設計書による説明に加え，S 社パッケージの標準画面のデモンストレーションや標準帳票の記入例の提示を行う」というように外部設計書と補足資料を使っているのに対し，機能4の追加開発に関しては「外部設計書だけで設計内容を説明する。」としている。この差が出たのだと考えていいだろう。

したがって解答は，外部設計書だけではなく（他の機能1～3に倣って）「システム化した処理のデモンストレーション画面（22字）」や，「詳細作業手順がわかるプロトタイプシステム（20字）」になる。

549

第5章　予算

【解答表現に対する考え方と自己採点の基準】（配点7点）

　設問では"補足資料"が問われているため，解答例のような"デモンストレーション画面"や"プロトタイプシステム"よりも，ドキュメントをイメージしてしまい違和感を覚えるかもしれない。そして問題文中の言葉を使って「詳細作業手順，作業条件，例外処理の方法を記した資料（25字）」という解答を思いつくかもしれない。しかし，今回のケースでは，それは不正解だと考えた方がいいだろう。それは"解答のための考え方"と"解説"に書いたとおり，これだけのヒントが埋め込まれているため"単なる資料"だけでは「容易に判断できない」と考えるべきだからだ。問題文中で使われている「デモンストレーション画面」や，（文中では使われていないが）プロトタイプ，画面サンプルなど"外部設計書などの紙資料以外の工夫"が必要だと判断した方がいい。ちなみに"資料"というのは，確かに"ドキュメント"を指すことが多いが，それに限定するものではない。

■ 設問2（5）

| リスク対応策の発動基準に関する設問 | 「問題文導出－解答加工型」 |

【解答のための考え方】

　この設問は下線①が該当箇所になるので，その周辺をチェックする。

　該当箇所は，「引き続き機能単位のEVMの実績などを用いた進捗管理を行い，今後の外部設計期間中に，もし週次の進捗報告から①ある状況になったことが判明した場合は，S社の設計要員を追加投入して遅延の回復を図る対応策の検討や調整も行うこととした。」という部分。

　一般論で考える場合には，"進捗がそれでも回復できない場合"だろう。しかし，そういう簡単なことが問われるだろうか？あまりにも簡単すぎるので疑ってかかるべきである。そこで，下記をチェックすることを考える。

・S社の設計要員を追加投入することに関する記述箇所の有無
・遅延の回復を図る対応策の検討をする記述箇所の有無

　上記を探しても何も無ければ，やむを得ないので"進捗がそれでも回復できない場合"と解答するしかないだろう。設問3の後に回しても構わないので，じっくりと探そう。

550

【解説】

　問題文には，S 社の設計要員を追加投入する基準も，遅延の回復を図る対応策の検討をする基準も書かれてはいない。

　遅延の回復を図るために要員の追加投入をしたことに関する記述は 2 か所。〔**外部設計の進捗状況**〕段落の中にある「**クリティカルパス上の作業ではないが一部機能の設計が遅れているので，この機能を含めて各機能の作業に投入する工数を調整し，遅延を回復させたい**」というところと，〔**人事外部設計チームの進捗状況**〕段落の中にある「**仕様確定の迅速化に向け，作業に投入する工数を計画よりも増加させたが，遅延の解消には至っていない。**」というところ。ここを読んでも特に基準はない。

　以上より，スケジュール遅延拡大という解答をした受験生が多かったのだろう。採点講評にはそう書いてある。しかし解答例は，この機能 4 がクリティカルパスになった時という解答だ。確かに問題文中でも，やたら "クリティカルパス" という用語が使われている。そこに反応できれば解答例のような解答を書けるだろう。

【解答表現に対する考え方と自己採点の基準】（配点 7 点）

　採点講評を見る限り「スケジュール遅延拡大」や「スケジュール遅延が回復できない」という解答は不正解になる。「機能 4 がクリティカルパスになる」という表現だけが正解のようだ。

　但し，この設問は不正解でもあまり気にすることはない。正答率が低いだろうと想像できるし，明確な判断基準が文中には無く，しかも 3 週間経過時にはクリティカルパスではないと認識しながら要員の追加投入を行っている。つまり，クリティカルパスが要員の追加投入の基準にはなってはおらず，ある程度 PM の判断で要員の追加投入を実施している。したがってクリティカルパスを明確な基準にするのはどうだろう？おそらくそれが "失敗だった" として，"今後は" という意味になるのかもしれないが，少々無理がある。問題文を正しく把握している人は「クリティカルパスになる」という解答が頭によぎっても，それを書く勇気はでないだろう。より幅広い解答として「スケジュール遅延拡大」や「スケジュール遅延が回復できない」という解答を書くのではないだろうか。そういう意味で難問である。せめて，3 週間経過時には機能単位に進捗を把握しておらず，クリティカルパスだったからという基準で要員の追加投入をしていて，それを今後は機能単位に分けて管理するからというのであれば解答例のような答えは出てきただろう。

　なお，今後の教訓として "クリティカルパス" という用語を繰り返し使用するなど問題文中で強調している場合は，今回のように設問で使われる可能性が高いということは覚えておこう。

551

第5章　予算

設問3

設問3は，問題文5ページ目，括弧の付いた三つ目の〔**テストに関する施策の追加**〕段落に関する問題である。

■ 設問3（1）

問題文から該当箇所を抜粋する設問　　　　　　　　　　「**問題文導出－解答抜粋型**」

【解答のための考え方】

この設問では「課題管理表」を活用する意味が問われている。そのため，この問題文中において「課題管理表」がどういう位置づけなのかを確認する。具体的には，課題管理表に関する記述部分を再度確認する。そこに何もそれらしい記述が無ければ一般論で知識解答型として考える。

一般的には，今回はパッケージの使用を前提に考えているため，パッケージで実現できない部分の中で，特に例外処理をどうするのかという点が課題になりやすい。したがって"例外処理の試験ができる"という解答でいいだろう。

【解説】

課題管理表に関する記述は〔**人事外部設計チームの進捗状況**〕段落の中の「**なお，外部設計工程では，…**」というところになる。そこには次のように記述されている。

> 「**品質・コスト・スケジュールに影響を与える事象を課題管理対象として扱っており，仕様確定に手間取った箇所もその都度，課題管理表に記録している。**」

これ以外には課題管理表に関する記述は見当たらないので，ここだけで解答を考える。なお，そもそも課題管理表の本来の目的は適切に進捗管理を行うことであり，テストケース作成には無関係である。そのため，どう応用するのかを考えることになる。

ひとつは，進捗管理以外にも"課題＝品質に影響を与える事象"を含んでいる点である。課題管理表を活用しようとしているのは総合テストなので，当然，品質に関する試験を行うことになる。

そしてもうひとつは「仕様確定に手間取った箇所」が存在している点である。

この2点を合わせると，品質に影響する部分で仕様確定に手間取ったところがあると考えられる。それすなわち，品質確保が難しいテストケースが含まれている可能性がある。これを解答すればいい。

「品質に影響を与える事象や確定に手間取った仕様の確認（25字）」

【解答表現に対する考え方と自己採点の基準】（配点 7 点）

解答例のように「**仕様の確定に手間取った箇所が正しく実現されていること（26字）**」だけでも正解になっているようである。仕様の確定に手間取ったということは，パッケージの改造対象であることは大前提で，かつ実現が難しかったとか，D社担当者等がこだわったとか，強い想いがあったとか，そういう様々な要因があるため，そこだけでも十分正解に値するのだろう。

採点講評には「“課題管理対象となった課題が全て解決していることの確認”などの課題管理表の一般的な利用方法に関する回答が目立った（それは不正解）。」というように書いている。確かにこれは，テストケースの作成には無関係だ。そしてその後に「どのような品質低下リスクを回避できるのかを考えて解答してほしかった。」と続けているように，テストケースの作成に寄与して品質低下リスクを回避できる解答なら問題ないと判断できる。

■ 設問 3（2）

問題文中にある解答（資料名）を探す設問　　　　　　　　　　　　　「穴埋め型」

【解答のための考え方】

設問 3（2）は，穴埋め問題であり具体的な資料名が問われている。具体的な資料名が問われている場合は，問題文中に出てくる資料名から選択して解答することになる。今回の場合だと，①操作マニュアル，②外部設計書，③課題管理表，④未決事項一覧表の四つ（設問 2（2）でピックアップ済み）の中から選択する。

【解説】

この四つの中からだと“操作マニュアル”になるのは明白だ。後は，問題文中に登場しないドキュメントの可能性を考えるが，システム開発プロジェクトにおいて，全てのプロジェクトに必ず使用されるドキュメントで，その名称が確立されたものは無いので，こういうケースでは，問題文中で使われる資料に限定されると考えていて間違いないだろう。仮に今回，“操作マニュアル”というドキュメント名称が問題文中で使われていない場合には“操作マニュアル”とか“操作手順書”，“運用マニュアル”，“入力仕様書”などそれらしき目的を持つドキュメントを知識解答型として解答しなければならないだろうが，過去にもそういうケースはないので，問題文中から名称を探すものだと考えておいていいだろう。

【解答表現に対する考え方と自己採点の基準】（配点 5 点）

操作マニュアルだけを正解とする。

第5章 予算

午後Ⅱ演習

平成31年度 問1

問1 システム開発プロジェクトにおけるコスト超過の防止について

　　プロジェクトマネージャ（PM）には，プロジェクトの計画時に，活動別に必要な
コストを積算し，リスクに備えた予備費などを特定してプロジェクト全体の予算を
作成し，承認された予算内でプロジェクトを完了することが求められる。

　　プロジェクトの実行中は，一定期間内に投入したコストを期間別に展開した予算
であるコストベースラインと比較しながら，大局的に，また，活動別に詳細に分析
し，プロジェクトの完了時までの総コストを予測する。コスト超過が予測される場
合，原因を分析して対応策を実施したり，必要に応じて予備費を使用したりするな
どして，コストの管理を実施する。

　　しかし，このようなコストの管理を通じてコスト超過が予測される前に，例えば，
会議での発言内容やメンバの報告内容などから，コスト超過につながると懸念され
る兆候を PM としての知識や経験に基づいて察知することがある。PM はこのような
兆候を察知した場合，兆候の原因を分析し，コスト超過を防止する対策を立案，実
施する必要がある。

　　あなたの経験と考えに基づいて，設問ア～ウに従って論述せよ。

設問ア　あなたが携わったシステム開発プロジェクトにおけるプロジェクトの特徴と
　　　　コストの管理の概要について，800字以内で述べよ。

設問イ　設問アで述べたプロジェクトの実行中，コストの管理を通じてコスト超過が
　　　　予測される前に，PM としての知識や経験に基づいて察知した，コスト超過につ
　　　　ながると懸念した兆候はどのようなものか。コスト超過につながると懸念した
　　　　根拠は何か。また，兆候の原因と立案したコスト超過を防止する対策は何か。
　　　　800字以上1,600字以内で具体的に述べよ。

設問ウ　設問イで述べた対策の実施状況，対策の評価，及び今後の改善点について，
　　　　600字以上1,200字以内で具体的に述べよ。

解説

●問題文の読み方

問題文は次の手順で解析する。最初に，設問で問われていることを明確にし，各段落の記述文字数を（ひとまず）確定する（①②③）。続いて，問題文と設問の対応付けを行う（④⑤）。最後に，問題文にある状況設定（プロジェクト状況の例）やあるべき姿をピックアップするとともに，例を確認し，自分の書こうと考えているものが適当かどうかを判断する（⑥⑦）。

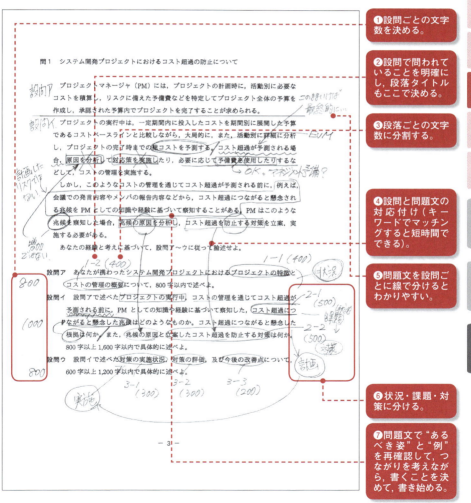

第 5 章　予算

●出題者の意図（プロジェクトマネージャとして主張すべきこと）を確認

出題趣旨
プロジェクトマネージャ（PM）には，プロジェクトの計画時に，活動別に必要なコストを積算し，リスクに備えた予備費などを特定してプロジェクト全体の予算を作成し，承認された予算内でプロジェクトを完了することが求められる。 　本問は，プロジェクトの実行中に，コストの管理を通じてコスト超過を予測する前に，コスト超過につながると懸念される兆候を PM としての知識や経験に基づいて察知した場合において，その兆候の原因と立案したコスト超過を防止する対策などについて具体的に論述することを求めている。論述を通じて，PM として有すべきコストの管理に関する知識，経験，実践能力などを評価する。 <div align="right">（IPA 公表の出題趣旨より転載）</div>

●段落構成と字数の確認

1. プロジェクトの特徴とコスト管理の概要
   1.1 プロジェクトの特徴（400）
   1.2 コスト管理の概要（400）
2. コスト超過につながる兆候の発見とその対策
   2.1 コスト超過につながる兆候（500）
   2.2 立案した対策（500）
3. 実施状況と評価，及び今後の改善点
   3.1 実施状況（300）
   3.2 対策の評価（300）
   3.2 今後の改善点（200）

●書くべき内容の決定

　次に，整合性の取れた論文，一貫性のある論文にするために，論文の骨子を作成する。具体的には，過去問題を思いだし「どの問題に近いのか？複合問題なのか？新規問題か？」で切り分けるとともに，どのような骨子にすればいいのかを考える。

過去問題との関係を考える

　この問題は，コストマネジメントの問題で，かつ "兆候" をテーマにした問題になる。クラッシングを使えば挽回できる "納期遅延" と異なり，いったん "予算超過" してしまったプロジェクトは挽回が難しい。そのため "兆候" の段階で対応することが重要になる。そして，いろいろある "兆候" の中でも，計画段階で把握していて計画に組み込んでいたリスクマネジメント的なものではなく，実行段階で察知する類のものになる。

　以上のような問題の特徴から，過去問題で最も近いのは**平成 18 年度問 2** になる。

556

この問題での"兆候"の例も，**平成18年度問2**と同じ会議の場などで発見する"成果物に対しての問題点の指摘"や"関係者の不満"である。したがって，この問題で準備していた人は，ほぼそのままの内容をアウトプットするだけで良かったはずだ。それぐらい似ている。

　他にも，今回と同じ類の"兆候"（プロジェクト実行中に察知した兆候で，予めある程度想定していた特定のリスクではないもの）をテーマにした問題は少なくない。**平成20年度問2**（メンバの不平不満，会議への出席率の低さ）や，**平成28年度問2**（仕様書の記述に対して分かりにくさを表明），**平成23年度問3**（例：要員の意欲低下，健康を損なう，要員間の対立）なども，平成18年度問2と同様に参考になる。

全体構成を決定する

　全体構成を組み立てる上で，まず決めないといけないのは次の3つである。

---

①兆候（2-1）
②その根拠，及び原因（2-2）
③兆候への対策（2-2）

　ここの整合性を最初に取っておかないと，途中で書く手が止まるだろう。試験本番の時に2時間の中で絞り出すのは難しいので，できれば試験対策期間中に準備しておくべきものになる。

　ここの整合性さえ取っていれば，後はそんなに難しくはない。予算の問題なので，設問アでどこをどう定量的に表現するのかを決めて（特に予備費を決めて），段落構成と段落ごとのタイトル，それぞれの字数を確定させるのと同時に行っていけばいいだろう。

第5章　予算

● 1-1 段落（プロジェクトの特徴）

　ここでは，プロジェクトの概要を簡単に説明した後に，今回のプロジェクトの特徴を書く。今回は「"兆候"の原因を匂わせる特徴」があれば，それを一言入れておくといいだろう。もちろん，汎用的なままでも構わない。

【減点ポイント】

　①プロジェクトの話になっていない又は特徴が無い（致命度：中）
　　→　特徴が1-2に書かれているのなら問題は無い。
　②プロジェクトの特徴が1-2や設問イと関連性が無い（致命度：小）
　　→　この問題だと"兆候"の原因になるような特徴だとベスト。

● 1-2 段落（コスト管理の概要）

　ここは普通に，どのようなコスト管理をしているのかを書けばいい。プロジェクトの計画段階で組み込んだ手続きだと考えてもらえれば良い。問題文に即していうと，①活動別に必要なコストを積算し，②リスクに備えた予備費などを特定し，③プロジェクト全体の予算を作成し承認を得る。④それを期間別に展開してベースラインに展開する。⑤総コストの予測を実施し，⑥実績値との比較（予実管理）をすることと，総コストの予測を実施することでコスト超過を防ぐことを書いておけばいいだろう。できれば具体的に書くために，プロジェクト全体の予算（③）や，その中の予備費（②），ベースラインの期間ぐらいは定量的に書いた方が良いだろう。

　PMBOKを意識してEVM（Earned Value Management）を利用したコスト管理の仕組みについて説明するのもいいだろう。

【減点ポイント】

　①全体予算や予備費用がいくらかわからない（致命度：中）
　　→　納期の問題は時間軸を，予算の問題はコストを定量的に書くように考えておいた方が良いだろう。
　②コスト管理をするツール（予実管理表やEVM）とその使用について説明が無いため，プロジェクト期間中に予算超過しそうかどうかすらわからない管理方法になっている（致命度：中）
　　→　"総コストの予測"に関しては設問イで書く"兆候"の説明でも必要になるので，どうやってプロジェクト実行の途中で，最終の総コストがシミュレーションできるのかには触れておいた方がいい。「EVMを使って常時総コストの予測をしながら…」という感じで，EVMの特徴を説明するのであれば説明は簡潔でいい。

558

● 2-1 段落（コスト超過につながる兆候）

　問題文から限定される状況は次の点になる。この状況に合わせた内容にしなければならない。

- ・ プロジェクトは実行中。ある時期に兆候を検知した
- ・ その兆候は，まだコスト超過には至っていない。現段階でも順調
    - → だから，今対策を取ることでコスト超過にはつながらない
- ・ その兆候は，予め想定していた特定リスクが顕在化したわけではなく「PM としての知識や経験から察知した」ものになる
- ・ コスト超過につながると懸念した根拠を書く

　設問イでは，プロジェクトが開始された時期を明確にして，プロジェクトが開始されたというところからスタートする。そして，そこから何か月経過し，どのフェーズでの話なのか，"いつ"なのかを明確にする。

　そして兆候の内容を書く。兆候なので，問題文の6行目から7行目に書いているような「**総コストを予測**」した時にコスト超過が予測されているわけではない。加えて，問題文の例では「**会議での発言内容やメンバの報告内容などから…PM としての知識や経験に基づいて察知する**」と書いているので，事前にリスクとして特定したわけではなく，「あれ，ちょっとおかしいぞ？」という感じで気付いたものになる。後は，そこに PM としての"どんな知識"や"どんな経験"からそう感じたのかを書いていればパーフェクトになる。今回は定量的な指標でなくても構わない。定性的な"あれおかしいぞ"で問題は無い。

　最後に，設問で問われているように「**コスト超過につながると懸念した根拠**」を書く。この根拠は，（後述する 2-2 のように）兆候の間に対応策を取らないと，プロジェクト目標を達成できなくなる（つまり納期遅延，予算超過）という最悪のシナリオについて言及する。

　なお，納期遅延の兆候と予算超過の兆候は異なるので注意が必要になる。例えば「残業時間が増えている」というのは，納期遅延につながる兆候としては問題なくよく使われるが，予算超過の場合には注意が必要だ。残業時間の増加そのものがコスト超過になってしまっていることがあるからだ。"想定外"の残業時間の増加であれば"割増賃金分"が増加している可能性もある。仮に使うとしても，それを払拭する「進捗を前倒しにしているから残業時間が増加している」とか，「予備費用を充てている」とか，現段階では予算超過にはなっていないし，最終的にも予算超過にならないということを説明しておく必要はあるだろう。

第5章　予算

【減点ポイント】

①その兆候を発見したのが"いつ"か明確になっていない（致命度：小）

　→　"いつ"を明確にする。最低でもどの工程なのかは欲しいところ。

②コスト超過が発生してしまっている（致命度：大）

　これは一発アウトの可能性も出てくるぐらい致命度は大きいので絶対に避けなければならないところ。

　→　コスト超過はまだ発生していない。

③事前に想定していたリスクが顕在化しただけ（致命度：小）

　→　リスクマネジメントの問題ではないので，"想定外"もしくは"想定するまでも無い"ことを兆候にする。特にPMとしての知識や経験が問われているので，そこも具体的に書く方が良いだろう。但し，実際にこの年度に合格した人の情報によると，事前に計画段階で組み込んでいた内容でも，問題なくA評価になっている（サンプル論文参照）。

④コスト超過につながると懸念した根拠が無い（致命度：小）

　→　設問で問われているので書かないといけない。特にシミュレーションした結果を定量的に総コストとして表現する必要までは無いが，「このままいけば（収束しなければ）…」という展開は必須。

● 2-2 段落（立案した対策）

　続いて，問題文と設問で問われている"兆候の原因"と"立案したコスト超過を防止する対策」について書く。2-1で書いた兆候によって原因や対策は絞られてくるが，その部分の整合性が取れていれば問題ない。

　どんな兆候が，どんな原因で発生するのかイメージが湧きにくい場合は，前述したとおり過去問題がヒント（参考）になる。この問題では，その兆候の例として「**会議での発言内容やメンバの報告内容などから**」察知できるものとしている。これらは例えば，**平成18年度問2**では「**成果物についての問題点の指摘や関係者の不満など**」としている。他にも，会議への出席率の低さ，仕様書の記述に対して分かりにくさを表明，要員の意欲低下，健康を損なう，要員間の対立などでも書くことはできるだろう。

　もちろん他にも様々なリスクが考えられるが，ポイントは2-1との整合性になる。但し，ここで説明する対策に，明らかにコスト（当初想定していない稼働＝工数含む）がかかっている場合は注意が必要である。その対策を実施することでコスト増になるのなら本末転倒だからだ。原則は，コストが発生しない対策でなければならない。あるいは，コストがかかる対策の場合は，最終的にコスト超過にならないことをしっかりと理由と共に説明しなければならない。最悪，マネジメント予備

を活用する対応策でも構わないが，その点はしっかりと"コスト超過になっていない"旨，すなわち，最初からマネジメント予備を予算に組み込んでいたとしておくべきだろう。

あとひとつ考慮が必要なのは，計画変更をする対策か否かだ。仮に，「3日間，…をすることにした」というように，明らかに計画変更が必要な場合，"今，どういうことをしていて"，"それを，一旦中止して"，"どういう対策にするのか？"を書いたうえで，"いったん中止にした計画をどう変更するのか？"まで，新旧の計画を比較して説明する必要があるだろう。

【減点ポイント】

①2-1で書いた"兆候"との整合性が取れていない（致命度：大）
- → これらはワンセットで考えないといけないところ。最初の組み立ての時に同時に考える。あるいは兆候に関してはよく問われるところなので，事前に骨子を作っておくのもいいだろう。

②対策にコストがかかっている（致命度：中）
- → 最終的にコスト超過にならない旨をしっかりと説明できている必要がある。

③どうやって実現するのかが不明。計画を変更する必要があるのに，それを明記していない（致命度：小）
- → 計画変更の表現を意識して書くようにしなければならない。

● 3-1 段落（実施状況）

設問イでは，あくまでも"計画段階の話"になる。したがって，ここではその対策が計画通りに実施できたかどうかを書く。

ここは難しく考えずに，原則は，時間軸を明確にしたうえで計画通りに粛々と実施したという感じでいいだろう。ただ，誰か特定の要員に向けての対策なら，その要員の反応はここに書かなければならない。あるいは設問イで"計画変更による新たなリスク"の存在について言及していた場合は，その新たなリスクがどうなったのかを書いた方がいい。いずれにせよ，原因が除去できたかどうかが一番大きな問題になるので，そこを中心に書いた方がいい。

【減点ポイント】

計画した対策の反応や効果，原因が除去できたかどうかについて書かれていない（致命度：小）
- → 単に計画したことを再掲し，実施状況を書くだけでも構わないが，可能であれば，反応や原因の除去について言及しておいた方が良いだろう。

第5章　予算

● 3-2 段落（対策の評価）

　ここでは，多くの問題で問われている典型的な設問ウの「私の評価」が問われている。兆候をテーマにした問題の「私の評価」は，「このタイミングで気付いて"兆候"の段階で手を打ち，（設問イで書いたような最悪の事態）にならなかったことは高く評価している。」というのが王道だ。どんな問題でも，2-2 でで書いた対策に関する評価を"良かった"として書いておけばいいわけなので，今回は，"兆候"に気づいたことを評価する。

　後は，計画変更した時に発生する"新たなリスク"についてもしっかりと目を光らせていて，何か想定外の問題が発生した時には迅速に対応できるようにしていた旨を書いて「そこも評価している」とすれば万全だろう。

【減点ポイント】

　あまり高く評価していない（致命度：小）

　　→　やぶへびになる可能性がある。

● 3-3 段落（今後の改善点）

　最後も，平成 20 年度までのパターンのひとつ。最近は再度定番になりつつある"今後の改善点"だ。ここは，序章に書いている通り（最後の最後なので）どうしても絞り出すことが出来なければ，典型的なパターンで乗り切ろう。

　ただ，今回の問題なら，"リスクとして最初のプロジェクト計画では想定していなかった点"を改善点とすることができる。あるいは，設問イで書いた原因のさらに真の原因を上げて，それを事前に除去していれば今回の"兆候"も発生していなかったとするのもいい。他にも，設問ウで実施状況を書くところで，思いのほか苦労した点について言及するのもいい。

【減点ポイント】

　特になし。何も書いていない場合だけ減点対象になるだろうが，何かを書いていれば大丈夫。時間切れで最後まで書けなかったということだけは避けたいところ。過去の採点講評では「一般的な本文と関係ない改善点を書かないように」という注意があったので，それを意識したもの（つまり，ここまでの論文で書いた内容に関連しているもの）にするのが望ましい。

562

●サンプル論文－1の評価

サンプル論文―1は，この年度にこの問題で受験して，受験後すぐに再現論文として起こしてもらったものになる。したがって正真正銘の合格論文だ。実際の合格論文（A評価）は，多少ミスが入っても大丈夫。午前問題や午後Ⅰと同様に6割ぐらいの出来でも問題ないと言われている。それを実感できるのも，実際に合格した人の再現論文の価値あるところだ。

実際，この正真正銘の合格論文にも，まだまだ改善の余地はある。

・ コスト超過につながると懸念した根拠の説明が弱い
・ 対策費用が0.5人月増えるにもかかわらず，その捻出方法を詳しく説明せず，予備費についても定量的に示していない点
・ 計画変更に関して変更前・変更後が不明瞭
・ 設問ウの評価と改善点が極端に短い

これらはいずれも軽微なものだと判断されたのだろう。全体的には，問題文と設問で問われている内容から大きなズレは無いし，定量的に"兆候"を説明している点をはじめ，随所に数値を出している点，分かりやすい点，対策に対しても二重三重に考えている点など，良い点がたくさん含まれているのは間違いない。兆候の検知として，品質指標の未達を使っているところも，平成18年度問2の例でも**「成果物についての問題点の指摘」**があることからも"兆候の検知"に使っても問題は無い。したがって，十分A評価に値する内容だと判断できる。

●サンプル論文－2の評価

サンプル論文―2も，この年度にこの問題で受験して，受験後すぐに再現論文として起こしてもらったものになる（当然だが，サンプル論文―1とは別の人）。したがって，こちらの論文も，正真正銘の合格論文である。

字数はギリギリだが，合格した人は「もう少し，いろいろ書いた気がする」と言っていた。かねてから論文に関しては必要なことを書いているかどうかで判断するため，多少話が脱線しても，それ自体は問題ないと言われているので，この再現論文の信頼性に問題は無いと考えている。

内容に関しては，問題文と設問で問われていることに対して漏れなく反応できている。興味深いのは，サンプル論文－1と同様，"対策"を説明する時に，その対策の効果が無かった時の対応策も考えている点である。これは平成13年度問2の問題文中に書いている"あるべき姿"を覚えていたらしいが，工夫した点の表現として（この問題文中には例示されていないことからも）そこが高く評価されているの

563

第 5 章　予算

だと思われる。

　また，この論文でも，厳密に言えば改善できる部分があるが，中でも特に解説の所で取り扱いを注意しないといけないと言及した"残業時間"を"兆候"に使ってＡ評価を得ているという事実は大きい。"残業時間の増加"を"兆候"を検知するセンサーとして使うのは悪いことではないが，注意しないといけないのはそれ自体でコスト増になっている可能性があるところだ。その点に関してこの論文の場合は，予備費用を当てることでコスト超過にはなっていないと判断されたんだろう。それゆえ，問題文と設問で問われているケースに合致していると判断され，Ａ評価になったのだと考えられる。

●採点講評

　プロジェクトマネージャ試験では，"あなたの経験と考えに基づいて"論述することを求めているが，問題文の記述内容をまねしたり，一般論的な内容に終始したりする論述が見受けられた。また，誤字が多く分かりにくかったり，字数が少なくて経験や考えを十分に表現できていなかったりする論述も目立った。

　"論述の対象とするプロジェクトの概要"については，各項目に要求されている記入方法に適合していなかったり，論述内容と整合していなかったりするものが散見された。

　要求されている記入方法及び設問で問われている内容を正しく理解して，正確で分かりやすい論述を心掛けてほしい。

　問１（システム開発プロジェクトにおけるコスト超過の防止について）では，コストの管理を通じてコスト超過が予測される前に，ＰＭとしての知識や経験に基づいて察知した，コスト超過につながると懸念した兆候，懸念した根拠，兆候の原因と立案したコスト超過を防止する対策について具体的に論述できているものが多かった。一方，兆候とは問題の起こる前触れや気配などのことであるが，ＰＭとして対処が必要な既に発生している問題を兆候としている論述も見られた。

サンプル論文－ 1

1. 私が携わったプロジェクトの特徴とコスト管理の概要

1.1 プロジェクトの概要

　私は，建設会社Ｓ社の情報システム部に所属している。そこで私は，５年ほど前からプロジェクト管理を主な業務としている。

　今回のプロジェクトは「現場検査業務を支援する生産管理システムの構築」である。具体的には，従来紙面の建設図面などを用いて行っていた検査業務をタブレット端末で行えるようにすることで生産性を向上させることを目的としている。また，システム導入に伴って，業務プロセスの改善を行うため，利用部門のニーズを正確に確認しないと，後々の工程で大きな手戻りの発生，ひいてはコストが増加するリスクがあることが特徴である。

　開発期間は2017年４月１日から2018年４月１日までの12か月間で，開発規模は120人月である。プロジェクトマネージャは私だ。

> これがコスト管理の対象となる総コストである。

1.2 コスト管理の特徴

　プロジェクトの立ち上げに先立ち，Ｓ社社長からは「協合他社のＴ社では，類似のプロジェクトでコストが計画値の倍近くに膨張したようである。Ｓ社はこのようにならないように」と強く念を押されている。また，コストが計画値を超過したらタイムリに報告するように指示されている。

　そこで私は，類似プロジェクトの平均値をもとに総工数を算出した後に，コスト管理に展開する段階でEVMを採用した。EVMであれば，進捗だけではなくコストに関してもタイムリに計画値と実績値の差を確認できるので，Ｓ社社長の要望に応えられると考えたからだ。

　また，プロジェクト完了時までの総コストについても，EACで時間の経過に沿ってタイムリに確認できると考えたからである。

> 総コストの予測ができることを明言している。題意に沿っているので Good ！

565

第5章 予算

2. コスト超過につながる兆候の管理とコスト超過の防止策

2.1 コスト超過につながる兆候の管理指標

　コスト管理はEVMで行うものの，これは，コストの実績値が計画値を超過していないかを検知する仕組みである。しかし，一般的に，コストの実績値が一旦計画値を超過すると，その対策は非常に難しい。そのため私は，コスト超過につながる兆候に対してもプロジェクトを計画する段階で管理指標を設定して，しっかりと確認することにした。具体的には，例えば要件定義フェーズにおいては以下のようなことを確認した。

- ・利用部門からの要求項目数が，計画時に見積もった数に対して余裕がない（割合が0.9以下であるか）
- ・開発メンバの残業時間が適切か（週当たり10時間以内か）
- ・レビューの指摘密度は適切か（4件±30%/ページ）

　もちろん，会議での発言内容や，メンバの報告内容も重要な兆候であるため注視していたが，もう少し定量的に管理したいと考えた私は，上記のような管理指標と目標範囲を定めて併せて管理することにしたのである。

2.2 コスト超過につながる兆候の把握

　そのような計画で始まったプロジェクトであったが，プロジェクトが開始してから1か月が経過したころ，兆候の把握のための管理指標が異常値を示した。2か月間で計画していた要件定義フェーズのレビューの中でのことである。

　異常値を示した管理指標は，レビューの指摘密度である。6.2件/ページとなり目標範囲から1件/ページ程度逸脱したのである。そこで私は，これをコスト超過につながる予兆と認識し，その原因の調査，分析を行うことにした。

　原因の調査には，レビューの指摘内容一覧を用いた。

> この問題の趣旨を正確に把握している。非常にいい。こういうのが良い！

> 計画段階でも"兆候"にアンテナを張っていて，加えて，この問題の趣旨でもあるそれ以外の部分にもアンテナを張っている。

> 予め想定していたリスクが顕在化したところに反応するのは，問題文からやや乖離しているように感じるかもしれないが，これはあくまでも"兆候のセンサー"として組み込んでいただけなので，特定のリスクが顕在化したわけではない。この後に，その原因を分析しないといけない点からも，"兆候のセンサー"としては問題ない。

> "いつ"を明確にしている。Good！

> コスト超過につながると懸念した根拠の説明がもう少し欲しいところ。

これをもとに，指摘理由ごとにパレート分析を行った結果，最も多い理由は利用部門の要求に対する漏れや誤解であった。そこで，次に私は，指摘された箇所を担当したメンバごとに同様の分析を行った結果，その多くを経験が浅いA君が担当していることが判明した。

以上より私は，兆候の原因をA君のヒアリング能力不足，および上司のサポート不足と特定した。

> 原因は，会議や日常に発見されるべきものと同じ。

2.3 コスト超過を防止する対策

兆候の原因は明らかになった。そこで私は対策を検討することにした。通常，このような場合，教育的な面からA君に再度ヒアリングを行ってもらっている。しかし，今回のプロジェクトにおいては，利用部門の要求を正確に反映できないと，プロジェクト全体に影響が及ぶ恐れがある。そこで私は，ベテランのB君に担当を交代し，再度ヒアリングを行ってもらうことにした。この対策により，コストは0.5人月程増となるが，十分予算の範囲内であり，後々の工程で大きな手戻りが発生して大幅にコストが増えないことへの予防処置であると考えれば妥当であると判断した。

> H13-2で準備していたのだろう「要員の交代」を上手に使っている。

また，万が一B君の再ヒアリングでも，レビューの結果が改善されない場合へのコンティンジェンシプランについても検討しなければならない。その場合，ヒアリング方法を改善（表計算ソフトなどを用いてプロトタイプを作成）するなどの対応だけではなく，進捗遅れを回復するための対策が必要となるため，S社社長にマネジメント予備を確保してもらうように依頼し，承認を得た。

> 予備費用を取っているという点で，しっかりと書くとさらに良い内容になっている。

> 新たなリスク，対策が功を奏しなかった場合について二重三重の配慮をしている点は高評価できる。

第5章　予算

3.　対策の実施状況と対策の評価，また今後の改善点

　対策を実施するにあたって，配慮したことが大きく分けて2点ある。

　まず1つは，A君の意欲が低下することによって，今後の工程での品質や生産性が低下しないような工夫である。具体的には，今回の要員交代は，プロジェクトの特徴にも起因しており，A君の能力が特別低いわけではないことをしっかりと説明し，理解を得た。また，ベテランのB君の再ヒアリングに同行し，OJTによって成長してくれることを期待していることを伝えた。

　次に，B君の負荷が過剰にならないような工夫である。事前にB君が現在抱えている作業の質と量を確認するとともに，本人やチームリーダーに再ヒアリングを実施可能であるか相談した。また，残業時間が過剰になっていないか，顔色が悪くないかなどに関しても，より注視することにした。

　そのような対策をしたうえで交代を行った結果，要件定義の最終レビューにおいて指摘密度は目標範囲内の4.1件／ページ程度に収まった。

　プロジェクト全体においても，要件定義の不備による大きな手戻りが発生することもなく無事に完了した点，その後A君の意欲も低下しなかった点を考えても，今回の対策は評価できると考えている。 ……〔評価はこれだけ。〕

　今後の改善については，開発メンバにタスクを割り振る際に，より慎重かつ客観的にスキルを把握することにした。具体的には，周囲の評判に頼りすぎるのではなく，過去のプロジェクトでの役割や，所得している資格や，合格している試験も十分考慮に入れることにする。

〔改善点は，今回の兆候を引き起こした原因を，次回からは除去するというものにしている。量的にも少なく感じられるかもしれないが，これぐらいでも問題ない。〕

以上

サンプル論文－２

第一章　私が携わったシステム開発プロジェクトの特徴とコスト管理の概要

1－1　プロジェクトの特徴

　私はA信託銀行（以下A行）のシステム開発部門に勤務している。A行では，この度，公的組織B（以下B組織）から外国資産の管理を受託することになった。受託の条件として，B組織から独自のコードの使用を含む特別対応を求められており，それに対する対応として，「外国資産管理システム」の改修を行うこととなり，私がそのプロジェクトのプロジェクトマネージャとして参画することになった。

　改修期間は2017年4月から2018年3月までの12か月で，工数は92人月，要員は最高で10人となる。受託開始時期が2018年4月からということは新聞やニュース等で報道されており，後ずれすることは絶対にできない。また，公的機関からの受託ということで，利益率は極めて低く，予算にも余裕はほとんどなかった。

> ここはコスト管理を定量的に表現するところ。Good！

1－2　コスト管理の概要

　今回のプロジェクトではスケジュールにもコストにも余裕がないため，具体的かつ詳細に工程と進捗状況を管理する必要がある。そこで私はWBSを作成し，週単位で進捗を管理できるようにした。WBSで明らかにした詳細な活動別に必要なコストを算出し，併せてEVMでコストも監視することにした。コスト超過を早期に検知し，また，最終的なコストを予測することができるからである。

> 問題文に正確に反応できている。Good！

　予算に余裕はなかったがリスクに備えなんとか5％の予備費も確保し，予算案は承認され，プロジェクトはスタートした。

> これも Good！

569

第5章　予算

第二章　コスト超過につながると懸念した兆候とその根拠，兆候の原因とコスト超過を防止する対策

2-1　コスト超過につながると懸念した兆候とその根拠

　プロジェクトがスタートし外部設計までは順調に進捗した。4か月が経過し，内部設計の終盤にさしかかるころ，進捗には問題がないが，メンバからC君の残業時間が徐々に増加しているとの報告があった。残業時間の増加はコスト超過に直結し，今は進捗には問題はないが，放置すればスケジュールにも影響し，納期が守れなくなる懸念もあった。過去のプロジェクトでの経験からも残業時間の増加はコスト超過の重大な兆候だと理解していた。私は至急，対策を講じる必要があると考えた。

2-2　兆候の原因とコスト超過を防止する対策

　そこで私はC君が所属するチームのチームリーダであるD主任にC君の状況についてヒアリングを行った。D主任によると，C君は過去に外国資産管理システムに関する開発に携わったことがなく，公的機関からの受託はなかなかないため，経験のためぜひと参画させたが，システムのイメージがつかめず苦労しているとのことであった。非常に意欲的で責任感も強いため，現状では残業で自分の担当分をこなしているとのことであった。

　私はD主任に対し，外国資産管理システムとそれを使った業務について集中したレクチャーをC君に行うように依頼した。研修の期間は3日間である。その間，二人が開発業務から離脱することは痛かったが，今後のコスト超過を考え，研修を行うことにした。これなら当該分は5%の予備費で賄えそうである。

　さらに，研修後のC君の状況についてもモニタリングする必要があると考え，D主任に週次で報告するよう依頼した。状況が改善していない場合には早期に別の対策をとる必要があるからである。研修前と比較し，週当た

りの残業時間の減少が5時間以上，進捗率の実績と予定との差が研修以前と同様（±3％以内）を管理指標とした。

二人が離脱している間にプロジェクト自体に遅延が発生しないよう，プロジェクトの進捗管理も必要である。こちらは日次で管理することにし，進捗率の実績と予定との差が，同じく±3％以内であること管理指標とした。

第5章　予算

第3章　対策の実施状況とその評価，今後の改善点
3－1　対策の実施状況とその評価

　3日間の研修はメンバの協力もあり，無事完了した。研修終了後にC君に面談したところ，「今まであやふやだったところがすっきりとした。システム内のテーブルのどういった項目が，業務でユーザが使用するどういった項目と紐づくのかがわかり，開発を進める上でのポイントがつかめた」といった感想が得られた。研修後のC君のパフォーマンスは飛躍的に向上し，事前に設定していた管理指標を達成することができた。また，研修期間中のプロジェクトの進捗具合についてもモニタリングの効果もあり，大きな遅延は見られなかった。

　その後，プロジェクトは予定通り完了し，無事，4月1日からの新規受託をスタートすることができた。順調な受託開始に対して，B組織からも安心して資産を預けることができるとのお声をいただいたことは大きく評価できるであろう。

> 原因が取り除けたことを具体的に示している。

3－2　今後の改善点

　今回は少額ながら予備費を確保していたこともあり，急遽，研修期間を設けることができた。しかし，残業時間の増加という兆候を見落としていた場合，コスト超過だけでなく，納期を守ることもできなくなる可能性もあった。メンバの経験や能力を事前によく把握し，研修や勉強会等が必要と思われる場合には，プロジェクトの開始前に対応することも今後の改善点として，視野に入れ検討する必要があるだろう。

以上

> これもよくある典型的なパターン。プロジェクトの成功こそ，評価の対象になるものだ。

> 今回の件を教訓にしている典型的なパターン。分量的にも200字程度なのでちょうどいい。

第6章 品質

ここでは"品質"にフォーカスした問題をまとめている。予測型（従来型）プロジェクトでも適応型プロジェクトでも，成果物の品質を確保することは基本中の基本になる。品質が悪いと，それをリカバリするために時間や費用もかかってしまう。特に，予測型（従来型）プロジェクトでは，納期遅延や予算超過の先行指標にもなる。

- **6.1** 基礎知識の確認
- **6.2** 午後Ⅱ 章別の対策
- **6.3** 午後Ⅰ 章別の対策
- **6.4** 午前Ⅱ 章別の対策
- **午後Ⅰ演習** 平成30年度　問2
- **午後Ⅱ演習** 平成29年度　問2

アクセスキー **e**
（小文字のイー）

（演習の続きはWebサイト※からダウンロード）

※ https://www.shoeisha.co.jp/book/present/9784798174914/ からダウンロードできます。詳しくは，ivページ「付録のダウンロード」をご覧ください。

第6章 品質

　本章で取り上げる問題を短時間で効率よく解答するには，プロセスベースの
PMBOK（第6版）で言うと「品質マネジメント」の知識が必要になる。原理・原則
ベースのPMBOK（第7版）では，「品質」（原理・原則）と「デリバリー」（パフォー
マンス領域）の品質や品質コストになる。完了の定義にも関連している。他には「測
定」（パフォーマンス領域）も関連している。品質を確保するために実施するレ
ビューやテストは，予測型（従来型）プロジェクトでも適応型プロジェクトでも本
質は変わらない。

【原理・原則】　　　　　　　　　　　　　　　　　　　PMBOK（第7版）

PMBOK（第7版）の原理原則	
価値	価値に焦点を当てること （→P.122「1.1.1 価値の実現」参照）
システム思考	システムの相互作用を認識し，評価し，対応すること
テーラリング	状況に基づいてテーラリングすること
複雑さ	複雑さに対処すること
適応力と回復力	適応力と回復力を持つこと
変革	想定した将来の状態を達成するために変革できるようにすること
スチュワードシップ	勤勉で，敬意を払い，面倒見の良いスチュワードであること
チーム	協働的なプロジェクト・チーム環境を構築すること
ステークホルダー	ステークホルダーと効果的に関わること
リーダーシップ	リーダーシップを示すこと
リスク	リスク対応を最適化すること
品質	プロセスと成果物に品質を組み込むこと

【パフォーマンス領域】　　　　　　　　　　　　　　　PMBOK（第7版）

PMBOK（第7版）のパフォーマンス領域	
ステークホルダー	ステークホルダー，ステークホルダー分析
チーム	プロジェクト・マネジャー，プロジェクトマネジメント・チーム，プロジェクト・チーム
開発アプローチとライフサイクル	成果物，開発アプローチ，ケイデンス，プロジェクト・フェーズ，プロジェクト・フェーズ，プロジェクト・ライフサイクル
計画	見積り，正確さ，精密さ，クラッシング，ファスト・トラッキング，予算
プロジェクト作業	入札文書，入札説明会，形式知，暗黙知
デリバリー	要求事項，WBS，完了の定義，品質，品質コスト
測定	メトリックス，ベースライン，ダッシュボード
不確かさ	不確かさ，曖昧さ，複雑さ，変動制，リスク

【プロセス】

PMBOK（第6版）

知識エリア	プロジェクトマネジメント・プロセス群				
	立上げプロセス群	計画プロセス群	実行プロセス群	監視・コントロール・プロセス群	終結プロセス群
プロジェクト統合マネジメント	プロジェクト憲章の作成	プロジェクトマネジメント計画書の作成	プロジェクト作業の指揮・マネジメント ／ プロジェクト知識のマネジメント	プロジェクト作業の監視・コントロール ／ 統合変更管理	プロジェクトやフェーズの終結
プロジェクト・スコープ・マネジメント		スコープ・マネジメントの計画 ／ 要求事項の収集 ／ スコープの定義 ／ WBSの作成		スコープの妥当性確認 ／ スコープのコントロール	
プロジェクト・スケジュール・マネジメント		スケジュール・マネジメントの計画 ／ アクティビティの定義 ／ アクティビティの順序設定 ／ アクティビティ所要期間の見積り ／ スケジュールの作成		スケジュールのコントロール	
プロジェクト・コスト・マネジメント		コスト・マネジメントの計画 ／ コストの見積り ／ 予算の設定		コストのコントロール	
プロジェクト品質マネジメント		品質マネジメントの計画	品質のマネジメント	品質のコントロール	
プロジェクト資源マネジメント		資源マネジメントの計画 ／ アクティビティ資源の見積り	資源の獲得 ／ チームの育成 ／ チームのマネジメント	資源のコントロール	
プロジェクト・コミュニケーション・マネジメント		コミュニケーション・マネジメントの計画	コミュニケーションのマネジメント	コミュニケーションの監視	
プロジェクト・ステークホルダー・マネジメント	ステークホルダーの特定	ステークホルダー・エンゲージメントの計画	ステークホルダー・エンゲージメントのマネジメント	ステークホルダー・エンゲージメントの監視	
プロジェクト・リスク・マネジメント		リスク・マネジメントの計画 ／ リスクの特定 ／ リスクの定性的分析 ／ リスクの定量的分析 ／ リスク対応の計画	リスク対応策の実行	リスクの監視	
プロジェクト調達マネジメント		調達マネジメントの計画	調達の実行	調達のコントロール	

序
0
1
2
3
4
5
6
7
基礎知識
午後I演習
午後II演習

第6章　品質

● PMBOK（第6版）のプロジェクト品質マネジメントとは？

PMBOK では「ステークホルダーの期待を満たすために，プロジェクトとプロダクトの品質要求事項の計画，マネジメント，およびコントロールに関する組織の品質方針を組み込むプロセスからなる。（PMBOK 第6版 P.24)」と定義されている。簡単に言うと，要求品質を守るための一連の管理である。プロジェクト立ち上げ時に与えられた，信頼性や性能，操作性などの品質目標を確保するために，品質を作り込むためのプロセスと品質を確認するプロセスを設定し，品質をコントロールする。

表1　プロジェクト品質マネジメントの各プロセス

プロセス	内　　容	主要なアウトプット
品質マネジメントの計画	当該マネジメント領域の他のプロセスのマネジメント方法や進め方を定義し文書化し，プロジェクトマネジメント計画書の補助計画書を作成する。具体的には，顧客の要求する品質を確保するために計画を立てるプロセスで，品質尺度を明確にしたレビュー計画及びテスト計画を立案する。	・品質マネジメント計画書 ・品質尺度
品質のマネジメント	品質マネジメント計画を実行に移すプロセス。「品質のコントロール」プロセスのデータや結果をもとに，プロジェクトの全体的な品質に関する状況をステークホルダーに示す。	品質報告書
品質のコントロール	顧客の要求する品質と実績報告（レビュー結果報告書やテスト結果報告書など）を比較して差異をチェックし，品質を検証する。	検証済み成果物

Column ▶ 品質目標

　筆者は，毎シーズン（春試験対策シーズン・秋試験対策シーズン）千本近くの論文を添削しているので，受験生がどの問題に対して，どういう勘違いをすることが多いのかを熟知している（それがベースで本書が出来上がっている）。

　各分野それぞれ"ひっかかるポイント"があるが，こと品質管理の問題で言うと，ずばり"品質目標"だ。最近の問題でも，平成23年度問2，平成21年度問2，平成19年度問3などで問われている。しかも，最初の設問アで問われているので，ここに違ったものを書いてしまうと，その後が，それに引きずられてガタガタになってしまうので，もう収拾がつかなくなる。

　ここで問われている"品質目標"とは，プロジェクトに"与えられた"ものであって，プロジェクトマネージャが考えて設定するものではない。通常は，ITストラテジストやユーザが，システム化構想や個別システム化計画を立案する時に，当該システムに必要となる"品質"について設定したものになる。だから，納期や予算と同じプロジェクトの成果目標の一つになるというわけだ。過去の問題でも，そうなっているだろう。

　そして具体的には，平成19年度問3の問題文に例示されているように，信頼性，性能，操作性などになる。ISO/IEC 9126の6つの品質特性のうちの3つである。他に機能性や保守性，移植性などもあるが，プロジェクト毎に運営面でいろいろ工夫しないといけないのは，信頼性や性能，操作性だろう。だから，それらを品質目標にすれば論文が書きやすい。

　あとは，この品質目標が設問イで「工夫しないといけなかった根拠」になるわけだから，具体的な評価項目と定量的な評価基準を書いておけば万全だ。但し，よくあるのが「レスポンス3秒以内」というケース。これでは，何の処理かわからない。読み手にイメージをしてもらうためには，「受注入力時の各種検索を実行した時のレスポンスが3秒以内」というような感じで，いつ誰が何をしている時のレスポンスなのかを，可能な限り明確にしておいた方がいいだろう。もちろん全ての性能目標を書く必要はない。代表的なものだけにフォーカスする。

　なお，平成19年度問3では，そのあたりを細かくわかりやすく書いてくれていたが，徐々に例示がなくなり，問題文の該当箇所も短くなってきている。平成23年度問2の問題を解く時に，平成19年度問3が頭に入っていればいいが，そうでなければ誤解が生まれやすくなる。筆者が，過去問題に目を通しておく必要性を説いている理由も，これでわかってもらえるのではないだろうか。この"品質目標"という言葉一つ取ってみても，3年分の問題に目を通したら理解も深まること間違いないからだ。

第6章　品質

6.1 基礎知識の確認

6.1.1 品質計画

　品質計画は，顧客の要求する品質を確保するために計画を立てるプロセスである。具体的には，顧客の求める要求品質を明確にし，それらを確保するためのレビュー計画，テスト計画を立案する一連のプロセスを指す。それらの結果は，品質マネジメント計画書としてまとめられ，プロジェクトマネジメント計画書に組み込まれる。

●品質に対する要求事項の確認

　システム開発プロジェクトで構築する情報システムの"要求品質"には，企画段階で決定され，プロジェクトが立ち上がった段階で，プロジェクトマネージャが引き継ぐものもある。その要求品質を引き継いだプロジェクトマネージャは，それ以後，「（守らなければならない）品質に対する要求事項」として，品質管理を計画し実施していく。

　こうしたプロジェクト開始前の企画段階で決定される要求品質は，最重要の機能要件，及び非機能要件（性能，信頼性，操作性など）として定量目標値として設定される。ここで，注意が必要なのは，こうした要求品質の決定に，原則としてプロジェクトマネージャは関与していないという点である。もちろん，企画段階に，その実現可能性を含めて相談されることもあり，その場合そのままプロジェクトマネージャに就任して，その品質確保に責任を持つ立場になることもあるが，そのあたりについてはケースバイケースになる。したがって，午後Ⅱの問題文でも，しっかりと読みこんで正確に把握するようにしよう。

●レビュー計画

　プロジェクトの成果物やその機能，品質に対する要求事項が達成できるかどうかを，作成されたドキュメントごとにレビュー実施の計画を立てる。具体的には，レビュー方法，レビューに要する工数や期間，レビュー参加者などを決めていく。

　レビュー方法については，それぞれの要求事項が達成されているかどうかをチェックリストなどで確認するのが基本だが，ドキュメントでは確認が困難な項目（応答時間や操作性など）については，プロトタイプや一部先行開発して，その評価方法を工夫しなければならない。また，レビューにかける工数を算出する場合や，レビューの進捗状況を管理するために，表2のような基準も決めておく。

表2　レビューの進捗状況を把握するための指標

評価項目	指　標
レビュー期間，工数，時間など	レビュー実績時間／成果物に対するレビューの目標時間
レビューの量	レビュー済みページ数／レビュー予定の総ページ数
レビューでの指摘件数	レビューでの指摘件数／経験値としての目標レビュー指摘件数

詳細は，「6.1.3 レビュー」参照

●テスト計画

　レビュー計画同様テスト計画も立案する。テストの内容等の詳細に関しては，システムアーキテクトなどが決定することになるが，どのようなテストを，いつ，どの時期に，誰が実施するのかはプロジェクトマネージャが決定する。

　レビューも同じだが，テストを実際に行うのはシステムアーキテクトやプログラマである。プロジェクトマネージャは，彼らが行うテストの進捗を確認し，あがってきたテスト結果報告書を見て品質を判断しなければならない。そのためのセンサー（表3のような管理項目や指標）を計画段階で組み込んでおかなければならない。

　ちなみに，午後Ⅰ問題では，問題文の中で計画した "テストの問題点" を答えさせるケースがある。このときの解答は「テストケース数不足」が多い。特に新規開発部分と改造部分のテストケース数の違いの部分である。

表3　テストの進捗状況を把握するための指標

管理項目	指　標
テスト期間，工数，時間など	テスト実績時間／テストの目標時間
テスト項目消化件数	実績数／テスト項目予定数
テスト網羅性（カバレッジ，カバー率）	実行ステートメント数／全ステートメント数，実行分岐方向数／全分岐方向数
テスト密度	テスト項目数／規模（総ステップ数）
不良件数	不良件数／k ステップ当たりの不良予測数
信頼度成長曲線による確認	標準的な信頼度成長曲線と実際のバグ発見累積曲線とを比較
解決不良件数	解決不良件数／発見不良件数

第6章　品質

過去に午後Ⅰで出題された設問

（1）レビュー計画時の工夫

　レビューの計画立案時の工夫として，①～⑤では外部設計工程のレビューを，⑥～⑦では内部設計工程でのレビューをピックアップしている。

①プロトタイピングの利用

　外部設計工程で行う工夫として問われることが多いのが，"プロトタイプ"の利用である。

●具体的なイメージを固めやすい（H20 問 3 設問 3 （3））

　K課長（PM）が，プロトタイピングによって外部設計をスムーズに効率良く進めることができると考えた理由は，具体的なイメージを固めやすいからである（問題文中に"具体的なイメージはまだ固まっていない"という記述がある）。

●早めに確認できる，妥当性を確認できる（H21 問 2 設問 1 （3））

　外部設計でプロトタイピングを実施することを要求仕様書に追加し，業務部のメンバが画面や帳票などをプロトタイプを用いて早めに確認すること，妥当性を確認することによって仕様を固め，後工程での手戻りが起きないようにする。

●提案をベースに仕様を固める（H28 問 3 設問 2 （4））

　現場の担当者は，現行の手作業の業務プロセスは当然理解しているが，システム化した処理方法のイメージが十分に持てておらず，詳細作業手順，作業条件，例外作業の処理方法などの理解が不十分だった。そのため，彼らの意見をそのまま取り入れると，優位性がなかったり，不明瞭で整合性の欠ける設計になる。彼らの意見を生かしつつ，こちらからの提案をベースに仕様を固めるために，次のような工夫をした。

- システム化した処理のデモンストレーションを行う。あるいは画面を見せる
- 詳細作業手順が分かるプロトタイプシステムを作成する

②専門家によるレビュー（H23 問 1 設問 2 （3））

　パッケージの新バージョン等，プロジェクト内に経験者がいない場合，プロジェクトメンバのレビューに加えて，当該パッケージの新バージョンに精通した（当該パッケージベンダ等）専門家のレビューも必要になる。

580

③設計書の事前配布（H21 問 4 設問 2 (2)）

　レビューの手法は，チームによるミーティング形式のレビューを基本とした。レビューについては準備段階の活動を重視して，レビューの時間を設計書の理解に浪費させないルールとした。具体的には，レビュー対象となる設計書を事前に提示し，目を通しておいてもらうこととした。

④ウォークスルーの実施（H24 問 1 設問 1 (1)）

　レビューをチームごとで行い，そのレビュー結果を共有する場合，効率を重視したいのでレビュー結果は電子メールで伝達する。

　但し，レビュー結果を電子メールで伝達するだけではチーム間の連携が不足し，他チームが担当する業務とのインタフェース部分の設計内容の確認が不十分になったり，整合性が取れなかったりする可能性がある。そこで，やはり何度かは関係者が集ってウォークスルーを実施するようにした方がいい。

⑤責任者による最終確認会の開催（H24 問 1 設問 1 (2), (3)）

　外部設計のレビューには，外部設計の内容及びレビュー結果に関して組織として責任をとってもらうために，当該部門の責任者を交えた外部設計の最終確認会を，内部設計の開始前に開催することにした（それまでのウォークスルーでは，業務を熟知している担当者が中心で，責任者ではないので）。

⑥外部設計書と内部設計書の対応関係の確認（H29 問 3 設問 4）

　以前，内部設計工程において，既存の内部設計書の改訂箇所及び新規作成箇所の特定に漏れが発生していた。そこで今回は，成果物の品質向上を図るために，今後の改修案件の内部設計工程において，外部設計書と内部設計書の対応関係の確認状況をレビューする必要がある。

⑦保守性（H25 問 4 設問 3 (4)）

　保守性を確保するために，保守性を重点ポイントとして，単体テスト工程でコードレビューを実施する。加えて，単体テスト時のコードレビューだけでは，問題検知のタイミングが遅くなるおそれがあるので，詳細設計フェーズでも保守性に関するレビューを行う。

第6章　品質

(2) テスト計画

テストの計画を立案する場合の設問をまとめた。

①テストの種類（H29 問 3 設問 2 (2)）

ホワイトボックステストとブラックボックステストを代入する穴埋め問題。それぞれの違いを知っていさえすれば解答できる簡単な設問

②リグレッションテスト（R03 問 3 設問 3 (2)）

既存システムの品質が良すぎる場合，リグレッションテストの必要性が強調されることがある。既存システムに対して「処理の正しさ（以下，正確性という）と処理性能の向上を重点目標として構築され，業務の効率化に寄与している。業務の効率化は L 社内で高く評価されているだけでなく，生産性の向上による戦略的な価格設定や新たなサービスの提供を可能にして，CS 向上にもつながっている」という感じでべた褒めしている場合，現状の正確性と処理性能を維持するために（その観点から）しっかりとリグレッションテストで確認しなければならない。

③静的プログラム解析ツールの活用（H23 問 4 設問 1 (3)）

プログラム製造の工程で静的プログラム解析ツール（プログラムを実行することなくソースコードを解析して，欠陥のおそれ，脆弱性，開発標準に対する違反などを指摘するツール）を導入する。単体テスト前に実行して，欠陥を早期に摘出することと，処理結果や性能には影響しないのでテストでは検出しにくい保守性に関する欠陥やセキュリティに関する欠陥を摘出する。

④ 1 次開発と 2 次開発に分けた場合（H23 問 3 設問 1 (3)）

2 次開発のプログラム製造・単体テストは，1 次開発の結合テスト完了後の方がいい。その理由は，1 次開発の障害に対応するための手戻りが多発したり，仕様変更が発生して単体テストのやり直しが必要となったりするリスクがあるからだ。

⑤結合テストの準備（H29 問 3 設問 1 (1)）

結合テスト計画は内部設計工程で作成し，結合テストケースは単体テスト完了後に，内部設計書に基づき作成する。これは，内部設計後（の単体テスト時）に発見した設計内容の誤りを修正した内部設計書を利用して手戻りを減らすためである。問題文中に，単体テストで内部設計工程に組み込まれた不具合が内部設計工程で摘出できなかったような記述の有無（設計内容誤りの見逃し等）があるかどうかを確認する。

⑥課題管理表を活用してテストケースを作成する（H28 問 3 設問 3（1））

テストケースを作成する場合には，設計書のレビューで出た課題管理表を利用するといい。テスト実施時に，仕様の確定に手間取った箇所が正しく実現されていることの確認が可能になるからだ。

⑦本番環境の利用

通常は総合テストあたりから利用する本番環境を，結合テストから利用する場合がある。結合テストが当初計画より伸びた場合などだ。

●メリット（H23 問 3 設問 2（3））

早い段階で総合テスト環境を使って結合テストを行うことで，総合テストの環境の不具合が事前に摘出できたり，総合テスト環境の設定内容の妥当性を事前に確認できたりするメリットがある。

●問題文中に理由がある（H27 問 2 設問 2（2））

元々本番機の導入は総合テストからが標準であったが，結合テスト工程から導入して利用できるようにした。

その理由が問われている場合は，問題文中に理由が書いていないかを探し出す。このケースの場合，「過去の経験から」という記載があり，それを辿っていくと（「過去に…」という表現を探してみると），「稼働直前の総合テストで性能に関する問題が発見され，稼働が遅れたことがあった」という記述があった。そこから，性能の検証を行うため，あるいは非機能要件の検証を行うためという点が理由だと判断できる。

⑧分析ツールの利用（H20 問 4 設問 2（1））

現状調査では，複雑度などを数値化できる分析ツールを用いて，部門システムのソフトウェアの複雑度の分析，及び度重なる保守を経て現在は未使用になっているプログラム（以下，デッドプログラムという）の分析を行う。

複雑度の高いプログラムについては，システム部内の開発標準に従ってプログラム構造を見直し，2 次開発で修正することにした。また，この分析ツールを用いて，修正後のプログラムを再度分析し，修正による効果が得られていることを確認することにした。（数値化できるので）改善状況を定量的，すなわち客観的に把握することができる。

第6章　品質

⑨本番データを使う

本番データ（実際のデータ）を使ってテストをすることがある。特に，総合テストで使用する場合が多いが，単体テストでも使用することがある。いずれにせよ，これもメリットとデメリットがあるので，そこをしっかり押さえておきたい。

●メリット①（H22 問 3 設問 3（1））

総合テストの後半から，テストデータとしてデータ移行で作成した新システムのデータを使用することにした。本番環境に近いデータでテストができ，テストデータが充実する。テストデータを充実させることによって，サービス開始後に安定したサービスを提供できると考えた。

●メリット②（H23 問 3 設問 1（1））

総合テストで，現行システムの入力データ数日分（1 日当たり数千件）をすべて新システムに手入力した場合，入力ミスによる手戻りが発生し，総合テストが予定どおりに進まず混乱が生じるリスクがある。

そのため，現行システムの入力データを新システム用の入力データに変換するツールを開発して利用する。

●デメリット（H26 問 3 設問 4（1））

総合テストで本番データによる現システムとの確認を徹底する。但し，新システムが現システムの全ての仕様を網羅しているという保証は得られないと考えた。その理由は次のようなものである。

・本番データが現システムの全テストケースをカバーしているわけではないから

この点に関しては，運用の方法として，移行後も一連の月次処理を行う 1 か月の間，現システムと新システムを並行運用することにした。

⑩隠さない（H24 問 4 設問 2（2））

以前，「遅れる可能性についてかなり前から察知していることが多かった。しかし，"改修完了予定日に間に合わせたい"，"他チームに迷惑をかけたくない" という思いから改修完了予定日の直前まで頑張って，それでも間に合わない場合に見直しを連絡していた。」ということがあった。

それではまずいので，当初設定した改修完了予定日に遅れることが明らかになった場合には，プロジェクト全体への影響を最小限にするように，適切に対処する。具体的には，見通しの変化を速やかに通知することが必要になる。

⑪構成管理（H20 問 4 設問 3（2），（3））

本番稼働中のプログラムに障害が起きた場合に，開発中のプログラムにその取込みを行う手続きなどの構成管理手順及びツールが十分整理されていない不備があると，開発中のプログラムへの本番バグ修正の取込み漏れや，プログラムの版の相違という問題が発生するリスクがある。

そこで，そうした問題が起きないように，手順や体制面での問題点を分析し，ツールを用いた適正な構成管理の実施や，構成管理の責任者の設置など，構成管理手順を適正化する施策を講じる必要がある。

⑫システムに求められる内部統制（H19 問 1 設問 1，2（1））

会計関連システムの内部統制確保のために，次のように考える。

- システム変更プロセス：変更管理プロセスを明確にし，適切な管理者に開発実施の承認を得ること。そして，変更の記録を明確に残す必要がある
- 安全性：保守に必要なアクセス権限だけを与える
- 正当性：人手による改ざんや人為的ミスが入らないようにする

（3）現行システムとの関係

現行システムの改修（大規模改修）や，現行システムを参考もしくは流用して新規システムを開発する場合，現行システムの定期的な改修プロジェクトと今回のシステム開発プロジェクトの関係を意識して計画しなければならない。

①現行システムの凍結を行う（H23 問 3 設問 1（2））

システムを更改する場合，定期的に実施している現行システムの機能追加を凍結し，その後の機能追加は新システムの稼働後に対応することによって，現行機能との仕様の相違が発生したり，現行機能が保証できなかったりするリスクを軽減する。

②現行システムの方に不具合が発生した場合（→ P.613）

現行システムに不具合や変更が発生した場合の対応も決めておく必要がある。その部分に関しては「6.1.7　品質不良の事後対策」のところにまとめている。そちらを参照してほしい。

第6章 品質

6.1.2 品質管理

目　的：計画した品質を保証する
手　順：①モニタリング
　　　　②問題が発見された場合，原因分析
　　　　③適切な対策を指示する
留意点：①不具合をできるだけ早く検知する
　　　　②多くの対応策を持っておく

　プロジェクトマネージャは，チームリーダやプロジェクトメンバが行う品質確保のための行動をチェックする立場にある。その一連の流れは以下のようになる。

①レビューやテスト計画の妥当性をチェックする。
②レビュー，テスト結果などの報告書から進捗状況を把握する。
　（必要だと判断した場合，レビューやテストに直接参加することもある）
③予め設定していた評価基準や終了判定基準から問題点をピックアップする。
④問題点の原因を分析する。
⑤体制見直し，要員交代，顧客との調整などが必要だと判断した場合は，自らが行う。
⑥テスト方法改善などは，チームリーダへ改善を指示する。

●モニタリング

　品質計画で設計した内容に基づいて，レビューやテストが順調に進んでいるかどうかをチェックする。プロジェクトマネージャは，レビューやテストを自らがメインになって行うのではなく，チームリーダやプロジェクトメンバが行っているテストなどの結果報告を受けて，報告内容から品質を判断する立場にある。そのスタンスが（プロジェクトによって微妙に異なるが）原則である。これを**モニタリング**という。

　このときに必要になるのが，管理帳票の見方や，レビューやテストの妥当性をチェックするスキルである。もちろん，レビューやテスト手法に関する知識も必須である。これは，チームリーダに対して適切な指導ができなければならないためである。

586

●品質不良の（早期）発見

品質不良を早期に発見するため品質の評価基準を組み込んで管理する。このとき
に良く使われるのが、「管理図」や「バグの成長曲線（信頼度成長曲線）」である。定
量的に管理し、許容範囲（管理上限と下限）を超えるものに対して（問題が発生し
た可能性があるので）、状況確認（そのような数値になった原因分析）を行う。

原因分析は、根本的問題を追及するためにも必要だが、どうしてそういう問題の
数値になったのかを（品質不良ではないかもしれないケースも含めて）判断するた
めに実施する。実は、この原因分析が、この後のプロジェクトマネージャの意思決
定を支える重要な判断材料になるので、特に重要なポイントになる。午後Ⅱで問わ
れた場合、見落とさないようにしよう。また、原因分析によく利用されるツールが
QC 七つ道具（→「6.1.6 品質管理ツール」参照）である。特にパレート図。要員別
に不具合の発生状況を分析するなど原因を特定するときに有効である。

●品質不良の原因と予防的対策（リスク管理）

品質不良を発生させる要因（リスク）とそれらに対する予防的対策（リスク管理）には
表4のようなものがある。これらは、午後Ⅰ試験の解答を早く見つけるためにも、午後
Ⅱ論文を書き上げるためにも必要なところである。よって、しっかりと暗記しておこう。

表4　品質不良予防的対策

	問題点	根本的な原因	予防的対策
要求品質	機能性不良	・要員のヒアリング能力の欠如 ・ユーザの説明能力不足	・ほかの類似システムの評価 ・パッケージのデモ、プロトタイプによる確認など、 　イメージしやすい形で確認する
	信頼性不良	・ハードウェアの影響 ・運用面の考慮不足 ・障害対応への配慮不足 ・不具合（バグ）	・新製品や新技術よりも、熟練した製品、技術を採用する ・障害対応を含む運用面を考慮した設計 　（ISMS などの基準を参考に） ・運用設計書の作成 ・レビューやテスト期間を十分にとったスケジュールにする
	使用性不良	・ユーザ確認時の配慮不足	・パッケージのデモ、プロトタイプによる確認など、 　イメージしやすい形で確認する ・既存システムの操作性を考慮 　（画面レイアウトやメッセージ、入力方法の統一） ・誤操作の排除 　（運用管理システムによる自動化など）
	効率性不良	・設計ミス ・負荷テストの不足	・事前に効果的な負荷テストを行う ・ベンチマークの利用 ・シミュレーション
	保守性不良	・開発標準がない ・標準化を意識していない	・開発標準の作成 ・共通部分のモジュール化 ・変更管理が容易なライブラリ化 ・ドキュメントの整備
	移植性不良	・設計段階での考慮不足	・移植性を考慮したアーキテクチャを採用 　（オープンシステム、Java） ・ドキュメントの充実

第6章 品質

6.1.3 レビュー　FE

　作成したドキュメントに不備がないかどうかを確認する作業のことをレビューという。システム開発の品質確保を考えた場合，後述する各種の"テスト"もあるが，ウォータフォール型のシステム開発では，プロジェクトが進んだ下流工程で実施するテストよりも，上流部分で実施するレビューによって不具合を除去して，手戻りを少なくすることが求められる。スケジュール的にもコスト的にもその方がメリットが大きいからだ。

●レビューの種類

　そんなレビューの代表的な技法として，インスペクション，ウォークスルー，ラウンドロビンがある。午前問題の範囲だが，基礎知識として覚えておこう。

インスペクション

　レビュー進行の訓練を受けたモデレータと呼ばれるエラー管理の責任者が，レビューア（各工程の成果物に対する評価能力をもった人々で，インスペクタと呼ばれている）を選出し，会議形式でエラーの収集・分析を行い，解決策まで決定する。モデレータ，インスペクタなど，あらかじめ参加者の役割が決まっている点に特徴がある。モデレータ（レビュー進行の訓練を受けた専門家）は，必ずしも開発チームから選出する必要はないが，処置や修正の確認は確実に行うことができなければならない。解決策の検討を行う点がウォークスルーと最も異なる点である。

ウォークスルー

　こちらは開発者自身が参加メンバの選定も含め，自主的に会議を招集し，エラーの検出を行う。管理者が出席すると，その管理者がメンバの評価につなげてしまうのではないかと，メンバがお互いに遠慮して，徹底したエラーの追及を行わなかったり，エラーを隠すなどの問題が発生する可能性がある。そのため，原則管理者は出席しない。また，問題点の発見が目的であるため，解決策の検討までは行わない（参加者が修正方法の検討に意識が向かい，エラーの検出に影響すると考えられるため）。

ラウンドロビン

　役割分担をあらかじめ決めるのはインスペクションと同じだが，ラウンドロビン方式では，参加者全員が，責任者を持回りで順番にレビュー責任者を務めながらレビューを実施する。そのため，参加者全員の参画意欲が高まる。

●レビューの品質管理指標

この例では,プログラミング工程でも,コードレビューを採用することで単体テストを含むテスト工程に欠陥を持ち越さないようにしている。

ここで,品質を判断する"基準値"を設定するが,その値は,所属企業に「開発標準」や「プロジェクト標準」があればその数字を使い,それが無い場合は過去の類似プロジェクトを参考にして決定する。もちろん開発標準がある場合でも,実効性を高めるために,プロジェクトの特徴に配慮して,最適なものに設定しなければならない。

また,そうした基準値を基に"品質合格"の判定基準を設ける。そのまま「基準値以上(以下)」とすることもあるが,一概に多けりゃいいとか,少なかったからよかったということでもないので,図のような「許容範囲」を設定するなどして判断することが多い。

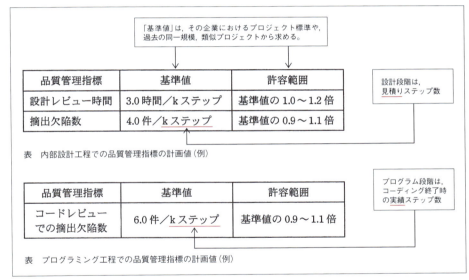

図1 レビューの品質管理指標(基本情報 平成25年春 午後問題より)

●実績との比較で判定する

後は実際に行ったレビューの時間や摘出した指摘件数を,許容範囲と比較して品質を判断し,レビューを終了するのか,あるいは原因を追究して問題を除去したうえで再レビューするのかを決める。許容範囲を超えた時の考え方は,後述する単体テストの時と同じ考え方でいいだろう。

第6章　品質

チーム	分担総規模 (kステップ)	設計レビュー時間 (時間)	摘出欠陥数 (件)	kステップ当たりの レビュー時間 (3.0~3.6)		kステップ当たりの 摘出欠陥数 (3.6~4.4)		
P	40	112	168	2.8	×	4.2	○	要確認
Q	25	88	88	3.52	○	3.52	×	要確認
R	20	50	70	2.5	×	3.5	×	要確認
S	15	45	60	3	○	4	○	合格！

図2　各チームの分担総規模及び内部設計工程終了時点の品質管理指標の実績値（例）
　　　（基本情報　平成25年春　午後問題より）

●セルフレビューとペアレビュー

　プログラムのソースコードレビューを行う場合，作成者本人が実施するセルフレビューと，作成者ともう一人別の人がペアを組んで行うペアレビューに分けて実施することがある。これは単体テストでも同じだ。平成25年春期の基本情報技術者試験の午後の問題では，ソースコードレビューをこの二つに分けて実施している例を挙げている。

　最初にセルフレビューを実施し，セルフレビューの終了後にペアレビューを実施するという二段階で不具合除去を狙っている。この時，セルフレビューでは，基準値の許容範囲を"基準値の0.4~0.6倍"（図の例だと，1kステップ当たり2.4件~3.6件）と少なく設定しておく。これは，作成者本人によるレビューでは，"正しいと思い込んでいるが実際には誤りだった"という欠陥が検出できないなどの理由からである。セルフレビューである程度欠陥は摘出できるけど，やはりその終了後にペアレビュー等，作成者本人以外の品質チェックも必要なことが理解できる。その後ペアレビューを実施する際には，セルフレビューで摘出した欠陥摘出件数を差し引いて再度許容範囲を設ける。

過去に午後Ⅰで出題された設問

（1）レビューで検出した欠陥に関して（H21問4 設問2（1），（3））

レビューに関しては，本質的な欠陥だけに注目してレビューが実施でき，欠陥が十分に摘出されるよう（当該工程で摘出すべき欠陥が十分に摘出されるよう），誤字，脱字，表記ルール違反は，欠陥としてカウントしないことが望ましい。

そこで，レビューアが誤字，脱字，表記ルール違反に注意を奪われずに欠陥の摘出に集中できるように，レビューを実施する前に，誤字，脱字，表記ルール違反を除去してからレビューに持ち込むルールにした。

（2）表を見て許容範囲を逸脱している部分を見つける
　　（H21問4 設問3（1））

下図のように品質管理基準と実績値が書いているケースでは，実績値のいずれかが許容範囲を逸脱していることが多い。そして，その原因が問題文に書いてあったり，推測させたりする。したがって，まずは下図のように実績値を基準値と比較できるように計算して許容範囲を比較する。すると今回のケースでは機能B開発チームの摘出欠陥数の値が許容範囲を逸脱している。

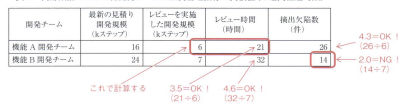

図3　問題文中の図（一部加筆）

第6章　品質

（3）品質管理指標の許容範囲内に無かった時の反応

品質管理基準において，許容範囲から逸脱している場合には，その理由を報告書に記載する。そして，その理由が妥当かどうかを判断する。

①過去の実績を確認する（H29問2設問4（1））

これまでは，品質管理基準の基準値内で妥当だと判断されていたのに，今回に限って大きく下回っているという矛盾がある場合は疑ってかかる。

②判断が間違っているケース（H24問1設問2（1））

リーダは「対象業務を熟知したメンバが作成に関与したので，指摘も少なく短時間でレビューできたものと評価し，特段の対策は不要」と報告してきたが，PMは短時間でレビューできた理由の分析が不足していると考えた。その理由は，今回のケースは，各成果物の難易度に差はなく，同じ基準値を適用しているからだ（問題文中に記載あり）。但し，結果的には，類似する画面が多かったので，複数の画面をまとめてレビューできたからという理由で問題なしと判断された。

③再レビューによる品質の検証（H21問4設問3（2））

摘出欠陥数が許容範囲を逸脱していたので，品質に問題が無いかどうか検証した。該当チームのリーダにヒアリングをしたところ，"一部のメンバがレビューに関するルールを守っていないので，誤字，脱字，表記ルール違反が多く，レビューの時間は掛かっているが，欠陥の摘出は不十分である"とのことであった。そこで，該当する内部設計書について再レビューによる品質の検証を指示した。

④品質には問題がないが，レビューのルールを守らなかったケース
　→レビューの効率が悪くなるケース（H24問1設問2（2））

帳票定義書については，業務を熟知した営業部のレビューワが多忙で，ほとんどのレビューに都度異なる代役が参加したので，その場で意思決定ができなかった。営業部での意見の調整後，再度レビューが必要になったのでレビューへの投入時間が増えてしまった。また，意見を調整した結果，取下げとなった指摘も誤って件数に含めていた。それを除けば許容範囲内である。指摘件数の再集計及び品質評価のやり直しを行った結果，設計品質に問題が無いことが確認できた。

これは，レビューそのものに問題はないが，開発標準のレビューのルールが守られずにこのような事態を招いたケースである。外部設計でのレビューの効率を向上させるためにも，ルールを守るよう徹底してもらいたいと申し入れた。

592

6.1.4 テスト　FE

上流工程において，設計書に対して行う品質チェックがレビューであることは前項で説明したが，下流工程において，完成した情報システム（プログラムやその集合体）に対して行う品質チェックが，ここで説明するテストである。

(1) 様々なテスト

一言でテストといっても，このように様々なテストがある。ここでは，そうしたテストの種類について説明する。

開発工程による分類

単体テスト，結合テスト，総合テスト，受入れテスト，モジュールテスト，モジュール結合テスト，システムテスト，フィールドテストなど

種類による分類

機能テスト，性能テスト，負荷テスト，回復テスト，信頼性テスト，UIテスト，回帰テスト（レグレッションテスト）など

テストの進め方による分類

ビッグバンテスト，トップダウンテスト，ボトムアップテスト，サンドイッチテストなど

●単体テスト，モジュールテスト

プログラム単体，関数単体など，個々にテストできる最小単位のテスト。

テストカバレージ分析ツール

単体テストのホワイトボックステストにおいて，カバレージ（＝網羅率）を測定するのに使うツール。テストそのものの品質を定量的に判断することができる。

リファクタリング

プログラムの外的振る舞いを保ったままプログラムの理解や修正が簡単になるように内部構造を改善すること。サイクロマティック複雑度が大きい時の改善のためや，オブジェクト指向設計におけるコードの再利用性を高めるためなどに行われる。リファクタリングにこだわりすぎると開発生産性が低下することが懸念されるが，システムの保守性を高めることができるので，導入後に継続的かつ定期的に"改修"が発生するようなケースに有効である。

593

●モジュール結合テスト

単体テストを終えた各モジュールを結合して行うテスト。大別すると，「非増加（一斉結合）テスト」と「増加（順次増加結合）テスト」の二つになる。前者はビッグバンテストであり，後者は，その進め方によって，トップダウンテスト，ボトムアップテスト，サンドイッチテストの3種類に分類される。

ビッグバンテスト

ビッグバンテストとは，単体テスト済みのモジュールを一度に結合してテストする方法である。一斉に結合させるため，テストモジュールの作成負荷が少ないのが特徴。しかし，増加テストに比べるとエラーの発見が遅くなることがある。

トップダウンテスト

トップダウンテストは，上位のモジュールから順次テストを行う方法である。下位モジュールが完成していない中でテストをしなければならない場合には，「スタブ」というモジュールを利用してテストを進めていく（図4）。

ボトムアップテスト

トップダウンテストとは逆に，下位のモジュールからテストを行う方法がボトムアップテストである。早くからテストができる点や，テストモジュールの作成が必要という特徴はトップダウンテストと同じ。また，未完成の上位モジュールの代わりに作成するテストモジュールを「ドライバ」という（図5）。

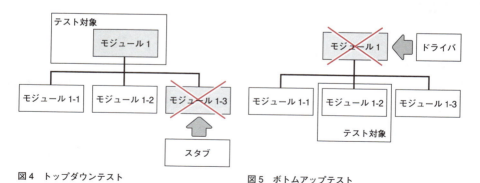

図4　トップダウンテスト　　図5　ボトムアップテスト

サンドイッチテスト

サンドイッチテストは，トップダウンとボトムアップの両方向からテストを進める方法である。

●システムテスト

　システムテストは，要求定義で合意された機能，性能，信頼性，障害対策，使いやすさなどを確認するテストである。システムテストで行うテストには，次のようなものがある。

機能テスト

　要求仕様書どおりかどうかを確認。ブラックボックステストの方法でテストケースを設定。

性能テスト

　レスポンスタイム，スループットのテスト。

負荷テスト

　通常よりも大きな負荷をかけて，システムが正常に作動するかどうか，性能が確保されるかどうかをテスト。

回復テスト

　プログラムエラー，データベース破壊，ハードウェア障害など想定される障害を実際に起こし，そこから回復力をテストする。

信頼性テスト

　システムとしての稼働率をチェック。

UI テスト（ユーザインタフェーステスト）

　ユーザにとっての使いやすさを確認。

●回帰テスト（レグレッションテスト）

　プログラムを変更したり，バグを修正したりした時に，それによって想定外の影響が出ていないかどうか，デグレード（以前よりも品質が悪化すること）が発生していないかどうかを確認するテスト。修正箇所だけのテストではなく，他の正常に動作していて手を加えていない部分に対しても実施する。プログラムを変更したり，バグを修正したりした時には必須のテストである。しかし，修正のたびに修正箇所以外の広範囲にわたる試験を手作業で行っていてはかなりの負荷がかかってしまう。効率よく効果的な回帰テストを行うには "テスト自動化ツール" の適用を検討する。

第6章　品質

（2）テストケース設計技法

　テストを成功させるためにはテスト計画が重要になる。テスト計画では，いかに効果的に，すなわち最小限の労力で最大の効果を出せるかが重要なポイントになるわけだが，そうした効果的なテスト計画を立案する上で，必要になる知識が，ここで説明するテストケース設計技法である。テストケース設計技法には，ブラックボックステストとホワイトボックステストがある。

ブラックボックステスト
同値分割 限界値分析 原因結果グラフ（因果グラフ） エラー推測

ホワイトボックステスト
命令網羅 分岐網羅（判定条件網羅） 条件網羅 分岐／条件網羅 複数条件網羅

図6　テストケース設計技法の分類

●ブラックボックステスト

　ブラックボックステストとは，プログラムの中のロジックについては"見えない箱"＝ブラックボックスとして，外部仕様どおりであるかどうかだけに的を絞ったテストケースを設計する技法である。

　プログラムの外部仕様に基づいてテストを行うため，作成者でなくても実施できるテストで，部下が作成したプログラムの検証や，顧客が行う受入テストは，原則，ブラックボックステストになる。

　ブラックボックステストには，同値分割，限界値分析，原因結果グラフ，エラー推測などがある。

同値分割

　同値分割は，入力値の範囲を幾つかのクラスに分割し，"クラスごとの代表値"をテスト値とする。例えば，日付の入力チェックにおいて，5月だけが正しいデータであることをテストしたい場合，同値分割では，4/10，5/10，6/10の三つのデータを作成する。そうして三つのテストケースのうち，5/10だけが正しければテストOKとする。日付チェックのテストや改ページチェックのテストで使うと，境界線の不具合は発見できない。

限界値分析

　限界値分析は，"クラスごとの代表値"ではなくて，"クラスごとの境界値"をテスト値とする。具体的には，①上限値，②上限を一つ超えた値，③下限値，④下限を一つ超えた値をテストケースとして採用する。同様に，日付の入力チェックにおいて，5月だけが正しいデータであることをテストしたい場合，限界値分析では，4/30，5/1，5/31，6/1の四つのデータを作成する。限界値分析では，"＜"

と"≦"の誤りを発見できるため，改ページ動作や，レンジチェック（範囲チェック）が必要なときには必須である。ほかに，"0"と"1"や"12/31"と"99/99"の最小値・最大値データもチェックする方が良い。

原因結果グラフ

入力（原因）と出力（結果）の関係をグラフで表現したもの。入力，出力が"節"で，因果関係のある"節"間が"枝"で結ばれている。更に"節"間の論理的な関係（AND，OR，NOT）を付記していく。原因結果グラフは決定表に展開することができる。

エラー推測

エラーの発生確率の高いテストケースを推測してテスト値とする。

Column ▶ サイクロマティック複雑度

平成30年春の応用情報技術者試験の午後問題に，サイクロマティック複雑度をテーマにした問題が出題されている。サイクロマティック複雑度とは，プログラムの複雑度を示す指標のひとつで，プログラムの行数ではなく，条件分岐やその経路だけに着眼して複雑度を考えるものになる。

順次処理をひとつの処理として集約し，次のような計算式で複雑度を表している。なお分岐がゼロで順次処理だけで構成されたプログラムが最もシンプルで"C = 1（最小）"になる（値が小さい方がシンプルで良いと判断される）。

C（サイクロマティック複雑度）＝ L（リンクの数）－ N（ノードの数）＋ 2

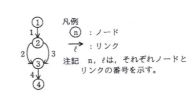

図1　プログラムの制御構造を有向グラフで表した例

平成30年春　応用情報技術者試験の午後問題より引用

●ホワイトボックステスト

ホワイトボックステストは,「**内部仕様に基づいたテストケース**」を設計し,通常はプログラム作成者が行う単体テストにて使われる技法で,次のようなものがある。

命令網羅

命令網羅は,全ての"**命令**"を1回通ればOKとするテストケース設計技法である。右図の例だと,**命令1,命令2,命令3**を実行できればいいので,どんなに複雑な条件であろうと |a=0, b=0| のテストパターンひとつでいい。

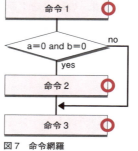

図7 命令網羅

テストケース
a=0, b=0

分岐網羅(判定条件網羅)

命令網羅では考慮しなかった"**分岐**"に着眼したテストケースである。**全ての分岐経路**を網羅させればいいので,分岐条件の数に関わらず,その条件が一つ(例:x=0)でも,右図のように複数あっても,たとえそれが100だろうが,経路が2つなら通常は2つのテストケースになる。

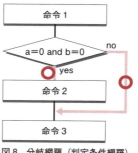

図8 分岐網羅(判定条件網羅)

テストケース

a=0, b=0
と
{ a=0, b=1
  a=1, b=0
  a=1, b=1 }

上記の
いずれか一つ

条件網羅

分岐網羅とは異なり,分岐の"**条件**"に着眼したテストケースである。右図のように分岐条件が複数の場合,**aの真偽,bの真偽**を満たすようにテストケースを設計する。分岐を網羅しなくても構わないし,後述する複数条件網羅のように各条件の組合せを網羅する必要もない。

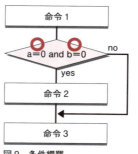

図9 条件網羅

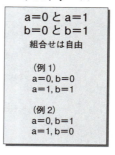

テストケース

a=0 と a=1
b=0 と b=1
組合せは自由

(例1)
a=0, b=0
a=1, b=1

(例2)
a=0, b=1
a=1, b=0

分岐／条件網羅

分岐網羅と条件網羅の両方を満たすテストケースである。分岐網羅は全ての条件を網羅するわけでもなく，逆に条件網羅も全ての分岐経路を網羅するわけでもない。そこで，その両方を満足するテストケースを設計するのが，この分岐／条件網羅（判定条件／条件網羅）である。

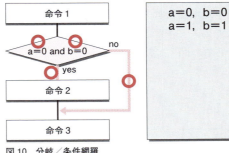

図10　分岐／条件網羅

複数条件網羅

分岐条件の全組合せのテストケースを設計する方法。分岐条件（if文の中）が and や or で複数の条件である場合，その取り得る全ての組合せ（右の例だと，① a = 0 and b = 0，② a = 1 and b = 0，③ a = 0 and b = 1，④ a = 1 and b = 1 の4パターンになる）のテストケースになる。

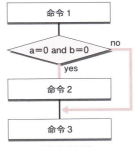

図11　複数条件網羅

注）ホワイトボックステストの「～網羅」という名称に関して

情報処理技術者試験では，平成30年春の応用情報技術者試験の午後問題の問8で**"条件網羅"**が問われている。平成25年秋の応用情報技術者試験の午前問題の問49では，**"分岐網羅"**と**"条件網羅"**が，平成27年春の基本情報技術者試験の午前問題の問50では**"複数条件網羅"**がそれぞれ問われている。こうした出題より，本書での「～網羅」の解釈は，情報処理技術者試験の過去問題を基準にしている。

（3）テストでの品質管理指標

情報処理技術者試験では，単体テストの品質管理基準に，テストケースの網羅性を示す**テスト密度**と，当該プログラムにおける**バグ摘出率**の指標を用いるのが一般的である（図12参照）。

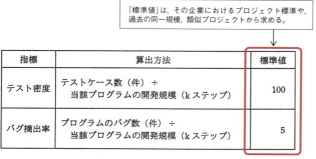

図12　単体テストの完了の指標の算出方法と標準値の例（基本情報　平成28年春　午後問題より）

●単体テスト完了の判断基準

こうした標準値を基に"品質合格"の判定基準，すなわち単体テスト完了の判断基準を設ける。そのまま「標準値以上」とすることもあるが，一概に多けりゃいいとか，少なかったからよかったということでもないので，次のように管理範囲を設ける。

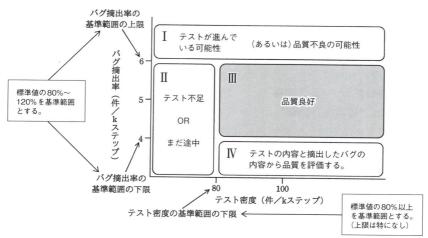

図13　品質評価のグラフ（例）（基本情報　平成28年春　午後問題より）

6.1 基礎知識の確認

管理範囲（管理上限や管理下限）を決め，その比較の中で品質を確認する。例えば図の"Ⅰ"のエリアは，簡単にいえば「バグが想定よりも多い」ことになる。しかしそれは，当初予定していたテストを完了してしまった時や，テスト網羅率が高い場合には"品質が悪い"という判断になるが，テストの途中（テスト進捗率が低い時）だと，バグが順調に検出されているとも言える。逆に「バグが少なかった（図のⅣ）」ケースでも，直ちにそれで「品質が良かった」と判断するのではなく，単体テストそのものに問題は無かったか（バグが除去できていない可能性）などを判断するために，その要因を含めて判断することが重要になる。

● **プログラム，サブシステムなどの品質判定**

図 14 はプログラムごとの例だが，テスト密度とバグ摘出率をこういう形で比較して品質を判断している。原則，管理範囲内のものを合格とし，それ以外のものはそれぞれ最適な対応を取る。

	開発規模 （k ステップ）	テストケース 数（件）	テスト密度 （件／k ステップ）	バグ数 （件）	バグ摘出率 （件／k ステップ）	評価
プログラム 1	10	980	98	70	7	バグ摘出率が基準範囲の上限を超えた。
プログラム 2	2	215	107.5	9	4.5	問題なし
プログラム 3	6	750	125	20	3.3	バグ摘出率が基準範囲の下限を下回った。
プログラム 4	8	600	75	30	3.8	バグ摘出率，テスト密度ともに基準を満たしていない。

同一の観点で，他のプログラムに関しても点検。同様の問題の有無をチェックする。

バグの原因分析を行う。原因を除去したうえで必要なテストケースを追加して，再テストする。

バグが少ないので，全ての処理を網羅的に確認できるようにテストケースが作成されているか？を確認する。

テストケースの不足が考えられる。テストケースの不足原因を確認して，テストケースを追加し，再度単体テストを実施する。

図 14　あるサブシステムの単体テストの結果（例）（基本情報　平成 28 年春　午後問題より）

プログラム 1 のように，バグ摘出率の多いものに関してはその原因を探り，例えばそれが「詳細設計書に曖昧な記述があった。」というものだったら，その詳細設計書を作成した人の成果物をすべてに対しチェックする必要がある。他のプログラムにも影響が出ている可能性が十分あるからだ。

また，プログラム 3 のように，テスト密度は十分なのにバグの検出が基準を下回った場合には，単純に「品質良好」と判断するのではなく，実データだけでテストしていたり，テストケースに偏りがあったり，網羅性が担保されていない可能性もあるので，そこを確認してから判断する。

601

第6章　品質

過去に午後Ⅰで出題された設問

（1）プログラム製造と単体テスト

　単体テストが設問になるケースはあまり多くはない。出題されても，今のところ午前問題を解く知識があれば解答できるが，念のためここでピックアップしておこう。

①管理目標（H29 問 3 設問 3 （2））

　管理目標値が設定されている場合，その管理目標を逸脱しているかどうかをチェックする（下図のように，どこかしら逸脱していることが多い）。

表1　機能Fの単体テストの品質状況

摘出バグ件数（件）	180
うち，修正済みバグ件数（件）	80
テスト対象ステップ数（kステップ）	12
バグ密度の管理目標（下限～上限）（件／kステップ）	8～12

180 ／ 12＝15（件／kステップ）　→　バグ密度の管理目標の上限を超えている

図 15　問題文中の図（一部加筆）

②テストの完了とバグの成長曲線（H24 問 4 設問 3 （1））

　横軸にテスト実施率，縦軸に累積の障害摘出数をとったグラフを作成し，障害の発生状況を監視する。最終的に，すべてのテストケースを完了し，グラフの軌跡がある傾向（障害の摘出が収束する傾向）を示すことが確認できれば，テストを完了することができる。

③ドキュメントの修正をどうするか（H26 問 2 設問 4）

　テスト中に問題が発生しそれが仕様書の修正を伴う場合，仕様をドキュメントに反映させる作業を省略し，後の工程で（問題の修正を反映できていない）仕様書と"反映させるべき部分を記したドキュメント"の二つを見比べて行い，最終的な反映作業はずっと後のドキュメント整理期間に行えば，工数や日数を削減することができる。

　しかし，その場合，仕様の見落としが発生したり（品質の低下），仕様の把握に時間がかかる（生産性の低下）というリスクがある。

602

(2) 結合テスト

チームごと，及びチーム間のテストが行われることの多い結合テストは，頻繁に出題されている。

①結合テストの管理指標（テスト密度／障害密度）（H22問1設問3 (1)）

結合テストでは，単位ステップ数当たりのテストケース数（以下，テスト密度という）及び障害検出数（以下，障害密度という）を基準値として用いる。

この時，品質評価の基準値を算出する際に使用するステップ数としては，新規に開発又は修正したステップ数に対して，ある条件に該当するプログラム（新規に開発又は修正した部分の影響を受けるプログラムや，関連性が深いプログラム）のステップ数の一定割合を加えた値を使用する。これは，テスト密度及び障害密度について，新規に開発又は修正した部分の全体への影響を加味して適切に評価するためである。

②結合テストの結果範囲外の発生について（H22問1設問3 (3), (4)）

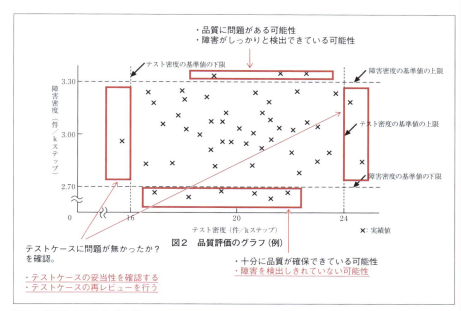

図16　問題文中の図（一部加筆）

第6章　品質

(3) 並行運用のメリット（H26問3設問4（2））

　この設問では，移行後に，現システムと新システムの並行運用を行う理由が問われている。原則は，両システムによるアウトプットの一致を確認することになるが，他にも，移行後に，バグ等が原因で処理結果に不一致が発見されたり，実装が漏れている機能が発見されたりするというリスクが顕在化しても，現システムの処理結果を使って業務を回すことができるからという理由もある。

　知識解答型としても解答できるように覚えておくとともに，それを匂わせる問題文中の記述が無いかを確認し，見つけることができれば，その部分を使って解答表現できるようにしておこう。

(4) 前工程での混入

　最近の傾向として，欠陥の混入工程を分析して明確にするケースの出題が目立っている。

①混入工程別の分析の必要性

　品質分析評価報告書（工程の中間及び完了時に，評価対象工程について機能別・担当者別の定量的な分析を行う）によると，評価対象工程での数値の差異だけで品質の良否を判断することはよくないとしている。

●改善（H25問4設問3（3））

　評価対象工程から視野を広げた品質分析に改善することが必要。具体的には，欠陥混入の原因分析を前工程も含めて行うようにする。

●前工程での混入が大きな問題である理由（H29問3設問2（1），（3））

　バグの見逃し（前工程で摘出されるべきバグが摘出されず，後続の工程で摘出されること）の増加は問題である。（その理由は）手戻りが増えテストの効率が下がるからだ。

　改善策としては，前工程の品質を作り込む過程と確認する過程（単体テストのやり方等）を見直す。そして，それを過去のプロジェクトと比較して，バグの見逃しが減っていることを確認する（評価する）。

● 平均改修工数（人時／件）（H23 問 4 設問 3 (1)）

上流工程で混入した欠陥ほど，修正する設計書やドキュメント，プログラムの種類・量が多いだけでなく，それらに対する修正と，その再レビュー・再テスト・検証の工数も多くなっていた。また，基本設計からの修正では，影響範囲の見極めが，下流工程からの修正と比較して難しいので，工数が増大する傾向があった。

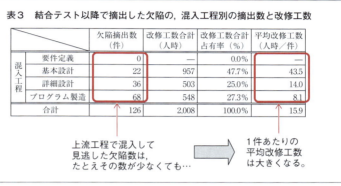

図 17 問題文中の図（一部加筆）

上記のようなケースで，仮に基本設計で混入した欠陥を，すべて基本設計のレビューで摘出できていた場合，（改修工数合計占有率が 47.7% なので）改修工数は約半分になる。したがって，基本設計の活動を改善することで，大きな成果が得られると思われる。

第6章 品質

②欠陥の混入工程の分析（H23 問4 設問2（2））

前工程に問題があるのか，自工程に問題があるのかを表から読み取る。

表1　今季モデル開発の工程別欠陥摘出計画

開発規模（計画）= 40.0k ステップ		欠陥を摘出する工程						欠陥摘出総数（件）
		要件定義	基本設計	詳細設計	プログラム製造・単体テスト	結合テスト	総合テスト	
混入工程	要件定義	80	10	4	0	0	0	94
	基本設計	—	150	32	0	2	18	202
	詳細設計	—	—	204	27	30	13	274
	プログラム製造	—	—	—	293	68	5	366
欠陥摘出総数（件）		80	160	240	320	100	36	936
欠陥摘出密度（件／k ステップ）		2.0	4.0	6.0	8.0	2.5	0.9	23.4

表2　今季モデル開発の工程別欠陥摘出実績

開発規模（実績）= 40.4k ステップ		欠陥を摘出した工程						欠陥摘出総数（件）	欠陥摘出総数計画比（％）
		要件定義	基本設計	詳細設計	プログラム製造・単体テスト	結合テスト	総合テスト		
混入工程	要件定義	87	8	4	0	0	0	99	105.3%
	基本設計	—	153	30	0	2	20	205	101.5%
	詳細設計	—	—	313	25	27	9	374	136.5%
	プログラム製造	—	—	—	309	66	2	377	103.0%
欠陥摘出総数（件）		87	161	347	334	95	31	1,055	112.7%
欠陥摘出密度（件／k ステップ）		2.2	4.0	8.6	8.3	2.4	0.8	26.1	

注記　欠陥摘出総数計画比は，欠陥摘出総数の，計画値に対する実績値の比率を表す。

大きく上回っているので問題

※ 前の工程で混入した欠陥数が計画値の120％を上回った場合には，原因を分析し，必要であれば品質管理上の対策を実施する。

例えば詳細設計の場合…94％なので問題はない

混入工程が自工程が問題。逆に後続の工程には迷惑をかけていない（見逃してはいない）ので大きな問題ではない。

図18　問題文中の図（一部加筆）

③混入工程が自工程で多い場合（前工程にも後工程にも問題が無い場合）
（H23 問 4 設問 2（3））

　自工程（この例では詳細設計工程）で計画値よりも欠陥が多い場合，その原因を分析するとともに，以降の全ての工程で**"混入工程が詳細設計である欠陥の数"**を，特に注意深く監視する。これは，欠陥の数が多いということは，見逃しも多い可能性があるからだ。

④前工程で混入した欠陥が計画値を上回った場合（H23 問 4 設問 1（1））

　当該工程よりも前の工程で混入した欠陥数を確認して，その数が計画値の120％を上回った場合には，原因を分析し，必要であれば**前工程の成果物を再レビューする**など品質管理上の対策を実施する。

⑤前工程の見直しは生産性を向上させる（H23 問 4 設問 1（2））

　結合テスト以降で摘出した欠陥について，ドキュメントやプログラムの修正と，その再レビュー・再テストに掛かったすべての工数（以下，改修工数という）を，作業項目ごとに正確に集計し，記録する。そして，改修工数の大きな欠陥について事後に分析を行い，同種の欠陥の再発防止策（混入させてしまった欠陥をいかにして摘出するかという観点と，欠陥の混入をいかにして防ぐかという観点の両面からの施策）を立案すれば，今後の開発の生産性向上に役立つ。その理由は，**改修工数が大きい欠陥の予防や早期検出で，手戻りコストを低減できるから**である。

6.1.5 信頼度成長曲線, 管理図　FE

品質管理には, 次のような管理図もよく使われる。合わせて覚えておこう。

●信頼度成長曲線

レビューやテストの進捗状況, 収束状況, 終了判定基準には, 信頼度成長曲線を併用することが多い。横軸に日数を, 縦軸に累積バグ数をとり, 通常, 図のようにS字カーブを示す独特な曲線（ロジスティック曲線, ゴンペルツ曲線などと呼ばれる）を示す。

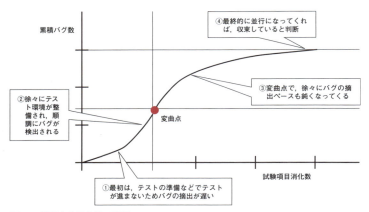

図19　信頼度成長曲線の説明

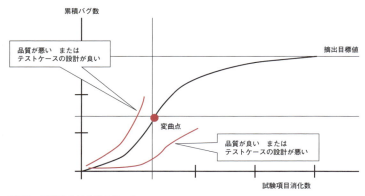

図20　信頼度成長曲線の使い方

最終的に, このグラフで成長が止まっている（バグの累積数が増えない）ことがレビューやテストの終了判定条件になる。いわゆる"収束"だ。他に, 過去のプロ

ジェクトの実績値より標準的なバグの成長曲線を基準にして，その基準とのかい離状況から品質を判断することもできる。

また，標準の曲線と比較した場合，目標とする曲線よりも実際のところが上回っていると「テストケースの設計状況がよく，早い段階から効果的にバグが検出されている」という可能性もあるし，「通常よりも品質が悪い」という可能性もある。逆に，目標とする曲線よりも下回っていると「品質がよい」可能性もあるが，「テストケースの作成の仕方が悪く，本来検出されるはずのバグが摘出されていない」という可能性もある。

最終的には，かい離している原因を調査して，どういう判断にするべきかを確認する。その判断はプロジェクトマネージャの重要な仕事の一つになる。

● **管理図**

管理図は，各要素が安定しているかどうかをチェックする図である。上部管理限界（UCL），下部管理限界（LCL），中央線の3本の基本線を表にもち，各要素の値が，どの部分に存在するかを記述しグラフ表示する。ソフトウェア開発でよく使われる管理図には，P管理図やU管理図がある。

P管理図

P管理図とは，ある工程を不良率で管理する時に使う管理図の一種である。サンプルごとに大きさが異なる場合などでは有効だ。ソフトウェア開発の場合の不良率は，テストの消化試験項目数あたりのバグ件数になるから，担当者別の消化試験項目数あたりのバグ件数（＝バグ検出率）の調査のときに使われる。

U管理図

U管理図は，ある工程を，単位当たりの欠点数によって管理する時に使う管理図の一種で，欠点数を調べる対象の単位量の大きさが等しくない場合に使われる。ソフトウェア開発工程では，欠点数＝バグ数になり，「単位当たり」というのが，「1キロステップ当たり」になるので，担当者別の1キロステップあたりのバグ数を調査するときに使われる。

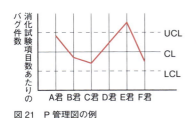

図21　P管理図の例

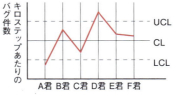

図22　U管理図の例

6.1.6 品質管理ツール FE

品質確保のために有効な統計的手法（主に管理技法としての表やグラフ）を七つのツールとしてまとめたもので，その七つの道具は以下のようなものである。

●パレート図

パレート図は，①個々の問題を原因ごとに分類し，各構成要素を棒グラフにして「大きいもの順」に左から並べていき，②左の構成要素から順次累計をとり，その累計値を折れ線グラフで表した図である。

パレート図は，パレートの法則を問題の原因分析に応用したもので，ソフトウェア開発の現場では，何らかの問題が発生し，その問題に対して優先すべき対策や重点的に対応するところなどを決めるときに使われる。そのときの切り口は原因別（図参照），担当者別（設計担当者別，プログラム担当者別）などが多い。

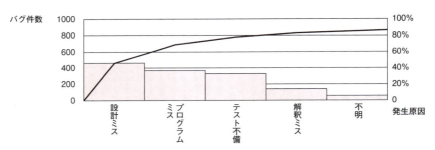

図23　パレート図の例

●散布図

二次元の平面状に，個々のデータを"点"でプロットした図のこと。データの相関関係を視覚的に確認できる。

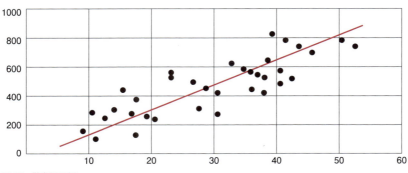

図24　散布図の例

6.1 基礎知識の確認

●特性要因図

特性要因図は，ある結果（これを特性とする）に対して，それに影響していると思われる原因（これを要因とする）を分類整理して，矢印で特性と要因の関係をつなぎ合わせた図である。魚の骨のような形になるためフィッシュボーンダイアグラムとも呼ばれている。

特性要因図には，ある結果に影響する要因を分類整理して視覚化することで，対策を検討するときにイメージしやすくするとともに，リスク対策（予防的対策）として利用すると，網羅的かつ総合的な対策を検討しやすくなるという利点がある。なお，特性と要因の関係を整理する（特性要因図を作成する）ときには，ブレーンストーミング形式で行われることが多い。

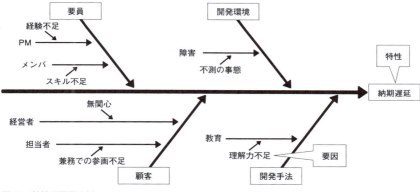

図25　特性要因図の例

●ヒストグラム

個々のデータをいくつかのパターンに分類し，そのパターンの中のデータ数をグラフ化して並べたもの。パレート図と違い，山のような形状になることが多い。受験生の得点分布など，平均値とそのばらつきを求める場合に利用することが多い。

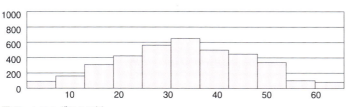

図26　ヒストグラムの例

第6章　品質

●チェックシート

作業すべき項目等のチェック用の表をあらかじめ作成しておき，作業が完了したときにチェックできるような表。テストケースのチェック表や，作業手順のチェック表として使用することが多い。

●グラフ

収集したデータを，視覚的に表現するためのもの。棒グラフ，円グラフ，折れ線グラフなどが有名である。表計算ソフトなどには，標準でグラフを簡単に作成できる機能が付いている。

●新 QC 七つ道具

これまで説明してきたパレート図，散布図，特性要因図，ヒストグラム，チェックシート，グラフに，「6.1.5 信頼度成長曲線，管理図」で説明している管理図の七つを QC 七つ道具という。その QC 七つ道具の後に登場したツールのうち，下記の七つをまとめて新 QC 七つ道具と呼んでいる。合わせて覚えておこう。

- **連関図**：問題と原因を矢印で結ぶ。問題が複雑に絡み合っている場合の分析に有効。
- **系統図**：最終目的を達成するための手順を階層的に表現したもの。対策立案に有効。
- **親和図**：親和図法（問題解決手法）で使う図。親和図法は，問題点をブレーンストーミングで自由に発散させ，それらを最終的に組み立てて整理していく手法で，KJ 法とほぼ同じ手法である。物事の相互の親和性を統合して図式化することからこの名前が付いた。
- **アローダイアグラム**：作業の前後関係を明確にする目的で使う。
- **PDPC（Process Decision Program Chart）**：
  システム開発を進める上で，発生し得る問題を予見し，対応策を定めて不測の事態への対応を可能にする方法。
- **マトリックス図**：縦軸と横軸にそれぞれの要素を表現し，二つの要素の関連性を表現したもの。
- **マトリックスデータ表**：大量データの有効利用のため，多変量解析を用いたデータ表。

6.1　基礎知識の確認

6.1.7　品質不良の事後対策

　品質不良を発見した場合には，適切な対策を取らなければならない（事後対策）。具体的には，次の二つのプロセスを実施する。

　一つは，根本的原因を把握するために原因分析を実施することである。これは品質不良の可能性を発見した後に，問題なのかそうでないのかを切り分けるために実施するものではなく，問題の根源をつかむためのものである。やはり，ここでも QC七つ道具を使う。

　次に，根本的原因を確認した後，原因に応じた最適な対策を練る（表5）。ただし，事後対策を実施するときには慎重な対応が求められている。そのあたりの具体的な内容は，P.409 コラム「絶対に読み込んでおくべき問題〜進捗遅延時の事後対策〜」にまとめている。必要に応じて確認しておこう。

表5　事後対策

問題点	根本的な原因	事後対策
•品質目標値の未達 　当初設定した品質要件が満たされていない	•特定の要員に問題がある •スキル不足 •経験不足（新人等） •特定の原因	•要員の交代 •経験者のサポート •前工程に戻って改善する
•不具合（バグ） 　予定よりも不具合が多く，テスト，レビュー工程の進捗が遅れ気味である	•設計ミス •プログラムミス •前工程でのテスト不足	

613

第6章　品質

過去に午後Ⅰで出題された設問

（1）原因別の対策

　品質に問題が発生した場合，原因を調査・分析し，その原因別に有効な対策を実施する。そのあたりの原因別の対策が設問になったケースをまとめてみた。

①マネジメント面の問題（H29問2設問4（2））

　合意したプロセスが問題文に記載してあるのに，その通りに実施していないケースもある。これは単純に，その合意したプロセスを守るように再度働きかけたり，守れない要因を除去したりすればいい。ルールが決められているにもかかわらず守られていないケースはよく出題されているので，見つけたら問題だと設定しておこう。

②前の工程で"欠陥の見逃し"が発生している場合（H23問4設問3（2））

　欠陥の見逃しが多い場合には，なぜ混入したのかという観点（品質の作り込みの観点）と，なぜレビューで欠陥を摘出できなかったのかという観点（品質の確認の観点）から精査を行う必要がある。

③要件定義工程（前工程）の内容に起因するケース（H24問1設問2（3））

　外部設計のレビューにおける，要件定義の内容に起因する次のような指摘の発生状況が，類似プロジェクトの実績と同程度であることを確認する。その結果，そうした指摘が同程度の場合，要件定義工程に遡るような作業（手戻り）までは行う必要はないと判断できる。

- ・　要件定義の内容に不明確な点があることによる指摘
- ・　要件定義の内容に矛盾する点があることによる指摘
- ・　要件定義の品質の確保が不十分であることによる指摘

④参考にしたドキュメントが古かったケース（H27 問 3 設問 1 (1)，(2)）

　外部設計完了後，外部設計を開始した時点に入手した「事務マニュアル」には反映されていなかった帳票があったことに気が付いた（外部設計をしている期間に追加された帳票で，それゆえ，外部設計書からは漏れている）。これらの帳票を外部設計書に反映するとともに，同じような問題が他にはないかどうか確認するために，現時点での最新の現行事務マニュアルを用いて，外部設計書との突合せチェックを行う。

　今後，同じようなトラブルが発生しないよう再発防止策として，社内の開発標準に，外部設計のインプットとなる資料（事務マニュアル）の確認項目に，「変更予定があるかどうかの確認」や，「未反映の項目がないかどうかの確認」が必要になる。

⑤自分の担当以外の部分の理解が不十分（H23 問 4 設問 2 (1)）

　原因を分析すると，一部の担当者について，自分の担当機能に関する設計には大きな問題はないが，ほかのメンバが担当する周辺の機能，ライブラリに関する理解が不十分なことによって，多くの欠陥を混入させていたことが判明した。

　そこで，その対策として，該当担当者の成果物をほかのメンバでレビューするとともに，周辺機能やライブラリの説明会を行うこととした。

⑥連動テスト時の不具合（R03 問 3 設問 2 (3)）

　複数の会社やチームで開発を進めているケースでは，随所で"連動テスト"を実施する。そこで，お互いの詳細設計の不整合に起因する不具合のような，設計工程で混入した不具合で，かつそれぞれの作業及びユーザの検収で発見することが難しいトラブルが発生することがある。それを防ぐには，その部分（詳細設計）に対するお互いの技術者が参加する共同レビューを実施する。

⑦チームの体制面に原因があると想定される場合（H22 問 1 設問 3 (2)）

　品質評価を行った結果，あるチームが管理目標の範囲を逸脱していた場合，そのチームの体制面に問題があると想定されたら，結合テストを開始するまでの開発作業の実施状況について，当該チームが担当したほかの機能に品質の問題がないこと，作成したすべての成果物に問題がないことを再確認する必要がある。

第6章　品質

⑧ベースに障害が発生した場合

　自分たちの責任ではなく，ベースにしたり参考にしたりしている元のシステム
や利用しているミドルウェア，開発ツールに不具合があった場合に関しても，こ
こに書いておく。

● **開発期間中に現行システムのバグが発見された場合**
　 （H23 問 3 設問 3（1），（2），（3））

　開発期間中に現行システムにバグが発見された場合，現在の開発している範
囲との関連を調べる。その結果，開発の仕様に大きな影響があったり，当該開
発への取り込みの工数が大きかったりする場合には，できる限り早い段階で優
先して取り込みを行う必要がある。

　今実施している工程の後半にまとめて対応した場合，デグレードの発生によ
る品質の低下，あるいは手戻りの発生による進捗の遅延が発生し，当該工程の
完了が遅延するリスクがある。

　なお，現行システムに発生した障害の取込み結果を効率よく確認するため
に，現行システムの保守担当の責任者に，修正結果の確認用データの仕様や，
修正結果の確認用のテストケースに関する情報提供を依頼する。

● **現行システムの稼働中に障害が発生した場合（H22 問 1 設問 4（1））**

　現行システムをベースに新システムを開発していたり，改修していたりする
場合で，その開発期間中に現行システムに障害が発生した場合，障害発生の都
度対応するのではなく，ある時点（例えば結合テストなら，結合テストの後半）
でまとめて対応した方が，次のような理由で作業効率の面で優れている。

　・ 品質が比較的安定した状態で障害対応が行えるから
　・ まとめて行うことによって作業の重複がなくなるから
　・ 既存の開発作業への影響が少ないから

● **ベースになるソフトウェアに不具合が出た場合（H22 問 4 設問 4（2））**

　ベースになるソフトウェアやミドルウェア（以下，製品 X とする）を使って
開発をしている場合，結合テスト工程等で製品 X そのものに不具合が出た時
に製品 X の改修を行ってもらう。

　しかし，製品 X の改修に伴って新たな欠陥が作り込まれ，それまでの結合テ
ストで正常動作を確認済の範囲に影響を及ぼし，結合テストが大きく手戻りす
る可能性があるので，改修後の製品 X に対する回帰テスト（レグレッションテ
スト）を確実に実施しなければならない。

（2）対応する時の工夫

対応する時に，状況によっては工夫が必要になることがある。

①障害の改修順序を考える（H24 問 4 設問 2（1））

過去に，他チームの障害改修が改修完了予定日までに完了せず，自チームのテスト計画が変更になり，大きな影響があった。直前になってから間に合わないという連絡が来るので，計画の見直しがスムーズにいかないことも多かった。

そこで，今回のプロジェクトでの障害改修に当たっては，プロジェクト全体への影響を考慮した改修順序（他チームへの影響が大きな障害，他チームへのテストが進まなくなる障害を優先すること）を計画することにした。

（3）評価の共有（H23 問 4 設問 3（3））

プロジェクトを分析・評価して導き出した結果は，その評価結果を共有すべきメンバ全員が参加するプロジェクトの評価ミーティングの場を活用して，メンバ全員で精査結果のレポート内容を共有するべきである。

第6章 品質

6.2 ・ 午後Ⅱ 章別の対策

午後対策のスタートは午後Ⅱから。まずはテーマ別のポイントを押さえてから問題文の読み込みに入っていこう。

●過去に出題された午後Ⅱ問題

表6　午後Ⅱ過去問題

年度	問題番号	テーマ	掲載場所	重要度	
				◎=最重要 ○=要読込 ×=不要	2時間で書く推奨問題
①品質の作り込み・確認					
H08	3	ソフトウェアの品質管理	なし	○	
H19	3	情報システム開発における品質を確保するための活動計画	Web	○	
H21	2	設計工程における品質目標達成のための施策と活動	Web	◎	◎
H23	2	システム開発プロジェクトにおける品質確保策	Web	◎	
H27	2	情報システム開発プロジェクトにおける品質の評価，分析	Web	◎	
H29	2	システム開発プロジェクトにおける品質管理	本紙	○	
②レビュー					
H10	3	第三者による設計レビュー	なし	◎	
H11	3	設計レビュー	なし	◎	
③テスト					
H10	1	システムテスト工程の進め方	なし	◎	
H13	3	テスト段階における品質管理	Web	◎	
④品質不良への対応					
H14	3	問題発生プロジェクトへの新たな参画	Web	→ 第2章 参照	
H15	3	プロジェクト全体に波及する問題の早期発見	Web	→ 第4章 参照	
⑤請負契約と品質確認					
H10	2	請負契約に関わる協力会社の作業管理	なし	→ 第7章 参照	
H16	3	請負契約における品質の確認	Web		
H27	1	情報システム開発プロジェクトにおけるサプライヤの管理	Web		

※掲載場所が"Web"のものは https://www.shoeisha.co.jp/book/present/9784798174914/ からダウンロードできます。詳しくは，ivページ「付録のダウンロード」をご覧ください。

本章は大きく5つに分けられる。①品質の作り込み・確認，②レビュー，③テスト，④品質不良への対応，⑤請負契約と品質確認である。

①品質の作り込み・確認に関する問題（6問）

最初に，品質管理の総合的な問題をまとめてみた。具体的には，1）品質を作り込

むためのプロセスと，2）品質を確認するためのプロセスの両方を含む問題である。後述するレビューやテストを包含し，その中で，トレードオフになる納期や予算とのバランスをどう取ったのかを問う問題だ。品質管理の総合的な問題になるので，2時間手書きで書く練習に向いているカテゴリーになる。

　ポイントは，納期や予算の問題同様，数値を出せるかどうかになる。与えられた品質目標に始まり，後述するレビューやテストに関しても数値が必要になる。"見える化"同様，プロジェクトマネージャは，問題の発生有無の判断等を数値で判断するからだ。事前にとれるアドバンテージの数値集めを怠らないようにしよう。ソース（情報源）は，午後Ⅰでも構わないので。

　ちなみに，一見すると同じようなことが問われている過去問題でも，開発工程が指定されているケースがあったり，そこで実施する対策が限定的であったりするので注意しよう。問題文をよく読んで，問われている状況を間違えないようにしよう。平成 21 年度問 2 は"設計工程"限定の話なので，平成 23 年度問 2 のようにプロジェクト全体を通じた"作り込み"と"確認"ではない点に注意しよう。

②レビューに関する問題（2 問）

　最近はそうでもないが，昔はレビューに特化した問題も出題されていた。レビューだけに絞り込んでも，それだけをもって優秀なプロジェクトマネージャだと判断できないからかもしれないが，最近は全く見かけなくなった。とはいうものの，問題発生時の原因分析や対応策の検討のところで，実際に"レビュー"をどうしたのかがいつでもアウトプットできるようにしておくのは有効だ。問題文をよく読んで，どういう体制で，どれぐらいの時間，どういう目的でレビューをしたのかを整理しておこう。

③テストに関する問題（2 問）

　レビューに関する問題同様，テストをテーマにした問題も出題されている。しかも同じように古い。したがってレビューの問題と同じような扱いでいいだろう。問題文に目を通すだけ通しておいて，準備だけは怠らないようにしよう。レビューもテストも，品質管理の総合的な問題で部分的に使うこともあるからだ。

④品質不良への対応に関する問題（2 問）

　品質不良が発生した時の対応に関しても準備しておこう。品質不良の発生は，進捗遅延に直結するためタイムマネジメントの進捗遅延の問題として扱われることが多い。本書でも第 4 章に掲載している。また，その対応策になると要員の交代やチームの再編成で対応するので第 2 章で説明している。

619

第6章　品質

⑤請負契約と品質確認に関する問題（3問）

　請負契約との複合問題として品質管理が問われる問題もある。本書では，それは第7章の"調達"で説明しているので，そちらを参照してほしい。

● 2時間で書く論文の推奨問題

　本章のテーマで論文を書くなら平成21年度問2をお勧めする。設計段階だけをテーマにしているので"テスト"に関する部分は含まないが，その代り，設計段階でも品質の作り込みで設計標準をどうしたのかを整理しておかないといけないところが，少々考えどころになるからだ。他のカテゴリー（レビュー，テスト，品質不良など）は，具体的にアウトプットするものを準備しておくだけで構わないので，2時間で書くなら総合問題を1問書くようにしよう。

●参考になる午後I問題

　午後II問題文を読んでみて，"経験不足"，"ネタがない"と感じたり，どんな感じで表現していいかイメージがつかないと感じたりしたら，次の表を参考に"午後Iの問題"を見てみよう。まだ解いていない午後Iの問題だったら，実際に解いてみると一石二鳥になる。中には，とても参考になる問題も存在する。

表7　対応表

テーマ	午後II問題番号（年度ー問）	参考になる午後I問題番号（年度ー問）
① 品質の作り込み・確認	H29-2, H27-2, H23-2, H21-2, H19-3, H08-3	○ (H22-1, H21-4)，△ (H23-4)
② レビュー（設計品質）	H11-3, H10-3	○ (H24-1, H21-4)
③ テスト	H13-3, H10-1	○ (H24-4, H22-1, H15-2, H09-3, H09-5,)
④ 品質不良への対応	H15-3, H14-3	○ (H23-3, H17-3, H16-2)
⑤ 請負契約と品質確認	H27-1, H16-3, H10-2	

620

午後Ⅱ問題を使って"予防接種"とは？

（3）予防接種をする

　本書では，各問題文の読み違えを無くすために，次のような手順で対策をしておくことを推奨している。筆者はこの学習方法を"予防接種"と呼んでいる。問題文の読み違えは，1度引っかかっておけば2度目は引っかからないからだ。それまでの先入観を上書きし，新たな先入観を"免疫"として習得しておけば，少なくとも試験本番時に問題文を読み違えることはないと考えているからだ。

【予防接種の具体的手順（1問＝1時間程度）】

①午後Ⅱ過去問題を1問，じっくりと読み込む（5分）

　「何が問われているのか？」，「どういう経験について書かないといけないのか？」を自分なりに読み取る

　※該当する過去問題を各章に掲載しています

②それに対して何を書くのか？"骨子"を作成する。できればこの時に，具体的に書く内容もイメージしておく（10分～30分）

③本書の解説を確認して，②で考えたことが正しかったかどうか？漏れはないかなどを確認する（10分）

　※各午後Ⅱ問題文に対して，手書きワンポイントアドバイスを掲載しています。さらに，ページ右上のQRコードからアクセスできる専用サイトで，各問の解説を提供しています。

④再度，問題文をじっくりと読み込み，気付かなかった視点や勘違いした部分等をマークし，その後，定期的に繰り返し見るようにする（10分）

詳しい説明は，P.21～！

→　"過去問題の読込"の重要性を理解しよう！

第6章 品質

平成8年度 問3　ソフトウェアの品質管理について

解説はこちら

計画

　ソフトウェアの品質管理は，完成したソフトウェアの品質を確保するとともに，開発途上での品質の問題が，プロジェクトの進捗やコストに影響を与えないようにするために重要である。

　品質の高いソフトウェアを効率的に開発するには，品質を作り込む設計やプログラミング，綿密で効率の良いテスト，これらを支えるドキュメンテーションなどについての技術的な工夫が必要である。また，これら技術面での工夫が確実に活かされるようにするプロジェクト運営上の施策も欠かすことができない。

　プロジェクトの運営に当たり，プロジェクトマネージャには，
　　・プロジェクト全員への品質に対する意識付け
　　・設計標準や作業標準の確立と徹底
　　・効果的なレビューの実施
　　・品質実態の正確な把握・分析と問題への迅速な対応
などについての工夫と努力が要求される。また，チームの編成や作業間の連係方法，及びスケジューリングについての工夫も重要である。

　あなたの経験に基づいて，設問ア～ウに従って論述せよ。

設問ア　あなたが携わったプロジェクトの概要と，ソフトウェアの品質を確保するためのプロジェクト運営上の課題を，800字以内で述べよ。

計画

設問イ　設問アで述べた課題を解決するために重点とした施策は何か。あなたが特に工夫した点を中心に具体的に述べよ。また，その評価についても述べよ。

設問ウ　開発するソフトウェアの品質向上のため，今後あなたが改善を図りたいプロジェクト運営面での課題について，簡潔に述べよ。

品質管理の基礎

平成19年度 問3　情報システム開発における品質を確保するための活動計画について

計画

　利用者が満足する情報システムを構築するために，情報システム開発プロジェクトでは，システムの品質を確保することが重要である。

　プロジェクトマネージャには，プロジェクトの立上げ時に，信頼性，性能，操作性などのシステムの品質上の目標が与えられる。次に，それらの品質上の目標を達成するために，品質を作り込むためのプロセスと品質を確認するためのプロセスを開発標準として定め，その活動計画を作成する。

　その際，プロジェクトマネージャは，与えられた予算や納期の範囲内で実行可能な計画を作成しなければならない。そのためには，プロジェクトの状況に応じた効果的な計画にすることが重要であり，例えば，次のようなことについて工夫する必要がある。

- 品質上の目標水準に応じて，成果物のレビューやテストの実施・確認の体制を整備することや，実施のタイミング，回数を設定すること
- 新しい開発技術を採用する場合に，開発メンバがその技術をできるだけ早く習得できるような教育を実施すること
- 利用部門が総合テストや運用テストに十分に参画することが難しい場合に，システムの操作性を確認するための方法や環境を用意すること

あなたの経験と考えに基づいて，設問ア～ウに従って論述せよ。

設問ア　あなたが携わった情報システム開発プロジェクトの概要と，与えられた品質上の目標について，800字以内で述べよ。

設問イ　設問アで述べた品質上の目標を達成するために，どのような活動計画を作成したか。予算や納期の範囲内で実行可能な計画にするために，プロジェクトの状況に応じて工夫した点とともに，具体的に述べよ。

計画

設問ウ　設問イで述べた計画について，あなたはどのように評価しているか。また，今後どのように改善したいと考えているか。それぞれ簡潔に述べよ。

品質目標は与えられたもの
　→どう計画したか？

第6章 品質

平成21年度 問2 設計工程における品質目標達成のための施策と活動について

解説はこちら

[計画]
　プロジェクトマネージャ（PM）には，プロジェクトの立上げ時に，信頼性，操作性などに関するシステムの品質目標が与えられる。PMは，品質目標を達成するために，品質を作り込む施策と品質を確認する活動を計画する。
　PMは，設計工程では，計画した品質を作り込む施策が確実に実施されるように管理するとともに，品質目標の達成に影響を及ぼすような問題点を，品質を確認する活動によって早期に察知し，必要に応じて品質を作り込む施策を改善していくことが重要である。
　例えば，サービスが中断すると多額の損失が発生するようなシステムでは，サービス中断時間の許容値などの品質目標が与えられる。設計工程で品質を作り込む施策として，過去の類似システムや障害事例を参考にして，設計手順や考慮すべきポイントなどを含む設計標準を定める。品質を確認する活動として，プロジェクトメンバ以外の専門家も加えた設計レビューなどを計画する。**[問題][対応]** 品質を確認する活動の結果，サービス中断時間が許容値を超えるケースがあるという問題点を察知した場合，その原因を特定し，設計手順の不備や考慮すべきポイントの漏れがあったときには，設計標準を見直すなどの改善措置をとる。それに従って設計を修正し，品質目標の達成に努める。
　あなたの経験と考えに基づいて，設問ア～ウに従って論述せよ。

設問ア　あなたが携わったシステム開発プロジェクトの特徴，システムの主要な品質目標と品質目標が与えられた背景について，800字以内で述べよ。

[計画][問題]
設問イ　設問アで述べたプロジェクトにおいて計画した，設計工程で品質を作り込む施策と品質を確認する活動はどのようなものであったか。活動の結果として察知した問題点とともに，800字以上1,600字以内で具体的に述べよ。

[対応]
設問ウ　設問イで述べた問題点に対し，特定した原因と品質を作り込む施策の改善内容について，改善の成果及び残された課題とともに，600字以上1,200字以内で具体的に述べよ。

H19-3. 但し設計フェーズonly

624

平成23年度 問2　システム開発プロジェクトにおける品質確保策について

[計画]
　プロジェクトマネージャ（PM）には，品質保証や品質管理の方法などについて品質計画を立案し，設定された品質目標を予算や納期の制約の下で達成することが求められる。
　PMは，品質目標の達成を阻害する要因を見極め，その要因に応じた次のような品質確保策を作成し，品質計画に含める必要がある。
- 要員の業務知識が不十分な場合，要件の見落としや誤解が起きやすいので，業務に詳しい有識者を交えたウォークスルーによる設計内容の確認やプロトタイプによる利用者の確認を実施する。
- 稼働中のシステムの改修の影響が広範囲に及ぶ場合，既存機能のデグレードが起きやすいので，構成管理による修正箇所の確認や既存機能を含めた回帰テストを実施する。

　また，予算や納期の制約を考慮して，それらの品質確保策について，次のような工夫をすることも重要である。
- ウォークスルーの対象を難易度の高い要件に絞ることで設計期間を短縮したり，表計算ソフトを利用して画面や帳票のプロトタイプを作成することで設計費用を削減したりする。
- 構成管理でツールを活用して修正範囲を特定することで修正の不備を早期に発見してシステムの改修期間を短縮したり，回帰テストで前回の開発のテスト項目やテストデータを用いてテスト費用を削減したりする。

あなたの経験と考えに基づいて，設問ア～ウに従って論述せよ。

設問ア　あなたが携わったシステム開発プロジェクトの特徴，及びその特徴を踏まえて設定された品質目標について，800字以内で述べよ。

設問イ　設問アで述べた品質目標の達成を阻害する要因とそのように判断した根拠は何か。また，その要因に応じて品質計画に含めた品質確保策はどのようなものか。800字以上1,600字以内で具体的に述べよ。

設問ウ　設問イで述べた品質確保策の作成において，予算や納期の制約を考慮して，どのような工夫をしたか。また，工夫した結果についてどのように評価しているか。600字以上1,200字以内で具体的に述べよ。

第6章 品質

平成27年度 問2　情報システム開発プロジェクトにおける品質の評価，分析について

解説はこちら

計画チェック

　プロジェクトマネージャ（PM）には，開発する情報システムの品質を適切に管理することが求められる。そのために，プロジェクトの目標や特徴を考慮して，開発工程ごとに設計書やプログラムなどの成果物の品質に対する評価指標，評価指標値の目標範囲などを定めて，成果物の品質を評価することが必要になる。
　プロジェクト推進中は，定めた評価指標の実績値によって成果物の品質を評価する。

問題対応

　特に，実績値が目標範囲を逸脱しているときは，その原因を分析して特定する必要がある。例えば，設計工程において，ある設計書のレビュー指摘密度が目標範囲を上回っているとき，指摘内容を調べると，要件との不整合に関する指摘事項が多かった。その原因を分析して，要件定義書の記述に難解な点があるという原因を特定した，などである。また，特定した原因による他の成果物への波及の有無などの影響についても分析しておく必要がある。
　PMは，分析して特定した原因や影響への対応策，及び同様の事象の再発を防ぐための改善策を立案する。また，対応策や改善策を実施する上で必要となるスケジュールや開発体制などの見直しを行うとともに，対応策や改善策の実施状況を監視することも重要である。

　あなたの経験と考えに基づいて，設問ア〜ウに従って論述せよ。

計画チェック

設問ア　あなたが携わった情報システム開発プロジェクトの目標や特徴，評価指標や評価指標値の目標範囲などを定めた工程のうち，実績値が目標範囲を逸脱した工程を挙げて，その工程で評価指標や評価指標値の目標範囲などをどのように定めたかについて，800字以内で述べよ。

問題対応

設問イ　設問アで述べた評価指標で，実績値が目標範囲をどのように逸脱し，その原因をどのように分析して，どのような原因を特定したか。また，影響をどのように分析したか。重要と考えた点を中心に，800字以上1,600字以内で具体的に述べよ。

設問ウ　設問イで特定した原因や影響への対応策，同様の事象の再発を防ぐための改善策，及びそれらの策を実施する上で必要となった見直し内容とそれらの策の実施状況の監視方法について，600字以上1,200字以内で具体的に述べよ。

レビューやテストの計画．いつ？ 数値は必須

6.2 午後II 章別の対策

平成29年度 問2 システム開発プロジェクトにおける品質管理について

解説はこちら

【計画】

　プロジェクトマネージャ（PM）は，システム開発プロジェクトの目的を達成するために，品質管理計画を策定して品質管理の徹底を図る必要がある。このとき，他のプロジェクト事例や全社的な標準として提供されている品質管理基準をそのまま適用しただけでは，プロジェクトの特徴に応じた品質状況の見極めが的確に行えず，品質面の要求事項を満たすことが困難になる場合がある。また，品質管理の単位が小さ過ぎると，プロジェクトの進捗及びコストに悪影響を及ぼす場合もある。

　このような事態を招かないようにするために，PMは，例えば次のような点を十分に考慮した上で，プロジェクトの特徴に応じた実効性が高い品質管理計画を策定し，実施しなければならない。

・信頼性などシステムに要求される事項を踏まえて，品質状況を的確に表す品質評価の指標，適切な品質管理の単位などを考慮した，プロジェクトとしての品質管理基準を設定すること

・摘出した欠陥の件数などの定量的な観点に加えて，欠陥の内容に着目した定性的な観点からの品質評価も行うこと

・品質評価のための情報の収集方法，品質評価の実施時期，実施体制などが，プロジェクトの体制に見合った内容になっており，実現性に問題がないこと

あなたの経験と考えに基づいて，設問ア～ウに従って論述せよ。

設問ア　あなたが携わったシステム開発プロジェクトの特徴，品質面の要求事項，及び品質管理計画を策定する上でプロジェクトの特徴に応じて考慮した点について，800字以内で述べよ。

設問イ　設問アで述べた考慮した点を踏まえて，どのような品質管理計画を策定し，どのように品質管理を実施したかについて，考慮した点と特に関連が深い工程を中心に，800字以上1,600字以内で具体的に述べよ。【計画】【実施】

設問ウ　設問イで述べた品質管理計画の内容の評価，実施結果の評価，及び今後の改善点について，600字以上1,200字以内で具体的に述べよ。

　　　　　会社標準 + PJの特徴 → アレンジ

第6章 品質

平成10年度 問3 第三者による設計レビューについて

解説はこちら

計画

　プロジェクトのメンバ以外の第三者をレビューアとして，設計レビューをすることがある。第三者による設計レビューは，プロジェクトのメンバが気づかない思い込み，誤解，技量のかたよりなどによる設計の不具合を摘出することをねらいとしている。

　しかし，第三者による設計レビューも，進め方によってはレビューの効果や効率が問題になることがある。例えば，レビューアは，しばしば，問題を発見するために膨大なドキュメントを解読することを要求されたり，自分の専門領域以外の検討に長い時間付き合わされたりする。また，レビューアが多くなると，議論が発散し，内容のある検討ができなくなることもある。

　第三者による設計レビューを効果的，効率的に行うために，プロジェクトマネージャは，
- 設計に潜在するリスクの予想と，重点的にレビューする内容の明確化
- 質問表の作成などの事前準備
- レビュー内容に応じたレビューアの選定
- レビュー参加者の絞込み

などについて工夫をする必要がある。

あなたの経験に基づいて，設問ア～ウに従って論述せよ。

設問ア あなたが携わったプロジェクトの概要と，第三者によって重点的にレビューした設計の内容について，800字以内で述べよ。

設問イ 設問アで述べたプロジェクトにおいて，第三者による設計レビューをどのように行ったか。レビュー内容の決め方，レビューアの選定方法，レビュー方法について，工夫した点を中心に具体的に述べよ。

計画

設問ウ 設問イで述べた設計レビューについて，どのように評価しているか。また，今後どのような改善を考えているか。それぞれ簡潔に述べよ。

レビューの基礎．

平成11年度 問3　設計レビューについて

解説はこちら

[計画]　設計の品質に問題があると手戻りが発生し，プロジェクトの進捗が遅延するだけでなく，プロジェクトの費用にも影響が及ぶことが多い。

設計の品質を高めるためには，設計の進め方の工夫や，設計要員の技術水準の確保も重要な要素であるが，設計レビューを的確に行うことも重要である。

設計上の問題点を見逃さない効果的なレビューを実現するためには，レビューの進め方についての工夫と，実施に当たっての周到な準備が必要となる。設計レビューの実施に当たって，十分な検討が必要な点としては，

- 性能，拡張性，方式上の実現可能性などの評価項目の設定
- それぞれの評価項目に対する評価基準の設定
- シミュレータやプロトタイプの活用など評価実施方法
- レビューチームの編成や必要な情報の収集などレビューの進め方

などが挙げられる。

あなたの経験に基づいて，設問ア～ウに従って論述せよ。

設問ア　あなたが携わった開発プロジェクトの概要と，**[計画]** 設計レビューで特に重視した評価項目を，重視した理由とともに，800字以内で述べよ。

設問イ　設問アで述べた評価項目について，どのような評価基準を設定し，どのような設計レビューを行ったか，工夫した点を中心に具体的に述べよ。また，その **[実施]** 設計レビューによって発見された **[問題]** 設計上の問題点についても述べよ。

設問ウ　あなたが実施した設計レビューを，有効性と効率性の観点からどのように評価しているか。また，今後改善したいと考えている点は何か。それぞれ簡潔に述べよ。

レビューの基礎．

第6章 品質

平成10年度 問1 システムテスト工程の進め方について

解説はこちら

問題
　システムテスト工程では，システムが運用可能なレベルにあることを確認するために，システムの機能や性能，操作性などについて総合的なテストが行われる。このテスト工程においては，テスト対象のシステムの品質が予想外に低い，計画したテストの手順・方法がうまく機能しない，テストツールが十分でない，必要なテスト環境が確保できない，などの要因から，計画どおりにテストを進めることが困難になることがある。

対応
　このような問題を乗り越えて，予定期間内に必要なテストを消化するためには，プロジェクトマネージャは，テスト順序の組替え，テスト方法の変更，テスト環境の強化などの施策をタイムリに実施する必要がある。
　また，施策の実施が後手後手にならないようにするには，問題点の早期発見が重要である。これには，システムの品質やテストの進捗状況を正確に把握するためのデータの収集や分析などについての工夫も必要となる。

　あなたの経験に基づいて，設問ア～ウに従って論述せよ。

問題
- **設問ア**　あなたが携わったプロジェクトの概要と，システムテスト工程で直面した課題を，800字以内で述べよ。

対応
- **設問イ**　設問アで述べた課題に対し，あなたが実施した施策について，あなたの工夫を中心に，その評価とともに，具体的に述べよ。
- **設問ウ**　システムテスト工程をより円滑に進めるために，今後改善したいと考えていることを，簡潔に述べよ。

→ H13-3

平成13年度 問3 テスト段階における品質管理について

問題
　システム開発のテスト段階では，開発したシステムが十分な品質を確保しているかどうかを判断するために，確認すべき項目とそれらの判定基準を定め，品質の測定を行う。測定の結果，不良が多い，不良の累積グラフが収束傾向を示さないなど，判定基準を満たさないことがある。このような場合，プロジェクトマネージャは，その原因を分析し，分析結果に基づく対策を実施して，稼働開始日までに品質を確保する必要がある。

対応
　原因分析では，不良が作り込まれた処理や工程を究明するために，パレート分析や特性要因図などの手法が有効である。そして，期間・コスト・資源などが限られたテスト段階では，作り込まれた不良を効率的に除去する必要がある。例えば，原因分析の結果から，特定の処理に不良が多いという傾向が判明すれば，同じような処理を行っているプログラムを机上で点検したり，集中的にテストしたりする。また，テスト方法を変更する，体制を見直すなど，状況に応じた対策も重要である。

　さらに，原因を掘り下げ，再発防止策を検討することが求められる。上記のような場合，特定の処理に不良が作り込まれた原因や，テスト段階前に摘出できなかった理由などを分析し，今後のシステム開発に生かすようにすることが重要である。

　あなたの経験と考えに基づいて，設問ア～ウに従って論述せよ。

設問ア　あなたが携わったプロジェクトの概要と，テスト段階で確認した項目及びそれらの判定基準を，800字以内で述べよ。

計画

問題　設問イ　テスト段階において品質を確保するために，測定結果が判定基準を満たさなかった原因をどのように分析し，その結果に基づいてどのような対策を実施したか。工夫した点を中心に具体的に述べよ。

対応　設問ウ　設問イで述べた活動をどのように評価しているか。また，今後どのような再発防止策を考えているか。それぞれ簡潔に述べよ。

第6章　品質

6.3 ・午後Ⅰ 章別の対策

午後Ⅱの問題文がある程度頭に入り「この点について書かないといけないのか」と把握できたら，続いて午後Ⅰ演習に入っていこう。この順番で進めると，午後Ⅰの練習にもなるし，午後Ⅱのコンテンツ部品のヒントにもなる。

●過去に出題された午後Ⅰ問題

表8　午後Ⅰ過去問題

年度	問題番号	テーマ	掲載場所	優先度		
				1	2	3
①レビュー（設計品質）						
H18	4	受付システムの再構築のためのプロジェクト運営	Web	→第1章		
H21	4	ソフトウェア開発の品質管理	Web		○	
H24	1	外部設計の状況確認	Web		○	
H30	2	システム開発プロジェクトの品質管理	本紙		○	
②テスト（単体テスト，結合テスト）						
H09	3	地方公共団体におけるシステム開発の進捗管理方法	Web			△
H09	5	システムの機能追加と品質管理	Web			△
H15	2	サービス提供後の機能追加開発	Web			△
H17	3	性能評価	Web			△
H17	4	コールセンタのシステムの機能を拡張するプロジェクト	Web			△
H22	1	新システムの構築	Web		○	
H23	3	システムの再構築	Web			△
H24	4	組込みシステム開発の結合テスト計画	Web		○	
H29	3	単体テストの見直し及び成果物の品質向上	Web		○	
③総合テスト						
H16	2	開発途中のプロジェクトの立直し	Web			△
H22	3	システム再構築	Web			△
④プロジェクト完了時の品質の評価						
H23	4	プロジェクトの評価	Web		○	

※掲載場所が "Web" のものは https://www.shoeisha.co.jp/book/present/9784798174914/ からダウンロードできます。詳しくは，ivページ「付録のダウンロード」をご覧ください。

平成21年に新試験制度に移行してからというもの，品質管理の問題がかなり増えてきている。表8を見れば一目瞭然だと思う。平成25～28年は若干落ち着いたが，平成29年には久しぶりに出題されている。連続で出題されても全く違和感はない。3つの成果目標（QCD）の一つだから，当然と言えば当然なのだが，単独問題になるとあまり多くないという印象だったのが，もはやそうは言ってられないだろう。

632

6.3 午後I 章別の対策

【優先度１】必須問題，時間を計って解く＋覚える問題

優先度１の問題とは，問題文そのものが良い教科書であり，（問題文そのものを）覚えておいても決して損をしない類の問題を指している。しかし，本章では特にない。

【優先度２】推奨問題，時間を計って解く問題

優先度１の問題のように問題文全体を覚えておく必要はないが，解答手順をチェックしたり，設問と解答（加えて，解答を一意に決定づける記述）を覚えたりした方がいい問題を，優先度２の問題として取り上げてみた。解答手順に特徴のあるものも含んでいるので，時間を計測して解いておきたい問題になる。

（１）問題の解き方を身につける練習をする

品質管理の問題は，定量的管理指標とその値が問題文中に示されているので，それを見て期待する品質が確保されているかどうかを判断するものが多い。そのため，個々の管理指標の意味を把握するとともに，その解き方も確認しておきたい。推奨問題は，平成21年度問4，平成22年度問1，平成23年度問4，平成24年度問1，平成24年度問4，平成30年度問2の6問。それぞれ異なる管理資料を使っている問題をピックアップした。解いておいて損はないだろう。

（２）午後Ⅱのネタとして定量的管理指標とその値を覚える

品質管理をテーマにした論文では，定量的管理指標が必要になる。つまり数字。プロジェクトマネジメント自体が定量的管理を目指しているので，ある程度数字が必要なのはどの章でも同じだが，品質管理に関しては，その部分がことさら強い。したがって，午後Ⅱ問題に対する"ネタ"＝"コンテンツ部品"の準備は，"定量的管理指標とその妥当な値"を収集するということになる。対象は全問題。そこに出てくる定量的管理指標とその値について収集していく。これは特に，時間を計測して解答しなくても構わない。一通り読み進めていこう。

特に，平成30年度問2は，設計品質の重要性を"設計限界品質"という概念で説明している。不具合を摘出工程だけではなく，混入工程をも含めて検討・評価する問題は平成23年度問4以来の出題になる。この2問は，実際のプロジェクトはもちろんのこと，午後Ⅱ（論文）のコンテンツとしても役立つものなので，しっかりと目を通しておきたい。

633

第6章 品質

6.4 午前Ⅱ 章別の対策

　現段階の知識を確認したら午前Ⅱ対策を進めていこう。以下に本章に属する午前問題を集めてみた。

●過去に出題された午前Ⅱ問題

表9　午前Ⅱ過去問題

テーマ			出題年度 - 問題番号（※1，2）		
品質マネジメント	①	品質尺度	H30-14		
品質特性	②	システムの非機能要件	H22-22		
	③	信頼性	H17-30	H14-28	
	④	効率性	H23-8	H21-5	
	⑤	保守性の評価指標	R02-12	H27-14	H25-13
			H22-11		
	⑥	満足性	H30-12		
テストケース設計技法	⑦	ブラックボックステストのテストデータ作成方法	H19-18	H16-23	
	⑧	ホワイトボックステストのテストケース作成方法	H20-18		
	⑨	All-Pair 法（ペアワイズ法）	H31-16		
テスト	⑩	システム適格性確認テスト	H30-16		
	⑪	設計アクティビティとテストの関係	H24-16	H21-12	
	⑫	エラー埋込み法による残存エラーの予測（1）	H19-19	H17-20	
	⑬	エラー埋込み法による残存エラーの予測（2）	H26-16		
	⑭	工程品質管理図の解釈	H15-22		
	⑮	テスト完了基準を用いた終了判定	H20-19		
レビュー	⑯	インスペクションとウォークスルーの最大の違い	H15-21		
	⑰	ウォークスルー，インスペクション，ラウンドロビン	H17-19		
	⑱	コードインスペクションの効果	H21-1	H19-24	H14-23
ＱＣ七つ道具とグラフ他	⑲	データのグラフ化	H22-13		
	⑳	グラフの使い方（1）	H18-30		
	㉑	グラフの使い方（2）	H21-6	H19-31	
	㉒	図やチャートの使い方	H20-30		
	㉓	積み上げ棒グラフ	H23-9	H18-29	
	㉔	パレート図（1）	H17-49		
	㉕	パレート図（2）	H30-13		
	㉖	パレート図（3）	H19-49		
	㉗	パレート図（4）	H26-15		
	㉘	ヒストグラム（1）	H18-48		
	㉙	ヒストグラム（2）	H24-12		
	㉚	$\bar{X}-R$ 管理図	H24-8		

テーマ			出題年度 - 問題番号 (※1，2)		
CMMI	㉛	CMMI	H23-18		
	㉜	CMMI の目的（1）	H24-18	H18-14	
	㉝	CMMI の目的（2）	H28-18		
	㉞	レベル5	H17-25	H14-22	
	㉟	レベル4	H19-11		
SPA	㊱	SPA	H28-1	H26-1	H22-9

※1．平成14年度～平成20年度のプロジェクトマネージャ試験の午前試験，及び平成21年度～令和3年度のプロジェクトマネージャ試験の午前Ⅱ試験の合計710問より，プロジェクトマネジメントの分野だと考えられるものを抽出。

※2．問題は，選択肢まで含めて全く同じ問題だけではなく，多少の変更点であれば，それも同じ問題として扱っている。

※3．表9の午前Ⅱ過去問題は下記のサイトにあるので，問題と解答をダウンロードして解いておこう。

URL：https://www.shoeisha.co.jp/book/present/9784798174914/

第6章 品質

午後Ⅰ演習

平成30年度　問2

問2　システム開発プロジェクトの品質管理に関する次の記述を読んで，設問 1〜3 に答えよ。

　　K 社は SI 企業である。K 社の L 課長は，これまで多くのシステム開発プロジェクトを経験したプロジェクトマネージャ（PM）で，先日も生命保険会社の新商品に対応したスマートフォンのアプリケーションソフトウェアの開発（以下，前回開発という）を完了したばかりである。

　　K 社の品質管理部門では，品質管理基準（以下，K 社基準という）として，工程ごとに，レビュー指摘密度，摘出欠陥密度などの指標に関する基準値を規定している。L 課長も K 社基準に従った品質管理を行ってきた。前回開発においても，各工程の"開発プロセスの品質"（以下，プロセス品質という）と，各工程完了段階での"成果物の品質"（以下，プロダクト品質という）は，定量評価においては K 社基準に照らして基準値内の実績であり，定性評価を含めて，全工程を通じておおむね安定的に推移した。稼働後にも欠陥は発見されていない。

　　しかし，新たなサービスを市場に適切に問い続けていきたいという顧客のニーズに応えるためには，第 1 段階として設計・製造工程で品質を確保する活動を進め，第 2 段階として設計そのものをより良質にしていく必要があると考えていた。そこで L 課長はまず，前回開発の実績値を基にして，設計・製造工程で品質を確保する活動に資する新しい品質管理指標の可能性について検討することにした。

〔L 課長の認識〕

　　L 課長は，前回開発を含む過去のプロジェクトの経験や社内の事例から，品質管理について，次のような認識をもっていた。

・最終的なプロダクト品質は，"設計工程における成果物から，その成果物に内包される欠陥を全て除去した品質"（以下，設計限界品質という）で，おおむねその水準が決まる。製造工程とテスト工程においても設計の修正は行われるが，そのほとんどは設計の欠陥の修正にとどまり，より良質な設計への改善につながるケースはまれである。つまり，①テスト工程からでは，最終的なプロダクト品質を大きく向上させることはできない。この設計限界品質が低い場合には，システムのライフサイクル全体に悪影響を及ぼすことがある。したがって，設計限界品質そのものを高

めることが，本質的に重要である。

・K社の過去の事例を分析すると，全工程を通算した総摘出欠陥数は，開発規模と難易度が同等であれば近似する値となっている。ただし，設計工程での欠陥の摘出が不十分な場合には，開発の終盤で苦戦し，納期遅れとなったり，納期遅れを計画外のコスト投入でリカバリするような状況が発生したりしていた。これは，設計工程完了時点で，設計限界品質と実際のプロダクト品質との差が大きい状況であった，と言い換えることができる。

・現在のK社基準に規定されている工程ごとの摘出欠陥密度の基準値には，複数の工程で混入した欠陥が混ざっている。そのため，②工程ごとの摘出欠陥密度だけを見て評価すると，ある状況の下では品質に対する判断を誤り，品質低下の兆候を見逃すリスクがある。

〔新しい品質管理指標〕

　L課長は，新しい品質管理指標を検討するに当たって，次のように考えた。

・欠陥は，混入した工程で全て摘出することが理想である。特に設計・製造の各工程で，十分に欠陥を摘出せずに後工程に進むと，後工程の工数を増大させる要因となり，最終的にプロジェクトに悪影響を及ぼす可能性がある。

・テスト工程は，工程が進むにつれ，それよりも前の工程と比較して制約が厳しくなっていく要素があるので，仮に予算，人員及びテスト環境に一定の余裕があったとしても，③製造工程までに混入した欠陥の摘出・修正ができなくなるリスクが高まる。したがって，テスト工程よりも前の工程でプロダクト品質を確保するための指標を検討すべきである。

・今回の検討では，設計限界品質そのものを高めるという最終目標の前段階として，テスト工程よりも前の工程において，設計限界品質に対する到達度を測定する指標を検討する。

・指標を考えるに当たって，当初はモデルを単純にするために，基本設計よりも前の工程やテスト工程で混入する欠陥及び稼働後に発見される欠陥は，対象外とする。

・まず，設計・製造の各工程について，自工程で混入させた欠陥を自工程でどれだけ摘出したか，という観点で“自工程混入欠陥摘出率”の指標を設ける。

・次に，設計・製造の各工程において，基本設計工程から自工程までの工程群で混入

637

第6章　品質

させた欠陥を，自工程完了までにどれだけ摘出したか，という観点で"既工程混入欠陥摘出率"の指標を設ける。この指標は，自工程までの工程群の，品質の作り込み状況を判断するための指標となる。

・これら二つの指標は，④テスト工程を含む全工程が完了しないと確定しないパラメタを含んでいる。したがって，各工程完了時点でこれらの指標を用いて評価する際には，そのパラメタが正しいと仮定した上での評価となる点に，注意が必要となる。

　L課長は，検討した新しい品質管理指標を，表1のとおりに整理した。

表1　L課長が検討した新しい品質管理指標

指標	内容	詳細設計工程の場合の計算例	
		分子（単位：件）	分母（単位：件）
(a)自工程混入欠陥摘出率（％）	自工程で混入させた欠陥を，自工程でどれだけ摘出したか。	詳細設計工程で混入させた欠陥のうち，詳細設計工程で摘出した欠陥数	詳細設計工程で混入させた欠陥数
(b)既工程混入欠陥摘出率（％）	基本設計工程から自工程までの工程群で混入させた欠陥を，自工程完了までにどれだけ摘出したか。	基本設計及び詳細設計の工程で混入させた欠陥のうち，基本設計及び詳細設計の工程で摘出した欠陥数	基本設計及び詳細設計の工程で混入させた欠陥数

〔前回開発の欠陥の摘出状況〕

　L課長は，前回開発における工程ごとの欠陥の摘出状況を，表2のとおりに整理した。

表2　前回開発における工程ごとの欠陥の摘出状況

		摘出工程ごとの欠陥数（件）						混入工程ごとの総欠陥数（件）
		基本設計	詳細設計	製造	単体テスト	結合テスト	総合テスト	
混入工程ごとの欠陥数（件）	基本設計	61	18	8	3	7	12	109
	詳細設計	－	101	9	8	71	3	192
	製造	－	－	143	131	11	0	285
摘出工程ごとの総欠陥数（件）		61	119	160	142	89	15	586
(a)自工程混入欠陥摘出率（％）		56.0	52.6	（イ）				
(b)既工程混入欠陥摘出率（％）		56.0	59.8	（ロ）				

L課長はまず，基本設計，詳細設計及び製造の各工程で混入した欠陥のうち，自工程で摘出できなかった欠陥について，摘出工程を精査した。特に，テスト工程まで摘出が遅れて，対処のコストを要した欠陥について，予防のコストを掛けていればテスト工程よりも前の工程で摘出できたのではないか，という⑤品質コストの観点からの精査を行った。その結果は，一部の欠陥を除いて，品質コストに関する大きな問題はないという評価であった。次に，テスト工程で摘出することがスケジュールに与えた影響を評価した。これら二つの評価結果を総合して，これらの欠陥がテスト工程で摘出されたことには大きな問題はなかったと判断した。

その上でL課長は，過去の事例から，表3に示すα群，β群に該当するプロジェクトを抽出した。

表3 L課長が抽出したプロジェクト群の特性

分類	K社基準でのプロセス品質とプロダクト品質の評価	最終的なプロダクト品質	進捗の状況
α群	全工程を通じて，おおむね安定的に推移	良好	全工程を通じて順調
β群	テストの一部の工程で欠陥の摘出が多いが，その他の工程は良好，又は，若干の課題があるものの良好	良好，又は，若干の課題があるものの良好	テスト工程で多くの欠陥が摘出されて納期遅れが発生，又は，多くの欠陥への対処に計画外のコストを投入してリカバリ

L課長は，これら二つのプロジェクト群に対して，前回開発と同様に新しい品質管理指標による定量分析を行い，　　a　　を確認した。分析の結果によってL課長は，新しい品質管理指標の有効性に自信を深めることができたので，この活動を更に進めていこうと考えた。そこでL課長は，次の二つの条件を満たすプロジェクトを抽出し，これらのプロジェクトにおける新しい品質管理指標の定量分析の結果から，次回の開発における新しい品質管理指標の目標値を設定した。

・α群に含まれる

・開発規模と難易度が，次回の開発と同等である

そして新しい品質管理指標が，設計・製造工程で品質を確保するという目的に対して有効に機能するかどうかを，次回の開発において検証することにした。

第 6 章　品質

設問 1　〔L 課長の認識〕について，(1)，(2)に答えよ。

(1)　本文中の下線①について，L 課長の認識では，テストとはプロダクト品質
をどのようにする活動だと考えているのか。20 字以内で述べよ。

(2)　本文中の下線②について，品質に対する判断を誤るようなある状況とはど
のような状況か。35 字以内で述べよ。

設問 2　〔新しい品質管理指標〕について，(1)，(2)に答えよ。

(1)　本文中の下線③について，L 課長はなぜ，製造工程までに混入した欠陥の
摘出・修正ができなくなるリスクが高まると考えたのか。35 字以内で述べよ。

(2)　本文中の下線④について，テスト工程を含む全工程が完了しないと確定し
ないパラメタとは何か。15 字以内で述べよ。

設問 3　〔前回開発の欠陥の摘出状況〕について，(1)～(3)に答えよ。

(1)　表 2 中の（イ），（ロ）に入れる適切な数値を求めよ。答えは百分率の小数
第 2 位を四捨五入して小数第 1 位まで求め，99.9％の形式で答えよ。

(2)　本文中の下線⑤について，テスト工程まで摘出が遅れても，品質コストに
関する大きな問題がないと判断されるのは，どのようなケースか。30 字以内
で述べよ。

(3)　本文中の　　　a　　　に当てはまる，L 課長が確認した内容を，35 字以内で
具体的に述べよ。

午後Ⅰ演習

〔解答用紙〕

設問1	(1)															
	(2)															
設問2	(1)															
	(2)															
設問3	(1)	イ														
		ロ														
	(2)															
	(3)	a														

641

第6章 品質

問題の読み方とマークの仕方

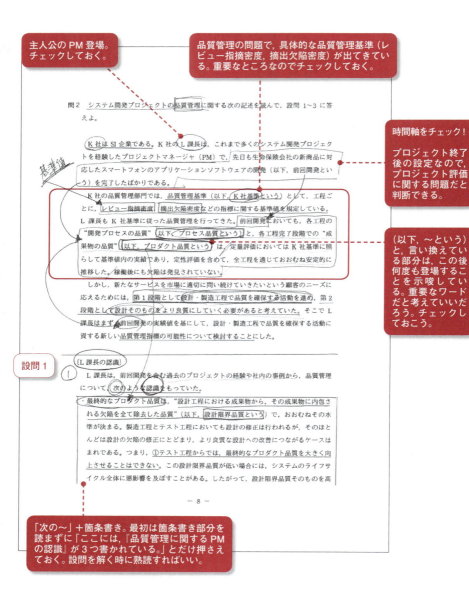

箇条書きの段落が連続しているので，大きく次のように捉えておく。

「L課長の品質管理に関する認識」
→「新しい品質管理指標を検討するに当たって考えたこと」

その上で，関連性のある部分には，このように"→"でつなげておくと頭の中が整理できるし，後で設問に解答する時にも，解答を探しやすい。

めることが，本質的に重要である。

・K社の過去の事例を分析すると，全工程を通算した総摘出欠陥数は，開発規模と難易度が同等であれば近似する値となっている。ただし，設計工程での欠陥の摘出が不十分な場合には，開発の終盤で苦戦し，納期遅れとなったり，納期遅れを計画外のコスト投入でリカバリするような状況が発生したりしていた。これは，設計工程完了時点で，設計限界品質と実際のプロダクト品質との差が大きい状況であった，と言い換えることができる。

・現在のK社基準に規定されている工程ごとの摘出欠陥密度の基準値には，複数の工程で混入した欠陥が混ざっている。そのため，②工程ごとの摘出欠陥密度だけを見て評価すると，ある状況の下では品質に対する判断を誤り，品質低下の兆候を見逃すリスクがある。

〔新しい品質管理指標〕

L課長は，新しい品質管理指標を検討するに当たって，次のように考えた。

・欠陥は，混入した工程で全て摘出することが理想である。特に設計・製造の各工程で，十分に欠陥を摘出せずに後工程に進むと，後工程の工数を増大させる要因となり，最終的にプロジェクトに悪影響を及ぼす可能性がある。

・テスト工程は，工程が進むにつれ，それよりも前の工程と比較して制約が厳しくなっていく要素があるので，仮に予算，人員及びテスト環境に一定の余裕があったとしても，③製造工程までに混入した欠陥の摘出・修正ができなくなるリスクが高まる。したがって，テスト工程よりも前の工程でプロダクト品質を確保するための指標を検討すべきである。

・今回の検討では，設計限界品質そのものを高めるという最終目標の前段階として，テスト工程よりも前の工程において，設計限界品質に対する到達度を測定する指標を検討する。

・指標を考えるに当たって，当初はモデルを単純にするために，基本設計よりも前の工程やテスト工程で混入する欠陥及び稼働後に発見される欠陥は，対象外とする。

・まず，設計・製造の各工程について，自工程で混入させた欠陥を自工程でどれだけ摘出したか，という観点で"自工程混入欠陥摘出率"の指標を設ける。

・次に，設計・製造の各工程において，基本設計工程から自工程までの工程群で混入

- 9 -

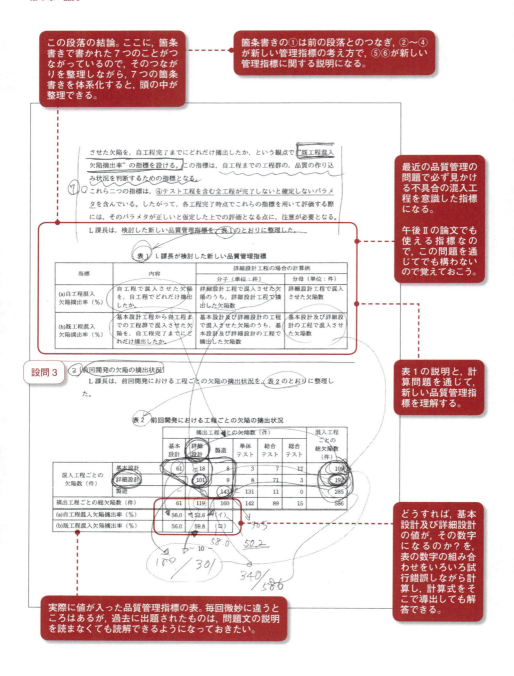

品質コストに関する知識も問われている。特に、初めて目にした言葉でも、おおよその意味は分かると思うし、何より、今回のように問題文の中に説明があることも多いので、問題文を解く過程で理解することをあきらめないこと。

「～の観点」という言葉も、午後Ⅰ、午後Ⅱともによく使われる言葉になる。

しかも、今回のように解答を確定させるために重要な役割を果たすことも多いので、この表現に慣れておこう。

L課長はまず、基本設計、詳細設計及び製造の各工程で混入した欠陥のうち、自工程で摘出できなかった欠陥について、摘出工程を精査した。特に、テスト工程まで摘出が遅れて、処置のコストを要した欠陥について、予防のコストを掛けていればテスト工程よりも前の工程で摘出できたのではないか、という品質コストの観点から精査を行った。その結果は、一部の欠陥を除いて、品質コストに関する大きな問題はないという評価であった。次に、テスト工程で摘出することがスケジュールに与えた影響を評価した。これら二つの評価結果を総合して、これらの欠陥がテスト工程で摘出されたことには大きな問題はなかったと判断した。

その上でL課長は、過去の事例から、表3に示すα群、β群に該当するプロジェクトを抽出した。

表3 L課長が抽出したプロジェクト群の特性

分類	K社基準でのプロセス品質とプロダクト品質の評価	最終的なプロダクト品質	進捗の状況
α群	全工程を通じて、おおむね安定的に推移	良好	全工程を通じて順調
β群	テスト工程の一部の工程で欠陥の摘出が多いが、その他の工程は良好、又は、若干の課題があるものの良好	良好、又は、若干の課題があるものの良好	テスト工程で多くの欠陥が摘出されて納期遅れが発生、又は、多くの欠陥への対処に計画外のコストを投入してリカバリ

この表は、過去にはないものになる。したがって、この問題文を解いている時に理解しないといけないが、初登場の図や表には、必ず丁寧な説明がついているので、多少時間がかかっても正確に読み取ることが重要になる。

この表の前後に、この表の役割や位置付け、利用目的等が書いているので、そこからも正確に読み取るようにしよう。

また、一度解いた後は、覚えておきたい。

L課長は、これら二つのプロジェクト群に対して、前回開発と同様に新しい品質管理指標による定量分析を行い、　a　を確認した。分析の結果によってL課長は、新しい品質管理指標の有効性に自信を深めることができたので、この活動を更に進めていこうと考えた。そこでL課長は、次の二つの条件を満たすプロジェクトを抽出し、これらのプロジェクトにおける新しい品質管理指標の定量分析の結果から、次回の開発における新しい品質管理指標の目標値を設定した。

・α群に含まれる
・開発規模と難易度が、次回の開発と同等である

そして新しい品質管理指標が、設計・製造工程で品質を確保するという目的に対して有効に機能するかどうかを、次回の開発において検証することにした。

－ 11 －

この表現が「1ページ目で使われていたものだ」とすぐにわかったかどうかは、午後Ⅰ記述式を解答する上で、とても重要なチェックポイントになる。わからなかった場合は、1ページ目の記述を忘れていることになる。しかも（以下、～という）という表現を軽く考えている可能性も高い。1ページ目に書かれていることは、設問の後半でも、忘れてはいけない。常に、全体との関連性を意識して覚えておこう。

第6章 品質

設問1 〔L課長の認識〕について，(1)，(2)に答えよ。

(1) 本文中の下線①について，L課長の認識では，テストとはプロダクト品質
をどのようにする活動だと考えているのか。20字以内で述べよ。

(2) 本文中の下線②について，品質に対する判断を誤るようなある状況とはど
のような状況か。35字以内で述べよ。

設問2 〔新しい品質管理指標〕について，(1)，(2)に答えよ。

(1) 本文中の下線③について，L課長はなぜ，製造工程までに混入した欠陥の
摘出・修正ができなくなるリスクが高まると考えたのか。35字以内で述べよ。

(2) 本文中の下線④について，テスト工程を含む全工程が完了しないと確定し
ないパラメタとは何か。15字以内で述べよ。

設問3 〔既回開発の欠陥の摘出状況〕について，(1)～(3)に答えよ。

(1) 表2中の（イ），（ロ）に入れる適切な数値を求めよ。答えは百分率の小数
第2位を四捨五入して小数第1位まで求め，99.9%の形式で答えよ。

(2) 本文中の下線⑤について，テスト工程まで摘出が遅れても，品質コストに
関する大きな問題がないと判断されるのは，どのようなケースか。30字以内
で述べよ。

(3) 本文中の　　a　　に当てはまる，L課長が確認した内容を，35字以内で
具体的に述べよ。

－ 12 －

まずは，どこに直
接的な該当箇所が
あるのかをチェッ
クしておく。

今回も，1つの段
落に1つの設問と
してきれいに分か
れている。最近の
主流だが，この場
合，問題文を頭か
ら順番に読み進め
ながら，設問をひ
とつずつ順番に解
いていけばいいだ
ろう。

午後Ⅰ演習

IPA 公表の出題趣旨・解答・採点講評

出題趣旨

　システム開発プロジェクトにおいて，プロジェクトマネージャ（PM）は，適切な品質管理計画を立案し，実践した上で，実績を適切に分析・評価して，得られた成果や知見をその後のプロジェクトや，組織の他のプロジェクトに活用することが求められる。

　本問では，設計工程での品質確保を目指す組織のプロジェクトを題材に，PM の品質管理に関する実践的な能力を問う。

設問		解答例・解答の要点	備考
設問 1	(1)	設計限界品質に近づける活動	
	(2)	自工程よりも前の工程群での欠陥摘出が不十分だった状況	
設問 2	(1)	・テスト工程は納期に近く，時間の余裕が少ないから ・テスト工程は時間の制約で，手戻りをリカバリする余裕が少ないから	
	(2)	・混入工程ごとの総欠陥数 ・指標における分母	
設問 3	(1) イ	50.2	
	ロ	58.0	
	(2)	対処のコストが，予防のコスト以下であったケース	
	(3) a	・α群に関する新しい品質管理指標の数値が，β群よりも高いこと ・両群について，新しい品質管理指標の結果に有意な差があること	

採点講評

　問 2 では，混入工程に着目した定量的品質管理について出題した。

　定量的品質管理において，品質状況を正しく把握するためには，どの工程で誤りを混入させたのかという観点での分析が重要である。改めて，定量的品質管理の基本を，しっかり理解しておいてほしい。

　設問 2 (1) では，予算，人員及びテスト環境に一定の余裕があったとしても，欠陥の摘出・修正ができなくなるリスクに関し，テスト工程が，前の工程と比較して制約が厳しくなっていく要素について問うた。本問の PM が設計・製造工程において "設計限界品質" への到達度を高めようとした背景を読み取って，テスト工程における時間の制約を意識して解答してほしかった。時間は，他の資源と比較して調達の難しい資源である。PM はそのことを強く意識しておいてほしい。

　なお，設問 3 (1) について，計算や四捨五入のミスが多かったのは，残念であった。PM は，ステークホルダに対して，正確な情報を提供していく責務がある。数値には慎重に対応してほしい。

647

第6章 品質

解説

設問 1

　設問1は，問題文1ページ目，括弧の付いた一つ目の〔L課長の認識〕段落に関する問題である。ちょうど2ページの真ん中あたりまでが対象の範囲内になるので，そこまで読んで解答する。

■ 設問 1（1）

問題文から状況を読み取る設問　　　　　　　　　　　「問題文導出－解答加工型」

【解答のための考え方】

　設問に「本文中の下線①について」とあるので，まずは下線①を確認する。

> ①テスト工程からでは，最終的なプロダクト品質を大きく向上させることはできない。

　次に，下線①を含むブロックを確認する。この場合だと，L課長の認識が箇条書きで3つ書いているが，そのうちの1つ目である。文章には適切な順序があるので，下線①を含む前後を確認するのは鉄則だ。そこである程度解答に必要な情報を入手し解答を考える。そこに無ければ，さらに範囲を広げていくという感じだ。ある程度広げても解答を一意にする決め手が無ければ，いったんストップし次の設問に行くか，知識解答型として解答をするという選択を考える。

　また，この時に下線①の中にあるキーワードを中心に押えていくことが重要になる。この下線①だと，"**テスト工程**"に関する記述と"**プロダクト品質**"に関する記述である。それらのことに言及しているところをピックアップする。

648

午後Ⅰ演習

【解説】

下線①を含むブロック（L課長の認識の箇条書きで書いている3つのうちの1つ目）に書かれていることの中に，設問で問われているL課長の認識「**テストとはプロダクト品質をどのようにする活動だと考えているのか。**」に関連する記述があるかどうかをピックアップする。

まずは"テスト"についての記述をまとめる。

- 設計の修正が行われる
- ほとんどが設計の欠陥の修正にとどまり，より良質な設計への改善につながるケースはまれ

次に"プロダクト品質"についての記述をまとめる。

- プロダクト品質は，設計限界品質で，おおむねその水準が決まる
- 設計限界品質が低い場合には，システムのライフサイクル全体に悪影響を及ぼす
- 設計限界品質を高めることが本質的に重要である

以上より，プロダクト品質が設計限界品質によって決まるもので，テストが設計の修正，つまり設計の欠陥の修正と書いているので，それをまとめると「**設計限界品質に近づける活動（13字)**」になる。

【自己採点の基準】（配点5点）

IPA公表の解答例（網掛け部分は問題文中で使われている表現）
設計限界品質に近づける**活動**（13字）

下線①を含むブロック（L課長の認識の箇条書きで書いている3つのうちの1つ目）を一言でまとめると「プロダクト品質が設計限界品質で決まる」ということになる。しかも"設計限界品質"というワードが3回も使われていて，最初と最後の結論にも使われていることから考えて，このブロックの最重要キーワードが"設計限界品質"ということになる。したがってこのワードは解答に含めないといけないと考えた方がいいだろう。

最後のくくりは設問で問われているのが「活動」なので，それでまとめるとして，後は"限界"なので「近づける」というワードが適切だろう。それを「高める」とか「向上させる」と書いたら意味が変わってくる（限界そのものを高めるという意味になる）ので，厳しくとられると間違いになるので，試験本番の時には注意しよう。

649

第6章　品質

■ 設問 1（2）
問題文から状況を読み取る設問　　　　　　　　　　　「問題文導出－解答加工型」

【解答のための考え方】

　この設問も，下線についての設問なので設問 1（1）と同じように考えればいい。

> ②工程ごとの摘出欠陥密度だけを見て評価すると，ある状況の下では品質に対
> する判断を誤り，品質低下の兆候を見逃すリスク

　問われているのは下線②の「ある状況とはどのような状況か」なので，下線②を
含むブロック（L 課長の認識が箇条書きで 3 つ書いているが，そのうちの最後の 3
つ目）を確認する時に，**"摘出欠陥密度"** についての説明を明確にするとともに，**"判
断を誤り，品質低下の兆候を見逃すリスク"** になる状況に関する記述を探す。

【解説】

　"摘出欠陥密度" に関しては，問題文 1 ページ目の 6 行目に記載されているが，
元々 K 社の品質管理基準として使用しているものであった。しかし，下線②を含む
箇条書きの 3 つ目のところでは，**「工程ごとの摘出欠陥密度の基準値には，複数の工
程で混入した欠陥が混ざっている。」** ことで，下線②のリスクが発生するとしてい
る。つまり，これが摘出欠陥密度だけを見て評価すると，品質低下の兆候を見逃す
リスクになる。

　次に **"判断を誤り，品質低下の兆候を見逃すリスク"** になる状況についての記述
を探す。しかしこのブロックには特にそれらしきものは無い。そこで，箇条書きの
2 つ目に対象範囲を広げて熟読する。すると，そこには次のような記述がある。

> 設計工程での欠陥の摘出が不十分な場合には，開発の終盤で苦戦し，納期遅れ
> となったり，納期遅れを計画外のコスト投入でリカバリするような状況が発生
> したりしていた。これは，設計工程完了時点で，設計限界品質と実際のプロダ
> クト品質との差が大きい状況であった

　ここに，品質低下が納期や予算に影響を与える状況を書いている。要するに，午
後 I 試験で頻出の「手戻り」に関する記述で，ここが「ある状況」について言及し
ている箇所になる。

650

以上より「どんな状況なのか」を解答としてまとめるわけだが，ここに書いている「設計限界品質と実際のプロダクト品質との差が大きい状況」や「設計工程での欠陥の摘出が不十分な（状況）」をそのまま解答にすると，設計工程に限定してしまうので，そこを汎用的に「前工程」に置き換えて解答する。そうすると「設計工程での欠陥の摘出が不十分な（状況）」の方が解答に使いやすいので，「自工程よりも前の工程での欠陥の摘出が不十分な状況（24字）」のようにまとめればいいだろう。

【自己採点の基準】（配点 8 点）

IPA 公表の解答例（網掛け部分は問題文中で使われている表現）
・自工程よりも前の工程群での欠陥摘出が不十分だった状況（26 字）

解答例で使われている「工程群」という表現は，下線②よりも後の〔新しい品質管理指標〕の段落に出てくるワードになる。下線②よりも前の表現だと問題文 1 ページ目の 7 行目にある「各工程」というワードだ。そのあたりは「自工程よりも前の工程で」という表現でも同じ意味で伝わるので，どういった表現を使っても採点には影響しないだろう。但し，下線②の一つ上の箇条書き部分にある「設計工程」に限定してしまうと正解かどうかは微妙になる。というのも下線②の直前の一文で，「…（略）工程ごとの摘出欠陥密度の基準値には，複数の工程で混入した欠陥が混ざっている。」ということに言及しており，下線②を含むこの部分では，後述されている〔新しい品質管理指標〕の段落で検討された新しい品質管理指標の「既工程混入欠陥摘出率」の必要性につながるようになっているからだ。したがって「設計工程」という表現よりも「前の工程」などの相対的な表現の方が適切になる。

なお，この設問の解答例のように，後述する段落（今回だと〔新しい品質管理指標〕に解答表現で使うワードやヒントが出てくることがたまにある。特に，今回のような課題が発生していて，その課題を考え，対策を決定するような論旨展開の場合には，その可能性が高くなる。したがって，問題文を前から順番に熟読しながら設問 1 から順番に解答していくスタイルの人は，次の設問を解いている時に適切な表現が出てきたと思ったら，そこで前の設問の解答を修正することも考えておこう。あるいは，この設問を解いている時に，対象となる段落以後のうち，特に"対策に関する記述のある"段落に目を通すのもいいだろう。

第6章　品質

設問2

　設問2は，問題文2ページ目，括弧の付いた二つ目の〔**新しい品質管理指標**〕段落に関する問題である。今回のメインの段落と言っても過言ではない"対策，改善策"もしくは"（主人公の）プロジェクトマネージャが実施した正解"に言及している段落だ。ここで実施した対策が，それこそ"あるべき姿"になるので，設問1や設問3にも関連してくる段落だと考えておこう。

■ 設問2（1）

PM の考えを読み取る設問	「問題文導出－解答加工型」

【解答のための考え方】

　この設問も，下線についての設問なので設問1と同じように考えればいい。但し，設問1の下線①，下線②と違って，下線③の前に2行以上の文があるので，そこを含めて解答を考える必要がある。

> この部分が最大のヒントになる

> ・テスト工程は，工程が進むにつれ，それよりも前の工程と比較して制約が厳しくなっていく要素があるので，仮に予算，人員及びテスト環境に一定の余裕があったとしても，③製造工程までに混入した欠陥の摘出・修正ができなくなるリスクが高まる。したがって，テスト工程よりも前の工程でプロダクト品質を確保するための指標を検討すべきである。

　赤の下線部分の「**制約**」とは，プロジェクトマネージャ試験では，"納期の制約"，"予算の制約"という意味でよく使われる言葉になる。

　また，その「**制約が厳しくなっていく**」という表現の直後に「**仮に予算，人員及びテスト環境に一定の余裕があったとしても**」という文があることから，これら（予算，人員，テスト環境）は，ここでいう「**制約**」には該当しないと言及している。

　以上より，赤の下線部分の「**制約**」は"納期の制約"だと限定できる。これは下線③を含む文全体から考えても，そう読み取ることができる。したがって，赤の下線部分の「制約」を"納期の制約"，"時間的制約"に置き換えて理解すればいいだろう。すると，極々当たり前のことになってしまうが「テスト工程は，工程が進むにつれ納期が迫り時間的余裕がなくなるから」という解答がイメージできる。後は，問題文の関連箇所を熟読して，その解答でいいかどうか，あるいはどこかに"解答を一意に決める表現"があるのかを確認して解答する。

【解説】

　問題文の〔新しい品質管理指標〕段落までの部分をさっと見直し，〔新しい品質管理指標〕段落を最後まで熟読してみたが，特に，この設問に対する解答を一意に決定する記述もヒントも無かった。そこで知識解答型だと判断して，最初に考えた「テスト工程は，工程が進むにつれ納期が迫り時間的余裕がなくなるから（32字）」を解答とする。

【自己採点の基準】（配点 8 点）

IPA 公表の解答例（網掛け部分は問題文中で使われている表現）
・テスト工程は納期に近く，時間の余裕が少ないから（23字） ・テスト工程は時間の制約で，手戻りをリカバリする余裕が少ないから（31字）

　まず，解説に書いたとおり「制約」は"納期の制約"，"時間的制約"に限定されるので，解答例のように「納期に近く，時間の余裕が少ない」や，「時間の制約で，余裕が少ない」のような表現は必須になる。なお，予算や人員，テスト環境などを含めると不正解だと判断した方がいいだろう。それらに対して，問題文には「一定の余裕があったとしても」という表現をしているからだ。

　また，解答例の二つ目には「手戻りをリカバリする」という表現を含めている。これは一つ目の解答例には無いので，ここでは無くてもいい表現ではあるが，下線③のリスクが「製造工程までに混入した欠陥の摘出・修正」という「手戻り」に関するものなので，その表現を使ってもいいだろう。過去にも，知識解答型設問の多くで"手戻り"という表現が使われている。この問題も究極的には「手戻り」に関連するものだ。いつでもどんな設問でも，解答に「手戻り」というワードが入る可能性について考えておくといいだろう。

653

第6章　品質

■ 設問2（2）
問題文から最適な解答を探し出す問題　　　　　　　　　「問題文導出－解答抜粋型」

【解答のための考え方】

　これまで同様，下線④について考える。この設問に着手するまでに，少なくとも
問題文の1ページ目，2ページ目，3ページ目の中盤までの2ページ半は熟読できて
いるはず。その流れで考えればいいだろう。

> これら二つの指標は，<u>④テスト工程を含む全工程が完了しないと確定しないパ
> ラメタ</u>を含んでいる。

　上記の「**これら二つの指標**」とは，表1や表2にある「**自工程混入欠陥摘出率**」と
「**既工程混入欠陥摘出率**」になる。それを前提に下線④を言い換えると，これら二つ
の指標の計算式には，全工程が完了しないと確定しないものがあるということだ。
したがって，それぞれの計算式に関して確認し，どのパラメタが全工程を完了しな
いと確定しないのかを考えればいいだろう。

　なお，一般的に知識解答型として考えれば，品質管理指標の計算でよく使われる
「**総バグ数**」や「**潜在的バグ数**」になる。これらは全工程が完了し，すべてのバグが
無くなって初めてわかるものになる。午前問題でもたまに見かけるが，それゆえテ
スト中はそれらに予測値を用いている。それが「**そのパラメタが正しいと仮定した
上での評価**」なのだと思われる。

　そのあたりの知識も加味しながら，少なくとも問題文では"バグ"とは言わない
ので，「**総バグ数**」や「**潜在的バグ数**」と同じ意味の表現を探す方向で考えよう。

【解説】

　探すものは明確なので，まずは表1からチェックする。ここに「**詳細設計工程の
場合の計算例**」に関する記述があり，そこにパラメタになり得る分母と分子が書い
ているので，そこを探してみる。しかし，特に解答に使えそうな直接的表現はない。
実際には「分母」が「総欠陥数」を指しているので，ここで気付く可能性はあるも
のの，次の表2で確認した方がわかりやすい。

　そこで次に，次の段落ではあるものの，実際に計算している「**表2　前回開発に
おける工程ごとの欠陥の摘出状況**」をチェックする。するとそこに「混入工程ごと
の総欠陥数」を見つけることができるだろう。設問3で空欄（イ）（ロ）を求める時
に，この「混入工程ごとの総欠陥数」を計算で使っていることがわかると思うが，

654

これは表2を見ると一目瞭然，テスト工程を含む全工程が完了しないと確定しないパラメタになる。

【自己採点の基準】（配点 5 点）

IPA 公表の解答例（網掛け部分は問題文中で使われている表現）
・混入工程ごとの総欠陥数（11 字） ・指標における分母（8 字）

　抜粋型なので「混入工程ごとの総欠陥数」を解答とするときは，誤字脱字に注意しよう。

　ただ，「指標における分母」も正解としてくれている。これは表2というより表1をベースに組み立てた表現になる。表1の「詳細設計工程の場合の計算例」の「分母」の部分が"総欠陥数"を表していることは，一見するとわかりにくい。しかし「混入させた欠陥数」なので，どこで摘出できるかわからない"総欠陥数"のことを指している。したがって「指標における分母」も正解になる。

　他には「詳細設計工程で混入させた欠陥数」や「基本設計及び詳細設計の工程で混入させた欠陥数」という解答も考えられなくもないが，これらはあくまでも例示しているに過ぎないので適切ではない。不正解だと考えておこう。

第6章　品質

設問3

　設問3は，問題文3ページ目，括弧の付いた三つ目の〔前回開発の欠陥の摘出状況〕段落に関する問題である。(1) が計算問題，(2) は下線のついた記述式問題，(3) が穴埋め問題になる。

■ 設問3 (1)

品質管理指標の計算問題　　　　　　　　　　　　　　　　　　　　　　「計算問題」

【解答のための考え方】

　問題文には，表1に計算式の分母と分子があり，表2にはその計算結果がある。表1の分母と分子は詳細設計工程の例なので，表2の詳細設計工程の (a) = 52.6%，(b) = 59.8% になるように，どの数字を使っているかを確認する。時間的に余裕があれば基本設計工程でも (a) = 56.0%，(b) = 56.0% になることを確認してから，空欄（イ）（ロ）を求めれば万全だろう。

> 計算式の分母と分子まで書いてくれているので，ここで正確に理解する。

表1　L課長が検討した新しい品質管理指標

指標	内容	詳細設計工程の場合の計算例	
		分子（単位：件）	分母（単位：件）
(a) 自工程混入 欠陥摘出率（％）	自工程で混入させた欠陥を，自工程でどれだけ摘出したか。	詳細設計工程で混入させた欠陥のうち，詳細設計工程で摘出した欠陥数	詳細設計工程で混入させた欠陥数
(b) 既工程混入 欠陥摘出率（％）	基本設計工程から自工程までの工程群で混入させた欠陥を，自工程完了までにどれだけ摘出したか。	基本設計及び詳細設計の工程で混入させた欠陥のうち，基本設計及び詳細設計の工程で摘出した欠陥数	基本設計及び詳細設計の工程で混入させた欠陥数

〔前回開発の欠陥の摘出状況〕
　　L課長は，前回開発における工程ごとの欠陥の摘出状況を，表2のとおりに整理した。

表2　前回開発における工程ごとの欠陥の摘出状況

		摘出工程ごとの欠陥数（件）						混入工程ごとの総欠陥数（件）
		基本設計	詳細設計	製造	単体テスト	結合テスト	総合テスト	
混入工程ごとの 欠陥数（件）	基本設計	61	18	8	3	7	12	109
	詳細設計	−	101	9	8	71	3	192
	製造	−	−	143	131	11	0	285
摘出工程ごとの総欠陥数（件）		61	119	160	142	89	15	586
(a) 自工程混入欠陥摘出率（％）		56.0	52.6	（イ）				
(b) 既工程混入欠陥摘出率（％）		56.0	59.8	（ロ）				

> この部分が最大のヒントになる。ここで，計算で使用する数字を確認すること。

656

【解説】

（a）の自工程混入欠陥摘出率の計算式は，表1の「詳細設計工程の場合の計算例」を使うと，次のようになる。なお，この解説で行っている計算結果は，すべて設問の指示通りに，小数第2位を四捨五入した数字にしている。特に（≒）にはしていない。

$$\frac{詳細設計工程で混入させた欠陥のうち，詳細設計工程で摘出した欠陥数}{詳細設計工程で混入させた欠陥数}$$

これは，表2中の詳細設計工程の数字を使って計算してみると次のようになる。

$$\frac{101}{192} \times 100 = 52.6（\%）\quad ※表2の（a）の詳細設計工程の数字と一致する。$$

念のため，基本設計工程でも計算してみる。

$$\frac{61}{109} \times 100 = 56.0（\%）\quad ※表2の（a）の基本設計工程の数字と一致する。$$

以上より，製造工程も同様に計算する。

$$\frac{143}{285} \times 100 = 50.2（\%）\quad ※これが空欄（イ）の解答になる。$$

次に，（b）の既工程混入欠陥摘出率の計算式も，表1の「詳細設計工程の場合の計算例」を使って次のように整理する。

$$\frac{基本設計及び詳細設計の工程で混入させた欠陥のうち，基本設計及び詳細設計の工程で摘出した欠陥数}{基本設計及び詳細設計の工程で混入させた欠陥数}$$

そして，表2中の基本設計と詳細設計の工程の数字を使って計算してみると次のようになる。

$$\frac{101 + 61 + 18}{109 + 192} \times 100 = 59.8（\%）\quad ※表2の（b）の詳細設計工程の数字と一致する。$$

第6章 品質

念のため，基本設計工程でも計算してみるが，基本設計工程はその前工程が無いので自工程でも既工程でも数字は変わらない。同じ56.0%になる。したがって，表2の（b）の基本設計工程の数字と一致する。

以上より，製造工程も同様に計算する。

$$\frac{61 + 18 + 8 + 101 + 9 + 143}{109 + 192 + 285} \times 100 = 58.0 （\%）$$ ※これが空欄（イ）の解答になる。

【自己採点の基準】（配点4点×2）

IPA公表の解答例（網掛け部分は問題文中で使われている表現）
（イ）50.2 （ロ）58.0

設問で「小数第2位を四捨五入し，小数第1位まで求め，99.9%の形式で答えよ。」という指示も明記されているので，この数字だけを正解とする。

■ 設問3（2）

問題文から最適な解答を探し出す問題　　　　　　　「問題文導出－解答抜粋型」

【解答のための考え方】

　この設問も，下線についての設問なので，これまでの下線①～下線④と同じように考えればいい。問題文には「**対処のコストを要した欠陥について，予防のコストを掛けていればテスト工程よりも前の工程で摘出できたのではないか，という⑤品質コストの観点からの精査を行った。**」という記述がある。

　そして次の文で，「**その結果は，一部の欠陥を除いて，品質コストに関する大きな問題はないという評価であった。**」としている。これは，「一部の欠陥」は品質コストに関する大きな問題があったが，それ以外は問題なかったということを指している。

　設問で問われているのは「**テスト工程まで摘出が遅れても，品質コストに関する大きな問題がないと判断されるケース**」になる。

　ここで品質コストに関する知識を確認しておく。PMBOK 第6版では「プロダクトのライフサイクルを通して，要求事項への不適合を予防すること（予防コスト），要求事項への適合のためにプロダクトやサービスを評価すること（評価コスト），及び要求事項を満たさない不良のために（不良コスト），投資するすべてのコスト」と定義している。また，不良コストには，低品質コストとも呼ばれ，プロジェクトチームが発見した“内部不良コスト”と，顧客が発見した“外部不良コスト”に分けられる。要するに，品質を確保するために要したコストだと考えればいいだろう。

　それを前提に，下線⑤を含む問題文を熟読して，解答を考える。

【解説】

　解答のポイントとなる「**品質コストに関する大きな問題はないという評価**」とは，品質を確保するためのコストが適正だということを指している。つまり，最もコストが小さくなるような品質確保策が取られているという点だ。

　そして，問題文には「**対処のコストを要した欠陥について，予防のコストを掛けていれば**」という観点に限定されていて，設問では「**テスト工程まで摘出が遅れても，品質コストに関する大きな問題がないと判断されるケース**」が問われている。

　以上より，次のような状況を言っているのだと推測できる。

・ テスト工程で対処したコスト　＜　予防コスト … 品質コスト面では問題なし
・ テスト工程で対処したコスト　＞　予防コスト … 品質コスト面では問題あり

第6章 品質

品質コストに関する問題に限定しているので，対処したコスト（内部不良コスト）よりも予防コストの方が小さいのであれば，それは品質コストの観点からだと予防のコストを掛けていた方が良かったとなる。

設問で問われているのは「問題がない」ケースなので，「**対処のコストが，予防のコスト以下であったケース（23字）**」と解答すればいいだろう。

【自己採点の基準】（配点8点）

IPA公表の解答例（網掛け部分は問題文中で使われている表現）
対処のコストが，予防のコスト以下であったケース（23字）

厳密にいえば「対処のコスト＝予防のコスト」でも問題ないと判断できるので，解答例のように「以下」を使った方が正確だが，そこを「より小さい」としても問題なく正解になると考えていい。採点講評でも何も言及されていないので問題ないと考えられる。

それ以外のワード"対処のコスト"と"予防のコスト"は問題文中で使われているので，そのワードのまま使うのがベスト。"対処のコスト"を"内部不良コスト"のように解答しても，同じ意味だと判断されるので正解になるだろうが，意味が違うと判断されたら不正解になるので，大きく表現をアレンジするのは避けた方がいい。安全だ。

660

午後Ⅰ演習

■ 設問３（3）

穴埋め問題　　　　　　　　　　　　　　　　　　　　「問題文導出－解答加工型」

【解答のための考え方】

　最後は，4ページ目の空欄ａの穴埋め問題になる。空欄ａの前後を熟読してＬ課長が確認した内容を考える。

　また，「**表３　Ｌ課長が抽出したプロジェクト群の特性**」では，「**進捗の状況**」の列の記述から，言うなれば「α群は成功プロジェクト」，「β群は失敗プロジェクト（納期遅延，予算超過）」に分類していることがわかる。注意が必要なのは，新しい品質管理基準での分類ではないという点だ。それは1ページ目の次の部分との対応で明らかである。

　K社の品質管理部門では，品質管理基準（以下，K社基準という）として，工程ごとに，レビュー指摘密度，摘出欠陥密度などの指標に関する基準値を規定している。L課長もK社基準に従った品質管理を行ってきた。前回開発においても，各工程の"開発プロセスの品質"（以下，プロセス品質という）と，各工程完了段階での"成果物の品質"（以下，プロダクト品質という）は，定量評価においてはK社基準に照らして基準値内の実績であり，定性評価を含めて，全工程を通じておおむね安定的に推移した。稼働後にも欠陥は発見されていない。

> 前回開発は，α群に分類される。

表３　Ｌ課長が抽出したプロジェクト群の特性

分類	K社基準でのプロセス品質とプロダクト品質の評価	最終的なプロダクト品質	進捗の状況
α群	全工程を通じて，おおむね安定的に推移	良好	全工程を通じて順調
β群	テストの一部の工程で欠陥の摘出が多いが，その他の工程は良好，又は，若干の課題があるものの良好	良好，又は，若干の課題があるものの良好	テスト工程で多くの欠陥が摘出されて納期遅れが発生，又は，多くの欠陥への対処に計画外のコストを投入してリカバリ

　問題文にも，表３の前後に「**Ｌ課長は，過去の事例から，表３に示すα群，β群に該当するプロジェクトを抽出した。**」という記述と，「**Ｌ課長は，これら二つのプロジェクト群に対して，前回開発と同様に新しい品質管理指標による定量分析を行い**」という記述がある。つまり，新しい品質管理指標による定量分析は，表３に示すα群，β群に分類した後の作業になる。

　そのあたりを正確に把握した上で，空欄ａの前後の文脈から，空欄ａの解答を考える。

661

第6章　品質

【解説】

　この空欄 a を確認したことで，「L 課長は，新しい品質管理指標の有効性に自信を深めることができた」とし，さらに「そこで L 課長は，次の二つの条件を満たすプロジェクトを抽出し，これらのプロジェクトにおける新しい品質管理指標の定量分析の結果から，次回の開発における新しい品質管理指標の目標値を設定した。」としている。

　以上より，空欄 a は，「α 群と β 群に分類したプロジェクトの間に，新しい管理指標の差があること（34 字）」だと推測できる。差があることが確認できたので，有効性に自信を深めることができ，それを使えば次回の開発に活用できるというわけだ。

【自己採点の基準】（配点 8 点）

IPA 公表の解答例（網掛け部分は問題文中で使われている表現）
・α 群に関する新しい品質管理指標の数値が，β 群よりも高いこと（29 字） ・両群について，新しい品質管理指標の結果に有意な差があること（29 字）

　問題文導出－解答加工型なので，表現方法はさまざまになる。「α 群と β 群で，新しい管理指標に差があること」を表現できていればすべて正解になる。

午後Ⅱ演習

平成29年度　問2

問2　システム開発プロジェクトにおける品質管理について

　　プロジェクトマネージャ（PM）は，システム開発プロジェクトの目的を達成する
ために，品質管理計画を策定して品質管理の徹底を図る必要がある。このとき，他の
プロジェクト事例や全社的な標準として提供されている品質管理基準をそのまま適用
しただけでは，プロジェクトの特徴に応じた品質状況の見極めが的確に行えず，品質
面の要求事項を満たすことが困難になる場合がある。また，品質管理の単位が小さ過
ぎると，プロジェクトの進捗及びコストに悪影響を及ぼす場合もある。

　　このような事態を招かないようにするために，PMは，例えば次のような点を十分
に考慮した上で，プロジェクトの特徴に応じた実効性が高い品質管理計画を策定し，
実施しなければならない。

- ・信頼性などシステムに要求される事項を踏まえて，品質状況を的確に表す品質評
価の指標，適切な品質管理の単位などを考慮した，プロジェクトとしての品質管
理基準を設定すること
- ・摘出した欠陥の件数などの定量的な観点に加えて，欠陥の内容に着目した定性的
な観点からの品質評価も行うこと
- ・品質評価のための情報の収集方法，品質評価の実施時期，実施体制などが，プロ
ジェクトの体制に見合った内容になっており，実現性に問題がないこと

あなたの経験と考えに基づいて，設問ア～ウに従って論述せよ。

設問ア　あなたが携わったシステム開発プロジェクトの特徴，品質面の要求事項，及び
　　　　品質管理計画を策定する上でプロジェクトの特徴に応じて考慮した点について，
　　　　800字以内で述べよ。

設問イ　設問アで述べた考慮した点を踏まえて，どのような品質管理計画を策定し，ど
　　　　のように品質管理を実施したかについて，考慮した点と特に関連が深い工程を中
　　　　心に，800字以上1,600字以内で具体的に述べよ。

設問ウ　設問イで述べた品質管理計画の内容の評価，実施結果の評価，及び今後の改善
　　　　点について，600字以上1,200字以内で具体的に述べよ。

解説

●問題文の読み方

問題文は次の手順で解析する。最初に，設問で問われていることを明確にし，各段落の記述文字数を（ひとまず）確定する（①②③）。続いて，問題文と設問の対応付けを行う（④⑤）。最後に，問題文にある状況設定（プロジェクト状況の例）やあるべき姿をピックアップするとともに，例を確認し，自分の書こうと考えているものが適当かどうかを判断する（⑥⑦）。

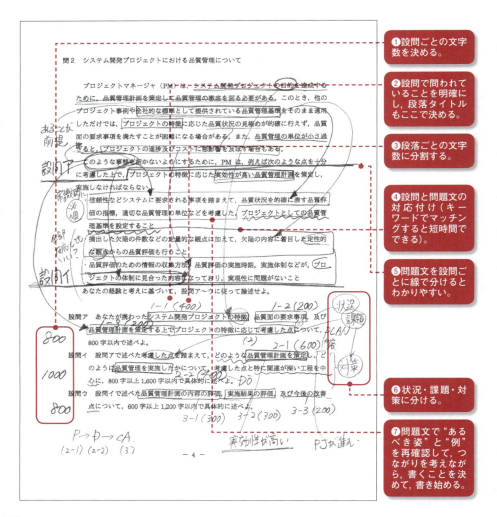

午後Ⅱ演習

●出題者の意図（プロジェクトマネージャとして主張すべきこと）を確認

出題趣旨

プロジェクトマネージャ（PM）には，プロジェクトの特徴に応じて，多様な観点からの実効性の高い品質管理
計画を策定することによって，品質管理の徹底を図り，システム開発プロジェクトの目的を達成することが求め
られる。

本問は，システム開発プロジェクトの品質管理計画策定における，品質管理基準の設定，定性的な観点を考慮
した品質評価の仕組みの検討，プロジェクトの体制に照らした実現性の検証など考慮すべき点と，品質管理計画
の実施状況などについて，具体的に論述することを求めている。論述を通じて，PMとして有すべき品質管理計画
の策定に関する知識，経験，実践能力などを評価する。

(IPA公表の出題趣旨より転載)

●段落構成と字数の確認

1. プロジェクトの特徴と品質面の要求事項
   1.1 プロジェクトの特徴（400）
   1.2 品質面の要求事項（200）
   1.3 品質管理計画を策定する上で考慮した点（200）
2. 品質管理について
   2.1 私が策定した品質管理計画（600）
   2.2 私が実施した品質管理（400）
3. 評価と改善点
   3.1 品質管理計画の内容の評価（300）
   3.2 実施結果の評価（300）
   3.3 今後の改善策（200）

●書くべき内容の確認（総評と全体構成の組み立て方）

平成27年度に続く品質管理の問題である。過去にも平成19年度→平成21年度
→平成23年度の流れで「与えられた品質目標というのは…」から入っている品質管
理の問題が隔年で出題されている。やはり品質管理はプロジェクトを成功させる
"要"でもあるので，毎年度しっかりと準備しておく必要があるということだろう。

今回の問題をシンプルに表すと「プロジェクトって毎回微妙に違うよね！だから
ベースとなる基準をそのまま使うのではなく，毎回アレンジしているよね。それを
書いて！」というような内容。過去の品質管理の問題と比べると，どのような開発
プロジェクトでも書くことが出来る。しかも，本質的に"標準化の役割や存在意義，
価値"に関するものになる。したがって，この問題を記憶して常に意識しておけば，
品質管理以外のどの問題に対しても有効だと考えられる。覚えておこう。

665

第6章　品質

● 1-1 段落（プロジェクトの特徴）

　まず，プロジェクトの特徴を書く。これは平成21年度以後定着した設問アの最初の要求事項で，導入部分はプロジェクトの概要から始めても構わないが，100字から200字ぐらいは，今回の"特徴"を書かないといけない。

　特に今回は，ここに書かないといけないことが明白である。それは，問題文の2行目に書かれている「他のプロジェクト事例や全社的な標準として提供されている品質管理基準をそのまま適用しただけでは，…」という一文にある。要するに「●書くべき内容の確認」にも書いた通り「ベースとなる基準をそのまま使うのではなく，アレンジしているよね。それを書いて！」と言っているわけで，そのアレンジの根拠としてプロジェクトの特徴を求められていることになる。例えばそれを1-3で書くのなら，そこと整合性を取った内容にしなければならない。

　後は，他の問題でも同じだが，ここにも納期や予算，体制などのプロジェクト概要を書く場合には，できる限り定量的に書くように心がけよう。容易にできることはやっておく。それでリスクをヘッジすることが重要になる。

【減点ポイント】
　①特になし（保留）
　　→　重要ではないということではなく，ここだけを見て判断できないという意味。重要なことは間違いないが，結果的に後述する1-3や2-1で関連性があるかどうかを判断する。
　②プロジェクト目標が定量的な数値目標になっていない（致命度：中）
　　→　読み手にイメージができないと大きな不利になる。これだけをもって不合格になることはないが，容易にできることはやっておこう。

● 1-2 段落（品質面の要求事項）

　次に，今回開発するシステムに求められる品質面の要求事項について書く。この問題では，過去問でもよく問われてきた"プロジェクトに与えられた要求事項"なので，プロジェクトで確保すべき機能要件，非機能要件などを書けばいいだろう。過去の問題では非機能要件の方が書きやすく，問題文の例でも非機能要件（性能・信頼性・操作性など）が取り上げられていたが，今回の問題では，後述するように問題文の3つの例を見る限り，機能要件でも，徹底したバグ除去を実施しなければならないリリース直後の信頼性でも大丈夫だろう。「ベースとなる基準をそのまま使うのではなく，アレンジしているよね。それを書いて！」というアレンジの根拠は，プロジェクトの特徴でも，品質面の要求事項でも構わないからだ。詳細は後述の1-3で書く。

666

【減点ポイント】

①特になし（保留）

→　1-1 と同じ。重要ではないということではなく，ここだけを見て判断できないという意味。重要なことは間違いないが，結果的に後述する 1-3 や 2-1 で関連性があるかどうかを判断する。

②定量的な品質目標になっていない（致命度：中）

→　レビューやテストが効率性の下で行われる以上，数値目標をもって数値管理を行っていく必要がある。ここに数字を使わずに，大きいとか，速いとか主観的な表現を使うと設問イや設問ウの客観的な評価が出来ない。

● 1-3 段落（品質管理計画を策定する上で考慮した点）

最後に，設問アで問われている「品質管理計画を策定する上でプロジェクトの特徴に応じて考慮した点」を書く。この解説では，説明の便宜上 3 つに分けているが，当然だが設問アの中に，これら 3 つの要素が漏れ無く入っていれば，その分け方はどうでもいい。

その説明の便宜上と言うのは二つある。ひとつは，ここに書いた「考慮した点」が設問イで書く「今回基準として利用する品質管理基準がそのまま利用できない」，あるいは「だから，…というような計画にアレンジした。」根拠になるという点だ。したがって，この論文を左右する非常に重要な部分になる。そしてもう一つは，その「考慮した点」が，"1-1 のプロジェクトの特徴"と"1-2 の品質面の要求事項"と関連性を持たせないといけないという点である。「こういう要求事項に対して，今回のプロジェクトではこうなっている。だからそれを考慮して，品質管理計画をアレンジしないといけない」となる。

【減点ポイント】

プロジェクトの特徴との関連性もなく，品質面の要求事項との関連性も無い（致命度：大）

→　何の特徴も無ければ，標準パターンでいけるわけなので，この問題のテーマに取り上げることはできないことになる。

第6章　品質

● 2-1 段落（私が策定した品質管理計画）

　最初に，品質管理計画に関して何を書けばいいのかを問題文で確認する。関連箇所は「プロジェクトの特徴に応じた実効性が高い品質管理計画を策定し，実施しなければならない。」という文と，その下に示されている三つの例の部分になる（問題文への手書きマーク記入部分参照）。

　また，問題文の2行目には「他のプロジェクト事例や全社的な標準として提供されている品質管理基準をそのまま適用しただけでは，…」という一文もあるので，品質管理基準を算出する上で，参考にすべき何かしらの"標準"があることも要求している。実際，通常のプロジェクトでも会社標準等をベースにアレンジしているはずなので，それを書けばいいだろう。問題文を読む限り"会社標準"は当然のこと，他のプロジェクトのものでも構わない。

　その上で，その"ベース"に対して，設問アで記述した「プロジェクトの特徴に応じて考慮した点」を加味してアレンジを加えたものを書けばいいだろう。この時，採点者は問題文中にある「実効性が高い」とう表現を受けとって論文をチェックするので，「実効性が高くなっていること」をしっかりアピールすることを意識しよう。イメージの擦り合わせは，問題文の3つの例を活用する。この3つの例を十分理解した上で，それらと同レベルの"実効性の高さ"をアピールできればいい。問題文の3つの例を要約すると次のようになる。

	プロジェクトの特徴や品質面の要求事項などのうち，考慮した点	品質管理計画におけるアレンジ
例1	かなり高い信頼性が求められている。	プロジェクトとしての品質管理基準 ・品質状況を的確に表す品質評価の指標 ・適切な品質管理の単位
例2	開発担当者や，レビュー・テストの担当者が，いつもと違う（※1）。	摘出した欠陥の件数などの定量的な観点に加えて，欠陥の内容に着目した定性的な観点からも品質評価を行う
例3	体制面が，いつもと異なる（※1）。	品質評価のための情報の収集方法，品質評価の実施時期，実施体制などが，プロジェクトの体制に見合った内容になっており，実現性に問題がないこと

※1. 二つ目，三つ目の例の考慮した点は，筆者が付加した一例。

　一つ目の例だと，過去問題の平成19年度問3，平成21年度問2，平成23年度問2などで準備をしていれば，それを応用して書けるだろう。与えられた品質目標（機能要件，非機能要件）が"ベースにした基準"と異なるので，その部分を加味したレビュー計画やテスト計画にすればいい。

　二つ目の例は，"品質評価基準に定量的な観点だけではなく，定性的な観点も必要"なケースで，言い換えれば"数字の信憑性が低いケース"なので，若手メンバが開発や品質評価に携わる場合や，（ベテランメンバでも）難易度の高いプログラムなど，ベースにした基準との差異があるケースだと考えればいいだろう。

三つ目の例は，問題文にも「プロジェクトの体制に見合った内容」とあるように，体制面において，ベースにした基準との差異があるケースで，そのためにレビューやテストのタイミングを調整しないといけないケースだと考えればいいだろう。

【減点ポイント】

①ベースにした基準に関する記述が無い（致命度：大）

　→　あくまでも何かを参考にして，その参考にしたものと今回の差異を正確に把握して実効性が高い品質管理をしていることが大前提。標準化されたものがあったとしても，それをそのまま何も考えずに使っているのではなく，今回の計画にしているところが，この問題の最大のポイントになるので。

②設問アの「考慮した点」と無関係（致命度：大）

　→　上記の①と同じ理由。この問題の最大のポイントになる。

③品質管理計画が定量的ではない（致命度：小）

　→　合格者の情報からすると必ずしもここで定量的にしなくても合格している。しかし，それならなおさら，ベースにした基準や時期と今回計画した基準や時期を定量的に示せば安全圏にもっていける。可能であればそこを目指そう。

第6章 品質

● 2-2 段落（私が実施した品質管理）

次に問われているのは，2-1 の品質管理計画をどのように実施したかである。問題文の対応箇所は 2-1 と同じ「プロジェクトの特徴に応じた実効性が高い品質管理計画を策定し，実施しなければならない。」という箇所に一言書いているだけになる。したがって，ここでは原則，プロジェクトが開始されたとして時間軸を進めて，2-1 で記した工程の計画がどのように実施されてかを書けばいいだけである。

ただ，設問ウでは「実施結果の評価」，及び「今後の改善点」が問われているので，そのあたりにつながる書き方が必要になる。考え方としては，2-1 の品質管理計画で工夫した（特徴を踏まえてアレンジした）ことを全面否定することもできないので（やぶへびになるので），苦労したけど何とかプロジェクトの目的は達成されたとするのが無難だろう。この問題の設問イを，ここで解説しているように「2-1 計画」と「2-2 実施」に分けるとすれば，7 対 3 ぐらいの割合で 2-1 がポイントになる。そこを外さなければ大丈夫だろう。

【減点ポイント】

①2-1 の品質管理計画が甘くプロジェクトが失敗した（致命度：大）
→ 2-1 を肯定的に書くことが大前提
②設問アや設問イの前半（2-1）で考慮した工程と異なる（致命度：中）
→ 設問の指示を守っていないし，一貫性も無くなるのは良くない。
③"いつ"なのかがよくわからない（致命度：小）
→ 最低限"工程"がわかれば大丈夫だが，ここはプロジェクトを実施しているところなので，プロジェクトの前半なら開始からどれぐらい経過したか，後半なら残りの期間を書いておけば，臨場感も伝えることができる。特に難しいことでもないので，できることはやっておいた方が良い。

午後Ⅱ演習

● 3-1 段落（品質管理計画の内容の評価）

　ここには，設問イの前半（2-1）で品質管理計画に対する評価を書くが，設問イの後半（2-2）の品質管理の実施段階で初めて，その計画が功を奏したのか，あるいは配慮が足りなかったのかが分かるので，両方に触れた上で，計画内容を高評価しておけばいいだろう。

　また，設問ウが評価と改善点の場合は，多くの論文が主観的かつ感覚的な評価であっさりしてしまう。そこで，評価を客観的にするために，定量的に数字の変化を示すことを考えるべきだろう。例えば，「今回，**単体テストの標準的な欠陥の摘出数だと 1kstep 当たり 20 ～ 40 件になっていたが，今回の A サブシステムは標準よりもかなり難易度が高いため，それを加味して管理下限を 40 ～ 60 件にまで引きあげている。実際，何人かは全テストケースを終了した時点で 30 件しか欠陥を摘出できていないことがあり，本来ならそれでテストを終了していたが，今回は管理下限に達していないので，追加のテストケースを…**」というような感じである。これだと字数も稼げるし，何より客観性が出せるので，読み手も納得のいく評価になる。単に主観で「いやー良かった」というような他のあっさりした論文とは，大きく差別化することが出来る。

【減点ポイント】

　①あまり高く評価していない（致命度：小）
　　→　やぶへびになる可能性がある
　②主観的，感覚的な評価で終わっている（致命度：小）
　　→　これだけをもってして不合格になることはないが，他と差別化するためにも定量的な評価で客観性を持たせたいところではある。

● 3-2 段落（実施結果の評価）

　他の問題とは異なり，この問題では，評価が"計画に対する評価"と"実施結果に対する評価"の二つに分かれている。そしてその後に，今後の改善点も問われている。

　こういうケースでは，"計画に対する評価"を「計画をアレンジしたから良かった」と手放しで（100% 近い）評価しておき，"実施に対する評価"の部分で「**想定していなかったことが少し発生して焦った。**」，あるいは「**別の要因の影響があって，計画した数字よりも一部…**」というように，少し改善の余地を残しておくといいだろう。実際のプロジェクトでも，「**万全の計画をしていて，それで何とかプロジェクトは成功したけれど，途中，計画段階には見えなかった部分や不測の事態も発生して苦労した。でも，計画をしっかりしていたから良かったよね。**」というケースが多

第6章 品質

い。それゆえそういうストーリーになっても違和感はない。

　また，ここでも当然，実施した時のデータを定量的に出せれば，他者との差別化にはつながるので考えよう。但し，3-1で定量的に示していれば，こちらは無くても全く問題は無い。

【減点ポイント】
　①あまり高く評価していない（致命度：小）
　　→　やぶへびになる可能性がある
　②設問ウ全体が主観的，感覚的な評価で終わっている（致命度：小）
　　→　これだけをもってして不合格になることはないが，他と差別化するためにも定量的な評価で客観性を持たせたいところではある。

● 3-3 段落（今後の改善点）

　最後は，平成20年度までのパターンのひとつ。今後の改善点。ここは，序章に書いている通り，最後の最後なのでどうしても絞り出すことが出来なければ，何も書かないのではなく典型的なパターンでもいいだろう。

　しかし，今回の問題なら，計画段階でアレンジしたことは，前例がないわけだから今回の実施結果を踏まえてフィードバックし，次回の計画段階の参考数値にすることは，普通に良く実施している。ちょうどパイロットモデルと同じようなイメージだ。今回は最初から適正な数字（係数）を算出することを目的にする（すなわちパイロットケースにする）必要はないが，結果をフィードバックして数字を微調整することは必須である。それを書けばいいだろう。

【減点ポイント】
　特になし。何も書いていない場合だけ減点対象になるだろうが，何かを書いていれば大丈夫。時間切れで最後まで書けなかったというところだけ避けたいところ。過去の採点講評では「一般的な本文と関係ない改善点を書かないように」という注意をしているので，「今回は…するのにかなり時間がかかった。次回からは…」で考えればいいだろう。

午後Ⅱ演習

●サンプル論文の評価

　これは，平成29年の春試験を実際に受験して合格した人の再現論文である。試験終了後に書き留めておいていただいたので再現率は高いとのこと。

　全体的に，字数は少な目で設問ウは600字にギリギリ到達していないが，内容に問題が無ければ，この程度なら合格論文になっている報告は何件か受けている。したがって，試験本番の時には最後の最後まで粘った方が良い。

　この論文が合格論文として評価されたのは，シンプルではあるものの「**タブレットを使った開発が未経験で，それゆえ品質管理をアレンジした**」というのが，設問ア及び設問イで，きれいにつながって示されているところだろう。しかも，設問イで客観性のある定量的な数値を示している点と，チェックリストの追加項目を具体的に「**タブレット端末を傾けたり，電源のON/OFF時の操作など動作部分**」と書いている点が大きい。この論文で，数値が出てきているのも具体的に書かれているのも，この部分ぐらいだが，採点者に「これは経験した事実だ」と思わせるのに十分な量である。ここで採点者にそう思わせることができれば，もうよほどのことが無い限り不合格論文にはならない。具体的に書く意味は，そのためにあると考えておこう。

　それ以外の部分でも，設問や問題文の要求にはほぼ回答できているので十分な合格論文だと言える。しかし，下記を改善すれば，より良くなって完全に安全圏に持って行くことができる。

- 設問ア：プロジェクトメンバの人数等体制に関する記述が欲しい。
- 自社の品質管理基準との比較が全くない。そこがあればもっとよくなる。
- 内容の評価，実施の評価をもう少し細かくする。特に，品質管理基準をアレンジした部分の評価は必要。実施の評価では2-2で実施したことの評価がなかった。
- 改善点は少し矛盾している。社内標準を修正するのではなくタブレットを使う時の補正係数とした方が良い。
- 設問ウの字数が少ない。

　結局，実際の試験本番日には“初めて見る問題に対して2時間手書きで書かないといけない”という試験なので，誰もが十分満足できる論文にはならないということである。合格論文を再現してもらうと，それがよくわかる。したがって，試験当日は，絶対に途中であきらめずに最後の最後まで粘り切るようにしよう。そうすれば合格論文になる可能性はずっと高まるはずだから。

第6章 品質

なお，このサンプル論文は実際に A 評価だった論文である。しかし，A 評価とはいえ 60 点でいいので，減点されていると思われる。そこを加味して，筆者が普段実施している"添削"のつもりでコメントしている。

● **採点講評**

全問に共通して，"論述の対象とするプロジェクトの概要"で質問項目に対して記入がない，又は記入項目間に不整合があるものが見られた。これらは解答の一部であり，評価の対象であるので，適切に論述してほしい。"本文"は，問題文中の事例をそのまま引用したり，プロジェクトマネジメントの一般論を論述するのではなく，論述したプロジェクトの特徴を踏まえて，プロジェクトマネージャ（PM）としての経験と考えに基づいて論述してほしい。

問2（システム開発プロジェクトにおける品質管理について）では，品質管理計画の策定内容及び実施状況などについて具体的に論述できているものが多かった。一方，設問が求めたのは，品質面の要求事項を達成するために，プロジェクトの特徴に応じて考慮した点を踏まえて，どのような品質管理計画を策定して，実行したのかについてであったが，プロジェクトの特徴を的確に把握できていないもの，品質管理計画の内容が不明確なもの，品質管理基準の記載はされていても表面的で具体性に欠けるものなど，品質管理に関する PM の対応内容としては不十分な論述も見られた。

サンプル論文

第1章　プロジェクトの特徴と品質面の要求事項及び品質管理計画を策定する上で考慮した点

1.1　プロジェクトの特徴

　今回論述するプロジェクトは食品生産販売を営むA社の営業支援システムの作成である。私はA社システム部所属のプロジェクトマネージャである。プロジェクトの概要は総工数３０人月，費用３０百万（コンティジェンシー予備１０％を含む），開発期間１１ヶ月である。

　今回のプロジェクトの特徴としては，プロジェクトの目標として品質管理計画を策定することが求められている点とクライアント側にタブレット端末を利用するが，プロジェクトメンバーの中にタブレット端末を利用したシステムの開発実績のあるメンバーが居ないという特徴がある。

1.2　品質面の要求事項及び品質管理計画を策定する上で考慮した点

　品質面の要求事項として，現状のシステムと同等の品質を求められている。そのため，自社の品質管理基準を参考に品質計画を策定することでステークホルダのH氏と合意した。

　また品質管理計画を策定する上で考慮した点は，プロジェクトの特徴としてプロジェクトメンバーの中にタブレット端末を利用したシステムの開発実績のあるメンバーが居ない。そのため品質目標をみたせない可能性がある。そのため，自社でタブレット端末を利用した開発経験のあるベテランのＪ氏にプロジェクトの参画を調整した。

「作成プロジェクト」と正確に記載した方がいいだろう。

小さめのプロジェクト。

これは当たり前のことだが，当たり前のことを書いても普通にスルーされるだけなので，あまり気にする必要はない。

これが最大のポイントになる。この記述さえあれば，1.1の目的は達成できる。しかも，未経験というのは品質に影響を与えるので，特徴の内容としても品質管理の問題にベストマッチしている。

基準が書かれている。OK。

これを書くなら，逆に「タブレット端末を利用した開発経験のあるベテランのＪ氏にプロジェクトの参画を打診してはいるものの，自社の品質管理基準を見直さないといけないと考えている。」というように書いた方が良い。課題が残るという表現にしないと設問イにつながらない。この論文の内容だと，これで解決できる可能性も示唆してしまっている。

675

第6章　品質

第2章　品質管理計画策定内容と品質管理の実施内容
2.1　品質管理計画策定内容

　ベテランのＪ氏と品質管理計画について相談した所，単体テストでの品質管理計画が重要と考えた。タブレット端末を利用した開発経験がないため，単体テストで発見するべきバグがとりきれず，品質目標を満たせないリスクがあるためである。

> 設問アとつながっている Good！

　よって，ベテランのＪ氏とチームリーダＫ氏とで品質計画を次のように策定した。

- ・タブレット端末以外のテストについては会社標準の基準値を参考にプロジェクトの難易度で調整する。許容範囲は1kstepにつきバグは 3 ± 1 件である。

> 定量的な数値が出てきているので Good

- ・タブレット端末のテストについては動作確認のチェックリストを作成し社内標準に新規に追加する。内容はタブレット端末を傾けたり，電源のON/OFF時の操作など動作部分のチェックリストである。許容範囲は1kstepにつきバグは 4 ± 1 件である。

> こういう具体的な記述はいい。しかも，タブレット端末という特徴でアレンジしているし，その必要性も具体的に書かれていることから，採点者にも伝わっている。

> できれば，本来の会社標準の数値がどうだったのか？その差異を明確にするともっと良くなる。逆に，この数字が無ければ，全体的に何をどう変えたのか？が不明瞭になるのでB評価になっていたかもしれない。

- ・単体テスト結果は週次で収集し，実施内容をチェックする。許容範囲を満たさない場合は，基準値の見直しを含めてテスト内容を確認する。

　上記の通り品質管理計画を策定し，実装工程の2ヶ月に収まるように要員を配置した。作成したスケジュールはステークホルダのH氏の承認もらい，プロジェクトは1月5日スタートした。

> 設問アで書かなくても，ここで書いていれば OK。2－2でプロジェクトが推移していくことを踏まえて，ここで書くのは良い判断である。

2.2　品質管理の実施内容

　実装工程が5月に開始され，初週の状況確認を行った。バグの件数は予定していた値に収まっていた。バグの原因について内容を確認した所，1件気になる物があった。システムの利用中に処理が終わらなくなる問題があった。ベテランのＪ氏に内容を確認してもらった所，タブレット端末のOSの問題でありテストに利用している端末独自の問題であった。本番で利用する端末での発生確率は

> 各段落の最初と最後が，前段落や後段落とつながる記述になっているので，今回，最も必要な一貫性を担保している。

676

無いため，特に対応はしないこととした。

　また，想定外のバグに起因するプロジェクトへの影響を抑えるため毎朝１０分程度のミーティングを設置することにした。これによりメンバーには気になった点や不明点などを気軽に連絡してもらう。これによりリスクの兆候を把握できるようにした。

実施段階での工夫を何か入れようと考えたようだが，今回，未経験のタブレット端末を利用するということで，情報共有は生産性向上に寄与するし，プロジェクトにおいても必要な意思決定だと思う。したがって，設問アの特徴との関連性も十分あるので，綺麗につながっている。

第6章　品質

第3章　品質管理計画の内容の評価と実施結果の評価と今後の改善点

3.1　品質管理計画の内容の評価と実施結果の評価

　その後，実装工程はとくに大きな問題もなく完了した。結合テストでも単体テストレベルのバグは多発しなかった。これは単体テストを強化することで品質の作り込みができたからである。

> OK。高評価でいい。

> 今回，プロジェクトの特徴を踏まえて単体テストを強化したことが，後続の工程での手戻りを抑制できたという理由になっている。

　プロジェクトは11月に完了し，予定通りシステムを稼働することができた。プロジェクトの評価としては各工程で品質目標を達成できていた点と品質対策のコストをコンティンジェンシー予備費に収められた点が評価され成功となった。よって品質管理計画の内容と実施結果については評価できると考えている。

> この評価は必須。

3.2　今後の改善点

　今後の改善点としては単体テストを強化することで品質目標を達成することができた。この点についてメンバーと話し合い，内容を踏まえて社内標準を修正し，全社的に利用したい。

> 2-2で実施した，無視した点，朝の10分ミーティングにも触れると，字数も十分クリアできただろうし，違和感も無かったと思う。

　これにより，他のプロジェクトでも品質計画時に参考にすることで現実的な計画が立てられる。これによりプロジェクトの運営がスムーズに行えると考えている。

（以上）

> 最後にドタバタしていたのだと思う。字数が少ない。しかし，その字数が少ない中でも端的に「社内標準にフィードバックしている。」点を書いているので，内容面に問題は無い（漏れはない）。

> ただ，今回はタブレットを使った時のプロジェクトなので，次回以後，タブレットを使った時の標準値として使えるようにという意味を入れていかないと，この内容だとタブレットに関係なく社内標準を修正することになる。矛盾している。

7 調達

第7章

ここでは"調達"にフォーカスした問題をまとめている。ベンダからシステムを調達したり，協力会社から要員を調達したりするときのマネジメントエリアだ。具体的には"契約"，"法律"，調達計画，調達手続き，調達管理など。海外でのオフショア開発もここに含めている。予測型（従来型）プロジェクトでも適応型プロジェクトでも，あまり変わらない部分になる。

7.1	**基礎知識の確認**
7.2	**午後Ⅱ 章別の対策**
7.3	**午後Ⅰ 章別の対策**
7.4	**午前Ⅱ 章別の対策**
午後Ⅰ演習	**令和3年度 問3**
午後Ⅱ演習	**平成27年度 問1**

アクセスキー **v**
(小文字のブイ)

（演習の続きは Web サイト※からダウンロード）

※ https://www.shoeisha.co.jp/book/present/9784798174914/ からダウンロードできます。
詳しくは，iv ページ「付録のダウンロード」をご覧ください。

第7章　調達

　本章で取り上げる問題を短時間で効率よく解答するには，プロセスベースの
PMBOK（第6版）で言うと「調達マネジメント」の知識が必要になる。原理・原則
ベースのPMBOK（第7版）のパフォーマンス領域だと，「プロジェクト作業」にな
る。その中に「調達の効果的なマネジメント」に言及している部分があり，入札文
書や入札説明会などが説明されている。ちょうど，この見開きページにまとめてい
る三つの表の白抜きの部分だ。必要に応じて公式本をチェックしよう。

　但し，それらはPMBOK（第6版）の調達マネジメントでも詳しく説明されてい
る。第7版に変わったと言っても，あまり意識する必要はないだろう。それよりも，
日本の法律や契約形態を押えておくとともに，（調達の効果的なマネジメント方法
は変わらないので）PMBOK（第6版）の調達マネジメントに関する知識を押えて
おこう。そして，過去問題を活用してしっかりと仕上げておけばいいだろう。

【原理・原則】　　　　　　　　　　　　　　　　　　PMBOK（第7版）

PMBOK（第7版）の原理原則	
価値	価値に焦点を当てること （→P.122「1.1.1 価値の実現」参照）
システム思考	システムの相互作用を認識し，評価し，対応すること
テーラリング	状況に基づいてテーラリングすること
複雑さ	複雑さに対処すること
適応力と回復力	適応力と回復力を持つこと
変革	想定した将来の状態を達成するために変革できるようにすること
スチュワードシップ	勤勉で，敬意を払い，面倒見の良いスチュワードであること
チーム	協働的なプロジェクト・チーム環境を構築すること
ステークホルダー	ステークホルダーと効果的に関わること
リーダーシップ	リーダーシップを示すこと
リスク	リスク対応を最適化すること
品質	プロセスと成果物に品質を組み込むこと

【パフォーマンス領域】　　　　　　　　　　　　　　PMBOK（第7版）

PMBOK（第7版）のパフォーマンス領域	
ステークホルダー	ステークホルダー，ステークホルダー分析
チーム	プロジェクト・マネジャー，プロジェクトマネジメント・チーム，プロジェクト・チーム
開発アプローチとライフサイクル	成果物，開発アプローチ，ケイデンス，プロジェクト・フェーズ，プロジェクト・フェーズ，プロジェクト・ライフサイクル
計画	見積り，正確さ，精密さ，クラッシング，ファスト・トラッキング，予算
プロジェクト作業	入札文書，入札説明会，形式知，暗黙知
デリバリー	要求事項，WBS，完了の定義，品質，品質コスト
測定	メトリックス，ベースライン，ダッシュボード
不確かさ	不確かさ，曖昧さ，複雑さ，変動制，リスク

【プロセス】   PMBOK（第6版）

知識エリア	プロジェクトマネジメント・プロセス群				
	立上げプロセス群	計画プロセス群	実行プロセス群	監視・コントロール・プロセス群	終結プロセス群
プロジェクト統合マネジメント	プロジェクト憲章の作成	プロジェクトマネジメント計画書の作成	プロジェクト作業の指揮・マネジメント／プロジェクト知識のマネジメント	プロジェクト作業の監視・コントロール／統合変更管理	プロジェクトやフェーズの終結
プロジェクト・スコープ・マネジメント		スコープ・マネジメントの計画／要求事項の収集／スコープの定義／WBSの作成		スコープの妥当性確認／スコープのコントロール	
プロジェクト・スケジュール・マネジメント		スケジュール・マネジメントの計画／アクティビティの定義／アクティビティの順序設定／アクティビティ所要期間の見積り／スケジュールの作成		スケジュールのコントロール	
プロジェクト・コスト・マネジメント		コスト・マネジメントの計画／コストの見積り／予算の設定		コストのコントロール	
プロジェクト品質マネジメント		品質マネジメントの計画	品質のマネジメント	品質のコントロール	
プロジェクト資源マネジメント		資源マネジメントの計画／アクティビティ資源の見積り	資源の獲得／チームの育成／チームのマネジメント	資源のコントロール	
プロジェクト・コミュニケーション・マネジメント		コミュニケーション・マネジメントの計画	コミュニケーションのマネジメント	コミュニケーションの監視	
プロジェクト・ステークホルダー・マネジメント	ステークホルダーの特定	ステークホルダー・エンゲージメントの計画	ステークホルダー・エンゲージメントのマネジメント	ステークホルダー・エンゲージメントの監視	
プロジェクト・リスク・マネジメント		リスク・マネジメントの計画／リスクの特定／リスクの定性的分析／リスクの定量的分析／リスク対応の計画	リスク対応策の実行	リスクの監視	
プロジェクト調達マネジメント		調達マネジメントの計画	調達の実行	調達のコントロール	

681

第7章　調達

● PMBOK（第6版）のプロジェクト調達マネジメントとは？

PMBOK では「必要なプロダクト，サービス，あるいは所産をプロジェクト・チームの外部から購入または取得するために必要なプロセスからなる。（PMBOK 第6版 P.24）」と定義されている。実際には，協力会社，要員，開発ツールなどの調達（購入や契約）が多い。

表1　プロジェクト調達マネジメントの各プロセス

プロセス	内　　容	主要なアウトプット
調達マネジメントの計画	当該マネジメント領域の他のプロセスのマネジメント方法や進め方を定義し文書化し，プロジェクトマネジメント計画書の補助計画書を作成する。 外部調達するかどうかを検討し（内外製決定），調達が必要な場合は，いつ，何を，どれだけ，どのように調達するのかを検討する。必要に応じて入札文書や発注先選定基準を作成し，納入候補を特定する。	• 調達マネジメント計画書 • 入札文書 • 発注先選定基準
調達の実行	納入候補から回答を得て，発注先選定基準をもとに納入者を選定し，契約を締結する。	
調達のコントロール	調達先との関係をマネジメントする。契約している内容どおりに責任を果たし，権利が保護されていることを確実にする。最終的に問題が無ければ契約を終結する。	

682

☕ Column ▶ さらに "自信" と "誇り" をもつために！

　いくら優秀なプロジェクトマネージャでも，杜撰な契約だとプロジェクトを成功に導くこともメンバを守ることもできない。というよりも，優秀なプロジェクトマネージャは法律や契約に強い。筆者がそう考えるようになったのは，この業界に入って間もない頃だった。それ以来，法律や契約の勉強に力を入れてきた。

　プロジェクトマネージャ試験に合格するだけなら，ここで説明している "調達マネジメント" の優先順位は低いかもしれない。本章の出題傾向を見ていただければ明らかだが，他の章に比べて出題数は少ないし，出題されても（実務で必要なレベルに比べれば）"超超簡単な" 設問ばかりだ。だから本書でも最後に持ってきているわけだ。しかし，実務は違う。真逆だと言っても過言ではない。いったんプロジェクトが開始されれば，プロジェクトマネージャのできることは法律と契約の範囲内のことに限定される。違法なことも，契約外のこともしてはいけないのは言うまでもない。どんなに優れた管理技術をもってしても，それが契約上使えなければ意味をなさない。

「法律と契約に強くなってほしい。
**　そしてメンバを守ってほしい。」**

　そういう願いを込めているのが本章だ。これは決して上から目線の言葉じゃない。法律の専門家ではない筆者がそんなこと言えるはずもない。そうではなく，メンバを守るためにこの資格に挑戦しているということを証明してほしいから。決して誤解されることのないように。

　こんな言葉がある。有名な言葉で…名言を言いたがる人がよく口にする言葉だ（笑）。

> **思考に気をつけなさい，**
> 　　**それはいつか言葉になるから。**
> **言葉に気をつけなさい，**
> 　　**それはいつか行動になるから。**
> **行動に気をつけなさい，**
> 　　**それはいつか習慣になるから。**
> **習慣に気をつけなさい，**
> 　　**それはいつか性格になるから。**
> **性格に気をつけなさい，**
> 　　**それはいつか運命になるから。**

　この名言を違う角度から見ると「行動を見れば考えていることがわかる」とも言える。本書の2ページに書いたコラム**「あなたが今すぐ "自信" と "誇り" をもっていい理由」**…資格取得のための勉強は，「自慢したいだけだろ」とか「結局は自分のため」，「報奨金目当て」と誤解されることも少なくない。特に，シャイで寡黙であったり，自己表現が苦手な人は誤解されやすい。

　法律や契約の重要性を知らなかったから興味が無かったのなら仕方がない。しかし，プロジェクトマネージャの資格取得を通じて，法律や契約の重要性を知った今はどうだろう？「この資格を持っているけど，法律と契約に強くない」…そんな人を見て，メンバはどう思うだろう。誤解を招いても仕方がない。そんな誤解を払拭して，誰でも簡単に発することのできる "言葉" ではなく，黙って "行動" で示すには法律や契約に強くなることが一番。もっとも説得力のある行動になる。

683

第7章　調達

7.1 基礎知識の確認

7.1.1 契約の基礎知識

　プロジェクトマネージャが知っておくべき契約形態には，民法で定める請負契約，準委任契約，労働者派遣法で定める派遣契約がある。これらの契約は，システム開発業務を他社に依頼する場合や，要員を確保する場合に締結する。また，ハードウェアやソフトウェアパッケージなどに絡む契約として，売買契約，リース契約，レンタル契約などもある。

●民法改正

　平成29年5月26日に改正民法が成立し（同年6月2日公布），（一部の規定を除き）令和2年（2020年）4月1日に施行された。民法が制定された明治29年（1896年）以来，120年ぶりの初めての大規模な改正である。この改正によって，請負契約と準委任契約に関する条文も改正されている（後述）。

　いずれも契約内容が優先されるので，これに伴い自社の契約書を変更する場合は，IPAのWebサイトの「改正民法に対応した「情報システム・モデル取引・契約書」を公開～ユーザ企業・ITベンダ間の共通理解と対話を促す～」（https://www.ipa.go.jp/ikc/reports/20191224.html）を参照するといいだろう。

●請負契約

　請負契約とは，民法で規定されている役務提供型の典型契約の一つで，当事者の一方（請負人）がある仕事を完成し，相手方（注文者）がその仕事の結果に対して報酬を与える契約である（民法第632条）。

> 例）**注文住宅**：家を買う人（注文者）と，建築会社（請負人）の間の契約
> 　　**オーダーシステム**：ユーザ企業（注文者）とSIベンダ（請負人）の間の契約
> 　　**プログラミングの再委託**：SIベンダ（注文者）と協力会社（請負人）の間の契約

　請負人（SIベンダのように依頼を受ける側）は，予め契約によって合意した仕事（成果物，もしくは納品物を含む）の「完成責任」を負うため，責任をもって完了もしくは納品をしなければならない。一方，注文者（ユーザ企業のように依頼する側）

は対価となる報酬の支払いの義務を負う。また，請負人は，完成責任を遂行できれば，特に進捗を報告する義務はなく，作業場所を特定しなくてもよい。メンバを受注側の都合で変えても問題ない（契約内に何の記載も無い場合）。

（1）契約不適合責任

改正前民法では，プログラムにバグ等の不具合があった場合，それを"瑕疵"といい，請負人が所定の責任を負うという**瑕疵担保責任**を規定していたが，これが，目的物が種類，品質又は数量に関して「契約の内容に適合しない」場合に責任を負う**契約不適合責任**という表現に変更された（但し，実質的な変更が生じているわけではないとしている）。

契約不適合責任の救済手段としては，改正前民法では"瑕疵修補請求"（バグを修復するように請求），"損害賠償請求"，"解除"の3つだったが，瑕疵修補請求が"**履行の追完請求**"に変更され，新たに"**報酬減額請求**"が追加された。

また，契約不適合責任の期間制限に関しても変更があった。改正前民法の瑕疵担保責任では，仕事目的物に瑕疵があったときは，注文者は目的物の引渡し（引渡しをしない時は仕事の終了時から**1年以内**に瑕疵の修補，契約の解除又は損害賠償請求をしなければならないとされていたが，次のように変更された。

①注文者がその不適合の事実を知った時から**1年以内**に当該事実を請負人に通知しないときまで（637条）
②権利を行使することができる時（客観的起算点）から**10年間**（166条）
③権利を行使することができることを知った時（主観的起算点）から**5年**（166条）
※②③は，いずれか短い方の期間経過で消滅時効が完成する。
※請負人が引渡しの時又は仕事の終了時に目的物の契約不適合を知り，又は重過失により知らなかった場合は，この期間制限の適用も無い。

（2）請負契約における報酬請求権

改正前民法では，注文者の責めに帰すべき事由で仕事が完成できなかった場合（注文者側の責任でシステム開発が途中で終了した場合など請負契約が中途で解除された場合）に請負人が報酬を請求するという記載しかなかった。

それを改正後の現行民法では，そうではない場合（注文者の責めに帰することができない事由）でも，請負人が既にした仕事の結果のうち可分な部分について注文者が利益を受ける時は，その部分を仕事の完成とみなし，請負人は注文者が受ける利益の割合に応じて報酬を請求することができるということが明文化された。

685

第7章　調達

●準委任契約

委任契約も，民法で規定されている役務提供型の典型契約の一つになる。当事者の一方（委任者：業務を依頼する側）が"法律行為"をすることを相手方（受任者：業務を受ける側）に委託し，相手方がこれを承諾することによって，その効力を生じる（民法第643条）。

委任契約に向いているのは，システム開発フェーズでいうと要求分析・要件定義工程や外部設計工程，その確認のシステムテスト工程になる。あるいは，DX関連でアジャイル開発を採用したプロジェクトも，ベンダ企業が専門家として業務を遂行すること自体に対価を支払う準委任契約が向いている（※1）。契約段階で，不確定要素（範囲が不明確，期間が読めない，請負契約ではリスクが大きいなど）がある部分で，かつ役務を提供する側（受任者側，例：SIベンダ）を信頼できるところだ（システム開発の場合は，後述しているように正しくは準委任契約という）。

（1）委任契約と準委任契約

なお，委任契約は"法律行為"（意思表示によって，権利の発生や変更，消滅などの法的効果が生じる行為）に関する事務手続き等を相手（代理人等）に委託する契約である。弁護士に訴訟の代理を依頼する場合などが該当する。これに対して，システム開発時に業務を委託する場合（要件定義工程や外部設計，システムテストなど）のように，法律行為以外の事務を委託する契約は**準委任契約**という（民法第656条）。情報処理試験では，昔は"委任契約"という表現を使っていたが，今は"準委任契約"という表現で統一されているので，準委任契約で覚えておこう。

（2）履行割合型と成果報酬型

改正後の現行民法では，従来の「**履行割合型**」（SES契約など）で報酬を支払う契約形態に加えて，成果物の完成に対して報酬を支払う契約形態の「**成果報酬型**」も可能になった。請負契約と似ているが，あくまでも準委任契約なので，仕事の完成を義務付けられるわけではなく，善管注意義務を果たしていれば責任は問われない。また，請負契約同様，途中で委任者の責めに帰することができない事由によって委任事務が中途で終了した場合であっても，受任者はすでにした履行の割合に応じて報酬を請求することができる。

※1　IPAが公表している「情報システム・モデル取引・契約書」には，アジャイル開発版もある。「アジャイル開発版「情報システム・モデル取引・契約書」〜ユーザ／ベンダ間の緊密な協働によるシステム開発で，DXを推進〜」だ。これもいい資料なので目を通しておこう。
https://www.ipa.go.jp/ikc/reports/20200331_1.html

（3）善管注意義務

委任契約は，多くの場合は，相手の業務遂行能力に期待して依頼することになる。例えば「優秀な SE の多い企業に対して『1 か月間で，要件定義を依頼する。』」というようなケースだ。それゆえ，請負契約のような完成責任は負わないが，**善管注意義務**（契約内容通りに役務を遂行する上で善良な管理者として注意する義務）を負うことになる。

●派遣契約

請負契約及び委任契約に共通する性質は，「作業場所の特定もなければ，現場（発注側）の指揮命令に従う必要もない」ことである。ここが派遣契約と異なるところで，派遣契約は，派遣先の指揮命令系統に従うことが義務付けられている。そのため労働者保護の観点から「労働者派遣事業法」で細かく規定されている。

表 2　契約形態の特徴（原則）

	請負契約	準委任契約	派遣契約
根拠法	民法	民法	労働者派遣事業法
用語の意味等	【請負】 請負は、当事者の一方がある仕事を完成することを約し、相手方がその仕事の結果に対してその報酬を支払うことを約することによって、その効力を生ずる。（民法第 632 条）	【委任】 委任は、当事者の一方が法律行為をすることを相手方に委託し、相手方がこれを承諾することによって、その効力を生ずる。（民法第 643 条） 【準委任】 この節の規定は、法律行為でない事務の委託について準用する。（民法第 656 条）	【労働者派遣】 自己の雇用する労働者を、当該雇用関係の下に、かつ、他人の指揮命令を受けて、当該他人のために労働に従事させることをいい、当該他人に対し当該労働者を当該他人に雇用させることを約してするものを含まないものとする。（労働者派遣事業法第 2 条）
提供物	契約段階で定めた成果物	役務の提供	
義務、責任	●成果物に対する完成義務 ●納期を定める ●契約不適合責任（最長 10 年） ・履行の追完請求 ・損害賠償請求 ・解除 ・報酬減額請求	●善管注意義務 過失がある場合債務不履行責任が問われることはあるが、役務の提供が正当に行われていれば完成責任は負わない。 ●契約期間を定める ●報酬請求権 ・履行割合型 ・成果報酬型	●派遣先の指示に従って業務を遂行する義務
作業方法	●委託者（発注者側）に指揮命令権はない ●特に契約書で定めていない場合、下記は受託者側で決める ・作業場所 ・報告 ・業務の再委託 ・要員選定・交代	原則、請負契約と同じ（注）。 ※但し、契約の性質上、相手方の能力に期待するところがあるため、業務の再委託や頻繁な要員交代等は望ましくないなどもあるため、しっかりと契約書に定めておくことが望ましい。	●派遣先の指揮命令に従う ●下記は、派遣先企業の指示に従う ・作業場所（通常、派遣先企業。それ以外の場合、二重派遣にならないように注意） ・報告 ●二重派遣、多重派遣は禁止
著作権	受託者側		派遣先

注）準委任契約における業務の再委託（＝復受任者の選任）は、「委任者の許諾を得た場合」または「やむを得ない事由がある場合」に限り可能（民法第 644 条の 2 第 1 項）。

●偽装請負

　企業と労働者（もしくは，労働者の所属する企業）との間に，請負契約を締結しているにもかかわらず，請負先（業務委託側，発注側）責任者等が，法律で認められた権限以上の指示や管理を行う違法行為を"偽装請負"という。2005年から2007年ごろに大手製造業者が摘発され，広く社会に認知されるようになった。多くの場合，派遣労働者と同等の管理や指示を行っているため，労働者派遣契約を結ぶか雇用契約を結ぶよう是正指導される。具体的には，次の体制図を例にして言うと，X社の人（PMでも担当者でも）が，Y社の担当者に（場合によってはPMに対しても），直接指示を出したり，命令したりしている行為－それは，完全アウトだと考えられている。

　なお，システム開発プロジェクトで"よくありがちな行為"が，偽装請負かどうかを判断するのは非常に困難である。試験で出題されるのは典型的な例だけなので，まずはそこから押さえていこう。

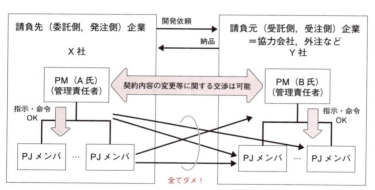

違法になる可能性のある指示命令とは……
作業内容の指示，出勤時間の指示，残業・休日出勤の命令。労働場所の指示，服装の強制，社内ルールの強制

図1　体制図

この"請負"か"派遣"かを判断する基準には，古くは昭和 61 年に当時の労働省が公表した労働省告示第 37 号「労働者派遣事業と請負により行われる事業との区分に関する基準」（下表の①）があるが，これをそのままシステム開発に適用するのは困難なため，我々の業界団体（日本電子工業振興協会と情報サービス産業協会）が，この労働省公表の区分基準に対して，昭和 61 年当時労働大臣に宛てて下表②の要望書を提出している。この要望書は，当時，労働省に正式に受理されたそうだが，平成 17 年（2005 年）前後に，これを無視した指導が入りだしたため，新たに下表③の要望書を提出した。その後，厚生労働省は疑義応答集を 3 回公表している（下表④⑤⑦）。中でも令和 3 年に公表された（第 3 集）は，アジャイル開発を対象にしたものになる。時間があれば目を通しておくのも悪くない。午前 II 試験や午後 I 試験では「アジャイル開発＝準委任契約」ぐらいしか出題されないだろうが，午後 II 試験で書く必要が出てきた時には超強力な武器になるからだ。もちろん実務上も知っておくべきことになる。

表 3

関連資料	
①	昭和 61 年労働省告示第 37 号 「労働者派遣事業と請負により行われる事業との区分に関する基準」 https://www.mhlw.go.jp/content/000780136.pdf
②	昭和 61 年日本電子工業振興協会と情報サービス産業協会が提出 「労働者派遣事業の適正な運営の確保及び派遣労働者の就業条件の整備等に関する法律」に関する業界運用基準（案）の要望書
③	平成 17 年 6 月 29 日 「労働者派遣法に関する業界運用基準」に関する要望書（JISA/JEITA） https://www.jisa.or.jp/suggestion/h22/tabid/485/default.aspx
④	平成 21 年 3 月 31 日 「労働者派遣事業と請負により行われる事業との区分に関する基準」（37 号告示）に関する疑義応答集 https://www.mhlw.go.jp/content/000780137.pdf
⑤	平成 25 年 8 月 28 日 「労働者派遣事業と請負により行われる事業との区分に関する基準」（37 号告示）に関する疑義応答集（第 2 集） https://www.mhlw.go.jp/content/000780138.pdf
⑥	平成 25 年 7 月 31 日 「労働者派遣事業と請負により行われる事業との区分に関する基準」（37 号告示）に係る疑義応答集（第 2 集）への意見 https://www.jisa.or.jp/Portals/0/resource/opnion/20130731.pdf
⑦	令和 3 年 9 月 21 日 「労働者派遣事業と請負により行われる事業との区分に関する基準」（37 号告示）に関する疑義応答集（第 3 集） https://www.mhlw.go.jp/content/000834503.pdf
⑧	上記をまとめている厚生労働省のサイト https://www.mhlw.go.jp/bunya/koyou/gigi_outou01.html

第7章　調達

●売買契約

ハードウェア機器を購入した時など，完全に所有権が移転する時に交わされるのが，売買契約である。売買契約書を交わしておくことが多い。

●リース契約

ハードウェア，開発ソフトウェアの契約で締結されることが多い。通常，一定の年数（リースの適正期間，パソコン2年以上，サーバ3年以上等（※1））の使用を前提に，リース会社から貸し出される。貸し出されるハードウェアなどは，使用する企業に代わってリース会社が購入する。原則途中解約は不可で，途中解約の場合は，解約金（リースペナルティ）を払わなければならない。

リース金額を決定するのは「リース料率」である。例えば料率"2%"で契約した場合，1か月のリース金額は，契約金額（買い取りの場合の購入金額に相当）の2%になる。仮に総額100万円，リース料率2%で契約した場合，月額支払費用は2万円になる。

また，リースの契約期間が終了した後に引き続き使用したい場合には，下取りするか，「再リース」を選択する場合が多い。再リースとは，これまでの月額リース金額よりも安い金額で，期間を延長する制度である。これまで支払っていた月額費用で，1年間の使用を認めることが多い。

※1. リースの適正期間は税務上，法定耐用年数によって下限が決まっている。現状の法定耐用年数はパソコン4年，サーバ等それ以外のコンピュータ機器は5年で，いずれも法定耐用年数が10年未満なので，その場合は「**法定耐用年数×70%（端数切捨）**」が最短リース期間になる。

●レンタル契約

一定のレンタル料金を支払って，ハードウェアなどを一定期間借りる契約である。利用者側には，所有権がなく，全額経費処理できるというメリットがある。通常は，修理や保守はレンタル会社が行い（リースの場合は，原則納入先が行う），契約期間もリース期間より短い契約期間の設定が可能。但し，当然のことながら，レンタルの契約期間が短期間であれば月額レンタル料金は高くなる。

●使用許諾契約

ソフトウェアパッケージを利用するときに締結される契約形態である。この契約では，所有権と著作権は開発者側に残り，利用者は一定の期間，一定の条件のもとで使用する権利のみ入手する。**ライセンス契約**ともいう。ソフトウェアの使用許諾契約では，ロードモジュールのみを提供し，ソースコードは提供されない。

過去に午後Ⅰで出題された設問

（1）分割契約にした理由（H26 問 3 設問 1）

　ユーザの見解（仕様が明確である）と現システムの状況（設計ドキュメントは初期のものが残っているだけで，改修履歴は反映されていない）にギャップがあるため，改修で変更された機能が実装されず，手戻りが発生して納期に遅れるリスクが大きい。全工程を請負契約で締結することはリスクが大きいと考え，外部設計と移行支援を準委任契約，内部設計〜総合テストを請負契約で締結することにした。

（2）請負契約の知識が問われている設問

　請負契約に関する知識面が問われることもある。基本的には知識解答型で，知識さえあれば普通に正解できる。そのためしっかりと身に着けておきたい。

①発注者側として注意すること

　請負契約において発注側として注意すべきことは，発注先のプロジェクトマネージャやメンバに対して，指示や命令ができないという点だ。発注先のプロジェクトマネージャと“交渉”は可能だが，その時でも優越的な地位を利用して実質的な指示や命令をすることは禁じられている。あくまでも，（契約の責任者同士が）対等な立場で交渉や依頼をしなければならない。

●直接指揮命令できない（H29 問 2 設問 3（3））

　この設問では，相手先のプロジェクトマネージャが B 主任なので「直接に依頼をできるのは，B 主任に対してだけであること」という解答になっている。具体的に，問題文中に出てくる人物の“B 主任”としているところも解答する上で意識しておこう。

●直接指揮命令できない（R03 問 3 設問 2（3））

　マルチベンダによってシステム開発をしているケースで，連動テスト工程のようにユーザ側企業と開発側企業から多数のメンバが参加して作業を進める場合，全てのメンバで多くの情報を共有する必要が出てくる。この時，どういうコミュニケーションにおいても，請負契約や準委任契約を考慮すると，各社メンバへの作業指示は行ってはいけない。その理由が問われている場合は，準委任契約なので作業指示はできないからとストレートに解答すればいい。

第 7 章　調達

②作業完了後も対応が必要（H29 問 2 設問 3（2））

　内部設計から単体テストまでの請負契約を締結した場合，その作業期間が終わり納品完了済みでも，後の結合テスト期間中（準委任契約）に瑕疵が発生したら修復してもらう必要がある。

（3）システム開発の一部を再委託するケース

　顧客との契約だけではなく，システム開発の一部を協力会社に再委託する時，その相手が，初めての場合には，それ自体がリスクになる。

①派遣契約から請負契約への進展（H29 問 2 設問 1）

　これまで派遣契約で要員を出してもらっていた企業と，請負契約が締結できるようになれば，（完成責任を持たない派遣契約に比べて）完成責任の負荷が軽減されるというメリットがある。

②初めて委託する場合のリスク（H28 問 1 設問 3）

　取引実績がないベンダに開発の一部を委託する場合，どれくらいの管理負荷が必要か分からないため，想定よりも管理負荷が高まる（手がかかる）可能性がある。

③初めて委託する場合の対策（H25 問 4 設問 2（1））

　新規の協力会社に請負契約で一部開発の業務委託を行う場合，相手のプロジェクトマネジメントの実力を確認する必要がある。そのため，一部のプロジェクトマネジメント業務のうち，例えば，進捗状況と品質状況を定量的に把握し，評価する部分を切り出して，委託してみることを考える。

④顧客と契約している自社が責任を持つ（H20 問 2 設問 4（1））

　ある機能の開発を複数の会社に再委託した場合，連動テストや総合テストは自社が責任を持って行わなければならない。特に，再委託の部分の契約が委任契約になっている場合は，再委託先企業には完成責任がないので注意が必要。

（4）仕様変更ルールの見直しも契約単位で（H21 問 3 設問 2（1），（3））

当初の契約が，外部設計と総合テストを準委任契約，内部設計から結合テストを請負契約という分割契約にしている場合には，仕様変更ルールに関しても，その契約に合わせる必要がある。

例えば，仕様変更ルールの中の"要求の検討・見積りフェーズ"では，変更仕様の実現方法を検討し，検討結果とその見積りを行う場合には，外部設計，内部設計から結合テスト，総合テストに分けて見積もるとともに，請負契約部分の見積りは，工数ではなく金額で提示する。また，定期的に進捗状況と工数の実績を報告している報告フェーズでも，請負契約部分の工数実績の報告は行わない，結合テストの結果を報告するというように，請負契約部分について修正する。

（5）外部設計後の再見積もり（H21 問 3 設問 2（2））

内部設計工程から結合テストまでを請負契約にする場合，その請負契約締結のために，次のような理由から，外部設計終了後に再見積もりをする。

- ・ 外部設計の結果に基づいて，請負契約の工程の見積りができるから
- ・ 請負契約部分の見積り精度を上げてリスクを低減できるから
- ・ 当初の見積りと差があった場合に作業内容や金額を見直せるから

（6）顧客企業の合併によって PJ が中断する（H21 問 1 設問 1）

企業の合併の噂があり，その場合プロジェクトが中断する可能性がある場合，予防処置として，中断時の費用精算方法を事前に合意して契約に盛り込む，あるいは，中止するまでに掛かった費用を支払う旨を契約に明記する。そして，顧客からプロジェクト中断の指示があった時には，掛かった費用の回収を顧客と交渉できるように契約書に明記しておく。

Column ▶ 自律的なチームは，まず自分から

筆者が久々に共感した書籍に"ティール組織"があります。もうあちこちで言っているので…ひょっとしたら"またか！"と思われる方もいらっしゃるかもしれませんが…そういう人も，少しだけお付き合いください。

ティール組織

"ティール組織"とは，マッキンゼーで10年以上にわたり組織変革プロジェクトに携わったフレデリック・ラルーという人が組織論について書いた書籍の名称です。

圧倒的な成果を上げている組織を調べてみたら，これまでにはない進化型の組織で，その組織を「ティール組織」と名付けたという内容です。

具体的にどんな組織なのかは，原著にゆだねるとして…筆者が受け取ったイメージは**"強いサッカーチーム"**でした。チームの勝利を全員が目指し（存在目的），皆自律的にチームメイトの動きを見据えたうえで，自分にできる最善のことを考えて最適な所に切り込む（自主経営，ホールネス）。お互いを信頼しあって動きを読みながら動く。決して，味方チームでボールを奪い合わない…そんな組織です。試合中は，選手が皆自律的に動いてくれますから，試合中の監督は何もしません。

アジャイル開発やリモートワーク

この**"強いサッカーチーム"**は，アジャイル開発のプロジェクトチームにも似ていますよね。誰もが自律的に行動するというところなど，そのままです。

自律的というと，リモートワークも同じようなところがありますよね。同じ場所，同じ時間に集まっているという点では異なりますが，次のような点が求められているのは同じです。

- 目的や目標を，その意図や狙いとともに正確に理解する
- どうすれば目的を達成できるかを自分で考える
- チーム全体を俯瞰する
- その中で，その都度最適な行動を選択する
- 常に最高のパフォーマンスを出せるように日々努力する

自律的なメンバをマネジメントする！

とはいうものの…そういう組織を作り上げるのも…管理するのも，誰でもできるというわけではありません。自律的に動くからと言って，**"強いサッカーチーム"**の監督を誰もができるわけではないですよね。

少なくとも次のようなことが必要です。

- 自信をもって任せきれること（無駄に邪魔をしない，何もしないこと）
- メンバから頼られていること
- メンバにできないことで，メンバの役に立てること

要するに，自分自身も例外ではなく自律的に行動しないといけないということです。

そこに気付いたら…そもそもプロジェクトマネージャの仕事，役割とは何だろう？と考えるようになりますよね。

「俺は何を期待されていて，何ができないといけないのだろう？」

結果，プロマネの勉強を始めるようになるのでしょう。今やっていることこそ，強い組織を作る第一歩なんですね。

7.1 基礎知識の確認

7.1.2 調達計画

最初に，外部調達の可能性のある作業内容を確定する。そして，外部から調達すべきかどうかを検討（内外製分析）し，外部調達が決定したら，RFPと評価基準を作成する。そして，これらを調達計画書にまとめ，プロジェクト計画書に組み込む。これら一連の流れが調達計画である。

●作業内容，要求スキル，要員数，契約形態などを明確にする

外部協力会社に依頼すべき作業を最初に明確にしなければならない。通常は，何かそうしなければならない（あるいは，そうした方が良い）理由が存在するはずである。その必要性，及び理由を明確にした上で，依頼する作業内容を定義する（このあたりは，午後Ⅱ論文の過去問題でも問われている）。次に，契約形態（請負契約，委任契約，派遣契約），要求するスキル，要員数，スケジュールなどを整理する。

●内部調達か外部調達かを検討し決定する（内外製分析と内外製決定）

また，内部調達（内部開発）すべきか，外部調達（外部委託）すべきかを検討する（これを内外製分析ともいう）こともある。平成12年度 午後Ⅰ 問2で「パッケージ開発案」と「独自開発案」の比較を実施しているが，まさにこのプロセスをテーマにした問題である。そして，比較検討した結果，いずれかに決定する（これを内外製決定という）。

一般的に，協力会社に仕事を依頼する理由としては，表3のようなものがある。

表4　外部協力会社に依頼する三大理由

理由	説明
必要とする"要員"がいない	一時的な要員不足。ほかのプロジェクトに必要な人材がとられているなど，意図しないケース
	戦略的に，特定工程の要員を抱えない。プログラマは抱えない，上流工程はしない，など。意図しているケース
必要とする"技術力"がない	一時的な技術力不足。長期的には自社で保有したい技術になるため，これを機会に技術移転を目的とすることも
	パッケージ製品などで，その製品を扱う限り毎回依頼しなければならないケース，または技術移転までは考えていないケース
費用を抑えるため	自社要員や自社製品と比較して，外部から調達した方が安価

当然のことながら，内部調達か外部調達かを比較検討するためには，事前に外部の情報収集をしておかなければならない。候補となるパッケージや要員の事前調査もこのフェーズで実施する重要な作業である。

695

●契約計画

　外部調達が決定すると，RFP（Request For Proposal：提案依頼書）と，その評価基準を作成する。

　協力会社に仕事を依頼する場合，通常は過去に実績のある会社に依頼を行う。その理由は，取引口座が設定されており，与信調査も簡易的にできることや，これまでの取引実績が信用になっており安心できることなどがあげられる。過去の関係と将来の可能性を考えれば，途中でプロジェクトから手を引くということもしないだろう。

　しかし，時にはどうしても既存の取引先の中では要員の手配ができない場合がある。そうしたときは，新しい外注先を探さなければならない（情報処理技術者試験でも問題になるのは，こういった状況設定になっている）。そのときには，RFPと評価基準を作成し，RFPを複数企業に発行する。

RFP（提案依頼書）

　RFPとは，事前に候補にあがっていた複数企業に対して提案を正式に依頼するドキュメントのことである。その中には，必要な機能，納期，費用，その他諸々が書いてある。提案する企業は，このRFPを基に提案書を作成するというわけだ。購入対象がハードウェアなどで，必要スペックもすべて決まっているようなケースでは，RFQ（Request For Quotation：見積要請書）を発行することもある。

RFPはもうオワコン？

　令和元年6月に，プロジェクトマネージャ試験（PM）の関連ドキュメントの一部改訂についての発表があった。"試験要綱の中の対象者像"，"業務と役割"，"期待する技術水準"，"午後の試験"の変更（ver4.3）と，シラバスにおける大項目・小項目の対応関係の見直し（ver6.0）が行われた。JIS Q 21500:2018 への対応がメインで，表現及び言い回し，分類等の変更などで特に影響はない。

　その変更の"午後の試験"のところで「提案依頼書（RFP）」が削除されているが，シラバスの調達計画の所からは削除されていないので，RFIやRFPそのものの知識が不要になったわけではない。当該資料を目にした時に混乱しないようにしよう。

評価基準の作成

RFP の作成と同時に，納入候補企業から出てくる提案書の評価基準を決めておく。評価基準の例を表4に示す。各項目については，（要求事項への適合度だけに限らず）重要度に応じて重み付けし，定量化しておくと客観的に比較しやすい。

表5　パッケージ製品の評価項目と評価基準の例

評価項目		評価基準の例
費用面・納期面	費用は想定の範囲内か？ 期間は，要求どおりか？	・ 要員単価：プログラム 80 万円 ・ 平成 19 年 4 月～平成 20 年 4 月まで
提案内容 （要求事項への適合度）	RFP で記載した条件への適合度をここで判断する	重要度に応じて重み付けを行い，点数化しておくと評価しやすい
経営安定度	調達先企業が倒産すると，プロジェクトの途中で要員が離脱してしまうかもしれないし，生産性が落ちるかもしれない。そのため経営の安定度も考慮しなければならない	・ 一部もしくは二部上場企業であること ・ 売上高：年商 200 億以上 ・ 営業利益：過去 3 年間赤字でないこと ・ メーカの 100％子会社必須　など
開発経験・実績	同規模，同業種での導入事例の有無	・ 同規模，同業種での導入事例が 5 本以上 ・ プロジェクトマネジメント経験 3 年・3 件以上 ・ プロジェクトメンバでの参加経験 2 年以上など
技術力	企業の総合的な技術力，もしくは要求する個人の技術力を確認する	【企業】 ・ CMMI レベル 5 相当 ・ IT コーディネータ 10 人以上 ・ プロジェクトマネージャ 50 人以上など 【個人】 ・ Java，Oracle などの資格保有者
セキュリティ水準	顧客企業の機密情報を扱うことがある場合，相手企業のセキュリティレベルも考慮しなければならない	・ ISMS 認証取得必須 ・ プライバシーマーク適合事業者必須

外部調達における審査基準の確認

なお，自社に，外部調達における審査基準があるかどうかを確認し，あれば，それを RFP と評価基準に組み込まなければならない。

①発行先の選定

要件に合致しそうな企業に対して，上記の RFQ または RFP を発行する企業を数社選定する。

②発注先の決定

発行先に対して説明会の開催や，質疑応答を行った後，提案書（見積書）を提出してもらう。提出された提案書（見積書）をあらかじめ定めておいた評価基準に基づいて内容を評価し，発注先を決定する。

第 7 章　調達

過去に午後 I で出題された設問

(1) 外部調達する理由 (H31 問 2 設問 3 (2))

　G 社の競争力強化の方向性 (工事遂行力の更なる強化, 確実に工事を遂行) から
判断して, ドローンの要素技術は G 社の競争力強化の源泉ではなく, 社内にその技
術の蓄積も必要ないことから, ドローンなどの新技術への対応を G 社で内製化する
必要はないと考え, デバイスベンダからアプリケーションプログラムも含めて調達
することにした。

(2) 競合にする意義 (H26 問 3 設問 3 (1))

　外部へ委託する場合, これまで実績のある付き合いの長い委託先に出すだけでは
なく, 複数の委託先の候補から見積りをとることを指示した。その意義は, 委託先
の客観的な評価ができる, 調達コストを適正にできるという点にある。

(3) 評価項目を設定するメリット (H21 問 2 設問 2 (1))

　委託先の選定に関しては, 評価項目を設定した上で提案内容と提案価格を総合的
に評価する選定方法を採用する。これにより, 提案内容の優れた委託先を選定でき
ることと, 適正な金額の委託先を選定できる, 競争原理によって発注価格を適正化
できるというメリットがある。

　ちなみに, 評価基準を定量的にして点数や重み付けを先に決めておくのは, 客観
性を持たせることで恣意性をなくすためである。

(4) 評価基準として重視したいある条件とは? (H26 問 3 設問 3 (2))

　これが問われている場合は, 原則, 問題文中にしか答えはないと考えよう。画一
的で絶対的な重点項目というのはないからだ。この時の問題では, これまでの委託
先に委託するメリットとして「A 社の品質管理基準を理解している」という点を挙
げている。この記述から, A 社と同様の品質管理基準を有していること, もしくは
品質に関する A 社の検収条件を満たすことが解答になる。

698

（5）先を見越した重み付け（H21 問 2 設問 2 （2））

　大型プロジェクトなので何期かに分けて開発する。その第一期システムでは，第二期システムの開発を考慮して，今回の選定では要求仕様の理解度及び記述内容の具体性の二つの評価軸を特に重要視して配点を高くした。その理由は次のようなものである。

- ・第二期システムの有力候補となる委託先を選定できるから
- ・着実に対応できる業務に精通した委託先を選定できるから

（6）基準点の設定（H21 問 2 設問 2 （3））

　内容点に関する基準点として 500 点を設定し，この基準点を次のように使用することによって，適正な委託先を選定できると考えた。

- ・内容点が基準点に満たない会社は選定対象外とする
- ・選定のスクリーニングの基準として使用する

（7）提案価格の評価方法（H21 問 2 設問 2 （4））

　提案価格については，想定される開発規模を基に設定した予算枠（以下，想定金額という）の 1 億円との差額について，次のように得点（以下，価格点という）を付与する。

　提案価格が想定金額よりも低い場合には，想定金額との差額 100 万円につき，10 点を付与する。但し，想定外の低い金額が提示されたり，極端に低い金額が提示された場合の問題を回避するために，価格点には上限を設け，提案価格が 5,000 万円以下の場合は，一律に 500 点を付与する。

　提案価格が想定金額よりも高い場合には，価格点は付与しない。

第7章　調達

7.1.3　調達管理

目　　　的：最適な納入者を選定する
留　意　点：①プロジェクト目的を達成できる選択であること
　　　　　　②公明正大で，誰が見ても納得できる評価になること
具体的方法：①評価方法
　　　　　　②契約交渉

　調達管理では，計画段階で作成した RFP を候補先企業に配布するため説明会を実施する。その後，提案を受ける（納入者回答依頼プロセス）。提案書が集まったら，そこから最適な納入者を選定する（納入者選定プロセス）。

　なお，調達管理に関しては，進捗管理，品質管理，費用管理などと違って，問題が発生しないように目を光らせるというものではない。リスク管理は必要だが，それ以外は契約の話になる。

●説明会の開催

　計画段階で作成した RFQ または RFP の説明会を開催する。説明会は，入札説明会，ベンダ説明会，RFP 説明会，コントラクター説明会など，様々な名称になっているが，実態はほぼ同じである。要件に合致しそうな企業を数社選定し，説明会への参加を促す。そして，全社一斉に，または個別に説明会を開催する。このとき，すべての候補先企業に対して，必ず対等に接しないといけない。例えば，説明会の後に，一定期間，質問をメールなどで受け付けることが多いが，そういったときでも，その回答は，質問とともに全候補先企業に送るようにする。そうしないと，情報が偏ってしまうからである。

●納入先選定

　説明会と質問対応が完了し，いよいよ企業から提案書が提出される。その提案書を比較検討し，最適な納入者を決定するプロセスが，納入先選定プロセスである。

　このプロセスでは，提出された提案書（見積書）と，あらかじめ定めておいた評価基準に基づいて内容を評価した上で，発注先を決定する。決定に当たっては，プロジェクトの成功と公明正大な決定が望まれる。そのため，納入者を決定するには，表5のような方法を検討する。

7.1 基礎知識の確認

表6 提案書評価方法の工夫

評価方法	説明
重み付け	各評価基準に対して，数値による重み付けを行う。各評価基準の点数と重みを掛け合わせて点数化して総合点で評価する。以下に，簡単にしたモデルで例を示す。このようにして企業ごとに点数化することによって，誰もが納得のいく決定を行う （例） 　　　　　　　　　重み　　　　　　A社 　費　　　用　　0.5　　5点×0.5＝2.5点 　経　　　験　　0.3　　3点×0.3＝0.9点 　財務安定性　　0.2　　10点×0.2＝2.0点 　　合　　計　　　　　　　　　　　5.4点
スクリーニング	評価基準に対して，最低限必要な条件を定めること（条件に合致しなかった場合，"該当者なし"もありえるもの。あるいは，その条件を満たさないだけで無条件に落とす可能性もある）
専門家の判断	重み付け，スクリーニング，点数評価など，様々な方法で順位付けを行うときでも，各項目に点数を付けるのは専門家の力が必要な場合もある
査定見積り	あらかじめ，調達に要するコストを算定しておく方法。単に"最もコストが安い企業"とするのではなく，適正価格かどうかを判断することも重要である

評点 ＝ 評価基準の点数 × 重み

		パッケージの機能の適合度と拡張性		ベンダの業界知識	ベンダのプロジェクト経験数	概算見積金額（万円）	総合評価
評価基準		要求機能数 50 に対する適合数 80%以上：4 60%以上～ 　80%未満：2 60%未満：0	拡張性の有無 有：2 無：0	高：4 中：2 低：0	多：4 中：2 少：0	C 社予算上限 5,000 万円に対する見積金額 80%以下：4 80%超 100%以下：2 100%超：0	
重み		20	10	30	20	30	
L 社	提案内容	適合数：42	有	高	多	4,700	
	評点	80	20	120	80	60	360
M 社	提案内容	適合数：44	有	低	多	3,800	
	評点	80	20	0	80	120	300
N 社	提案内容	適合数：32	有	高	中	4,500	
	評点	40	20	120	40	60	280

総合評価が最も高い

図2　提案の比較（例）（基本情報　平成 28 年春　午後問題より）

　先に書いた通り，①事前に評価項目，評価基準，重み付けを決定しておき，②客観性を持たせるように定量化するのは，選定する際の透明性の確保及び不正の排除である。但し，この図で得た総合評価の最も高いところを即採用するわけではない。この後，リスク分析をして対策の有効性を評価し，提案内容に虚偽や過大評価が無いかどうかを見極めるために現地視察をするなどして最終的に判断する。

701

第7章 調達

過去に午後Ⅰで出題された設問

(1) 評価結果の判断（H21 問2 設問3 (1), (2)）

　評価の結果，下図のように1社だけ点数や価格が極端に異なる場合は，妥当性を疑い確認が必要になる。

表2　X社，Y社，Z社の提案に対する評価

評価 会社名	各評価軸の得点				内容点	提案価格	価格点	総合点
	要求仕様の 理解度	記述内容の 具体性	計画の 妥当性	経験・ スキル				
X 社	380点	600点	150点	180点	1,310点	8,000万円	200点	1,510点
Y 社	200点	150点	100点	50点	500点	4,000万円	500点	1,000点
Z 社	370点	300点	100点	160点	930点	9,000万円	100点	1,030点

1社だけ点数や価格が極端に異なる
場合は，妥当性を疑い確認が必要に
なる。

図3　問題文中の図（一部加筆）

　要求仕様の理解度と記述内容の具体性に関しては，要求仕様書の記述に問題がないこと，Y社だけが不利となる要求仕様書ではないこと，評価項目や配点に問題がないことなどを確認する。

　また，他社に比べて極端に提案価格が低かった点については，提案価格の根拠となる規模や生産性についてヒアリングし，他社の提案価格が極端に高いわけではないことを確認する。

(2) クラウドサービス提供企業の選定

　厳密に言うと"調達"ではないかもしれないが，同じような考え方でクラウドサービスを比較して最適なところに決めることがある。

①問題文中に要件が記述されている場合（H25 問1 設問1 (2)）

　選定を行う際に付け加えた条件が問われている場合，原則は，問題文中にしか答えはない。したがって探し出すだけになる。この問題では"グローバルで安全なネットワークが必要"という記述があったため，「グローバルに接続拠点がある安全なネットワークを提供すること」という解答例になっている。

②サービス形態ごとのメリット・デメリット（H25問1設問2（2））

　SaaSの場合，フィットギャップ分析が必要になる。用意されているアプリケーションソフトがそのまま利用できればいいが，既存システムの仕様を前提にする場合，（その機能への対応が可能な場合には）対応に期間が掛かる。

③要件とサービスの対応付け　（H25問1設問3（1）（2）（3））

　図内に記入しているサービスごとの確認事項は，問題文中に"必要要件"等で記述されているので，それを探し出して確認する。

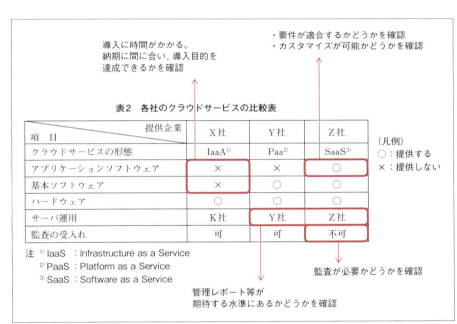

図4　問題文中の図（一部加筆）

第7章　調達

7.1.4　海外労働力の活用

　海外労働力を活用してソフトウェア開発を行う場合，オンサイト開発とオフショア開発の二つの方法がある。オンサイト開発とは，海外技術者に来日してもらい，日本国内でソフトウェア開発を行う方法のことをいう。一方，オフショア開発とは，海外パートナー企業に依頼して海外でソフトウェアを開発してもらう方法である。ソフトウェア開発の一部または全部の工程を委託するもので，国内パートナー企業の代わりに海外パートナー企業に請負契約で発注するイメージである。

オフショア開発の課題

　オフショア開発では，日本人がよく使う「行間を読む」とか「阿吽（あうん）の呼吸」などのアナログコミュニケーションは通用しない。品質に対する意識の違いも大きい。品質に関しての考え方や取組み方において，日本は世界でも最高レベルで厳しい。しかし，海外企業には品質に対する考え方が甘く，バグがあったら言ってくるだろうと考えて不十分なテストしか行わずに納品してくるケースも存在する。

　このほか，雇用スタイルの違いや，文化の違いなども影響する。海外では雇用の流動が活発なため，スタッフが開発途中に転職したり，転職をちらつかせて報酬の増加を要求したりすることもある。雇用の安定しない環境では，長期的視野に立った教育が非常に難しい。それに加えて個人主義の文化が浸透している国などでは，日本の階層化されたライン組織が機能しないこともある。そうなると，全メンバへ情報が伝達されないという問題も発生する。

オフショア開発の重要成功要因

　それではオフショア開発を成功させるにはどうすればよいのだろうか。プロジェクトマネージャが最初に行うのは，ブリッジ SE の手配である。ブリッジ SE とは，オフショア開発において，海外企業へ仕様書を出したり，作業指示を行ったりする SE である。ソフトウェア開発プロセス及びプロジェクトマネジメントに精通していることに加えて，両国語を話すことができ，両国の文化の違いを理解していることが必要である。

　その上で，コミュニケーションギャップと文化の違いに十分配慮する。仕様書などで指示するときには，行間を読むなどアナログ的な要素をなくすとともに，仕様書に世界標準の UML を使ったり，図表を多用したりすることにより，認識のズレをなくす。その上で，誤解が発生しないように，必要に応じて現地に赴くかオンサイトで，じっくりと時間をかけてコミュニケーションを取る。日本国内の企業とパートナーを組む時のように，簡単に仕様を説明した後，不明な点は質問してもら

うという方法で進めるのは，難しいと考えておいたほうがいいだろう。

表7　オフショア開発の問題点とその対応策

オフショア開発の問題点	対応策
①コミュニケーションギャップ	ブリッジ SE や経験者の手配 コミュニケーションギャップの解消
②品質に関する意識の違い	契約条項を詳細につめる
③雇用スタイルの違い	
④（個人主義など）文化の違い	

オフショア開発におけるプロジェクト管理

オフショア開発の場合は，各工程が完結しているウォータフォール開発が適している。そして進捗計画を立てるときには次の点に留意する。

- 渡航またはオンサイトのスケジュールを加味する
- 納品後（プログラミング完成後）受入れテスト期間そのものを十分に取っておく
- 受入れテスト後の修正期間を十分に取っておく
- 技術者の退職などのリスクへの対策を考えておく

品質を確保するために，契約条件に，品質によってインセンティブを与えるなど「品質に関する条項」を盛り込むことを検討したり，海外パートナー企業が日本から受託したソフトウェアの開発実績を重視したり，選定段階で工夫する。また，テスト手法を教育した上で，詳細なレベルまで記述したテスト仕様書とテストデータを提供し，テスト結果報告書を成果物にすることも有効である。

使用性・保守性・移植性などに関しては，指示がなければ全く考慮されない可能性がある。そもそも文化が違うので，日本人にとっての使いやすさ（使用性）を求めるのは難しい。こうした事態を回避するには，プログラム仕様書をより詳細に記述し，ロジックに関しても指示する必要がある。プログラム仕様書を詳細に記述すれば，コーディングに近くなり，それだけ国内での開発コストがかさむことになる。そのときには，「開発標準」や「共通仕様」をできる限り活用することが必要になってくる。

第7章　調達

7.2 午後Ⅱ 章別の対策

　午後対策のスタートは午後Ⅱから。まずはテーマ別のポイントを押さえてから問題文の読み込みに入っていこう。

●過去に出題された午後Ⅱ問題

表8　午後Ⅱ過去問題

年度	問題番号	テーマ	掲載場所	重要度	
				◎=最重要 ○=要読込 ×=不要	2時間で書く推奨問題
①請負契約時のマネジメント					
H10	2	請負契約に関わる協力会社の作業管理	なし	×	
H16	3	請負契約における品質の確認	Web	○	
H27	1	情報システム開発プロジェクトにおけるサプライヤの管理	本紙	◎	
②オフショア開発					
H16	2	オフショア開発で発生する問題	Web	◎	
③調達のプロセス					
H13	1	新たな協力会社の選定	Web	◎	
H15	1	社外からのチームリーダの採用	Web	○	

※掲載場所が "Web" のものは https://www.shoeisha.co.jp/book/present/9784798174914/ からダウンロードできます。詳しくは，iv ページ「付録のダウンロード」をご覧ください。

　本章は大きく3つに分けられる。①請負契約時のマネジメント，②オフショア開発，③調達のプロセスである。

①請負契約時のマネジメント（3問）

　調達マネジメントでよく問われているのが，品質管理との複合問題である。偽装請負が非難されている現状を踏まえ，請負契約を含む "契約" に関する正確な知識を持っているかどうかが試される。まずは，請負，準委任，派遣契約の差を正確に把握した上で，予め組み込んだ品質管理に関するプロセスについて書かなければならない。平成27年度に出題されているので，午後Ⅱの問題としての出題確率は低いと予想できるが，午後Ⅰで問われた場合に確実に解けるようにしておけば，午後Ⅱでも対応できるので，知識を付けてシミュレーションはしておこう。

②オフショア開発に関する問題（1問）

　協力会社に一部開発業を委託する際に，国内企業では考慮しなくてもいい海外な

706

らではの事情を加味して対応するところが問われている問題だ。10年以上も前に1度だけ出題されていることを考えれば，そろそろ出題されてもおかしくない。単発の問題で，後述する協力会社の選定プロセスでの留意事項や，上記の品質管理との複合問題ではなく，進捗管理や変更管理と組合せなら十分に考えられる。

そう考えると，経験者は平成16年度問2の問題と，一部同様の午後Ⅰ問題を参考にしながら"何が問われているのか"を把握して，いつでもアウトプットできるように準備をしておく価値はあるだろう。他方，未経験者も過去問題には目を通しておいて知識だけで対応可能かどうか（具体的に書けるかどうか）を判断した方がいいだろう。

③調達のプロセスに関する問題（2問）

最後は調達プロセスが適切かどうかが問われている問題になる。調達プロセスに関しては，PMBOKで確立された"あるべき姿"が定義されており，それに基づいて午後Ⅰも午後Ⅱも問題が作成されている。したがって，まずは正確な知識を身に着けておくようにしよう。そうして午後Ⅰの問題を頭の中に叩き込んでから，平成13年度問1の内容でパーツを準備しておくと，様々なところで使えるだろう。ちなみに，平成13年度問1の問題は，午後Ⅰの平成21年度問2とほぼ一致した内容になっているので参考にするといいだろう。

● 2時間で書く論文の推奨問題

本章のテーマは，特に2時間で書く必要はないと考える。合否を分けるポイントは，骨子の組み立て段階にあり，文章を膨らませる過程でおかしくなることは少ないからだ。そこに時間を使わずに，過去の問題文を熟読し，書くべきことが把握できたら，そこにぶつけるコンテンツを整理していこう。頭の中で，イメージをシミュレーションする対応でいいだろう。

●参考になる午後Ⅰ問題

午後Ⅱ問題文を読んでみて，"経験不足"，"ネタがない"と感じたり，どんな感じで表現していいかイメージがつかないと感じたりしたら，次の表を参考に"午後Ⅰの問題"を見てみよう。まだ解いていない午後Ⅰの問題だったら，実際に解いてみると一石二鳥になる。中には，とても参考になる問題も存在する。

表9　対応表

テーマ	午後Ⅱ問題番号（年度－問）	参考になる午後Ⅰ問題番号（年度－問）
① 請負契約のマネジメント	H27-1，H16-3，H10-2	△（H19-3，H18-4，H17-4，H16-1，H16-4，H15-3，H14-3）
② オフショア開発	H16-2	○（H14-2）
③ 調達のプロセス	H15-1，H13-1	○（H21-2，H17-2）

707

第7章 調達

平成10年度 問2 請負契約に関わる協力会社の作業管理について

解説は
こちら
*

計画

> システム開発プロジェクトにおいて，協力会社の果たす役割は重要である。協力会社に対する発注形態には，要員の派遣契約や，あるまとまった開発業務を委託する請負契約などがあり，プロジェクト管理上の工夫もそれぞれで異なってくる。
>
> 請負契約の場合は，派遣契約とは異なり，作業の進捗や品質を発注者側が日々把握することは難しい。また，請負契約先の協力会社の作業を発注者側が直接管理することには法規上の制限がある。したがって，プロジェクトマネージャには，委託した業務が期待どおりに行われるよう，適宜協力会社の作業状況を把握するための工夫と，必要に応じた適切な対処が求められる。
>
> 作業状況の把握方法としては，単に作業進捗の報告を受けるだけではなく，あらかじめ中間結果のマイルストーンを設定し，発注側及び請負側双方の主要メンバーによるレビューを実施することなどが挙げられる。

あなたの経験に基づいて，設問ア～ウに従って論述せよ。

設問ア あなたが携わったプロジェクトでは，どのような開発業務を協力会社に委託したか。プロジェクトの特徴とともに800字以内で述べよ。

設問イ 設問アで述べたプロジェクトの実施中，協力会社に委託した業務が納期や品質面で期待どおりに行われているかどうかを，あなたはどのように把握したか。また，その結果，必要な対処をどのように行ったか。工夫した点を中心に具体的に述べよ。

（計画／問題／対応）

設問ウ 設問イで述べた協力会社の作業管理について，どのように評価しているか。また，今後どのような改善を考えているか。それぞれ簡潔に述べよ。

→H16-3

午後Ⅱ問題文の使い方については，P.234及びP.21の「(3) 予防接種をする」を参照してください。各問に掲載した手書きワンポイントアドバイスや，ページ右上のQRコード*からアクセスできる専用サイトで提供する解説をご利用ください。

7.2 午後Ⅱ 章別の対策

平成16年度 問3　請負契約における品質の確認について

解説はこちら

[計画]
　情報システム開発において，業務知識や開発実績のある会社に業務アプリケーションの開発を請負契約で発注することがある。請負契約では，作業の管理を発注先が行うので，発注元が発注先の作業状況を直接管理することはない。しかし，発注元が期待どおりの品質の成果物を発注先から得るためには，発注先との契約の中で，請負契約作業の期間中に品質を確認する機会を設けることが重要である。
　そのためには，プロジェクトマネージャは，業務アプリケーションの特性，システム要件などを考慮して，品質面での確認事項を設定し，確認時期，中間成果物，確認方法に関して発注先と合意し，取り決めることが肝要である。例えば，設計工程から発注する場合，業務特有の複雑な処理が正しく設計されているか確認するために，次のようなことを取り決める。
　・設計工程の重要な局面で，双方の中核メンバが参加して設計書のレビューを実施する。
　・テスト工程の着手前に，チェックリストのレビューを実施する。

[実施]
　そして，プロジェクトマネージャは，期待どおりの品質かどうかを確認する機会において，発注先と相互に確認し合うことが肝要である。
　あなたの経験と考えに基づいて，設問ア～ウに従って論述せよ。

設問ア　あなたが携わった請負契約型のプロジェクトの概要と，業務アプリケーションの開発で発注した工程の範囲について，800字以内で述べよ。

設問イ　設問アで述べた業務アプリケーションの開発において，期待どおりの品質の成果物を発注先から得るために，請負契約作業の期間中に，あなたは品質に関してどのような確認を行ったか。あなたが特に重視し，工夫した点を中心に，具体的に述べよ。
[計画][実施]

設問ウ　設問イで述べた活動について，あなたはどのように評価しているか。また，今後どのような改善を考えているか。それぞれ簡潔に述べよ。

中間成果物, 作業 → 契約内容
（いつ, 何を, なぜ…）

平成27年度 問1　情報システム開発プロジェクトにおけるサプライヤの管理について

計画

　プロジェクトマネージャ（PM）は，自社で保有する要員や専門技術の不足などの理由で，システム開発の成果物，サービス，要員などを外部のサプライヤから調達して，情報システムを開発する場合がある。

　システム開発の調達形態には，請負，準委任，派遣などがあるが，成果物が明確な場合，請負で調達することが多い。請負で調達する場合，サプライヤは成果物の完成責任を負う一方，発注者はサプライヤの要員に対して指揮命令することが法的にできない。したがって，プロジェクトを円滑に遂行できるように，発注者とサプライヤは，その進捗や品質の管理，リスクの管理，問題点の解決などについて協議する必要がある。

　仮に，プロジェクトの進捗の遅延や成果物の品質の欠陥などの事態が生じた原因がサプライヤにあったとしても，プロジェクトの最終責任は全て発注者側のPMにある。そのため，発注者とサプライヤの間で進捗の管理と品質の管理の仕組みを作成し，実施することが重要になる。

　あなたの経験と考えに基づいて，設問ア〜ウに従って論述せよ。

設問ア　あなたが携わった情報システム開発プロジェクトにおけるプロジェクトの特徴，及び外部のサプライヤから請負で調達した範囲とその理由について，800字以内で述べよ。

設問イ　設問アで述べたプロジェクトにおいて，発注者とサプライヤの間で作成した進捗の管理と品質の管理の仕組みについて，請負で調達する場合を考慮して工夫した点を含めて，800字以上1,600字以内で具体的に述べよ。

計画

設問ウ　設問イで述べた進捗の管理と品質の管理の仕組みの実施状況と評価，及び今後の改善点について，600字以上1,200字以内で具体的に述べよ。

実施

→ H16-3

7.2 午後Ⅱ 章別の対策

平成 16 年度 問 2 オフショア開発で発生する問題について

解説は
こちら

計画

　近年の情報システム開発では，開発期間の短縮や費用の低減などの目的で，システム開発の一部を海外のソフトウェア会社に委託して，現地で実施する形態（以下，オフショア開発という）が増えている。

　プロジェクトマネージャは，国内のソフトウェア会社に初めて委託する場合，その会社の保有技術や実績を確認したり，仕事の実施状況を社内の委託経験者に確認したりする。オフショア開発では，これらの確認に加えて，言語，文化，風習やビジネス慣習などの違いを把握し，それらによって発生する問題を明らかにする必要がある。そのためには，例えば言語の違いについては，翻訳した仕様書で業務仕様が伝わるかを調査したり，文化，風習やビジネス慣習の違いについては，委託先のリーダや関係者へのヒアリングによって，仕事の進め方を調査したりする。

　次に，プロジェクトマネージャは，調査結果を分析して，翻訳した仕様書だけでは業務仕様を伝えきれない，仕事の手順や成果物の種類が想定していたものと異なるなどの問題を明確にする。

　さらに，それらの問題に関して，適切な対策を実施することが重要である。例えば，業務仕様を文章だけではなく図表や数式を多く用いて表現したり，仕事の手順や成果物の種類に関する相互の確認・合意をとったりする。

　あなたの経験と考えに基づいて，設問ア～ウに従って論述せよ。

設問ア　あなたが携わったオフショア開発のプロジェクトの概要と，そこで発生する問題を明らかにするために調査したことを，800字以内で述べよ。

設問イ　設問アで述べた調査の結果を分析して明確になった問題は何か。また，その問題に関して実施した対策は何か。あなたが重要だと考えた問題を中心に，それぞれ具体的に述べよ。

計画 ➡ 設問ウ　設問イで述べた活動について，あなたはどのように評価しているか。また，今後どのような改善を考えているか。それぞれ簡潔に述べよ。

過去唯一の"オフショア"の問題

711

平成13年度 問1　新たな協力会社の選定について

解説はこちら

状況
　システム開発では，自社又は既存の協力会社の要員が不足したり，開発に専門的な技術や業務ノウハウを必要としたりする場合，作業を新たな協力会社に委託することが検討される。

計画
　新たな協力会社を選定し，請負契約をする際には，候補となる会社の経営方針，技術力などについて事前調査を行った後，数社に対して，提案依頼書（RFP）を発行する。提案書の受領後は，あらかじめ定めた評価基準に基づいて事前調査内容と提案内容を評価し，更にその評価結果を検証して，最終的に協力会社を決定する。

　選定時には，例えば，妥当性，充足性，健全性などの評価基準に基づいて内容を評価する。妥当性については見積業務量，見積金額など，充足性については技術水準，業務知識の水準など，健全性については財務状況などの評価基準が挙げられる。

　次に，評価結果を検証することが必要である。すなわち，評価結果が十分であっても，協力会社にその内容を実現する能力が備わっていないと，後で品質面や納期面でプロジェクトに支障を来すことが懸念されるからである。例えば，協力会社の実績を検証するには，ユーザを実際に訪問し，協力会社の仕事の実施状況やトラブル時の対応などについて直接ユーザの声を聞いて確認することが重要である。

　あなたの経験と考えに基づいて，設問ア～ウに従って論述せよ。

設問ア　あなたが携わったプロジェクトの概要と，その中で新たな協力会社に請負契約形態で依頼した内容を，理由とともに800字以内で述べよ。

設問イ　設問アで述べた新たな協力会社の選定時に定めた評価基準と評価内容及び協力会社を決定した理由は何か。また，評価結果をどのように検証したか。それぞれ具体的に述べよ。

設問ウ　設問イで述べた活動をどのように評価しているか。また，今後どのような改善を考えているか。それぞれ簡潔に述べよ。

調達手順の基礎

平成15年度 問1　社外からのチームリーダの採用について

解説はこちら

状況
　プロジェクトマネージャは，情報システム開発のプロジェクトを複数のチームで編成する場合，各チームにリーダを任命する。しかし，社内で適切なリーダを確保できないとき，子会社や関連会社などをはじめ，社外からの採用を検討することがある。

計画
その際，経歴や評判だけでリーダを採用すると，力量不足によってプロジェクト運営に支障を来すこともあるので，採用前に力量を慎重に確認することが重要となる。

　リーダの採用に際しては，最初に，知識・経験・技能などについて，当該チームのリーダに求められる具体的条件を決定する。例えば，技術・管理・業務などの知識，リーダとしての経験内容，リーダシップ・コミュニケーション能力・問題解決能力などの技能である。また，条件の決定に当たっては，経験の浅いメンバが多い，チームワークが苦手なメンバが含まれているなどのチームの事情を考慮することも忘れてはならない。

　条件の決定後，候補者を選出し，書類や面接などによる選考を行う。その際，業務遂行能力や必要な条件を満たしているかどうかを確認し，力量を判断することが重要となる。確認方法としては，提出書類や面接方法を工夫する，短時間の討議を行う，以前担当したプロジェクト関係者に直接意見を聞くなどがある。

　あなたの経験と考えに基づいて，設問ア〜ウに従って論述せよ。

設問ア　あなたが携わったプロジェクトの概要と，社外からリーダを採用したチームの役割及び社外からの採用を検討した理由を，800字以内で述べよ。

設問イ　設問アで述べたリーダの採用について，そのチームのリーダに求められた具体的条件とその理由は何か。また，業務遂行能力や必要な条件を満たしているかどうかをどのように確認したか。それぞれ具体的に述べよ。

設問ウ　設問イで述べた活動をどのように評価しているか。また，今後どのような改善を考えているか。それぞれ簡潔に述べよ。

→ H13-1

第7章　調達

7.3 ・午後Ⅰ 章別の対策

　午後Ⅱの問題文がある程度頭に入り「この点について書かないといけないのか」と把握できたら，続いて午後Ⅰ演習に入っていこう。この順番で進めると，午後Ⅰの練習にもなるし，午後Ⅱのコンテンツ部品のヒントにもなる。

●過去に出題された午後Ⅰ問題

表10　午後Ⅰ問題

年度	問題番号	テーマ	掲載場所	優先度		
				1	2	3
①請負契約						
H14	3	システム開発の再委託	Web		○	
H15	3	プロジェクト運営	Web			△
H19	4	プロジェクト計画策定	Web			△
H29	2	サプライヤへのシステム開発委託	Web		○	
R03	3	マルチベンダシステムの開発プロジェクト	本紙		○	
②オフショア開発						
H14	2	海外調達を伴うシステム開発プロジェクトの管理	Web			△
③調達のプロセス						
H17	2	プロセス改善	Web			△
H21	2	外部委託先の選定	Web	◎		
H25	4	ソフトウェア開発の遂行	Web			△
H26	3	生産管理システムの再構築	Web			△

※掲載場所が "Web" のものは https://www.shoeisha.co.jp/book/present/9784798174914/ からダウンロードできます。詳しくは，ⅳページ「付録のダウンロード」をご覧ください。

　本章では，協力会社（別企業）に業務委託しているケースのうち，設問でそのあたりがよく問われているものだけをここに示している。具体的には，外注（請負契約）するときの勘所に関する問題，それが海外の場合，すなわちオフショア開発に関する問題，調達手順そのものに関する問題の三つに分類した。

　令和3年度の問3は，設問に請負契約の知識を問うものがあったことから，本章に "ひとまず" 分類したが，ステークホルダ，変更管理などを含む総合的な問題になっている。

7.3　午後I 章別の対策

【優先度 1】必須問題，時間を計って解く＋覚える問題

　優先度1の問題とは，問題文そのものが良い教科書であり，(問題文そのものを)覚えておいても決して損をしない類の問題を指している。午後II (論文) の事例としても参考になる問題だ。時間を計測して解いてみるだけではなく，問題文と設問，解答をワンセットにして，(ある程度でいいので) 覚えていこう。

外部委託先の選定手順＝平成 21 年度　問 2

　この分野で，単独出題の問題となると "協力会社の選定プロセス" の問題だ。ちょうど平成21年度問2が，その問題に該当する。この問題で，一連の選定プロセスがどのように表現されているのかを把握しておけばいい。午後II問題 (平成13年度問1) のコンテンツ部品にもなる。特に，この問題と午後IIの平成13年度問1は同じ視点，同じ流れである。

【優先度 2】推奨問題，時間を計って解く問題

　優先度1の問題のように問題文全体を覚えておく必要はないが，解答手順をチェックしたり，設問と解答 (加えて，解答を一意に決定づける記述) を覚えたりした方がいい問題を，優先度2の問題として取り上げてみた。解答手順に特徴のあるものも含んでいるので，時間を計測して解いておきたい問題になる。

　優先度2の問題なら，少々古い問題にはなるが平成14年度問3をお勧めする。この問題は，本格的に参入を期待する工程よりも前の工程で参画してもらう狙いについて問うていたり，いわゆる午後II問題の「工夫した点」に関する設問があるからだ。

　他にも，午後I問題の設定で，協力会社 (別企業) に業務委託しているケースは非常に多い。その中で，設問で問われている問題をピックアップしてみると，表9に示したもの以外にも，平成15年度問2，平成16年度問1，平成16年度問4，平成17年度問4，平成18年度問4などがある。しかし，法律や契約 (請負契約，委任契約，派遣契約など) に関する知識を問う "午前問題" のような設問が多いので，法律と契約関係に関する知識をしっかりと覚えておけば大丈夫だ。特に，午後Iの演習として解く必要はないと思う。

715

第 7 章　調達

7.4 · 午前Ⅱ 章別の対策

　現段階の知識を確認したら午前Ⅱ対策を進めていこう。以下に本章に属する午前問題を集めてみた。表 10 の章別午前問題は下記のサイトにあるので，問題と解答をダウンロードして解いておこう。

URL：https://www.shoeisha.co.jp/book/present/9784798174914/

●過去に出題された午前Ⅱ問題

表 11　午前Ⅱ過去問題

テーマ			出題年度 - 問題番号 (※ 1，2)		
モデル契約	①	モデル取引・契約書（請負）	H22-23		
	②	モデル取引・契約書（準委任）	H29-21		
契約形態	③	定額契約	H21-11		
	④	コストプラスインセンティブフィー契約（1）	H24-15		
	⑤	コストプラスインセンティブフィー契約（2）	R02-13		
	⑥	レンタル契約（PC）	R03-13	H31-13	H29-15
ＲＦＰ	⑦	ＲＦＰ作成の留意点	H23-15		
調達作業範囲記述書	⑧	調達作業範囲記述書	H30-15		
請負契約	⑨	請負契約の検収基準	H20-53		
	⑩	中間成果物の検収	H27-15		
	⑪	情報セキュリティ	H30-21		
労働者派遣法	⑫	労働者派遣法（1）	H14-49		
	⑬	労働者派遣法（2）	H16-48		
	⑭	労働者派遣法（3）	H22-24	H18-54	
	⑮	労働者派遣法（4）	H19-54	H15-49	
	⑯	労働者派遣法（5）	H29-23		
	⑰	労働者派遣法（6）	R02-22		
労働契約法	⑱	労働契約法	H30-22	H28-23	

※ 1．平成 14 年度～平成 20 年度のプロジェクトマネージャ試験の午前試験，及び平成 21 年度～令和 3 年度のプロジェクトマネージャ試験の午前Ⅱ試験の合計 710 問より，プロジェクトマネジメントの分野だと考えられるものを抽出。
※ 2．問題は，選択肢まで含めて全く同じ問題だけではなく，多少の変更点であれば，それも同じ問題として扱っている。

Column ▶ ISMS 認証

　ISMS（Information Security Management System）とは，情報セキュリティマネジメントシステム，すなわち企業における情報セキュリティの管理体制とその対策のことである。わが国では平成14年より，一定水準の情報セキュリティに対する管理体制を敷いている企業に対する認定制度を開始している（ISMS適合性評価制度）。認定を受けるには，次のようなISMSを社内で構築しなければならない。

① 情報セキュリティ委員会の設置
　　全社的かつ組織横断的な組織として，常設の委員会を設置する。
② 情報セキュリティポリシや，管理マニュアルを作成
③ 周知のための教育（定期的教育：年1回以上）を実施
④ 遵守状況のチェック（定期的監査）とルールの見直し

　このように，継続的改善をする（PDCAサイクルを回し続ける）ことによって，企業の情報資産を守ろうとしている。

Column ▶ プライバシーマーク制度

　ISMS適合性評価制度が"企業内に存在する情報"を守るための取組みであるのに対して，"企業内に存在する個人情報"を守るための取組みに対して認定を受ける制度がプライバシーマーク制度である。個人情報の取扱いについて適切な保護措置を講ずる体制を整備している民間事業者等に対し，その旨を示すマークとしてプライバシーマークを付与し，様々な事業活動に関してプライバシーマークの使用を認容する制度である。認証基準のJIS Q 15001ではPMS（Personal Information Protection Management Systems）の作成を義務付けている。その運営は次のとおり。

① 個人情報保護方針を作成する
② 個人情報保護体制（個人情報保護管理者，監査責任者）を確立する
③ 個人情報の取扱い（収集，利用，提供）ルールを決める
④ 苦情・相談窓口を設置する
⑤ 教育（1年に1回以上）を実施する
⑥ 監査（1年に1回以上）を実施する

第7章 調達

令和3年度 問3

問3 マルチベンダのシステム開発プロジェクトに関する次の記述を読んで,設問1～3に答えよ。

　A社は金融機関である。A社の融資業務の基幹システムは,ベンダのX社,Y社の両社が5年前に受託して構築し,その後両社で保守している。両社はIT業界では競合関係にあるが,ともにA社の大口取引先でもあるので,5年前の基幹システム構築プロジェクト(以下,構築プロジェクトという)では,A社社長の判断で構築範囲を分割して両社に委託し,システム開発をマルチベンダで行う方針とした。A社システム部は,構築プロジェクトの開始に当たり,X社,Y社それぞれが担当するシステム(以下,Xシステム,Yシステムという)の機能が基本的に独立するように分割し,それぞれのシステム内の接続機能を介して連携させることにした。構築プロジェクトの作業,役割分担及びベンダとの契約形態を表1に示す。

表1　構築プロジェクトの作業,役割分担及びベンダとの契約形態

作業	役割分担	ベンダとの契約形態
要件定義	A社が実施する。	－(契約なし)
基本設計	接続機能間の接続仕様は,両社と協議してA社が実施する。 接続仕様以外は,X社,Y社それぞれが実施し,A社が承認する。	準委任契約
実装	X社及びY社がシステム内の接続機能も含めてそれぞれ実施し,A社が検収する。	請負契約
連動テスト	A社が主体となり,A社,X社及びY社が実施し,A社が承認する。	準委任契約
受入テスト	A社が実施する。X社及びY社はA社を支援する。	準委任契約

注記　実装は,詳細設計,単体テストを含む製造及び各システム内の結合テストの工程に分かれる。連動テストは,両システム間の結合テスト及び総合テストの工程に分かれる。

　A社は今年,新たなサービスを提供することになり,X社とY社に基幹システムの改修を委託することになった。この基幹システム改修プロジェクト(以下,改修プロジェクトという)のスポンサはA社のCIOであり,プロジェクトマネージャ(PM)はA社システム部のB課長である。B課長は新たなサービスの業務要件を両社に説明するとともに,両システムの機能分担を整理した。この整理の結果,それぞれのシステム内の接続機能を含めた仕様に変更が必要であり,構築プロジェクトと同様に両社の連携が必要なことが判明した。

〔構築プロジェクトの PM に確認した問題〕

　B 課長は，改修プロジェクトの計画を作成するに当たり，構築プロジェクトの PM に，構築プロジェクトにおいて発生した問題について確認した。

(1)　ステークホルダに関する問題

　　・X 社と Y 社が A 社の大口取引先であることから，A 社の経営陣には X 社派と Y 社派がいて，それぞれのベンダの開発の進め方に配慮したような要求や指示があり，プロジェクト推進上の阻害要因になった。

　　・X 社と Y 社の責任者は，自社の作業は管理していたが，両社に関わる共通の課題や調整事項への対応には積極的ではなかった。構築プロジェクトの振り返りで，両社の責任者から，他社の作業の内容は分からないので関与しづらいし，両社に関わることは A 社が調整するものと考えていた，との意見があった。

(2)　作業の管理に関する問題

　　・実装は請負契約なので各社が定めたスケジュールで実施した。接続機能に関して，X 社が詳細設計工程で生じた疑問を Y 社に確認したくても，Y 社はまだ詳細設計工程を開始しておらず疑問が直ちに解消しないことがあった。また，Y 社の詳細設計工程で，基本設計を受けて詳細な仕様を定め，A 社に確認して了承を得たが，その前に了承されていた X 社の詳細設計に修正が必要となることがあった。X 社が既に製造工程を終了していた場合は，この修正を行うために手戻りが発生した。A 社としては，両社の作業が円滑に進むような配慮があった方が良かったと考える。

　　・連動テストには，A 社，X 社及び Y 社の 3 社から多数のメンバが参加し，テストの項目，手順や実施日程の変更など，全メンバで多くの情報を共有する必要があった。これらの情報に関するコミュニケーションの方法としては，3 社の責任者で整理して，各社の責任者から各社のメンバに伝達するルールであった。A 社メンバへは A 社メンバが利用している Web 上の構築プロジェクト専用の掲示板機能を通じて速やかに伝達し，作業指示も行ったので認識を統一できたが，X 社及び Y 社のメンバには情報の伝達遅れや認識相違によるミスが多発した。

　　・連動テスト前半で，接続機能に関する不具合が発生して進捗が遅れた。A 社は，連動テストを中断し，A 社の同席の下，両社の技術者で不具合の原因を調査して，両社の詳細設計の不整合に起因する不具合であることを発見した。この不整合は，

第 7 章　調達

両社のそれぞれの作業及び A 社の検収で発見することは難しかった。その後両社で必要な対応を実施して連動テストは再開され，予定どおり完了した。

(3)　変更管理に関する問題

・Y 社が，両システム間の結合テスト工程で，接続機能以外のある機能について，性能向上のために詳細設計を変更した。Y 社では，この変更は X システムとの接続機能の仕様には影響しないと考えて実施したが，実際は X システムと連携する処理に影響していた。その結果，X システムとの連動テストで不具合が発生し，対応に時間を要した。

・構築プロジェクトでは制度改正への対応が必要であった。制度の概略は実装着手前に公開されており，Y システムで対応する計画だった。Y 社は A 社の了承の下，制度改正の仕様を想定して開発していた。その後，連動テスト中に制度改正の詳細が確定したが，確定した仕様は想定と異なる点があり，A 社で検討した結果，X システムでも対応が必要なことが判明した。急きょ X 社に要件の変更を依頼することにしたが，コンティンジェンシ予備費は既に一部を使っていて，Y システムの制度改正対応分しか残っていなかった。X システムの対応分の予算は，上司を通して経営陣に掛け合って捻出したが，調整に時間を要した。

　　B 課長はこれらと同様の問題の発生を回避するような改修プロジェクトの計画を作成する必要があると考えた。

〔ステークホルダに関する問題への対応〕

　　B 課長は，改修プロジェクトの成功には，3 社で一体となったプロジェクト組織の構築と運営が必須であると考えた。

　　そこで B 課長は，社内については，①プロジェクトに対する経営陣からの要求や指示は CIO も出席する経営会議で決定し，CIO から B 課長に指示することを，CIO を通じて A 社経営会議に諮り，了承を取り付けてもらうことにした。一方，社外については，基幹システムの保守を行う中で，X 社と Y 社の間に信頼関係が築かれてきたと考え，構築プロジェクトで実施した週次での X 社及び Y 社との個社別会議に加えて，改修プロジェクトでは，②3 社に関わる課題や調整事項の対応を迅速に進めることを目的に，B 課長と両社の責任者が出席する 3 社合同会議を隔週で開催することにした。

午後Ⅰ演習

〔作業の管理に関する問題への対応〕

　B課長は，改修プロジェクトを進めるに当たり，作業，役割分担及びベンダとの契約形態，並びにWeb上のプロジェクト専用の掲示板機能を活用することは構築プロジェクトと同様とすることにした。その上でB課長は，X社及びY社から提示されたスケジュールを確認して，スケジュールに起因する問題を避けるために，③接続機能については実装の中でマイルストーンの設定を工夫することを考えた。また，B課長は，連動テストでは，3社の責任者で整理した3社で共有すべき周知事項については，X社及びY社のメンバもWeb上の掲示板機能で参照可能とすることにした。ただし，④契約形態を考慮して，各社のメンバへの作業指示に該当するような事項は掲示板には掲載しないことにした。さらに，詳細設計の完了時及び完了以降の変更時には⑤ある活動を実施することで，後工程への不具合の流出を防ぐことにした。

〔変更管理に関する問題への対応〕

　構築プロジェクトでは，連動テスト以降の設計の変更は，A社と，変更を実施するベンダが出席する変更管理委員会での承認後に実施していた。B課長は，改修プロジェクトでは，変更管理委員会には3社が出席し，⑥あることを確認する活動を追加することにした。さらに，B課長は，構築プロジェクトにおいて発生した問題から想定されるリスクとは別に，マルチベンダにおける相互連携には想定外に発生するリスクがあると考えた。そこで，後者のリスクへの対応が予算の制約で遅れることのないように，⑦CIOに相談して，プロジェクト開始前に対策を決めることにした。

　B課長は，CIOの承認を得て，検討した改修プロジェクトのプロジェクト計画を両社のプロジェクト責任者に説明し，この計画に沿った契約とすることで合意を得た。

設問1　〔ステークホルダに関する問題への対応〕について，(1)，(2)に答えよ。

　　(1)　本文中の下線①について，B課長が狙った効果は何か。35字以内で述べよ。

　　(2)　本文中の下線②について，B課長が狙った，ステークホルダマネジメントの観点での効果は何か。35字以内で述べよ。

設問2　〔作業の管理に関する問題への対応〕について，(1)〜(3)に答えよ。

　　(1)　本文中の下線③について，B課長は，接続機能について，実装の中でマイルストーンの設定をどのように工夫することにしたのか。25字以内で述べよ。

第7章 調達

(2) 本文中の下線④について，B課長が各社のメンバへの作業指示に該当するような事項は掲示板には掲載しないことにしたのはなぜか。30字以内で述べよ。

(3) 本文中の下線⑤について，B課長が後工程への不具合の流出を防ぐために実施したある活動とは何か。35字以内で述べよ。

設問3　〔変更管理に関する問題への対応〕について，(1)，(2)に答えよ。

(1) 本文中の下線⑥について，B課長が変更管理委員会で確認することにした内容は何か。25字以内で述べよ。

(2) 本文中の下線⑦について，B課長がCIOに相談する対策とは何か。15字以内で述べよ。

午後Ⅰ演習

〔解答用紙〕

設問1	(1)																		
	(2)																		
設問2	(1)																		
	(2)																		
	(3)																		
設問3	(1)																		
	(2)																		

723

問題の読み方とマークの仕方

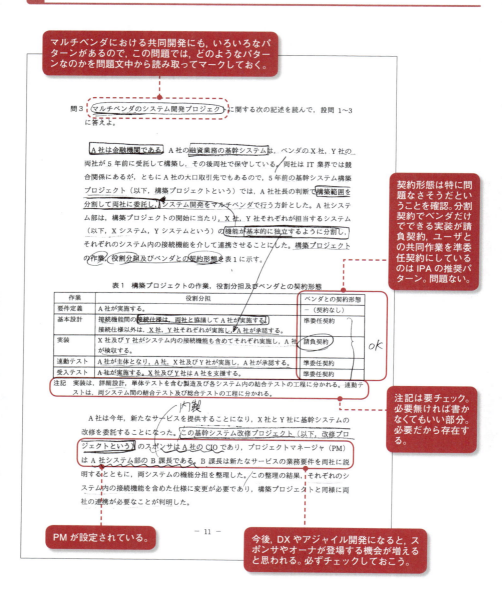

> 前回のプロジェクトではあるが，ここに今回改善すべき問題点がまとめられている。最重要ポイント。この後の段落構成で，それぞれへの対応が記載されているので，その部分と，設問とを紐づけておこう。

① 構築プロジェクトのPMに確認した問題

B課長は，改修プロジェクトの計画を作成するに当たり，構築プロジェクトのPMに，構築プロジェクトにおいて発生した問題について確認した。

(1) ステークホルダに関する問題

・X社とY社がA社の大口取引先であることから，A社の経営陣にはX社派とY社派がいて，それぞれのベンダの開発の進め方に配慮したような要求や指示があり，プロジェクト推進上の阻害要因になった。

・X社とY社の責任者は，自社の作業は管理していたが，両社に関わる共通の課題や調整事項への対応には積極的ではなかった。構築プロジェクトの振り返りで，両社の責任者から，他社の作業の内容は分からないので関与しづらいし，両社に関わることはA社が調整するものと考えていた，との意見があった。

（改善対象／会議で共有）
（方針をしっかりと伝える）

(2) 作業の管理に関する問題

・実装は請負契約なので各社が定めたスケジュールで実施した。接続機能に関して，（フェーズの同期）X社が詳細設計工程で生じた疑問をY社に確認したくても，Y社はまだ詳細設計工程を開始しておらず疑問が直ちに解消しないことがあった。また，Y社の詳細設計工程で，基本設計を受けて詳細な仕様を定め，A社に確認して了承を得たが，その前に了承されていたX社の詳細設計に修正が必要となることがあった。X社が既に製造工程を終了していた場合は，この修正を行うために手戻りが発生した。A社としては，両社の作業が円滑に進むような配慮があった方が良かったと考える。（連携と個別のフォローが必要）

・連動テストには，A社，X社及びY社の3社から多数のメンバが参加し，テストの項目，手順や実施日程の変更など，全メンバで多くの情報を共有する必要があった。これらの情報に関するコミュニケーションの方法としては，3社の責任者で整理して，各社の責任者から各社のメンバに伝達するルールであった。A社メンバへはA社メンバが利用しているWeb上の構築プロジェクト専用の掲示板機能を通じて速やかに伝達し，作業指示も行ったので認識を統一できたが，X社及びY社のメンバには情報の伝達遅れや認識相違によるミスが多発した。

・連動テスト前半で，接続機能に関する不具合が発生して進捗が遅れた。A社は，連動テストを中断し，A社の同席の下，両社の技術者で不具合の原因を調査して，両社の詳細設計の不整合に起因する不具合であることを発見した。この不整合は，

— 12 —

> この部分（問題がまとめられている部分）と，後続の段落，設問との関連性が把握できれば，個々の設問を解く時に重点的に読解するのでも構わない。
>
> しかし，この段落を先に読むのであれば，個々の問題に対して，どうするべきだったのかを想像しながら読み進めるといいだろう。

第7章　調達

両社のそれぞれの作業及び A 社の検収で発見することは難しかった。その後両
社で必要な対応を実施して連動テストは再開され，予定どおり完了した。

(3) 変更管理に関する問題

・Y 社が，両システム間の結合テスト工程で，接続機能以外のある機能について，
性能向上のために詳細設計を変更した。Y 社では，この変更は X システムとの
接続機能の仕様には影響しないと考えて実施したが，実際は X システムと連携
する処理に影響していた。その結果，X システムとの連動テストで不具合が発生
し，対応に時間を要した。

・構築プロジェクトでは制度改正への対応が必要であった。制度の概略は実装着手
前に公開されており，Y システムで対応する計画だった。Y 社は A 社の了承の下，
制度改正の仕様を想定して開発していた。その後，連動テスト中に制度改正の詳
細が確定したが，確定した仕様は想定と異なる点があり，A 社で検討した結果，
X システムでも対応が必要なことが判明した。急きょ X 社に要件の変更を依頼
することにしたが，コンティンジェンシ予備費は既に一部に使っていて，Y シス
テムの制度改正対応分しか残っていなかった。X システムの対応分の予算は，上
司を通して経営陣に掛け合って捻出したが，調整に時間を要した。

B 課長はこれらと同様の問題の発生を回避するような改修プロジェクトの計画を作
成する必要があると考えた。

[設問 1]

ステークホルダに関する問題への対応

B 課長は，改修プロジェクトの成功には，3 社で一体となったプロジェクト組織の
構築と運営が必須であると考えた。

そこで B 課長は，社内については，①プロジェクトに対する経営陣からの要求や
指示は CIO も出席する経営会議で決定し，CIO から B 課長に指示することを，CIO
を通じて A 社経営会議に諮り，了承を取り付けてもらうことにした。一方，社外に
ついては，基幹システムの保守を行う中で，X 社と Y 社の間に信頼関係が築かれて
きたと考え，構築プロジェクトで実施した週次での X 社及び Y 社との個社別会議に
加えて，改修プロジェクトでは，②3 社に関わる課題や調整事項の対応を迅速に進
めることを目的に，B 課長と両社の責任者が出席する 3 社合同会議を隔週で開催する
ことにした。

― 13 ―

〔構築プロジェクトの
PM に確認した問題〕
段落の (1) の問題
への対応策。二つ
の下線は二つの箇
条書きに対応して
いる。

午後Ⅰ演習

設問2

〔作業の管理に関する問題への対応〕①（2）

　　B課長は，改修プロジェクトを進めるに当たり，作業，役割分担及びベンダとの契約形態，並びに Web 上のプロジェクト専用の掲示板機能を活用することは構築プロジェクトと同様とすることにした。その上で B 課長は，X 社及び Y 社から提示されたスケジュールを確認して，スケジュールに起因する問題を避けるために，③接続機能については実装の中でマイルストーンの設定を工夫することを考えた。また，B 課長は，連動テストでは，3 社の責任者で整理した 3 社で共有すべき周知事項については，X 社及び Y 社のメンバも Web 上の掲示板機能で参照可能とすることにした。ただし，④契約形態を考慮して，各社のメンバへの作業指示に該当するような事項は掲示板には掲載しないことにした。さらに，詳細設計の完了時及び完了以降の変更時には⑤ある活動を実施することで，後工程への不具合の流出を防ぐことにした。

〔構築プロジェクトの PM に確認した問題〕段落の (2) の問題への対応策。三つの下線は三つの箇条書きに対応している。

設問3

〔変更管理に関する問題への対応〕①（3）

　　構築プロジェクトでは，連動テスト以降の設計の変更は，A 社と，変更を実施するベンダが出席する変更管理委員会での承認後に実施していた。B 課長は，改修プロジェクトでは，変更管理委員会には 3 社が出席し，⑥あることを確認する活動を追加することにした。さらに，B 課長は，構築プロジェクトにおいて発生した問題から想定されるリスクとは別に，マルチベンダにおける相互連携には想定外に発生するリスクがあると考えた。そこで，後者のリスクへの対応が予算の制約で遅れることのないように，⑦CIO に相談して，プロジェクト開始前に対策を決めることにした。

　　B 課長は，CIO の承認を得て，検討した改修プロジェクトのプロジェクト計画を両社のプロジェクト責任者に説明し，この計画に沿った契約とすることで合意を得た。

〔構築プロジェクトの PM に確認した問題〕段落の (3) の問題への対応策。二つの下線は二つの箇条書きに対応している。

設問1　〔ステークホルダに関する問題への対応〕について，(1)，(2)に答えよ。
　(1)　本文中の下線①について，B 課長が狙った効果は何か。35 字以内で述べよ。
　(2)　本文中の下線②について，B 課長が狙った，ステークホルダマネジメントの観点での効果は何か。35 字以内で述べよ。

設問2　〔作業の管理に関する問題への対応〕について，(1)～(3)に答えよ。
　(1)　本文中の下線③について，B 課長は，接続機能について，実装の中でマイルストーンの設定をどのように工夫することにしたのか。25 字以内で述べよ。

― 14 ―

この問題は，設問が各段落に対応し，その各段落は第1段落の〔構築プロジェクトの PM に確認した問題〕段落の (1) ～ (3) に対応し，さらに，設問になっている 7 つの下線は，〔構築プロジェクトの PM に確認した問題〕段落の中の 7 つの問題に対応付けられている。しかも順番に。非常にわかりやすい構造だ。この問題を短時間で解くには，いち早くこの構造を見抜き，無駄なアクションをしないようにしなければならない。

727

第7章　調達

(2) 本文中の下線④について，B課長が各社のメンバへの作業指示に該当するような事項は掲示板には掲載しないことにしたのはなぜか。30字以内で述べよ。

(3) 本文中の下線⑤について，B課長が後工程への不具合の流出を防ぐために実施したある活動とは何か。35字以内で述べよ。

設問3　〔変更管理に関する問題への対応〕について，(1)，(2)に答えよ。

(1) 本文中の下線⑥について，B課長が変更管理委員会で確認することにした内容は何か。25字以内で述べよ。

(2) 本文中の下線⑦について，B課長がCIOに相談する対策とは何か。15字以内で述べよ。

まずは，どこに直接的な該当箇所があるのかをチェックしておく。

今回も，1つの段落に1つの設問としてきれいに分かれている。最近の主流だが，この場合，問題文を頭から順番に読み進めながら，設問をひとつずつ順番に解いていけばいいだろう。

— 15 —

午後 I 演習

IPA 公表の出題趣旨・解答・採点講評

出題趣旨

　プロジェクトマネージャ（PM）は，プロジェクトの立ち上げを行う際，過去のプロジェクトで得られた教訓を生かして，継続的な改善を意識して，より良くプロジェクトを推進するための計画を立案しなければならない。特に，過去のプロジェクトと類似の特徴をもつプロジェクトの場合は，過去のプロジェクトの推進を阻害した問題とその原因を深掘りし，再発を回避するようにプロジェクト計画を作成する。
　本問では，マルチベンダのシステム開発プロジェクトを題材として，ステークホルダマネジメント，プロジェクト作業の管理及び変更管理について，幅広く過去の教訓を踏まえてプロジェクト計画を作成する，PM としての問題分析力と対応力を問う。

設問		解答例・解答の要点	備考
設問 1	(1)	プロジェクトに対する経営陣からの指示ルートが一本化される。	
	(2)	X 社と Y 社の責任者の改修プロジェクトへの関与度を高める。	
設問 2	(1)	両社の実装の各工程の開始・終了を同日とする。	
	(2)	委託先要員に対する直接の作業指示はできないから	
	(3)	接続機能の詳細設計に対する X 社と Y 社の技術者による共同レビュー	
設問 3	(1)	設計変更が他方のシステムに影響を与えるか否か	
	(2)	マネジメント予備費の確保	

採点講評

　問 3 では，マルチベンダでのシステム開発プロジェクトを題材に，過去の教訓を踏まえたプロジェクト計画の作成について出題した。全体として正答率は平均的であった。
　設問 1 (2) は，正答率は平均的であったが，"X 社と Y 社のスケジュールが調整できること"や"X 社と Y 社の仕様の認識相違を防ぐこと"などの解答が散見された。"ステークホルダマネジメントの観点"という題意に沿って解答してほしい。
　設問 2 (1) は，正答率が低かった。マイルストーンを明示していない解答や"手戻りを想定した接続機能に関する工程の早期着手"など，マイルストーンを意識していない解答が散見された。過去のプロジェクトでの問題を回避するために，各工程で何をマイルストーンとし，どのような工夫をしたのかを解答してほしい。
　設問 3 (2) は，正答率が低かった。"コンティンジェンシ予備費の増額"とした解答が多かった。想定外のリスクへの対応であること，対策を CIO に相談していることを踏まえて解答してほしい。

729

第7章　調達

解説

　この問題は，問1，問2のようにDXに関連するものではなく"マルチベンダ"をテーマにした問題になる。その時に問題になる契約に関する知識，作業連携に関する知識などが問われているが，全体的に「知識を問う設問」が多い。ステークホルダマネジメント（関与度），準委任契約でできないこと，共同レビュー，影響度調査，マネジメント予備費などだ。

設問1

　設問1は，問題文3ページ目，括弧の付いた2つ目の〔**ステークホルダに関する問題への対応**〕段落に関する問題である。問われているのは2問（35字×2）で，いずれも下線が対応している。

■ 設問1（1）

要求や指示の一本化に関する設問　　　　　　　　　　　　　　　　「問題文導出－解答加工型」

【解答のための考え方】

　設問1（1）は下線①について問われているので，まずは下線①を含む〔**ステークホルダに関する問題への対応**〕段落の最後まで約3ページを読み進めて，この問題の状況を確認しよう。

　ステークホルダに関する問題は，〔**構築プロジェクトのPMに確認した問題**〕段落の（1）に二つ記載されているので，その問題との対応付けをして解答を考える。

【解説】

　下線①は「**プロジェクトに対する経営陣からの要求や指示はCIOも出席する経営会議で決定し，CIOからB課長に指示する**」というもの。これはB課長が考えた対応策で，この狙った効果が問われている。

　下線①の対策に対し，〔**構築プロジェクトのPMに確認した問題**〕段落の（1）に記載されている二つの問題を対応付けながらチェックする。まず，箇条書き二つ目は無関係だと判断できる。X社とY社の情報連携が取れていないという問題なので，社内の話ではないからだ。今回は，下線①の前に「**社内については**」と明記されている。社内の話は，箇条書きの一つ目の方になる。「**A社の経営陣にはX社派とY社派がいて**」一貫した指示がないらしい。それが「**プロジェクト推進上の阻害要因**」になっている。これを解消する狙いだったのだろう。簡単に言えば，"経営陣側

730

で決めてから指示してよ"ってことになる。したがって，B課長が狙った効果は，解答例のように「**プロジェクト**に対する経営陣からの指示ルートが一本化される。」というものになる。

【自己採点の基準】（配点8点）

> IPA公表の解答例（網掛け部分は問題文中で使われている表現）
>
> **プロジェクト**に対する経営陣からの指示ルートが一本化される。（29字）

　解答例の「指示ルート」は，下線①にも〔**構築プロジェクトのPMに確認した問題**〕段落の（1）にもある「（経営陣からの）**要求や指示**」としても，何ら問題はないはずだ。「一本化」も「決定事項」などでも同意になるので大丈夫だろう。解答例は，要求や指示が一つになるということに言及しているだけなので，「経営陣の決定事項として」とか「総意として決定した」とかでも不正解とするのは合理的ではない。同じ意味の表現なら正解だと判断しよう。

■ 設問1（2）

PMの行動（対応）の効果に関する設問	「問題文導出－解答加工型」
ステークホルダマネジメントに関する設問	「知識解答型」

【解答のための考え方】

　下線②を確認する。下線②は「**3社に関わる課題や調整事項の対応を迅速に進めることを目的に，B課長と両社の責任者が出席する3社合同会議を隔週で開催する**」というもの。設問1（1）同様，〔**構築プロジェクトのPMに確認した問題**〕段落の（1）に記載されている二つの問題を対応付けてチェックする。下線①と下線②の間に「**一方，社外については**」という表現もあることから，下線②は，残された2つ目の箇条書きの問題に対するものだということは，すぐにわかるだろう。

　なお，今回も「**効果**」が問われているので，その問題が解消されるという観点で解答をまとめることを考える。但し，「ステークホルダマネジメントの**観点での効果**」という点には十分留意しなければならない。ステークホルダマネジメントでは，各ステークホルダの影響度と関与度を分析した上で望ましい状態に調整することが求められている。そのあたりは，平成27年度午後I問1で取り上げられているので，それを思い出そう。

第7章　調達

【解説】

　下線②の対応で,〔構築プロジェクトの PM に確認した問題〕段落の (2) の箇条書き二つ目の問題が解消できるのは前述の通りだ。これをステークホルダマネジメントの観点から考える。関与度や影響度は適切かどうかという点だ。合同会議を開催することで,X 社と Y 社の責任者の共通事項や調整事項への関与度を高めることができる。これが設問1 (2) で問われている効果になる。問題文にも「関与しづらい」という明確な振りがあるがあるから,そこに関与できる場を設けたという対応だとわかるだろう。

【自己採点の基準】(配点 8 点)

IPA 公表の解答例（網掛け部分は問題文中で使われている表現）
X 社と Y 社の責任者の改修プロジェクトへの関与度を高める。(28 字)

　「X 社と Y 社の責任者の関与度を高める」という表現が解答に含まれていれば正解だと思われる。関与度は,影響度とともにステークホルダマネジメントの重要なワードである点と,問題文に「(前回のプロジェクトの時に) 関与しづらい」とストレートに書いているので,この表現は必須だと判断するのが妥当だろう。

　採点講評にも記載されている通り,ステークホルダマネジメントの観点以外の効果は不正解になる（と思われる）。設問に,「ステークホルダマネジメントの観点での効果」とはっきりと書かれているからだ。設問に書かれている "解答を限定的にする指示" には注意しよう。

732

午後Ⅰ演習

設問 2

　設問 2 は，問題文 4 ページ目，括弧の付いた 3 つ目の〔**作業の管理に関する問題への対応**〕段落に関する問題である。問われているのは 3 問（25 字，30 字，35 字）。ここも，いずれも下線が対応している。

■ 設問 2（1）

マルチベンダにおける連携部分のマネジメントに関する設問
「問題文導出－解答加工型」

【解答のための考え方】

　既に設問 1 で把握していると思われるが，第 2 段落から第 4 段落は〔**構築プロジェクトの PM に確認した問題**〕段落の（1）～（3）にそれぞれ対応している。しかも，下線の数と箇条書きされた問題の数も対応している。それを念頭に置きながら，対応付けて解答すればいいだろう。

　下線③は「**接続機能については実装の中でマイルストーンの設定を工夫する**」というもの。これは，「**スケジュールに起因する問題を避けるため**」の対応のようだ。設問で問われているのは「マイルストーンの設定をどのように工夫することにしたのか」なので，〔**構築プロジェクトの PM に確認した問題**〕段落の（2）の（おそらく）一つ目の箇条書きの問題と対応付けながら解答を考えよう。

　なお，この問題でいう「**実装**」とは，表 1 の注記に記載されている「**詳細設計，単体テストを含む製造及び各システム内の結合テストの工程**」を含むフェーズになっている。そこもチェックしておこう。

【解説】

　〔**構築プロジェクトの PM に確認した問題**〕段落の（2）の一つ目の箇条書きの問題を読めば，それが下線③に対応している問題だと確認できるだろう。その部分の問題点は，一言で言うと，実装の各工程において同期がとられていないことによる混乱だ。下線③では，それを「**実装の中でマイルストーンの設定を工夫する**」ことで同期を取ろうとしているところまではわかる。

　後は，それをどのように設定するかを考える。今回の問題は次のように整理できる。

　・X 社は詳細設計工程／Y 社はまだ詳細設計工程は開始していない
　・X 社が製造工程を終了（詳細設計工程も終了）／Y 社は詳細設計工程

　つまり，実装時の各工程がずれているから発生する問題で，各工程ごとに同期を

733

第7章　調達

取っていれば発生しない問題になる。そのため，各工程の開始・終了日を合わせることで解消できると判断した。これを解答例のようにまとめればいいだろう。

【自己採点の基準】（配点 7 点）

IPA 公表の解答例（網掛け部分は問題文中で使われている表現）
両社の実装の各工程の開始・終了を同日とする。（22 字）

問われているのは「マイルストーンの設定をどのように工夫することにしたのか」なので，ある程度具体的に解答しなければならないだろう。下線③で「**接続機能について**」の話に限定しているので，その部分に関しては，やはり開始日，終了日を同じ日にする必要がある。表現レベルでは「**各工程の開始日を同じ日にする**」だという解答でも問題なく正解だろう。同期を取って次の工程に入らない限り，同じように問題は解消されるからだ。

なお，採点講評でも指摘されている通り，マイルストーンを明示していない解答は不正解（もしくは減点）になる。設問で問われていることは正確に把握して，それに対しての解答になるようにしっかりと考えよう。個人的には「工夫」という抽象的な表現ではなく，「マイルストーンを具体的にどのように設定したのか」とストレートに書いてくれた方が正解しやすかったと思われるが。

■ 設問 2（2）

契約に関する知識を問う設問　　　　　　　　　　　　　　　　　　　「知識解答型」

【解答のための考え方】

下線④は「**契約形態を考慮して，各社メンバへの作業指示に該当するような事項は掲示板には掲載しない**」という内容。したがって，これまで同様，問題を対応付けるとともに，この下線④の「**契約形態**」及び「**作業指示**」，「**掲示板**」に関する記載をチェックして解答する。

【解説】

〔構築プロジェクトの PM に確認した問題〕段落の（2）の二つ目の箇条書きの問題は，「**連動テスト**」に関するもの。ここに「**A 社，X 社及び Y 社の 3 社から多数のメンバが参加**」しているとのこと。

さらに，契約形態を表 1 で確認すると，連動テストは「**準委任契約**」になっている。契約形態が準委任契約なので，作業指示，掲示板の使い方なども〔**構築プロジェ**

クトの PM に確認した問題〕段落の（2）の二つ目の箇条書きのところに書かれてはいるが，そもそも A 社から各社メンバへの作業指示などできるわけがない。それは請負契約だけではなく準委任契約に関しても同じである。したがって，その旨を解答すればいいだろう。

【自己採点の基準】（配点 7 点）

IPA 公表の解答例（網掛け部分は問題文中で使われている表現）
委託先要員に対する直接の作業指示はできないから（23 字）

「準委任契約なので，各社のメンバへの作業指示はできないから（28 字）」という表現や「準委任契約なので作業指示はできないから（19 字）」などの，若干要素が欠ける表現（前者の例では "各社" が準委任契約を締結した "委託先" であるという点がハッキリしない点，後者の例では誰に対する指示なのかが書いてない点など）でも問題ないと考えられる。「法律上，作業指示はできない」というニュアンスが伝われば正解になるだろう。

■ 設問 2（3）

マルチベンダにおける連携部分の計画に関する設問 「（問題文導出－）知識解答型」

【解答のための考え方】

　下線⑤は「ある活動を実施することで，後工程への不具合の流出を防ぐ」という内容。この中の「ある活動」について問われている。これまで同様，問題を対応付けて解答する。

【解説】

　〔構築プロジェクトの PM に確認した問題〕段落の（2）の三つ目の箇条書きの問題点は，「連動テスト前半」に出てきたものである。原因調査の結果「両社の詳細設計の不整合に起因する不具合」だということがわかった。さらに「それぞれの作業及び A 社の検収で発見することは難しかった」とも書いている。では，どんな活動をしていれば「詳細設計の不整合」を防ぐことができたのだろう。

　このような「詳細設計の不整合」を防ぐには，「それぞれの作業及び A 社の検収で発見すること」とは難しいわけだから，X 社の技術者と Y 社の技術者の共同作業しかない。作業効率を考えれば共同レビューがベストだろう。連動テストを中断して不具合の原因を調査した時もそのように連携している。

第 7 章　調達

　以上より，解答例のような「共同レビュー」を解答すればいいだろう。なお，この設問のようなケースでは，すぐに「レビュー」ではないかと考えるようになっておこう。共同レビューや共同会議は，完全には独立していない作業を個別に進めている時には，あるタイミングで必須の作業になるからだ。

【自己採点の基準】（配点 7 点）

IPA 公表の解答例（網掛け部分は問題文中で使われている表現）
接続機能の詳細設計に対する X 社と Y 社の技術者による共同レビュー（31 字）

　設問には特に解答に関する制約がないので，接続機能の詳細設計を共同で実施するという解答でも正解にしてくれても良さそうだが，詳細設計のどの部分を共同で行うのかに言及していないので，かなりふわっとした解答になってしまう。そのため，具体的に「共同（で）レビュー（する）」という活動を書く必要があるだろう。
　また，この不整合が，なぜ「A 社の検収で発見することは難しかった」のかまでは書かれていないが，おそらく"技術者しか"わからない部分だったと推測できる。「両社の技術者」だったら不具合の原因が発見できたからだ。そのため X 社と Y 社の技術者が実施するという表現も含めるようになっておいたほうがいいだろう。「技術者」が解答に含まれていない場合に，正解になるのか，減点もしくは不正解になるのかはわからないが，個人的には少しの減点ではないかなと想像する。

736

設問 3

設問 3 は，問題文 4 ページ目，括弧の付いた 3 つ目の〔**変更管理に関する問題への対応**〕段落に関する問題である。問われているのは 2 問。

■ 設問 3（1）

変更管理の基礎知識　　　　　　　　　　　　　「（問題文導出－）知識解答型」

【解答のための考え方】

下線⑥は「**あることを確認する活動を追加する**」というものだ。いわゆる "匂わせ" の問題になる。下線⑥の前には「**変更管理委員会**」に出席する 3 社で行うことだと書いている。この段落を熟読し，〔**構築プロジェクトの PM に確認した問題**〕段落の（3）の一つ目の箇条書きの問題を読んで解答を考えよう。

【解説】

〔**構築プロジェクトの PM に確認した問題**〕段落の（3）の一つ目の箇条書きには，Y 社が「**接続機能以外のある機能について，性能向上のために詳細設計を変更した。**」と書かれている。X システムに影響しないと考えていたが，結果的に影響していたため不具合が発生している。つまり，他に影響はないという判断だったかもしれないけれど，Y 社は変更を独自で決めて勝手にやっていたわけだ。これは大きな問題である。

通常，変更依頼（希望）に対しては，その見積りと影響範囲の特定は必須の作業になる。今回もそれは実施しているのだろうが，X システムがあるので，その部分は X 社に確認しなければならないのは明白だ。自システムだけなら影響範囲の調査も十分できるだろうが，自分たちの管轄外のシステムへの影響まではわかるはずがないからだ。Y 社独自で判断してはいけないところになる。

ここで問われているのは，変更管理委員会で実施する「**あることを確認する活動**」なので，"他システムへの影響の有無" ではないかと推測し，その解答でいいかどうかを問題文でチェックする。

まず，構築プロジェクトの変更管理委員会についてチェックする。すると〔**変更管理に関する問題への対応**〕段落の最初のところに，「**連動テスト以降の設計の変更は，…変更管理委員会での承認後に実施していた。**」という記述があった。そして，そこにはその体制について「**A 社と，変更を実施するベンダ**」だけしか出席していないことが明記されている。それで X 社には確認できなかったのだと想像できる。

その点に関しては，改修プロジェクトでは「**3 社が出席**」することに変えている。この体制なら，考えている変更が他社に影響があるのかないのか確認できる。した

第7章　調達

がって，先に推測した"他システムへの影響の有無"という解答で間違いないと確信を持てるだろう。

【自己採点の基準】（配点7点）

IPA公表の解答例（網掛け部分は問題文中で使われている表現）
設計変更が他方のシステムに影響を与えるか否か（22字）

　解答例では，基本的な用語以外は，さほど文中に関連するものが無いので「他システムへの影響の有無」という意味を表現している解答は正解だと判断してもいいだろう。

■ 設問3（2）

予備費に関する設問　　　　　　　　　　　　「（問題文導出ー）知識解答型」

【解答のための考え方】
　下線⑦は「CIOに相談して，プロジェクト開始前に対策を決める」というものになる。このB課長が相談している「対策」が何なのか？が問われている。15字以内ということなので何かしらおさまりのいい用語なのだろう。特定の名称のついた用語の可能性が高い。
　解答に当たっては下線⑦を含む文を整理するとともに，ここでも対応している〔構築プロジェクトのPMに確認した問題〕段落の（3）の二つ目の箇条書きの問題を読んで解答を考えればいいだろう。

【解説】
　下線⑦を含む文を整理すると，次のようになる。

・ 構築プロジェクトにおいて発生した問題から想定されるリスクとは別に
・ マルチベンダにおける相互連携には想定外に発生するリスクがある
　　→このリスクへの対応が予算の制約で遅れることのないように

　これを確認するだけで容易に解答が想像できるだろう。〔構築プロジェクトのPMに確認した問題〕段落の（3）の二つ目の箇条書き部分を読むまでもない。「CIOに相談する対策」で，「予算の制約」が影響することで，「想定外に発生するリスク」なら，マネジメント予備費になる。設問で問われているのは「対策」なので「マネ

ジメント予備費の確保」という解答になる。

　但し，時間があれば「**構築プロジェクトにおいて発生した問題から想定されるリスク**」も確認しておこう。念のためだ。〔**構築プロジェクトの PM に確認した問題**〕段落の（3）の二つ目の箇条書きの問題は「**制度改正への対応**」になる。「**制度の概略は実装着手前に公開されて**」いることからも，十分想定できるリスクだということを言いたいのだろう。しかも，マネジメント予備費に対比される「**コンティンジェンシ予備費**」も登場している。マネジメント予備費で間違いないと判断できる。

【自己採点の基準】（配点 6 点）

IPA 公表の解答例（網掛け部分は問題文中で使われている表現）
マネジメント予備費の確保（12 字）

　マネジメント予備費は必須になる。但し「マネジメント予備費」だけでは「対策」にはならないので，「**確保**」もしくは同義の表現が必要になる。最低限，会話のキャッチボールが成立するように解答を考えよう。

（　以　上　）

第7章 調達

午後Ⅱ演習

平成 27 年度　問 1

問1　情報システム開発プロジェクトにおけるサプライヤの管理について

　　プロジェクトマネージャ（PM）は，自社で保有する要員や専門技術の不足などの
理由で，システム開発の成果物，サービス，要員などを外部のサプライヤから調達し
て，情報システムを開発する場合がある。

　　システム開発の調達形態には，請負，準委任，派遣などがあるが，成果物が明確な
場合，請負で調達することが多い。請負で調達する場合，サプライヤは成果物の完成
責任を負う一方，発注者はサプライヤの要員に対して指揮命令することが法的にでき
ない。したがって，プロジェクトを円滑に遂行できるように，発注者とサプライヤは，
その進捗や品質の管理，リスクの管理，問題点の解決などについて協議する必要があ
る。

　　仮に，プロジェクトの進捗の遅延や成果物の品質の欠陥などの事態が生じた原因が
サプライヤにあったとしても，プロジェクトの最終責任は全て発注者側の PM にある。
そのため，発注者とサプライヤの間で進捗の管理と品質の管理の仕組みを作成し，実
施することが重要になる。

　　あなたの経験と考えに基づいて，設問ア～ウに従って論述せよ。

設問ア　あなたが携わった情報システム開発プロジェクトにおけるプロジェクトの特徴，
　　　　及び外部のサプライヤから請負で調達した範囲とその理由について，800 字以内
　　　　で述べよ。

設問イ　設問アで述べたプロジェクトにおいて，発注者とサプライヤの間で作成した進
　　　　捗の管理と品質の管理の仕組みについて，請負で調達する場合を考慮して工夫し
　　　　た点を含めて，800 字以上 1,600 字以内で具体的に述べよ。

設問ウ　設問イで述べた進捗の管理と品質の管理の仕組みの実施状況と評価，及び今後
　　　　の改善点について，600 字以上 1,200 字以内で具体的に述べよ。

解説

●問題文の読み方

問題文は次の手順で解析する。最初に，設問で問われていることを明確にし，各段落の記述文字数を（ひとまず）確定する（①②③）。続いて，問題文と設問の対応付けを行う（④⑤）。最後に，問題文にある状況設定（プロジェクト状況の例）やあるべき姿をピックアップするとともに，例を確認し，自分の書こうと考えているものが適当かどうかを判断する（⑥⑦）。

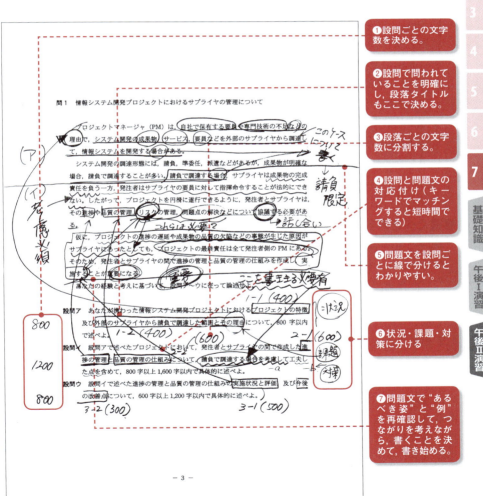

第7章　調達

●出題者の意図（プロジェクトマネージャとして主張すべきこと）を確認

出題趣旨
プロジェクトマネージャ（PM）には，システム開発の成果物を請負で外部のサプライヤから調達する場合，サプライヤの要員に対して指揮命令することが法的にできないので，発注者とサプライヤの間で協議しながらプロジェクト目標を達成することが求められる。 　本問は，発注者とサプライヤの間で作成した進捗の管理及び品質の管理の仕組みの内容とそれらの実施状況などについて，具体的に論述することを求めている。論述を通じて，PM として有すべきサプライヤの管理に関する知識，経験，実践能力などを評価する。

（IPA 公表の出題趣旨より転載）

●段落構成と字数の確認

1. プロジェクトの特徴と請負で調達した範囲とその理由
   1.1 プロジェクトの特徴（400）
   1.2 請負で調達した範囲とその理由（400）
2. サプライヤの管理について
   2.1 進捗の管理の仕組み（600）
   2.2 品質の管理の仕組み（600）
3. 実施状況と評価，改善点
   3.1 実施状況と評価（500）
   3.2 今後の改善点（300）

●書くべき内容の確認

● 総評と全体構成の組み立て方

　平成 16 年以来，10 年以上ぶりに調達マネジメントをテーマにした問題が出題された。所属企業によっては（開発部門とは別の）調達専用の部署があったり，担当者がいたりで「調達フェーズは経験が無いな」というプロジェクトマネージャも少なくない。そういう人にとっては，選択対象にはならないかもしれないし，たまにしか出題されないので，優先順位は低く設定していると思われる。しかし，知識としては知っておいた方が良いので，過去の午後 I，午後 II に関しては目を通しておいた方が良いだろう。

　内容に関しては，平成 16 年度の問 3 とほぼ同じ。請負契約に関する正確な知識がある点（法令違反を犯していない点）と，その上で，プロジェクト全体の責任を負う立場にあることを自覚している点を訴求できるかどうかがポイントになる。設問ではストレートに問われていないが，プロジェクトに責任を持つということは，リスク管理をしっかりしていることが必要。ここを書ききることができれば，安全圏の合格論文になると考えられる。

742

午後Ⅱ演習

● 1-2 段落（請負で調達した範囲とその理由）

ここでは，まずは要求に対する結論として，次の点について書く。

(1) 請負で調達した理由（問題文の例では「**自社で保有する要員や専門技術の不足など**」と記載されている。）
(2) 上記（1）の理由に合致している "範囲"

設問を読む限り上記が最低限必要な部分になるが，問題文の対応箇所（1 行目から 5 行目）には「**成果物が明確な場合，請負で調達することが多い。**」という一文がある。問題文にこう書かれると，上記（1）の理由には，例示されているような "外部調達の理由" だけではなく，それが "請負" である理由（準委任や派遣よりも適している理由や，請負契約しかできない理由）も書いた方が良いだろう。

なお，情報処理技術者試験では，経済産業省のモデル契約にのっとって「要件定義と外部設計，システムテストは準委任契約，内部設計から結合テストまでは請負契約」を理想形としている。この通りなら，請負契約である理由は割愛しても問題ないだろうが，契約の範囲を「要件定義からシステムテストまでを一括請負契約で発注した」とした場合，何かしらの理由（なぜ準委任契約にできなかったのか？）を書いた方が良いだろう。「顧客への最終納期を守るために，協力会社にも期限内に・・・」という一言でも構わないから。

【減点ポイント】

①上記の（1）（2）の要素のいずれかが欠けている。または不明瞭（致命度：大）
→ ここをしっかり書かないと設問イで書く内容の妥当性が判断できない。
②準委任や派遣ではなく請負契約が適している（又は，それしかできない）理由（致命度：小）
→ 理由が無くても大丈夫だとは思う（ここに反応できる人は少ないので）。しかし，ここに触れなくて，「あれ，このケースなら準委任じゃない？」などと採点者に思われると，「契約の違いを知らないのかな？」というような悪い先入観が付く可能性がある。

743

第7章　調達

● 2-1 段落（進捗の管理の仕組み）

　設問イの一つ目は，進捗管理の仕組みについてである。問題文には「サプライヤ は成果物の完成責任を負う一方，発注者はサプライヤの要員に対して指揮命令する ことが法的にできない。」という一文があるので，この記述を十分意識した内容にし ないといけない。つまり，契約に関する知識は必須だということ。もしもまだ，契 約に関する知識が不安なら，まずは本書の6章や8章を読んで，必要な知識を身に 付けよう。

　さて，ここで書くべきことは二つある。一つは進捗確認についてで，もう一つは リスク管理についてである。

（1）進捗確認

　ある程度知識がある人なら，「だからこそ中間成果物の納期を細かく指定して，そ の都度品質を確認しながら進めていく」ということに気付くはず。それをここで書 けばいい。そのあたりは，ちょうど平成16年度問3の問題文中にも記載されてい る。当時の問題文にはこう記載されている。

業務アプリケーションの特性，システム要件などを考慮して，品質面での確認 事項を設定し，確認時期，中間成果物，確認方法に関して発注先と合意し，取り 決めることが肝要である。

平成16年度午後Ⅱ問3より一部引用

　この問題は「請負契約における品質の確認」というテーマで，品質管理にフォー カスされたものだが，結局，品質を"いつ確認するのか？"をしっかり管理するこ とこそ進捗管理になるので，進捗管理と品質管理は一体だと考えた方が良いだろ う。そう考えれば，ここではサンプル論文のように，「中間成果物とその確認時期， 確認方法」を書けばいいだろう。

（2）リスク管理

　設問には「請負で調達する場合を考慮して工夫した点を含めて」という指示があ る。これは何を指しているのだろうか？それは，問題文と突き合せてみれば一目瞭 然になる。問題文には次の二つの文がある

- リスクの管理，問題点の解決
- 仮に，プロジェクトの進捗の遅延や成果物の品質の欠陥などの事態が生じた原 因がサプライヤにあったとしても・・・PMにある

つまり，「サプライヤに起因するトラブル＝リスク要因」で，「当然，しっかりとリスク管理をしているよね。」というわけだ。ここについて書かないといけない。具体的に書くべきことはこのようなものになるだろう。全部は必要ないので，どれかに触れるようにしたい。

- このサプライヤの進捗遅延が発生した時への配慮
- このサプライヤの（中間成果物の）納品後の受け入れテストで品質不良が発生した時への配慮
- 上記リスク発生時のコンティンジェンシプラン（余裕含む）
- 上記のようなリスクに対するコンティンジェンシ予備費やマネジメント予備費の確保

なお，例えばここで納期面で余裕を見たり，予算面で余裕を持つことができる場合，その旨を設問ア「1-1. プロジェクトの特徴」で書いておいた方が良いだろう。一貫性が出てくる。少なくとも「納期が厳しいはずなのに，ここで余裕を持つことができた。」というような矛盾を発生させないように注意しよう。

【減点ポイント】

①中間成果物そのもの，もしくは確認時期や確認方法に関する具体的な記述がない。特に，"いつ"というのが不明瞭（致命度：大）
- → 品質管理の前ふりになるところなので重要。また，単に「週に1度や月に1度，進捗会議をする」としか書いていないのもダメ。
- → 「そこで，それまでに完成しているはずの成果物について品質を確認する」という抽象的な表現でもダメ。必ず，いつ，何を確認するのかを具体的に書くこと

②リスク管理について触れていない。（致命度：中）
- → 進捗の遅延，品質の欠陥が発生したらどうなるの？という疑問を持たれた時点でまずいと考えておくべきだろう。「リスク要因はこれ，それをリスク評価して・・・」というように，がっつりとしたリスク管理でなくてもいいので，予定通りにいかなかった場合にどうするのかについては書いておく必要があるだろう。

③サプライヤと協議をしているところが見えない（致命度：中）
- → ここはしっかりと協議したというところを表現しておきたい。自分たちの主張とサプライヤの主張の相反するところ（それが協議）を，それぞれ一言で構わないから具体的に。「協議して決めた」だけではお粗末だ。

第7章　調達

● 2-2 段落（品質の管理の仕組み）

　次に，品質の管理について記述していく。ここも平成16年度問3の問題文を参考にするといい。そこには次のように書いている。

例えば，設計工程から発注する場合，業務特有の複雑な処理が正しく設計されているか確認するために，次のようなことを取り決める。
　・設計工程の重要な局面で，双方の中核メンバが参加して設計書のレビューを実施する。
　・テスト工程の着手前に，チェックリストのレビューを実施する。
そして，プロジェクトマネージャは，期待通りの品質かどうかを確認する機会において，発注先と相互に確認し合うことが肝要である。

平成16年度午後II問3より一部引用

　平成16年度問3のこの部分を見れば，工程（設問アで調達した範囲として説明済のもの）の特徴を踏まえて，当該工程の中間成果物（設問イの進捗管理部分で説明済のもの）ごとに，レビューにするのか，テストにするのかを書いていけばいいことがわかるだろう。いわゆる受け入れ試験である。量的に，定量的な受入基準まで書くことはできないと思われるが，いつ，誰が，何をするのか，そこを具体的に書く必要はある。抽象的になりがちなので注意しよう。

　最後に，ここでもリスク管理について触れておく必要があるだろう。受入れテストで受入れ基準を満たしていない場合にどうするのかの取り決めについて。協議したことはもちろんのこと，ここで書く対策で「品質の欠陥の原因がサプライヤにあったとしても，プロジェクトの最終責任は全て発注者側のPMにある。」ということを，十分意識している。プロジェクト目標は達成できる。ということを読み手に伝える必要がある（「2-1 進捗管理」で書いたのなら不要）。

【減点ポイント】

①抽象的で（5W1Hの要素が乏しく），読んでいてイメージがわかない（致命度：中）
　→　こここそ，「いつからいつまで」，「誰が」「何をしたのか？」を書くべきところ。"ここで書かずしてどこで書く？"というレベル。

②リスク管理について触れていない。（致命度：中）
　→　ここは2-1と同じ。品質の欠陥が発生したらどうなるの？という疑問を持たれた時点でまずいと考えておくべきだろう。

● 3-1 段落（実施状況と評価）

設問イがしっかり書けていれば，（設問イは，あくまでも計画についての記述なので）ここでは，その実施状況について記述する。特に，リスクが顕在化したのか否か，つまり，サプライヤに起因する中間成果物の納期遅延や，品質の欠陥が発生したのかどうか，そこが重要なポイントになる。逆に，設問ウで「実施状況」が問われていることから，設問イでリスクの管理について言及しておく必要があると考えるべきだろう。

そして，リスクが顕在した場合でも，そうでない場合でも「リスクへの対応策を考えていてよかった。プロジェクト目標は達成できた」という評価でいいだろう。結果的にリスクが顕在化しなかったとしても，だからと言ってリスク管理が無駄になったとは考える必要はない。当たり前だけど。

【減点ポイント】

①設問イで記述したリスクがどうなったのかについては書いていない（致命度：中）
　→　設問イにリスク管理に対する言及がなあるのに，ここでそれらがどうなったのかを書いていないのは危険。それが最優先。

②プロジェクト目標が達成できたという点に触れていない（致命度：小）
　→　プロジェクト目標が達成できたかどうかわからないのに評価はできない。まずはそこ。

● 3-2 段落（今後の改善点）

最後は，平成 20 年度までのパターンのひとつ。今後の改善点。ここは，序章に書いている通り，典型的なパターンでもいいし，あるいは，次のようなパターンでもいいだろう。

・サプライヤの品質が思った以上に悪かった。→　サプライヤを選定する時の視点を変えよう。
・サプライヤとのやり取り（ドキュメントの記載内容含めて）が想定以上に難しかった。→　その部分の改善。

【減点ポイント】

特になし。時間切れで最後まで書けなかったというところだけ避けたいところ。過去の採点講評では「一般的な本文と関係ない改善点を書かないように」と注意しているので，サプライヤとの関係性について書くのがベストだが，そうでなくても，ここだけのミスなら合否への影響はほとんどない。

747

第 7 章　調達

●サンプル論文の評価

　このサンプル論文は，平成 16 年度問 3 に対して準備していた受験生が書いたことを想定し，本書の平成 16 年度問 3 のサンプル論文をベースに書き直したものである。ほぼそのままでも十分合格論文にアレンジできたが，設問イを書き直していたら，それ以後は全部書き直すことになってしまった。

　内容に関しては，題意に沿って書いているのでハイレベルの合格論文になるだろう。特に，中間成果物を納期，確認時期，確認方法を具体的に書いている点と，リスクマネジメントに関して，（簡単ではあるものの）十分に考えていることをアピールしている点，契約先責任者（B 社の X 氏）と協議している点の最重要になる 3 点が書ききれているので安全圏になる。

　実際には，リスクマネジメントの部分が，中間成果物を設定する段階で考慮されているので，2-3 がなくても合格論文にはなるだろう。とはいうものの，逆に，問題文にチラッとだけ書かれている「リスク管理」に反応できて，しっかりと書き上げることができれば安全圏に持って行ける。

● IPA 公表の採点講評

　プロジェクトマネージャ試験では，論述の対象としている“プロジェクト”について，適切に把握して説明することが重要である。設問アでは，“プロジェクトの特徴”の論述を求めたが，以後に論述するプロジェクトに関する内容と関連性のない，又は整合しない特徴の論述が見られた。論述全体の趣旨に沿って，特徴を適切に論述してほしい。

　問 1（情報システム開発プロジェクトにおけるサプライヤの管理について）では，システム開発の成果物を請負で調達する場合に，発注者とサプライヤの間で作成した進捗の管理の仕組みと品質の管理の仕組みについて具体的に論述できているものが多かった。一方，請負で調達する場合，発注者側のプロジェクトマネージャはサプライヤの要員に対して直接指揮命令することができないので，サプライヤの責任者を通じた間接的な管理の仕組みが必要となるが，直接配下のメンバに対して指揮するような管理の仕組みの論述も見られた。

748

サンプル論文

1．私が携わったプロジェクト

1.1 プロジェクトの特徴

　私の勤務する会社は，大手メーカ系のソフトウェア開発企業である。今回私が担当したのは，医療機器の卸売業を営むA社の販売管理システム再構築プロジェクトである。本プロジェクトは，これまで個別にシステム化されてきた受注業務，納品書発行，債権債務管理業務等を一本化することが目的である。そこで，システム全体を見直して再構築することにした。開発期間は1年，総開発工数は120人月である。このプロジェクトに，私はプロジェクトマネージャとして参画した。

　これまで私の担当するプロジェクトでは，全ての工程において，弊社社員だけのメンバ構成でプロジェクトを推進していた。しかし，今回のプロジェクトでは，規模が大きく，弊社の要員だけでは1年後の納期を守れない。そこで，外部の要員と協力しながら開発を進める必要があった。私にとっては初めての経験である。

1.2 請負で調達した範囲とその理由

　最初に考えたのは，協力会社から要員を派遣してもらうことだった。しかし，不足する要員はピーク時には30名近くになってしまう。それだけの要員になると統制をとるのも困難で，何よりそのまとめ役のリーダもいない。そこで，コスト的には割高になってしまうが，一部の作業を請負契約で発注することにした。

　発注する部分は，プロジェクト期間中の変更の可能性が最も低い業務で，かつ独立性の高い部分がいいと考え，債権債務管理サブシステムに決めた。工程は，内部設計から結合テストまでである。受注部分や出荷部分は，戦略的に細かい業務改善が行われているが，債権債務管理の部分はそれが少ない。そう考えて，過去に何度か弊社と取引のあった協力会社のB社に，請負契約で開発を依頼することになった。

注釈欄

平成16年度問3に対して準備していた論文を，この問題で問われていることに合わせて書ききろうと考えた。

ここまで，「〜である」という文が3つ続いている。国語的にはきれいな文章ではないかもしれないが，この程度であれば，意味はきちんと伝わるので問題は無い。自分の書く文章に自信の無い人でも，正確に伝えることを最優先の目的として書ききろう。

こう表現すると"特徴"だという点を強調できる。

論文の題材は，何も直近の経験でないといけないわけではない。昔の経験でも問題ないし，試行錯誤して考えながら進めた経験であれば，その方が良い時もある。

業務の範囲，開発工程の範囲を具体的に書いている。

ここで問われている"理由"は，次のように3つほど考えられる。
①外注に出さないといけない理由
②それが，委任や派遣でなく請負契約である理由
③請負で出した範囲に関する理由
今回はおそらく②だろうが，午後Ⅰのように字数がシビアなわけでもないので，①も③も一言理由を添えた方が良い。
これも，できれば"準委任"ではない理由を書けば完璧だった。

第7章　調達

2．サプライヤの管理について

　私は，早速B社のプロジェクトマネージャX氏と契約内容について協議することにした。

2.1　進捗管理の仕組みについて

　最初にX氏と協議したのは，進捗管理についてである。今回の請負作業期間は，7月1日から11月30日までの5か月間になる。最終納期の11月30日に，結合テスト完了後のプログラムを納品してもらうという契約だ。そして，そこから受入テストを2週間，そこで発生した不具合の改修期間として2週間みていて，翌年1月から弊社で行う総合テストへとつなげていく予定にしている。

　しかし，受入テストで想定以上の不具合が出れば，改修期間が2週間を超えてしまい，最悪，4月1日の稼働に間に合わなくなる。そこで，この最終納品日までに，中間成果物を設定して，請負作業の依頼期間中に順次完成したところから納品してもらえないかと打診した。具体的には，次のように細かく納期を決めて，それをもってして弊社の進捗管理とすることにしたかったからだ。

　①内部設計書の納品7月31日

　②内部設計書に関しては，7月に毎週金曜日にそれまでの完成分をレビューする

　③プログラム仕様書とプログラム
　　2週間ごとに，その2週間で完成する予定の仕様書を納品してもらう（8月から10月末日まで）

　④結合テスト仕様書8月31日

　⑤結合テスト結果報告書，11月に毎週金曜日に1週間分の結果報告書を納品してもらいレビューする。

　こうすることで，仮に納品してもらった中間成果物に不具合があったとしても，時間をかけて修正してもらうことができる。X氏には，この内容を加味した費用を提示することを条件に快諾してもらえた。

（欄外の注記）

進捗管理の話なので，時間軸をしっかりと伝えられるように，明記した。

リスク管理といっても，この程度で十分。後述する①〜⑤で中間成果物を設定すること自体もリスク管理のアピールになるからだ。

ここを具体的かつ詳細に書くことで，しっかり考えていることをアピール。これ自体がリスクヘッジになるのでリスクマネジメントの予防的対策になる。

これで，協議したということを表現している。これぐらいで構わないので，問題文にある「協議する必要がある」という部分に反応しておきたい。

2.2 品質管理の仕組みについて

　個々の中間成果物の確認は，ドキュメントの場合レビューで，プログラムはテスト結果報告書のレビューと受入テストによって行う。

　レビューに関しては，原則インスペクション方式で行う。弊社の統括リーダがモデレータになって，他のサブシステムのリーダが参加して整合性を確認する。その時に，B社のX氏には参加してもらう契約にしている。不具合があった時に，その方が対応が早いからだ。

　テストに関しては，納品後に弊社の受入れ要員が受入試験を実施する。そこで不具合を見つけた場合には，受入試験の結果報告書をX氏に提出する。その後は，不具合管理表に基づいて，改修されるまで管理する。

　この管理方法も，同じようにX氏に提案して，それを前提に契約金額を定めることで合意できた。

2.3 請負で調達する場合の考慮

　B社と請負契約を締結するにあたって，中間成果物を1－2週間ごとに納品してもらうことで進捗と品質を管理できる。後は，中間成果物の品質を予測できれば，それに備えることができる。いわゆるリスクマネジメントだ。そこで私は，過去のB社の納品物の受入テストの結果を確認することにした。そしてそれと同程度の品質で納品されることを想定してスケジュールをシミュレーションし，X氏にも，その数字で受入れ試験後に改修要員を確保してもらうことで合意した。

　加えて，万が一B社の納品物が想定以上に悪かった場合に備えて，弊社のPMOに想定している品質指標を説明するとともに，マネジメント予備費の確保を依頼した。これで，中間成果物及び，11月30日に納品される最終成果物の品質が想定以上に悪くても対応できる予定だ。

進捗管理を書きすぎてしまったので，品質管理はあっさりと。この問題の場合，中間成果物による進捗管理が中心だと判断したので，品質管理指標やその値（数字）に関しては，割愛することにした。

「契約にしている」という表現で，請負契約に関してしっかり理解しているということをアピール。

2.3は，解説では分けなかったが，2.1と2.2のリスク管理についての記述が弱いと判断して，急きょ2.3で軽くリスク管理について触れることにした。

問題文にリスク管理と問題点の解決などについて協議すると書かれているので，リスク管理について言及しておく必要はあるだろう。請負契約で出すことそのものがリスクがあるからだ。とはいうものの，この程度でいい。分量的にもこれぐらいしか書けないし，定量的にする必要もないだろう。

「万が一」と「事後対策」，「マネジメント予備」を組み合わせて，万全のリスクマネジメントだということをアピール。

第7章　調達

3．実施状況，評価と改善点

3.1　実施状況と評価

　B社との契約も完了し，予定通り7月1日から作業を依頼した。そして，計画どおり1-2週間ごとに中間成果物を納品してもらい，弊社でもその受入を実施していった。途中，想定以上に不具合が出た時もあったが，結果的に，過去のプロジェクトとほぼ同等の品質で，B社の成果物は納品された。

　ただ，その不具合には，内部設計書の誤りや，プログラム仕様書の誤り，結合テスト計画書の誤りなどもあった。これをそのままにしておいたら，もっと多くの不具合と手戻りが発生していただろう。そう考えれば，中間成果物を設定して，1-2週間ごとに納品してもらったのは大正解だった。

　結果的に，マネジメント予備を使うこともなく，12月の1か月で，受入テストとそこで出た不具合を解消することができた。その後，1月から予定通り総合テストに入り，4月1日の納期を守ることもできたので，初めてのサプライヤの管理としては大成功だったと評価している。

3.2　今後の改善点

　ただし，改善点もいくつかある。やはり品質を重視するとどうしても管理工数や事前チェックの工数など工数が増加してしまう。いくら品質重視といっても，際限なくコストがかけられるわけではない。今回のプロジェクトでは，何とか予算内に費用を抑えることはできたものの，レビューのときに少しでも問題が発生していたら，予算内に収まっていたかどうかは疑問である。

　そこで，今後は顧客に対して費用提示する段階でどれくらいの品質を期待するのかを確認し，予め予算化できるように考えたい。

この問題だと，設問イまでは計画段階の話で，設問ウからプロジェクトが一気に進む。そのため，この段落の最初は，契約完了からが妥当だろう。その後は，設問イで述べたことをひとつひとつどうだったのかを丁寧に書いていけばいいだけだ。設問イはあくまでも計画なので。工夫した点については，工夫していなかったら大変なことになっていたとすればいいだろう。

初めての経験にしては大成功だったとすると，改善点につなげやすい。それと納期を守れたというのは多少の問題があっても成功だと評価できるところ（逆に，納期が守れなかったとしたら，それは成功と言えない可能性が出てくるので避けた方が良い）

ここは，いつも残り5分程度で書くところ。焦りもあるし，何より書ききらないといけない。そこで，こういうときのために準備していた「品質重視のときの典型的パターン（費用と品質のトレードオフ）」を持ってきた。覚えておいて損は無いだろう。

プロジェクトマネージャに
なるには

付録

- 試験終了後に読んでほしいこと
  ―合格後に考えること―
- 暗記チェックシート※
- 受験の手引き※
- プロジェクトマネージャ試験とは※
- 出題範囲※

※翔泳社 Web サイトからダウンロード提供
https://www.shoeisha.co.jp/book/present/9784798174914/ からダウンロードできます。
詳しくは，iv ページ「付録のダウンロード」をご覧ください。

付録　プロジェクトマネージャになるには

試験終了後に読んでほしいこと
—合格後に考えること—

最後に，少々気が早いかもしれませんが…資格取得後に考えるべきことを書いておきます。合格してからでも，あるいは，合格するためのモチベーションアップでも構わないので，ご覧いただければ幸いです。

●資格取得後にすること（方針）

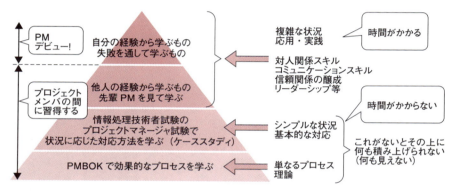

図1　プロジェクトマネジメントのスキルアップツール（何を学ぶべきか？）

上記は，筆者の考えるプロジェクトマネジメントのスキルアップのイメージ図です。だいたい意味は分かると思いますが，ようやく資格取得の学習を通じて最低限の知識を得たわけですから，積極的に…まずは"他人の経験（特に失敗事例）"からそのノウハウを盗んでいきましょう。まさに「賢者は他人の経験に学ぶ（愚者は自分の経験に学ぶ）」ですよね。

具体的に何をすればいいのか…その前に，まずは方針から。筆者は，資格取得の教科書に載っていないものの中でも，特に"答えの無い課題への挑戦"と"試行錯誤"できるものが重要だと考えています。"経験が貴重"で，"失敗が糧になる"と言えるのもこのレベルの話ですね。

我々のように技術革新の速い世界に身を置く場合，初めての経験でも失敗はできません。十分な知識と準備によって，確実に成果を出さないといけない。知識があれば避けられた失敗や，勉強不足に起因するトラブルなんかは愚の骨頂。「いやー大変だったけど，いい経験になったよ」なんて口にすると嘲笑の的になってしまいます。我々にとって貴重な経験とは，正解の無い課題で，教科書にも対応方法が載っ

試験終了後に読んでほしいこと　—合格後に考えること—

ていないところの話。だから，誰に叱られることもなく，時間をかけた試行錯誤が
財産になるのです。そこを絶対に履き違えてはいけません。

　ちなみに，資格もそういう使い方をすれば"自信"につながります。自分が直面
した課題への対応が，教科書に載っているものかどうかを考えればいいのです。そ
して，それが「自分が勉強した中には無かったな」というものであれば，それすな
わち，これから経験することが"貴重な財産"になるわけですから，試行錯誤を楽
しみましょう。基本，失敗しても叱られませんので（"基本"と言っているのは，レ
ベルの低い上司だったり，自己中の上司だとその判断がつかないから叱られること
もあるということ），そこから自信が生まれるはずです。自信とは，自分はこれを知
らなくてもいい，できなくてもいいと言うところから始まるものですからね。

●合格後にすべきこと①　より詳細な知識の補充−特に法律と契約−

　まずは継続して，"知識の補充"，すなわち"勉強"でできることをやっていきま
しょう。対象は**"法律"**です。"試験勉強と実務が乖離しているところ"が"法律"
や"契約"に関する知識の部分だからです。そもそも PM が実務を行う上で知って
おくべき"法律"は，ざっと挙げるだけでも下表ぐらいはあるのです。しかも，"働
き方改革"の影響もありここ数年でダイナミックに変化しています。

　他にもちょっと怖い話もあります。労働契約法の第 5 条には安全配慮義務が定め
られていて，PM は，無言の圧力が NG なのは当然のこと，メンバの体調不良を見
て見ぬふりもできないのです。ご存知でしょうか？　安全配慮義務違反で会社が訴
えられる時，その約 3 割は直属の上司も一緒に訴えられているということを。そう
ならないようにするためにも，法律には強くないといけないわけです。

表：SE カレッジで筆者が担当している PM 実践講座の例

講座名	講座の内容
PM に必要な法律知識	PM が知っておくべき法律には次のようなものがあります。いずれも試験で問われるレベルでは絶対的に不十分で，判例レベルでの知識が必要になります。①民法，②労働基準法，③労働契約法，④労働者派遣法，⑤労働安全衛生法，⑥男女雇用機会均等法，⑦育児・介護休業法，⑧パートタイム労働法，⑨公益通報者保護法
PM アンチパターン	経済産業省で公開されている情報などを元に，過去に裁判にまで発展したケースを解説。PM の義務，ユーザの義務について考察する
ベンダコントロール術	RFI，RFP の発行から，ベンダ選定，契約書の項目に至るまでの部分をユーザ目線で解説。IT コンサルタントとしてベンダに対峙した時に，どういう視点でみているのかを詳細に解説。見積根拠の説明も。

※１　SE カレッジとは，（株）SE プラスが運営する中小企業向けの定額制研修サービス（https://www.seplus.jp/dokushuzemi/secollege/）

付録　プロジェクトマネージャになるには

●合格後にすべきこと②　次に受験する試験区分の合格

今回の受験後，次の試験区分に挑戦することを決めている受験生も少なくないと思います。その場合，1点だけ注意しなければならないことがあります。それは「PM での成功体験が必ずしも他の試験区分でも有効とは限らない」という点です。午前対策は問題数が試験区分によって異なるものの同じ考え方で大丈夫ですが，午後Ⅰや午後Ⅱは試験区分によって大きく考え方を変える必要があるものも。そのあたり簡単ではありますが参考程度に書いておきます。詳細は，筆者の個人ブログやYouTube で公開しているものもあるので利用してください。但しそれは本書とは無関係のものなので，その点は十分ご理解ください。

PM → IT ストラテジスト試験（解答手順と練習方法，準備が大きく異なる）

午前Ⅱ	PM に比べてかなり広範囲かつ問題数も多い。
午後Ⅰ	PM のように設問が時系列に並んでないことが多い。したがって設問によってはすごく難解なものもある。そこで，問題文の中にある"問題"や"課題"をピックアップし，それらがどの設問で問われているものか？PMとは真逆のアプローチが有効になる。基本"抜粋型"の解答になる。
午後Ⅱ	他の論文試験合格者が多い。しかも，企画という"絵に描いた餅"で周囲を説得し予算を引っ張ってくるわけだから「数字で説得する」ことが重要になる。しかし PM に比べて経験者の受験者が少ないので"思い出しながら書く"ことが難しい。そこで，データ収集等の"事前準備"が重要で，それをどれだけするのかによって合否が分かれる。具体的には2時間で書く練習ではなく，国会図書館で業種別審査事典を調べる等，試験本番時にとっさに出せない情報をきちんと準備しておく。

PM → IT サービスマネージャ試験（解答手順と練習方法，準備は同じ）

午前Ⅱ	特に無し（ITIL ベース）
午後Ⅰ	問題文と設問が時系列に並んでいるので，練習方法や解答手順は PM と同じ方向性で問題ない。
午後Ⅱ	同じマネジメント系。PM と同じ方向性で問題は無い。

試験終了後に読んでほしいこと　—合格後に考えること—

PM →システムアーキテクト試験（解答手順と練習方法は異なる）

午前Ⅱ	特に無し
午後Ⅰ	階層化が1段〜2段深い。例えば"受注"に関する説明が，既存業務，新業務，要求，設計と，各段落に分散していて，それを段落横断的に把握することが必要になる。つまり全体構成を把握することを最優先にする（飛ばし読みが有効）。また，特徴のある図表が多いので，図表単位で解答手順を決めていくことも重要になる。基本"抜粋型"。文中に似たような帳票名や処理名があることもあり，それが苦手な人は状況整理に工夫が必要になる。
午後Ⅱ	論文試験初挑戦者が多い。PMの方が難しいので，問題文の読み違えだけに注意し題意に沿った内容を心掛ければ問題は無い。利用者対応のフェーズが中心なので，利用者を明確にすること，設計やテストは自分が作業すること，そのあたりを忘れないように。具体的な設計内容（一部）を出せるかどうかがカギ。

PM →システム監査試験（解答手順と練習方法は午後Ⅱの準備が異なる）

午前Ⅱ	システム監査の問題が少ない（10問前後）。他は実質午前Ⅰ相当。
午後Ⅰ	ITストラテジスト，プロジェクトマネージャ，ITサービスマネージャ，システムアーキテクト，情報セキュリティなど他区分の知識が必要になるが，PMで習得した解答テクニックや解答手順はそのまま使える。
午後Ⅱ	他の試験区分＋監査の知識が必要。そのため，監査特有の表現を使えるように準備する。特に設問ウが"監査手続"なので，リスクとコントロール，監査手続までの一連の流れ，それぞれの違いを押えていく。また，監査人が必要だと考えていることなのか，監査対象の状況なのか，どっちが問われているのかを問題文から正確に読み取らないといけない。そういう意味で，問題文の読み違えを無くすのは当然のこと，監査特有の表現を会得する。

PM →テクニカル系試験（解答手順と練習方法は異なる）

　他に，テクニカル系試験に関しては，必要な知識を暗記することとは別に，午後Ⅰ・午後Ⅱともに記述式の解答なので，本書で習得した午後Ⅰの解答テクニックが有効になる。但し，エンベデッドとデータベースは典型的な問題（エンベデッドは計算問題含む）が多いので，その解答手順を覚える必要はあるだろう。

付録　プロジェクトマネージャになるには

●合格後にすべきこと③　コミュニケーションスキルの更なる向上

　今回，試験対策を通じて，自分のコミュニケーションスキルの棚卸しとスキルアップができたのではないでしょうか。そう実感している人は，合格したからと言ってコミュニケーションスキルの向上を止めるのはもったいないですよね。

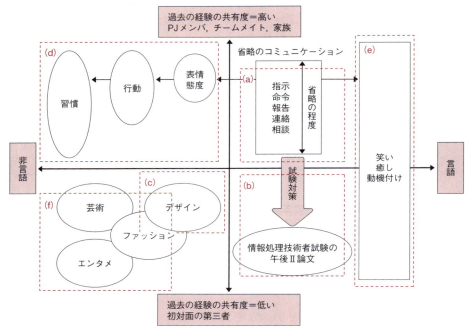

図2　筆者が考えるコミュニケーションスキルの体系図

　これは，筆者が考えているコミュニケーションスキルの体系図です。縦軸は，コミュニケーションをとる相手との"親密度"…すなわち，過去の経験の共有度を表しています。上に行くほど一緒に居る時間が長く，下に行くほど疎遠だと考えてもらえればいいでしょう。一方，横軸は"言語・非言語"を表しています。右側に行くにしたがって"言葉"だけの要素が強くなり，左側に行くにしたがって"言葉"ではなく"非言語（表情や態度，行動，習慣）"の要素が強くなると考えて下さい。

●普通に伸びていくのは（a）と（d）

　この中で，学校や職場で自然に伸びていくのは（a）と（d）のエリアぐらいではないでしょうか？上司の指導で（a）が伸びて，さらに，言葉を額面通りに信じてもらえないビジネスの現場で揉まれて「態度や行動で示さないと」とか，「長い時間をかけて信用を築こう」という感じで（d）を伸ばそうと考えます。

758

試験終了後に読んでほしいこと　―合格後に考えること―

●午後Ⅱ論述試験の練習は（b）

　（a）と（d）に加えて，今回，論文対策を通じて（b）のエリアのコミュニケーションスキルを高めてきたと思います。第三者に説明しないといけないという点を強く意識することで，あなたのコミュニケーションスキルには縦軸に大きな幅ができたはずです。相手との親密度，あるいは経験の共有度を見極めたうえで，相手と共有していること，していないことを考えて，最適な量でコミュニケーションが取れるようになったのではないでしょうか。ステークホルダーへの説明や提案，プレゼンテーション，講義などのスキルも確実に上がっているはずです。

●この後に伸ばすべきコミュニケーションスキルは（e）

　この図で見れば，この後に伸ばすべき方向性も見えてきます。一つは（e）のエリアです。ここは，単に正確に物事を伝えるというビジネスコミュニケーションのレベルを超え，さらに"言葉での表現力"を高めていって"笑い"や"癒し"を与えられるエリアです。ここを伸ばすことで，相手に影響を与え，心を動かし，動機付けができるようになります。いわゆる"カリスマ"や"政治家"が駆使するところだと考えてもらえればいいでしょう。言葉が武器になるエリアですね。

●この後に伸ばすべきコミュニケーションスキルは（c）と（f）

　そしてもう一方のエリアが（c）や（f）のエリアです。このエリアのデザイン，ファッション，芸術，エンタメなどのいわゆる"言葉を使わない表現力"を磨いていけば，これらも大きな武器になります。このエリアを考えるということは，もはや"セルフ・ブランディング"の話になるので，自分自身をどう表現していくかを考えながら，自分のアイコンを含めて高めていっていることになりますからね。

●自分をいかに表現するか，最後はそこが重要になる

　結局，マネジメントとは"人に動いてもらう"ことで，そのために使えるツールは"コミュニケーション"ぐらいしかないわけです（非言語含む）。それに気付いて，自分のコミュニケーションスキルを駆使して，相手に働きかけ，影響し，時にモチベーションを高めてもらうことを考えだせば，単に正確に情報を伝えるだけのコミュニケーションスキルでは不十分だと感じるでしょう。今回，プロジェクトマネージャ試験に合格できたとしても，それでプロジェクトを成功できるようになったわけではありません。PMBOKに関しても，ここから本格的に学習を始めなければなりません。その点はコミュニケーションスキルも同じです。ぜひ，こちらの方も高めていって下さい。

759

●合格後にすべきこと④　エンゲージメント・マネジメント

本書の261ページのコラム「エンゲージメントにまつわる四方山話」で紹介した"これから必要となるマネジメント"…言い換えると"**自発的貢献意欲を醸成させることのできる上司**"について…これからは，本気で考えていかないといけないかもしれません。

なんせ，今，起きている世の中の変化は，こんなにもあるのですから。

- 国の主導による働き方改革推進
- 人材確保のために行う企業の職場改革
- 労働者権利意識の高まり，副業容認
- 転職市場の整備
- ネット全盛，誰もが主役の時代

奇しくも今年に入り，古い時代の指導者が軒並み糾弾され，マネジメントの世界から退場を強いられています。今求められているのは"**周囲を笑顔にするマネジメント**"…自発的貢献意欲は"笑顔"の先にあるからです。

あなたは，メンバに"**笑顔**"を提供できるプロジェクトマネージャですか？
メンバだけではなく，あらゆるステークホルダーを"**笑顔**"にできますか？
あなたに…人が付いてくる"**魅力**"ってありますか？

そのあたりを考えていくための書籍を，2016年にインプレスから出しました。「**天使に教わる勝ち残るプロマネ**」です。試験に合格した暁には，ぜひ一度手に取ってみてください。

あ，そうそう。「俺って…魅力ないからな…」って落ち込む必要はありませんよ。大丈夫です。筆者自身もそう思っている口ですから（笑）。自分のことを棚に上げて書きました（笑）。"笑顔にしたい"という優しい気持ちさえあれば，その想いはいずれ伝わると信じて，一緒に上を目指していきましょう。

http://book.impress.co.jp/books/1115101156

暗記チェックシート

本書の第1章から第7章の中から厳選した最重要ポイントをまとめています。暗記しやすいように，質問および解答する数（質問）と，解答に分けているので，このチェックリストをもとに，しっかりと暗記してください。

質　問	解　答
PMBOK の 10 つの知識体系 （10）	☐ ① プロジェクト統合マネジメント ☐ ② プロジェクト・スコープ・マネジメント ☐ ③ プロジェクト・スケジュール・マネジメント ☐ ④ プロジェクト・コスト・マネジメント ☐ ⑤ プロジェクト品質マネジメント ☐ ⑥ プロジェクト資源マネジメント ☐ ⑦ プロジェクト・コミュニケーション・マネジメント ☐ ⑧ プロジェクト・リスク・マネジメント ☐ ⑨ プロジェクト調達マネジメント ☐ ⑩ プロジェクト・ステークホルダー・マネジメント
プロジェクト統合マネジメントのプロセス（7）	☐ ① プロジェクト憲章の作成 ☐ ② プロジェクトマネジメント計画書の作成 ☐ ③ プロジェクト作業の指揮・マネジメント ☐ ④ プロジェクト知識のマネジメント ☐ ⑤ プロジェクト作業の監視・コントロール ☐ ⑥ 統合変更管理 ☐ ⑦ プロジェクトやフェーズの終結
プロジェクト・スコープ・マネジメントのプロセス（6）	☐ ① スコープ・マネジメントの計画 ☐ ② 要求事項の収集 ☐ ③ スコープの定義 ☐ ④ WBS の作成

暗記チェックシートは翔泳社 Web サイト

https://www.shoeisha.co.jp/book/present/9784798174914/ からダウンロードできます。

詳しくは，iv ページ「付録のダウンロード」をご覧ください。

付録　プロジェクトマネージャになるには

〈参考〉 JIS Q 21500:2018（ISO 21500:2012） （※全ての矢印，前後関係を表しているわけではない）

対象群	プロセス群				
	立ち上げ	計画	実行	管理	終結
統合	プロジェクト憲章の作成	プロジェクト全体計画の作成	プロジェクト作業の指揮	プロジェクト作業の管理 → 変更の管理	プロジェクトフェーズ又はプロジェクトの終結 得た教訓の収集
スコープ		スコープの定義 → WBSの作成 → 活動の定義		スコープの管理	
時間		活動の順序付け → 活動期間の見積り → スケジュールの作成		スケジュールの管理	
コスト		コストの見積り → 予算の作成		コストの管理	
品質		品質の計画	品質保証の遂行	品質管理の遂行	
資源	プロジェクトチームの編成	資源の見積り プロジェクト組織の定義	プロジェクトチームの開発	資源の管理 プロジェクトチームのマネジメント	
コミュニケーション		コミュニケーションの計画	情報の配布	コミュニケーションのマネジメント	
ステークホルダ	ステークホルダの特定		ステークホルダのマネジメント		
リスク		リスクの特定 → リスクの評価	リスクへの対応	リスクの管理	
調達		調達の計画	供給者の選定	調達の運営管理	

※各プロセス間の順序の一つは JIS Q 21500:2018 の附属書 A に正確なものがある。必要に応じてそちらを参照しよう。

762

索引

数字

3点見積り法	374
5W1H	24

A

AC	497
Actual Cost	497
ADM	376
Arrow Diagramming Method	376

B

BAC	500
Budget At Completion	500

C

CCM	378, 385
CP	378
CPM	378, 380
Crashing	389
Critical Chain Method	385
Critical Path	378
Critical Path Method	380

D

Digital Transformation	92
DX	92

E

EAC	500
Earned Value	496
Earned Value Management	496
EMV	311
Estimate At Completion	500
EV	498
EVM	496
Expected Monetary Value	311

F

Fast Tracking	389

I

ISMS 認証	717

J

JIS Q 0073:2010	310
JIS Q 21500:2012	762
JIS Q 21500:2018	762
JIS Q 31010:2012	310
JIS Q 31000:2018	310
JIS Q 31000:2019	310

P

PDM	377
PDPC	612
PERT	379
Planned Value	496
PMBOK	6
PMO	277
PoC	94
Precedence Diagramming Method	377
Process Decision Program Chart	612
Program Evaluation and Review Technique	379
Project Management Office	277
Proof of Concept	94
PV	496
P 管理図	609

R

Request for Proposal	696
Request for Quotation	696
RFP	696
RFQ	696
risk source	317

T

TCPI	501
To-Complete-Performance-Index	501

索引

U

UI テスト	595
U 管理図	609

V

VAC	501
Variance At Completion	501

あ

アーンドバリューマネジメント	496
アジャイル開発	96
アジャイルソフトウェア開発宣言	98
アローダイアグラム	612

い

委任契約	686
インスペクション	588

う

ウォークスルー	588
請負契約	684

え

エラー推測	597
エンゲージメント	261

お

往路時間計算	382
オフショア開発	704
オンサイト開発	704

か

海外労働力	704
回帰テスト	595
概念実証	94
開発規模	490
回復テスト	595
カバレージ	593
完成時総コスト見積り	394
完成時総予算	500
感度分析	311
管理図	609
完了時差異	501

き

偽装請負	688
期待金額価値分析	311
機能テスト	595
業務担当者	203

く

クラッシング	389
グラフ	612
クリティカルチェーン法	385
クリティカルパス	378
クリティカルパス法	380

け

計画価値	496
計画実績工数比	393
計画進捗率	392
系統図	612
契約	684
契約計画	696
契約不適合責任	685
結論先行型	25
原因結果グラフ	597
限界値分析	596

こ

合格基準	16
コンティンジェンシ予備費	511

さ

サイクロマティック複雑度	597
採点方式	16
作業ボックス	380
残作業効率指数	501
サンドイッチテスト	594
散布図	610

し

システムテスト	595
実コスト	497
実績進捗率	392
準委任契約	686
使用許諾契約	690
条件網羅	598

索引

所要期間の見積り	374
新 QC 七つ道具	612
進捗管理	390
進捗遅延	388
進捗の確認	392
信頼性テスト	595
信頼度成長曲線	608
親和図	612

す

スケジュール作成技法	389
スケジュール計画	374
スケジュール予測	393
ステアリングコミッティ	203
スポンサー	203

せ

成果報酬型	686
生産性	491
生産性基準値	490
性能テスト	595
責任分担マトリックス	218
説明会	700
セルフレビュー	590
善管注意義務	687
線引き	75

そ

組織の制約	228

た

体系化	58
達成価値	498
短期記憶	59
単体テスト	593

ち

チェックシート	612
兆候の管理	394
調達管理	700
調達計画	695

て

提案依頼書	696

定量的表現	24
定量的リスク分析	311
テーラリング	14
デシジョンツリー分析	311
デジタルトランスフォーメーション	92
テスト	593
テストカバレージ分析ツール	593
テスト計画	579
テストケース設計技法	596
テンプレート	28

と

同値分割	596
特性要因図	611
トップダウンテスト	594
飛ばし読み	60

は

売買契約	690
派遣契約	687
バックワードパス分析	383
パレート図	610
判定条件網羅	598

ひ

ヒストグラム	611
ビッグバンテスト	594
評価基準	697
評価ランク	16
費用管理	507
表現力	24
品質管理	586
品質管理ツール	610
品質計画	578
品質不良	587

ふ

ファスト・トラッキング	389
ファンクションポイント法	492
フォワードパス分析	382
負荷テスト	595
複数条件網羅	599
復路時間計算	383
プライバシーマーク制度	717

765

索引

ブラックボックステスト ……………………… 596
ブリッジ SE ……………………………………… 704
フロート ………………………………………… 384
プロジェクト・コスト・マネジメント ……… 488
プロジェクト・コミュニケーション・マネジメント
………………………………………………… 197
プロジェクト資源マネジメント ……………… 196
プロジェクト・スケジュール・ネットワーク図 … 376
プロジェクト・スケジュール・マネジメント ……… 372
プロジェクト・スコープ・マネジメント ……… 121
プロジェクト・ステークホルダー・マネジメント … 197
プロジェクト体制 ……………………………… 202
プロジェクトチーム …………………………… 203
プロジェクト調達マネジメント ……………… 682
プロジェクト統合マネジメント ……………… 120
プロジェクトの概要 …………………………… 28
プロジェクトの特徴 …………………………… 32
プロジェクトの予測 …………………………… 500
プロジェクト品質マネジメント ……………… 576
プロジェクト目標 ……………………………… 36
プロジェクト・リスク・マネジメント ……… 308
分岐／条件網羅 ………………………………… 599
分岐網羅 ………………………………………… 598

へ

ペアレビュー …………………………………… 590

ほ

報酬請求権 ……………………………………… 685
ボトムアップテスト …………………………… 594
ホワイトボックステスト ……………………… 598

ま

マーキング ……………………………………… 70
マーク …………………………………………… 70
マトリックス図 ………………………………… 612
マトリックスデータ表 ………………………… 612
マネジメント予備費 …………………………… 511

み

民法改正 ………………………………………… 684
見積り …………………………………… 490, 492
見積要請書 ……………………………………… 696

め

命令網羅 ………………………………………… 598

も

網羅率 …………………………………………… 593
モジュール結合テスト ………………………… 594
モジュールテスト ……………………………… 593
モニタリング …………………………………… 586

や

山崩し …………………………………………… 200
山積み …………………………………………… 200

ゆ

ユーザインタフェーステスト ………………… 595

よ

要員管理 ………………………………………… 220
要員数 …………………………………………… 198
予算超過 ………………………………………… 507
予防接種 ………………… 21, 139, 234, 515, 621
予実管理の値 …………………………………… 499
余裕日数 ………………………………………… 384

ら

ラウンドロビン ………………………………… 588

り

リース契約 ……………………………………… 690
利害関係者 ……………………………………… 202
履行割合型 ……………………………………… 686
リスク …………………………………………… 310
リスク管理 ……………………………………… 388
リスク源 ………………………………………… 317
リスクマネジメント手順 ……………………… 312
リファクタリング ……………………………… 593
リンク …………………………………………… 70

れ

レグレッションテスト ………………………… 595
レビュー ………………………………………… 588
レビュー計画 …………………………………… 578
連関図 …………………………………………… 612
レンタル契約 …………………………………… 690

著者紹介

ITのプロ46

IT系の難関資格を複数保有しているITエンジニアのプロ集団。現在（2022年2月現在）約280名。個々のメンバのITスキルは恐ろしく高く，SEやコンサルタントとして第一線で活躍する傍ら，SNSやクラウドを駆使して，ネットを舞台に様々な活動を行っている。本書のような執筆活動もそのひとつ。ちなみに，名前の由来は，代表が全推ししている乃木坂46から勝手に拝借したもの。近年46グループも増えてきたので，拝借する部分を"46"ではなく"乃木坂"の方に変更し「ITのプロ乃木坂」としようかとも考えたが，気持ち悪いから止めた（代表談）。迷惑も負担もかけない模範的なファンを目指し，卒業生を含めて，いつでもいざという時に何かの力になれるように一生研鑽を続けることを誓っている。なお，このサイトにも読者特典のページがあって，有益な情報があるかもしれない。

HP：https://www.itpro46.com

代表　三好康之（みよし・やすゆき）

ITのプロ46代表。大阪を主要拠点に活動するITコンサルタント。本業の傍ら，SI企業のITエンジニアに対して，資格取得講座や階層教育を担当している。高度区分において驚異の合格率を誇る。保有資格は，情報処理技術者試験全区分制覇（累計36区分，内高度系累計26区分，内論文系15区分）をはじめ，中小企業診断士，技術士（経営工学部門）など多数。代表的な著書に，『勝ち残りSEの分岐点』，『ITエンジニアのための【業務知識】がわかる本』，『情報処理教科書プロジェクトマネージャ』（以上翔泳社），『天使に教わる勝ち残るプロマネ』（以上インプレス）他多数。JAPAN MENSA会員。"資格"を武器に，自分らしい働き方を模索している。趣味は，研修や資格取得講座を通じて数多くのITエンジニアに"資格＝武器"を持ってもらうこと。何より乃木坂46をこよなく愛している。どうすれば奇跡のグループ＆パワースポットの"乃木坂46"中心の働き方ができるのかを考えつつ…乃木坂46ファンとして，根拠ある絶賛を発信し続けて…棘のある言葉が，産まれにくくて埋もれやすい世界にしたいと考えている。なお，下記ブログやYouTubeサイトでも資格試験に有益な情報を発信している。登録をしてもらえると喜びます。

mail：miyoshi@msnet.jp　　　HP：https://www.msnet.jp

アメーバ公式ブログ：https://ameblo.jp/yasuyukimiyoshi/

YouTube：https://www.youtube.com/user/msnetmiyomiyo/

装　　丁	結城 亨（SelfScript）
カバーイラスト	大野 文彰
Ｄ　Ｔ　Ｐ	株式会社シンクス
編　　集	陣内一徳（アーカイブ）

情報処理教科書

プロジェクトマネージャ 2022 年版

2022 年 3 月 22 日　初版　第 1 刷発行

著　　　者	IT のプロ 46
	三好 康之
発　行　人	佐々木 幹夫
発　行　所	株式会社 翔泳社（https://www.shoeisha.co.jp）
印　　刷	昭和情報プロセス株式会社
製　　本	株式会社 国宝社

Ⓒ 2022　Yasuyuki Miyoshi

本書は著作権法上の保護を受けています。本書の一部または全部について（ソフトウェアおよびプログラムを含む），株式会社 翔泳社から文書による許諾を得ずに，いかなる方法においても無断で複写，複製することは禁じられています。

本書へのお問い合わせについては，ii ページに記載の内容をお読みください。

造本には細心の注意を払っておりますが，万一，乱丁（ページの順序違い）や落丁（ページの抜け）がございましたら，お取り替えいたします。
03-5362-3705 までご連絡ください。

ISBN978-4-7981-7491-4　　　　　　　　　　　　　　Printed in Japan